책장을 넘기며 느껴지는
몰입의 기쁨

노력한 만큼 빛이 나는
내일의 반짝임

새로운 배움, 더 큰 즐거움

미래엔이 응원합니다!

올리드 유형완성

중등 수학 2(하)

BOOK CONCEPT

단계별, 유형별 학습으로 수학 잡는 필수 유형서

BOOK GRADE

WRITERS

미래엔콘텐츠연구회

No.1 Content를 개발하는 교육 전문 콘텐츠 연구회

COPYRIGHT

인쇄일 2022년 5월 2일(2판1쇄)
발행일 2022년 5월 2일

펴낸이 신광수
펴낸곳 ㈜미래엔
등록번호 제16-67호

교육개발1실장 하남규
개발책임 주석호
개발 이미래, 문정분, 이선희

콘텐츠서비스실장 김효정
콘텐츠서비스책임 이승연, 이병욱

디자인실장 손현지
디자인책임 김기욱
디자인 이진희, 유성아

CS본부장 강윤구
CS지원책임 강승훈

ISBN 979-11-6841-124-1

INTRODUCTION

끊임없는 노력이 나의 실력을 만든다!!

끊임없이 노력하라.
체력이나 지능이 아니라 노력이야말로
잠재력의 자물쇠를 푸는 열쇠다.
– 윈스턴 처칠

여러분은 지금까지 수학 공부를 어떻게 하였나요?
공부 계획은 열심히 세웠지만
실천하지 못하여 중간에 포기하지 않았나요?
또는 개념을 명확히 이해하지 못한 채
문제만 기계적으로 풀지 않았나요?

수학을 잘하려면 집중력 있고 끈기 있게 공부하여야 합니다.
이때 개념을 정확히 이해하고 문제를 푸는 것이
무엇보다 중요하겠지요.

올리드 유형완성은
주제별로 개념과 유형을 구성하여
하루에 한 주제만 집중할 수 있도록 하였습니다.
올리드 유형완성으로 하루에 한 주제씩
개념 학습과 유형 연습을 완벽하게 한다면
그 하루하루의 노력이 모여
점점 실력이 향상되는 나를 발견하게 될 것입니다.

STRUCTURE

특장과 구성

1 수학의 모든 문제 유형을 한 권에 담았습니다.

교과서에 수록된 문제부터 시험에 출제된 문제까지 모든 수학 문제를 개념별, 난이도별, 유형별로 정리하여 구성하였습니다.

Lecture별 유형 집중 학습

Lecture별로 교과서 핵심 개념과 이를 익히고 계산력을 기를 수 있는 문제로 구성하였습니다.

교과서와 시험에 출제된 문제를 철저히 분석하여 개념과 문제 형태에 따라 다양한 유형으로 구성하였습니다.

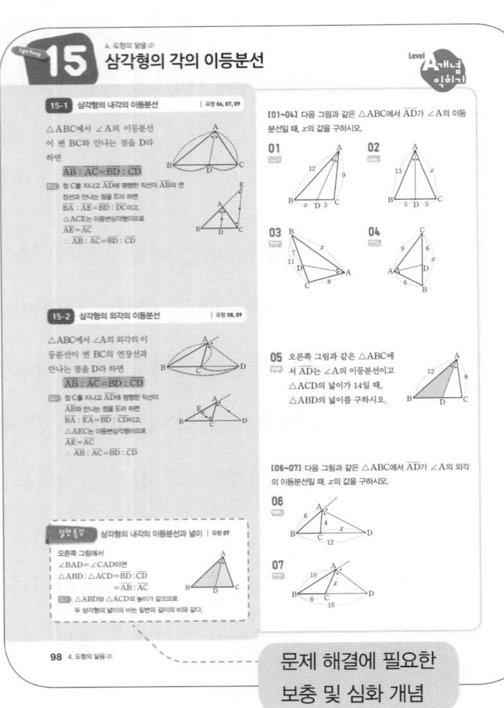

문제 해결에 필요한 보충 및 심화 개념

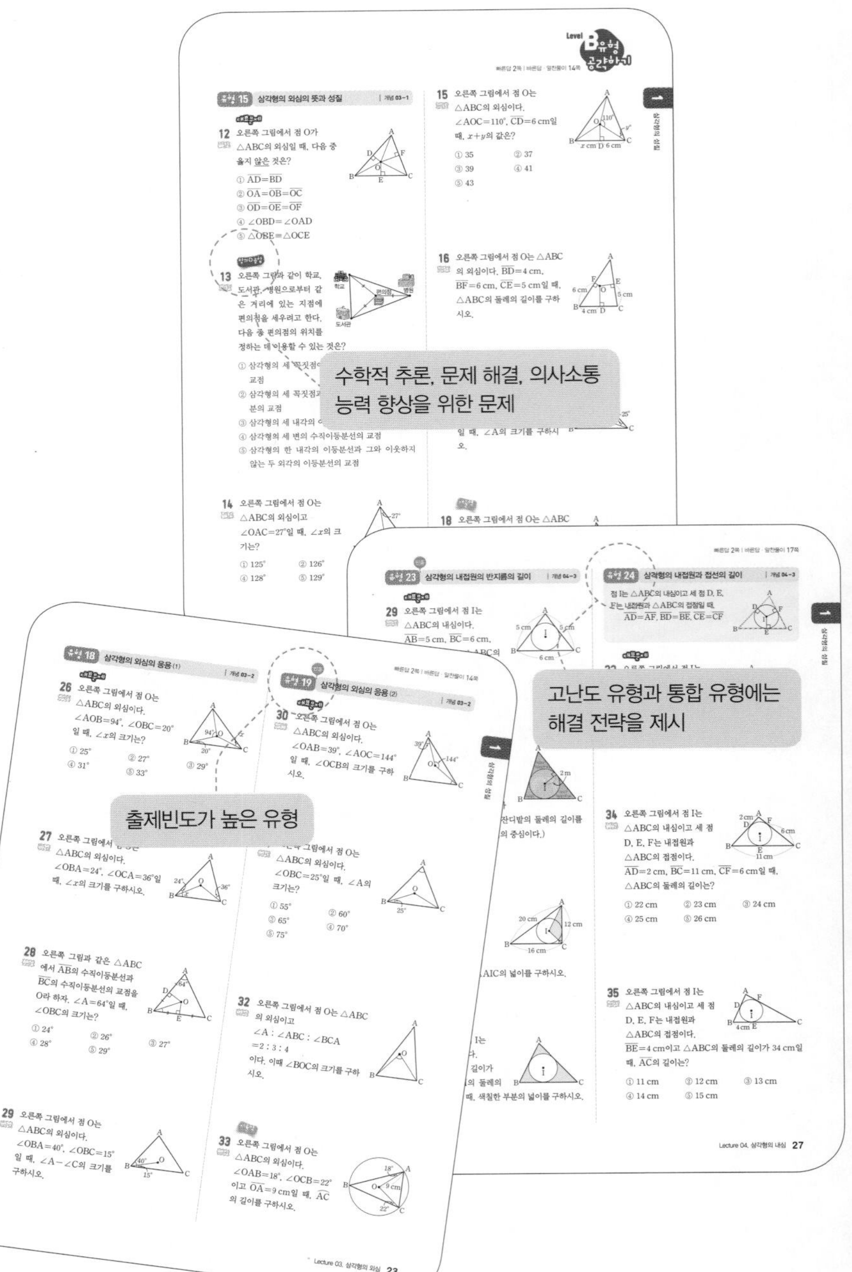

수학적 추론, 문제 해결, 의사소통 능력 향상을 위한 문제

고난도 유형과 통합 유형에는 해결 전략을 제시

출제빈도가 높은 유형

2 진도에 맞춰 기본부터 실전까지 완전 학습이 가능합니다.

한 시간 수업(Lecture)을 기본 4쪽으로 구성하여 수업 진도에 맞춰 예습 · 복습하기 편리하고, 유형별로 충분한 문제 해결 연습을 할 수 있습니다.

3 서술형 문제, 창의·융합 문제로 수학적 창의성을 기릅니다.

교육과정에서 강조하는 창의·융합적 사고력을 기를 수 있도록 다양한 형태의 문제를 제시하고 자세한 풀이를 수록하여 쉽게 이해할 수 있습니다.

중단원별 실전 집중 학습

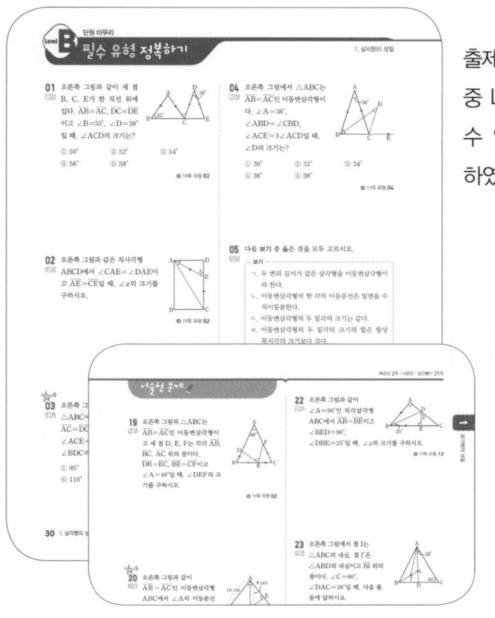

출제율이 높은 시험 문제 중 Lecture별로 학습할 수 있도록 문제를 구성하였습니다.

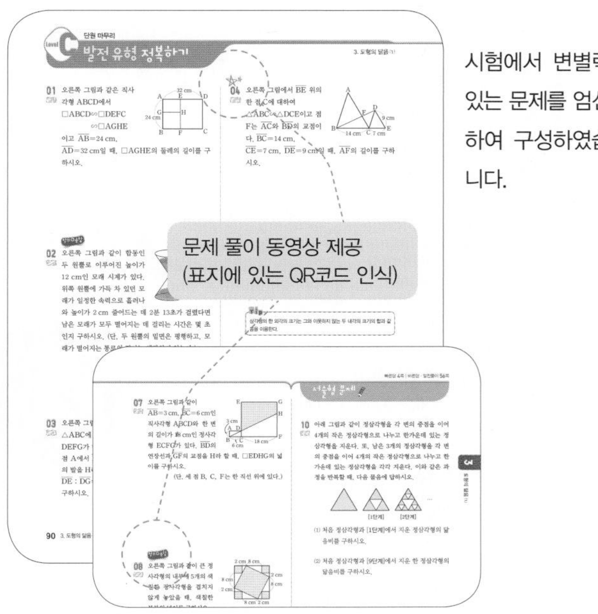

시험에서 변별력 있는 문제를 엄선하여 구성하였습니다.

자세한 문제 풀이

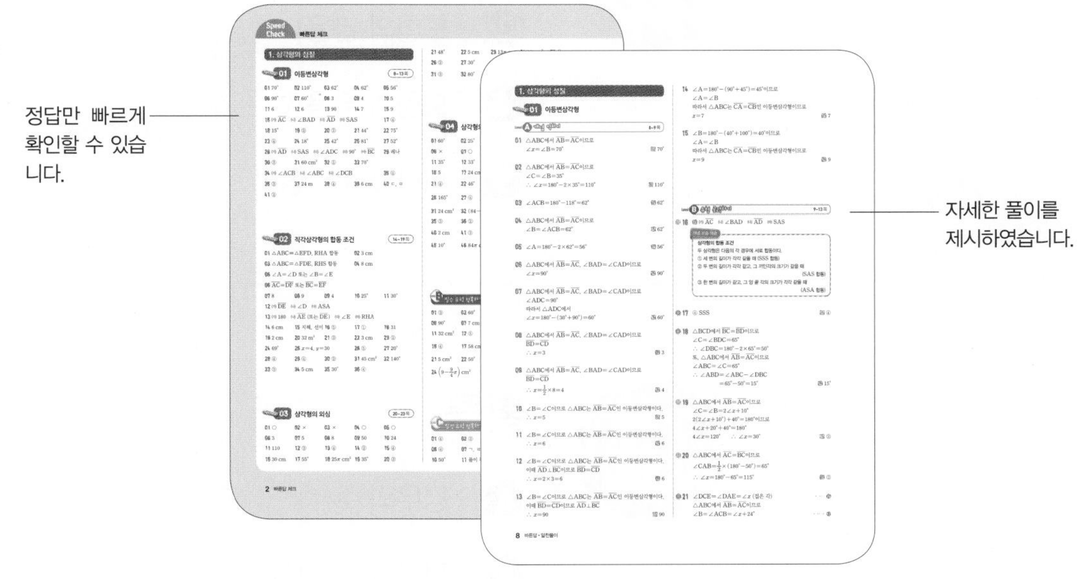

정답만 빠르게 확인할 수 있습니다.

자세한 풀이를 제시하였습니다.

CONTENTS

차례

도형의 성질

도형의 닮음과 피타고라스 정리

확률

수학이 쉬워지는

유형완성 학습법

STEP 01

핵심 개념 정리

수학 문제를 풀기 위해서는 무엇보다 개념을 정확히 이해하고 있는 것이 중요하므로 차근차근 개념을 학습하여 확실히 이해하고 공식을 암기합니다. 교과서를 먼저 읽은 후 공부하면 더 쉽게 개념을 이해할 수 있습니다.

STEP 02

Level A 개념 익히기

기본 문제를 풀어 보면서 개념을 어느 정도 이해했는지 확인해 봅니다. 틀린 문제가 있다면 해당 개념으로 돌아가 개념을 다시 한 번 학습한 후 문제를 다시 풀어 봅니다.

STEP 03

Level B 유형 공략하기

문제의 형태와 문제 해결에 사용되는 핵심 개념, 풀이 방법 등에 따라 문제를 유형화하고 그 유형에 맞는 해결 방법이 제시되어 있으므로 문제를 풀어 보며 해결 방법을 익힙니다. 틀린 문제가 있다면 체크해 두고 반드시 복습합니다.

STEP 04

Level B 단원 마무리 필수 유형 정복하기

수학을 꾸준히 공부했다고 하더라도 실전에 앞서 실전 감각을 기르는 것이 무엇보다 중요합니다. 필수 유형 정복하기에 제시된 문제를 풀면서 실전 감각을 기르고 앞에서 학습한 내용을 얼마나 이해했는지 확인해 봅니다.

STEP 05

Level C 단원 마무리 발전 유형 정복하기

난이도가 높은 문제를 해결하기 위해서는 어떤 개념과 유형이 복합된 문제인지를 파악하고 그에 맞는 전략을 세울 수 있어야 합니다. 발전 유형 정복하기에 제시된 문제를 풀면서 앞에서 학습한 유형들이 어떻게 응용되어 있는지 파악하고 해결 방법을 고민해 보는 훈련을 통해 문제 해결력을 기릅니다.

I. 도형의 성질

1 삼각형의 성질

학습 계획 및 성취도 체크

- 학습 계획을 세우고 적어도 두 번 반복하여 공부합니다.
- 유형 이해도에 따라 ☐ 안에 ○, △, ×를 표시합니다.
- 시험 전에 [빈출] 유형과 × 표시한 유형은 반드시 한 번 더 풀어 봅니다.

이등변삼각형

01-1 이등변삼각형의 뜻과 성질 | 유형 01~06

(1) **이등변삼각형:** 두 변의 길이가 같은 삼각형

➡ $\overline{AB}=\overline{AC}$

① 꼭지각: 길이가 같은 두 변이 이루는 각 ➡ $\angle A$

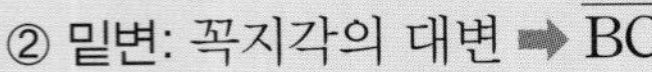

② 밑변: 꼭지각의 대변 ➡ $\overline{BC}$

③ 밑각: 밑변의 양 끝 각 ➡ $\angle B$, $\angle C$

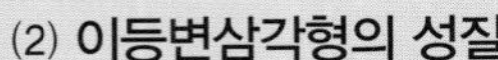

(2) **이등변삼각형의 성질**

① 이등변삼각형의 **두 밑각의 크기는 같다.**

➡ $\angle B=\angle C$

② 이등변삼각형의 **꼭지각의 이등분선은 밑변을 수직이등분한다.**

➡ $\overline{AD}\perp\overline{BC}$, $\overline{BD}=\overline{CD}$

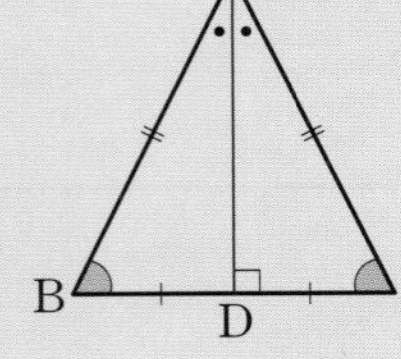

참고 (꼭지각의 이등분선)
=(밑변의 수직이등분선)
=(꼭지각의 꼭짓점과 밑변의 중점을 이은 선분)
=(꼭지각의 꼭짓점에서 밑변에 그은 수선)

01-2 이등변삼각형이 되는 조건 | 유형 07, 08

두 내각의 크기가 같은 삼각형은 이등변삼각형이다.

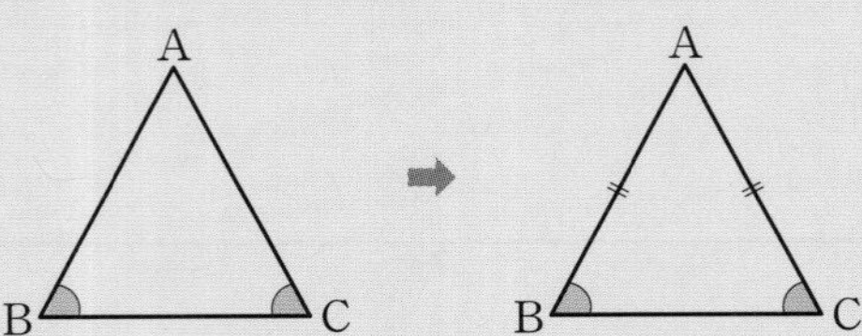

➡ $\triangle ABC$에서 $\angle B=\angle C$이면 $\overline{AB}=\overline{AC}$

실전 특강 폭이 일정한 종이 접기 | 유형 08

오른쪽 그림과 같이 폭이 일정한 종이를 접었을 때,

$\angle ABC=\angle ACB$

이므로 $\triangle ABC$는 $\overline{AB}=\overline{AC}$인 이등변삼각형이다.

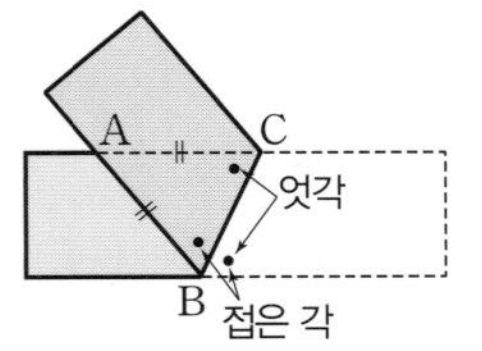

[01~02] 다음 그림에서 $\triangle ABC$가 $\overline{AB}=\overline{AC}$인 이등변삼각형일 때, $\angle x$의 크기를 구하시오.

01 0001

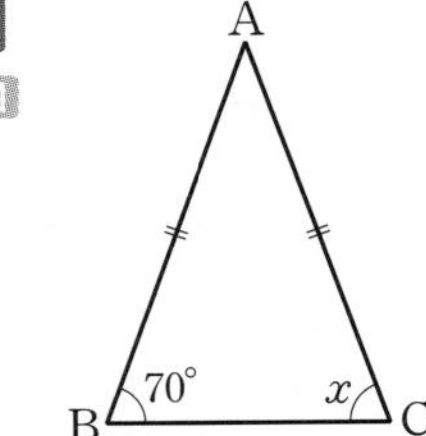

02 0002

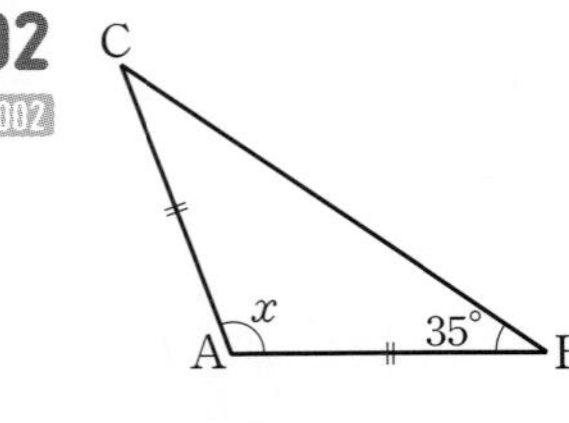

[03~05] 오른쪽 그림에서 $\triangle ABC$가 $\overline{AB}=\overline{AC}$인 이등변삼각형일 때, 다음을 구하시오.

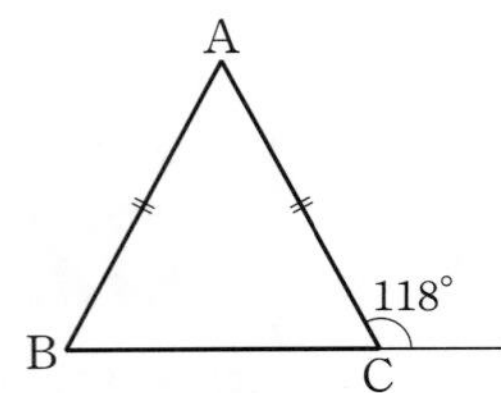

03 0003 $\angle ACB$의 크기

04 0004 $\angle B$의 크기

05 0005 $\angle A$의 크기

[06~07] 다음 그림에서 $\triangle ABC$는 $\overline{AB}=\overline{AC}$인 이등변삼각형이다. $\overline{AD}$가 $\angle A$의 이등분선일 때, $\angle x$의 크기를 구하시오.

06 0006

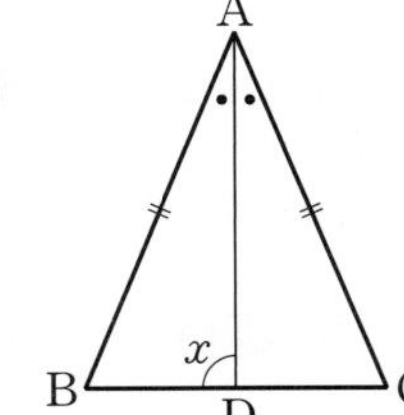

07 0007

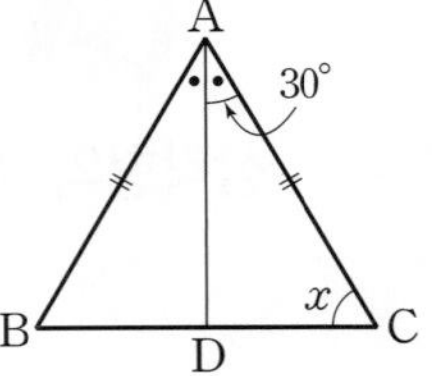

[08~09] 다음 그림에서 $\triangle ABC$는 $\overline{AB}=\overline{AC}$인 이등변삼각형이다. $\overline{AD}$가 $\angle A$의 이등분선일 때, x의 값을 구하시오.

08 0008

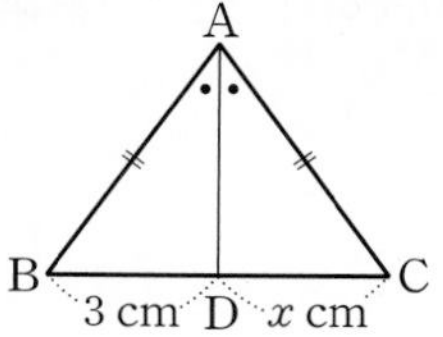

09 0009

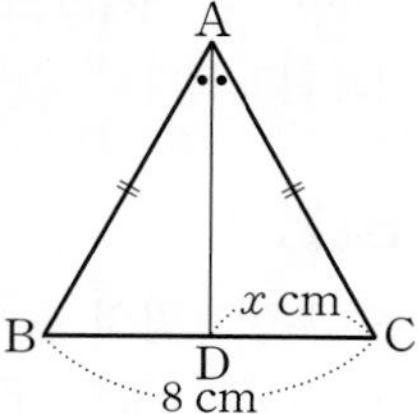

[10~13] 다음 그림의 $\triangle ABC$에서 $\angle B=\angle C$일 때, x의 값을 구하시오.

10 0010

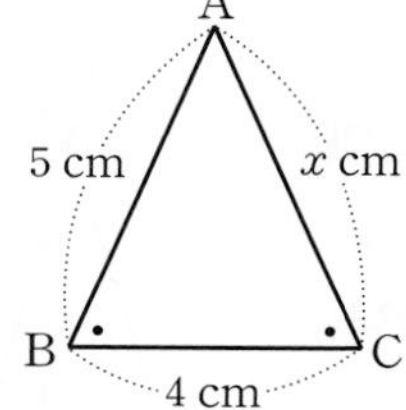

11 0011

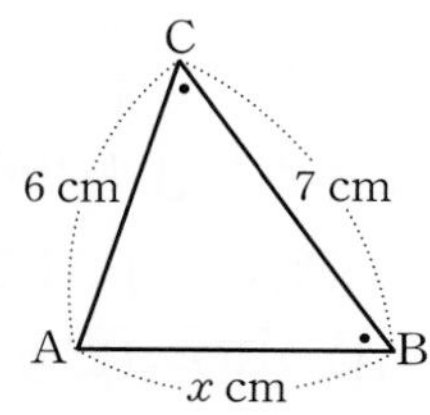

12 0012

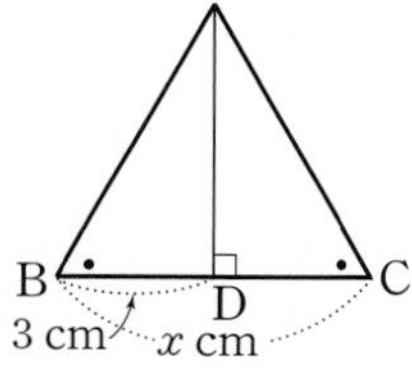

13 0013

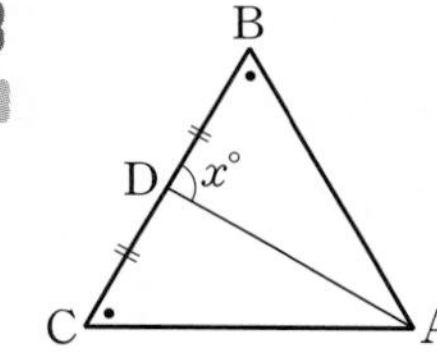

[14~15] 다음 그림에서 x의 값을 구하시오.

14 0014

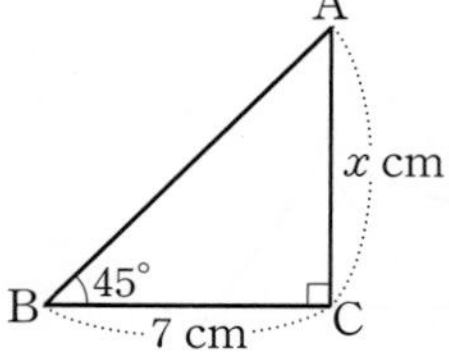

15 0015

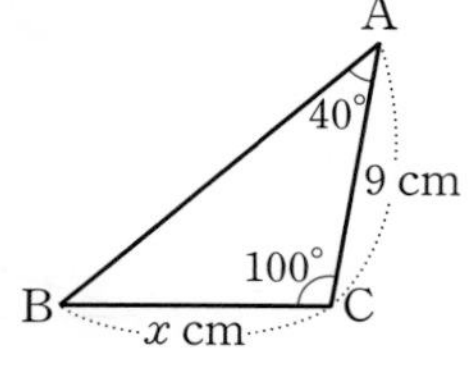

유형 01 이등변삼각형의 성질 ① 확인하기 ; 밑각의 크기 | 개념 01-1

대표문제

16 0016 다음은 이등변삼각형의 두 밑각의 크기는 같음을 설명하는 과정이다. (가)~(라)에 알맞은 것을 써넣으시오.

> $\overline{AB}=\overline{AC}$인 이등변삼각형 ABC에서 $\angle A$의 이등분선과 $\overline{BC}$의 교점을 D라 하자.
> $\triangle ABD$와 $\triangle ACD$에서
> $\overline{AB}=$ (가) ,
> (나) $=\angle CAD$,
> (다) 는 공통
> 이므로 $\triangle ABD\equiv\triangle ACD$ ((라) 합동)
> $\therefore\ \angle B=\angle C$

17 0017 다음은 이등변삼각형의 두 밑각의 크기는 같음을 설명하는 과정이다. ①~⑤에 들어갈 것으로 옳지 않은 것은?

> $\overline{AB}=\overline{AC}$인 이등변삼각형 ABC에서 $\overline{BC}$의 중점을 D라 하자.
> $\triangle ABD$와 $\triangle ACD$에서
> ① $=\overline{AC}$,
> $\overline{BD}=$ ② ,
> ③ 는 공통
> 이므로 $\triangle ABD\equiv\triangle ACD$ (④ 합동)
> $\therefore\ \angle B=$ ⑤

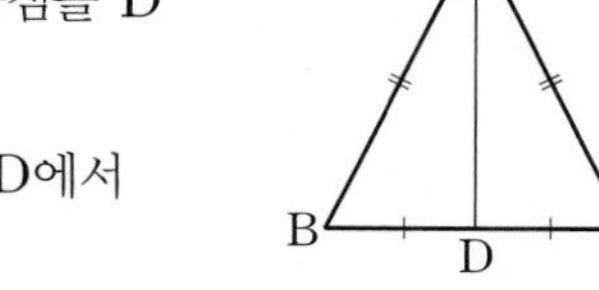

① $\overline{AB}$　② $\overline{CD}$　③ $\overline{AD}$
④ SAS　⑤ $\angle C$

유형 02 이등변삼각형의 성질 ①

| 개념 01-1

대표문제

18 오른쪽 그림과 같이 $\overline{AB}=\overline{AC}$인 이등변삼각형 ABC에서 $\overline{BC}=\overline{BD}$이고 $\angle BDC=65°$일 때, $\angle ABD$의 크기를 구하시오.
0018

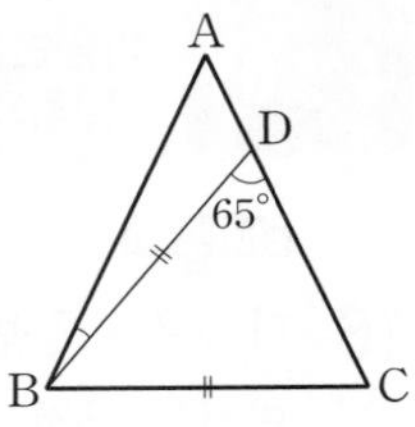

19 오른쪽 그림과 같이 $\overline{AB}=\overline{AC}$인 이등변삼각형 ABC에서 $\angle A=40°$일 때, $\angle x$의 크기는?

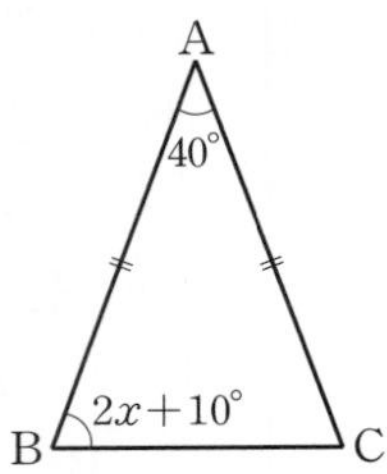

① 27° ② 30° ③ 32° ④ 35° ⑤ 38°

20 오른쪽 그림과 같이 $\overline{AC}=\overline{BC}$인 이등변삼각형 ABC에서 $\angle C=50°$일 때, $\angle x$의 크기는?

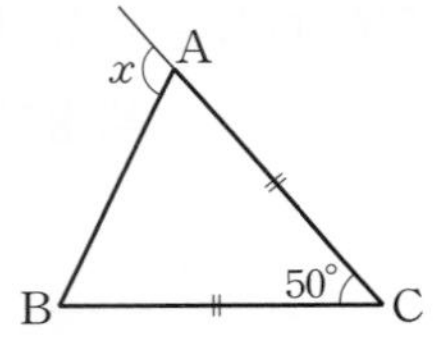

① 110° ② 115° ③ 120° ④ 125° ⑤ 130°

서술형

21 오른쪽 그림은 $\overline{AB}=\overline{AC}$인 이등변삼각형 모양의 종이 ABC를 꼭짓점 A가 꼭짓점 C에 오도록 접은 것이다. $\angle ECB=24°$일 때, $\angle x$의 크기를 구하시오.
0021

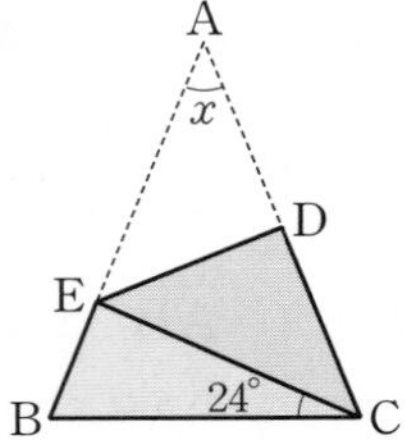

유형 03 이등변삼각형의 성질 ①의 응용 ; 이웃한 이등변삼각형

| 개념 01-1

이등변삼각형이 이웃한 경우 다음과 같은 도형의 성질을 이용하여 각의 크기를 구한다.

① 삼각형의 세 내각의 크기의 합은 180°이다.

② 삼각형의 한 외각의 크기는 그와 이웃하지 않는 두 내각의 크기의 합과 같다.

대표문제

22 오른쪽 그림의 △ABC에서 $\overline{AC}=\overline{DC}=\overline{DB}$이고 $\angle B=25°$일 때, $\angle x$의 크기를 구하시오.
0022

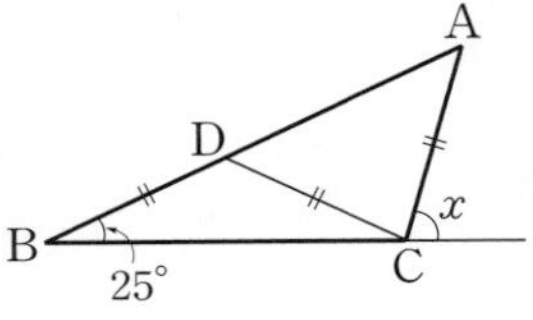

23 오른쪽 그림과 같이 $\overline{AB}=\overline{AC}$인 이등변삼각형 ABC에서 $\overline{AD}=\overline{BD}=\overline{BC}$일 때, $\angle ADB$의 크기는?
0023

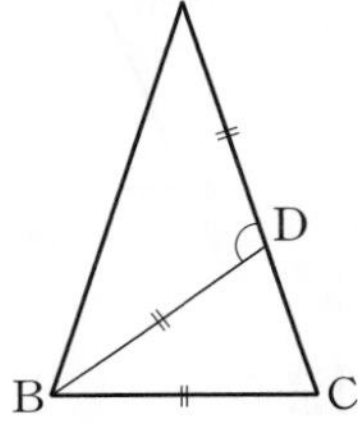
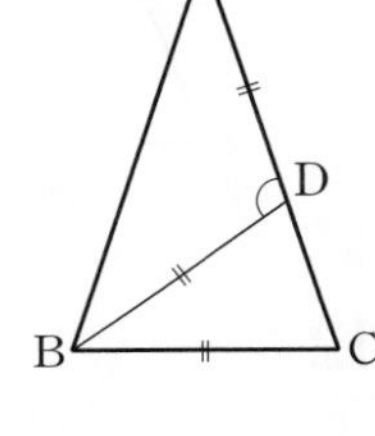

① 96° ② 100° ③ 104° ④ 108° ⑤ 112°

24 다음 그림의 △ABC에서 $\overline{AC}=\overline{AD}=\overline{ED}=\overline{EB}$이고 $\angle CAF=72°$일 때, $\angle B$의 크기를 구하시오.
0024

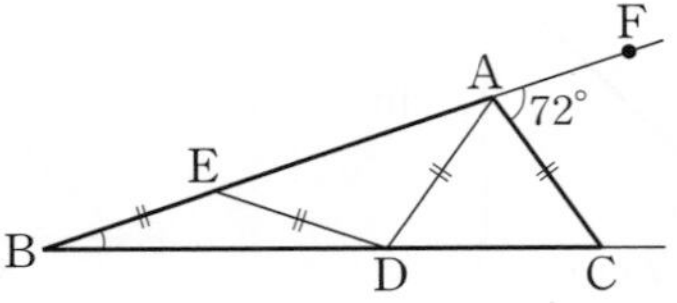

유형 04 이등변삼각형의 성질 ①의 응용 ; 각의 이등분선 | 개념 01-1

$\overline{AB}=\overline{AC}$인 이등변삼각형 ABC에서 ∠B의 이등분선과 ∠C의 외각의 이등분선의 교점을 D라 할 때, ∠D의 크기 구하기

❶ △ABC에서 밑각의 크기 (•+•)를 구하여 •의 크기를 구한다.

❷ △ABC에서 ∠C의 외각의 크기 (×+×)를 구하여 ×의 크기를 구한다.

❸ △DBC에서 ∠D+•=×임을 이용하여 ∠D의 크기를 구한다.

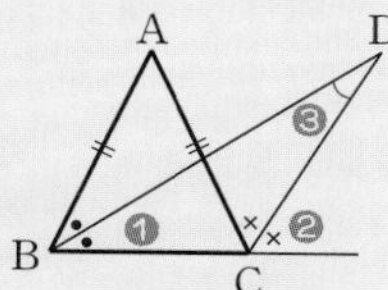

대표문제

25 0025 오른쪽 그림에서 △ABC는 $\overline{AB}=\overline{AC}$인 이등변삼각형이고 점 D는 ∠B의 이등분선과 ∠C의 외각의 이등분선의 교점이다. ∠A=84°일 때, ∠D의 크기를 구하시오.

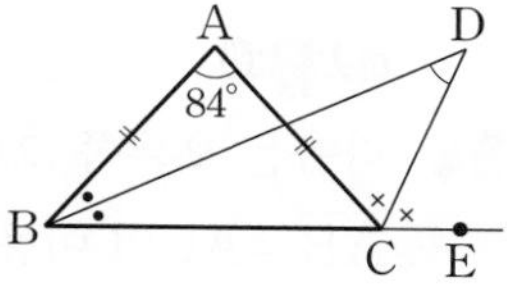

26 0026 오른쪽 그림과 같이 $\overline{AB}=\overline{AC}$인 이등변삼각형 ABC에서 ∠C의 이등분선과 $\overline{AB}$의 교점을 D라 하자. ∠A=48°일 때, ∠BDC의 크기를 구하시오.

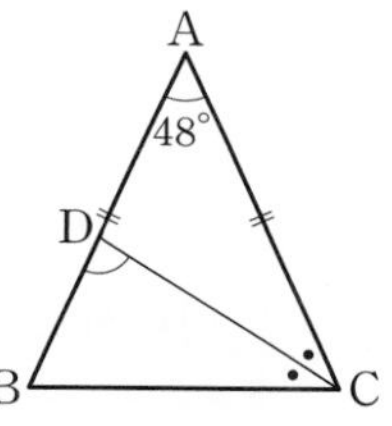

서술형

27 0027 오른쪽 그림에서 △ABC, △CDB는 각각 $\overline{AB}=\overline{AC}$, $\overline{CB}=\overline{CD}$인 이등변삼각형이다. ∠ACD=∠DCE이고 ∠DBC=29°일 때, ∠A의 크기를 구하시오.

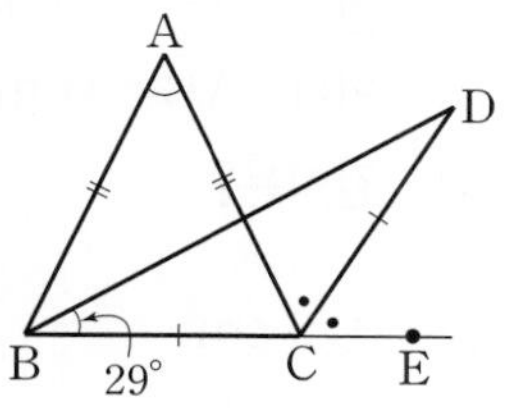

유형 05 이등변삼각형의 성질 ② 확인하기 ; 꼭지각의 이등분선 | 개념 01-1

대표문제

28 0028 다음은 이등변삼각형의 꼭지각의 이등분선은 밑변을 수직이등분함을 설명하는 과정이다. (가)~(마)에 알맞은 것을 써넣으시오.

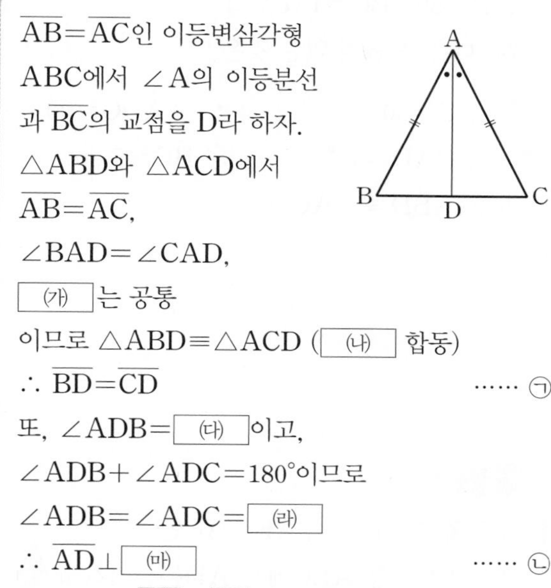
$\overline{AB}=\overline{AC}$인 이등변삼각형 ABC에서 ∠A의 이등분선과 $\overline{BC}$의 교점을 D라 하자.
△ABD와 △ACD에서
$\overline{AB}=\overline{AC}$,
∠BAD=∠CAD,
(가) 는 공통
이므로 △ABD≡△ACD ((나) 합동)
∴ $\overline{BD}=\overline{CD}$ …… ㉠
또, ∠ADB= (다) 이고,
∠ADB+∠ADC=180°이므로
∠ADB=∠ADC= (라)
∴ $\overline{AD}\perp$ (마) …… ㉡
㉠, ㉡에서 $\overline{AD}$는 $\overline{BC}$를 수직이등분한다.

창의+융합

29 0029 오른쪽 그림과 같이 $\overline{AB}=\overline{AC}$인 이등변삼각형 ABC에서 ∠A의 이등분선과 $\overline{BC}$의 교점을 D라 하자. $\overline{AD}$ 위에 한 점 P를 잡을 때, 다음 중 성립하지 않는 것이 적혀 있는 카드를 가지고 있는 학생을 고르시오.

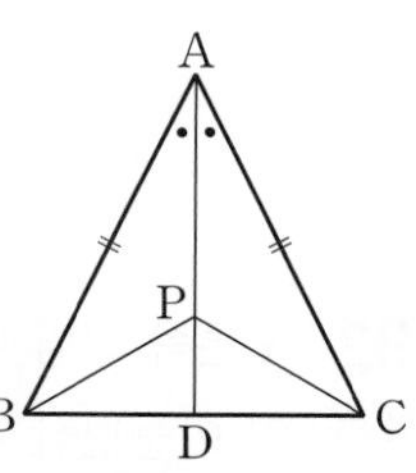

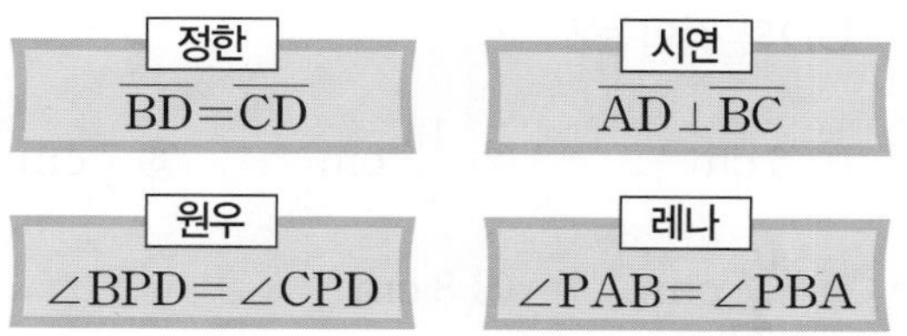

빈출

유형 06 이등변삼각형의 성질 ② | 개념 01-1

대표문제

30 0030 오른쪽 그림과 같이 $\overline{AB}=\overline{AC}$인 이등변삼각형 ABC에서 ∠A의 이등분선과 $\overline{BC}$의 교점을 D라 하자. ∠B$=50°$, $\overline{BC}=10$ cm일 때, 다음 중 옳지 않은 것은?

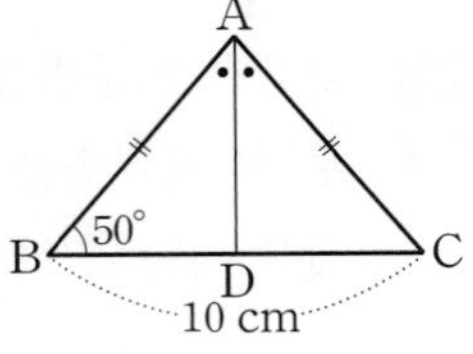

① ∠C$=50°$ ② ∠ADC$=90°$
③ ∠BAD$=45°$ ④ $\overline{BD}=5$ cm
⑤ △ABD≡△ACD

31 0031 오른쪽 그림과 같이 $\overline{AB}=\overline{AC}$인 이등변삼각형 ABC에서 $\overline{AD}$는 ∠A의 이등분선이다. $\overline{AD}=12$ cm, $\overline{BD}=5$ cm일 때, △ABC의 넓이를 구하시오.

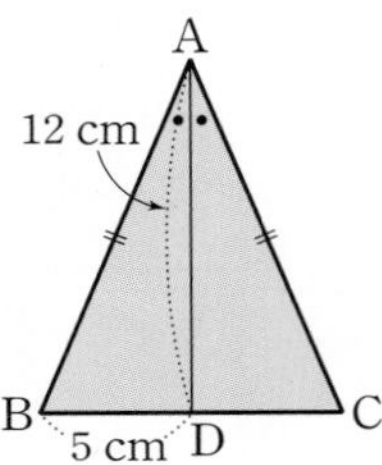

32 0032 오른쪽 그림과 같이 $\overline{BA}=\overline{BC}$인 이등변삼각형 ABC에서 $\overline{AB}=16$ cm, ∠C$=60°$이고 $\overline{BD}$는 ∠B의 이등분선일 때, $\overline{CD}$의 길이는?

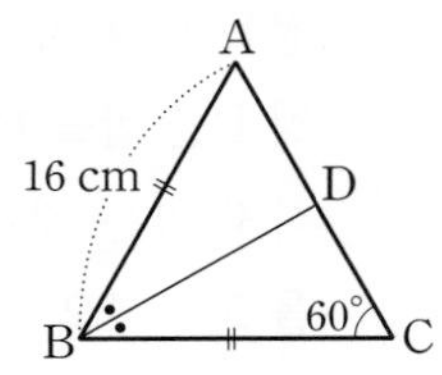

① 6 cm ② $\frac{13}{2}$ cm ③ 7 cm
④ $\frac{15}{2}$ cm ⑤ 8 cm

33 0033 오른쪽 그림과 같이 $\overline{AB}=\overline{AC}$인 이등변삼각형 ABC에서 $\overline{BD}=\overline{CD}$이고 ∠DAC$=20°$일 때, ∠B의 크기를 구하시오.

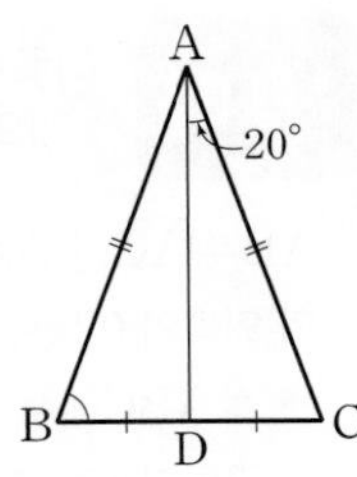

유형 07 이등변삼각형이 되는 조건 | 개념 01-2

대표문제

34 0034 다음은 오른쪽 그림과 같이 $\overline{AB}=\overline{AC}$인 이등변삼각형 ABC에서 ∠B와 ∠C의 이등분선의 교점을 D라 할 때, △DBC는 이등변삼각형임을 설명하는 과정이다. (가)~(다)에 알맞은 것을 써넣으시오.

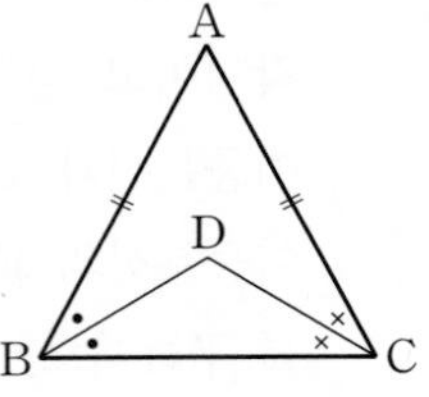

> △ABC에서 $\overline{AB}=\overline{AC}$이므로
> ∠ABC= (가)
> ∴ ∠DBC$=\frac{1}{2}$ (나)
> $=\frac{1}{2}$∠ACB
> = (다)
> 따라서 △DBC는 $\overline{DB}=\overline{DC}$인 이등변삼각형이다.

35 0035 오른쪽 그림과 같은 △ABC에서 ∠A=∠B이고 $\overline{AB}\perp\overline{CD}$이다. $\overline{AB}=8$ cm일 때, $\overline{AD}$의 길이는?

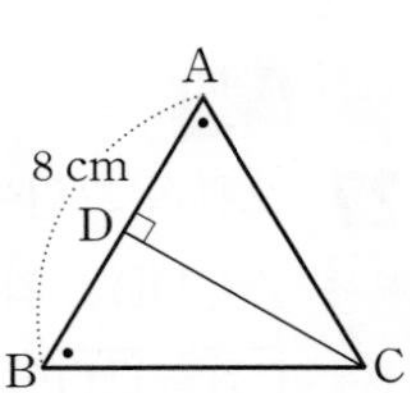

① 3 cm ② $\frac{10}{3}$ cm ③ $\frac{11}{3}$ cm
④ 4 cm ⑤ $\frac{13}{3}$ cm

36 오른쪽 그림과 같이 $\overline{AB}=\overline{AC}$인 이등변삼각형 ABC에서 ∠B의 이등분선과 $\overline{AC}$의 교점을 D라 하자. ∠A=36°일 때, 다음 중 옳지 않은 것은?
0036

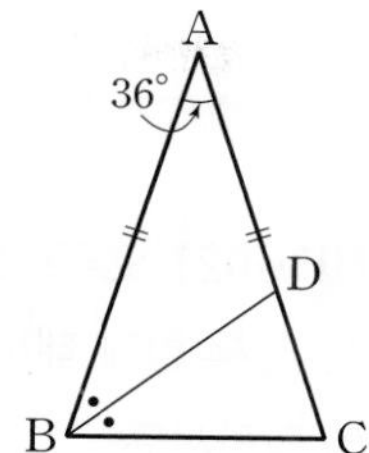

① ∠ABD=36°
② ∠BDC=72°
③ $\overline{AD}=\overline{BD}=\overline{CD}$
④ △ABD는 이등변삼각형이다.
⑤ △BCD는 이등변삼각형이다.

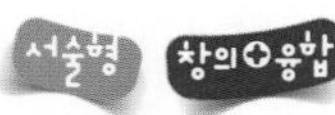

37 네 건물 A, B, C, D의 위치가 오른쪽 그림과 같다. $\overline{AD}\perp\overline{CD}$, ∠C=30°, $\overline{AB}=\overline{BD}$이고 $\overline{AD}$=12 m일 때, 두 건물 A와 C 사이의 거리를 구하시오. (단, 세 건물 A, B, C는 한 직선 위에 있다.)
0037

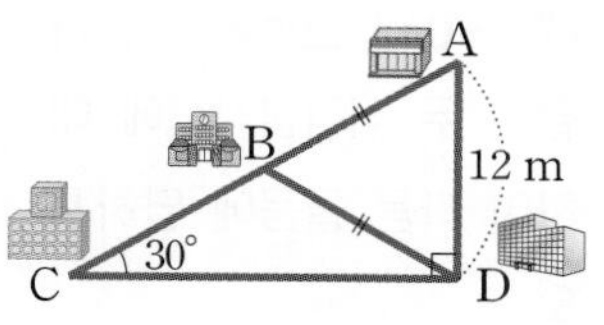

38 오른쪽 그림과 같이 $\overline{AB}=\overline{AC}$=14 cm인 이등변삼각형 ABC에서 ∠B=40°이고 $\overline{CA}$의 연장선 위의 점 D에 대하여 $\overline{DE}\perp\overline{BC}$이다. 점 F는 $\overline{DE}$와 $\overline{AB}$의 교점이고 $\overline{AF}=\overline{BF}$일 때, $\overline{CD}$의 길이는?
0038

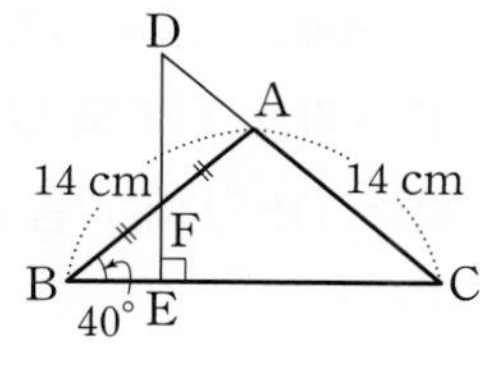

① 18 cm ② 19 cm ③ 20 cm
④ 21 cm ⑤ 22 cm

빈출

유형 08 폭이 일정한 종이 접기 | 개념 01-2

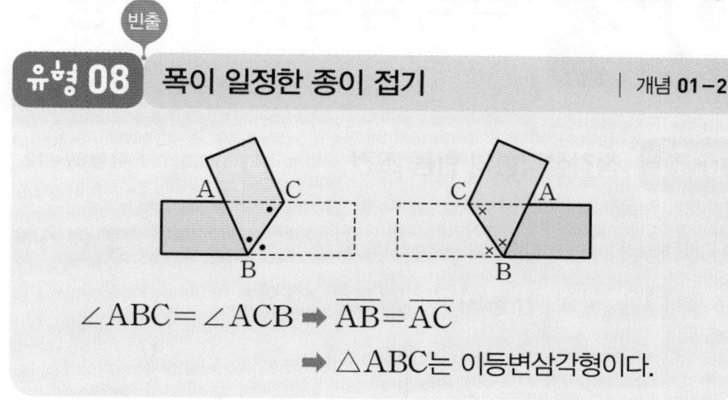

∠ABC=∠ACB ➡ $\overline{AB}=\overline{AC}$
➡ △ABC는 이등변삼각형이다.

대표문제

39 오른쪽 그림은 직사각형 모양의 종이를 $\overline{EF}$를 접는 선으로 하여 접은 것이다. $\overline{EF}$=5 cm, $\overline{EG}$=6 cm일 때, $\overline{GF}$의 길이를 구하시오.
0039

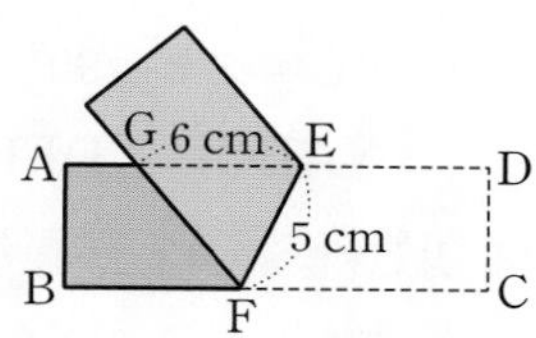

40 폭이 일정한 종이를 오른쪽 그림과 같이 접었을 때, 다음 **보기** 중 옳은 것을 모두 고르시오.
0040

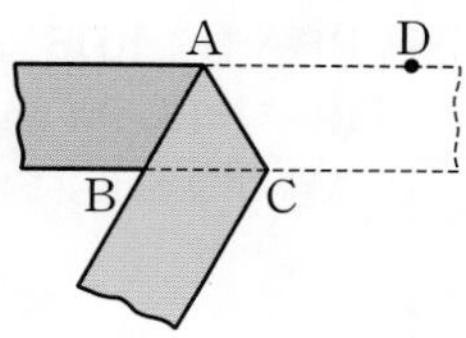

보기
ㄱ. $\overline{AC}=\overline{AB}$	ㄴ. ∠CAD=∠CBA
ㄷ. $\overline{BA}=\overline{BC}$	ㄹ. ∠BAC=∠DAC

41 다음 그림은 직사각형 모양의 종이를 $\overline{EF}$를 접는 선으로 하여 접은 것이다. $\overline{CD}$=3 cm, $\overline{FG}$=6 cm일 때, △GEF의 넓이는?
0041

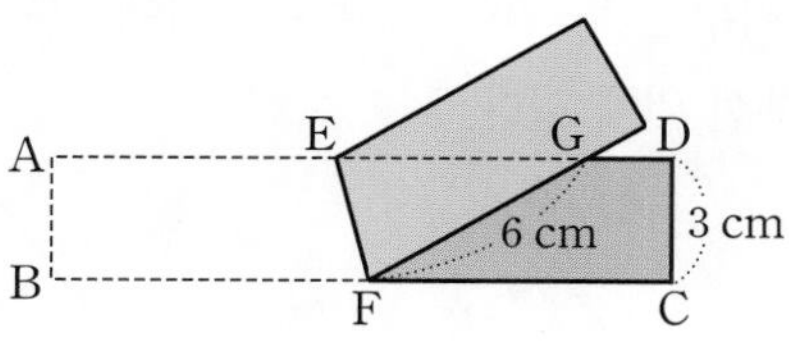

① 6 cm^2 ② 9 cm^2 ③ 12 cm^2
④ 15 cm^2 ⑤ 18 cm^2

1 삼각형의 성질

직각삼각형의 합동 조건

02-1 직각삼각형의 합동 조건 | 유형 09 ~ 12

(1) **빗변의 길이와 한 예각의 크기가 각각 같은 두 직각삼각형**은 서로 합동이다. **(RHA 합동)**

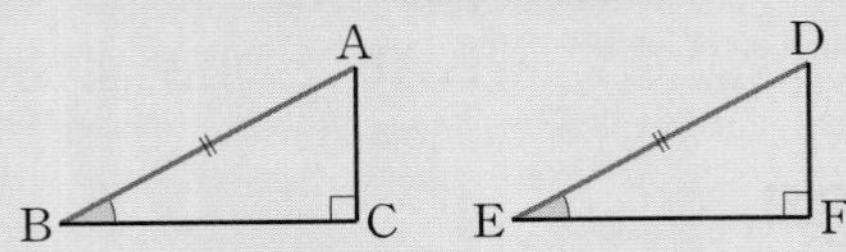

➡ $\angle C=\angle F=90°$, $\overline{AB}=\overline{DE}$, $\angle B=\angle E$이면 $\triangle ABC\equiv\triangle DEF$

(2) **빗변의 길이와 다른 한 변의 길이가 각각 같은 두 직각삼각형**은 서로 합동이다. **(RHS 합동)**

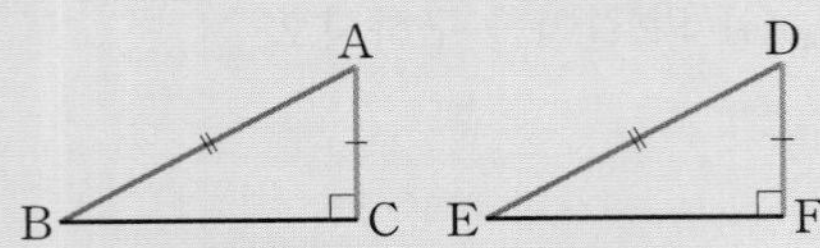

➡ $\angle C=\angle F=90°$, $\overline{AB}=\overline{DE}$, $\overline{AC}=\overline{DF}$이면 $\triangle ABC\equiv\triangle DEF$

참고 RHA 합동, RHS 합동에서
R는 직각(Right angle), H는 빗변(Hypotenuse), A는 각(Angle), S는 변(Side)을 뜻한다.

02-2 각의 이등분선의 성질 | 유형 13, 14

(1) 각의 이등분선 위의 한 점에서 그 각을 이루는 두 변까지의 거리는 같다.

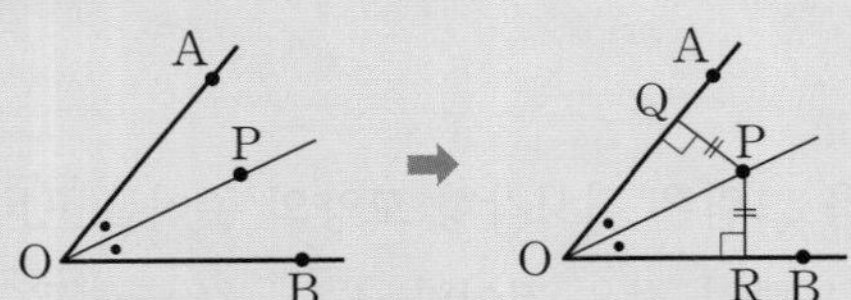

➡ $\angle AOP=\angle BOP$이면 $\overline{PQ}=\overline{PR}$

(2) 각을 이루는 두 변에서 같은 거리에 있는 점은 그 각의 이등분선 위에 있다.

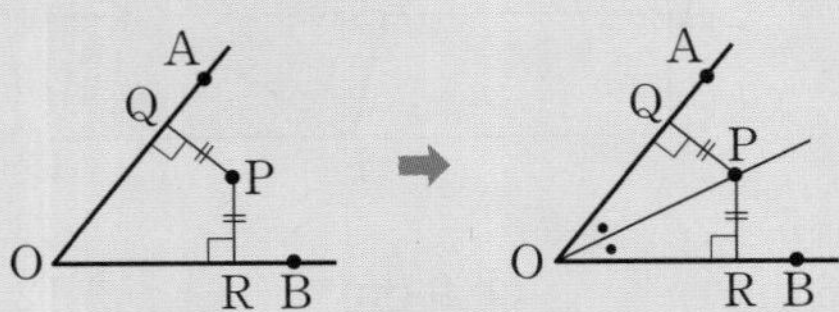

➡ $\overline{PQ}=\overline{PR}$이면 $\angle AOP=\angle BOP$

참고 각의 이등분선의 성질은 직각삼각형의 합동을 이용하여 설명할 수 있다.

[01~02] 오른쪽 그림과 같은 두 직각삼각형에 대하여 다음 물음에 답하시오.

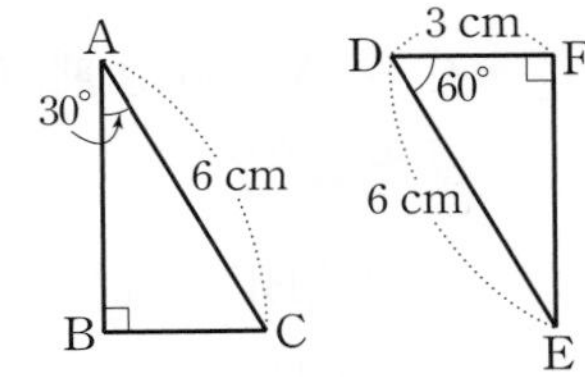

01 합동인 두 삼각형을 기호 ≡를 사용하여 나타내고, 직각삼각형의 합동 조건을 말하시오.
0042

02 $\overline{BC}$의 길이를 구하시오.
0043

[03~04] 오른쪽 그림과 같은 두 직각삼각형에 대하여 다음 물음에 답하시오.

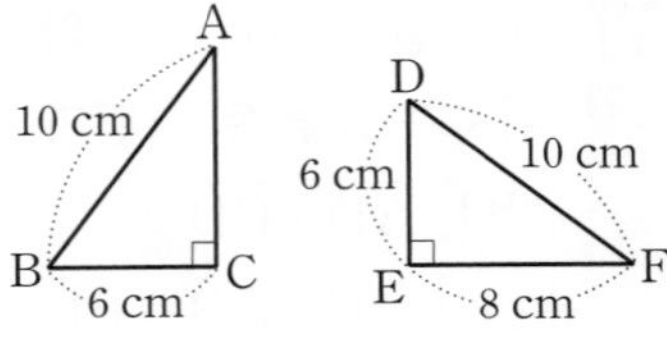

03 합동인 두 삼각형을 기호 ≡를 사용하여 나타내고, 직각삼각형의 합동 조건을 말하시오.
0044

04 $\overline{AC}$의 길이를 구하시오.
0045

[05~06] 오른쪽 그림과 같은 두 직각삼각형 ABC와 DEF에서 $\overline{AB}=\overline{DE}$일 때, 다음 물음에 답하시오.

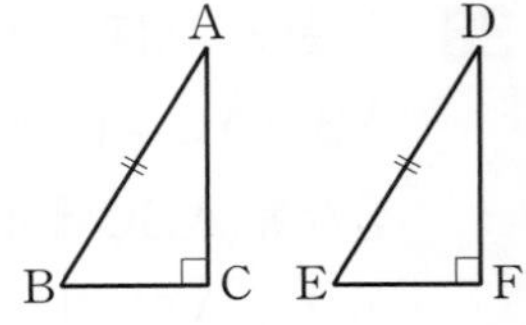

05 $\triangle ABC\equiv\triangle DEF$이고 그때의 합동 조건이 RHA 합동이기 위하여 더 필요한 조건을 말하시오.
0046

06 $\triangle ABC\equiv\triangle DEF$이고 그때의 합동 조건이 RHS 합동이기 위하여 더 필요한 조건을 말하시오.
0047

[07~09] 다음 그림에서 $\angle AOP=\angle BOP$일 때, x의 값을 구하시오.

07
0048

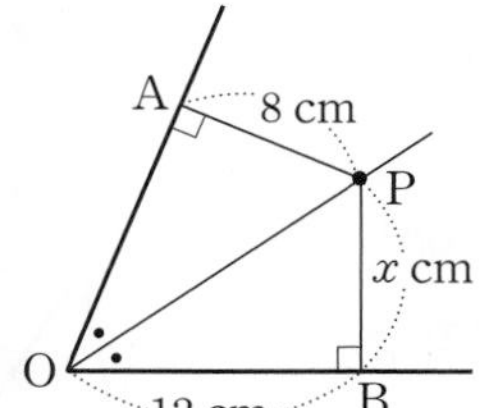

08
0049

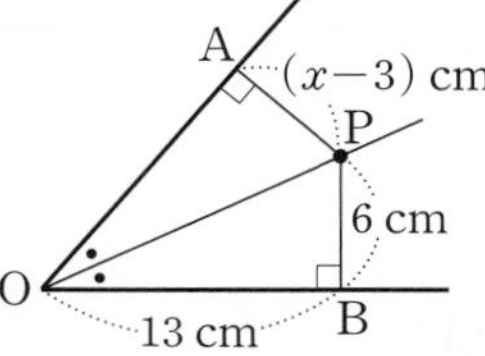

09
0050

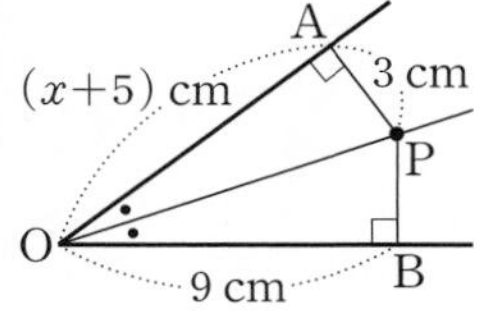

[10~11] 다음 그림에서 $\overrightarrow{OX}\perp\overline{PA}$, $\overrightarrow{OY}\perp\overline{PB}$이고 $\overline{PA}=\overline{PB}$일 때, $\angle x$의 크기를 구하시오.

10
0051

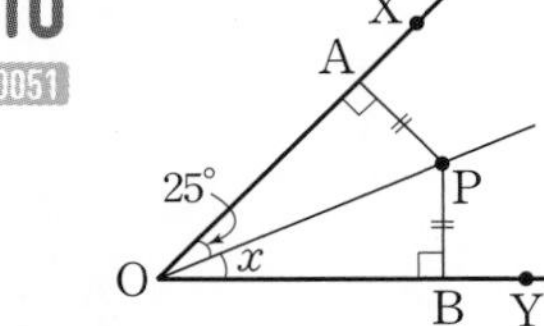

11
0052

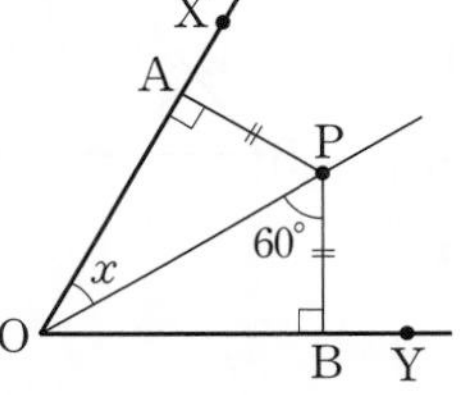

유형 09 직각삼각형의 합동 조건 확인하기 | 개념 02-1

12 다음은 빗변의 길이와 한 예각의 크기가 각각 같은 두 직각삼각형은 서로 합동임을 설명하는 과정이다. (가)~(다)에 알맞은 것을 써넣으시오.
0053

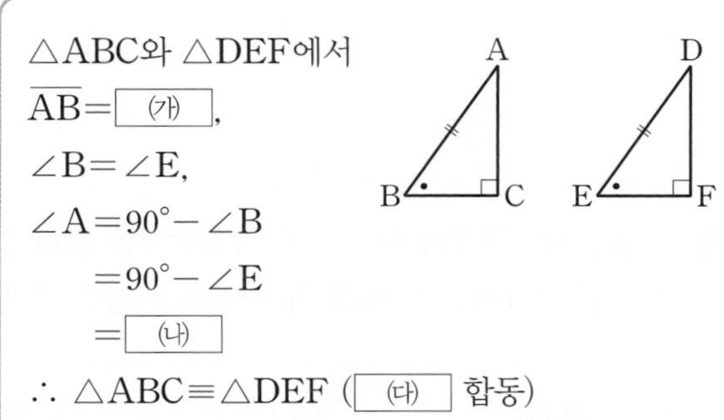

$\triangle ABC$와 $\triangle DEF$에서
$\overline{AB}=$ (가) ,
$\angle B=\angle E$,
$\angle A=90^\circ-\angle B$
$=90^\circ-\angle E$
$=$ (나)
$\therefore\ \triangle ABC\equiv\triangle DEF$ ((다) 합동)

13 다음은 빗변의 길이와 다른 한 변의 길이가 각각 같은 두 직각삼각형은 서로 합동임을 설명하는 과정이다. (가)~(라)에 알맞은 것을 써넣으시오.
0054

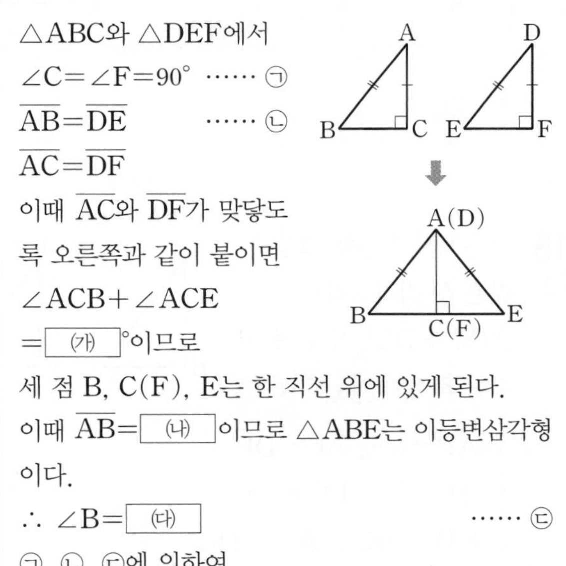

$\triangle ABC$와 $\triangle DEF$에서
$\angle C=\angle F=90^\circ$ …… ㉠
$\overline{AB}=\overline{DE}$ …… ㉡
$\overline{AC}=\overline{DF}$
이때 $\overline{AC}$와 $\overline{DF}$가 맞닿도록 오른쪽과 같이 붙이면
$\angle ACB+\angle ACE$
$=$ (가) °이므로
세 점 B, C(F), E는 한 직선 위에 있게 된다.
이때 $\overline{AB}=$ (나) 이므로 $\triangle ABE$는 이등변삼각형이다.
$\therefore\ \angle B=$ (다) …… ㉢
㉠, ㉡, ㉢에 의하여
$\triangle ABC\equiv\triangle DEF$ ((라) 합동)

유형 10 직각삼각형의 합동 조건 | 개념 02-1

대표문제

14 다음 그림과 같은 두 직각삼각형 ABC와 DEF에서 $\overline{EF}$의 길이를 구하시오.
0055

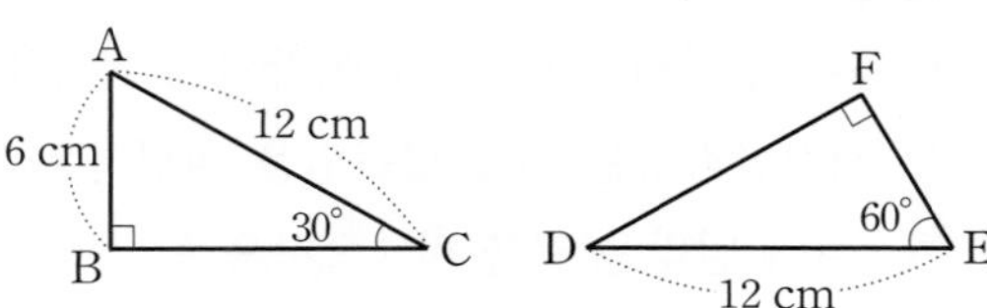

15 다음은 6명의 학생이 각각 직각삼각형을 그린 것이다. 합동인 삼각형을 짝 짓고, 두 학생의 이름을 말하시오.
0056

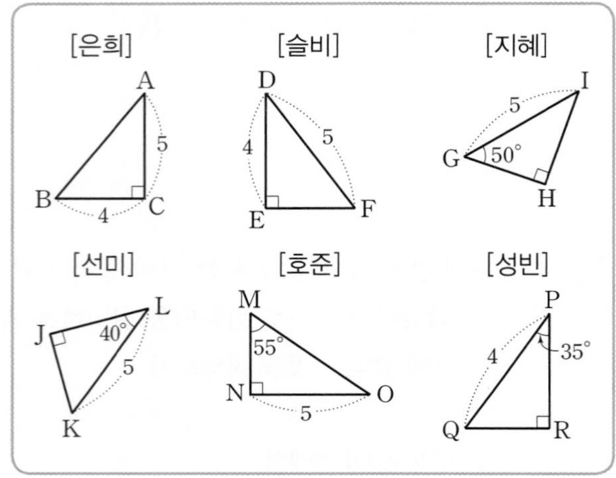

16 다음 중 오른쪽 그림과 같은 두 직각삼각형 ABC와 DEF가 합동이 되는 조건이 아닌 것은?
0057

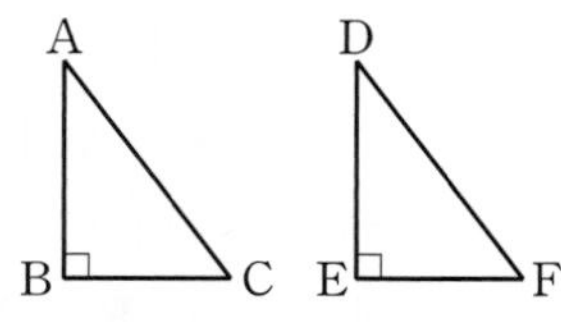

① $\overline{AB}=\overline{DE}$, $\overline{AC}=\overline{DF}$
② $\overline{AC}=\overline{DF}$, $\overline{BC}=\overline{EF}$
③ $\overline{AB}=\overline{DE}$, $\angle A=\angle D$
④ $\overline{AC}=\overline{DF}$, $\angle A=\angle D$
⑤ $\angle A=\angle D$, $\angle C=\angle F$

빈출

유형 11 직각삼각형의 합동 조건의 응용 ; RHA 합동 | 개념 02-1

❶ 주어진 그림에서 두 직각삼각형을 찾는다.
❷ 빗변의 길이가 같은지 확인한다.
❸ 직각을 제외한 나머지 두 각 중 크기가 같은 한 각을 찾는다.
➡ 두 직각삼각형은 RHA 합동이다.

대표문제

17 오른쪽 그림과 같이 $\angle C=90°$, $\overline{AC}=\overline{BC}$인 직각이등변삼각형 ABC의 두 꼭짓점 A, B에서 꼭짓점 C를 지나는 직선에 내린 수선의 발을 각각 D, E라 할 때, 다음 중 옳지 않은 것은?
0058

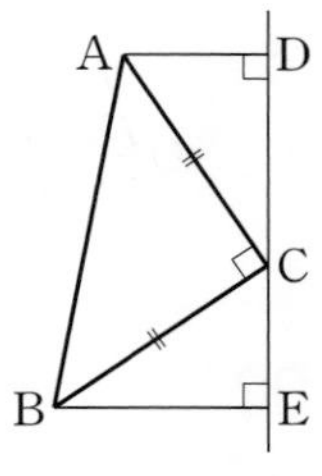

① $\overline{BC}=\overline{CD}$
② $\angle ACD+\angle BCE=90°$
③ $\angle CAD=\angle BCE$
④ $\triangle ACD\equiv\triangle CBE$
⑤ $\overline{DE}=\overline{AD}+\overline{BE}$

18 오른쪽 그림과 같이 선분 AB의 양 끝 점 A, B에서 $\overline{AB}$의 중점 P를 지나는 직선 l에 내린 수선의 발을 각각 C, D라 하자. $\overline{BD}=4$ cm, $\angle A=55°$일 때, $y-x$의 값을 구하시오.
0059

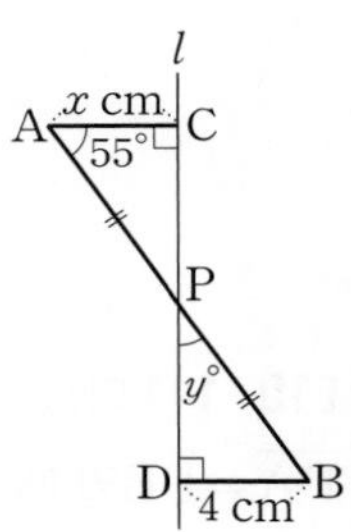

19 오른쪽 그림과 같이 $\angle C=90°$인 직각삼각형 ABC에서 $\angle A$의 이등분선과 $\overline{BC}$의 교점을 D라 하자. $\overline{AB}\perp\overline{DE}$이고 $\overline{AB}=11$ cm, $\overline{AC}=9$ cm일 때, $\overline{BE}$의 길이를 구하시오.
0060

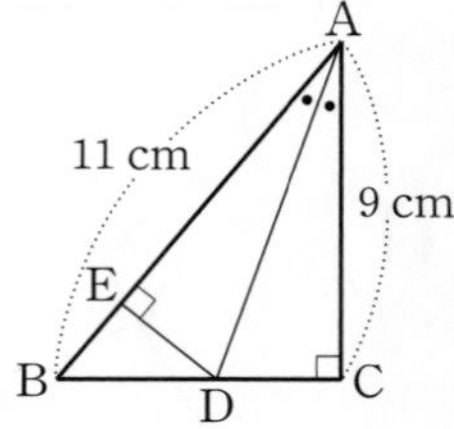

창의·융합

20 0061 오른쪽 그림과 같이 삼각형 ABC 모양의 꽃밭을 사다리꼴 BCED 모양으로 넓혀서 더 많은 꽃을 심으려고 한다. $\angle BAC = \angle ADB = \angle AEC = 90°$, $\overline{AB} = \overline{AC}$이고 $\overline{BD} = 5$ m, $\overline{CE} = 3$ m일 때, 넓어진 전체 꽃밭의 넓이를 구하시오.

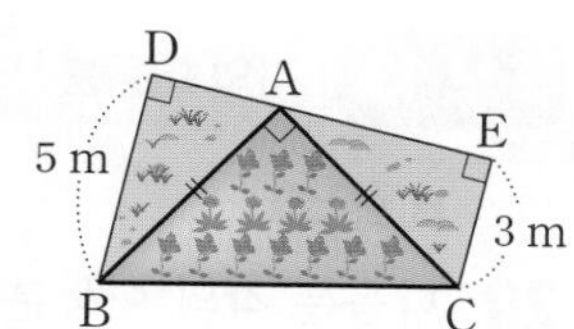

21 0062 오른쪽 그림의 △ABC에서 점 M은 $\overline{BC}$의 중점이고 점 D, E는 각각 두 점 B, C에서 $\overline{AM}$의 연장선에 내린 수선의 발이다. $\overline{AD} = 7$ cm, $\overline{BD} = 6$ cm, $\overline{ME} = 2$ cm일 때, △AEC의 넓이는?

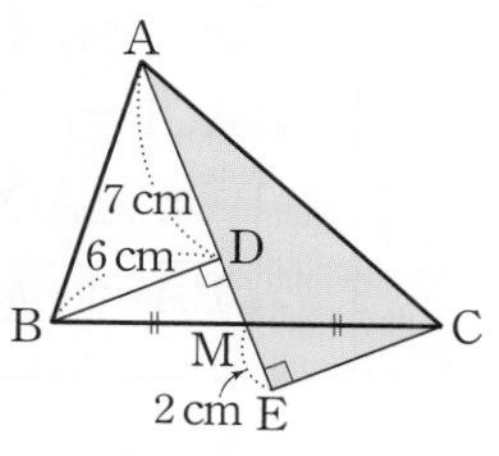

① 29 cm^2　② 31 cm^2　③ 33 cm^2
④ 35 cm^2　⑤ 37 cm^2

22 0063 오른쪽 그림과 같이 $\angle A = 90°$, $\overline{AB} = \overline{AC}$인 직각이등변삼각형 ABC의 두 꼭짓점 B, C에서 꼭짓점 A를 지나는 직선 l에 내린 수선의 발을 각각 D, E라 하자. $\overline{BD} = 5$ cm, $\overline{CE} = 8$ cm일 때, $\overline{DE}$의 길이를 구하시오.

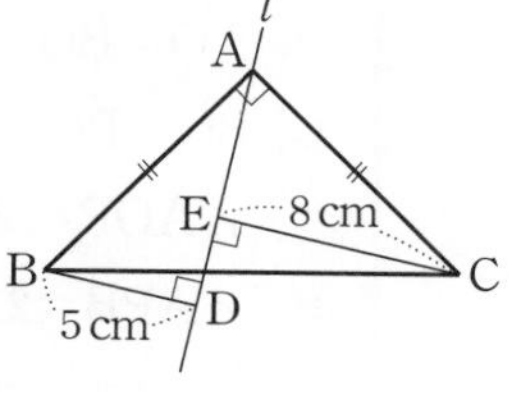

빈출

유형 12 직각삼각형의 합동 조건의 응용 ; RHS 합동 | 개념 02-1

❶ 주어진 그림에서 두 직각삼각형을 찾는다.
❷ 빗변의 길이가 같은지 확인한다.
❸ 빗변을 제외한 나머지 두 변 중 길이가 같은 한 변을 찾는다.
➡ 두 직각삼각형은 RHS 합동이다.

대표문제

23 0064 오른쪽 그림과 같이 $\angle B = 90°$인 직각삼각형 ABC에서 $\overline{BC} = \overline{EC}$, $\overline{AC} \perp \overline{DE}$일 때, 다음 **보기** 중 옳은 것을 모두 고른 것은?

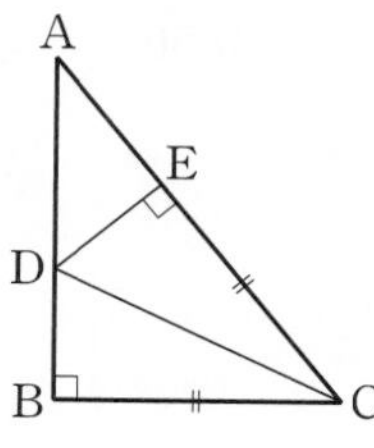

보기
ㄱ. $\overline{DB} = \overline{DE}$　ㄴ. $\overline{AE} = \overline{DE}$
ㄷ. $\angle A = 45°$　ㄹ. $\angle BCD = \angle ECD$

① ㄱ, ㄴ　② ㄱ, ㄹ　③ ㄴ, ㄷ
④ ㄴ, ㄹ　⑤ ㄷ, ㄹ

24 0065 오른쪽 그림과 같이 $\angle C = 90°$인 직각삼각형 ABC에서 $\overline{BC} = \overline{BD}$, $\overline{AB} \perp \overline{ED}$이다. $\angle A = 48°$일 때, $\angle DEB$의 크기를 구하시오.

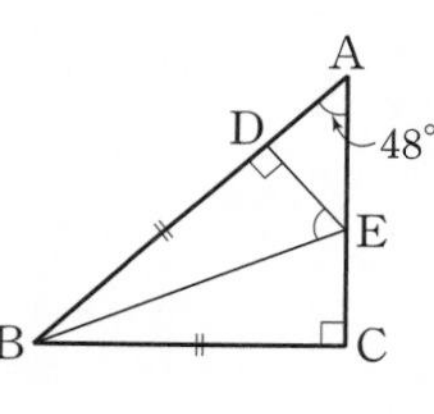

25 0066 오른쪽 그림과 같이 $\angle C = 90°$인 직각삼각형 ABC에서 $\overline{AC} = \overline{AD}$, $\overline{AB} \perp \overline{ED}$이다. $\angle DAE = 30°$, $\overline{CE} = 4$ cm일 때, x, y의 값을 각각 구하시오.

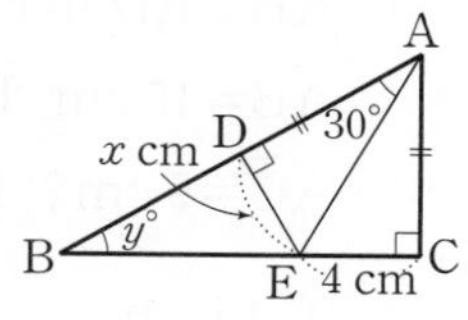

1 삼각형의 성질

26 0067 오른쪽 그림과 같은 △ABC에서 $\overline{BC}$의 중점을 M이라 하고 점 M에서 $\overline{AB}$, $\overline{AC}$에 내린 수선의 발을 각각 D, E라 하자. ∠A=70°이고 $\overline{DM}=\overline{EM}$일 때, ∠B의 크기는?

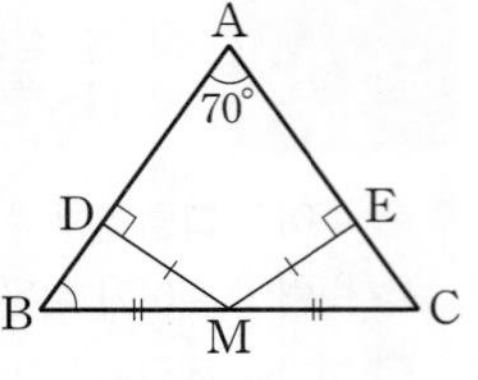

① 35° ② 40° ③ 45°
④ 50° ⑤ 55°

27 0068 오른쪽 그림과 같이 길이가 $\overline{AB}$인 사다리를 담장의 높이 $\overline{AC}$에 비스듬히 맞대어 놓았다. 이 사다리가 미끄러져 그 양 끝이 각각 두 점 D, E의 위치에 왔다고 하자. $\overline{BC}=\overline{DC}$이고 $\overline{AB}$와 $\overline{DE}$의 교점을 F라 할 때, ∠BFD=130°이다. 이때 ∠E의 크기를 구하시오.

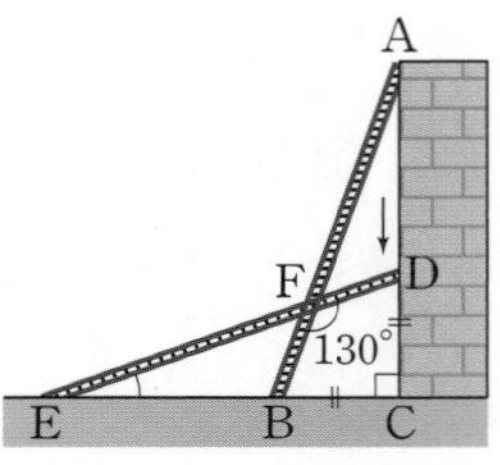

28 0069 오른쪽 그림과 같이 ∠C=90°인 직각삼각형 ABC에서 $\overline{AC}=\overline{AD}$, $\overline{AB}\perp\overline{ED}$이다. $\overline{AB}$=15 cm, $\overline{BC}$=12 cm, $\overline{AC}$=9 cm일 때, △DBE의 둘레의 길이는?

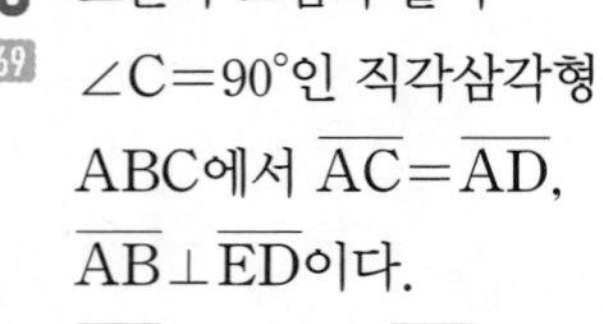

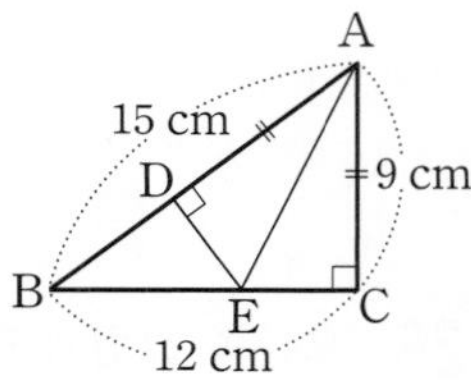

① 15 cm ② 16 cm ③ 17 cm
④ 18 cm ⑤ 19 cm

유형 13 각의 이등분선의 성질 | 개념 02-2

대표문제

29 0070 다음은 각의 이등분선 위의 한 점에서 그 각을 이루는 두 변까지의 거리는 같음을 설명하는 과정이다. ①~⑤에 들어갈 것으로 옳지 않은 것은?

> ∠XOY의 이등분선 l 위의 한 점 P에서 $\overrightarrow{OX}$, $\overrightarrow{OY}$에 내린 수선의 발을 각각 A, B라 하자.
>
> 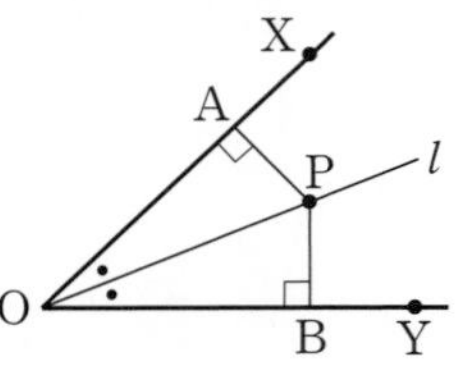
>
>
> △AOP와 △BOP에서
> [①]=∠PBO=90°,
> [②]는 공통,
> ∠AOP=[③]
> 이므로 △AOP≡△BOP ([④] 합동)
> ∴ $\overline{PA}$=[⑤]

① ∠PAO ② $\overline{OP}$ ③ ∠BOP
④ RHS ⑤ $\overline{PB}$

30 0071 오른쪽 그림에서 $\overrightarrow{OX}\perp\overline{PA}$, $\overrightarrow{OY}\perp\overline{PB}$이고 $\overline{PA}=\overline{PB}$일 때, 다음 **보기** 중 옳은 것을 모두 고른 것은?

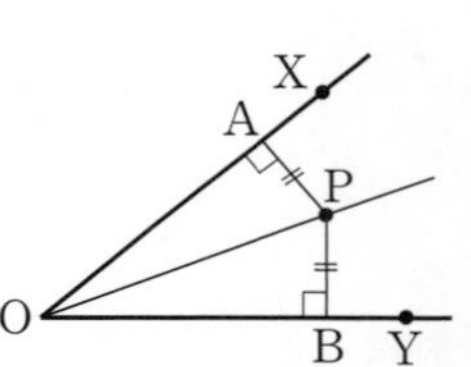

보기

ㄱ. $\overline{AO}=\overline{BO}$
ㄴ. $\overline{BO}=\overline{PO}$
ㄷ. ∠AOP=∠BOP
ㄹ. ∠APB=2∠AOB

① ㄱ, ㄴ ② ㄱ, ㄷ ③ ㄴ, ㄹ
④ ㄱ, ㄴ, ㄷ ⑤ ㄱ, ㄷ, ㄹ

빈출

유형 14 각의 이등분선의 성질의 응용 | 개념 02-2

① 각의 이등분선 위의 한 점 P가 주어질 때
➡ 점 P는 그 각을 이루는 두 변에서 같은 거리에 있음을 이용한다.

② 각을 이루는 두 변에서 같은 거리에 있는 점 P가 주어질 때
➡ 점 P는 그 각의 이등분선 위에 있음을 이용한다.

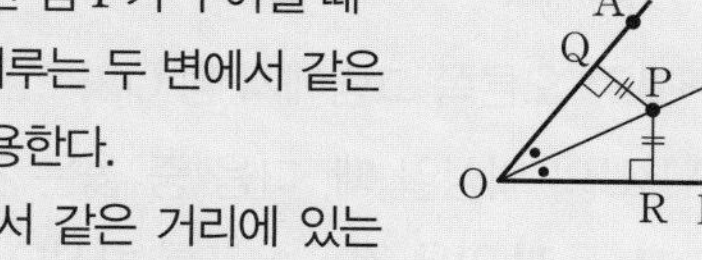

대표문제

31 0072 오른쪽 그림과 같이 $\angle C=90°$인 직각삼각형 ABC에서 $\angle A$의 이등분선과 $\overline{BC}$의 교점을 D라 하자. $\overline{AB}=15$ cm, $\overline{CD}=6$ cm일 때, $\triangle ABD$의 넓이를 구하시오.

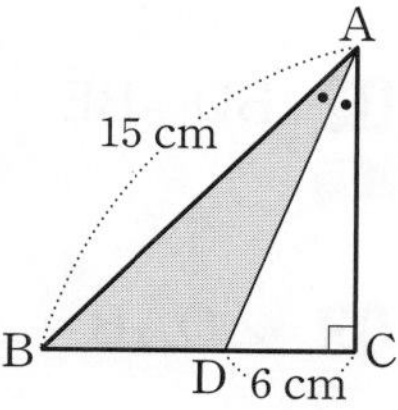

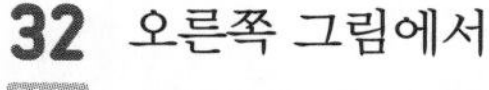

32 0073 오른쪽 그림에서 $\angle PQO=\angle PRO=90°$, $\overline{PQ}=\overline{PR}$이고 $\angle QOP=20°$일 때, $\angle QPR$의 크기를 구하시오.

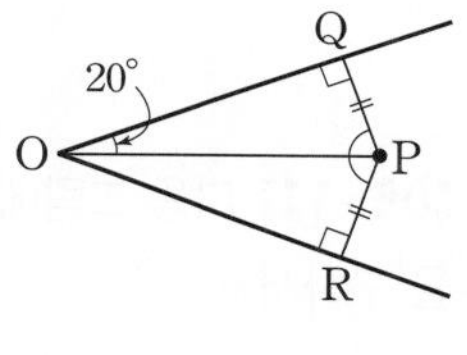

33 0074 오른쪽 그림과 같은 $\triangle ABC$에서 $\angle AED=\angle AFD=90°$이고 $\overline{DE}=\overline{DF}$이다. $\angle ADF=58°$일 때, $\angle BAC$의 크기는?

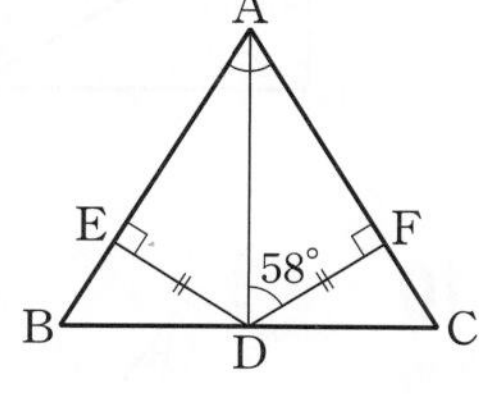

① 60° ② 62° ③ 64° ④ 66° ⑤ 68°

서술형

34 0075 오른쪽 그림과 같이 $\angle A=90°$인 직각삼각형 ABC에서 $\angle B$의 이등분선과 $\overline{AC}$의 교점을 D라 하자. $\overline{BC}=16$ cm이고 $\triangle BCD$의 넓이가 40 cm^2일 때, $\overline{AD}$의 길이를 구하시오.

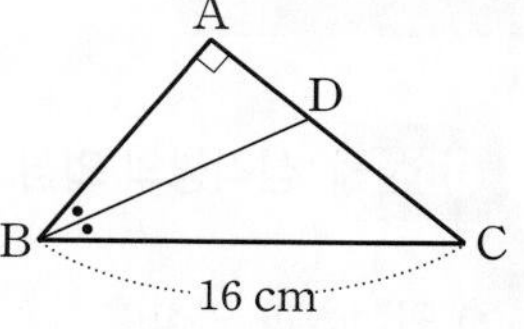

35 0076 오른쪽 그림과 같이 $\angle C=90°$인 직각삼각형 ABC에서 점 D는 $\overline{AB}$의 중점이고 $\overline{CE}=\overline{DE}$, $\overline{AB}\perp\overline{ED}$일 때, $\angle x$의 크기를 구하시오.

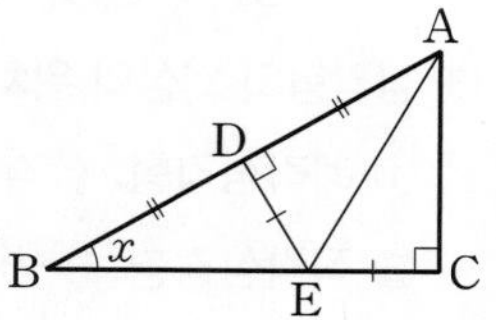

36 0077 오른쪽 그림과 같이 $\angle C=90°$인 직각삼각형 ABC에서 $\angle B$의 이등분선과 $\overline{AC}$의 교점을 D라 하자. $\overline{AB}=13$ cm, $\overline{BC}=5$ cm, $\overline{AC}=12$ cm일 때, $\overline{CD}$의 길이는?

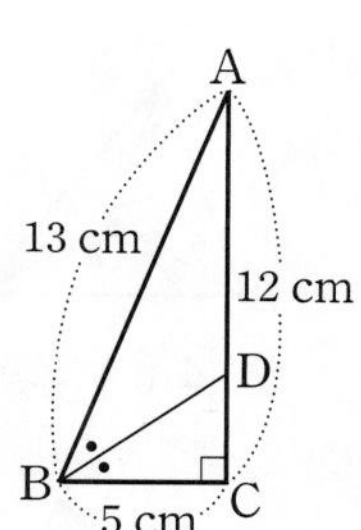

① 2 cm ② $\frac{8}{3}$ cm ③ 3 cm ④ $\frac{10}{3}$ cm ⑤ 4 cm

삼각형의 외심

03-1 삼각형의 외심 | 유형 15~17

(1) **외접원과 외심**

△ABC의 세 꼭짓점이 원 O 위에 있을 때, 원 O는 △ABC에 **외접**한다고 한다. 또, 원 O를 △ABC의 **외접원**이라 하며 외접원의 중심 O를 △ABC의 **외심**이라 한다.

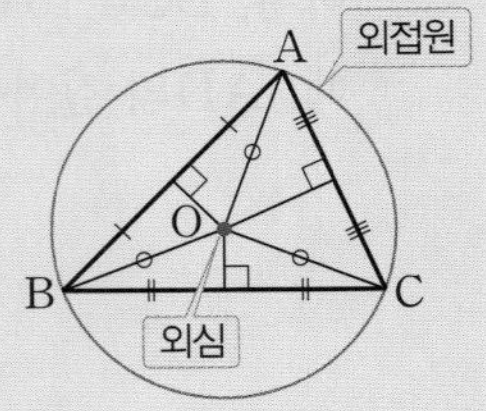

(2) **삼각형의 외심의 성질**

① 삼각형의 세 변의 수직이등분선은 한 점(외심)에서 만난다.

② 삼각형의 외심에서 세 꼭짓점에 이르는 거리는 같다.

➡ $\overline{OA}=\overline{OB}=\overline{OC}$ ← 외접원 O의 반지름의 길이

(3) **삼각형의 외심의 위치**

① 예각삼각형: 삼각형의 내부

② 직각삼각형: 빗변의 중점

③ 둔각삼각형: 삼각형의 외부

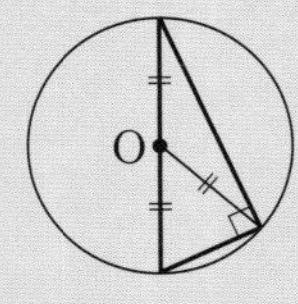

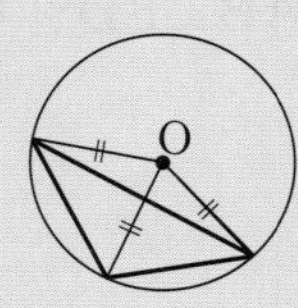

참고 직각삼각형에서 외심은 빗변의 중점이므로

(외접원의 반지름의 길이)$=\frac{1}{2}\times$(빗변의 길이)

03-2 삼각형의 외심의 응용 | 유형 18, 19

점 O가 △ABC의 외심일 때

(1)

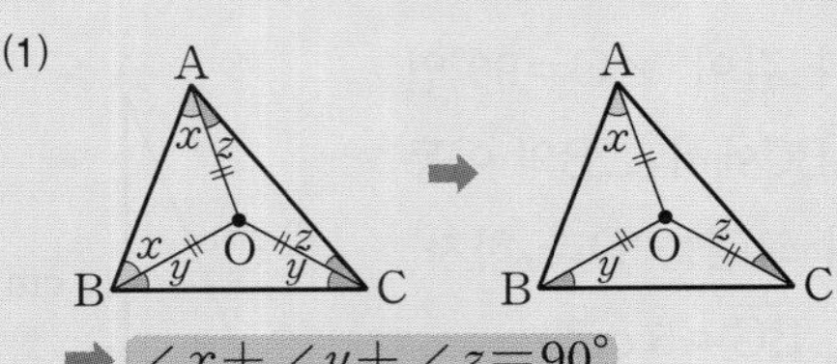

➡ $\angle x+\angle y+\angle z=90°$

(2)

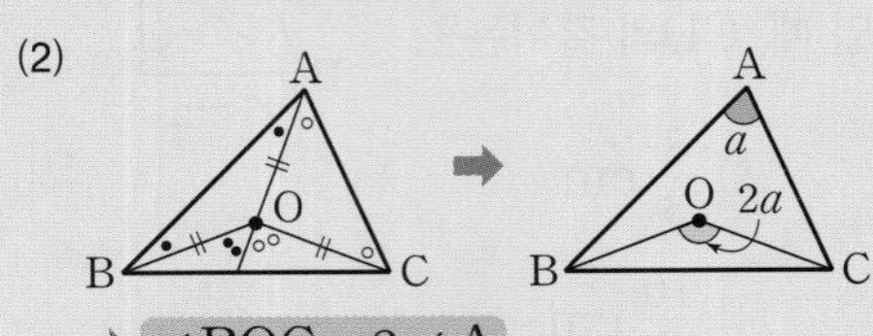

➡ $\angle BOC=2\angle A$

참고 점 O가 △ABC의 외심이면 △OAB, △OBC, △OCA는 모두 이등변삼각형이다.

[01~05] 오른쪽 그림에서 점 O가 △ABC의 외심일 때, 다음 중 옳은 것은 ○표, 옳지 않은 것은 ×표를 하시오.

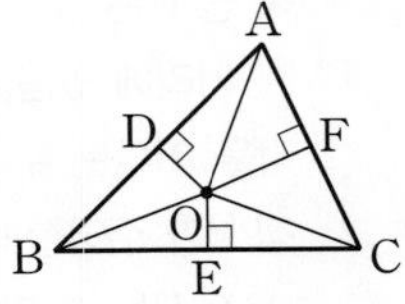

01 $\overline{OA}=\overline{OB}$ (　　)
0078

02 $\overline{BD}=\overline{BE}$ (　　)
0079

03 $\angle OAB=\angle OCB$ (　　)
0080

04 $\angle AOD=\angle BOD$ (　　)
0081

05 $\triangle AOD\equiv\triangle BOD$ (　　)
0082

[06~11] 다음 그림에서 점 O가 △ABC의 외심일 때, x의 값을 구하시오.

06
0083

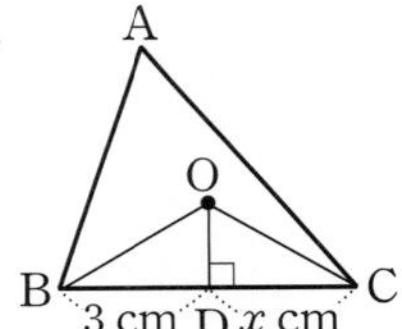

07
0084

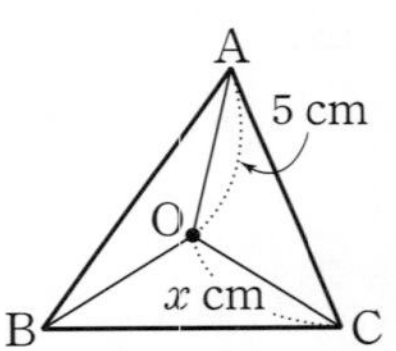

08
0085

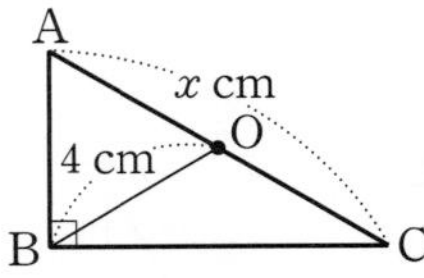

09
0086

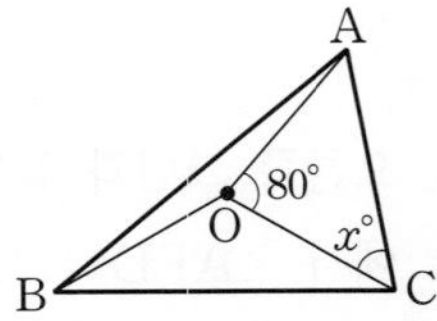

10
0087

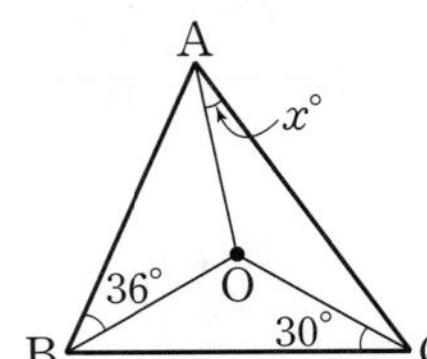

11
0088

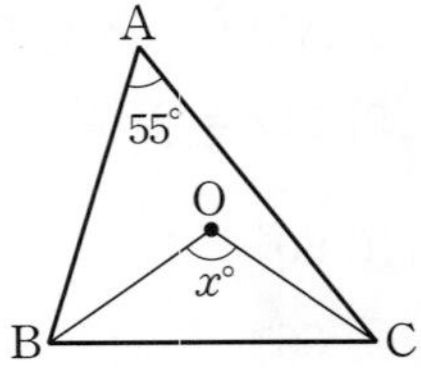

유형 15 삼각형의 외심의 뜻과 성질 | 개념 03-1

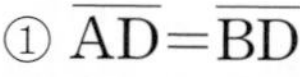

대표문제

12 0089 오른쪽 그림에서 점 O가 △ABC의 외심일 때, 다음 중 옳지 않은 것은?

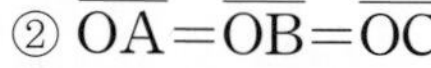

① $\overline{AD}=\overline{BD}$

② $\overline{OA}=\overline{OB}=\overline{OC}$

③ $\overline{OD}=\overline{OE}=\overline{OF}$

④ $\angle OBD=\angle OAD$

⑤ $\triangle OBE\equiv\triangle OCE$

창의융합

13 0090 오른쪽 그림과 같이 학교, 도서관, 병원으로부터 같은 거리에 있는 지점에 편의점을 세우려고 한다. 다음 중 편의점의 위치를 정하는 데 이용할 수 있는 것은?

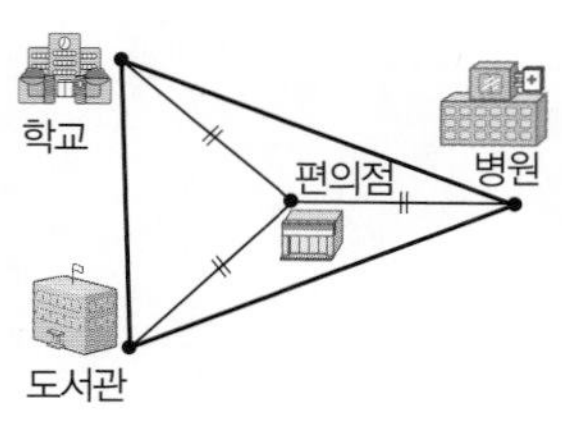

① 삼각형의 세 꼭짓점에서 각 대변에 그은 수선의 교점

② 삼각형의 세 꼭짓점과 각 대변의 중점을 이은 선분의 교점

③ 삼각형의 세 내각의 이등분선의 교점

④ 삼각형의 세 변의 수직이등분선의 교점

⑤ 삼각형의 한 내각의 이등분선과 그와 이웃하지 않는 두 외각의 이등분선의 교점

14 0091 오른쪽 그림에서 점 O는 △ABC의 외심이고 $\angle OAC=27^\circ$일 때, $\angle x$의 크기는?

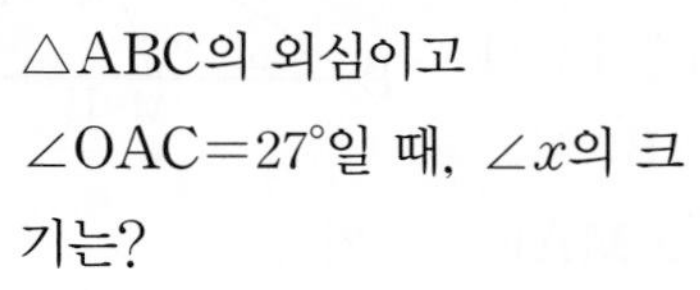

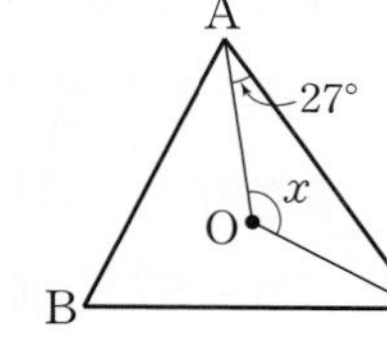

① 125° ② 126° ③ 127°
④ 128° ⑤ 129°

15 0092 오른쪽 그림에서 점 O는 △ABC의 외심이다. $\angle AOC=110^\circ$, $\overline{CD}=6$ cm일 때, $x+y$의 값은?

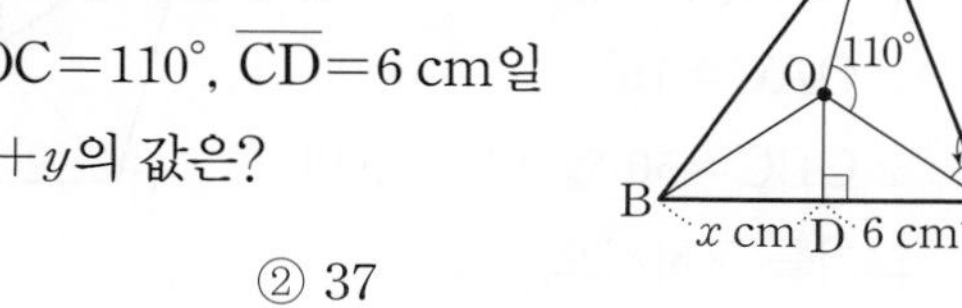

① 35 ② 37
③ 39 ④ 41
⑤ 43

16 0093 오른쪽 그림에서 점 O는 △ABC의 외심이다. $\overline{BD}=4$ cm, $\overline{BF}=6$ cm, $\overline{CE}=5$ cm일 때, △ABC의 둘레의 길이를 구하시오.

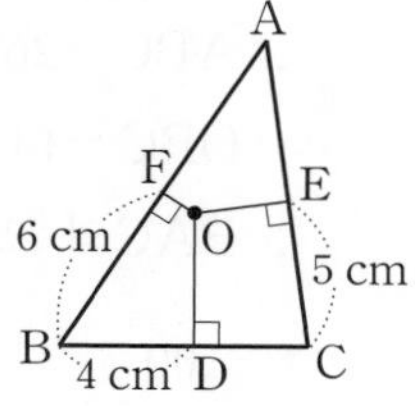

17 0094 오른쪽 그림에서 점 O는 △ABC의 외심이다. $\angle ABO=30^\circ$, $\angle ACO=25^\circ$일 때, ∠A의 크기를 구하시오.

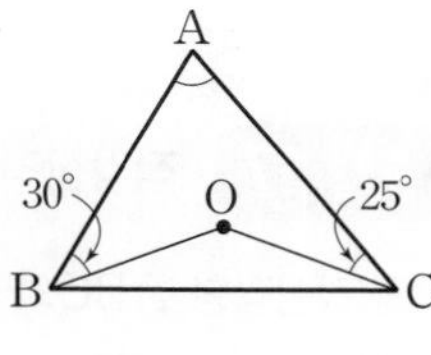

서술형

18 0095 오른쪽 그림에서 점 O는 △ABC의 외심이다. $\overline{BC}=7$ cm이고 △OBC의 둘레의 길이가 17 cm일 때, △ABC의 외접원의 넓이를 구하시오.

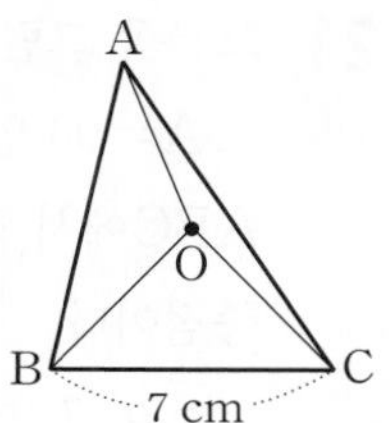

유형 16 둔각삼각형의 외심 | 개념 03-1

대표문제

19 0096 오른쪽 그림에서 점 O는 $\triangle ABC$의 외심이다. $\angle OAC=15°$, $\angle OBC=50°$일 때, $\angle x$의 크기를 구하시오.

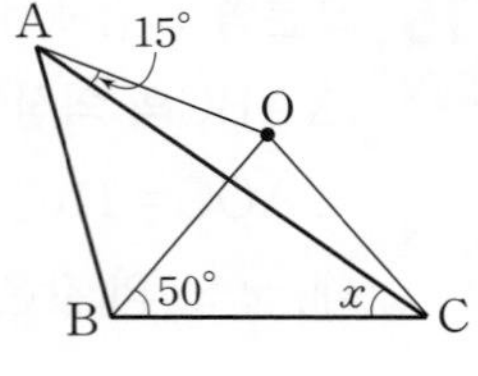

20 0097 오른쪽 그림에서 점 O는 $\triangle ABC$의 외심이다. $\angle ABC=26°$, $\angle OBC=14°$일 때, $\angle BAC$의 크기는?

A
26°
B
C
14°
O

① 100° ② 102° ③ 104°
④ 106° ⑤ 108°

유형 17 직각삼각형의 외심 | 개념 03-1

직각삼각형 ABC의 외심은 빗변의 중점이므로
(외접원의 반지름의 길이)
$=\frac{1}{2}\times$(빗변의 길이)
$=\overline{OA}=\overline{OB}=\overline{OC}$

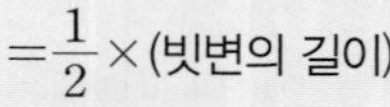

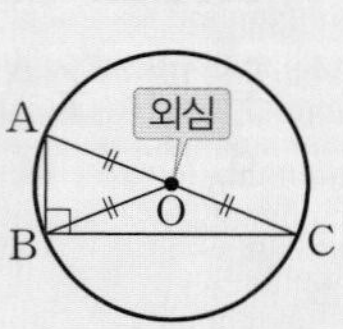

대표문제

21 0098 오른쪽 그림과 같이 $\angle A=90°$인 직각삼각형 ABC에서 점 M은 $\overline{BC}$의 중점이다. $\angle B=24°$일 때, $\angle x$의 크기를 구하시오.

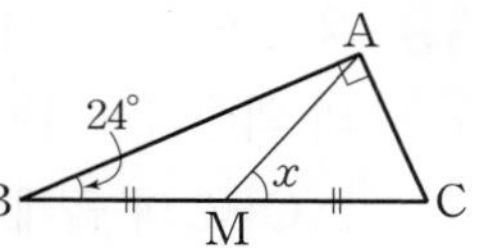

22 0099 오른쪽 그림에서 점 O는 $\angle C=90°$인 직각삼각형 ABC의 외심이다. $\overline{AB}=10$ cm일 때, $\overline{OC}$의 길이를 구하시오.

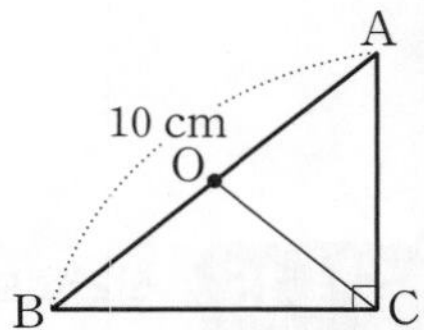

서술형

23 0100 오른쪽 그림에서 $\triangle ABC$는 $\angle C=90°$인 직각삼각형이다. $\overline{AB}=13$ cm, $\overline{BC}=5$ cm, $\overline{AC}=12$ cm일 때, $\triangle ABC$의 외접원의 둘레의 길이를 구하시오.

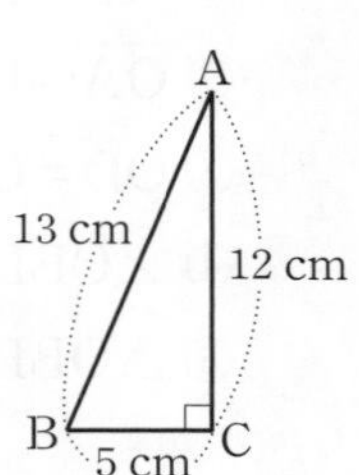

24 0101 오른쪽 그림에서 점 O는 $\angle A=90°$인 직각삼각형 ABC의 외심이다. $\overline{AB}=8$ cm, $\overline{AC}=6$ cm일 때, $\triangle ABO$의 넓이를 구하시오.

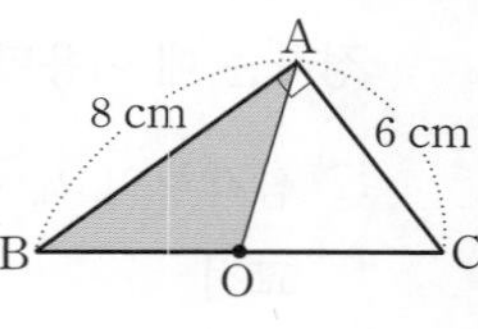

25 0102 오른쪽 그림과 같이 $\angle A=90°$인 직각삼각형 ABC에서 점 M은 $\overline{BC}$의 중점이다. $\overline{AH}\perp\overline{BC}$이고 $\angle B=35°$일 때, $\angle MAH$의 크기는?

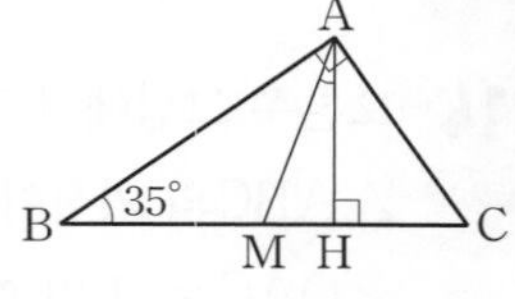

① 12° ② 15° ③ 18°
④ 20° ⑤ 23°

유형 18 삼각형의 외심의 응용 (1) | 개념 03-2

대표문제

26 0103 오른쪽 그림에서 점 O는 △ABC의 외심이다. ∠AOB=94°, ∠OBC=20°일 때, ∠x의 크기는?

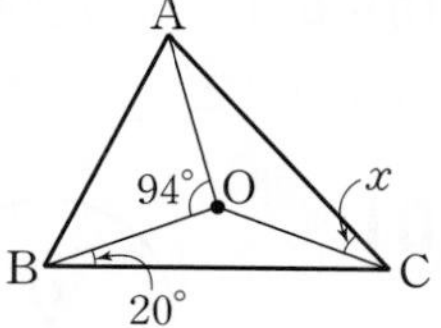

① 25° ② 27° ③ 29°
④ 31° ⑤ 33°

27 0104 오른쪽 그림에서 점 O는 △ABC의 외심이다. ∠OBA=24°, ∠OCA=36°일 때, ∠x의 크기를 구하시오.

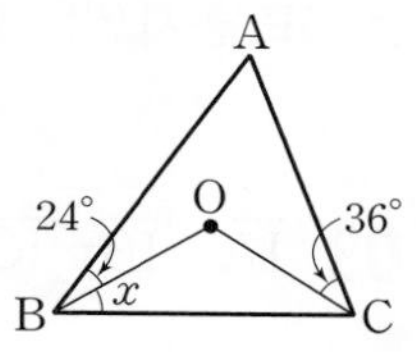

28 0105 오른쪽 그림과 같은 △ABC에서 $\overline{AB}$의 수직이등분선과 $\overline{BC}$의 수직이등분선의 교점을 O라 하자. ∠A=64°일 때, ∠OBC의 크기는?

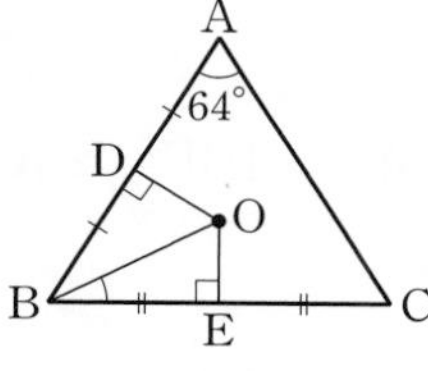

① 24° ② 26° ③ 27°
④ 28° ⑤ 29°

29 0106 오른쪽 그림에서 점 O는 △ABC의 외심이다. ∠OBA=40°, ∠OBC=15°일 때, ∠A−∠C의 크기를 구하시오.

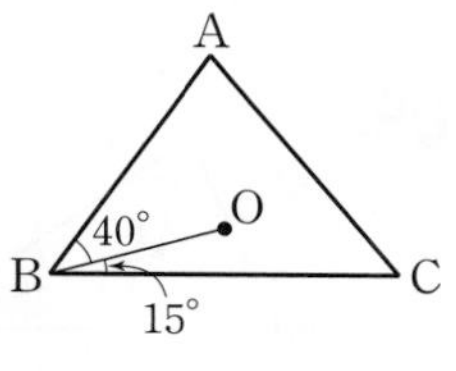

빈출

유형 19 삼각형의 외심의 응용 (2) | 개념 03-2

대표문제

30 0107 오른쪽 그림에서 점 O는 △ABC의 외심이다. ∠OAB=39°, ∠AOC=144°일 때, ∠OCB의 크기를 구하시오.

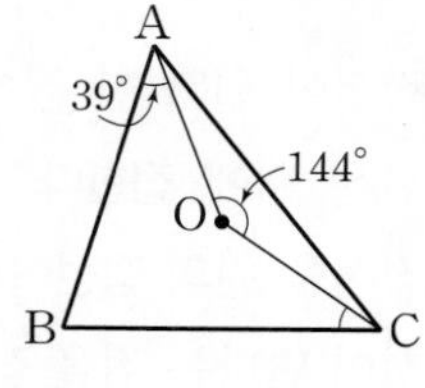

31 0108 오른쪽 그림에서 점 O는 △ABC의 외심이다. ∠OBC=25°일 때, ∠A의 크기는?

① 55° ② 60°
③ 65° ④ 70°
⑤ 75°

32 0109 오른쪽 그림에서 점 O는 △ABC의 외심이고
∠A : ∠ABC : ∠BCA
=2 : 3 : 4
이다. 이때 ∠BOC의 크기를 구하시오.

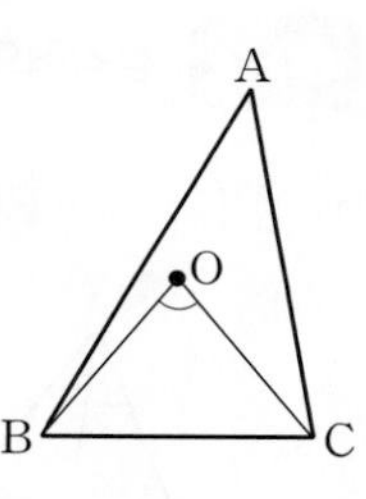

서술형

33 0110 오른쪽 그림에서 점 O는 △ABC의 외심이다. ∠OAB=18°, ∠OCB=22°이고 $\overline{OA}$=9 cm일 때, $\widehat{AC}$의 길이를 구하시오.

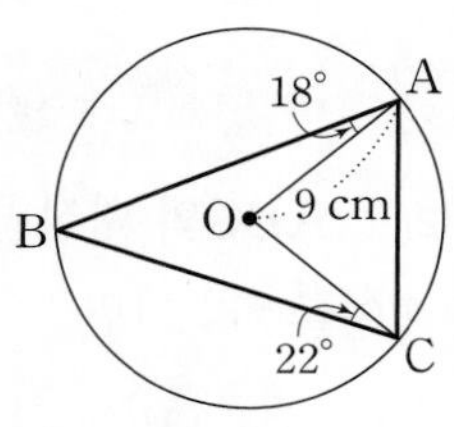

삼각형의 내심

04-1 접선과 접점

직선이 원과 한 점에서 만날 때, 직선은 원에 **접한다**고 한다. 이때 이 직선을 원의 **접선**이라 하고, 원과 접선이 만나는 점을 **접점**이라 한다.

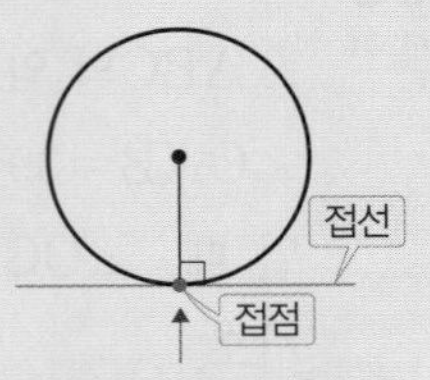

원의 접선은 그 접점을 지나는 반지름과 서로 수직이다.

04-2 삼각형의 내심

| 유형 20, 25

(1) **내접원과 내심**

$\triangle ABC$의 세 변이 원 I에 접할 때, 원 I는 $\triangle ABC$에 **내접**한다고 한다. 또, 원 I를 $\triangle ABC$의 **내접원**이라 하며 내접원의 중심 I를 $\triangle ABC$의 **내심**이라 한다.

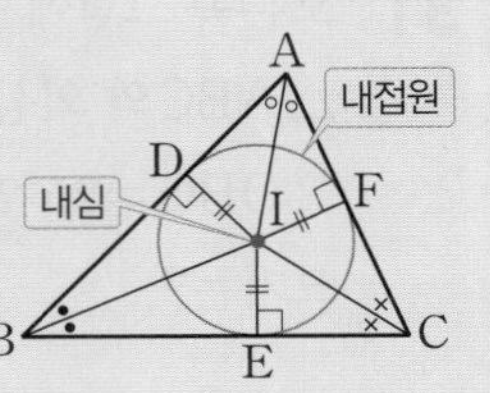

(2) **삼각형의 내심의 성질**

① 삼각형의 세 내각의 이등분선은 한 점(내심)에서 만난다.

② 삼각형의 내심에서 세 변에 이르는 거리는 같다.

➡ $\overline{ID}=\overline{IE}=\overline{IF}$ ← 내접원 I의 반지름의 길이

04-3 삼각형의 내심의 응용

| 유형 21~24, 26, 27

(1) 점 I가 $\triangle ABC$의 내심일 때

①

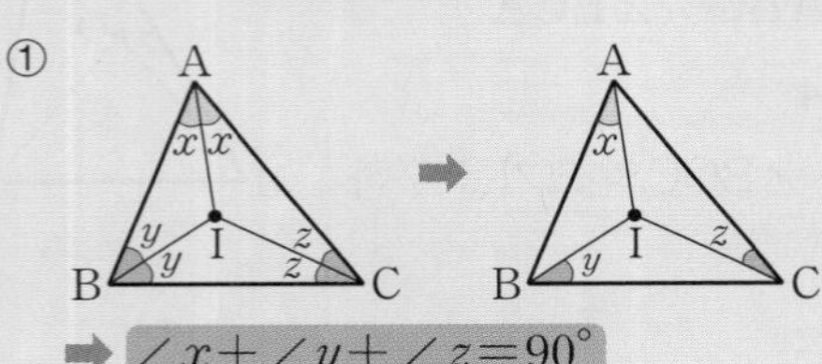

➡ $\angle x+\angle y+\angle z=90^\circ$

②

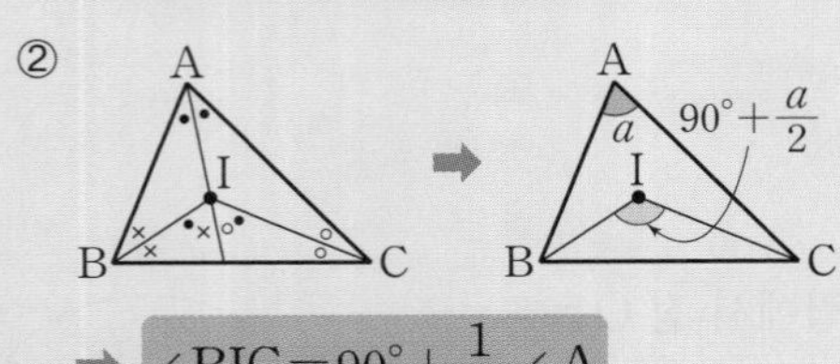

➡ $\angle BIC=90^\circ+\frac{1}{2}\angle A$

(2) $\triangle ABC$의 내접원의 반지름의 길이를 r라 하면

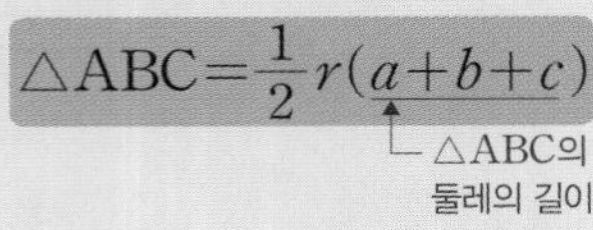

$\triangle ABC=\frac{1}{2}r(a+b+c)$ ← $a+b+c$: $\triangle ABC$의 둘레의 길이

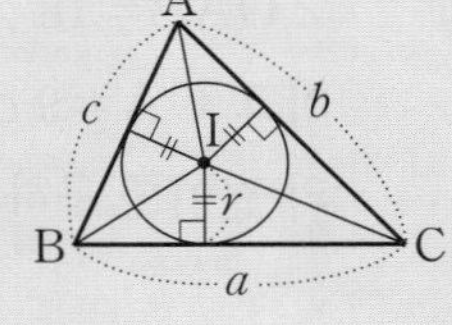

[01~02] 다음 그림에서 $\overrightarrow{PA}$가 원 O의 접선일 때, $\angle x$의 크기를 구하시오.

01 0111

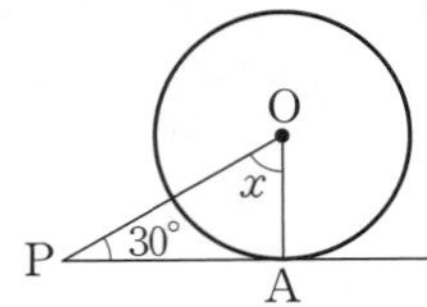

02 0112

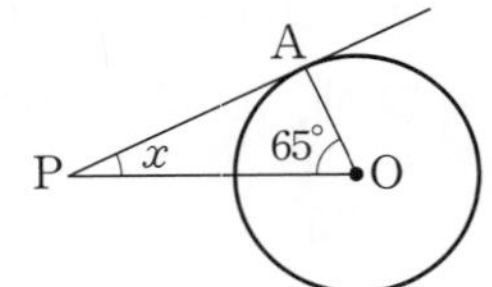

[03~08] 오른쪽 그림에서 점 I가 $\triangle ABC$의 내심일 때, 다음 중 옳은 것은 ○표, 옳지 않은 것은 ×표를 하시오.

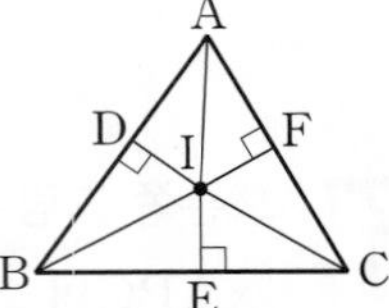

03 0113 $\overline{IA}=\overline{IB}=\overline{IC}$ ( )

04 0114 $\overline{ID}=\overline{IE}=\overline{IF}$ ( )

05 0115 $\overline{BE}=\overline{CE}$ ( )

06 0116 $\angle IBE=\angle ICE$ ( )

07 0117 $\angle IBD=\angle IBE$ ( )

08 0118 $\triangle BDI\equiv\triangle BEI$ ( )

[09~10] 다음 그림에서 점 I가 $\triangle ABC$의 내심일 때, x의 값을 구하시오.

09 0119

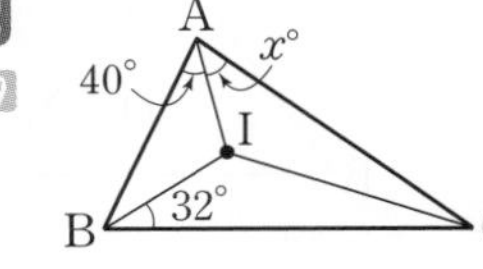

10 0120

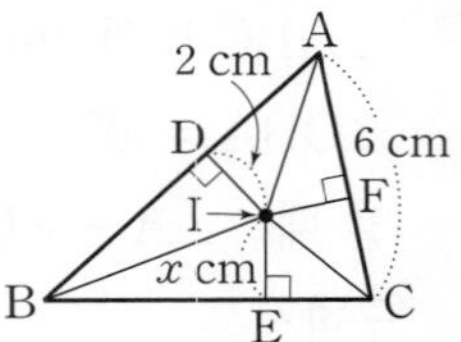

[11~14] 다음 그림에서 점 I는 $\triangle ABC$의 내심일 때, $\angle x$의 크기를 구하시오.

11 0121

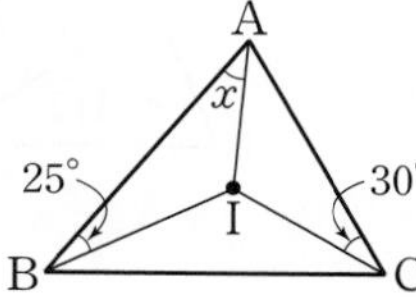

12 0122

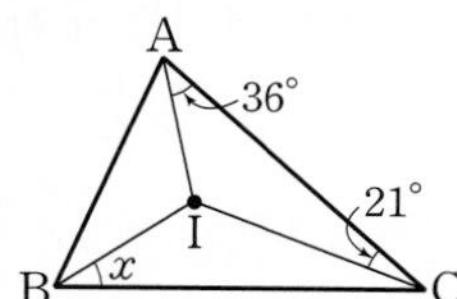

13 0123

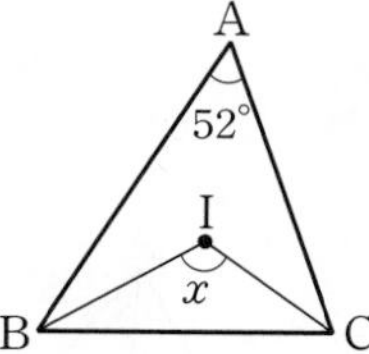

14 0124

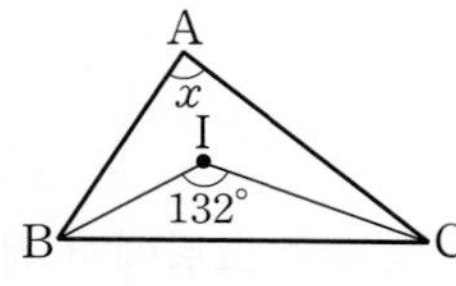

[15~16] 다음 그림에서 점 I는 $\triangle ABC$의 내심이고 세 점 D, E, F는 내접원과 $\triangle ABC$의 접점일 때, x의 값을 구하시오.

15 0125

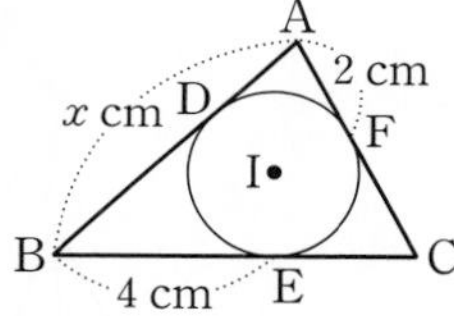

16 0126

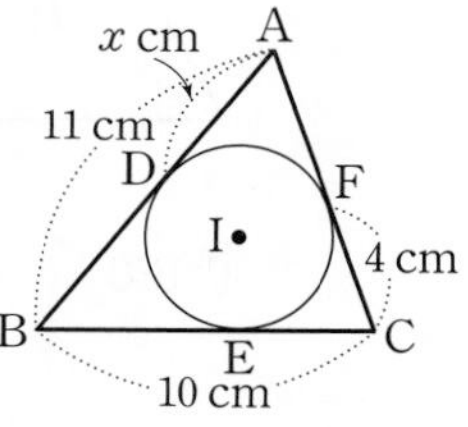

17 0127 오른쪽 그림에서 점 I는 $\triangle ABC$의 내심이고 내접원의 반지름의 길이는 2 cm이다. $\overline{AB}=6$ cm, $\overline{BC}=10$ cm, $\overline{CA}=8$ cm일 때, $\triangle ABC$의 넓이를 구하시오.

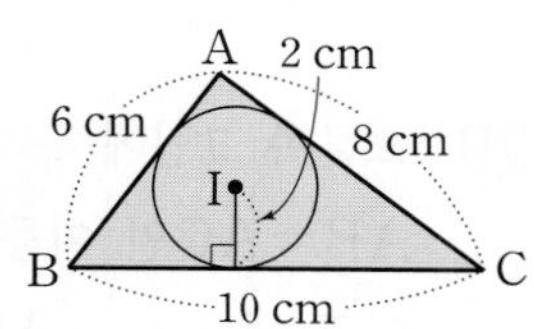

유형 20 삼각형의 내심의 뜻과 성질 | 개념 04-2

대표문제

18 0128 오른쪽 그림에서 점 I는 $\triangle ABC$의 내심이다. 다음 중 옳지 않은 것은?

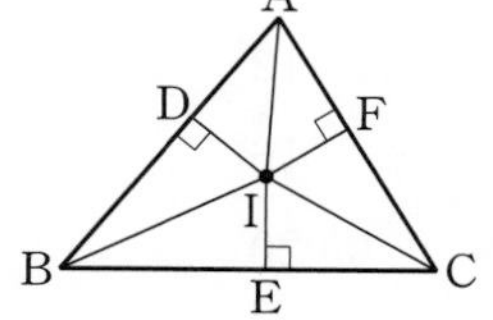

① $\overline{AD}=\overline{AF}$
② $\overline{BE}=\overline{CE}$
③ $\overline{ID}=\overline{IE}=\overline{IF}$
④ $\angle ECI=\angle FCI$
⑤ $\triangle ADI\equiv\triangle AFI$

19 0129 다음 중 점 I가 $\triangle ABC$의 내심인 것은?

①
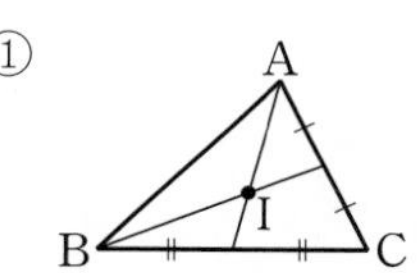

②
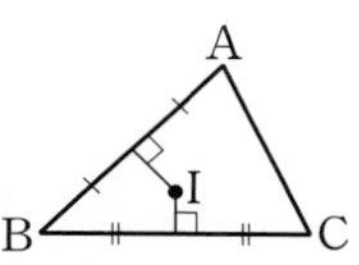

③
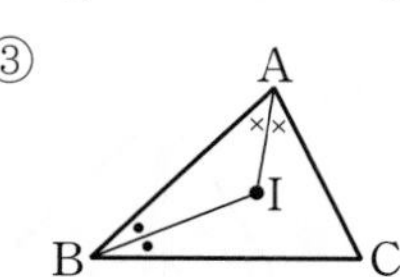

④
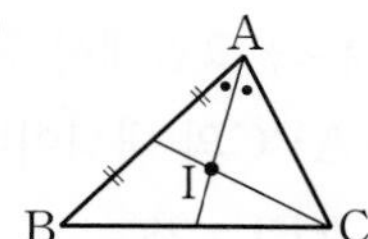

⑤
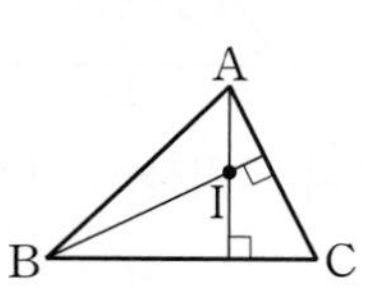

20 0130 오른쪽 그림에서 점 I는 $\triangle ABC$의 내심이다. $\angle AIB=110°$, $\angle IAC=40°$일 때, $\angle x$의 크기를 구하시오.

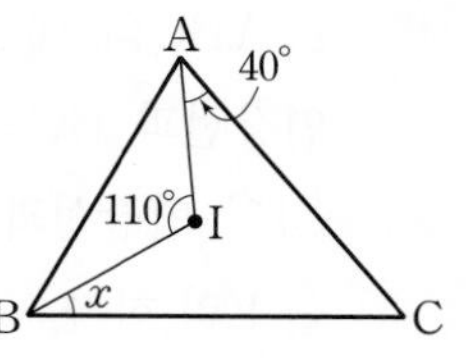

빈출

유형 21 삼각형의 내심의 응용 (1)

| 개념 04-3

대표문제

21 0131 오른쪽 그림에서 점 I는 △ABC의 내심이다. ∠IBA=34°, ∠C=76° 일 때, ∠IAB의 크기는?

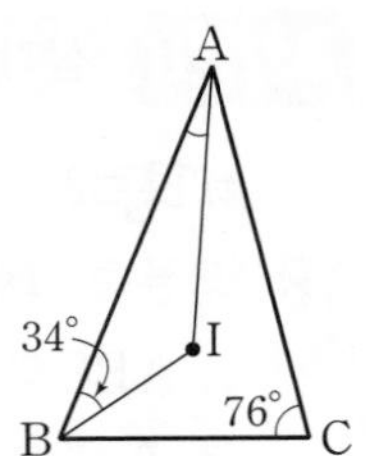

① 12° ② 14° ③ 16° ④ 18° ⑤ 20°

22 0132 오른쪽 그림에서 점 I는 △ABC의 내심이다. ∠IAB=25°, ∠ICA=42°일 때, ∠B의 크기를 구하시오.

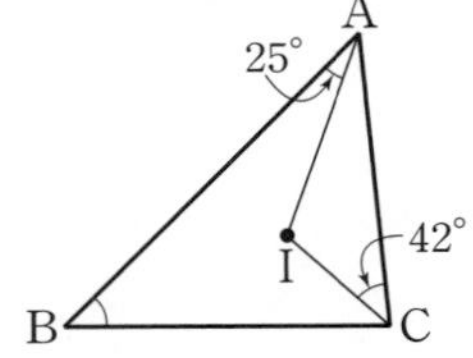

23 0133 오른쪽 그림에서 점 I는 △ABC의 내심이다. ∠ABI=28°, ∠ACI=22°, ∠ADB=90°일 때, ∠DAI의 크기를 구하시오.

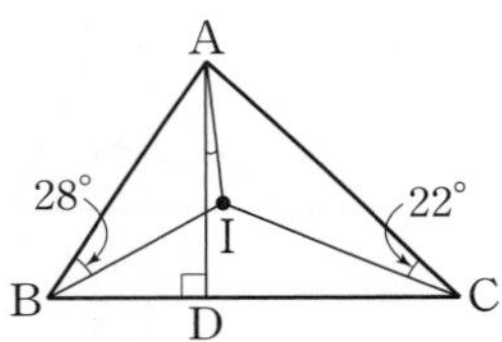

서술형

24 0134 오른쪽 그림에서 점 I는 △ABC의 내심이다. $\overline{AI}$의 연장선과 $\overline{BC}$의 교점을 D, $\overline{CI}$의 연장선과 $\overline{AB}$의 교점을 E라 하자. ∠B=48°일 때, $\angle x+\angle y$의 크기를 구하시오.

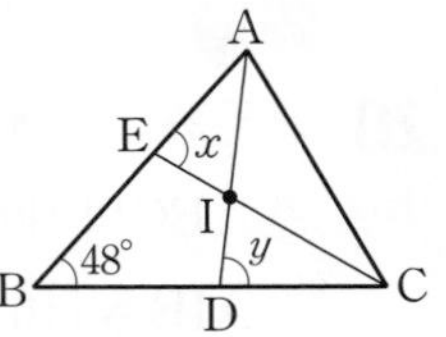

유형 22 삼각형의 내심의 응용 (2)

| 개념 04-3

대표문제

25 0135 오른쪽 그림에서 점 I는 △ABC의 내심이다. ∠BIC=112°일 때, $\angle x$의 크기를 구하시오.

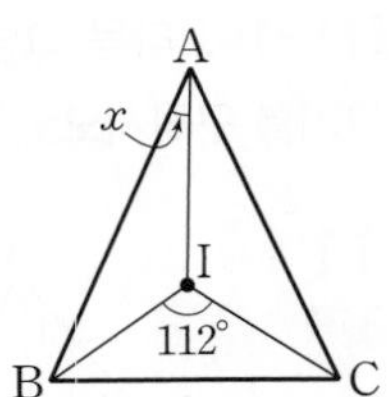

26 0136 오른쪽 그림에서 점 I는 △ABC의 내심이다. ∠IBA=30°, ∠IAC=35° 일 때, $\angle x+\angle y$의 크기를 구하시오.

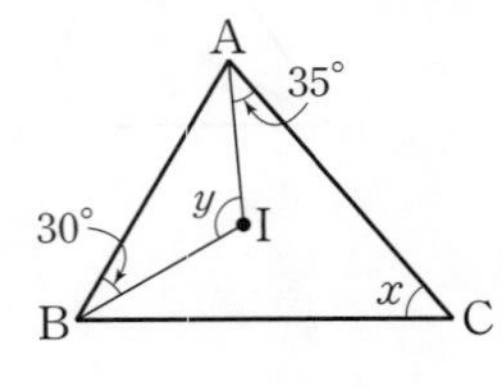

27 0137 오른쪽 그림에서 점 I는 △ABC의 내심이다. ∠BAC : ∠ABC : ∠C =5 : 6 : 7 일 때, ∠AIB의 크기는?

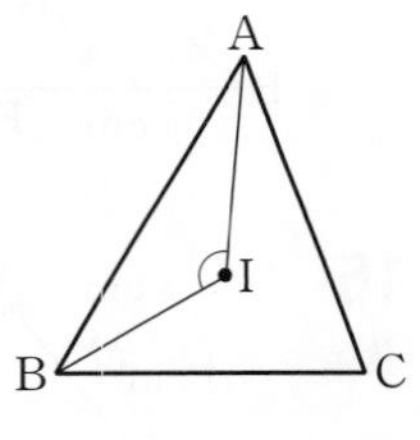

① 110° ② 115° ③ 120° ④ 125° ⑤ 130°

28 0138 오른쪽 그림에서 △ABC는 $\overline{AB}=\overline{AC}$인 이등변삼각형이고 점 I는 △ABC의 내심이다. ∠IAC=40°일 때, ∠AIC의 크기를 구하시오.

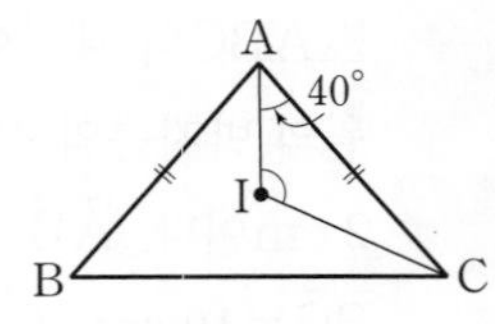

빈출

유형 23 삼각형의 내접원의 반지름의 길이 | 개념 04-3

대표문제

29 0139 오른쪽 그림에서 점 I는 △ABC의 내심이다. $\overline{AB}$=5 cm, $\overline{BC}$=6 cm, $\overline{AC}$=5 cm이고 △ABC의 넓이가 12 cm²일 때, 내접원의 반지름의 길이를 구하시오.

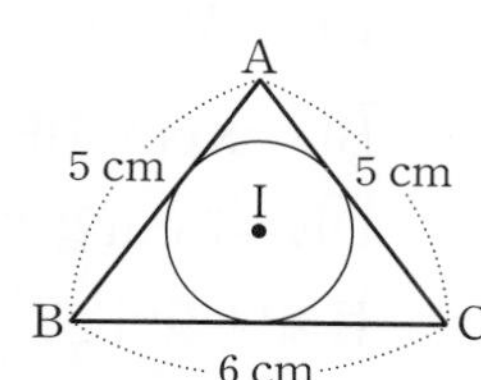

30 0140 오른쪽 그림과 같이 넓이가 20 m²인 삼각형 ABC 모양의 잔디밭의 테두리에 원 모양의 분수대를 접하도록 만들었더니 분수대의 반지름의 길이가 2 m이었다. 삼각형 모양의 잔디밭의 둘레의 길이를 구하시오. (단, 점 I는 분수대의 중심이다.)

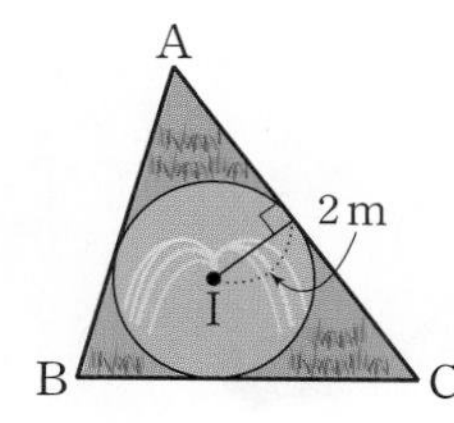

31 0141 오른쪽 그림에서 점 I는 ∠C=90°인 직각삼각형 ABC의 내심이다. $\overline{AB}$=20 cm, $\overline{BC}$=16 cm, $\overline{AC}$=12 cm일 때, △AIC의 넓이를 구하시오.

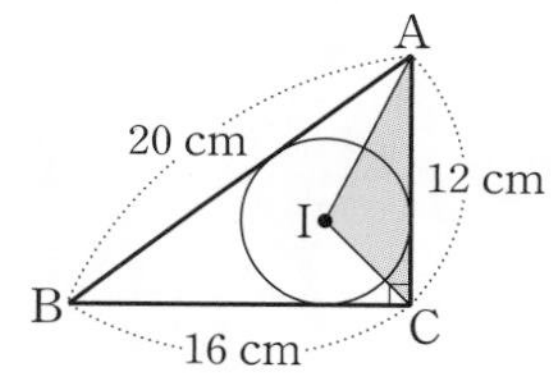

서술형

32 0142 오른쪽 그림에서 점 I는 △ABC의 내심이다. △ABC의 둘레의 길이가 42 cm이고, 원 I의 둘레의 길이가 8π cm일 때, 색칠한 부분의 넓이를 구하시오.

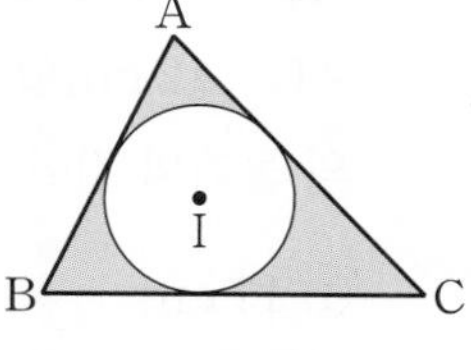

유형 24 삼각형의 내접원과 접선의 길이 | 개념 04-3

점 I는 △ABC의 내심이고 세 점 D, E, F는 내접원과 △ABC의 접점일 때,
$\overline{AD}=\overline{AF}$, $\overline{BD}=\overline{BE}$, $\overline{CE}=\overline{CF}$

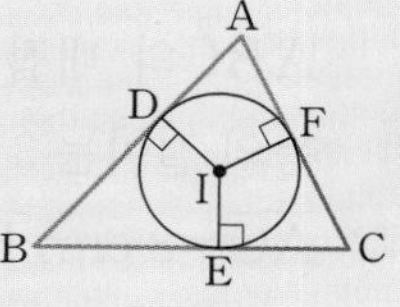

대표문제

33 0143 오른쪽 그림에서 점 I는 △ABC의 내심이고 세 점 D, E, F는 내접원과 △ABC의 접점이다. $\overline{AB}$=7 cm, $\overline{BC}$=9 cm, $\overline{AC}$=10 cm일 때, $\overline{CE}$의 길이를 구하시오.

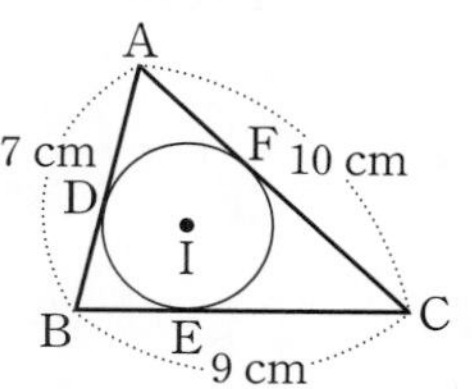

34 0144 오른쪽 그림에서 점 I는 △ABC의 내심이고 세 점 D, E, F는 내접원과 △ABC의 접점이다. $\overline{AD}$=2 cm, $\overline{BC}$=11 cm, $\overline{CF}$=6 cm일 때, △ABC의 둘레의 길이는?

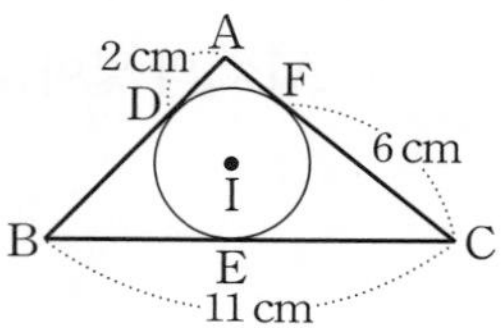

① 22 cm ② 23 cm ③ 24 cm
④ 25 cm ⑤ 26 cm

35 0145 오른쪽 그림에서 점 I는 △ABC의 내심이고 세 점 D, E, F는 내접원과 △ABC의 접점이다. $\overline{BE}$=4 cm이고 △ABC의 둘레의 길이가 34 cm일 때, $\overline{AC}$의 길이는?

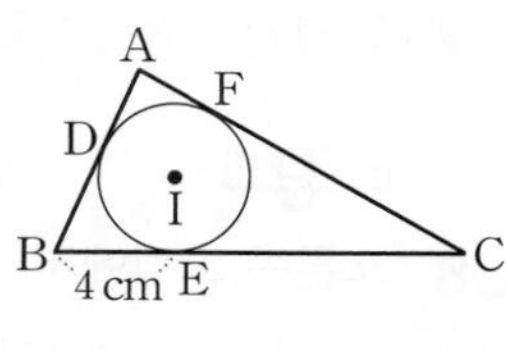

① 11 cm ② 12 cm ③ 13 cm
④ 14 cm ⑤ 15 cm

36 0146 오른쪽 그림과 같이 $\angle C=90°$인 직각삼각형 ABC의 내접원 I의 반지름의 길이는 3 cm이다. $\overline{AC}=8$ cm, $\overline{BC}=15$ cm일 때, $\overline{AB}$의 길이는?

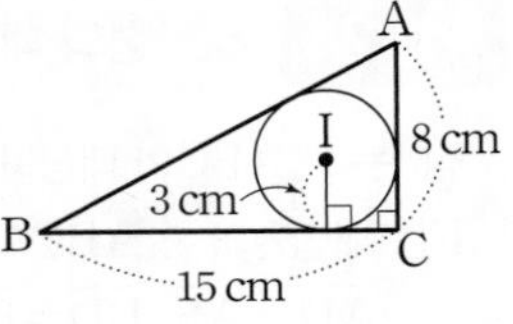

① 16 cm ② 17 cm ③ 18 cm
④ 19 cm ⑤ 20 cm

37 0147 오른쪽 그림에서 점 I는 $\angle B=90°$인 직각삼각형 ABC의 내심이고 세 점 D, E, F는 내접원과 △ABC의 접점이다. $\overline{AC}=15$ cm, $\overline{IE}=4$ cm일 때, △ABC의 넓이를 구하시오.

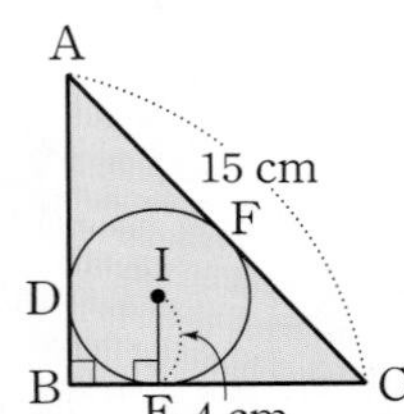

빈출

유형 25 삼각형의 내심과 평행선 | 개념 04-2

점 I가 △ABC의 내심이고 $\overline{DE}/\!/\overline{BC}$일 때

① $\angle DBI=\angle IBC=\angle DIB$, $\angle ECI=\angle ICB=\angle EIC$

② $\overline{DB}=\overline{DI}$, $\overline{EC}=\overline{EI}$

③ (△ADE의 둘레의 길이)$=\overline{AB}+\overline{AC}$

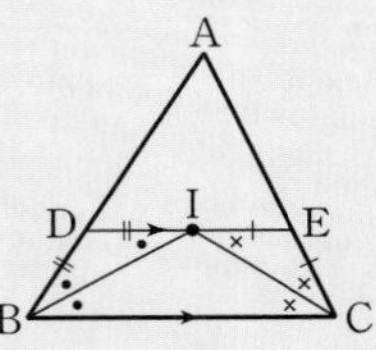

대표문제

38 0148 오른쪽 그림에서 점 I는 △ABC의 내심이고 $\overline{DE}/\!/\overline{BC}$이다. $\overline{AB}=7$ cm, $\overline{BC}=9$ cm, $\overline{AC}=10$ cm일 때, △ADE의 둘레의 길이를 구하시오.

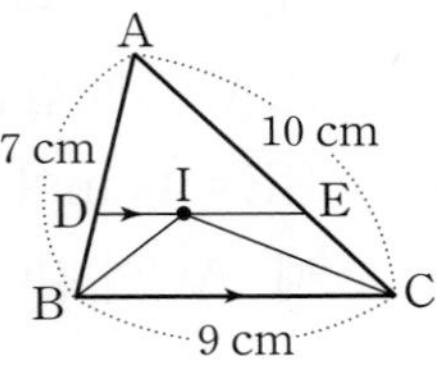

39 0149 오른쪽 그림에서 점 I는 △ABC의 내심이고 $\overline{DE}/\!/\overline{AC}$이다. $\overline{AC}=\frac{21}{2}$ cm, $\overline{BD}=8$ cm, $\overline{BE}=6$ cm, $\overline{DE}=7$ cm일 때, △ABC의 둘레의 길이는?

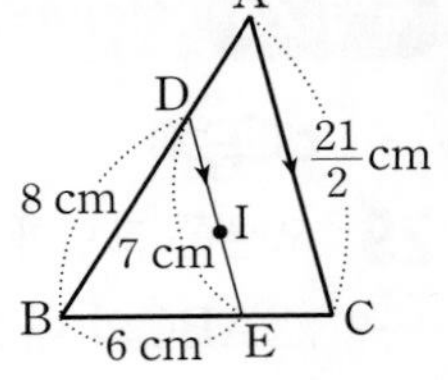

① $\frac{55}{2}$ cm ② 30 cm ③ $\frac{63}{2}$ cm
④ $\frac{75}{2}$ cm ⑤ 42 cm

서술형

40 0150 오른쪽 그림에서 점 I는 △ABC의 내심이고 $\overline{AB}=\overline{AC}$, $\overline{DE}/\!/\overline{BC}$이다. $\overline{AE}=7$ cm이고 △ADE의 둘레의 길이가 18 cm일 때, $\overline{EC}$의 길이를 구하시오.

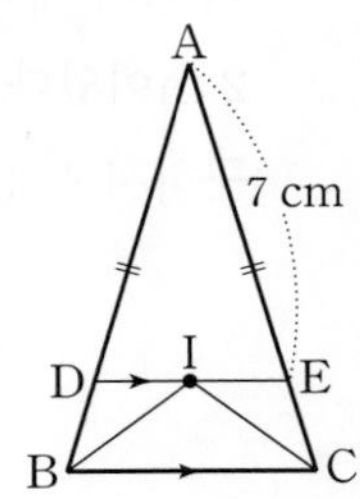

41 0151 오른쪽 그림에서 점 I는 △ABC의 내심이고 $\overline{AB}/\!/\overline{ID}$, $\overline{AC}/\!/\overline{IE}$이다. $\overline{AB}=11$ cm, $\overline{BC}=13$ cm, $\overline{AC}=12$ cm일 때, △IDE의 둘레의 길이는?

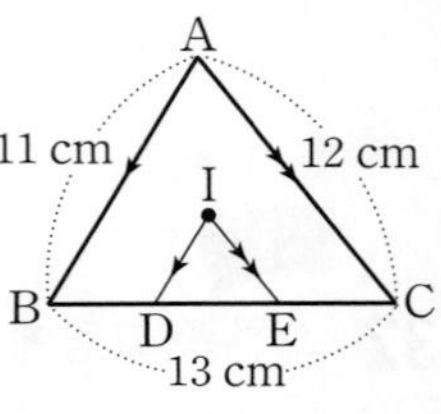

① 11 cm ② 12 cm ③ 13 cm
④ 14 cm ⑤ 15 cm

빈출

유형 26 삼각형의 외심과 내심 | 개념 04-3

두 점 O, I가 각각 △ABC의 외심, 내심일 때

① $\overline{OB}=\overline{OC}$, $\angle IBA=\angle IBC$

② $\angle BOC=2\angle A$,

$\angle BIC=90°+\frac{1}{2}\angle A$

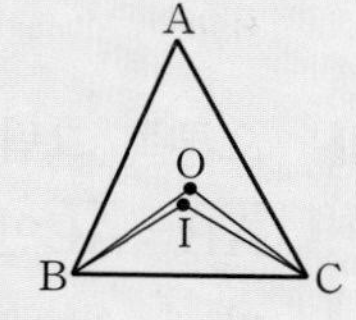

대표문제

42 0152 오른쪽 그림에서 두 점 O, I는 각각 △ABC의 외심과 내심이다. $\angle BIC=110°$일 때, $\angle BOC$의 크기를 구하시오.

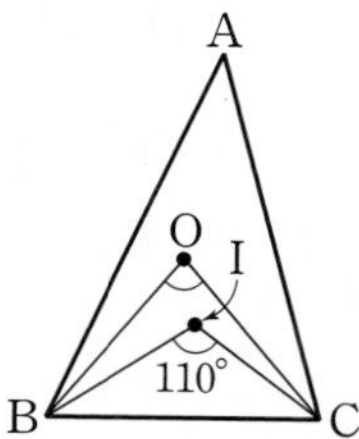

43 0153 오른쪽 그림에서 두 점 O, I는 각각 △ABC의 외심과 내심이다. $\angle OCB=30°$일 때, $\angle BIC$의 크기는?

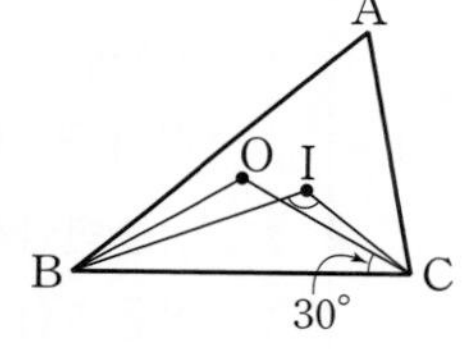

① 110° ② 115° ③ 120°
④ 125° ⑤ 130°

44 0154 오른쪽 그림에서 △ABC는 $\overline{AB}=\overline{AC}$인 이등변삼각형이고 두 점 O, I는 각각 △ABC의 외심과 내심이다. $\angle A=48°$일 때, $\angle OBI$의 크기를 구하시오.

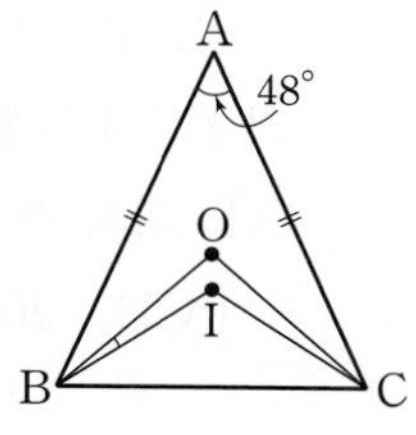

45 0155 오른쪽 그림에서 두 점 O, I는 각각 △ABC의 외심과 내심이다. $\angle B=40°$, $\angle C=60°$일 때, $\angle OAI$의 크기를 구하시오.

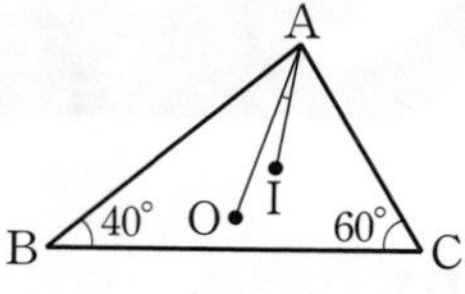

유형 27 직각삼각형의 외접원과 내접원 | 개념 04-3

$\angle C=90°$인 직각삼각형 ABC의 외접원, 내접원의 반지름의 길이를 각각 R, r라 할 때

① $R=\frac{1}{2}\times$(빗변의 길이)$=\frac{1}{2}c$

② $\triangle ABC=\frac{1}{2}ab=\frac{1}{2}r(a+b+c)$

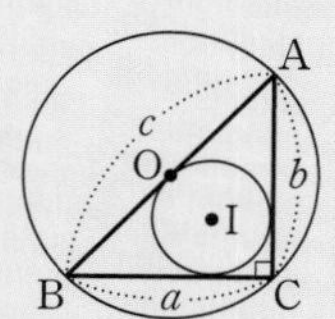

대표문제

46 0156 오른쪽 그림과 같이 $\angle A=90°$인 직각삼각형 ABC에서 점 I는 내심, 점 O는 외심이다. $\overline{AB}=12$ cm, $\overline{BC}=20$ cm, $\overline{AC}=16$ cm일 때, 색칠한 부분의 넓이를 구하시오.

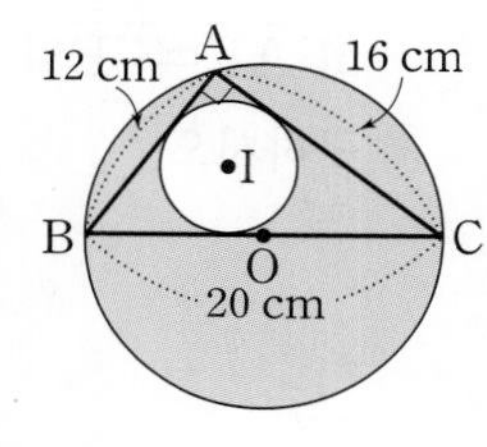

47 0157 오른쪽 그림에서 두 점 O, I는 각각 $\angle C=90°$인 직각삼각형 ABC의 외심과 내심이고 세 점 D, E, F는 내접원과 △ABC의 접점이다. $\overline{AB}=13$ cm, $\overline{BC}=12$ cm, $\overline{AC}=5$ cm일 때, $\overline{OD}$의 길이를 구하시오.

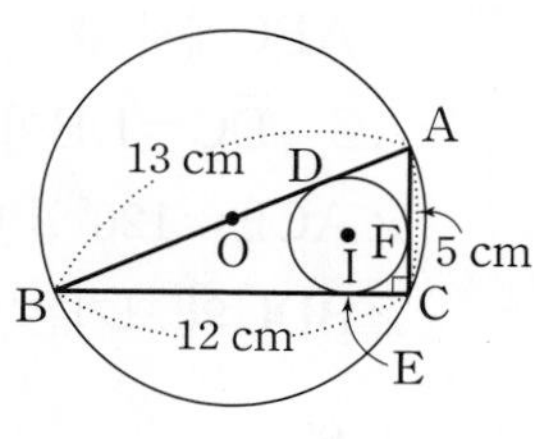

01 0158 오른쪽 그림과 같이 세 점 B, C, E가 한 직선 위에 있다. $\overline{AB}=\overline{AC}$, $\overline{DC}=\overline{DE}$이고 $\angle B=55°$, $\angle D=38°$일 때, $\angle ACD$의 크기는?

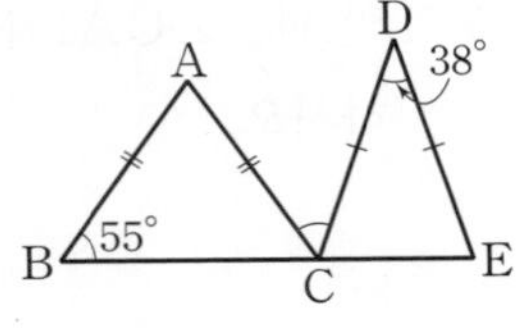

① 50° ② 52° ③ 54° ④ 56° ⑤ 58°

▶ 10쪽 유형 02

02 0159 오른쪽 그림과 같은 직사각형 ABCD에서 $\angle CAE=\angle DAE$이고 $\overline{AE}=\overline{CE}$일 때, $\angle x$의 크기를 구하시오.

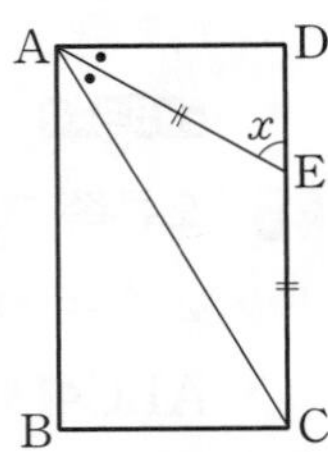

▶ 10쪽 유형 02

03 0160 오른쪽 그림과 같은 $\triangle ABC$에서 $\overline{AC}=\overline{DC}=\overline{DB}$이고 $\angle ACE=120°$일 때, $\angle BDC$의 크기는?

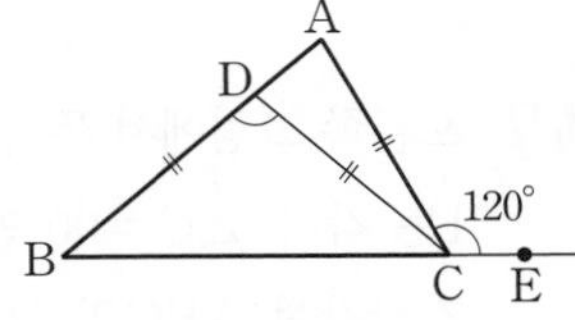

① 95° ② 100° ③ 105° ④ 110° ⑤ 115°

▶ 10쪽 유형 03

04 0161 오른쪽 그림에서 $\triangle ABC$는 $\overline{AB}=\overline{AC}$인 이등변삼각형이다. $\angle A=36°$, $\angle ABD=\angle CBD$, $\angle ACE=3\angle ACD$일 때, $\angle D$의 크기는?

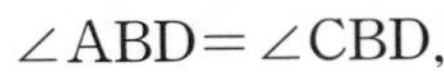

① 30° ② 32° ③ 34° ④ 36° ⑤ 38°

▶ 11쪽 유형 04

05 0162 다음 **보기** 중 옳은 것을 모두 고르시오.

보기
ㄱ. 두 변의 길이가 같은 삼각형을 이등변삼각형이라 한다.
ㄴ. 이등변삼각형의 한 각의 이등분선은 밑변을 수직이등분한다.
ㄷ. 이등변삼각형의 두 밑각의 크기는 같다.
ㄹ. 이등변삼각형의 두 밑각의 크기의 합은 항상 꼭지각의 크기보다 크다.

▶ 9쪽 유형 01 + 11쪽 유형 05

06 0163 오른쪽 그림과 같이 $\overline{AB}=\overline{AC}$인 이등변삼각형 ABC에서 $\angle A$의 이등분선과 $\overline{BC}$의 교점을 D라 하자. $\overline{AD}$ 위의 점 P에 대하여 $\angle BAP=50°$, $\angle PCD=20°$일 때, $\angle x+\angle y$의 크기를 구하시오.

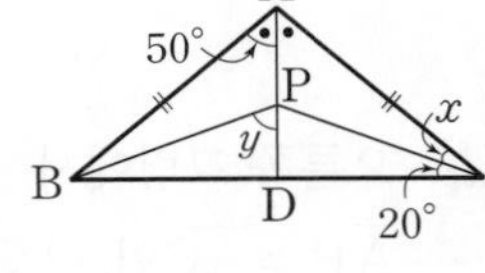

▶ 12쪽 유형 06

07 0164 오른쪽 그림의 △ABC에서 ∠C=35°, ∠BDA=70°, ∠BAE=110°이고 $\overline{CD}$=7 cm일 때, $\overline{AB}$의 길이를 구하시오.

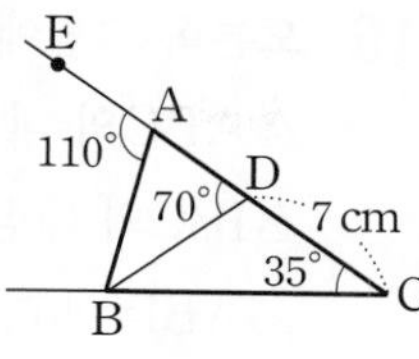

▶ 12쪽 유형 07

08 0165 폭이 일정한 종이 테이프를 오른쪽 그림과 같이 접었다. ∠DAC=62°일 때, ∠BCE의 크기를 구하시오.

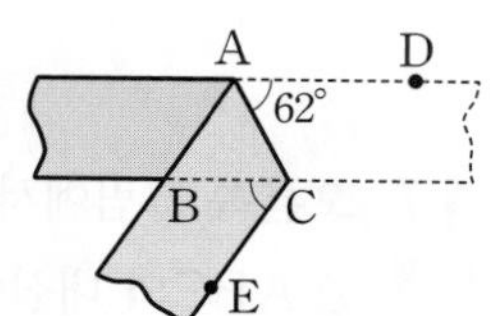

▶ 13쪽 유형 08

09 0166 오른쪽 그림과 같이 $\overline{AB}=\overline{AC}$인 이등변삼각형 ABC에서 $\overline{BC}$의 중점을 M이라 하고 점 M에서 $\overline{AB}$, $\overline{AC}$에 내린 수선의 발을 각각 D, E라 할 때, 다음 중 옳지 않은 것을 모두 고르면? (정답 2개)

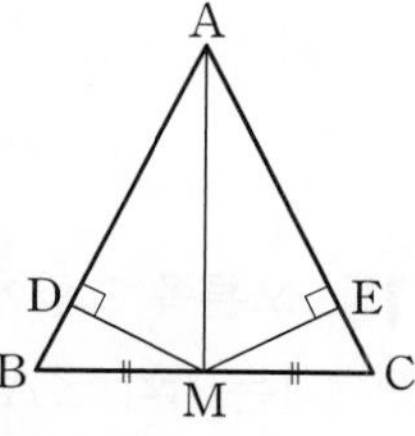

① ∠B=∠C ② ∠BAM=∠C
③ $\overline{AB}=\overline{BC}$ ④ $\overline{DM}=\overline{EM}$
⑤ △BDM≡△CEM

▶ 16쪽 유형 11

10 0167 오른쪽 그림과 같은 △ABC에서 $\overline{AB}$의 중점을 M이라 하고 점 M에서 $\overline{BC}$, $\overline{AC}$에 내린 수선의 발을 각각 D, E라 하자. $\overline{MD}=\overline{ME}$이고 ∠B=35°일 때, ∠C의 크기를 구하시오.

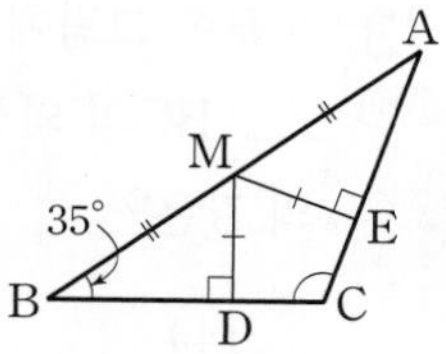

▶ 17쪽 유형 12

11 0168 오른쪽 그림의 △ABC는 ∠C=90°이고 $\overline{AC}=\overline{BC}$인 직각이등변삼각형이다. ∠B의 이등분선과 $\overline{AC}$의 교점을 D라 하고 점 D에서 $\overline{AB}$에 내린 수선의 발을 E라 하자. $\overline{DC}$=8 cm일 때, △AED의 넓이를 구하시오.

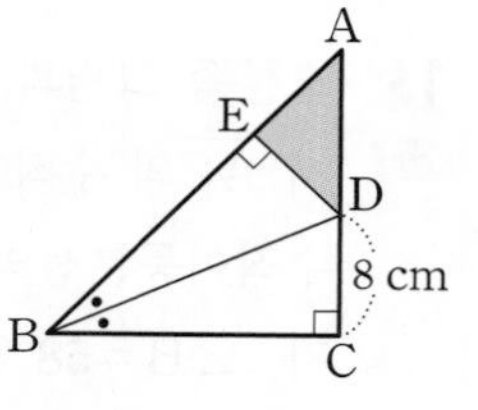

▶ 19쪽 유형 14

12 0169 오른쪽 그림과 같이 ∠C=90°인 직각삼각형 ABC에서 ∠A=30°, $\overline{BC}$=9 cm일 때, $\overline{AB}$의 길이는?

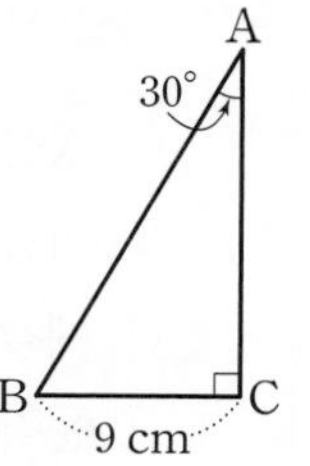

① 14 cm ② 15 cm
③ 16 cm ④ 17 cm
⑤ 18 cm

▶ 22쪽 유형 17

13 0170 오른쪽 그림에서 점 O는 △ABC의 외심일 때, $x+y$의 값은?

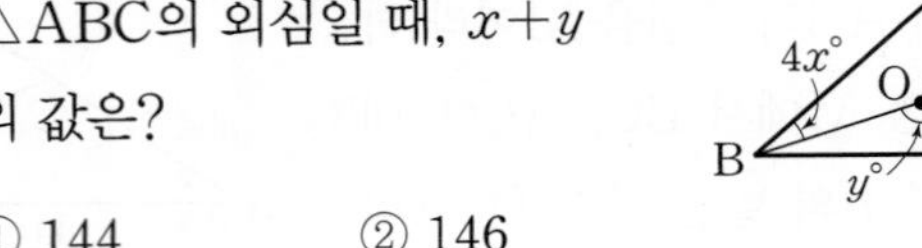

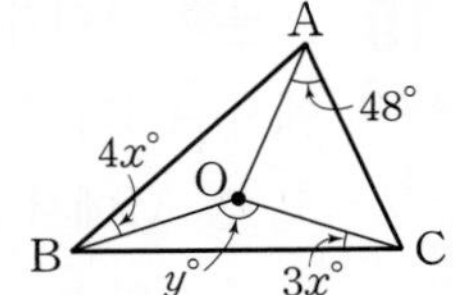

① 144 ② 146 ③ 150 ④ 154 ⑤ 160

23쪽 유형 18 + 23쪽 유형 19

14 0171 오른쪽 그림과 같은 △ABC에서 $\overline{AC}$의 수직이등분선과 $\overline{BC}$의 수직이등분선의 교점을 O라 하자. ∠B=58°일 때, ∠OCD의 크기를 구하시오.

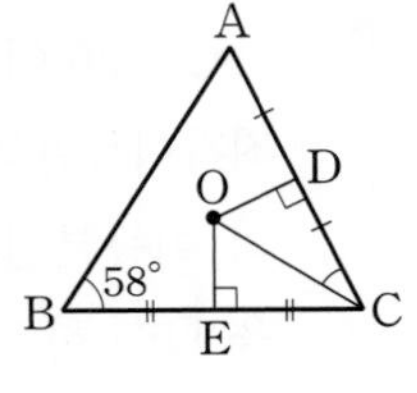

23쪽 유형 19

15 0172 다음 중 외심과 내심이 모두 삼각형의 내부에 있는 것을 모두 고르면? (정답 2개)

① 정삼각형
② 이등변삼각형
③ 예각삼각형
④ 둔각삼각형
⑤ 직각삼각형

21쪽 유형 15 + 25쪽 유형 20

16 0173 오른쪽 그림에서 점 I는 △ABC의 내심이고 점 I′은 △IBC의 내심이다. ∠ABI=40°, ∠ACI=32°일 때, ∠BI′C의 크기는?

① 120° ② 128° ③ 135° ④ 144° ⑤ 150°

26쪽 유형 22

17 0174 오른쪽 그림에서 점 I는 △ABC의 내심이고 $\overline{DE}/\!/\overline{BC}$이다. $\overline{AB}$=14 cm, $\overline{AC}$=15 cm이고 △ADE의 내접원의 반지름의 길이가 4 cm일 때, △ADE의 넓이를 구하시오.

27쪽 유형 23 + 28쪽 유형 25

18 0175 오른쪽 그림에서 두 점 O, I는 각각 ∠A=90°인 직각삼각형 ABC의 외심과 내심이고 점 P는 $\overline{AO}$와 $\overline{BI}$의 교점이다. ∠C=58°일 때, ∠APB의 크기는?

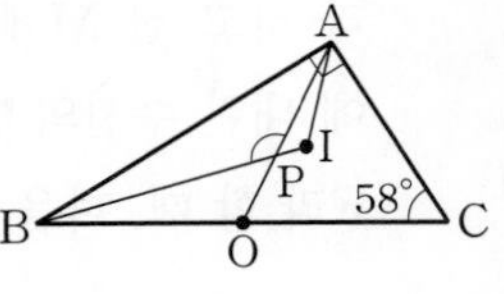

① 129° ② 130° ③ 131° ④ 132° ⑤ 133°

29쪽 유형 26

서술형 문제

19 0176 오른쪽 그림의 $\triangle ABC$는 $\overline{AB}=\overline{AC}$인 이등변삼각형이고 세 점 D, E, F는 각각 $\overline{AB}$, $\overline{BC}$, $\overline{AC}$ 위의 점이다. $\overline{DB}=\overline{EC}$, $\overline{BE}=\overline{CF}$이고 $\angle A=48°$일 때, $\angle DEF$의 크기를 구하시오.

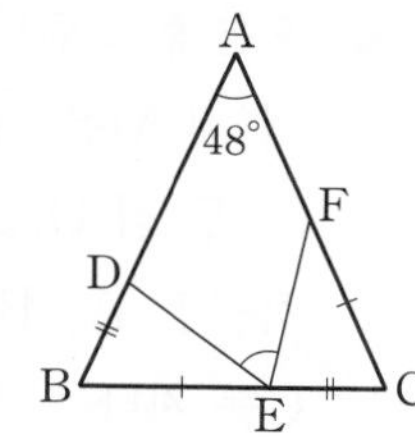

10쪽 유형 02

20 0177 오른쪽 그림과 같이 $\overline{AB}=\overline{AC}$인 이등변삼각형 ABC에서 $\angle A$의 이등분선과 $\overline{BC}$의 교점을 D, 점 D에서 $\overline{AC}$에 내린 수선의 발을 E라 하자. $\overline{AB}=10$ cm, $\overline{AD}=8$ cm, $\overline{BC}=12$ cm일 때, $\overline{DE}$의 길이를 구하시오.

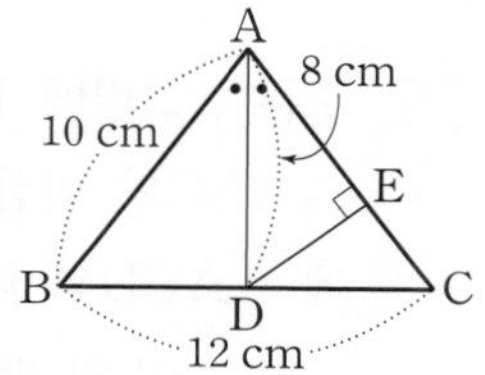

12쪽 유형 06

21 0178 오른쪽 그림과 같이 정사각형 ABCD의 두 꼭짓점 B, D에서 $\overline{EC}$에 내린 수선의 발을 각각 F, G라 하자. $\overline{BF}=3$ cm, $\overline{DG}=5$ cm일 때, $\triangle DFG$의 넓이를 구하시오.

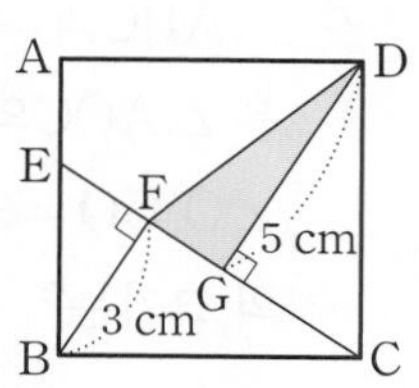

16쪽 유형 11

22 0179 오른쪽 그림과 같이 $\angle A=90°$인 직각삼각형 ABC에서 $\overline{AB}=\overline{BE}$이고 $\angle BED=90°$, $\angle DBE=25°$일 때, $\angle x$의 크기를 구하시오.

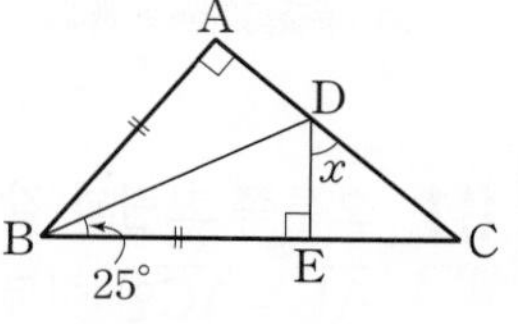

17쪽 유형 12

23 0180 오른쪽 그림에서 점 I는 $\triangle ABC$의 내심, 점 I′은 $\triangle ABD$의 내심이고 $\overline{BI}$ 위의 점이다. $\angle C=60°$, $\angle DAC=28°$일 때, 다음 물음에 답하시오.

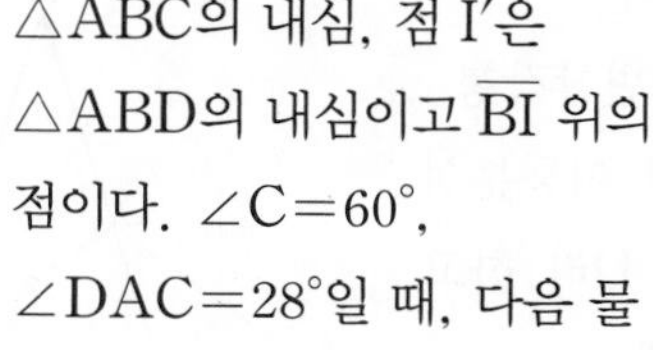

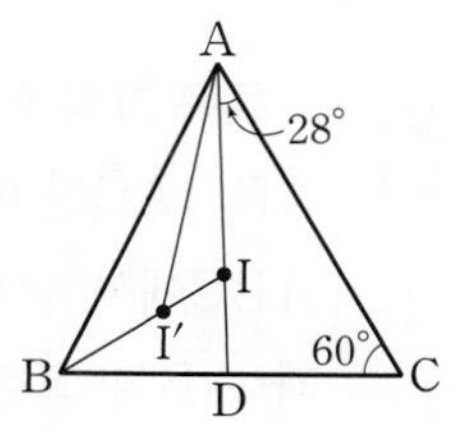

(1) $\angle BAI'$의 크기를 구하시오.

(2) $\angle AI'I$의 크기를 구하시오.

26쪽 유형 21

24 0181 오른쪽 그림에서 점 I는 $\angle A=90°$인 직각삼각형 ABC의 내심이다. $\overline{AB}=9$ cm, $\overline{BC}=15$ cm, $\overline{AC}=12$ cm일 때, 색칠한 부분의 넓이를 구하시오.

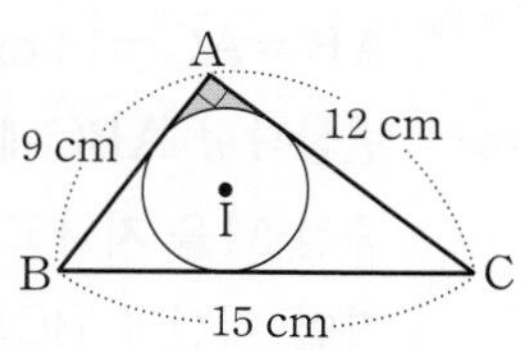

27쪽 유형 23

01 0182 오른쪽 그림과 같이 $\overline{AB}=\overline{AC}$인 이등변삼각형 ABC의 밑변 BC 위에 $\overline{CA}=\overline{CD}$, $\overline{BA}=\overline{BE}$가 되도록 두 점 D, E를 잡았다. $\angle DAE=42°$일 때, $\angle BAD$의 크기는?

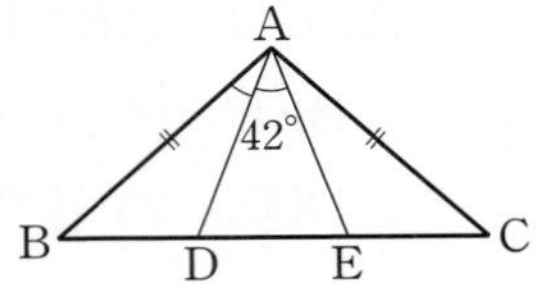

① 24° ② 25° ③ 26°
④ 27° ⑤ 28°

02 0183 오른쪽 그림과 같이 $\overline{AB}=\overline{AC}$인 이등변삼각형 ABC에서 $\angle C$의 이등분선과 $\overline{AB}$의 교점을 D라 하고 $\overline{BC}$의 연장선 위에 $\overline{BD}=\overline{BE}$가 되도록 점 E를 잡았다. $\overline{DA}=\overline{DC}$일 때, $\angle EDB$의 크기는?

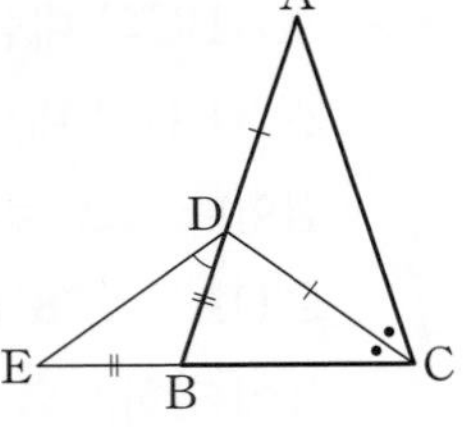

① 27° ② 30° ③ 36°
④ 42° ⑤ 45°

Tip
삼각형의 한 외각의 크기는 그와 이웃하지 않는 두 내각의 크기의 합과 같음을 이용하여 $\angle DBC$의 크기를 먼저 구한다.

03 0184 오른쪽 그림과 같이 $\overline{AB}=\overline{AC}=14$ cm인 이등변삼각형 ABC에서 $\overline{AB}$의 중점 M을 지나고 $\overline{BC}$에 수직인 직선과 $\overline{BC}$의 교점을 P, $\overline{CA}$의 연장선과의 교점을 Q라 하자. 이때 $\overline{AQ}$의 길이를 구하시오.

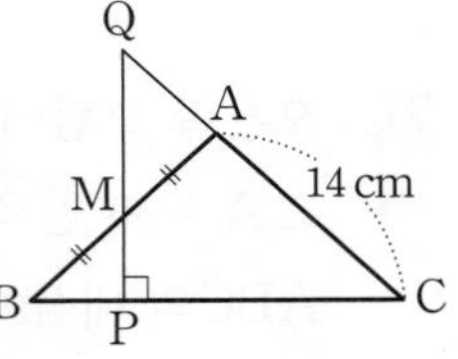

04 0185 오른쪽 그림의 △ABC에서 점 M은 $\overline{AB}$의 중점이고 두 점 D, E는 각각 두 꼭짓점 A, B에서 꼭짓점 C를 지나는 직선 l에 내린 수선의 발이다. $\overline{AD}=6$ cm, $\overline{DM}=4$ cm, $\overline{CE}=6$ cm일 때, △ABC의 넓이를 구하시오. (단, 점 M은 직선 l 위에 있다.)

05 0186 오른쪽 그림에서 점 O는 △ABC의 외심이면서 동시에 △ACD의 외심이다. $\angle B=72°$일 때, $\angle D$의 크기를 구하시오.

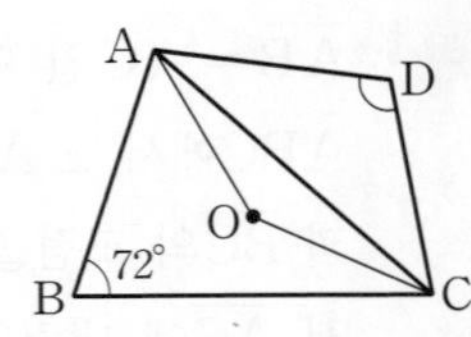

06 0187 오른쪽 그림에서 점 O는 △ABC의 외심이고 점 O′은 △AOC의 외심이다. $\angle O'CO=35°$일 때, $\angle B$의 크기는?

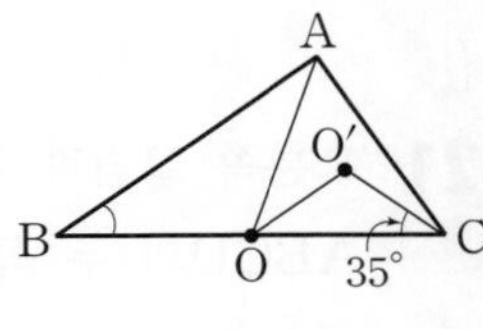

① 20° ② 25° ③ 30°
④ 35° ⑤ 40°

창의⊕융합

07 0188 다음 그림과 같이 색종이로 만든 △ABC를 $\overline{AB}$, $\overline{AC}$가 만나도록 접었다가 펼치고 $\overline{AB}$, $\overline{BC}$가 만나도록 접었다가 펼친다. 접어서 생긴 두 선의 교점을 I라 할 때, 다음 **보기** 중 옳은 것을 모두 고르시오.

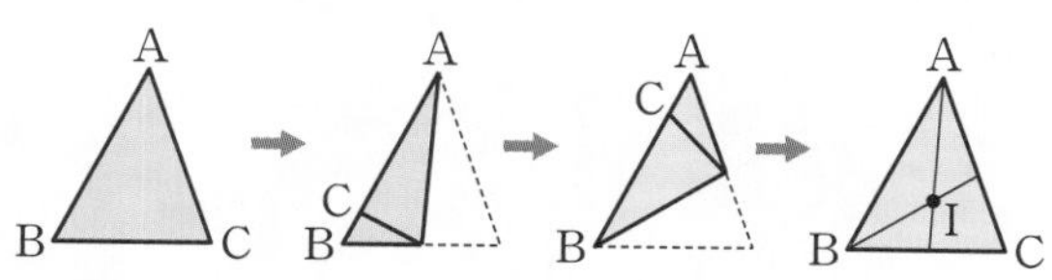

보기

ㄱ. $2\angle AIB-\angle C=180°$

ㄴ. $\overline{AB}$의 수직이등분선은 점 I를 지난다.

ㄷ. 점 I는 세 점 A, B, C를 지나는 원의 중심이다.

ㄹ. 점 I와 $\overline{AB}$ 사이의 거리는 점 I와 $\overline{AC}$ 사이의 거리와 같다.

08 0189 오른쪽 그림에서 두 점 I, I′은 각각 △ABC, △ACD의 내심이고 점 P는 $\overline{BI}$와 $\overline{DI'}$의 연장선의 교점이다.
$\angle ACD=46°$, $\angle BAC=86°$, $\angle DBC=48°$일 때, $\angle IPI'$의 크기는?
(단, 세 점 A, B, D는 한 직선 위에 있다.)

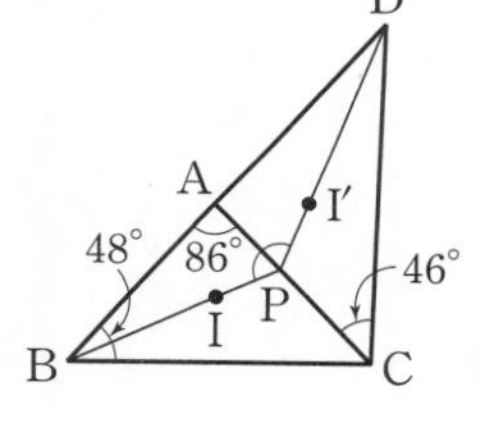

① 130° ② 132° ③ 134°
④ 136° ⑤ 138°

09 0190 오른쪽 그림에서 점 I는 △ABC의 내심이고 $\overline{ED}\,/\!/\,\overline{AB}$이다.
$\overline{AB}=20$ cm, $\overline{BD}=5$ cm, $\overline{AE}=7$ cm이고 내접원 I의 반지름의 길이가 4 cm일 때, 색칠한 부분의 넓이를 구하시오.

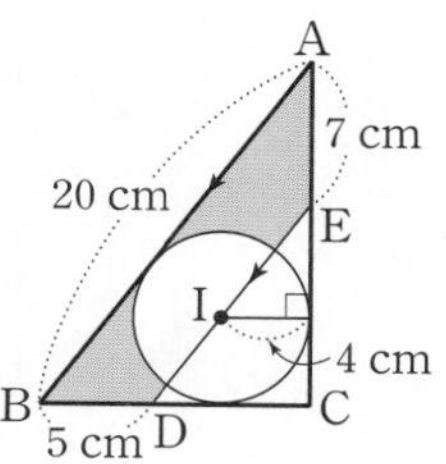

서술형 문제

10 0191 오른쪽 그림의 △ABC에서 $\overline{AD}$, $\overline{BE}$는 각각 ∠A, ∠B의 이등분선이다. $\overline{BD}=\overline{BF}$이고 $\angle ABE=50°$일 때, ∠C의 크기를 구하시오.

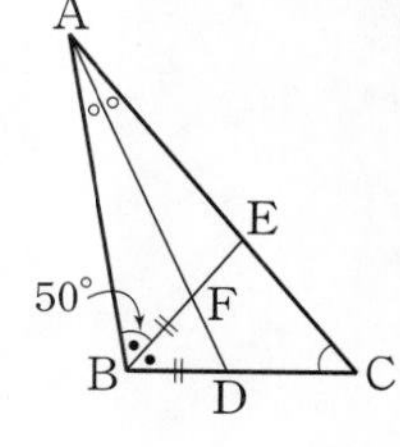

창의⊕융합

11 0192 오른쪽 그림은 백제시대 와당의 일부분인데 훼손되기 전의 모양이 원이었다고 한다. 원의 중심을 찾아 이 와당을 복원하려고 할 때, 이용할 수 있는 삼각형의 성질을 말하고, 원을 그리시오.

12 0193 오른쪽 그림에서 두 점 O, I는 각각 △ABC의 외심과 내심이고 두 점 D, E는 각각 $\overline{AO}$, $\overline{AI}$의 연장선과 $\overline{BC}$의 교점이다. $\angle BAD=25°$, $\angle CAE=40°$일 때, 다음 물음에 답하시오.

(1) ∠BAC의 크기를 구하시오.

(2) ∠ADE의 크기를 구하시오.

I. 도형의 성질

2 사각형의 성질

학습 계획 및 성취도 체크

- 학습 계획을 세우고 적어도 두 번 반복하여 공부합니다.
- 유형 이해도에 따라 ☐ 안에 ○, △, ×를 표시합니다.
- 시험 전에 [빈출] 유형과 × 표시한 유형은 반드시 한 번 더 풀어 봅니다.

Lecture	유형	내용	학습 계획	1차 학습	2차 학습
Lecture 05 평행사변형(1)	유형 01	평행사변형의 뜻	/	☐	☐
	유형 02	평행사변형의 성질 확인하기	/	☐	☐
	유형 03	평행사변형의 성질	/	☐	☐
	유형 04	평행사변형의 성질의 응용; 대변 빈출	/	☐	☐
	유형 05	평행사변형의 성질의 응용; 대각 빈출	/	☐	☐
	유형 06	평행사변형의 성질의 응용; 대각선	/	☐	☐
Lecture 06 평행사변형(2)	유형 07	평행사변형이 되는 조건 확인하기	/	☐	☐
	유형 08	평행사변형이 되는 조건 빈출	/	☐	☐
	유형 09	평행사변형이 되도록 하는 미지수의 값 구하기	/	☐	☐
	유형 10	평행사변형이 되는 조건의 응용	/	☐	☐
	유형 11	평행사변형과 넓이; 대각선에 의하여 나누어지는 경우	/	☐	☐
	유형 12	평행사변형과 넓이; 내부의 한 점 P가 주어지는 경우 빈출	/	☐	☐
Lecture 07 여러 가지 사각형(1)	유형 13	직사각형의 뜻과 성질 빈출	/	☐	☐
	유형 14	평행사변형이 직사각형이 되는 조건	/	☐	☐
	유형 15	마름모의 뜻과 성질 빈출	/	☐	☐
	유형 16	평행사변형이 마름모가 되는 조건	/	☐	☐
Lecture 08 여러 가지 사각형(2)	유형 17	정사각형의 뜻과 성질 빈출	/	☐	☐
	유형 18	정사각형이 되는 조건	/	☐	☐
	유형 19	등변사다리꼴의 뜻과 성질	/	☐	☐
	유형 20	등변사다리꼴의 성질의 응용 빈출	/	☐	☐
	유형 21	여러 가지 사각형의 판별	/	☐	☐
Lecture 09 여러 가지 사각형 사이의 관계	유형 22	여러 가지 사각형 사이의 관계 빈출	/	☐	☐
	유형 23	여러 가지 사각형의 대각선의 성질	/	☐	☐
	유형 24	사각형의 각 변의 중점을 연결하여 만든 사각형	/	☐	☐
Lecture 10 평행선과 넓이	유형 25	평행선과 삼각형의 넓이 빈출	/	☐	☐
	유형 26	높이가 같은 삼각형의 넓이	/	☐	☐
	유형 27	평행사변형에서 높이가 같은 삼각형의 넓이 빈출	/	☐	☐
	유형 28	사다리꼴에서 높이가 같은 삼각형의 넓이	/	☐	☐
단원 마무리	**Level B**	필수 유형 정복하기	/	☐	☐
	Level C	발전 유형 정복하기	/	☐	☐

Lecture 05 2. 사각형의 성질
평행사변형 (1)

05-1 사각형 ABCD

네 점 A, B, C, D를 꼭짓점으로 하는 사각형을 사각형 ABCD라 하고, 기호로 □ABCD와 같이 나타낸다.

(1) **대변:** 마주 보는 변

(2) **대각:** 마주 보는 각

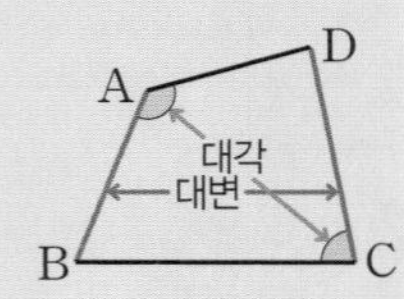

예 오른쪽 그림에서

대변: $\overline{AB}$와 $\overline{DC}$, $\overline{AD}$와 $\overline{BC}$

대각: ∠A와 ∠C, ∠B와 ∠D

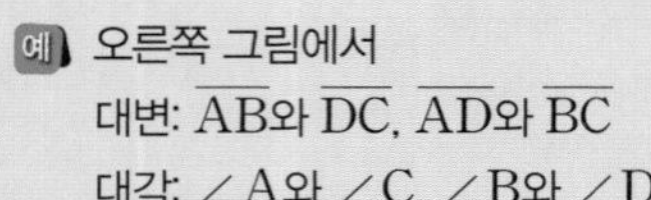

참고 사각형에는 대변과 대각이 각각 2쌍씩 있다.

05-2 평행사변형의 뜻

| 유형 01

마주 보는 두 쌍의 변이 서로 평행한 사각형

➡ □ABCD에서

$\overline{AB} /\!/ \overline{DC}$, $\overline{AD} /\!/ \overline{BC}$

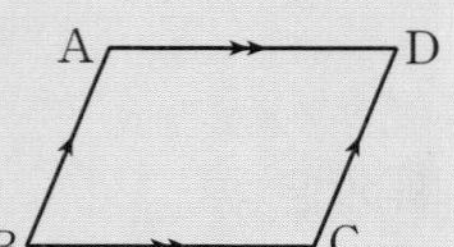

05-3 평행사변형의 성질

| 유형 02~06

(1) 두 쌍의 대변의 길이는 각각 같다.

➡ $\overline{AB}=\overline{DC}$, $\overline{AD}=\overline{BC}$

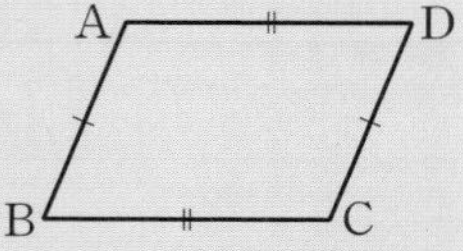

(2) 두 쌍의 대각의 크기는 각각 같다.

➡ ∠A=∠C, ∠B=∠D

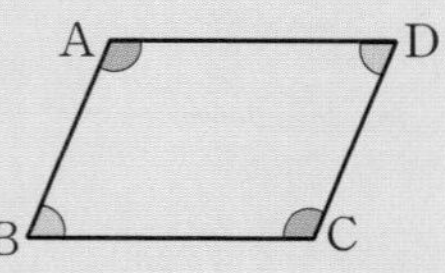

참고 평행사변형에서 이웃하는 두 내각의 크기의 합은 180°이다.

➡ 평행사변형 ABCD에서 ∠A=∠C, ∠B=∠D이므로

∠A+∠B+∠C+∠D=360°에서

2∠A+2∠B=360° ∴ ∠A+∠B=180°

같은 방법으로 하면

∠A+∠B=∠B+∠C=∠C+∠D=∠D+∠A =180°

(3) 두 대각선은 서로를 이등분한다.

➡ $\overline{OA}=\overline{OC}$, $\overline{OB}=\overline{OD}$

참고 평행사변형의 두 대각선은 각각의 중점에서 만난다.

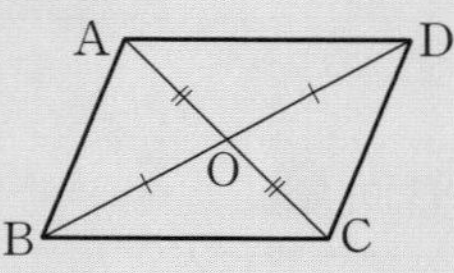

[01~02] 다음 그림과 같은 평행사변형 ABCD에서 x, y의 값을 각각 구하시오.

01 0194

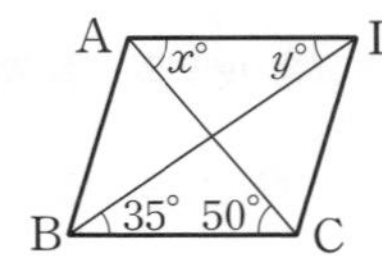

02 0195

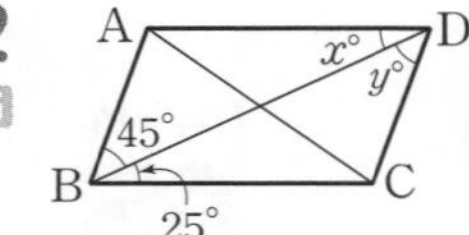

[03~08] 다음 그림과 같은 평행사변형 ABCD에서 x, y의 값을 각각 구하시오.

03 0196

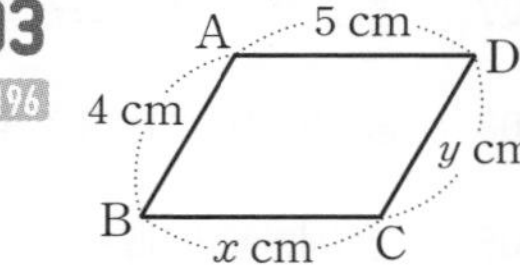

04 0197

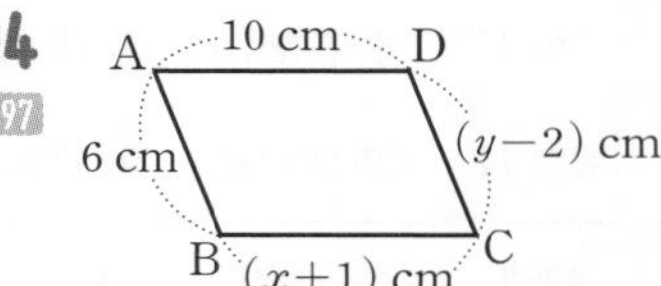

05 0198

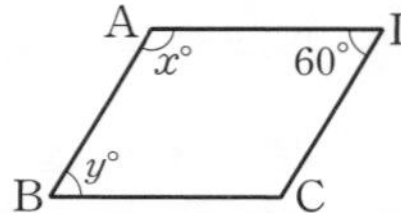

06 0199

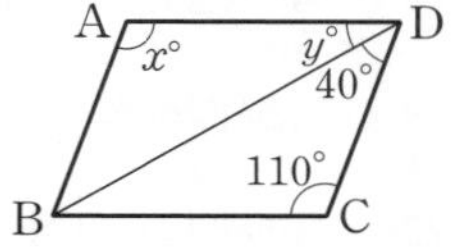

07 0200

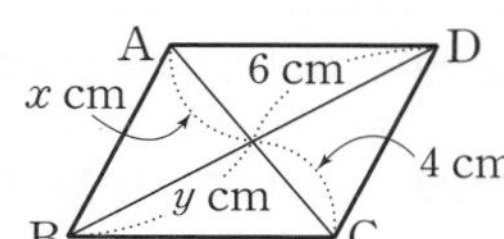

08 0201

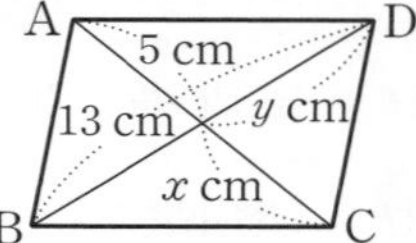

유형 01 평행사변형의 뜻 | 개념 05-2

대표문제

09 0202 오른쪽 그림의 평행사변형 ABCD에서 $\angle ABD=43°$, $\angle ADB=32°$일 때, $\angle x+\angle y$의 크기를 구하시오.

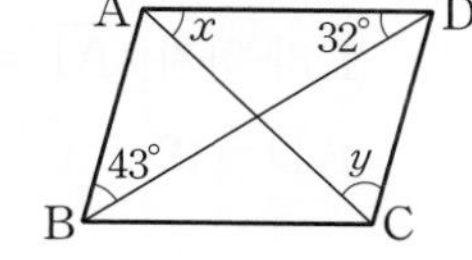

10 0203 오른쪽 그림과 같은 평행사변형 ABCD에서 두 대각선의 교점을 O라 하자. $\angle DAO=36°$, $\angle OBC=50°$일 때, $\angle x$의 크기를 구하시오.

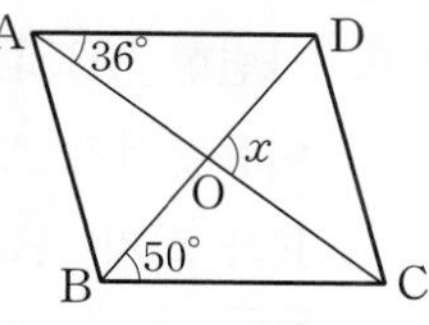

유형 02 평행사변형의 성질 확인하기 | 개념 05-3

대표문제

11 0204 다음은 평행사변형의 두 쌍의 대변의 길이는 각각 같음을 설명하는 과정이다. (가)~(다)에 알맞은 것을 써넣으시오.

> 평행사변형 ABCD에서 대각선 BD를 그으면
> △ABD와 △CDB에서
> $\angle ABD=$ (가) (엇각),
> $\angle ADB=$ (나) (엇각),
> (다) 는 공통
> 따라서 △ABD≡△CDB (ASA 합동)이므로
> $\overline{AB}=\overline{CD}$, $\overline{AD}=\overline{CB}$
> 즉, 평행사변형의 두 쌍의 대변의 길이는 각각 같다.

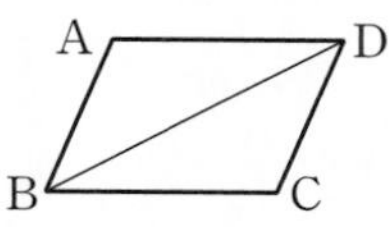

12 0205 다음은 평행사변형의 두 쌍의 대각의 크기는 각각 같음을 설명하는 과정이다. (가)~(마)에 알맞은 것을 써넣으시오.

> 평행사변형 ABCD에서 대각선 AC와 BD를 그으면
> △ABC와 △CDA에서
> $\angle BAC=$ (가) (엇각),
> $\angle BCA=\angle DAC$ (엇각),
> (나) 는 공통
> 따라서 △ABC≡△CDA ((다) 합동)이므로
> $\angle B=$ (라) …… ㉠
> △ABD와 △CDB에서 같은 방법으로 하면
> (마) $=\angle C$ …… ㉡
> ㉠, ㉡에서 평행사변형의 두 쌍의 대각의 크기는 각각 같다.

13 0206 다음은 평행사변형의 두 대각선은 서로를 이등분함을 설명하는 과정이다. ①~⑤에 들어갈 것으로 옳지 <u>않은</u> 것은?

> 평행사변형 ABCD의 두 대각선의 교점을 O라 하면
> △OAD와 △OCB에서
> $\overline{AD}=$ ①
> $\overline{AD}/\!/\overline{BC}$이므로
> $\angle OAD=\angle OCB$ (②),
> $\angle ODA=$ ③ (엇각)
> 따라서 △OAD≡△OCB (④ 합동)이므로
> $\overline{OA}=$ ⑤ , $\overline{OD}=\overline{OB}$
> 즉, 평행사변형의 두 대각선은 서로를 이등분한다.

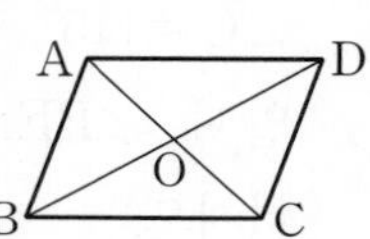

① $\overline{CB}$　　② 엇각　　③ $\angle OCB$
④ ASA　　⑤ $\overline{OC}$

유형 03 평행사변형의 성질 | 개념 05-3

대표문제

14 0207 오른쪽 그림의 평행사변형 ABCD에서 두 대각선의 교점을 O라 할 때, 다음 **보기** 중 옳은 것을 모두 고르시오.

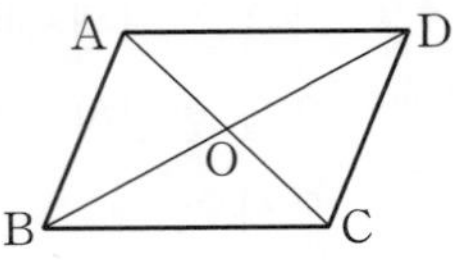

보기
ㄱ. $\overline{AB}=\overline{DC}$　　ㄴ. $\overline{OB}=\overline{OD}$
ㄷ. $\angle ABC=\angle ACD$　　ㄹ. $\triangle OAB\equiv\triangle OCD$

15 0208 오른쪽 그림과 같은 평행사변형 ABCD에서 두 대각선의 교점을 O라 하자. $\overline{AD}=9$ cm, $\overline{BD}=12$ cm일 때, $x+y$의 값을 구하시오.

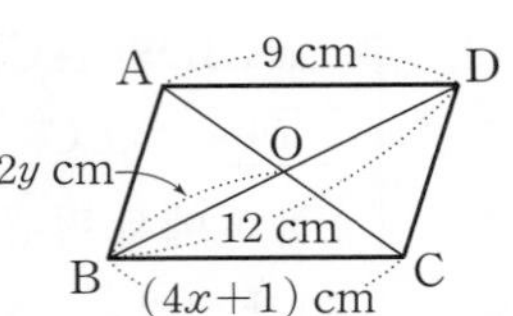

16 0209 오른쪽 그림과 같은 평행사변형 ABCD에서 $\angle C=115°$, $\angle BAE=40°$일 때, $\angle BEA$의 크기를 구하시오.

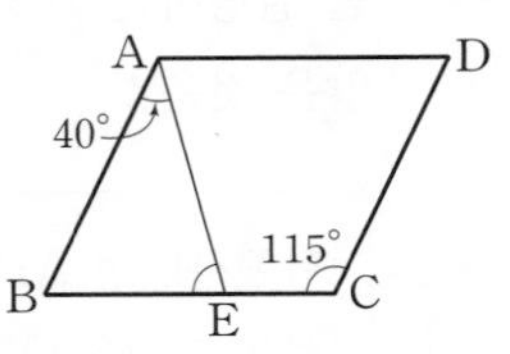

창의융합 서술형

17 0210 오른쪽 그림과 같이 평행사변형 모양의 종이 ABCD를 대각선 BD를 접는 선으로 하여 접었다. $\overline{AB}$의 연장선과 $\overline{ED}$의 연장선의 교점 F에 대하여 $\angle F=76°$일 때, $\angle x$의 크기를 구하시오.

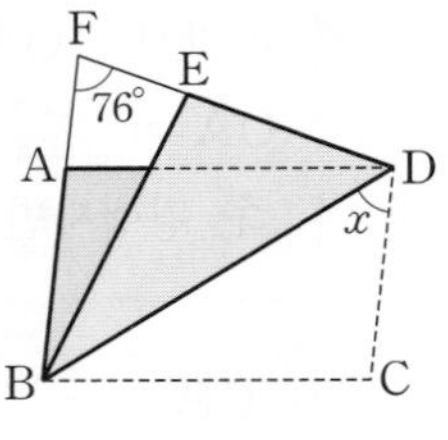

빈출

유형 04 평행사변형의 성질의 응용; 대변 | 개념 05-3

대표문제

18 0211 오른쪽 그림의 평행사변형 ABCD에서 $\angle A$의 이등분선과 $\overline{CD}$의 연장선의 교점을 E라 하자. $\overline{AB}=9$ cm, $\overline{AD}=12$ cm일 때, $\overline{CE}$의 길이를 구하시오.

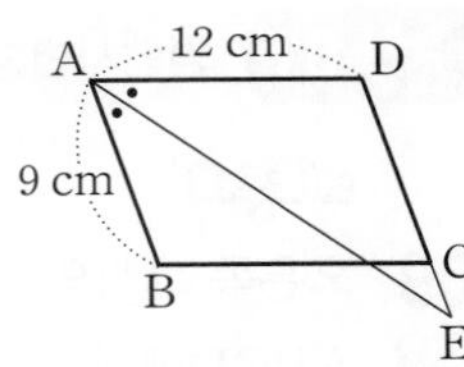

19 0212 오른쪽 그림과 같은 평행사변형 ABCD에서 $\angle B$의 이등분선과 $\overline{AD}$의 교점을 E라 하자. $\overline{BC}=10$ cm, $\overline{ED}=4$ cm일 때, $\overline{AB}$의 길이를 구하시오.

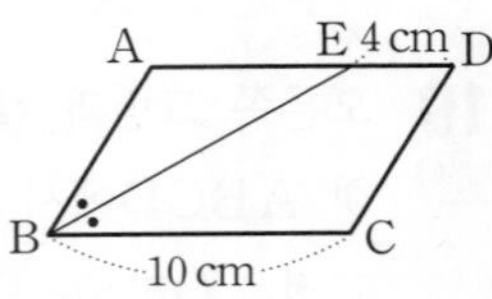

서술형

20 0213 오른쪽 그림의 평행사변형 ABCD에서 $\overline{AD}$의 중점을 E라 하고 $\overline{AB}$의 연장선과 $\overline{CE}$의 연장선의 교점을 F라 하자. $\overline{BC}=14$ cm, $\overline{CD}=8$ cm일 때, $\overline{FB}$의 길이를 구하시오.

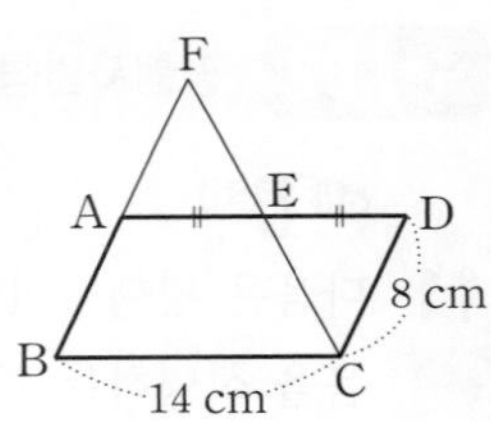

21 0214 오른쪽 그림의 평행사변형 ABCD에서 $\overline{BF}$, $\overline{CE}$는 각각 $\angle B$, $\angle C$의 이등분선이다. $\overline{AB}=14$ cm, $\overline{BC}=16$ cm일 때, $\overline{EF}$의 길이를 구하시오.

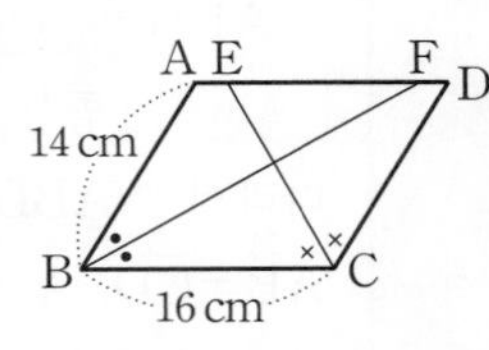

빈출

유형 05 평행사변형의 성질의 응용; 대각 | 개념 05-3

대표문제

22 0215 오른쪽 그림의 평행사변형 ABCD에서 $\angle A : \angle B = 7 : 3$일 때, $\angle C$의 크기를 구하시오.

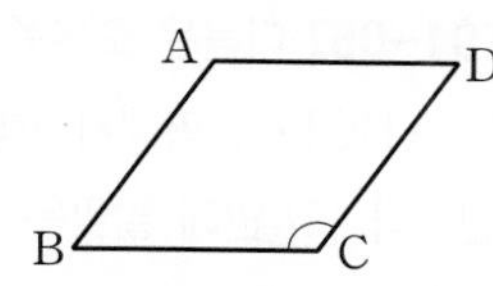

23 0216 오른쪽 그림의 평행사변형 ABCD에서 $\overline{AB}=\overline{BE}$이고 $\angle C=112°$일 때, $\angle AEC$의 크기를 구하시오.

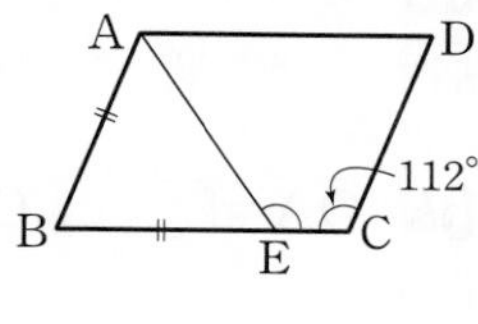

24 0217 오른쪽 그림의 평행사변형 ABCD에서 $\angle BCE : \angle ECD = 3 : 2$이고 $\angle A=110°$, $\angle BEC=70°$일 때, $\angle AEB$의 크기를 구하시오.

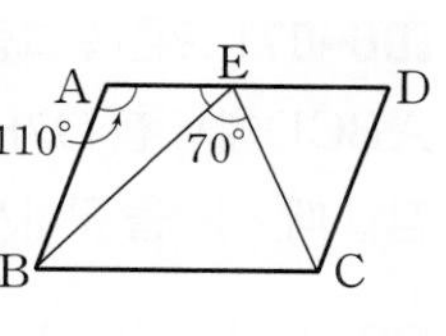

25 0218 오른쪽 그림과 같은 평행사변형 ABCD에서 $\angle DAC$의 이등분선과 $\overline{BC}$의 연장선의 교점을 E라 하자. $\angle B=68°$, $\angle E=24°$일 때, $\angle x$의 크기를 구하시오.

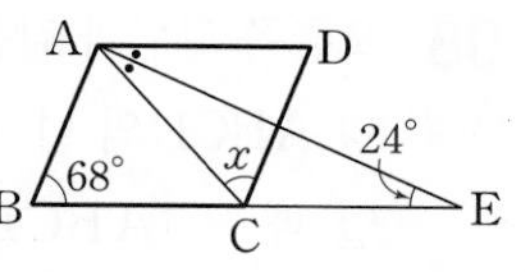

서술형

26 0219 오른쪽 그림의 평행사변형 ABCD에서 $\overline{AE}$와 $\overline{BF}$는 각각 $\angle A$, $\angle B$의 이등분선이고 점 O는 $\overline{AE}$와 $\overline{BF}$의 교점이다. $\angle OFD=150°$일 때, $\angle x$의 크기를 구하시오.

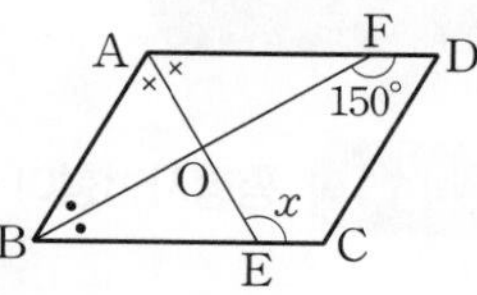

유형 06 평행사변형의 성질의 응용; 대각선 | 개념 05-3

대표문제

27 0220 오른쪽 그림의 평행사변형 ABCD에서 두 대각선의 교점을 O라 하자. $\overline{AB}=9$ cm, $\overline{AC}=12$ cm, $\overline{BO}=10$ cm일 때, $\triangle DOC$의 둘레의 길이를 구하시오.

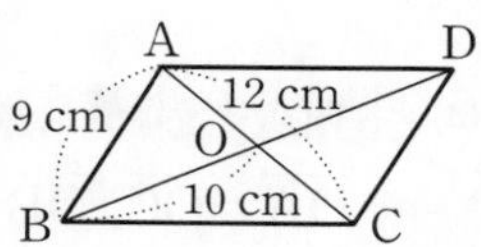

28 0221 오른쪽 그림과 같은 평행사변형 ABCD의 두 대각선의 교점 O를 지나는 직선이 $\overline{AB}$, $\overline{CD}$와 만나는 점을 각각 E, F라 할 때, 다음 중 옳지 않은 것은?

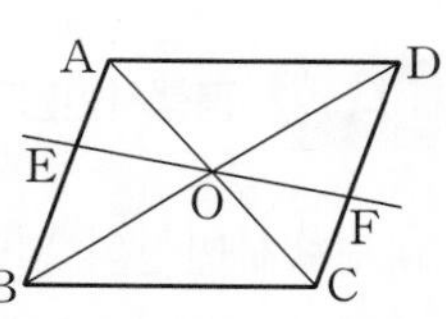

① $\overline{AO}=\overline{CO}$
② $\overline{OE}=\overline{OF}$
③ $\angle AEO=\angle DFO$
④ $\angle AOE=\angle COF$
⑤ $\triangle AEO \equiv \triangle CFO$

29 0222 오른쪽 그림과 같이 평행사변형 ABCD의 두 대각선의 교점 O를 지나는 직선이 $\overline{AB}$, $\overline{CD}$와 만나는 점을 각각 P, Q라 하자. $\angle DQO=90°$일 때, $\triangle PBO$의 넓이를 구하시오.

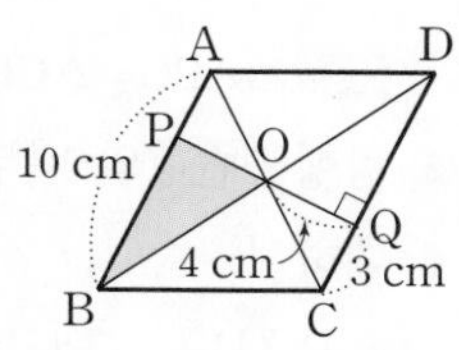

2 사각형의 성질

평행사변형 (2)

06-1 평행사변형이 되는 조건

| 유형 07~10

다음 중 어느 한 조건을 만족하는 사각형은 평행사변형이다.

(1) 두 쌍의 대변이 각각 평행하다. (평행사변형의 뜻)
➡ $\overline{AB} /\!/ \overline{DC}$, $\overline{AD} /\!/ \overline{BC}$

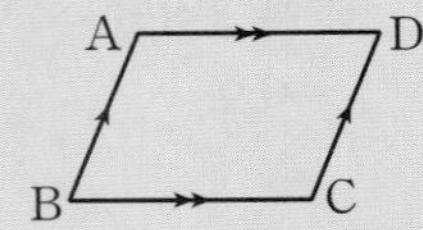

(2) 두 쌍의 대변의 길이가 각각 같다.
➡ $\overline{AB}=\overline{DC}$, $\overline{AD}=\overline{BC}$

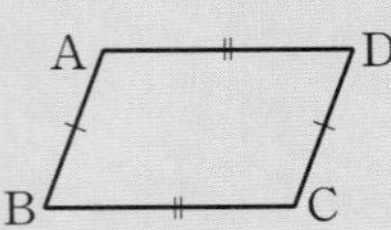

(3) 두 쌍의 대각의 크기가 각각 같다.
➡ $\angle A=\angle C$, $\angle B=\angle D$

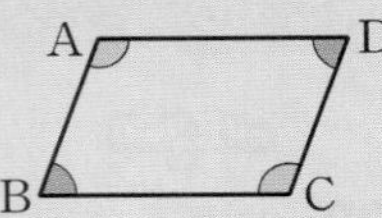

(4) 두 대각선이 서로를 이등분한다.
➡ $\overline{OA}=\overline{OC}$, $\overline{OB}=\overline{OD}$

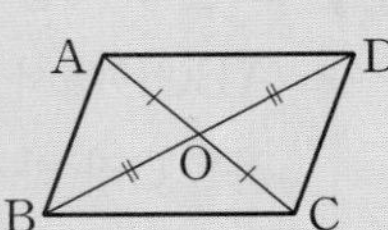

(5) 한 쌍의 대변이 평행하고 그 길이가 같다.
➡ $\overline{AD} /\!/ \overline{BC}$, $\overline{AD}=\overline{BC}$
(또는 $\overline{AB} /\!/ \overline{DC}$, $\overline{AB}=\overline{DC}$)

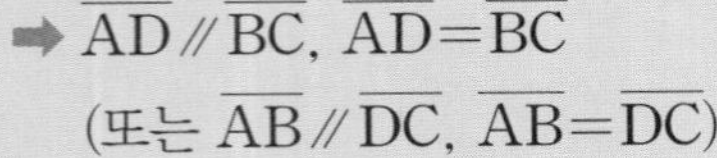

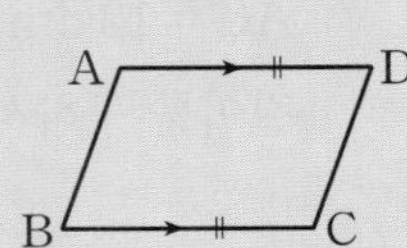

06-2 평행사변형과 넓이

| 유형 11, 12

(1) 평행사변형의 넓이는 한 대각선에 의하여 이등분된다.
➡ $\triangle ABC=\triangle BCD$
$=\triangle CDA$
$=\triangle DAB=\frac{1}{2}\square ABCD$

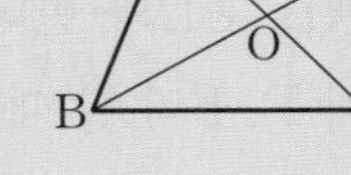

참고 $\triangle ABC \equiv \triangle CDA$, $\triangle ABD \equiv \triangle CDB$

(2) 평행사변형의 넓이는 두 대각선에 의하여 사등분된다.
➡ $\triangle ABO=\triangle BCO=\triangle CDO=\triangle DAO$
$=\frac{1}{4}\square ABCD$

참고 $\triangle ABO \equiv \triangle CDO$, $\triangle AOD \equiv \triangle COB$

(3) 평행사변형의 내부의 한 점 P에 대하여
$\triangle PAB+\triangle PCD$
$=\triangle PDA+\triangle PBC$
$=\frac{1}{2}\square ABCD$

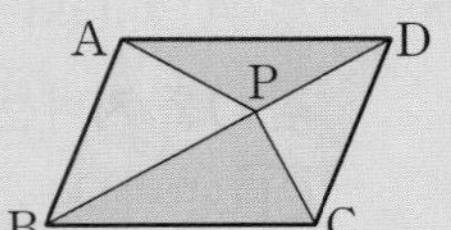

[01~05] 다음은 오른쪽 그림의 □ABCD가 평행사변형이 되는 조건이다. □ 안에 알맞은 것을 써넣으시오. (단, 점 O는 두 대각선의 교점이다.)

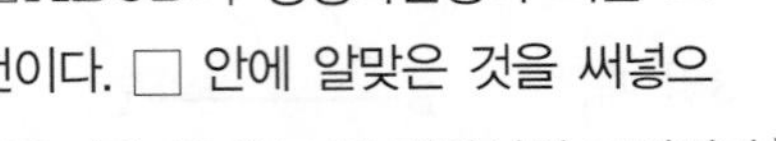
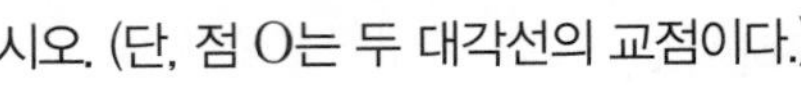
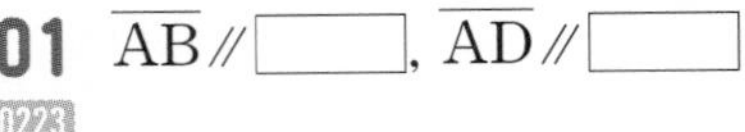

01 $\overline{AB} /\!/$ □, $\overline{AD} /\!/$ □
0223

02 $\overline{AB}=$ □, $\overline{AD}=$ □
0224

03 $\angle BAD=$ □, $\angle ABC=$ □
0225

04 $\overline{OA}=$ □, $\overline{OB}=$ □
0226

05 $\overline{AB} /\!/$ □, $\overline{AB}=$ □
0227

[06~07] 오른쪽 그림의 평행사변형 ABCD에서 점 O가 두 대각선의 교점일 때, 다음을 구하시오.

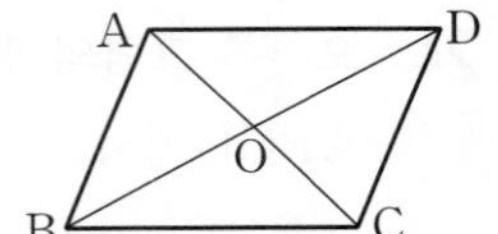

06 □ABCD의 넓이가 90 cm^2일 때, △ABC의 넓이
0228

07 △ABO의 넓이가 25 cm^2일 때, □ABCD의 넓이
0229

08 오른쪽 그림과 같은 평행사변형 ABCD의 넓이가 48 cm^2일 때, □ABCD의 내부의 한 점 P에 대하여 △PDA와 △PBC의 넓이의 합을 구하시오.
0230

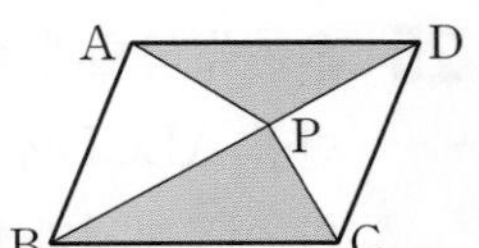

유형 07 평행사변형이 되는 조건 확인하기 | 개념 06-1

대표문제

09 0231 다음은 두 쌍의 대변의 길이가 각각 같은 사각형은 평행사변형임을 설명하는 과정이다. (가)~(라)에 알맞은 것을 써넣으시오.

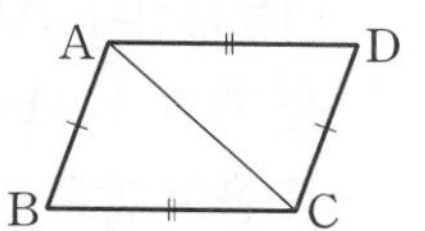

$\overline{AB}=\overline{DC}$, $\overline{AD}=\overline{BC}$인 □ABCD에서 대각선 AC를 그으면
△ABC와 △CDA에서
$\overline{AB}=\overline{CD}$, $\overline{BC}=\overline{DA}$, [(가)]는 공통
따라서 △ABC≡△CDA ([(나)] 합동)이므로
∠BAC=[(다)], ∠BCA=[(라)]
즉, 엇각의 크기가 각각 같으므로
$\overline{AB}$∥$\overline{DC}$, $\overline{AD}$∥$\overline{BC}$
그러므로 □ABCD는 평행사변형이다.

10 0232 다음은 두 대각선이 서로를 이등분하는 사각형은 평행사변형임을 설명하는 과정이다. (가)~(마)에 알맞은 것을 써넣으시오.

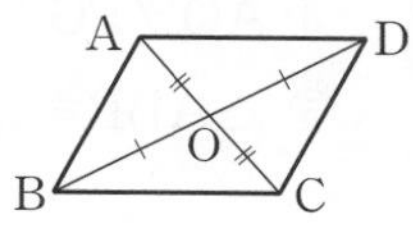

□ABCD에서 서로를 이등분하는 두 대각선의 교점을 O라 하면
△ABO와 △CDO에서
$\overline{OA}$=[(가)], [(나)]=$\overline{OD}$
∠AOB=[(다)] (맞꼭지각)
따라서 △ABO≡△CDO ([(라)] 합동)이므로
∠OAB=∠OCD
즉, 엇각의 크기가 같으므로 [(마)] …… ㉠
△AOD와 △COB에서 같은 방법으로 하면
$\overline{AD}$∥$\overline{BC}$ …… ㉡
㉠, ㉡에서 □ABCD는 평행사변형이다.

유형 08 평행사변형이 되는 조건 (빈출) | 개념 06-1

대표문제

11 0233 다음 중 □ABCD가 평행사변형이 <u>아닌</u> 것은? (단, 점 O는 두 대각선의 교점이다.)

① $\overline{AB}$∥$\overline{DC}$, $\overline{AD}$∥$\overline{BC}$
② $\overline{AB}$∥$\overline{DC}$, $\overline{AB}=\overline{DC}$
③ $\overline{OA}=\overline{OC}$, $\overline{OB}=\overline{OD}$
④ ∠A+∠B=180°, ∠B+∠C=180°
⑤ $\overline{AD}$∥$\overline{BC}$, ∠A=∠B=90°

12 0234 다음 사각형 중 평행사변형이 <u>아닌</u> 것은?

①
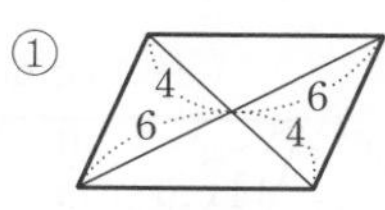

②
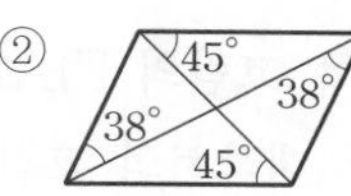

③
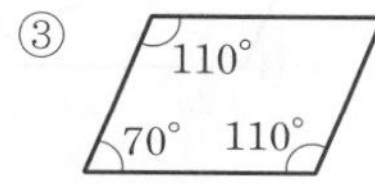

④
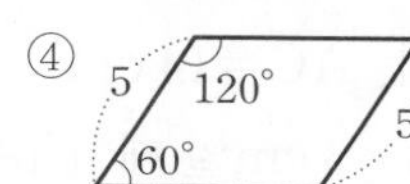

⑤
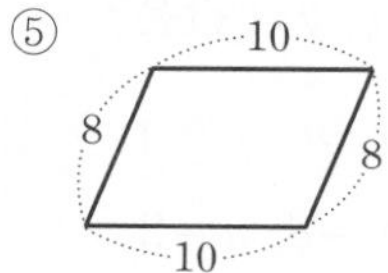

13 0235 오른쪽 그림의 □ABCD에서 $\overline{AB}$=4 cm, $\overline{AD}$=6 cm, ∠BAC=50°일 때, 다음 중 □ABCD가 평행사변형이 되는 조건은?

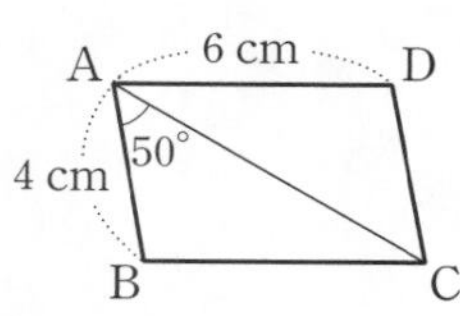

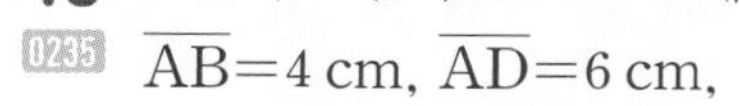

① $\overline{BC}$=4 cm, $\overline{DC}$=6 cm
② $\overline{BC}$=6 cm, ∠CAD=50°
③ $\overline{BC}$=6 cm, ∠ACB=50°
④ $\overline{DC}$=4 cm, ∠CAD=50°
⑤ $\overline{DC}$=4 cm, ∠ACD=50°

유형 09 평행사변형이 되도록 하는 미지수의 값 구하기 | 개념 06-1

대표문제

14 0236 오른쪽 그림의 □ABCD가 평행사변형이 되도록 하는 x, y에 대하여 $x+y$의 값은?

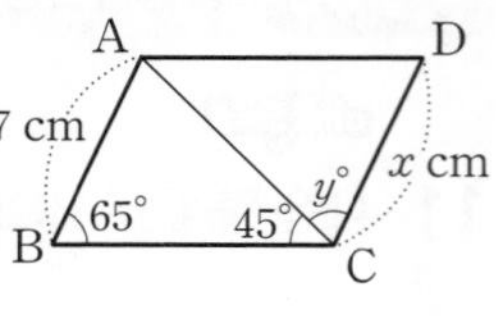

① 72 ② 75 ③ 77
④ 80 ⑤ 84

15 0237 오른쪽 그림의 □ABCD에서 두 대각선의 교점을 O라 하자. $\overline{AC}=14$ cm, $\overline{OD}=5$ cm일 때, □ABCD가 평행사변형이 되도록 하는 x, y의 값은?

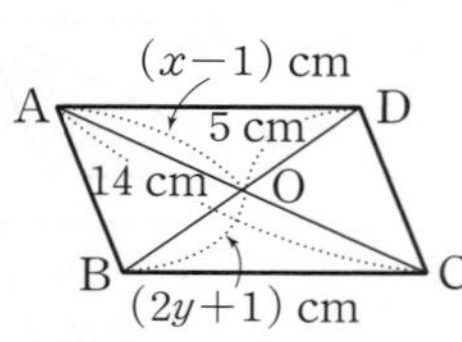

① $x=6$, $y=2$ ② $x=6$, $y=3$
③ $x=7$, $y=2$ ④ $x=8$, $y=2$
⑤ $x=8$, $y=3$

16 0238 오른쪽 그림의 □ABCD에서 $\overline{AD}$ 위에 $\overline{AB}=\overline{AE}$가 되도록 점 E를 잡자. $\angle C=104°$일 때, □ABCD가 평행사변형이 되도록 하는 x의 값을 구하시오.

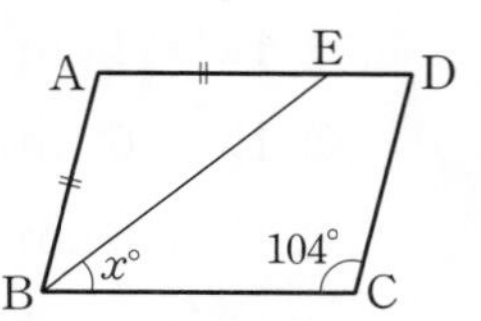

유형 10 평행사변형이 되는 조건의 응용 | 개념 06-1

□ABCD가 평행사변형일 때, 다음 그림의 색칠한 사각형도 모두 평행사변형이다.

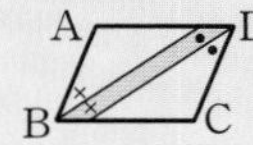

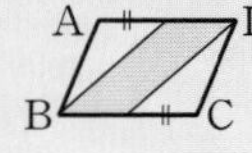

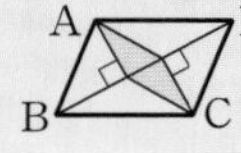

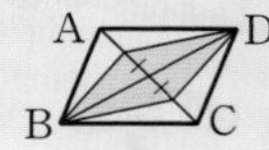

대표문제

17 0239 오른쪽 그림과 같은 평행사변형 ABCD에서 ∠B와 ∠D의 이등분선과 $\overline{AD}$, $\overline{BC}$의 교점을 각각 E, F라 할 때, 다음 중 옳지 않은 것은?

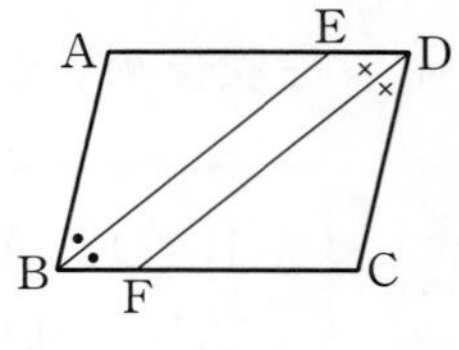

① $\overline{AB}=\overline{AE}$ ② $\overline{AE}=\overline{DF}$
③ $\overline{BF}=\overline{ED}$ ④ $\angle AEB=\angle CDF$
⑤ $\angle BED=\angle BFD$

18 0240 오른쪽 그림과 같은 평행사변형 ABCD의 두 꼭짓점 A, C에서 $\overline{BD}$에 내린 수선의 발을 각각 P, Q라 할 때, 다음 중 옳지 않은 것은?

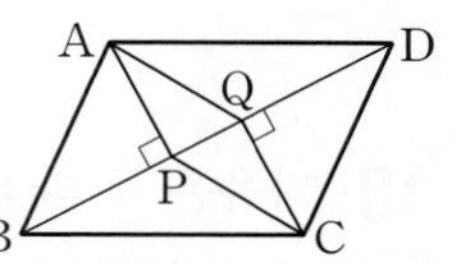

① $\overline{AP}=\overline{CQ}$ ② $\overline{AQ}=\overline{QC}$
③ $\overline{AQ}\,/\!/\,\overline{PC}$ ④ $\angle PAQ=\angle QCP$
⑤ $\triangle ABP\equiv\triangle CDQ$

19 0241 오른쪽 그림의 평행사변형 ABCD에서 두 대각선의 교점을 O라 하고 $\overline{BD}$ 위에 $\overline{BE}=\overline{DF}$가 되도록 두 점 E, F를 잡자. $\angle EAF=80°$일 때, $\angle x$의 크기를 구하시오.

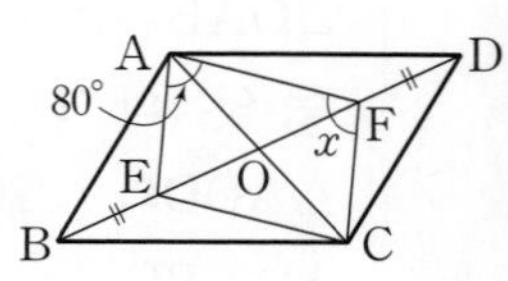

20 0242 오른쪽 그림의 평행사변형 ABCD에서 두 점 E, F는 각각 $\overline{AD}$, $\overline{BC}$의 중점이고 점 G는 $\overline{AF}$와 $\overline{BE}$의 교점, 점 H는 $\overline{CE}$와 $\overline{DF}$의 교점이다. $\angle ECF=70°$, $\angle EDF=40°$일 때, $\angle EGF$의 크기를 구하시오.

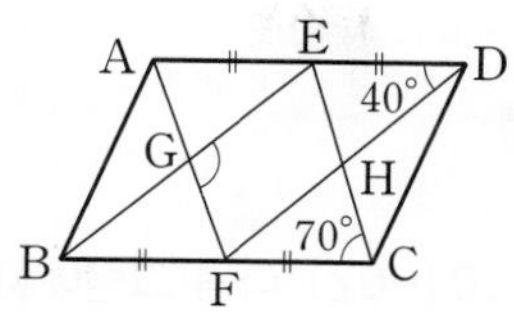

유형 11 평행사변형과 넓이 ; 대각선에 의하여 나누어지는 경우 | 개념 06-2

대표문제

21 0243 오른쪽 그림의 평행사변형 ABCD에서 두 대각선의 교점 O를 지나는 직선과 $\overline{AB}$, $\overline{DC}$의 교점을 각각 E, F라 하자. □ABCD의 넓이가 68 cm^2일 때, 색칠한 부분의 넓이를 구하시오.

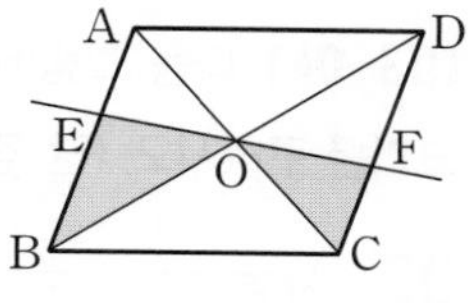

22 0244 오른쪽 그림의 평행사변형 ABCD에서 두 대각선의 교점을 O라 하고 $\overline{BC}$와 $\overline{DC}$의 연장선 위에 각각 $\overline{BC}=\overline{CE}$, $\overline{DC}=\overline{CF}$가 되도록 두 점 E, F를 잡자. △AOD의 넓이가 15 cm^2일 때, □BFED의 넓이를 구하시오.

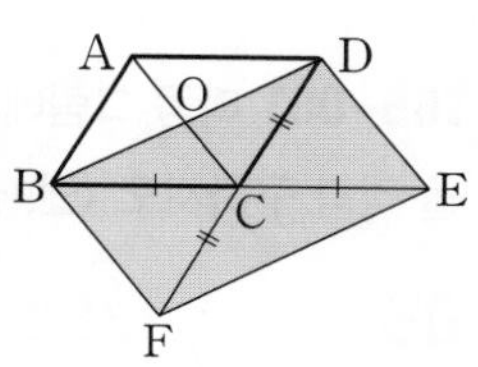

23 0245 오른쪽 그림의 평행사변형 ABCD에서 $\overline{AD}$, $\overline{BC}$의 중점을 각각 M, N이라 하고 $\overline{AN}$과 $\overline{BM}$의 교점을 P, $\overline{MC}$와 $\overline{ND}$의 교점을 Q라 하자. □MPNQ의 넓이가 20 cm^2일 때, □ABCD의 넓이를 구하시오.

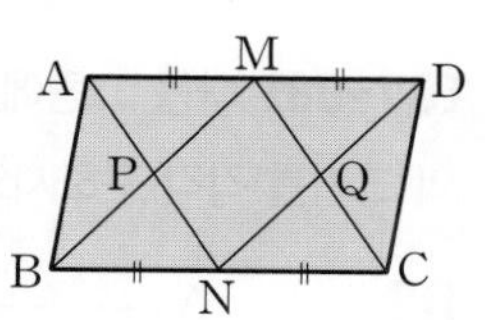

빈출

유형 12 평행사변형과 넓이 ; 내부의 한 점 P가 주어지는 경우 | 개념 06-2

대표문제

24 0246 오른쪽 그림과 같은 평행사변형 ABCD의 내부의 한 점 P에 대하여 △PAB, △PCD, △PDA의 넓이가 각각 12 cm^2, 26 cm^2, 10 cm^2일 때, △PBC의 넓이를 구하시오.

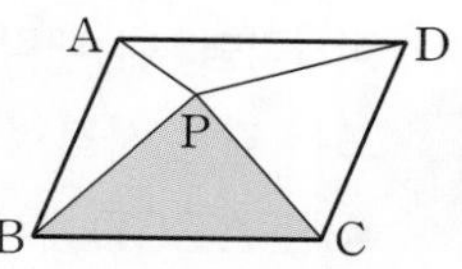

25 0247 오른쪽 그림과 같은 평행사변형 ABCD의 내부의 한 점 P에 대하여 △PDA의 넓이가 13 cm^2, △PBC의 넓이가 7 cm^2일 때, □ABCD의 넓이를 구하시오.

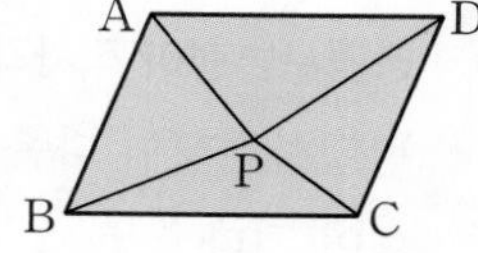

서술형

26 0248 오른쪽 그림과 같은 평행사변형 ABCD의 넓이는 120 cm^2이다. 대각선 BD 위의 한 점 P에 대하여 △PCD의 넓이가 20 cm^2일 때, △PDA의 넓이를 구하시오.

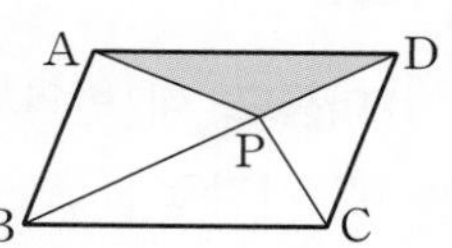

27 0249 오른쪽 그림과 같이 평행사변형 ABCD의 내부의 한 점 P를 지나고 각각 $\overline{AB}$, $\overline{BC}$와 평행하도록 $\overline{HF}$, $\overline{EG}$를 그었다. □ABCD의 넓이가 72 cm^2일 때, 색칠한 부분의 넓이를 구하시오.

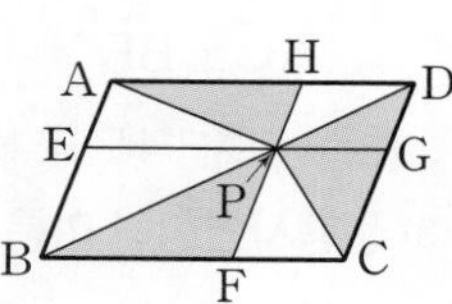

여러 가지 사각형 (1)

07-1 직사각형의 뜻과 성질 | 유형 13, 14

(1) **직사각형:** 네 내각의 크기가 90°로 모두 같은 사각형

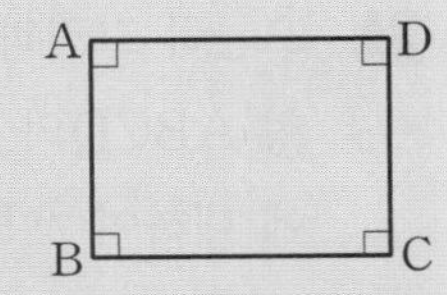

➡ □ABCD에서

$\angle A = \angle B = \angle C = \angle D = 90°$

참고 직사각형은 두 쌍의 대각의 크기가 각각 같으므로 평행사변형이다.

(2) **직사각형의 성질**

직사각형의 두 대각선은 길이가 같고 서로를 이등분한다.

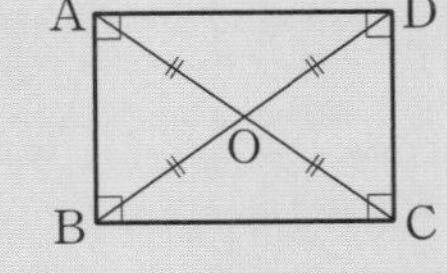

➡ $\overline{AC} = \overline{BD}$,

$\overline{OA} = \overline{OB} = \overline{OC} = \overline{OD}$

(3) **평행사변형이 직사각형이 되는 조건**

평행사변형이 다음 중 어느 한 조건을 만족하면 직사각형이 된다.

① 한 내각이 직각이다.

② 두 대각선의 길이가 같다.

07-2 마름모의 뜻과 성질 | 유형 15, 16

(1) **마름모:** 네 변의 길이가 모두 같은 사각형

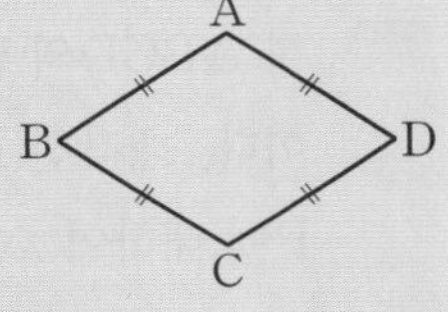

➡ □ABCD에서

$\overline{AB} = \overline{BC} = \overline{CD} = \overline{DA}$

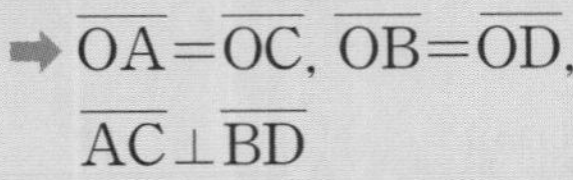

참고 마름모는 두 쌍의 대변의 길이가 각각 같으므로 평행사변형이다.

(2) **마름모의 성질**

마름모의 두 대각선은 서로를 수직이등분한다.

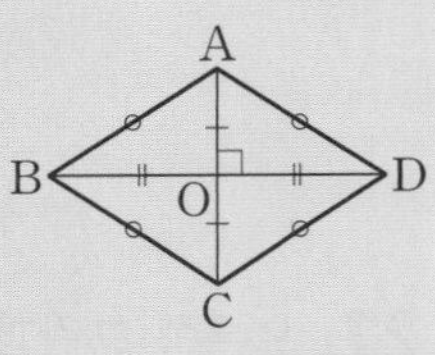

➡ $\overline{OA} = \overline{OC}$, $\overline{OB} = \overline{OD}$,

$\overline{AC} \perp \overline{BD}$

참고 마름모의 두 대각선에 의하여 생기는 4개의 삼각형은 모두 합동이다.

(3) **평행사변형이 마름모가 되는 조건**

평행사변형이 다음 중 어느 한 조건을 만족하면 마름모가 된다.

① 이웃하는 두 변의 길이가 같다.

② 두 대각선이 서로 수직이다.

[01~02] 다음 그림에서 □ABCD가 직사각형일 때, x의 값을 구하시오. (단, 점 O는 두 대각선의 교점이다.)

01 0250

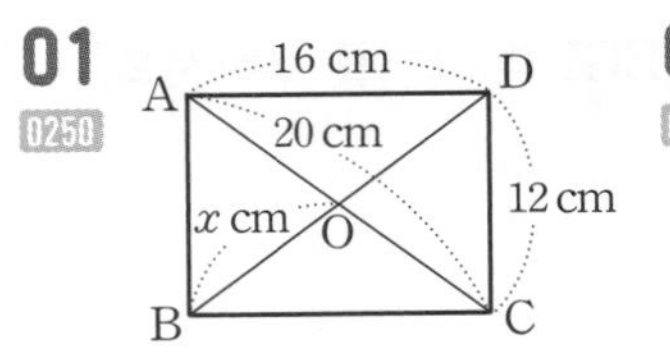

02 0251

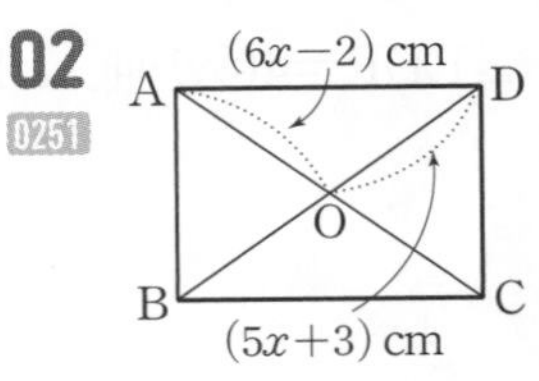

[03~04] 다음 그림에서 □ABCD가 직사각형일 때, $\angle x$의 크기를 구하시오. (단, 점 O는 두 대각선의 교점이다.)

03 0252

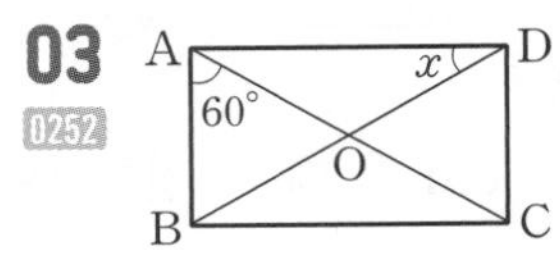

04 0253

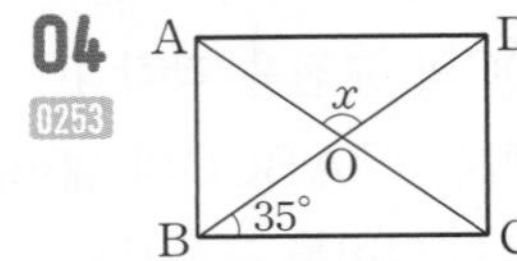

[05~06] 다음 그림에서 □ABCD가 마름모일 때, x, y의 값을 각각 구하시오. (단, 점 O는 두 대각선의 교점이다.)

05 0254

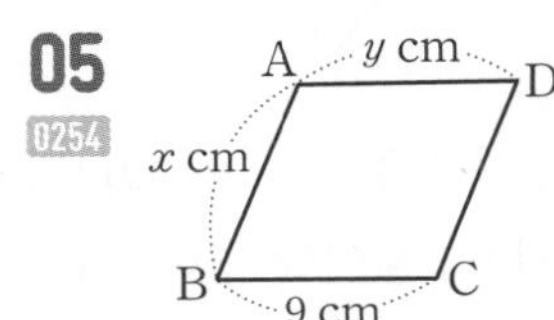

06 0255

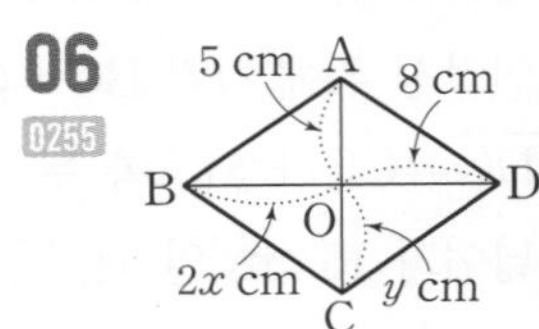

[07~08] 다음 그림에서 □ABCD가 마름모일 때, $\angle x$, $\angle y$의 크기를 각각 구하시오. (단, 점 O는 두 대각선의 교점이다.)

07 0256

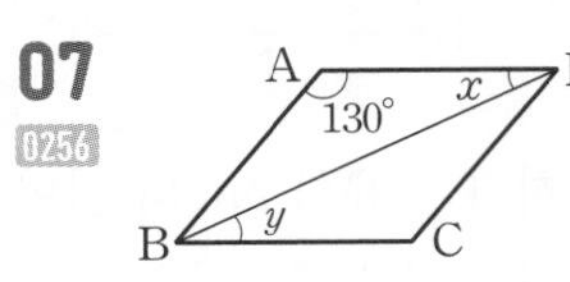

08 0257

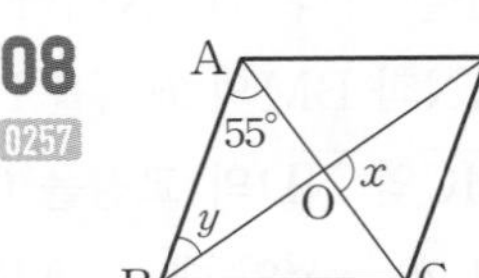

빈출

유형 13 직사각형의 뜻과 성질 | 개념 07-1

대표문제

09 0258 오른쪽 그림의 직사각형 ABCD에서 점 O는 두 대각선의 교점이다. $\overline{AC}=18$ cm, $\angle BDC=56°$일 때, x, y의 값을 각각 구하시오.

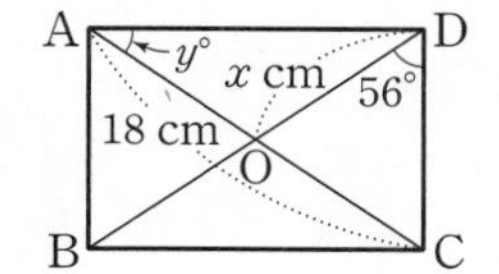

10 0259 오른쪽 그림의 직사각형 ABCD에서 점 O는 두 대각선의 교점이다. $\angle ACD=30°$일 때, $\angle AOB$의 크기는?

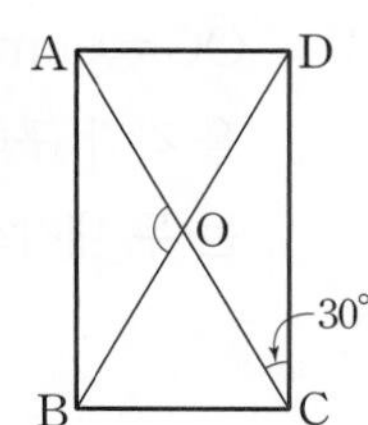

① 110° ② 115° ③ 120° ④ 125° ⑤ 130°

11 0260 다음은 직사각형의 두 대각선의 길이가 같음을 설명하는 과정이다. ㈎~㈑에 알맞은 것을 써넣으시오.

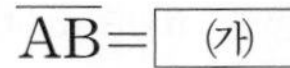

직사각형 ABCD에 대하여
△ABC와 △DCB에서
$\overline{AB}=$ ㈎ ,
$\angle ABC=\angle DCB=90°$,
㈏ 는 공통
따라서 △ABC≡△DCB (㈐ 합동)이므로
$\overline{AC}=$ ㈑
그러므로 직사각형의 두 대각선의 길이는 같다.

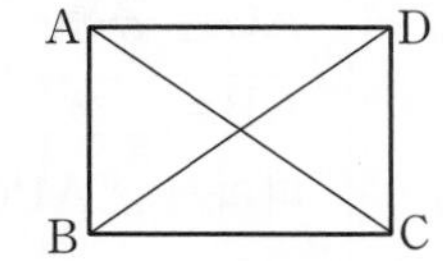

12 0261 오른쪽 그림의 직사각형 ABCD에서 점 O는 두 대각선의 교점일 때, 다음 **보기** 중 옳은 것의 개수는?

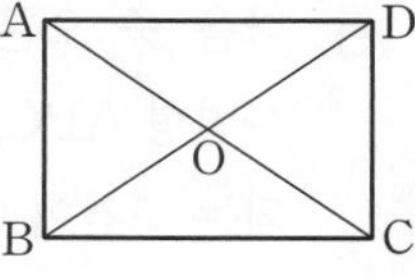

보기
ㄱ. $\overline{AC}\perp\overline{BD}$
ㄴ. $\overline{AO}=\overline{BO}$
ㄷ. $\angle ABC=90°$
ㄹ. △AOD≡△COB
ㅁ. $\overline{AB}=\overline{AD}$
ㅂ. $\angle AOB=\angle AOD$

① 2 ② 3 ③ 4 ④ 5 ⑤ 6

13 0262 오른쪽 그림은 직사각형 모양의 종이 ABCD를 꼭짓점 B가 꼭짓점 D에 오도록 접은 것이다. $\angle FDC=22°$일 때, $\angle DEF$의 크기를 구하시오.

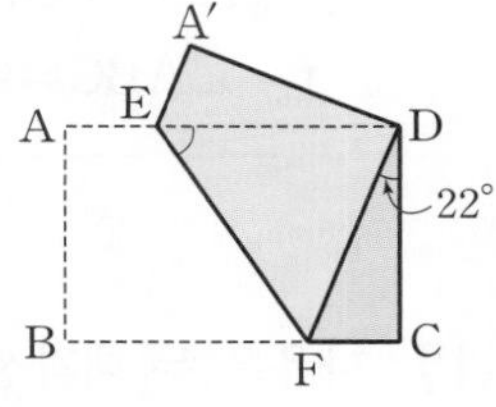

14 0263 오른쪽 그림과 같이 부채꼴 AOB의 내부에 직사각형 CODE가 내접하고 있다. $\overline{CD}=6$ cm일 때, 부채꼴 AOB의 넓이는?

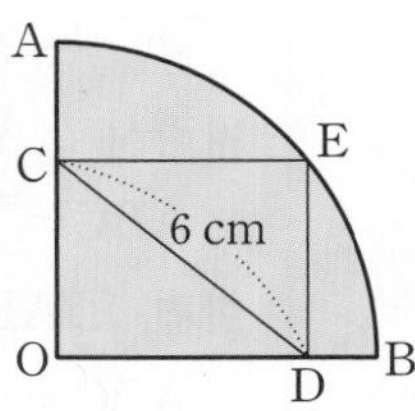

① 3π cm² ② 6π cm² ③ 9π cm² ④ 12π cm² ⑤ 18π cm²

유형 14 평행사변형이 직사각형이 되는 조건 | 개념 07-1

대표문제

15 0264 다음 중 오른쪽 그림의 평행사변형 ABCD가 직사각형이 되는 조건이 아닌 것은? (단, 점 O는 두 대각선의 교점이다.)

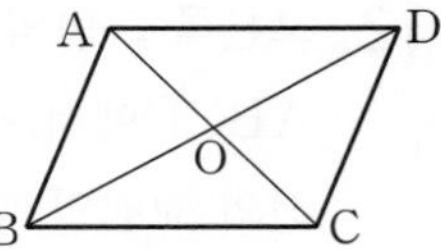

① $\angle ADC=90°$ ② $\angle BCD=\angle ADC$
③ $\overline{AB}=\overline{BC}$ ④ $\overline{AC}=\overline{BD}$
⑤ $\overline{AO}=\overline{DO}$

16 0265 오른쪽 그림의 평행사변형 ABCD에서 $\overline{AD}=10$ cm, $\overline{BD}=14$ cm일 때, □ABCD가 직사각형이 되는 조건을 다음 **보기**에서 모두 고르시오. (단, 점 O는 두 대각선의 교점이다.)

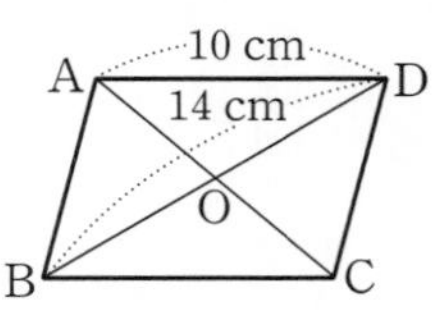

보기
ㄱ. $\overline{AO}=7$ cm ㄴ. $\overline{AB}=10$ cm
ㄷ. $\angle ABC=90°$ ㄹ. $\angle AOD=90°$

17 0266 다음은 두 대각선의 길이가 같은 평행사변형은 직사각형임을 설명하는 과정이다. (가)~(마)에 알맞은 것을 써넣으시오.

평행사변형 ABCD에서
$\overline{AC}=\overline{BD}$라 하면
△ABC와 △BAD에서
$\overline{AC}=$ (가), $\overline{BC}=$ (나),
(다) 는 공통
따라서 △ABC≡△BAD ((라) 합동)이므로
$\angle ABC=$ (마) ······ ㉠
한편, □ABCD가 평행사변형이므로
$\angle ABC=\angle ADC$, $\angle BAD=\angle BCD$ ······ ㉡
㉠, ㉡에서 $\angle ABC=\angle BAD=\angle BCD=\angle ADC$
그러므로 □ABCD는 직사각형이다.

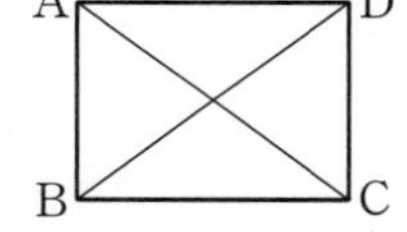

18 0267 오른쪽 그림과 같은 평행사변형 ABCD에서 점 M이 $\overline{AD}$의 중점이고 $\overline{BM}=\overline{CM}$일 때, □ABCD는 어떤 사각형인지 말하시오.

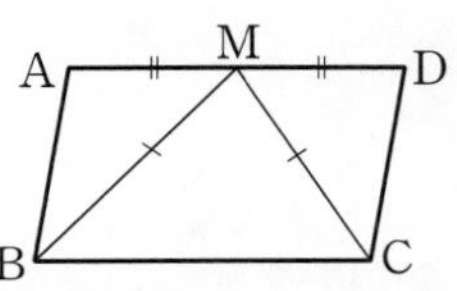

빈출

유형 15 마름모의 뜻과 성질 | 개념 07-2

대표문제

19 0268 오른쪽 그림과 같은 마름모 ABCD에서 $\angle OAB=50°$, $\overline{OC}=4$ cm일 때, x, y의 값을 각각 구하시오. (단, 점 O는 두 대각선의 교점이다.)

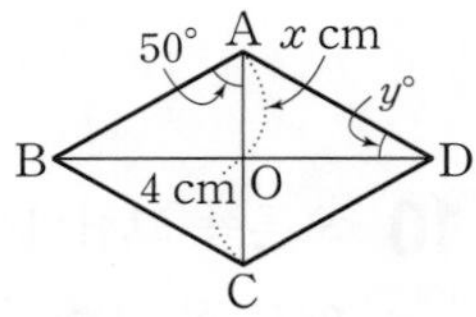

20 0269 다음은 마름모의 두 대각선은 서로 수직임을 설명하는 과정이다. (가)~(라)에 알맞은 것을 써넣으시오.

마름모 ABCD에서 두 대각선 AC와 BD의 교점을 O라 하면
△ABO와 △ADO에서
$\overline{AO}$는 공통,
$\overline{AB}=$ (가), (나) $=\overline{DO}$
따라서 △ABO≡△ADO ((다) 합동)이므로
$\angle AOB=\angle AOD$
이때 $\angle AOB+\angle AOD=180°$이므로
$\angle AOB=\angle AOD=$ (라) °
$\therefore \overline{AC}\perp\overline{BD}$
그러므로 마름모의 두 대각선은 서로 수직이다.

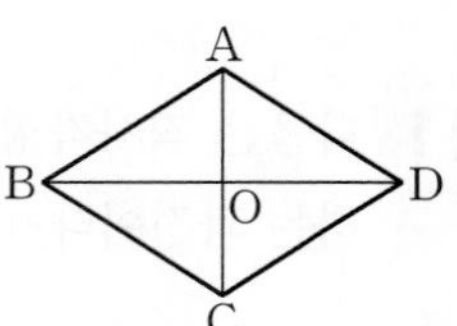

창의⊕융합

21 0270 오른쪽 그림과 같은 작업대에서 □ABCD는 마름모이고 $\overline{DC}$, $\overline{BC}$의 연장선과 직선 l의 교점을 각각 E, F라 하자. $\overline{AC}$의 연장선과 직선 l이 점 P에서 수직으로 만나고 $\overline{CD}=3\text{ m}$, $\angle CEP=35°$일 때, $x+y$의 값을 구하시오.

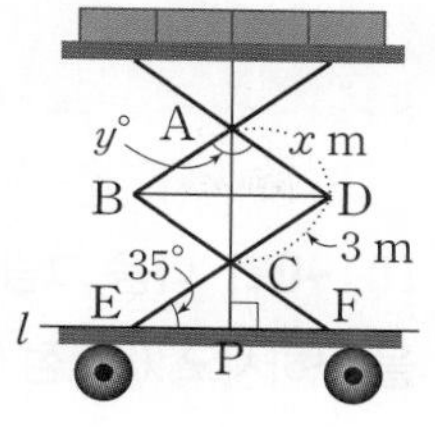

서술형

22 0271 오른쪽 그림과 같은 마름모 ABCD에서 $\overline{AE}\perp\overline{CD}$이고 $\angle CBD=32°$일 때, $\angle x+\angle y$의 크기를 구하시오.

(단, 점 O는 두 대각선의 교점이다.)

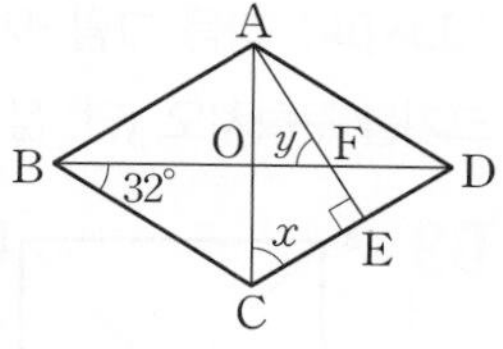

23 0272 오른쪽 그림과 같은 직사각형 ABCD에서 $\overline{AE}$, $\overline{CF}$는 각각 $\angle BAC$, $\angle ACD$의 이등분선이다. □AECF가 마름모일 때, $\angle x$의 크기를 구하시오.

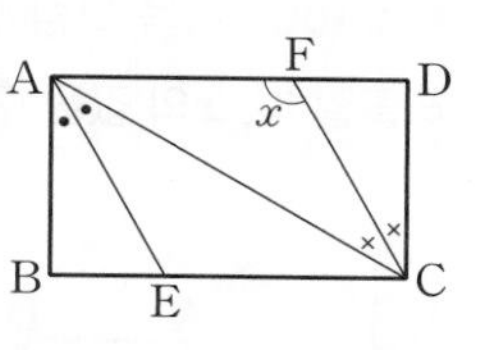

24 0273 오른쪽 그림과 같은 마름모 ABCD의 대각선 BD 위의 점 P에 대하여 $\overline{PA}=\overline{PD}$이고 $\angle ABP=40°$일 때, $\angle BAP$의 크기를 구하시오.

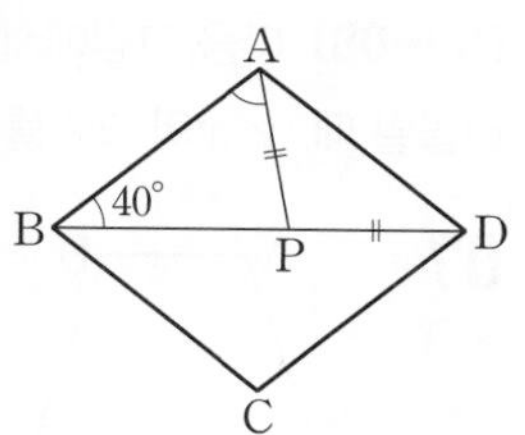

유형 16 평행사변형이 마름모가 되는 조건 | 개념 07-2

대표문제

25 0274 다음 중 오른쪽 그림의 평행사변형 ABCD가 마름모가 되는 조건은?

(단, 점 O는 두 대각선의 교점이다.)

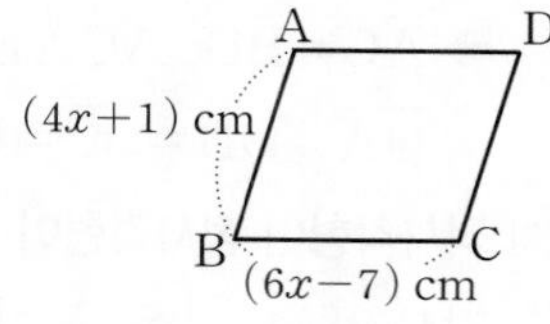

① $\angle ABC=90°$ ② $\angle OBC=\angle OCB$
③ $\overline{AB}\perp\overline{AC}$ ④ $\overline{AC}\perp\overline{BD}$
⑤ $\overline{AC}=\overline{BD}$

26 0275 오른쪽 그림과 같은 평행사변형 ABCD가 마름모가 되도록 하는 $\overline{CD}$의 길이를 구하시오.

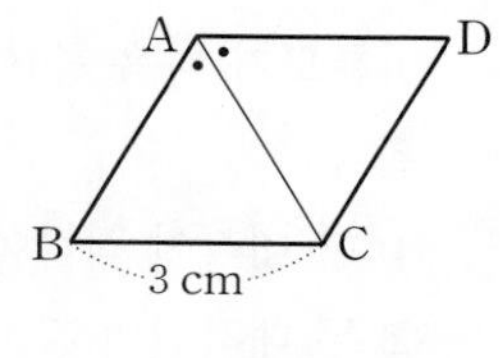

27 0276 오른쪽 그림의 평행사변형 ABCD에서 대각선 AC를 그었더니 $\angle BAC=\angle DAC$가 되었다. □ABCD는 어떤 사각형인지 말하고, $\overline{BC}=3\text{ cm}$일 때, $\overline{CD}$의 길이를 구하시오.

서술형

28 0277 오른쪽 그림과 같은 평행사변형 ABCD에서 두 대각선의 교점을 O라 하자. $\overline{CD}=7\text{ cm}$, $\angle OAB=39°$, $\angle ODC=51°$일 때, $x+y$의 값을 구하시오.

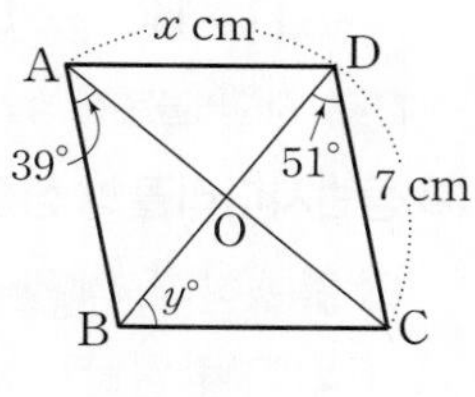

2. 사각형의 성질

여러 가지 사각형 (2)

08-1 정사각형의 뜻과 성질

| 유형 17, 18

(1) **정사각형:** 네 변의 길이가 모두 같고 네 내각의 크기가 90°로 모두 같은 사각형

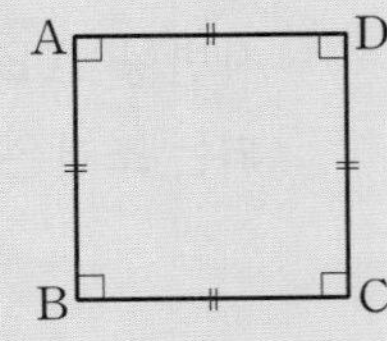

➡ □ABCD에서
$\overline{AB}=\overline{BC}=\overline{CD}=\overline{DA}$,
$\angle A=\angle B=\angle C=\angle D=90°$

참고 ① 정사각형은 네 변의 길이가 모두 같으므로 마름모이다.
② 정사각형은 네 내각의 크기가 모두 같으므로 직사각형이다.

(2) **정사각형의 성질**

정사각형의 두 대각선은 길이가 같고 서로를 수직이등분한다.

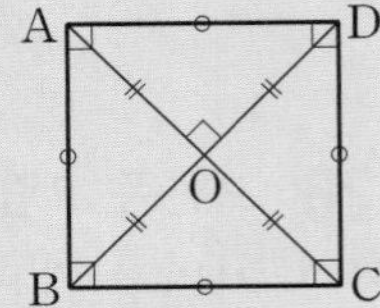

➡ $\overline{AC}=\overline{BD}$, $\overline{AC}\perp\overline{BD}$,
$\overline{OA}=\overline{OB}=\overline{OC}=\overline{OD}$

(3) **직사각형이 정사각형이 되는 조건**

직사각형이 다음 중 어느 한 조건을 만족하면 정사각형이 된다.

① 이웃하는 두 변의 길이가 같다.

② 두 대각선이 서로 수직이다.

(4) **마름모가 정사각형이 되는 조건**

마름모가 다음 중 어느 한 조건을 만족하면 정사각형이 된다.

① 한 내각이 직각이다.

② 두 대각선의 길이가 같다.

08-2 등변사다리꼴의 뜻과 성질

| 유형 19, 20

(1) **등변사다리꼴:** 아랫변의 양 끝 각의 크기가 같은 사다리꼴

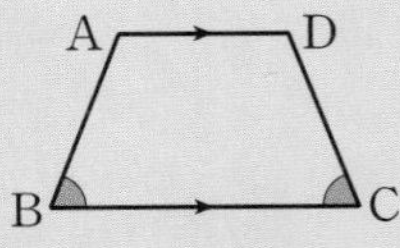

➡ □ABCD에서
$\overline{AD}/\!/\overline{BC}$, $\angle B=\angle C$

참고 사다리꼴은 한 쌍의 대변이 평행한 사각형이다.

(2) **등변사다리꼴의 성질**

① 평행하지 않은 한 쌍의 대변의 길이가 같다. ➡ $\overline{AB}=\overline{DC}$

② 두 대각선의 길이가 같다.
➡ $\overline{AC}=\overline{DB}$

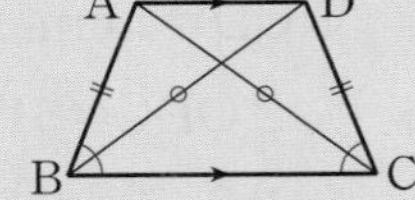

[01~02] 다음 그림에서 □ABCD가 정사각형일 때, x의 값을 구하시오. (단, 점 O는 두 대각선의 교점이다.)

01 0278

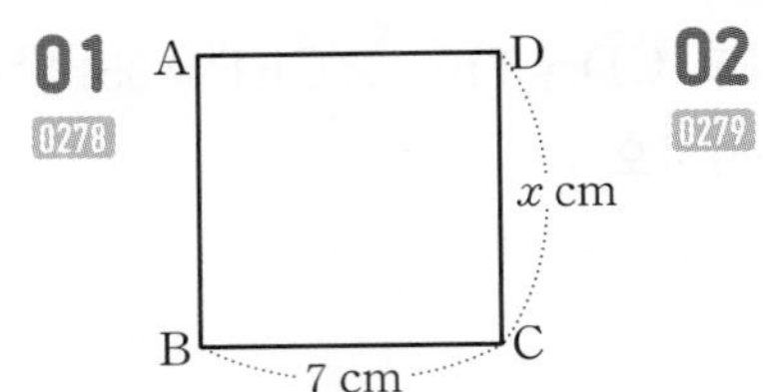

02 0279

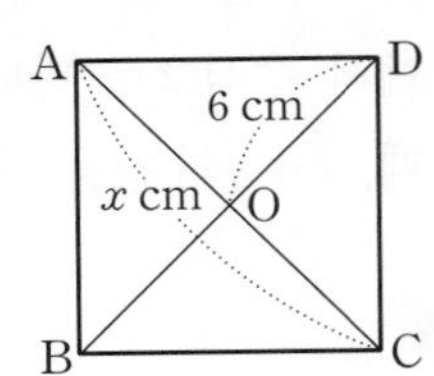

[03~04] 다음 그림에서 □ABCD가 정사각형일 때, $\angle x$의 크기를 구하시오. (단, 점 O는 두 대각선의 교점이다.)

03 0280

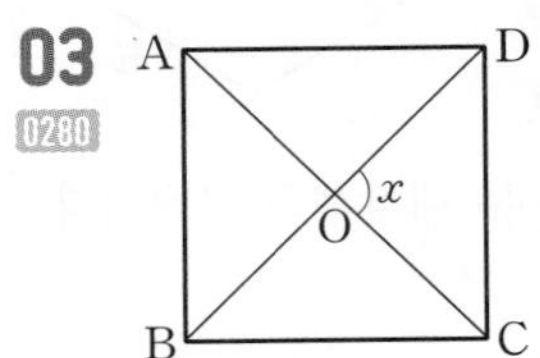

04 0281

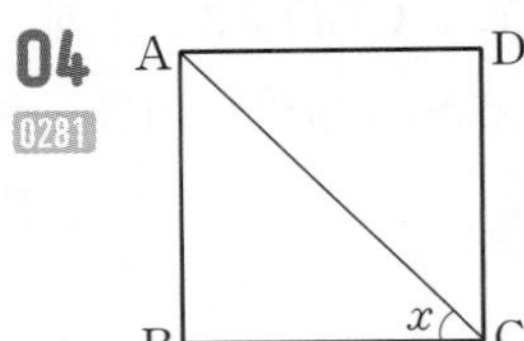

[05~06] 다음 그림에서 □ABCD가 $\overline{AD}/\!/\overline{BC}$인 등변사다리꼴일 때, x의 값을 구하시오.

(단, 점 O는 두 대각선의 교점이다.)

05 0282

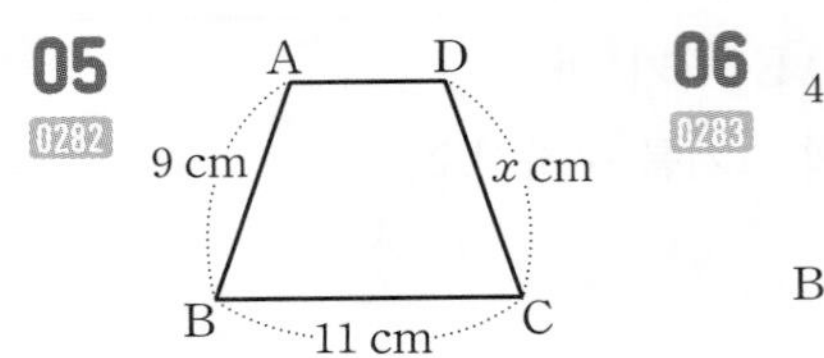

06 0283

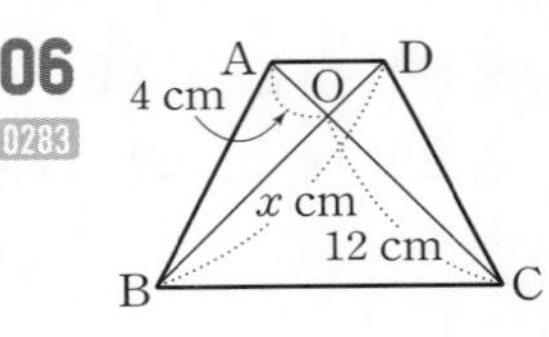

[07~08] 다음 그림에서 □ABCD가 $\overline{AD}/\!/\overline{BC}$인 등변사다리꼴일 때, $\angle x$의 크기를 구하시오.

07 0284

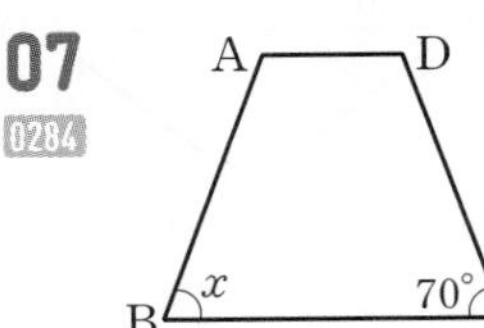

08 0285

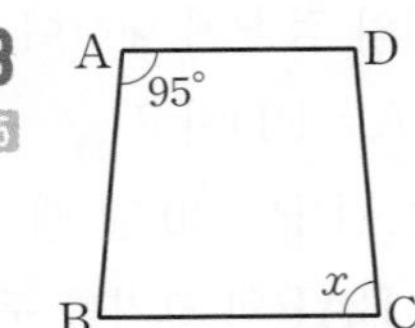

빠른답 3쪽 | 바른답 · 알찬풀이 32쪽

빈출

유형 17 정사각형의 뜻과 성질 | 개념 08-1

대표문제

09 0286 오른쪽 그림과 같은 정사각형 ABCD의 대각선 AC 위의 점 E에 대하여 $\angle EBC=12^\circ$일 때, $\angle AED$의 크기를 구하시오.

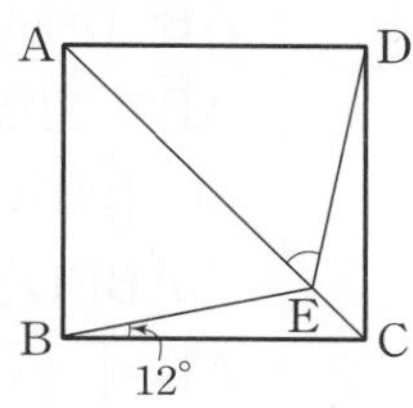

10 0287 오른쪽 그림과 같은 정사각형 ABCD에서 $\overline{BD}=8\text{ cm}$일 때, □ABCD의 넓이를 구하시오.

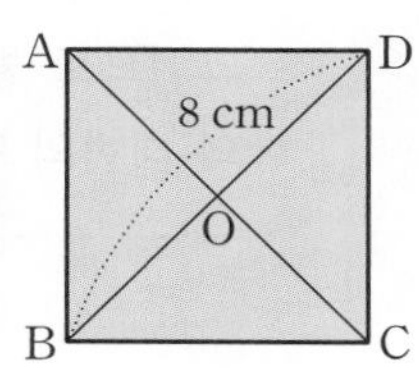

서술형

11 0288 오른쪽 그림과 같은 정사각형 ABCD의 내부의 한 점 P에 대하여 $\overline{PB}=\overline{BC}=\overline{CP}$일 때, $\angle BAP$의 크기를 구하시오.

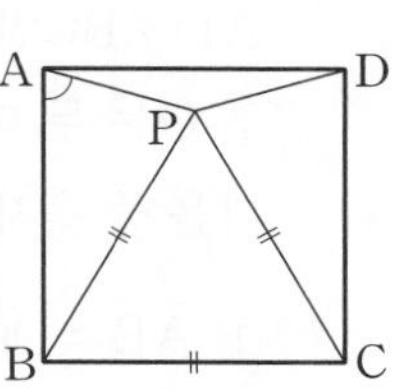

12 0289 오른쪽 그림의 □ABCD는 정사각형이고 △ADE는 $\overline{AD}=\overline{AE}$인 이등변삼각형이다. $\overline{BE}$와 $\overline{AD}$의 교점 F에 대하여 $\angle FBC=70^\circ$일 때, $\angle EDF$의 크기를 구하시오.

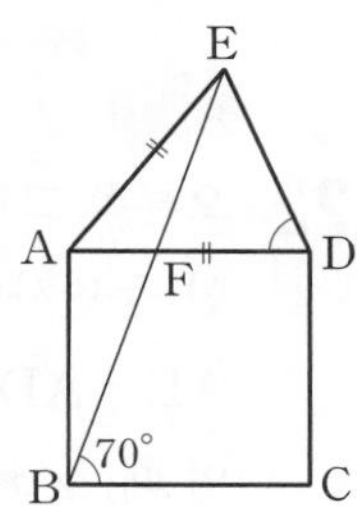

13 0290 오른쪽 그림과 같은 정사각형 ABCD에서 $\overline{CE}=\overline{DF}$이고 점 G는 $\overline{AF}$와 $\overline{DE}$의 교점이다. $\angle GFC=120^\circ$일 때, $\angle EDC$의 크기를 구하시오.

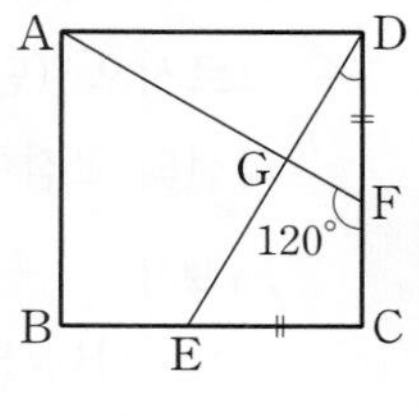

14 0291 오른쪽 그림과 같은 정사각형 ABCD에서 $\overline{AE}=\overline{CF}$이고 두 점 G, H는 각각 $\overline{AC}$와 $\overline{BE}$, $\overline{DF}$의 교점이다. $\angle ABE=28^\circ$일 때, $\angle x$의 크기를 구하시오.

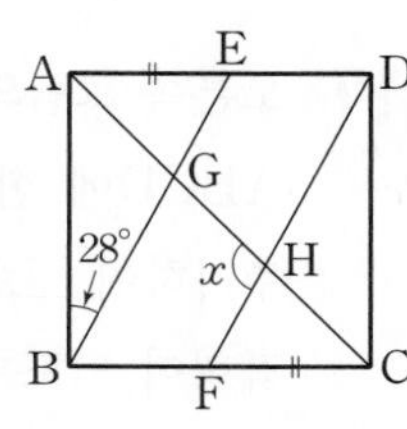

유형 18 정사각형이 되는 조건 | 개념 08-1

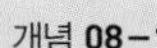
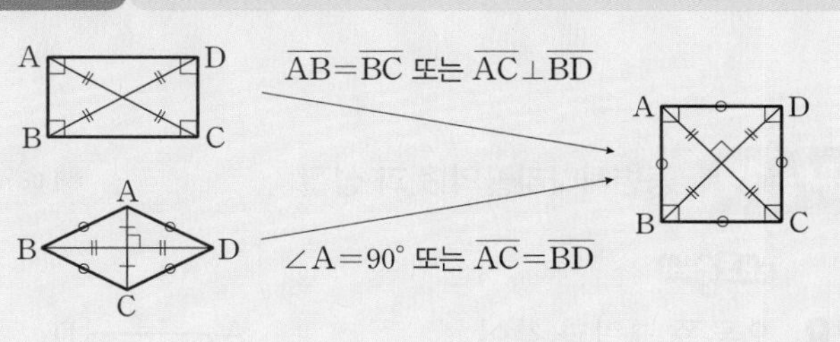

대표문제

15 0292 다음 중 오른쪽 그림의 평행사변형 ABCD가 정사각형이 되는 조건은?

(단, 점 O는 두 대각선의 교점이다.)

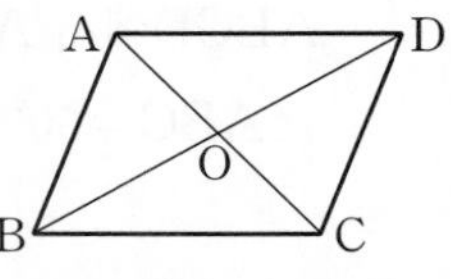

① $\overline{AB}=\overline{BC}$, $\overline{AC}\perp\overline{BD}$
② $\overline{AC}=\overline{BD}$, $\angle ABC=90^\circ$
③ $\overline{AB}=\overline{BC}$, $\overline{AO}=\overline{CO}$
④ $\overline{AC}=\overline{BD}$, $\overline{BO}=\overline{DO}$
⑤ $\overline{AC}\perp\overline{BD}$, $\angle BAD=90^\circ$

16 0293 오른쪽 그림의 직사각형 ABCD가 정사각형이 되는 조건을 다음 **보기**에서 모두 고르시오. (단, 점 O는 두 대각선의 교점이다.)

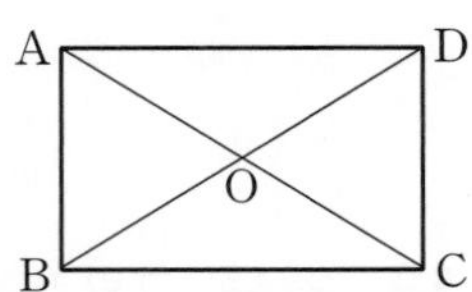

보기

ㄱ. $\overline{AB}=\overline{BC}$　　ㄴ. $\overline{AC}=\overline{BD}$

ㄷ. $\overline{AO}=\overline{CO}$　　ㄹ. $\overline{AC}\perp\overline{BD}$

17 0294 오른쪽 그림의 마름모 ABCD에 한 가지 조건을 추가하여 □ABCD가 정사각형이 되도록 할 때, 다음 중 필요한 조건은? (단, 점 O는 두 대각선의 교점이다.)

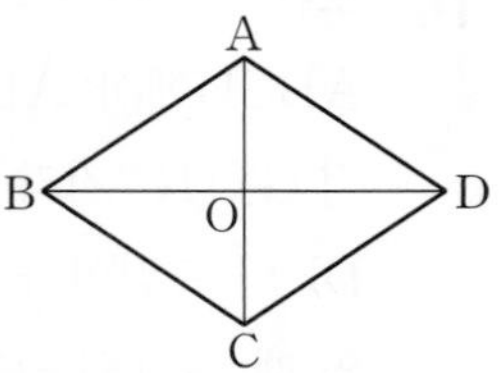

① $\overline{AB}=\overline{AD}$　　② $\overline{BO}=\overline{DO}$

③ $\overline{AC}\perp\overline{BD}$　　④ $\angle ABC=\angle BCD$

⑤ $\angle BAC=\angle DAC$

유형 19 등변사다리꼴의 뜻과 성질 | 개념 08-2

대표문제

18 0295 오른쪽 그림과 같이 $\overline{AD}/\!/\overline{BC}$인 등변사다리꼴 ABCD에서 $\overline{AC}=14$ cm, $\angle ABC=60°$일 때, x, y의 값을 각각 구하시오.

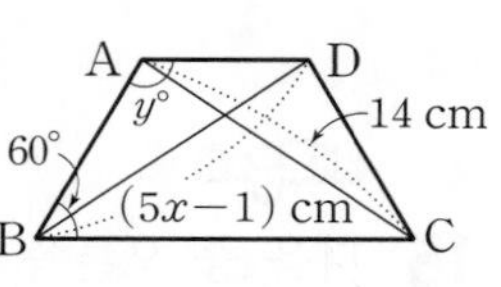

19 0296 오른쪽 그림과 같이 $\overline{AD}/\!/\overline{BC}$인 등변사다리꼴 ABCD에서 $\angle ACD=30°$, $\angle DAC=50°$일 때, $\angle B$의 크기를 구하시오.

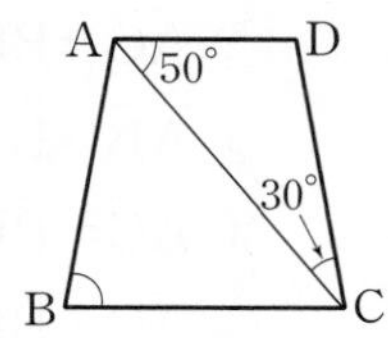

20 0297 다음은 등변사다리꼴에서 평행하지 않은 한 쌍의 대변의 길이가 같음을 설명하는 과정이다. (가)~(라)에 알맞은 것을 써넣으시오.

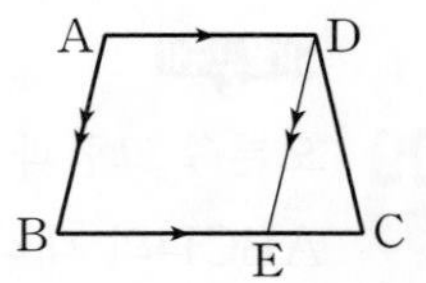

$\overline{AD}/\!/\overline{BC}$인 등변사다리꼴 ABCD에서 점 D를 지나고 $\overline{AB}$와 평행한 직선을 그어 $\overline{BC}$와의 교점을 E라 하면

□ABED는 평행사변형이므로

$\overline{AB}=$ (가) …… ㉠

또, $\overline{AB}/\!/\overline{DE}$이므로 $\angle B=$ (나) (동위각)

이때 $\angle B=\angle C$이므로 $\angle C=$ (나)

따라서 △DEC는 (다) 이므로

$\overline{DE}=\overline{DC}$ …… ㉡

㉠, ㉡에서 $\overline{AB}=$ (라)

그러므로 등변사다리꼴에서 평행하지 않은 한 쌍의 대변의 길이는 같다.

21 0298 오른쪽 그림의 □ABCD는 $\overline{AD}/\!/\overline{BC}$인 등변사다리꼴이고 점 O는 두 대각선의 교점이다. 다음 중 옳지 않은 것은?

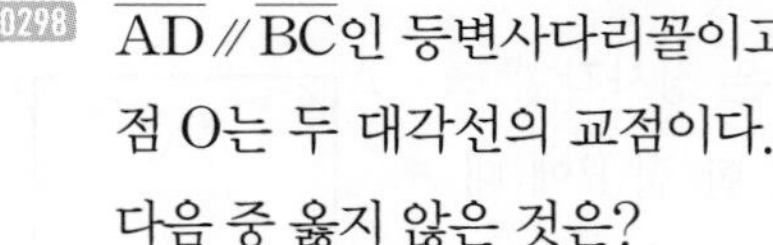

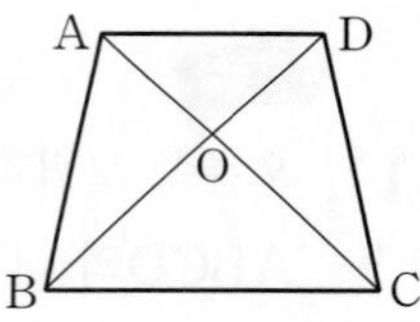

① $\overline{AB}=\overline{DC}$　　② $\overline{AC}=\overline{DB}$

③ $\overline{OA}=\overline{OC}$　　④ $\angle ABC=\angle DCB$

⑤ $\angle ABO=\angle DCO$

22 0299 오른쪽 그림과 같이 $\overline{AD}/\!/\overline{BC}$인 등변사다리꼴 ABCD에서 $\overline{AB}=\overline{AD}$이고 $\angle BAC=60°$일 때, $\angle x$의 크기를 구하시오.

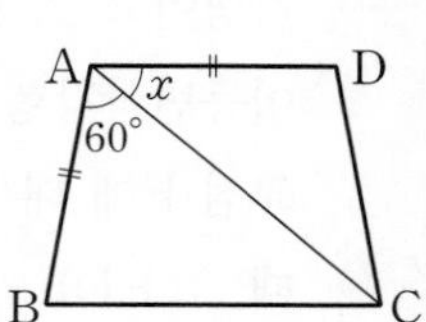

빈출

유형 20 등변사다리꼴의 성질의 응용 | 개념 08-2

$\overline{AD}/\!/\overline{BC}$인 등변사다리꼴 ABCD에서 보조선을 이용하면 다음을 알 수 있다.

① 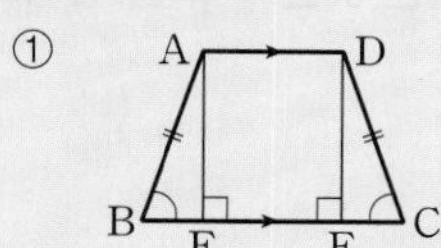

△ABE≡△DCF
(RHA 합동)

② 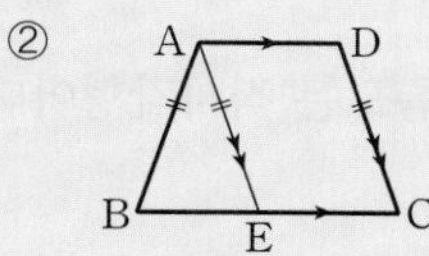

△ABE ➡ 이등변삼각형
□AECD ➡ 평행사변형

대표문제

23 0300 오른쪽 그림과 같이 $\overline{AD}/\!/\overline{BC}$인 등변사다리꼴 ABCD에서 $\overline{AD}=8$ cm, $\overline{DC}=10$ cm 이고 $\angle D=120°$일 때, $\overline{BC}$의 길이를 구하시오.

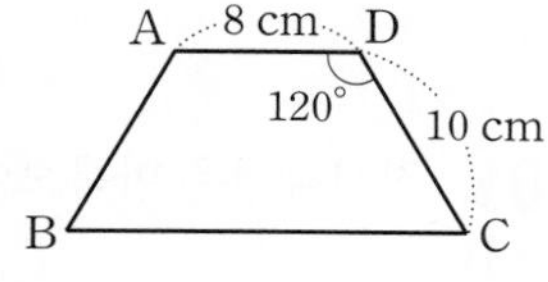

24 0301 오른쪽 그림과 같이 $\overline{AD}/\!/\overline{BC}$인 등변사다리꼴 ABCD의 꼭짓점 D에서 $\overline{BC}$에 내린 수선의 발을 H라 하자. $\overline{AD}=12$ cm, $\overline{BC}=26$ cm일 때, $\overline{BH}$의 길이는?

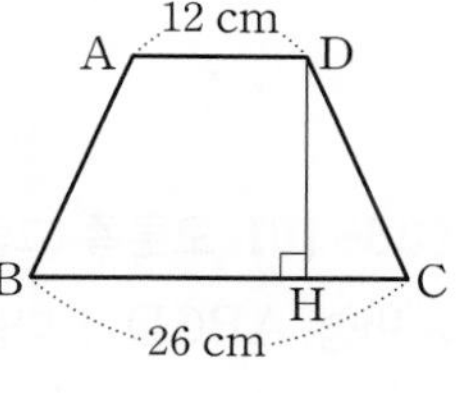

① 15 cm ② 16 cm ③ 17 cm
④ 18 cm ⑤ 19 cm

25 0302 오른쪽 그림과 같이 $\overline{AD}/\!/\overline{BC}$인 등변사다리꼴 ABCD에서 $\overline{AB}=\overline{AD}=\overline{DC}$이고 $\overline{BC}=2\overline{AB}$일 때, $\angle B$의 크기를 구하시오.

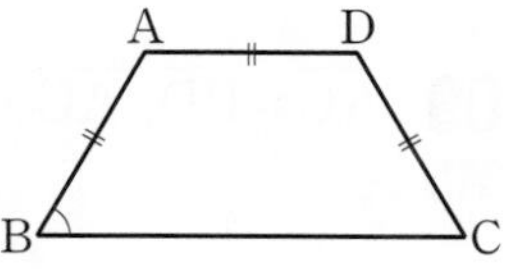

유형 21 여러 가지 사각형의 판별

대표문제

26 0303 오른쪽 그림과 같이 평행사변형 ABCD의 네 내각의 이등분선의 교점을 각각 E, F, G, H라 할 때, 다음 중 □EFGH에 대한 설명으로 옳지 않은 것은?

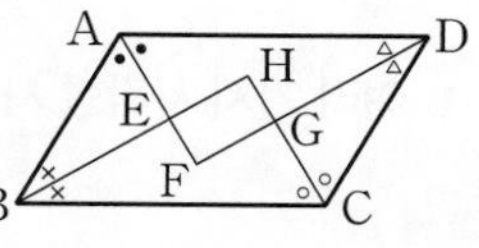

① 네 내각의 크기가 모두 같다.
② 두 대각선의 길이가 같다.
③ 한 쌍의 대변의 길이가 같고 평행하다.
④ 두 대각선은 서로를 수직이등분한다.
⑤ 두 쌍의 대변의 길이가 각각 같다.

27 0304 오른쪽 그림에서 □ABCD는 평행사변형이다. ∠A, ∠B의 이등분선과 $\overline{BC}$, $\overline{AD}$의 교점을 각각 E, F라 할 때, □ABEF는 어떤 사각형인지 말하시오.

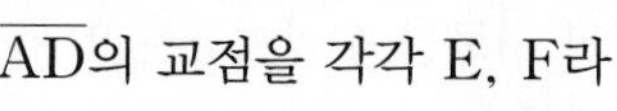

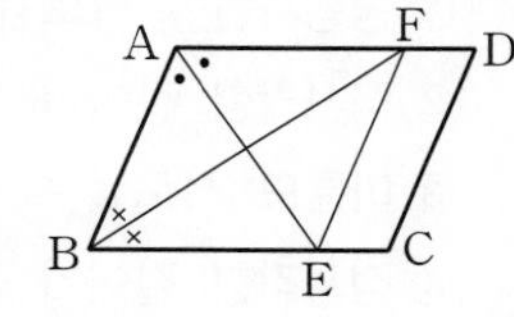

28 0305 오른쪽 그림과 같은 직사각형 ABCD에서 $\overline{PQ}$는 $\overline{AC}$의 수직이등분선이다. $\overline{BC}=11$ cm, $\overline{DP}=3$ cm일 때, □AQCP의 둘레의 길이는?

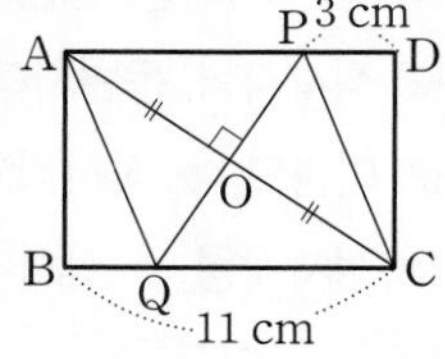

① 26 cm ② 28 cm ③ 30 cm
④ 32 cm ⑤ 34 cm

여러 가지 사각형 사이의 관계

09-1 여러 가지 사각형 | 유형 22, 23

(1) 여러 가지 사각형 사이의 관계

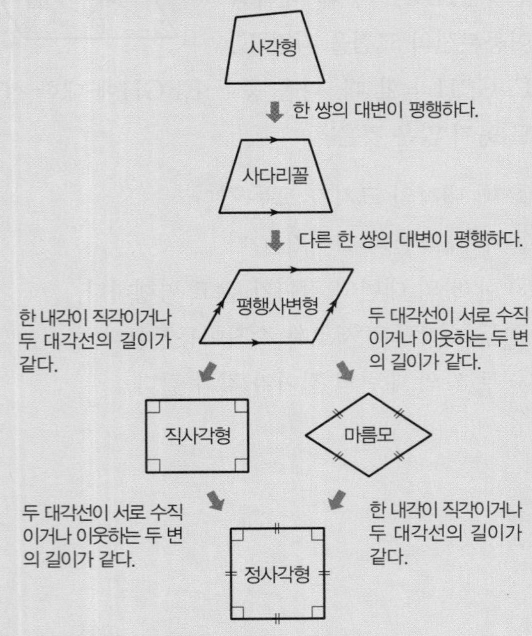

(2) 여러 가지 사각형의 대각선의 성질

① 평행사변형: 서로를 이등분한다.

② 직사각형: 길이가 같고 서로를 이등분한다.

③ 마름모: 서로를 수직이등분한다.

④ 정사각형: 길이가 같고 서로를 수직이등분한다.

⑤ 등변사다리꼴: 길이가 같다.

09-2 사각형의 각 변의 중점을 연결하여 만든 사각형 | 유형 24

주어진 사각형의 각 변의 중점을 연결하면 다음과 같은 사각형이 만들어진다.

(1) 일반 사각형, 평행사변형 ➡ 평행사변형

(2) 직사각형, 등변사다리꼴 ➡ 마름모

(3) 마름모 ➡ 직사각형

(4) 정사각형 ➡ 정사각형

참고

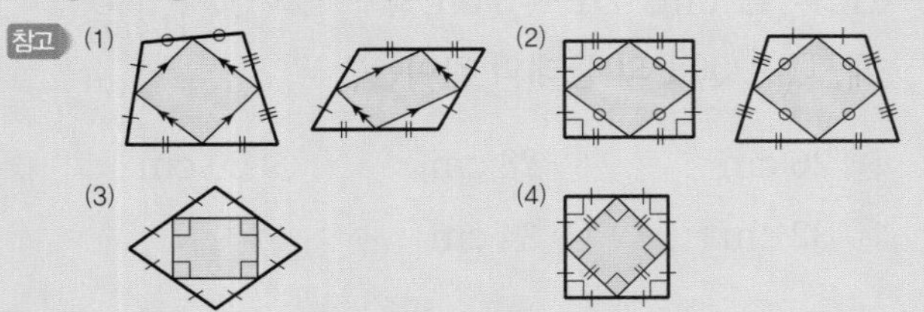

[01~05] 다음 중 옳은 것은 ○표, 옳지 않은 것은 ×표를 하시오.

01 마름모는 직사각형이다. ( )
0306

02 직사각형은 평행사변형이다. ( )
0307

03 정사각형은 직사각형이다. ( )
0308

04 직사각형은 마름모이다. ( )
0309

05 등변사다리꼴은 평행사변형이다. ( )
0310

[06~10] 오른쪽 그림과 같은 평행사변형 ABCD가 다음 조건을 만족하면 어떤 사각형이 되는지 말하시오.
(단, 점 O는 두 대각선의 교점이다.)

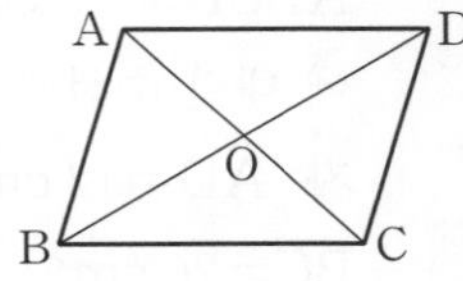

06 $\overline{AC} \perp \overline{BD}$
0311

07 $\overline{OA} = \overline{OB}$
0312

08 $\overline{AB} = \overline{BC}$
0313

09 $\overline{AC} = \overline{BD}$, $\overline{AC} \perp \overline{BD}$
0314

10 $\angle BAD = 90°$, $\overline{BC} = \overline{CD}$
0315

11 다음 표에서 주어진 성질이 각 사각형의 성질에 해당하면 ○표, 해당하지 않으면 ×표를 하시오.
0316

성질 \ 사각형	평행사변형	직사각형	마름모	정사각형
두 쌍의 대변의 길이가 각각 같다.				
두 쌍의 대각의 크기가 각각 같다.				
네 변의 길이가 모두 같다.				
두 대각선의 길이가 같다.				
두 대각선이 서로를 이등분한다.				
두 대각선이 서로 수직이다.				

[12~17] 다음 사각형의 각 변의 중점을 연결하여 만든 사각형은 어떤 사각형인지 말하시오.

12 평행사변형
0317

13 직사각형
0318

14 마름모
0319

15 정사각형
0320

16 등변사다리꼴
0321

17 일반 사각형
0322

빈출

유형 22 여러 가지 사각형 사이의 관계 | 개념 09-1

대표문제

18 다음 중 아래 그림의 각 사각형이 화살표 방향의 사각형이 되는 조건으로 옳지 않은 것은?
0323

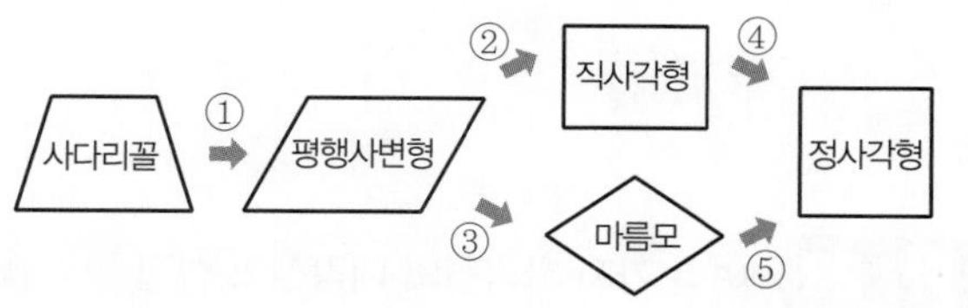

① 다른 한 쌍의 대변이 평행하다.
② 두 대각선이 서로를 수직이등분한다.
③ 이웃하는 두 변의 길이가 같다.
④ 두 대각선이 서로 수직이다.
⑤ 한 내각의 크기가 90°이다.

19 다음 중 여러 가지 사각형 사이의 관계에 대한 설명으로 옳은 것을 모두 고르면? (정답 2개)
0324

① 사다리꼴은 평행사변형이다.
② 직사각형은 정사각형이다.
③ 정사각형은 사다리꼴이다.
④ 마름모는 평행사변형이다.
⑤ 마름모는 정사각형이다.

20 다음 **보기** 중 옳은 것을 모두 고르시오.
0325

보기
ㄱ. 두 대각선이 서로 수직인 평행사변형은 마름모이다.
ㄴ. 두 대각선의 길이가 같은 마름모는 직사각형이다.
ㄷ. 이웃하는 두 변의 길이가 같은 직사각형은 정사각형이다.
ㄹ. 이웃하는 두 내각의 크기가 같은 평행사변형은 직사각형이다.

21 다음 조건을 모두 만족하는 □ABCD는 어떤 사각형인지 말하시오.
0326

(가) $\overline{AB} /\!/ \overline{DC}$　　(나) $\overline{AB}=\overline{DC}$
(다) $\overline{AB} \perp \overline{BC}$　　(라) $\overline{AC} \perp \overline{BD}$

유형 23 여러 가지 사각형의 대각선의 성질 | 개념 09-1

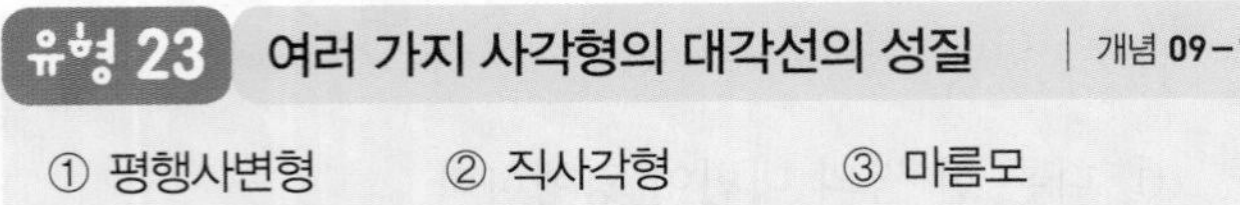

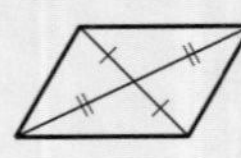

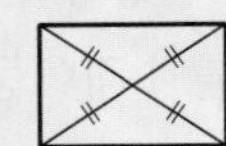

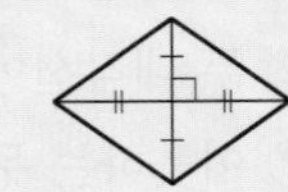

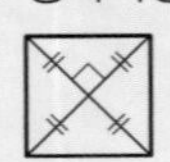

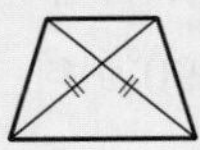

대표문제

22 다음 **보기**의 사각형 중 두 대각선이 서로를 수직이등분하는 것을 모두 고른 것은?
0327

보기	
ㄱ. 마름모	ㄴ. 사다리꼴
ㄷ. 직사각형	ㄹ. 정사각형
ㅁ. 평행사변형	ㅂ. 등변사다리꼴

① ㄱ, ㄷ　② ㄱ, ㄹ　③ ㄴ, ㅂ
④ ㄷ, ㅁ　⑤ ㄹ, ㅂ

23 다음 사각형 중 두 대각선의 길이가 같은 사각형을 모두 고르면? (정답 2개)
0328

① 정사각형　② 마름모
③ 직사각형　④ 평행사변형
⑤ 사다리꼴

서술형

24 다음 **보기**의 사각형 중 두 대각선이 서로를 이등분하는 것은 x개, 두 대각선이 서로 수직인 것은 y개일 때, $x+y$의 값을 구하시오.
0329

보기	
ㄱ. 사다리꼴	ㄴ. 등변사다리꼴
ㄷ. 마름모	ㄹ. 직사각형
ㅁ. 정사각형	ㅂ. 평행사변형

25 아래 그림에서 $l /\!/ m$일 때, 다음 중 사각형 A~F에 대한 설명으로 옳지 않은 것은?
0330

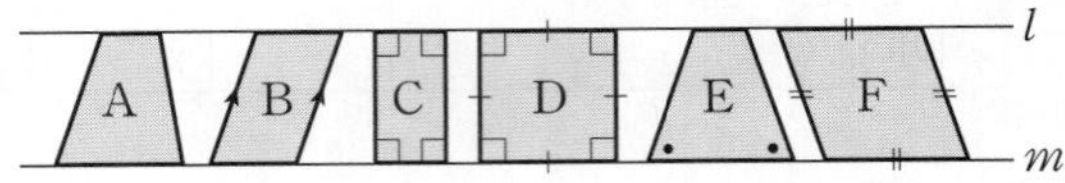

① 마름모는 2개이다.
② 두 대각선의 길이가 같은 사각형은 3개이다.
③ 두 대각선이 서로를 이등분하는 사각형은 3개이다.
④ 이웃하는 두 변의 길이가 같은 사각형은 2개이다.
⑤ 두 대각선이 서로를 수직이등분하는 사각형은 2개이다.

유형 24 사각형의 각 변의 중점을 연결하여 만든 사각형 | 개념 09-2

대표문제

26 다음 중 직사각형의 각 변의 중점을 연결하여 만든 사각형의 성질이 아닌 것을 모두 고르면? (정답 2개)
0331

① 이웃하는 두 변의 길이가 같다.
② 두 대각선은 서로를 수직이등분한다.
③ 두 쌍의 대변이 각각 평행하다.
④ 두 대각선의 길이가 같다.
⑤ 네 내각의 크기가 모두 같다.

27 0332 다음은 사각형과 그 사각형의 각 변의 중점을 연결하여 만든 사각형을 짝 지은 것이다. 옳지 않은 것은?

① 일반 사각형 – 평행사변형
② 마름모 – 직사각형
③ 평행사변형 – 마름모
④ 정사각형 – 정사각형
⑤ 등변사다리꼴 – 마름모

28 0333 다음은 직사각형의 각 변의 중점을 연결하여 만든 사각형이 (가) 임을 설명하는 과정이다. (가)~(라)에 알맞은 것을 써넣으시오.

직사각형 ABCD의 네 변의 중점을 각각 E, F, G, H라 하면

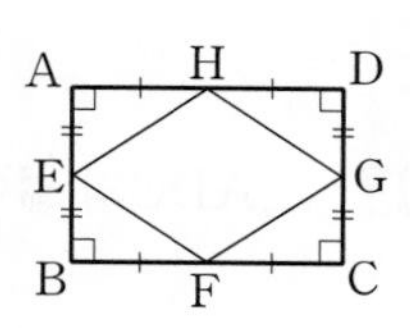

△AEH≡△BEF
≡△CGF
≡ (나) ((다) 합동)
이므로
$\overline{EH}$= (라) =$\overline{GF}$=$\overline{GH}$
따라서 □EFGH는 (가) 이다.

29 0334 평행사변형 ABCD의 두 대각선이 서로 수직이고 그 길이가 같을 때, □ABCD의 각 변의 중점을 연결하여 만든 사각형은 어떤 사각형인가?

① 평행사변형　② 직사각형
③ 마름모　④ 정사각형
⑤ 등변사다리꼴

30 0335 오른쪽 그림과 같은 마름모 ABCD에서 각 변의 중점을 각각 E, F, G, H라 할 때, 다음 중 옳지 않은 것은?

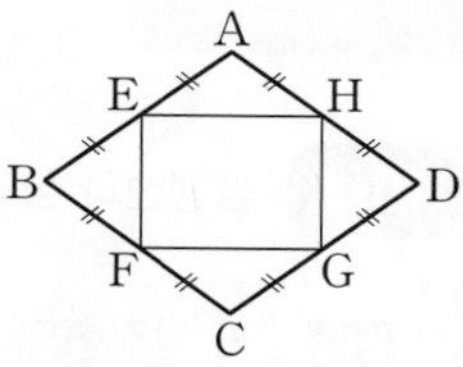

① △BEF≡△DHG
② ∠HEF=∠EFG=∠FGH=∠GHE
③ □EFGH는 직사각형이다.
④ □EFGH의 두 대각선의 길이는 같다.
⑤ □EFGH의 두 대각선은 서로 수직이다.

창의⊕융합

31 0336 오른쪽 그림과 같이 $\overline{AD}$∥$\overline{BC}$인 등변사다리꼴 모양의 땅 ABCD의 각 변의 중점 E, F, G, H를 연결하여 밭을 만들었다.
$\overline{AD}$=8 m, $\overline{BC}$=14 m, $\overline{EF}$=7 m일 때, 밭의 둘레의 길이를 구하시오.

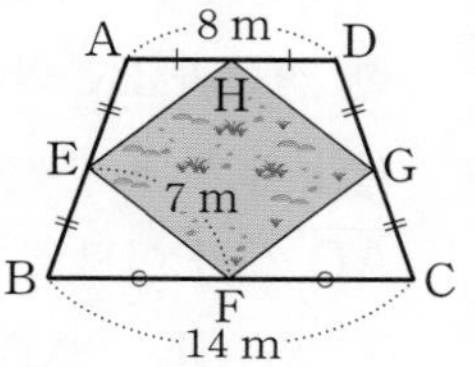

32 0337 오른쪽 그림과 같이 □ABCD의 각 변의 중점을 각각 E, F, G, H라 하자. $\overline{EF}$=6 cm, $\overline{FG}$=5 cm, ∠HEF=75°일 때, $\overline{EH}$의 길이와 ∠EFG의 크기를 각각 구하시오.

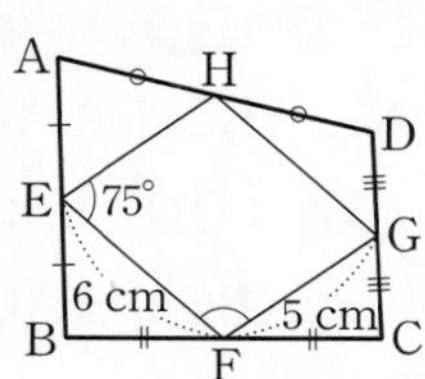

평행선과 넓이

10-1 평행선과 삼각형의 넓이 | 유형 25

(1) 평행선과 삼각형의 넓이

오른쪽 그림과 같이 두 직선 l, m이 평행할 때, $\triangle ABC$와 $\triangle A'BC$는 밑변 BC가 공통이고 높이는 h로 같으므로 두 삼각형의 넓이가 같다.

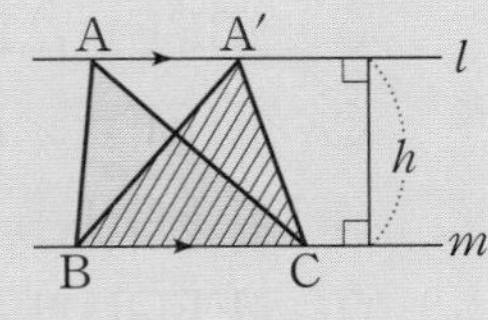

➡ $l /\!/ m$이면 $\triangle ABC = \triangle A'BC$

참고 평행한 두 직선 사이의 거리는 일정하다.

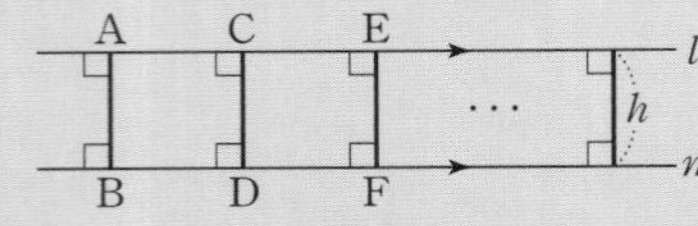

즉, $l /\!/ m$이면 $\overline{AB} = \overline{CD} = \overline{EF} = \cdots = h$

(2) 평행선과 삼각형의 넓이의 응용

오른쪽 그림과 같이 □ABCD의 꼭짓점 D를 지나고 $\overline{AC}$에 평행한 직선과 $\overline{BC}$의 연장선의 교점을 P라 하면

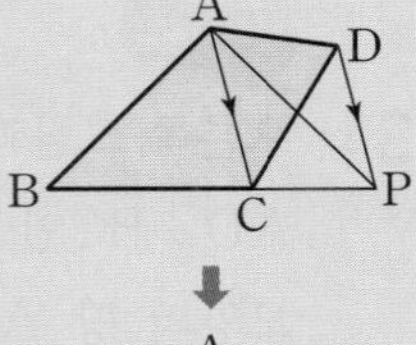

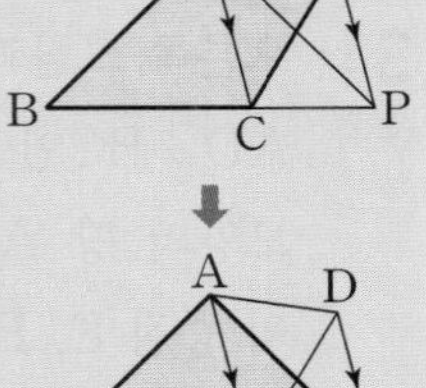

$\overline{AC} /\!/ \overline{DP}$이므로

① $\triangle ACD = \triangle ACP$

② $\square ABCD = \triangle ABC + \triangle ACD$
$= \triangle ABC + \triangle ACP$
$= \triangle ABP$

10-2 높이가 같은 두 삼각형의 넓이의 비 | 유형 26 ~ 28

높이가 같은 두 삼각형의 넓이의 비는 밑변의 길이의 비와 같다.

➡ $\triangle ABC$와 $\triangle ACD$에서
$\overline{BC} : \overline{CD} = m : n$이면
$\triangle ABC : \triangle ACD = m : n$

참고 오른쪽 그림과 같이 점 C가 $\overline{BD}$의 중점이면
$\triangle ABC = \triangle ACD$

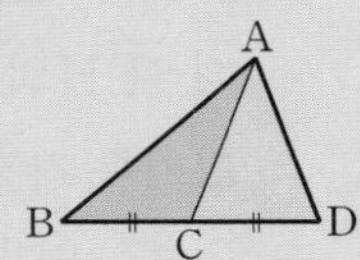

01 오른쪽 그림에서 $l /\!/ m$이고 $\overline{BC} \perp \overline{DE}$이다. $\overline{BC} = 9$ cm, $\overline{DE} = 6$ cm일 때, $\triangle ABC$의 넓이를 구하시오.
0338

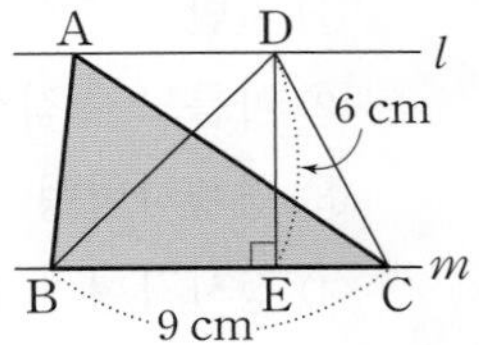

[02~04] 오른쪽 그림의 $\triangle ABC$에서 $\overline{BC} \perp \overline{AE}$이고 $\overline{AE} = 7$ cm, $\overline{BD} = 4$ cm, $\overline{DC} = 6$ cm일 때, 다음 물음에 답하시오.

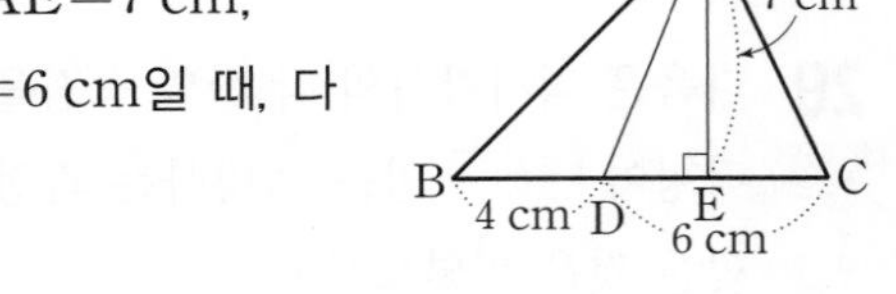

02 $\triangle ABD$의 넓이를 구하시오.
0339

03 $\triangle ADC$의 넓이를 구하시오.
0340

04 $\triangle ABD : \triangle ADC$를 가장 간단한 자연수의 비로 나타내시오.
0341

[05~07] 오른쪽 그림과 같이 $\overline{AD} /\!/ \overline{BC}$인 사다리꼴 ABCD에서 다음을 구하시오.
(단, 점 O는 두 대각선의 교점이다.)

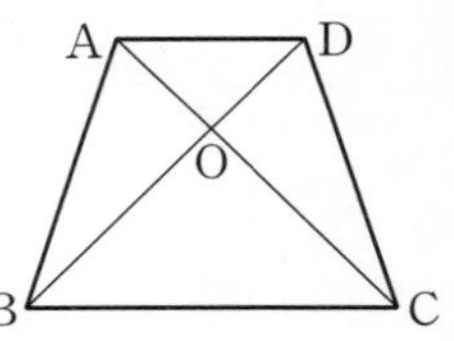

05 $\triangle ABC$와 넓이가 같은 삼각형
0342

06 $\triangle ABD$와 넓이가 같은 삼각형
0343

07 $\triangle ABO$와 넓이가 같은 삼각형
0344

빈출

유형 25 평행선과 삼각형의 넓이 | 개념 10-1

대표문제

08 (0345) 오른쪽 그림과 같이 □ABCD의 꼭짓점 D를 지나고 $\overline{AC}$에 평행한 직선과 $\overline{BC}$의 연장선의 교점을 E라 할 때, □ABCD의 넓이는?

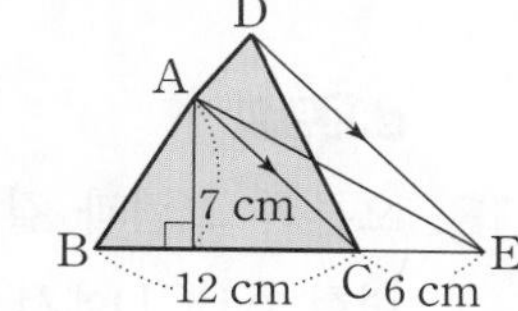

① 60 cm² ② 63 cm² ③ 64 cm²
④ 68 cm² ⑤ 72 cm²

09 (0346) 오른쪽 그림과 같이 평행한 두 직선 l, m이 있다. 점 M은 $\overline{BC}$의 중점이고 △DBC의 넓이가 26 cm²일 때, △ABM의 넓이를 구하시오.

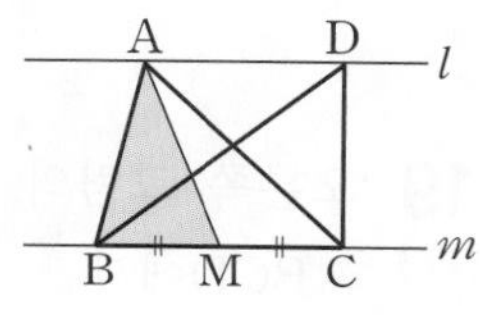

10 (0347) 오른쪽 그림과 같은 □ABCD에서 $\overline{AE} /\!/ \overline{DC}$일 때, 다음 중 옳지 않은 것은? (단, 점 O는 $\overline{AC}$와 $\overline{DE}$의 교점이다.)

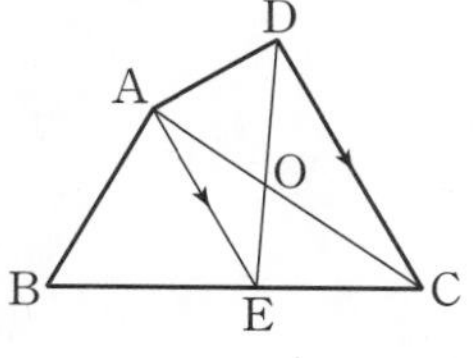

① △DAE=△CAE
② △DEC=△DAC
③ △OAD=△OEC
④ △DAC=△DAE
⑤ □ABED=△ABC

11 (0348) 오른쪽 그림과 같이 □ABCD의 꼭짓점 A를 지나고 $\overline{DB}$에 평행한 직선과 $\overline{BC}$의 연장선의 교점을 E라 하자. $\overline{BC}=\overline{BE}=14$ cm, $\overline{CD}=9$ cm일 때, □ABCD의 넓이는?

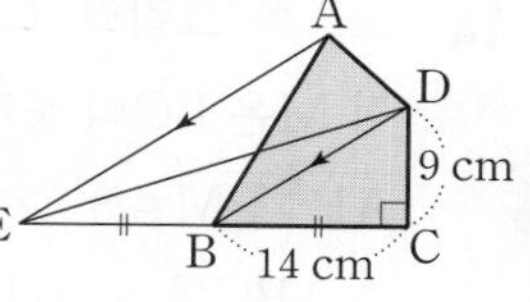

① 122 cm² ② 124 cm² ③ 126 cm²
④ 128 cm² ⑤ 130 cm²

서술형

12 (0349) 오른쪽 그림과 같이 □ABCD의 꼭짓점 D를 지나고 $\overline{AC}$에 평행한 직선과 $\overline{BC}$의 연장선의 교점을 E, $\overline{AE}$와 $\overline{DC}$의 교점을 F라 하자. △ABE의 넓이가 28 cm², □ABCF의 넓이가 21 cm²일 때, △AFD의 넓이를 구하시오.

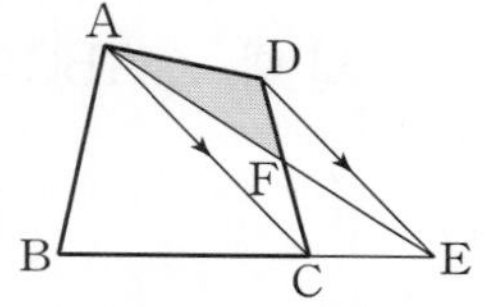

13 (0350) 오른쪽 그림과 같은 정사각형 ABCD에서 점 E는 $\overline{CD}$ 위의 점이고 점 F는 $\overline{BC}$의 연장선과 $\overline{AE}$의 연장선의 교점이다. $\overline{AB}=8$ cm, $\overline{DE}=5$ cm일 때, △DEF의 넓이를 구하시오.

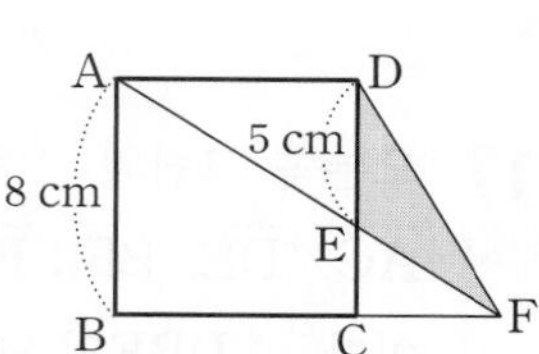

유형 26 높이가 같은 삼각형의 넓이 | 개념 10-2

대표문제

14 오른쪽 그림의 △ABC에서 점 M은 $\overline{BC}$의 중점이고 $\overline{AP}:\overline{PM}=3:2$이다. △ABC의 넓이가 90 cm^2일 때, △APC의 넓이는?
0351

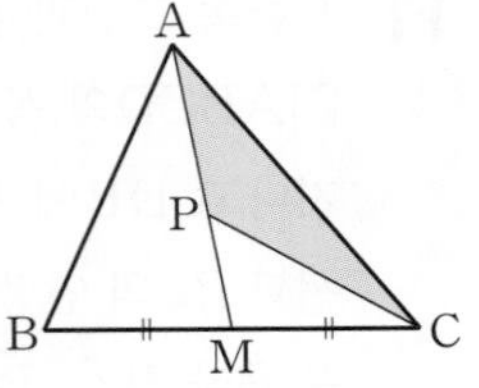

① 21 cm^2 ② 24 cm^2 ③ 27 cm^2
④ 30 cm^2 ⑤ 33 cm^2

15 오른쪽 그림의 △ABC에서 $\overline{AE}:\overline{EC}=2:3$, $\overline{BO}:\overline{OE}=4:3$이다. △OBC의 넓이가 12 cm^2일 때, △ABC의 넓이를 구하시오.
0352

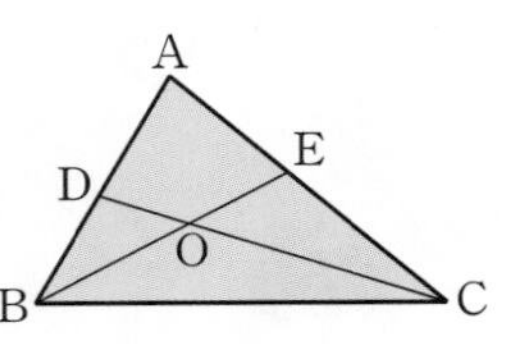

서술형

16 오른쪽 그림의 △ABC에서 $\overline{BM}=\overline{CM}$, $\overline{AP}/\!/\overline{QM}$이다. □ABPQ의 넓이가 30 cm^2일 때, △ABC의 넓이를 구하시오.
0353

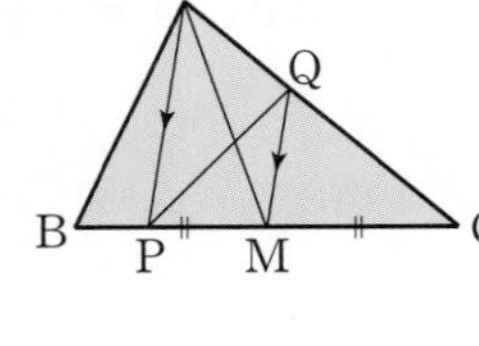

17 오른쪽 그림의 △ABC에서 $\overline{AC}/\!/\overline{DE}$, $\overline{BF}:\overline{FC}=2:3$이다. △DBF의 넓이가 6 cm^2일 때, □ADFE의 넓이를 구하시오.
0354

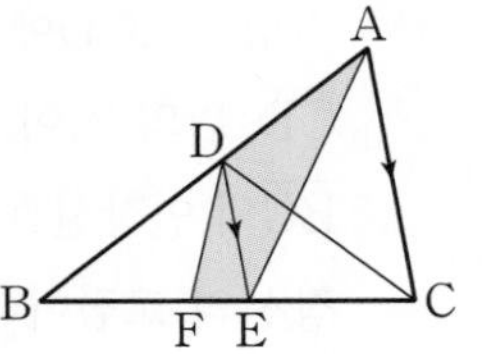

빈출

유형 27 평행사변형에서 높이가 같은 삼각형의 넓이 | 개념 10-2

평행사변형 ABCD에서
① △ABC=△EBC=△DBC
② △ABC=△ACD,
△ABD=△DBC

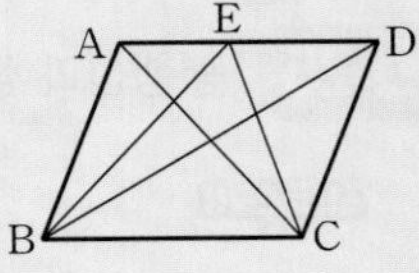

대표문제

18 오른쪽 그림과 같은 평행사변형 ABCD에서 $\overline{BD}/\!/\overline{EF}$일 때, 다음 삼각형 중 넓이가 나머지 넷과 다른 하나는?
0355

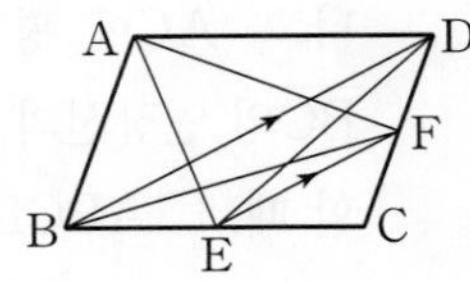

① △ABE ② △AEF ③ △DAF
④ △DBE ⑤ △DBF

19 오른쪽 그림의 평행사변형 ABCD에서 $\overline{AP}:\overline{PC}=3:1$이고 □ABCD의 넓이가 80 cm^2일 때, △PCD의 넓이는?
0356

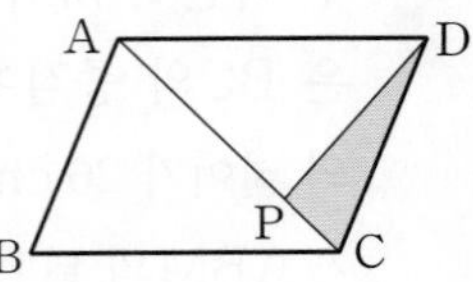

① 10 cm^2 ② 15 cm^2 ③ 20 cm^2
④ 25 cm^2 ⑤ 30 cm^2

20 오른쪽 그림과 같은 평행사변형 ABCD에서 점 A를 지나는 직선과 $\overline{CD}$의 연장선의 교점을 E라 하자. □ABCD의 넓이가 30 cm^2일 때, △ABE의 넓이를 구하시오.
0357

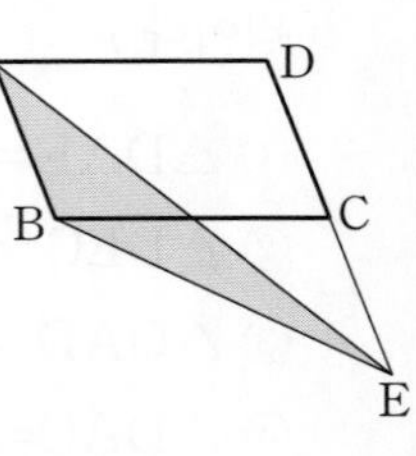

21 0358 오른쪽 그림의 평행사변형 ABCD에서 $\overline{AC} /\!/ \overline{EF}$이다. △BCF의 넓이가 45 cm^2일 때, △ACE의 넓이를 구하시오.

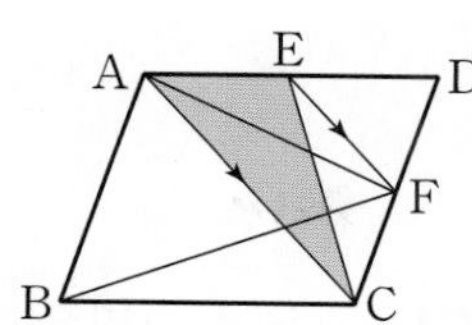

22 0359 오른쪽 그림의 평행사변형 ABCD에서 $\overline{AE} : \overline{ED} = 3 : 2$이고 △ABE의 넓이가 24 cm^2일 때, △EBC의 넓이를 구하시오.

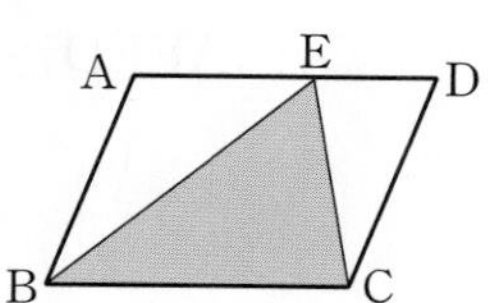

23 0360 오른쪽 그림과 같은 평행사변형 ABCD의 넓이가 36 cm^2이고 $\overline{CE} = \overline{DE}$, $\overline{AF} : \overline{FE} = 2 : 1$일 때, △AOF의 넓이를 구하시오.

(단, 점 O는 두 대각선의 교점이다.)

24 0361 오른쪽 그림과 같은 평행사변형 ABCD에서 $\overline{AE}$, $\overline{BD}$의 교점을 F라 하자. △ABF, △BCE의 넓이가 각각 13 cm^2, 8 cm^2일 때, △DFE의 넓이를 구하시오.

사다리꼴에서 높이가 같은 삼각형의 넓이

| 개념 10-2

$\overline{AD} /\!/ \overline{BC}$인 사다리꼴 ABCD에서 두 대각선의 교점을 O라 할 때

① △AOB=△DOC

② △AOB : △BOC =△AOD : △DOC=$\overline{OA} : \overline{OC}$

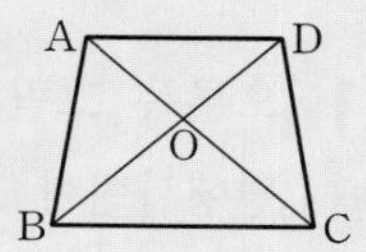

대표문제

25 0362 오른쪽 그림과 같이 $\overline{AD} /\!/ \overline{BC}$인 사다리꼴 ABCD에서 두 대각선의 교점을 O라 하자. $\overline{AO} : \overline{CO} = 1 : 2$이고 △AOD의 넓이가 5 cm^2일 때, △BOC의 넓이를 구하시오.

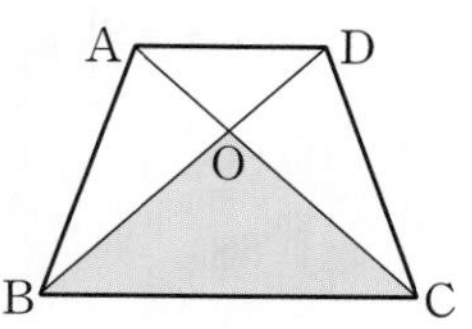

26 0363 오른쪽 그림과 같이 $\overline{AD} /\!/ \overline{BC}$인 사다리꼴 ABCD에서 두 대각선의 교점을 O라 하자. △ABD의 넓이가 30 cm^2, △DOC의 넓이가 16 cm^2일 때, △AOD의 넓이는?

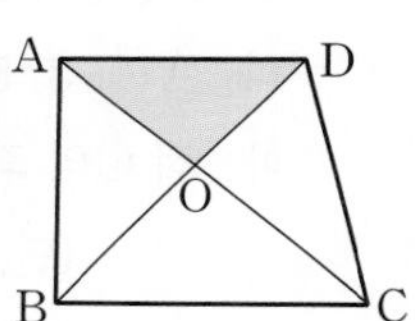

① 8 cm^2 ② 10 cm^2 ③ 12 cm^2
④ 14 cm^2 ⑤ 16 cm^2

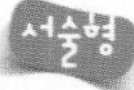

27 0364 오른쪽 그림과 같이 $\overline{AD} /\!/ \overline{BC}$인 사다리꼴 ABCD에서 두 대각선의 교점을 O라 하면 $\overline{BO} = 2\overline{DO}$이다. △DOC의 넓이가 24 cm^2일 때, □ABCD의 넓이를 구하시오.

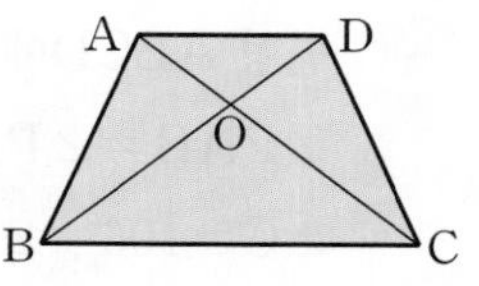

01 0365 오른쪽 그림과 같은 평행사변형 ABCD에서 두 대각선의 교점을 O라 하자.

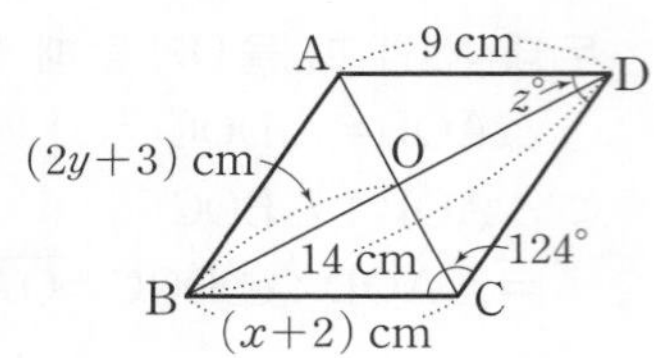

$\overline{AD}=9$ cm, $\overline{BD}=14$ cm, $\angle BCD=124°$일 때, $x+y+z$의 값은?

① 60 ② 63 ③ 65
④ 68 ⑤ 70

▶ 40쪽 유형 03

02 0366 오른쪽 그림과 같이 좌표평면 위에 평행사변형 ABOC가 있다. $A(-3, 5)$, $B(-4, 0)$일 때, 점 C의 좌표는? (단, O는 원점이다.)

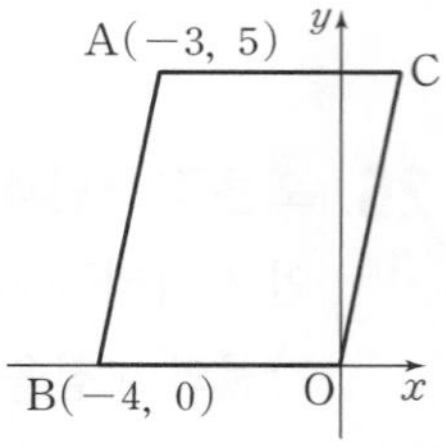

① $(1, 4)$ ② $(1, 5)$ ③ $(1, 6)$
④ $(2, 5)$ ⑤ $(2, 6)$

▶ 40쪽 유형 04

03 0367 오른쪽 그림과 같은 평행사변형 ABCD에서 $\angle PAB=\angle PAD$이고 $\angle C=106°$, $\angle APB=90°$일 때, $\angle PBC$의 크기를 구하시오.

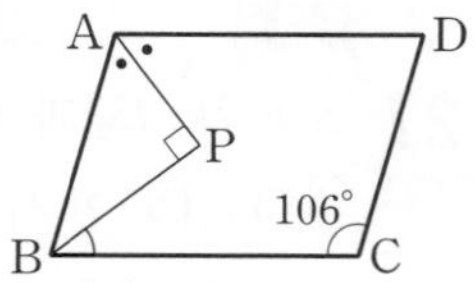

▶ 41쪽 유형 05

04 0368 오른쪽 그림은 $\triangle ABC$의 세 변 AB, BC, CA를 각각 한 변으로 하는 정삼각형 ADB, BCE, ACF를 그린 것이다. 다음 중 옳지 않은 것은?

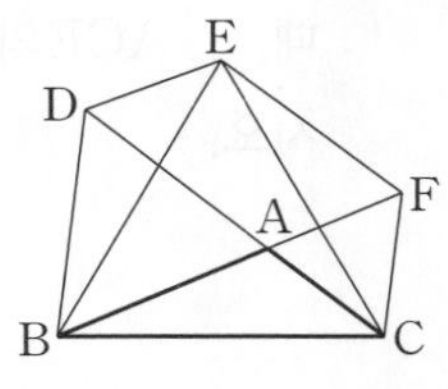

① $\overline{AF}=\overline{DE}$ ② $\angle ABC=\angle FCE$
③ $\angle BCA=\angle BED$ ④ $\triangle DBE\equiv\triangle FEC$
⑤ □AFED는 평행사변형이다.

▶ 43쪽 유형 08

05 0369 오른쪽 그림의 평행사변형 ABCD에서 점 O는 두 대각선의 교점이고 $\overline{AB}=12$ cm, $\overline{BC}=16$ cm이다. □OCDE가 평행사변형일 때, $\overline{AF}+\overline{OF}$의 길이를 구하시오.

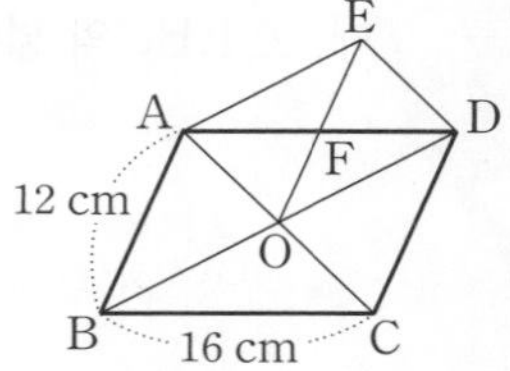

▶ 44쪽 유형 10

06 0370 오른쪽 그림의 평행사변형 ABCD에서 각 변의 중점을 각각 E, F, G, H라 하고 $\overline{AF}$와 $\overline{CE}$의 교점을 P, $\overline{AG}$와 $\overline{CH}$의 교점을 Q라 할 때, 다음은 □APCQ가 평행사변형임을 설명하는 과정이다. (가)~(라)에 알맞은 것을 써넣으시오.

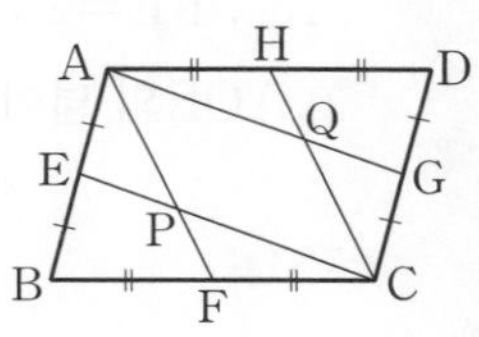

□AFCH에서 $\overline{AH}$ // (가), $\overline{AH}$= (가)
이므로 □AFCH는 평행사변형이다.
∴ $\overline{AP}$ // (나) …… ㉠
□AECG에서 $\overline{AE}$ // (다), $\overline{AE}$= (다)
이므로 □AECG는 평행사변형이다.
∴ $\overline{AQ}$ // (라) …… ㉡
㉠, ㉡에서 □APCQ는 평행사변형이다.

▶ 44쪽 유형 10

07 0371 오른쪽 그림과 같은 평행사변형 ABCD의 넓이가 112 cm^2이고, △PAB와 △PCD의 넓이의 비가 3 : 4일 때, △PAB의 넓이를 구하시오.

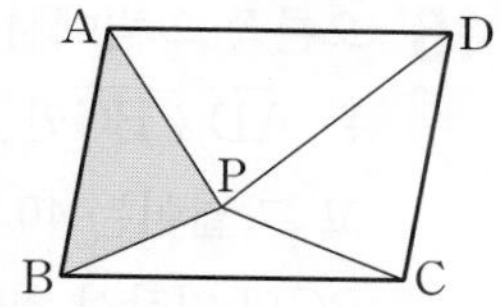

▶ 45쪽 유형 12

08 0372 오른쪽 그림과 같은 직사각형 ABCD에서 $\overline{BE}=\overline{DE}$이고 ∠BDE=∠EDC일 때, ∠DEC의 크기는?

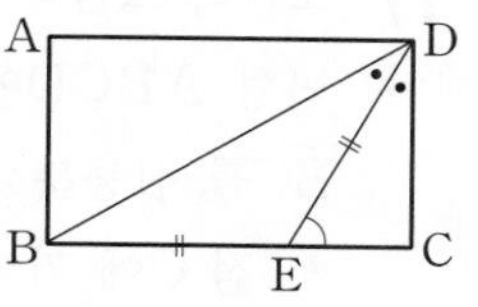

① 45° ② 50° ③ 55°
④ 60° ⑤ 65°

▶ 47쪽 유형 13

09 0373 오른쪽 그림의 정사각형 ABCD에서 대각선 AC 위에 ∠CBE=58°가 되도록 점 E를 잡고, $\overline{DE}$의 연장선과 $\overline{BC}$의 연장선의 교점을 F라 할 때, ∠x의 크기를 구하시오.

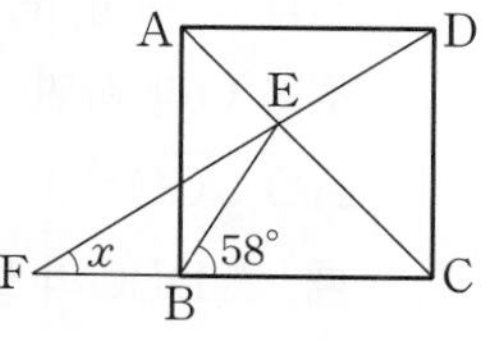

▶ 51쪽 유형 17

10 0374 오른쪽 그림과 같이 $\overline{AD}$ // $\overline{BC}$인 등변사다리꼴 ABCD에서 $\overline{AB}=\overline{AD}$, ∠BDC=90°일 때, ∠$x$의 크기를 구하시오.

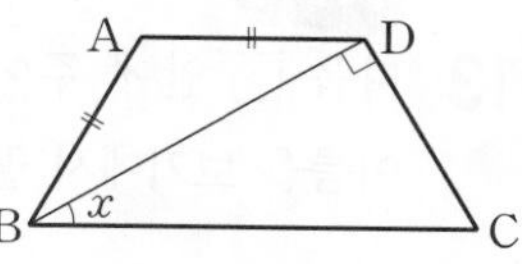

▶ 52쪽 유형 19

11 0375 오른쪽 그림과 같이 평행사변형 ABCD에서 $\overline{AP}\perp\overline{BC}$, $\overline{AQ}\perp\overline{CD}$이고 $\overline{AP}=\overline{AQ}=8$ cm, $\overline{BC}=10$ cm일 때, □ABCD의 둘레의 길이를 구하시오.

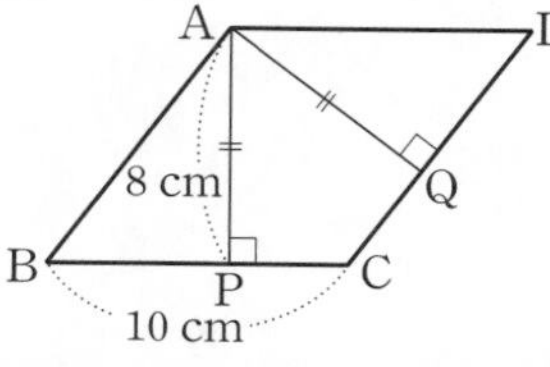

▶ 53쪽 유형 21

12 0376 오른쪽 그림의 평행사변형 ABCD에 대하여 다음 중 옳지 않은 것을 모두 고르면? (정답 2개)

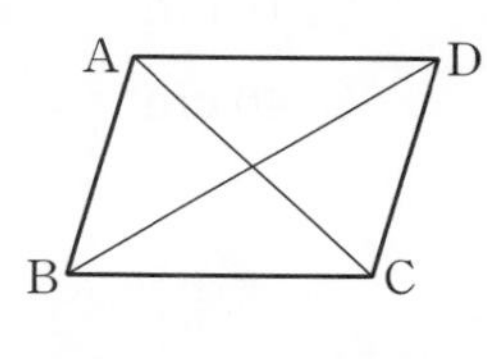

① $\overline{AC}\perp\overline{BD}$이면 □ABCD는 마름모이다.
② $\overline{AC}=\overline{BD}$이면 □ABCD는 마름모이다.
③ ∠ABC=∠BCD이면 □ABCD는 직사각형이다.
④ ∠DAC=∠DCA이면 □ABCD는 정사각형이다.
⑤ ∠ADC=90°, $\overline{AC}\perp\overline{BD}$이면 □ABCD는 정사각형이다.

▶ 55쪽 유형 22

창의·융합

13 0377 다음 □ 안에 주어진 조건에 가장 알맞은 사각형의 이름을 **보기**에서 골라 써넣으시오.

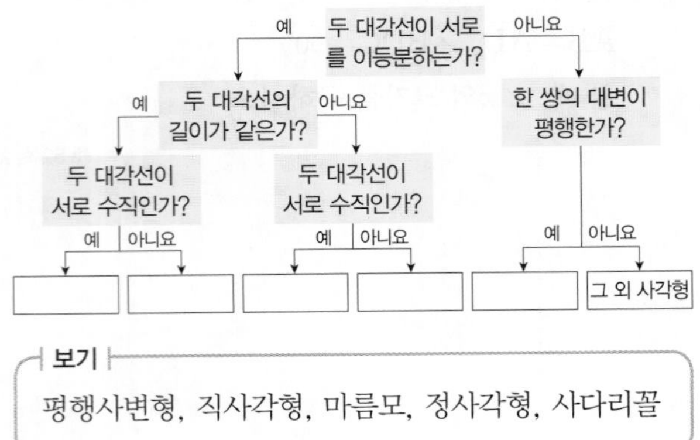

보기
평행사변형, 직사각형, 마름모, 정사각형, 사다리꼴

56쪽 유형 23

14 0378 오른쪽 그림과 같은 정사각형 ABCD에서 네 변의 중점을 각각 E, F, G, H라 하자. $\overline{FG}=4$ cm일 때, □ABCD의 넓이는?

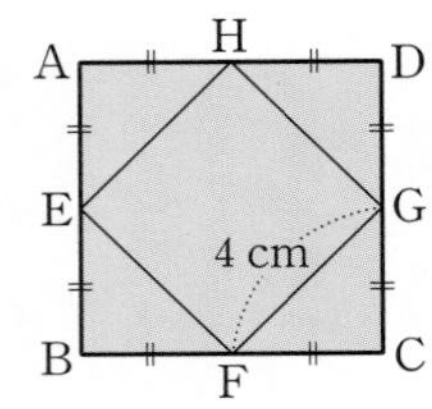

① 16 cm² ② 24 cm² ③ 32 cm²
④ 40 cm² ⑤ 48 cm²

56쪽 유형 24

15 0379 오른쪽 그림과 같은 원 O에서 $\overline{CD}$는 지름이고, $\overline{AB}\,/\!/\,\overline{CD}$이다. $\widehat{AB}$의 길이가 원주의 $\frac{1}{5}$일 때, 색칠한 부분의 넓이를 구하시오.

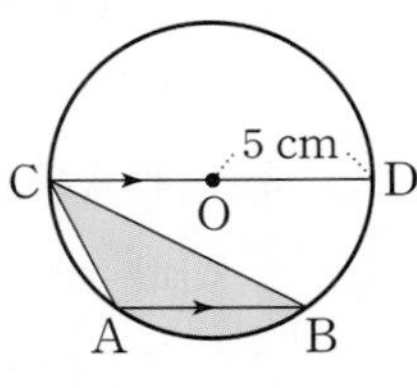

59쪽 유형 25

16 0380 오른쪽 그림에서 □ABCD는 $\overline{AD}\,/\!/\,\overline{BC}$인 사다리꼴이고 그 넓이는 40 cm²이다. $\overline{BC}$의 연장선 위에 $\overline{AD}=\overline{CE}$인 점 E를 잡고 $\overline{BE}$의 중점을 M이라 할 때, △ABM의 넓이는?

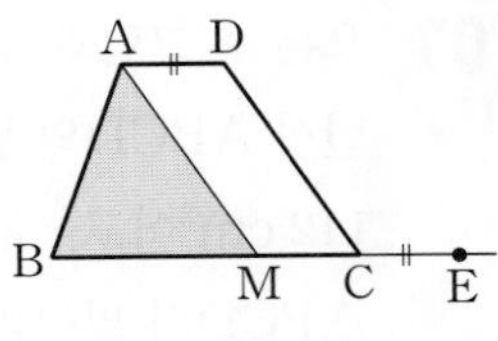

① 15 cm² ② 18 cm² ③ 20 cm²
④ 22 cm² ⑤ 25 cm²

60쪽 유형 26

17 0381 오른쪽 그림과 같은 평행사변형 ABCD에서 점 P는 $\overline{BC}$를 삼등분하는 점 중에서 점 C에 가까운 점이고, 점 Q는 $\overline{CD}$의 중점이다. □ABCD의 넓이가 30 cm²일 때, △APQ의 넓이는?

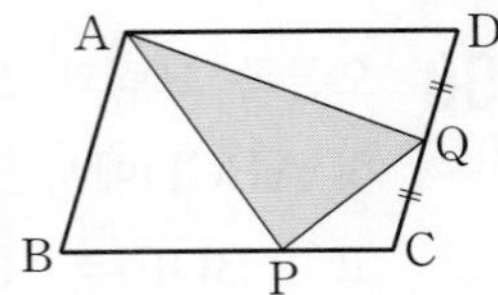

① 8 cm² ② 10 cm² ③ 12 cm²
④ 15 cm² ⑤ 18 cm²

60쪽 유형 27

18 0382 오른쪽 그림과 같이 $\overline{AD}\,/\!/\,\overline{BC}$인 사다리꼴 ABCD에서 두 대각선의 교점을 O라 하면 $\overline{AO}:\overline{CO}=3:5$이다. △AOB의 넓이가 18 cm²일 때, △DBC의 넓이는?

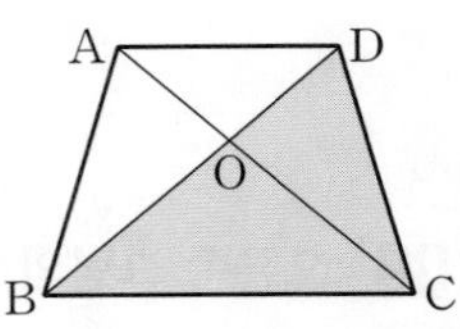

① 36 cm² ② 48 cm² ③ 54 cm²
④ 60 cm² ⑤ 72 cm²

61쪽 유형 28

서술형 문제

19 0383 오른쪽 그림과 같이 $\overline{AB}=\overline{AC}=9$ cm인 이등변삼각형 ABC에서 $\overline{AB}/\!/\overline{RQ}$, $\overline{AC}/\!/\overline{PQ}$일 때, □APQR의 둘레의 길이를 구하시오.

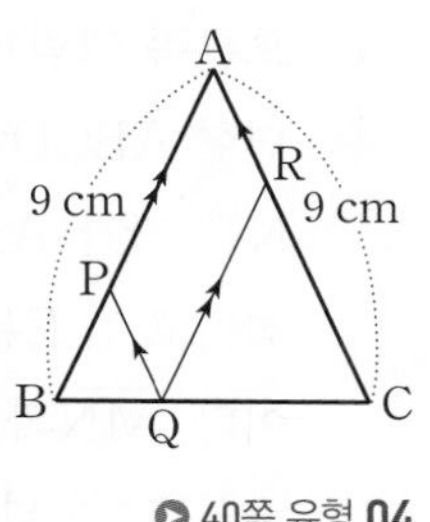

▶ 40쪽 유형 04

20 0384 오른쪽 그림과 같은 마름모 ABCD의 한 꼭짓점 A에서 $\overline{BC}$, $\overline{CD}$에 내린 수선의 발을 각각 P, Q라 하자. ∠D=54°일 때, ∠x의 크기를 구하시오.

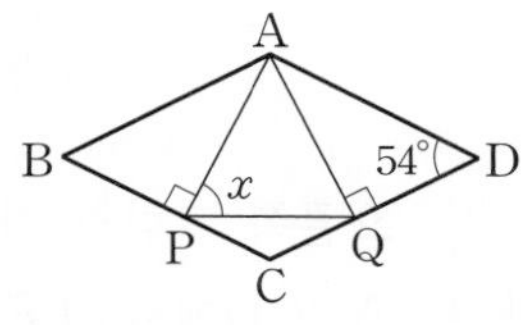

▶ 48쪽 유형 15

21 0385 다음 그림에서 □ABCD, □EFGH는 합동인 정사각형이고 점 E는 $\overline{AC}$, $\overline{BD}$의 교점이다. $\overline{AC}=12$ cm일 때, 다음 물음에 답하시오.

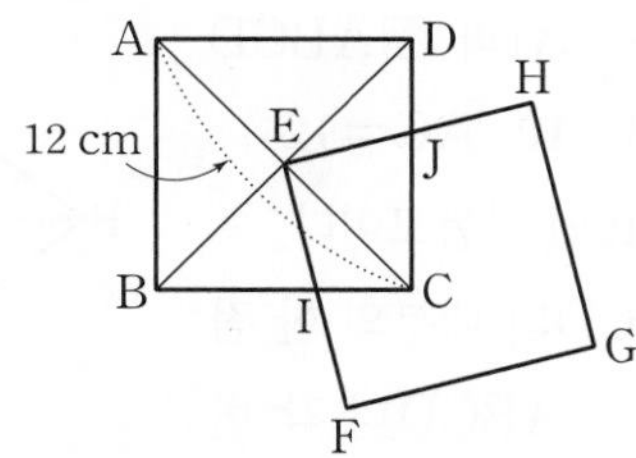

(1) △EIC와 △EJD가 합동임을 보이시오.

(2) □EICJ의 넓이를 구하시오.

▶ 51쪽 유형 17

22 0386 오른쪽 그림과 같이 $\overline{AD}/\!/\overline{BC}$인 등변사다리꼴 ABCD에서 $\overline{AB}=8$ cm, $\overline{BC}=14$ cm, ∠B=60°일 때, □ABCD의 둘레의 길이를 구하시오.

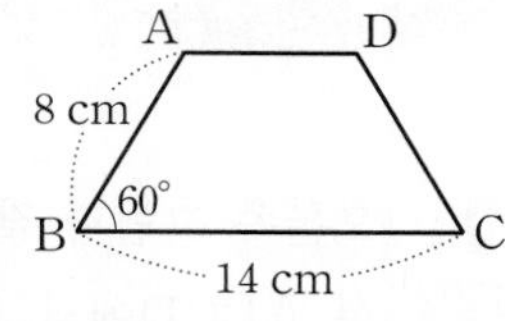

▶ 53쪽 유형 20

23 0387 오른쪽 그림과 같은 오각형 ABCDE에서 점 D를 지나고 $\overline{EC}$와 평행한 직선 l과 $\overline{BC}$의 연장선의 교점을 F라 하자. ∠A=∠B=90°, $\overline{AB}=\overline{AE}=5$ cm, $\overline{BF}=9$ cm일 때, 오각형 ABCDE의 넓이를 구하시오.

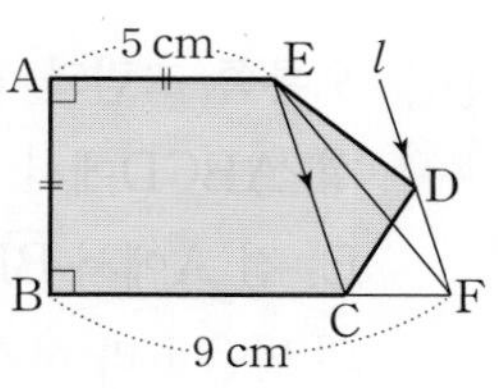

▶ 59쪽 유형 25

24 0388 오른쪽 그림의 평행사변형 ABCD에서 $\overline{BE}:\overline{EC}=4:5$, $\overline{AF}:\overline{FE}=2:1$이다. □ABCD의 넓이가 54 cm²일 때, △ABF의 넓이를 구하시오.

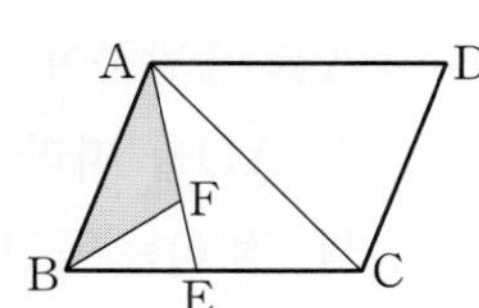

▶ 60쪽 유형 27

01 0389 오른쪽 그림과 같은 평행사변형 ABCD에서 $\overline{AE}$와 $\overline{DF}$는 각각 $\angle A$, $\angle D$의 이등분선이다. $\overline{AE}$와 $\overline{DF}$의 교점을 G, $\overline{AE}$의 연장선과 $\overline{DC}$의 연장선의 교점을 H라 하자. $\angle AHD=48^\circ$일 때, $\angle BFD$의 크기를 구하시오.

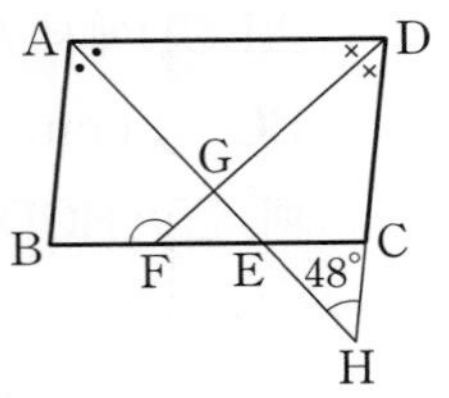

02 0390 오른쪽 그림과 같이 평행사변형 ABCD에서 $\overline{CD}$의 중점을 E, 점 A에서 $\overline{BE}$에 내린 수선의 발을 F라 하자.
$\angle DAF=65^\circ$일 때, $\angle x+\angle y$의 크기는?

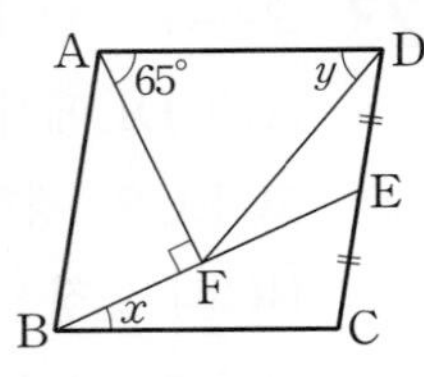

① 60° ② 65° ③ 70°
④ 75° ⑤ 80°

창의⊕융합

03 0391 오른쪽 그림과 같이 $\overline{AD}=70$ cm인 평행사변형 ABCD에서 점 P는 꼭짓점 A를 출발하여 꼭짓점 D까지 $\overline{AD}$를 따라 매초 4 cm씩, 점 Q는 꼭짓점 B를 출발하여 꼭짓점 C까지 $\overline{BC}$를 따라 매초 3 cm씩 움직이고 있다. 점 P가 출발한 지 7초 후에 점 Q가 출발한다면 □AQCP가 평행사변형이 되는 것은 점 Q가 출발한 지 몇 초 후인지 구하시오.

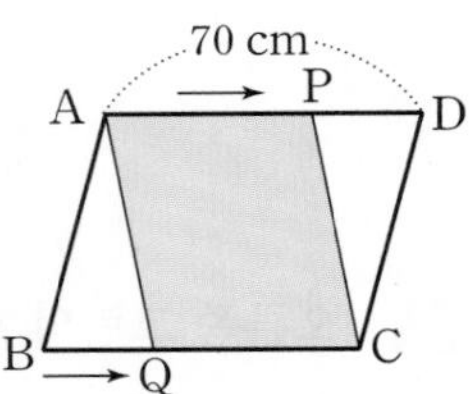

04 0392 오른쪽 그림과 같은 평행사변형 ABCD에서 두 점 M, N은 각각 $\overline{AB}$와 $\overline{DC}$의 중점이고 점 E는 $\overline{AD}$ 위의 점이다. $\overline{MN}$과 $\overline{BE}$, $\overline{CE}$의 교점을 각각 P, Q라 할 때, △EPQ의 넓이는 □ABCD의 넓이의 몇 배인지 구하시오.

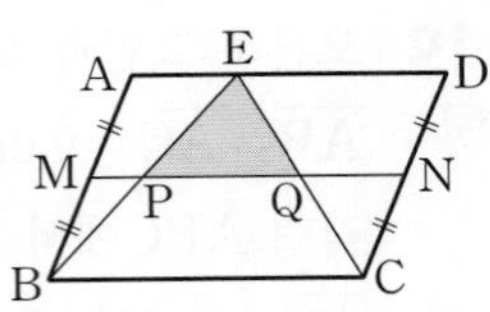

05 0393 오른쪽 그림의 직사각형 ABCD에서 점 E는 $\overline{AB}$의 중점이다.
$\overline{BF}:\overline{CF}=2:1$이고 $\overline{AB}=4$ cm, $\overline{AD}=6$ cm일 때, $\angle AED+\angle BEF$의 크기를 구하시오.

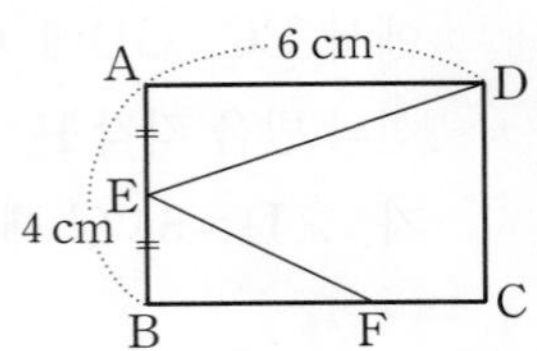

06 0394 오른쪽 그림의 □ABCD는 $\overline{AB}=10$, $\overline{AC}=12$, $\overline{BD}=16$인 마름모이다. □ABCD의 내부의 한 점 P에서 □ABCD의 각 변에 그은 수선의 길이를 각각 l_1, l_2, l_3, l_4라 할 때, $5(l_1+l_2+l_3+l_4)$의 값은?

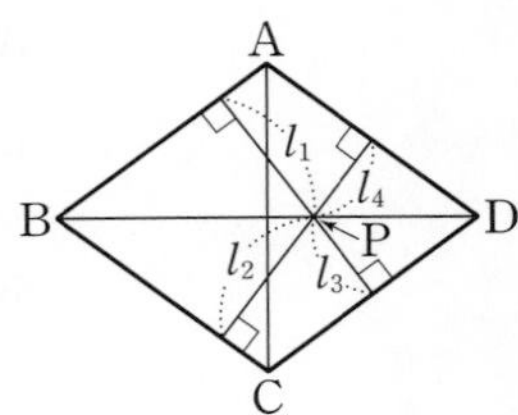

① 96 ② 120 ③ 140
④ 160 ⑤ 192

서술형 문제

07 0395 오른쪽 그림에서 □ABCD는 정사각형이고 △PBC는 정삼각형일 때, ∠PAC−∠PCA의 크기는?

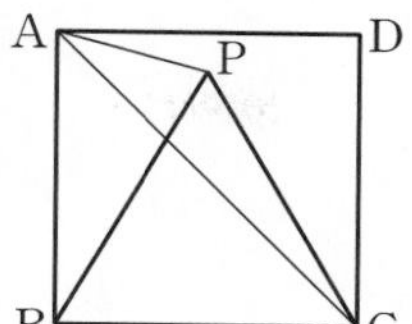

① 11° ② 12° ③ 13° ④ 14° ⑤ 15°

Tip 정사각형의 대각선은 내각을 이등분하므로 ∠ACB=∠CAB=45°임을 이용한다.

08 0396 오른쪽 그림의 □ABCD에서 ∠A=∠B=90°이고 $\overline{AB}$=15 cm, $\overline{AD}$=4 cm, $\overline{BC}$=12 cm이다. 변 CD의 중점 E에 대하여 $\overline{EF}$가 □ABCD의 넓이를 이등분하도록 변 AB 위에 한 점 F를 잡을 때, $\overline{AF}$의 길이를 구하시오.

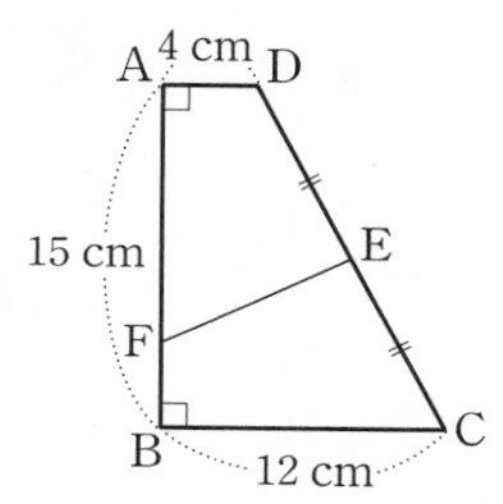

09 0397 오른쪽 그림의 평행사변형 ABCD에서 $\overline{AD}$의 연장선과 $\overline{BE}$의 연장선의 교점을 F라 하자. $\overline{DE}$: $\overline{EC}$=2 : 3이고 □ABCD의 넓이가 55 cm²일 때, 색칠한 부분의 넓이를 구하시오.

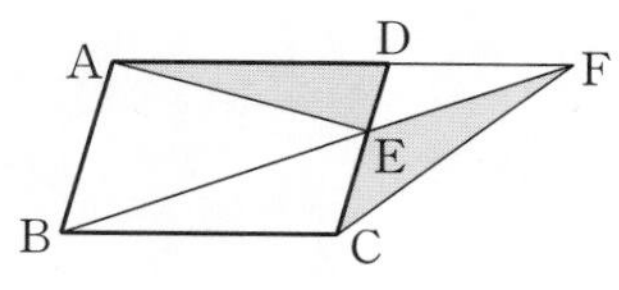

10 0398 오른쪽 그림과 같은 정사각형 ABCD에서 ∠PAQ=45°, ∠APQ=72°일 때, ∠AQD의 크기를 구하시오.

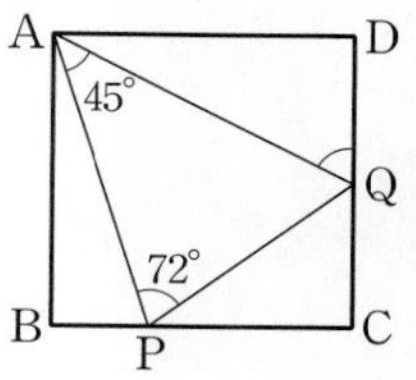

11 0399 오른쪽 그림과 같은 평행사변형 ABCD에서 $\overline{AD}$=2$\overline{AB}$이고 $\overline{FD}$=$\overline{DC}$=$\overline{CE}$이다. 다음 물음에 답하시오.

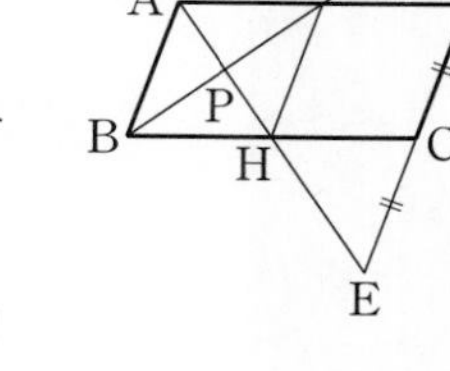

(1) □ABHG가 어떤 사각형인지 말하시오.

(2) △ABG의 넓이가 20 cm²일 때, △FPE의 넓이를 구하시오.

창의⊕융합

12 0400 다음 그림과 같이 $\overleftrightarrow{PS}$ // $\overleftrightarrow{QR}$인 사각형 모양의 논이 $\overline{AB}$와 $\overline{BC}$로 이루어진 경계선에 의하여 두 부분으로 나누어져 있다. 두 논의 넓이가 변하지 않도록 A 지점을 지나면서 하나의 선분으로 이루어진 경계선을 정하는 방법을 설명하시오.

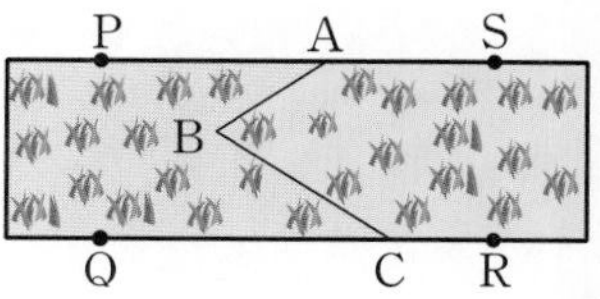

2 사각형의 성질

Ⅱ. 도형의 닮음과 피타고라스 정리

3 도형의 닮음 (1)

학습 계획 및 성취도 체크

- 학습 계획을 세우고 적어도 두 번 반복하여 공부합니다.
- 유형 이해도에 따라 ▢ 안에 ○, △, ×를 표시합니다.
- 시험 전에 [빈출] 유형과 × 표시한 유형은 반드시 한 번 더 풀어 봅니다.

			학습 계획	1차 학습	2차 학습
Lecture 11 닮은 도형	유형 01	닮은 도형	/		
	유형 02	항상 닮은 도형	/		
	유형 03	평면도형에서 닮음의 성질 빈출	/		
	유형 04	평면도형에서 닮음비의 응용	/		
	유형 05	입체도형에서 닮음의 성질 빈출	/		
	유형 06	입체도형에서 닮음비의 응용; 원기둥	/		
	유형 07	입체도형에서 닮음비의 응용; 원뿔 빈출	/		
Lecture 12 닮은 도형의 넓이와 부피	유형 08	닮은 두 평면도형의 넓이의 비 빈출	/		
	유형 09	닮은 두 평면도형의 넓이의 비의 활용	/		
	유형 10	닮은 두 입체도형의 겉넓이의 비 빈출	/		
	유형 11	닮은 두 입체도형의 겉넓이의 비의 활용	/		
	유형 12	닮은 두 입체도형의 부피의 비 빈출	/		
	유형 13	닮은 두 입체도형의 부피의 비의 활용	/		
	유형 14	축도와 축척	/		
Lecture 13 삼각형의 닮음 조건	유형 15	삼각형의 닮음 조건	/		
	유형 16	삼각형이 닮음이 되기 위하여 추가될 조건	/		
	유형 17	삼각형의 닮음 조건; SAS 닮음 빈출	/		
	유형 18	삼각형의 닮음 조건; AA 닮음 빈출	/		
	유형 19	삼각형의 닮음 조건의 응용	/		
	유형 20	직각삼각형의 닮음	/		
	유형 21	직각삼각형의 닮음의 응용 빈출	/		
	유형 22	접은 도형에서의 닮음 빈출	/		
	유형 23	닮음의 활용	/		
단원 마무리	**Level B** 필수 유형 정복하기		/		
	Level C 발전 유형 정복하기		/		

닮은 도형

11-1 닮은 도형

| 유형 01, 02

(1) 한 도형을 일정한 비율로 **확대**하거나 **축소**한 도형이 다른 도형과 합동일 때, 이 두 도형은 서로 **닮음**인 관계에 있다고 한다.

(2) **닮은 도형:** 서로 닮음인 관계에 있는 두 도형

(3) **닮음의 기호**

△ABC와 △DEF가 서로 닮은 도형일 때

➡ △ABC∽△DEF

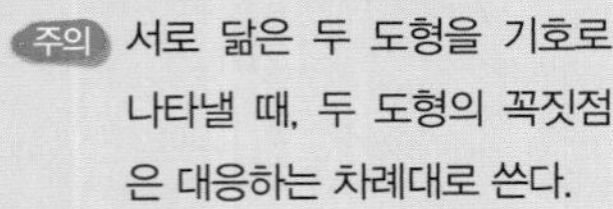

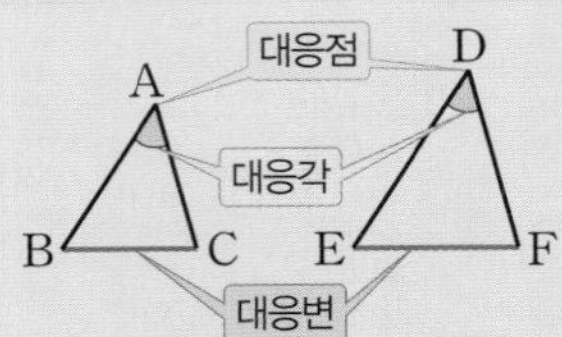

주의 서로 닮은 두 도형을 기호로 나타낼 때, 두 도형의 꼭짓점은 대응하는 차례대로 쓴다.

11-2 평면도형에서 닮음의 성질

| 유형 03, 04

(1) 서로 닮은 두 평면도형에서

① 대응변의 길이의 비는 일정하다.

② 대응각의 크기는 각각 같다.

예 △ABC∽△DEF일 때

① $\overline{AB}:\overline{DE}=\overline{BC}:\overline{EF}$
$=\overline{CA}:\overline{FD}$

② ∠A=∠D, ∠B=∠E,
∠C=∠F

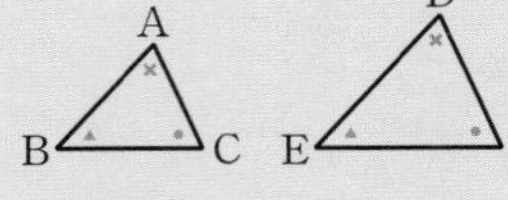

(2) **닮음비:** 서로 닮은 두 평면도형에서 대응변의 길이의 비

참고 닮음비는 가장 간단한 자연수의 비로 나타낸다.

11-3 입체도형에서 닮음의 성질

| 유형 05~07

(1) 서로 닮은 두 입체도형에서

① 대응하는 모서리의 길이의 비는 일정하다.

② 대응하는 면은 닮은 도형이다.

예 두 삼각뿔 A−BCD와 E−FGH가 서로 닮은 도형일 때

△ABC∽△EFG,
△ACD∽△EGH,
△ABD∽△EFH,
△BCD∽△FGH

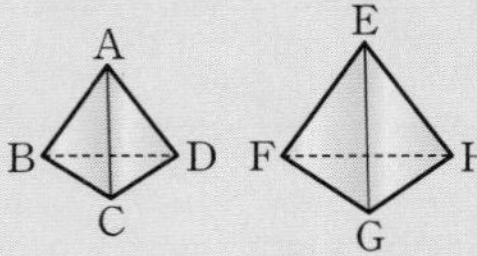

(2) **닮음비:** 서로 닮은 두 입체도형에서 대응하는 모서리의 길이의 비

[01~03] 아래 그림에서 □ABCD∽□EFGH일 때, 다음을 구하시오.

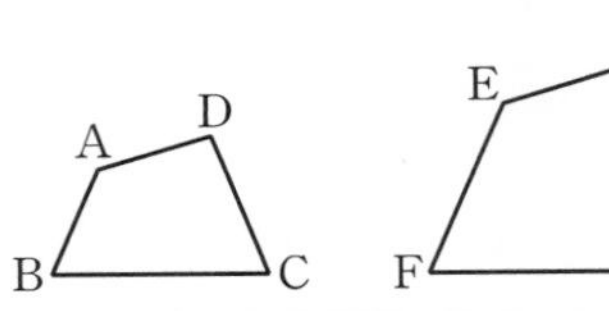

01 점 C의 대응점
0401

02 $\overline{AB}$의 대응변
0402

03 ∠D의 대응각
0403

[04~05] 아래 그림에서 □ABCD∽□EFGH일 때, 다음 □ 안에 알맞은 것을 써넣으시오.

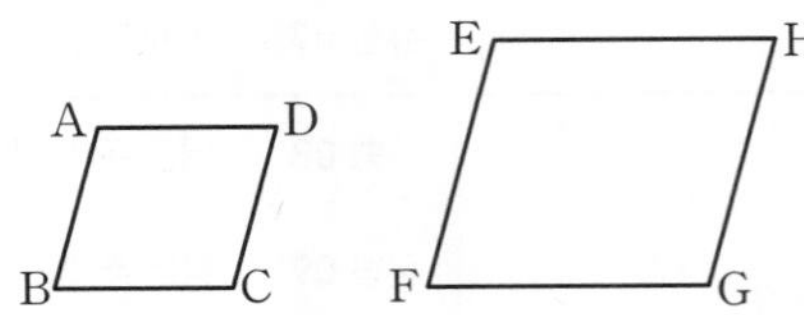

04 $\overline{AB}:\overline{EF}=\overline{AD}:$ □
0404

05 ∠A= □, □ =∠F
0405

[06~07] 아래 그림에서 두 사면체 A−BCD, E−FGH가 서로 닮은 도형이고 △ACD∽△EGH일 때, 다음 □ 안에 알맞은 것을 써넣으시오.

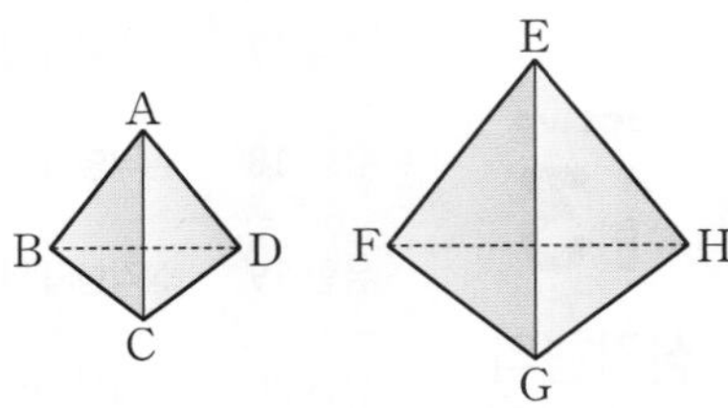

06 $\overline{AC}:\overline{EG}=\overline{CD}:$ □
0406

07 △BCD∽ □, □ ∽△EFH
0407

[08~10] 아래 그림에서 $\triangle ABC \backsim \triangle DEF$일 때, 다음을 구하시오.

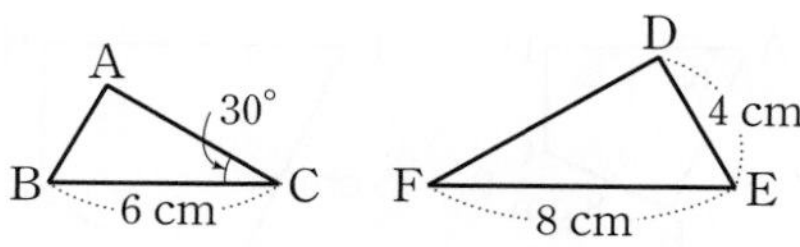

08 두 도형의 닮음비
0408

09 $\overline{AB}$의 길이
0409

10 $\angle F$의 크기
0410

[11~13] 아래 그림에서 $\square ABCD \backsim \square EFGH$일 때, 다음을 구하시오.

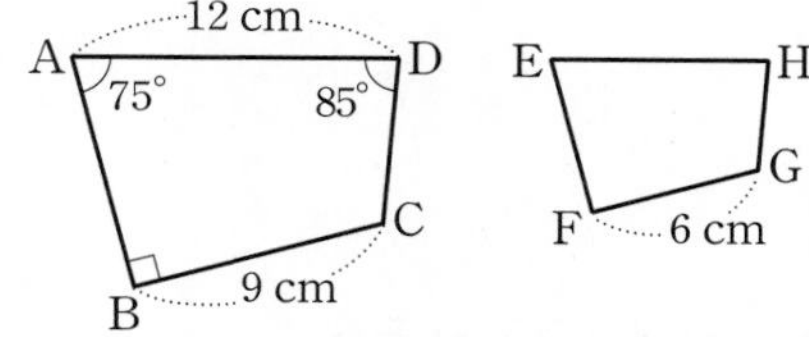

11 두 도형의 닮음비
0411

12 $\overline{EH}$의 길이
0412

13 $\angle G$의 크기
0413

[14~16] 아래 그림의 두 사각기둥이 서로 닮은 도형이고 $\square ABCD \backsim \square IJKL$일 때, 다음을 구하시오.

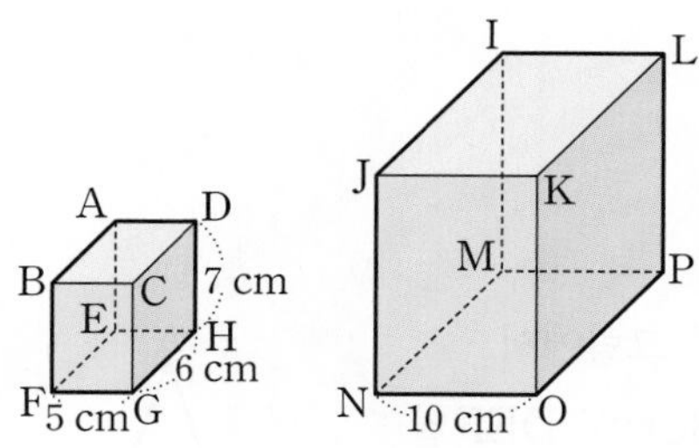

14 두 도형의 닮음비
0414

15 $\overline{OP}$의 길이
0415

16 $\overline{LP}$의 길이
0416

유형 01 닮은 도형

| 개념 11-1

대표문제

17 다음 그림에서 $\square ABCD \backsim \square EFGH$일 때, $\overline{CD}$의 대응변과 $\angle F$의 대응각을 차례대로 구하면?
0417

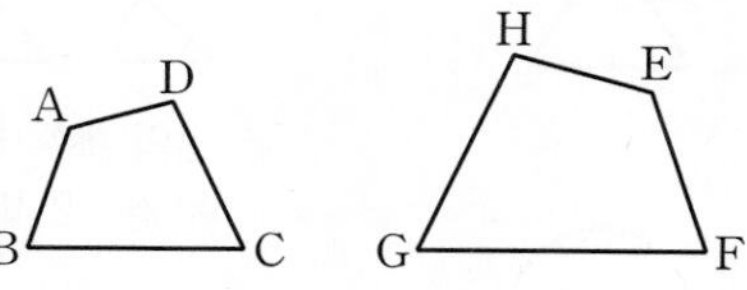

① $\overline{FE}$, $\angle B$ ② $\overline{FE}$, $\angle C$
③ $\overline{GH}$, $\angle B$ ④ $\overline{GH}$, $\angle C$
⑤ $\overline{GH}$, $\angle D$

18 다음 그림의 두 사각뿔이 서로 닮은 도형이고 면 BCDE에 대응하는 면이 면 GHIJ일 때, 모서리 AD에 대응하는 모서리와 면 FGH에 대응하는 면을 차례대로 구하시오.
0418

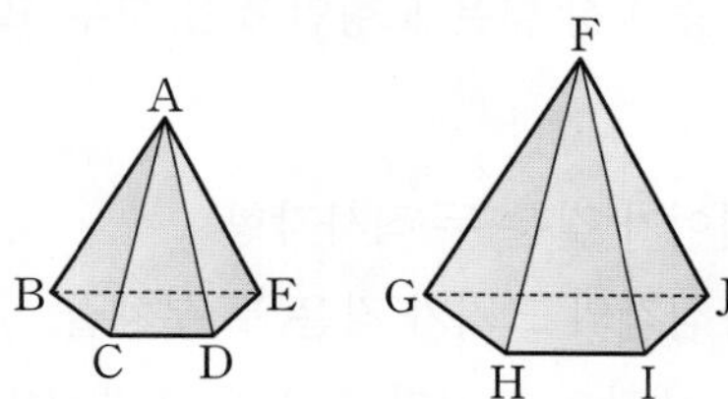

19 다음 **보기** 중 옳은 것을 모두 고르시오.
0419

보기

ㄱ. 닮은 두 도형은 모양이 같다.
ㄴ. 합동인 두 도형은 서로 닮음이다.
ㄷ. 둘레의 길이가 같은 두 삼각형은 서로 닮음이다.
ㄹ. 두 도형이 닮음일 때, 대응각의 크기는 각각 같다.

3 도형의 닮음 (1)

유형 02 항상 닮은 도형 | 개념 11-1

① 두 원

② 두 직각이등변삼각형

③ 변의 개수가 같은 두 정다각형

④ 중심각의 크기가 같은 두 부채꼴

⑤ 두 구

⑥ 면의 개수가 같은 두 정다면체

대표문제

20 다음 **보기** 중 항상 닮은 도형인 것을 모두 고르시오.

0420

보기

ㄱ. 두 정오각형 ㄴ. 두 마름모
ㄷ. 두 원기둥 ㄹ. 두 원뿔
ㅁ. 두 정육면체 ㅂ. 두 구

21 다음 중 항상 닮은 도형인 것을 모두 고르면? (정답 2개)

0421

① 넓이가 같은 두 직사각형
② 중심각의 크기가 같은 두 부채꼴
③ 한 내각의 크기가 같은 두 평행사변형
④ 꼭지각의 크기가 같은 두 이등변삼각형
⑤ 대각선의 길이가 같은 두 직사각형

창의⊕융합

22 오른쪽 그림은 모눈 종이에 그려진 정사각형을 7개의 도형으로 나눈 것이다. ㉠~㉦의 7개의 도형 중에서 서로 닮음인 것을 모두 찾으시오.

0422

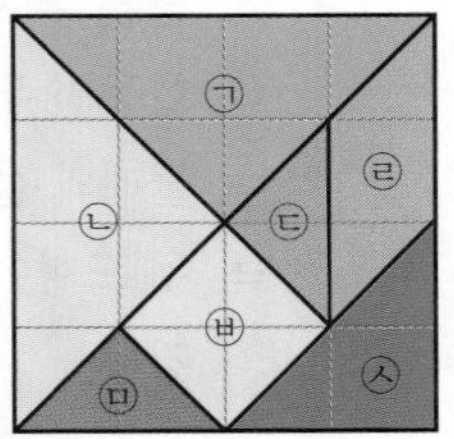

빈출

유형 03 평면도형에서 닮음의 성질 | 개념 11-2

대표문제

23 아래 그림에서 □ABCD∽□EFGH일 때, 다음 중 옳은 것을 모두 고르면? (정답 2개)

0423

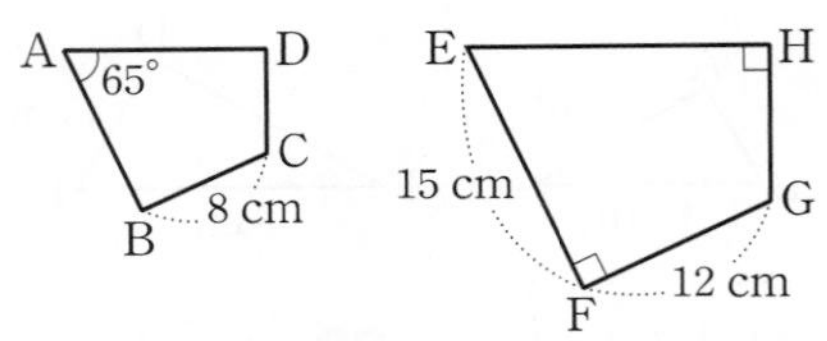

① $\overline{AD}:\overline{EH}=3:2$
② $\overline{AB}=10$ cm
③ $\angle E=60°$
④ $\angle G=110°$
⑤ □ABCD와 □EFGH의 닮음비는 2 : 3이다.

24 오른쪽 그림에서 $\overline{AB}$와 $\overline{CD}$의 교점이 E이고 △AEC∽△BED일 때, △AEC와 △BED의 닮음비를 구하시오.

0424

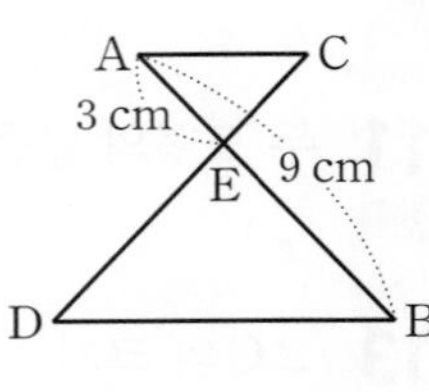

25 오른쪽 그림에서 △ABC∽△DEF일 때, $a+b$의 값은?

0425

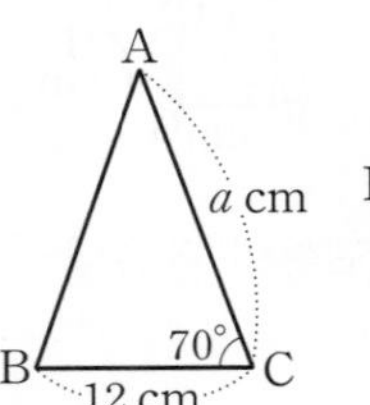

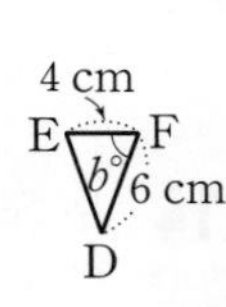

① 74 ② 78
③ 84 ④ 88
⑤ 94

26 0426 아래 그림에서 △ABC∽△DEF일 때, 다음 네 명의 학생 중 바르게 말한 학생을 모두 고르시오.

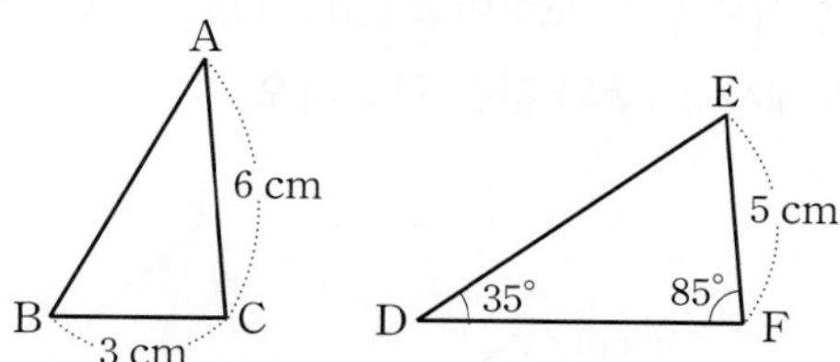

[은수] $\overline{AB}:\overline{DE}=6:5$이다.
[민지] ∠B의 크기는 60°이다.
[영훈] $\overline{DF}$의 길이는 10 cm이다.
[장수] $\overline{AB}$의 길이는 8 cm이다.

서술형

27 0427 오른쪽 그림에서 △ABC∽△EBD일 때, $\overline{AD}$의 길이를 구하시오.

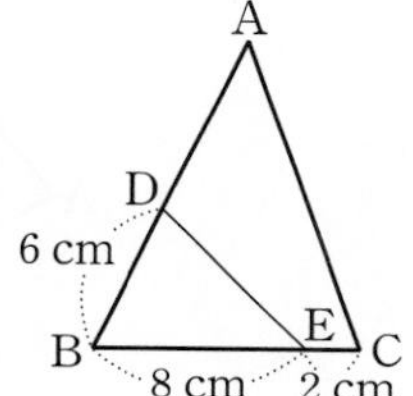

28 0428 오른쪽 그림과 같이 직사각형 모양의 A0 용지를 절반으로 나눌 때마다 만들어지는 용지를 차례대로 A1, A2, A3, …이라 할 때, A0 용지와 A4 용지의 닮음비는?

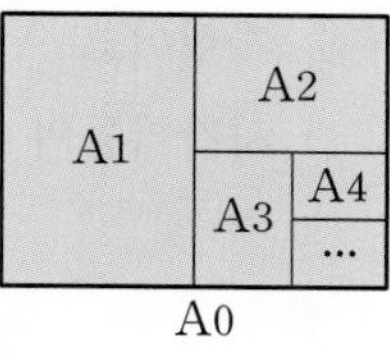

① 2 : 1　② 3 : 1　③ 4 : 1
④ 5 : 1　⑤ 6 : 1

유형 04 평면도형에서 닮음비의 응용 | 개념 11-2

대표문제

29 0429 다음 그림에서 △ABC∽△DEF이고 △ABC와 △DEF의 닮음비가 5 : 3일 때, △DEF의 둘레의 길이를 구하시오.

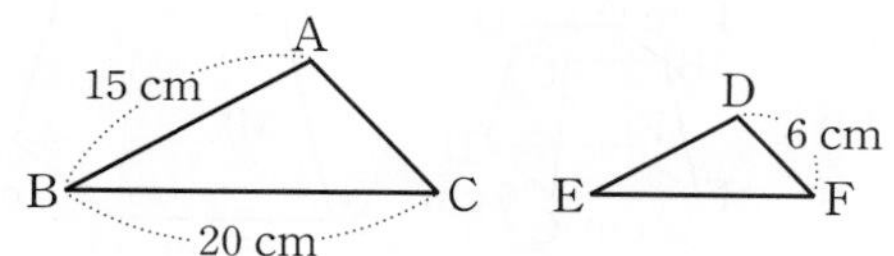

30 0430 다음 그림의 두 평행사변형 ABCD, EFGH는 서로 닮은 도형이고 $\overline{AB}$의 대응변은 $\overline{EF}$이다. □ABCD와 □EFGH의 닮음비가 2 : 3일 때, □ABCD의 둘레의 길이는?

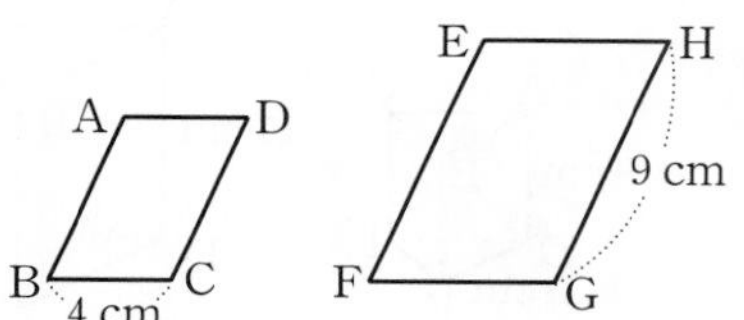

① 16 cm　② 18 cm　③ 20 cm
④ 22 cm　⑤ 24 cm

31 0431 오른쪽 그림과 같이 한 점에서 만나는 세 원 O, O′, O″에 대하여 원 O는 원 O′의 중심을 지나고 원 O′은 원 O″의 중심을 지난다. 원 O의 반지름의 길이가 3 cm일 때, 원 O″의 둘레의 길이를 구하시오.

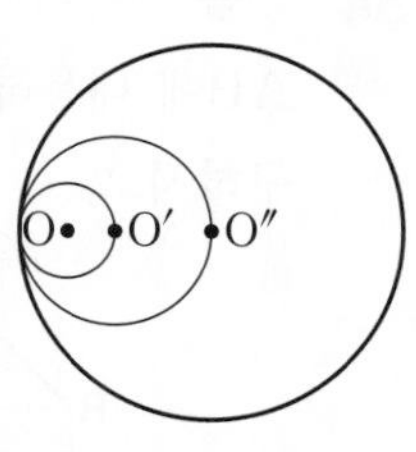

빈출

유형 05 입체도형에서 닮음의 성질 | 개념 11-3

대표문제

32 아래 그림의 두 사각뿔대는 서로 닮은 도형이고 $\overline{AB}$에 대응하는 모서리가 $\overline{IJ}$일 때, 다음 중 옳지 않은 것은?
0432

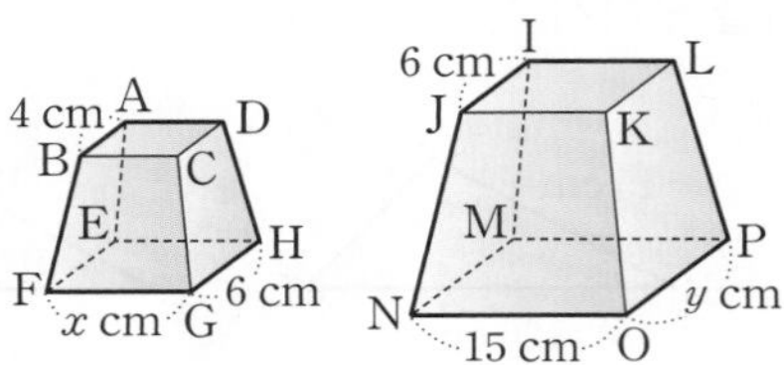

① $\overline{DH}:\overline{LP}=2:3$

② □CGHD∽□KOPL

③ $x-y=2$

④ 면 ABFE에 대응하는 면은 면 IJNM이다.

⑤ 두 사각뿔대의 닮음비는 2 : 3이다.

33 아래 그림에서 두 삼각기둥은 서로 닮은 도형이고 $\overline{AC}$에 대응하는 모서리가 $\overline{A'C'}$일 때, 다음 **보기** 중 옳은 것을 모두 고르시오.
0433

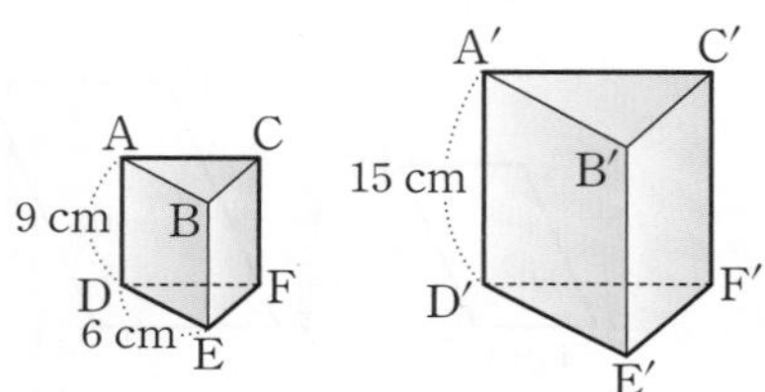

보기

ㄱ. △DEF∽△D′E′F′

ㄴ. 닮음비는 2 : 3이다.

ㄷ. $\overline{BE}:\overline{B'E'}=\overline{EF}:\overline{E'F'}$

ㄹ. $\overline{D'E'}=10$ cm

34 다음 그림에서 두 직육면체는 서로 닮은 도형이고 $\overline{AB}$에 대응하는 모서리가 $\overline{A'B'}$일 때, $x+y$의 값을 구하시오.
0434

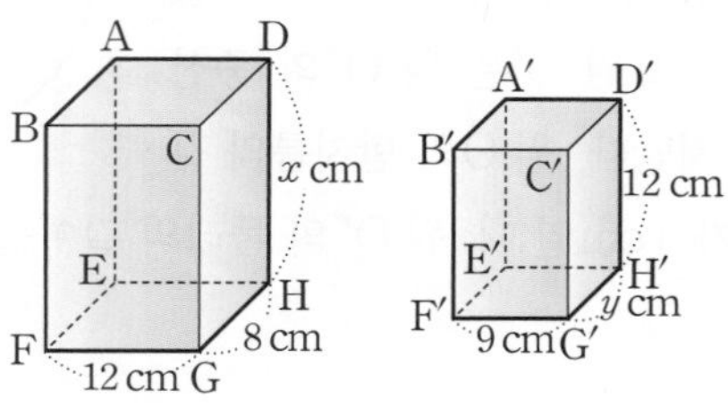

35 아래 그림에서 두 입체도형은 밑면이 직사각형이고 옆면이 모두 이등변삼각형인 사각뿔이다. 두 사각뿔은 서로 닮은 도형이고 □BCDE∽□GHIJ일 때, 다음에서 $a+b$의 값을 구하시오.
0435

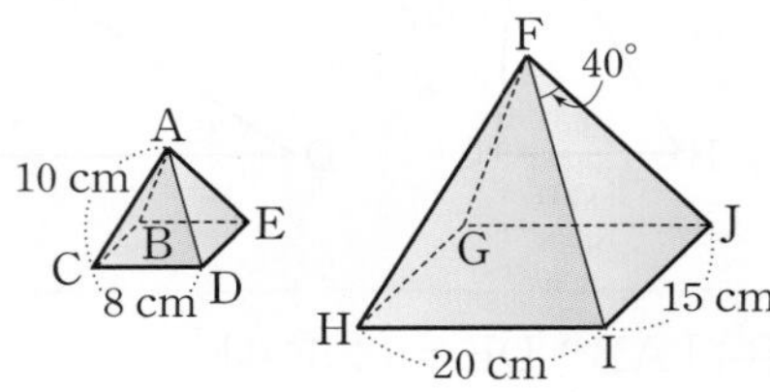

• $\overline{FG}$의 길이는 a cm이다.

• ∠ADE의 크기는 b°이다.

36 다음 그림의 두 정사면체의 닮음비가 3 : 4일 때, 정사면체 V−ABC의 모든 모서리의 길이의 합은?
0436

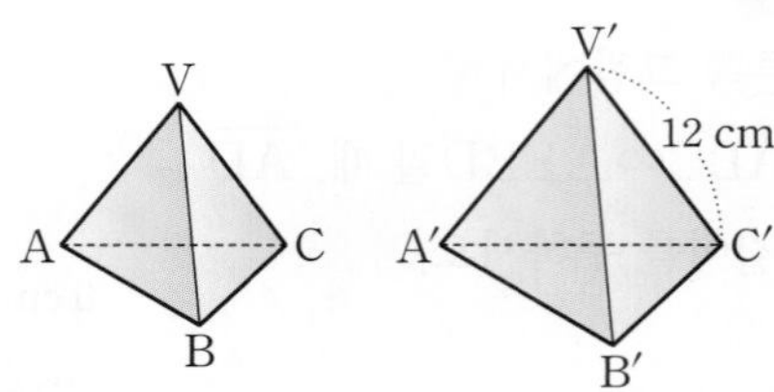

① 48 cm ② 52 cm ③ 54 cm

④ 60 cm ⑤ 64 cm

37 다음 그림의 닮은 두 사각기둥에서 □ABCD가 정사각형이고 $\overline{AE}$에 대응하는 모서리가 $\overline{IM}$일 때, 작은 사각기둥의 부피를 구하시오.
0437

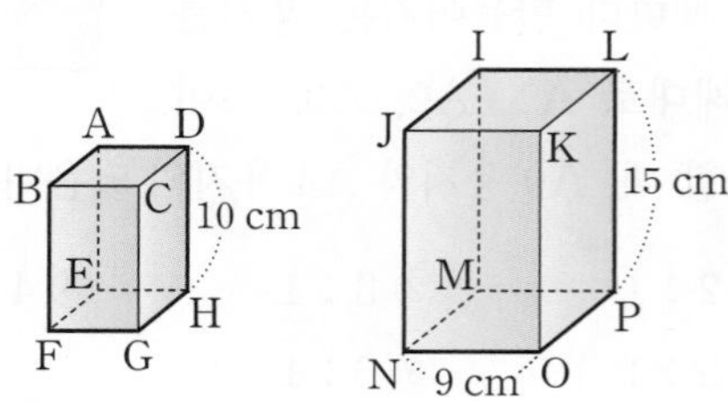

유형 06 입체도형에서 닮음비의 응용 ; 원기둥 | 개념 11-3

닮은 두 원기둥에서
(닮음비)=(높이의 비)
=(밑면의 반지름의 길이의 비)
=(밑면의 둘레의 길이의 비)

대표문제

38 0438 다음 그림에서 두 원기둥이 서로 닮은 도형일 때, 큰 원기둥의 밑넓이를 구하시오.

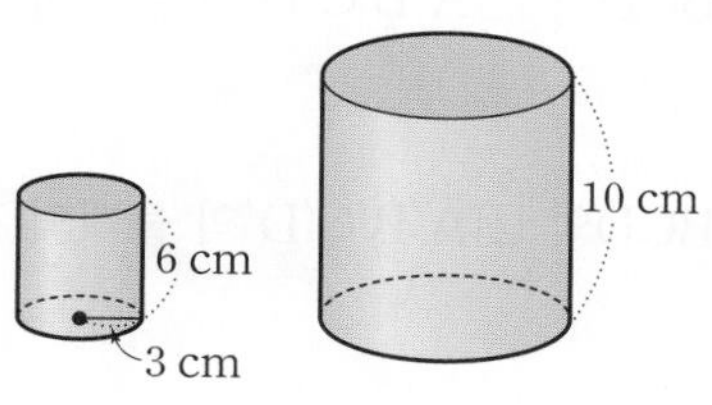

39 0439 다음 그림에서 두 원기둥이 서로 닮은 도형일 때, 작은 원기둥의 부피를 구하시오.

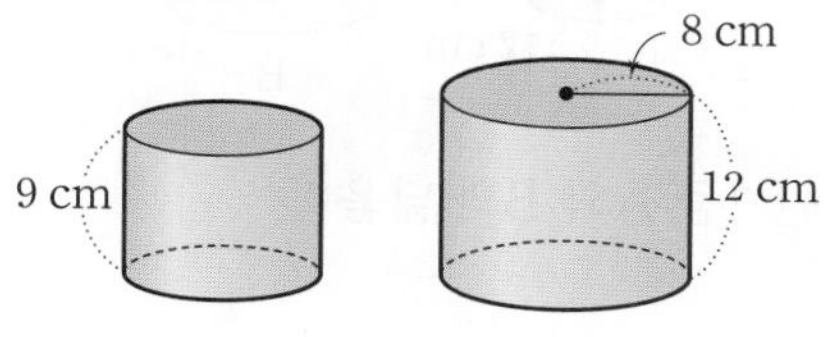

40 0440 다음 그림에서 두 원기둥 A, B가 서로 닮은 도형이고 원기둥 A의 밑넓이가 81π cm^2, 원기둥 B의 밑넓이가 25π cm^{2}일 때, 원기둥 B의 높이를 구하시오.

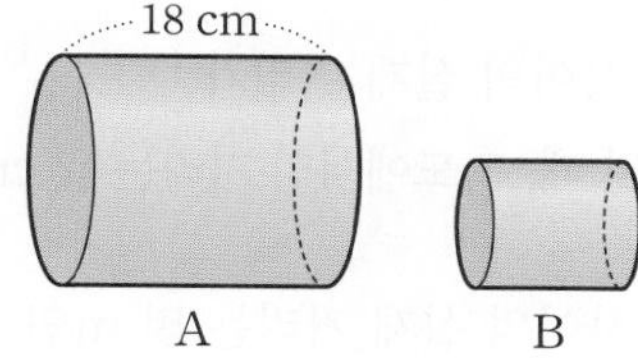

빈출

유형 07 입체도형에서 닮음비의 응용 ; 원뿔 | 개념 11-3

닮은 두 원뿔에서
(닮음비)=(높이의 비)
=(모선의 길이의 비)
=(밑면의 반지름의 길이의 비)
=(밑면의 둘레의 길이의 비)

대표문제

41 0441 다음 그림에서 두 원뿔 A, B가 서로 닮은 도형일 때, 원뿔 A의 밑면의 둘레의 길이를 구하시오.

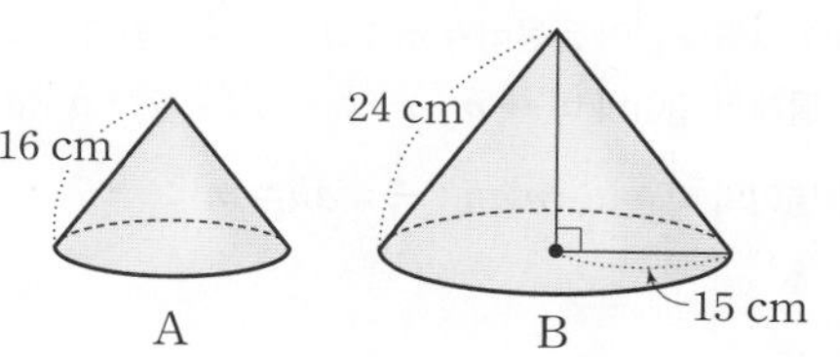

42 0442 오른쪽 그림과 같이 원뿔을 밑면에 평행한 평면으로 자를 때 생기는 단면은 반지름의 길이가 3 cm인 원이다. 이때 처음 원뿔의 밑면의 반지름의 길이를 구하시오.

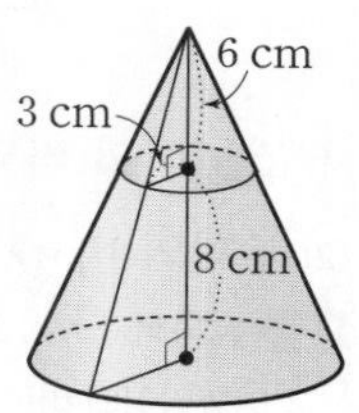

서술형

43 0443 오른쪽 그림과 같은 원뿔 모양의 그릇에 물을 부어서 그릇 높이의 $\frac{2}{3}$만큼 채웠을 때, 수면의 넓이를 구하시오. (단, 그릇의 두께는 생각하지 않는다.)

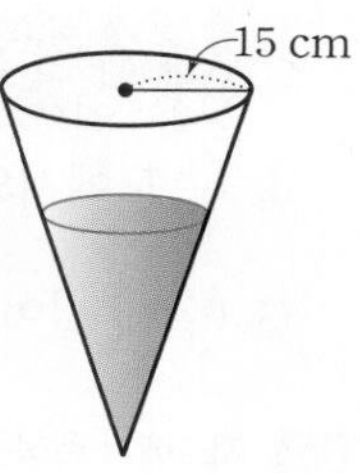

닮은 도형의 넓이와 부피

12-1 닮은 두 평면도형의 둘레의 길이의 비와 넓이의 비 | 유형 08, 09

서로 닮은 두 평면도형의 닮음비가 $m:n$일 때 (→ 대응변의 길이의 비)

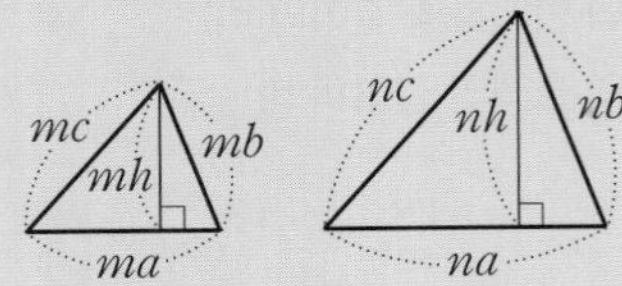

(1) 둘레의 길이의 비 ➡ $m:n$

(2) 넓이의 비 ➡ $m^2:n^2$

참고 위의 그림과 같이 닮음비가 $m:n$인 두 삼각형에서

① 둘레의 길이의 비 ➡ $m(a+b+c):n(a+b+c)=m:n$

② 넓이의 비 ➡ $\frac{1}{2}m^2ah:\frac{1}{2}n^2ah=m^2:n^2$

12-2 닮은 두 입체도형의 겉넓이의 비와 부피의 비 | 유형 10~13

서로 닮은 두 입체도형의 닮음비가 $m:n$일 때 (→ 대응하는 모서리의 길이의 비)

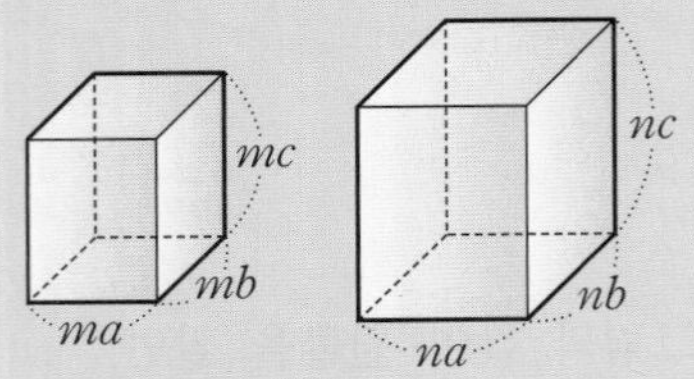

(1) 겉넓이의 비 ➡ $m^2:n^2$

(2) 부피의 비 ➡ $m^3:n^3$

참고 닮음비가 $m:n$인 두 입체도형에서

(옆넓이의 비)$=m^2:n^2$, (밑넓이의 비)$=m^2:n^2$

12-3 축도와 축척 | 유형 14

직접 측정하기 어려운 거리나 높이 등은 도형의 닮음을 이용하여 측정할 수 있다.

(1) **축도:** 어떤 도형을 일정한 비율로 줄인 그림

(2) **축척:** 축도에서의 길이와 실제 길이의 비율

① $(\text{축척})=\frac{(\text{축도에서의 길이})}{(\text{실제 길이})}$

② (축도에서의 길이)=(실제 길이)×(축척)

③ $(\text{실제 길이})=\frac{(\text{축도에서의 길이})}{(\text{축척})}$

참고 지도에서 축척은 $1:5000$ 또는 $\frac{1}{5000}$과 같이 나타낸다. 이것은 지도에서의 거리와 실제 거리의 닮음비가 $1:5000$임을 뜻한다.

[01~03] 아래 그림에서 □ABCD∽□A′B′C′D′일 때, 다음을 구하시오.

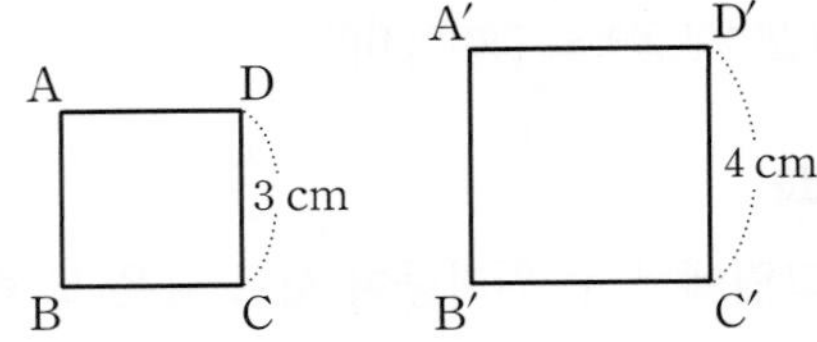

01 □ABCD와 □A′B′C′D′의 닮음비
0444

02 □ABCD와 □A′B′C′D′의 둘레의 길이의 비
0445

03 □ABCD와 □A′B′C′D′의 넓이의 비
0446

[04~06] 아래 그림과 같은 두 원기둥 A, B가 서로 닮은 도형일 때, 다음을 구하시오.

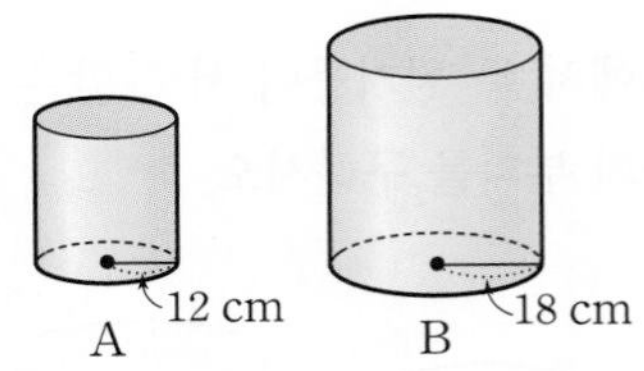

04 두 원기둥 A와 B의 닮음비
0447

05 두 원기둥 A와 B의 겉넓이의 비
0448

06 두 원기둥 A와 B의 부피의 비
0449

[07~08] 오른쪽 그림은 축척이 $\frac{1}{10000}$인 축도일 때, 다음 물음에 답하시오.

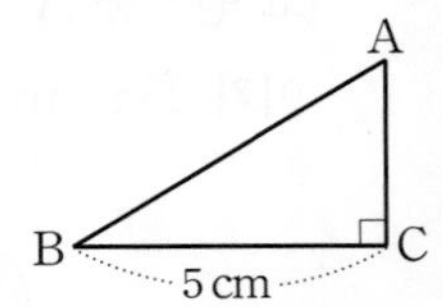

07 A와 C 사이의 실제 거리가 300 m일 때, 축도에서의 거리는 몇 cm인지 구하시오.
0450

08 B와 C 사이의 실제 거리는 몇 m인지 구하시오.
0451

빈출

유형 08 닮은 두 평면도형의 넓이의 비 | 개념 12-1

대표문제

09 0452 두 정삼각형 ABC와 DEF의 넓이의 비는 16 : 49이고, △ABC의 둘레의 길이는 24 cm일 때, △DEF의 한 변의 길이를 구하시오.

10 0453 오른쪽 그림과 같은 과녁에서 중심이 같은 세 원의 지름의 길이의 비가 1 : 2 : 3일 때, 세 부분 A, B, C의 넓이의 비는?

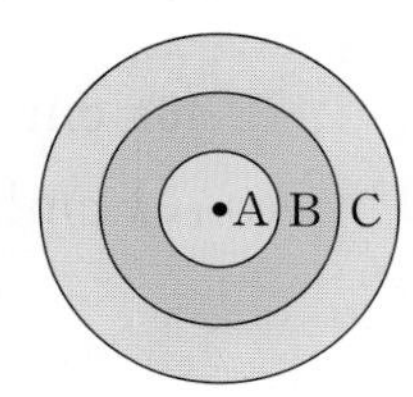

① 1 : 3 : 5　② 1 : 3 : 6　③ 1 : 4 : 9
④ 2 : 3 : 5　⑤ 2 : 5 : 9

유형 09 닮은 두 평면도형의 넓이의 비의 활용 | 개념 12-1

대표문제

11 0454 가로의 길이와 세로의 길이가 각각 3 m, 2 m인 직사각형 모양의 벽에 벽지를 겹치지 않게 빈틈없이 붙이는 데 60000원의 비용이 들었다. 가로의 길이와 세로의 길이가 각각 6 m, 4 m인 직사각형 모양의 벽에 같은 종류의 벽지를 겹치지 않게 빈틈없이 붙이는 데 드는 비용을 구하시오.

(단, 비용은 벽지의 넓이에 정비례한다.)

12 0455 수민이네 동네 피자집에서는 지름의 길이가 40 cm인 원 모양의 피자의 가격이 16000원이다. 피자의 가격이 피자의 넓이에 정비례한다고 할 때, 지름의 길이가 30 cm인 원 모양의 피자의 가격을 구하시오.

(단, 피자의 두께는 생각하지 않는다.)

빈출

유형 10 닮은 두 입체도형의 겉넓이의 비 | 개념 12-2

닮음비가 $m : n$인 두 입체도형에서
(겉넓이의 비)=(옆넓이의 비)
=(밑넓이의 비)
$=m^2 : n^2$

대표문제

13 0456 오른쪽 그림과 같이 밑면이 정사각형인 두 사각뿔 A, B는 서로 닮은 도형이다. 사각뿔 A의 겉넓이가 144 cm²일 때, 사각뿔 B의 겉넓이를 구하시오.

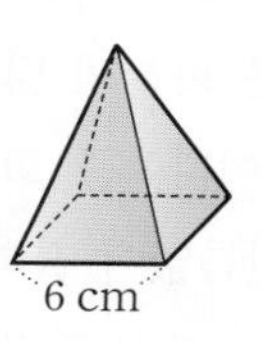

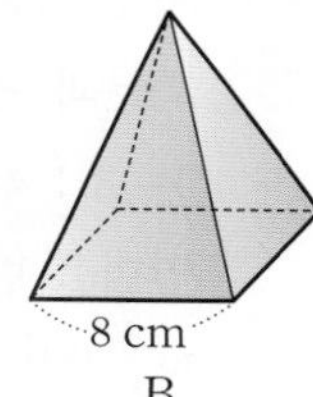

서술형

14 0457 오른쪽 그림의 두 원기둥 A, B는 서로 닮은 도형이고 밑면의 둘레의 길이가 각각 9 cm, 15 cm이다. 원기둥 B의 옆넓이가 100 cm²일 때, 원기둥 A의 옆넓이를 구하시오.

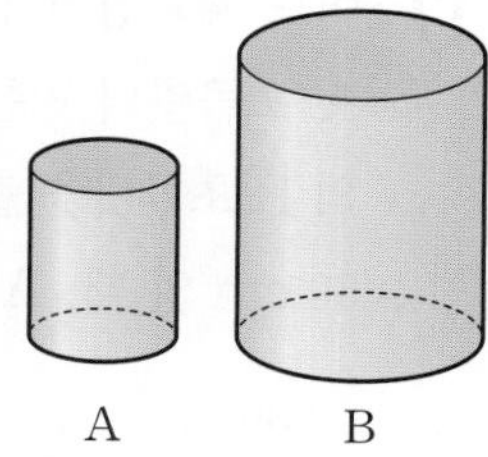

유형 11 닮은 두 입체도형의 겉넓이의 비의 활용 | 개념 12-2

대표문제

15 진아는 오른쪽 그림과 같은 정육면체 모양의 상자 2개를 구입하였다. 작은 상자를 포장하는 데 120 cm^2의 포장지가 들었다면 큰 상자를 포장하는 데 필요한 포장지의 넓이는? (단, 포장지는 정육면체의 각 면의 넓이만큼 사용한다.)
0458

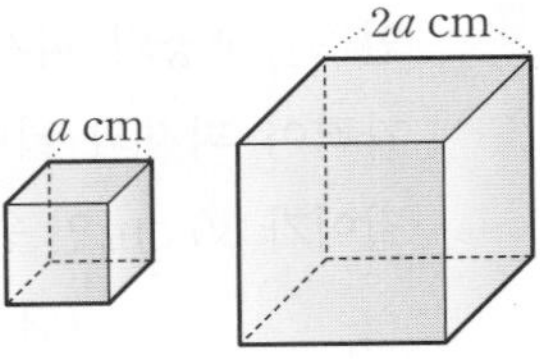

① 360 cm^2 ② 400 cm^2 ③ 420 cm^2
④ 450 cm^2 ⑤ 480 cm^2

16 오른쪽 그림의 두 화분은 서로 닮은 도형이고 작은 화분과 큰 화분의 닮음비는 3 : 4이다. 큰 화분의 옆면을 빈틈없이 칠하는 데 160 g의 페인트가 필요할 때, 작은 화분의 옆면을 빈틈없이 칠하려면 몇 g의 페인트가 필요한지 구하시오. (단, 필요한 페인트의 양은 칠하는 면의 넓이에 정비례한다.)
0459

17 어느 제과점에서 구 모양의 A 초콜릿을 판매하다가 A 초콜릿의 지름의 길이를 25 %만큼 늘인 구 모양의 B 초콜릿을 출시하였다. B 초콜릿의 겉넓이가 50 cm^2일 때, A 초콜릿의 겉넓이는?
0460

① 30 cm^2 ② 32 cm^2 ③ 34 cm^2
④ 36 cm^2 ⑤ 38 cm^2

빈출 유형 12 닮은 두 입체도형의 부피의 비 | 개념 12-2

대표문제

18 오른쪽 그림의 두 삼각기둥 A, B는 서로 닮은 도형이고 겉넓이의 비가 9 : 25이다. 삼각기둥 A의 부피가 54 cm^3일 때, 삼각기둥 B의 부피를 구하시오.
0461

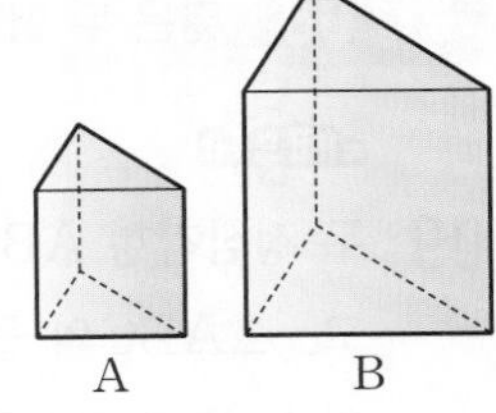

19 두 구의 반지름의 길이의 비가 1 : 2이고 작은 구의 부피가 10π cm^3일 때, 큰 구의 부피는?
0462

① 40π cm^3 ② 50π cm^3 ③ 60π cm^3
④ 70π cm^3 ⑤ 80π cm^3

서술형

20 오른쪽 그림과 같이 원뿔을 밑면에 평행한 평면으로 자른 단면과 모선 AB의 교점을 C라 하면 $\overline{AC}$: $\overline{BC}$ = 2 : 1이다. 원뿔 P의 부피가 48 cm^3일 때, 원뿔대 Q의 부피를 구하시오.
0463

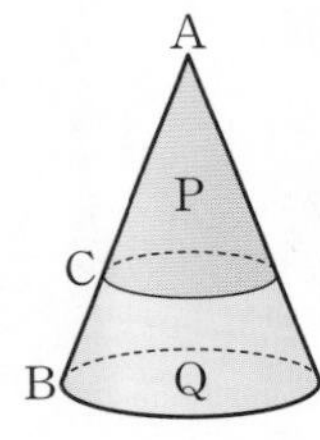

창의⊕융합

21 오른쪽 그림과 같이 정팔면체 1개와 작은 정사면체 4개로 큰 정사면체 1개를 만들 수 있다. 작은 정사면체 1개의 부피가 8 cm^3일 때, 정팔면체 1개의 부피를 구하시오.
0464

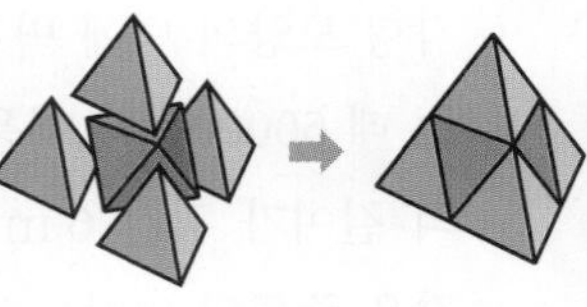

유형 13 닮은 두 입체도형의 부피의 비의 활용 | 개념 12-2

대표문제

22 0465 오른쪽 그림과 같이 높이가 15 cm인 원뿔 모양의 그릇에 일정한 속력으로 물을 넣고 있다. 물을 넣기 시작한 지 3분이 되는 순간 물의 높이가 5 cm이었을 때, 그릇에 물을 가득 채우려면 몇 분 동안 물을 더 넣어야 하는가?

(단, 그릇의 두께는 생각하지 않는다.)

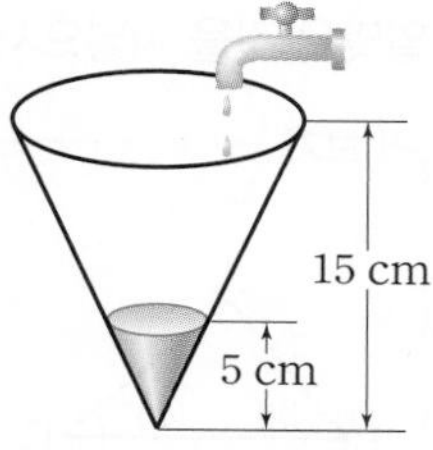

① 54분 ② 60분 ③ 78분
④ 81분 ⑤ 114분

23 0466 다음 그림과 같이 딸기잼이 들어 있는 두 병은 서로 닮은 도형이고 두 병의 높이는 각각 7 cm, 14 cm이다. 작은 병의 딸기잼의 가격은 2500원이고, 딸기잼의 가격은 병의 부피에 정비례할 때, 큰 병의 딸기잼의 가격을 구하시오. (단, 병의 두께는 생각하지 않는다.)

24 0467 서로 닮은 원기둥 모양의 두 개의 컵이 있다. 작은 컵의 높이는 큰 컵의 높이의 $\frac{2}{5}$일 때, 작은 컵에 가득 담은 물을 큰 컵에 부어서 큰 컵을 가득 채우려면 적어도 물을 몇 번 부어야 하는가?

① 13번 ② 14번 ③ 15번
④ 16번 ⑤ 17번

유형 14 축도와 축척 | 개념 12-3

① (축도에서의 거리) $\underset{\times(\text{축척})}{\overset{\div(\text{축척})}{\rightleftarrows}}$ (실제 거리)

② (축도에서의 넓이) $\underset{\times(\text{축척})^2}{\overset{\div(\text{축척})^2}{\rightleftarrows}}$ (실제 넓이)

대표문제

25 0468 어떤 지도에서의 거리가 1.8 cm인 두 지점 사이의 실제 거리는 7.2 km이다. 이 지도에서의 거리가 5 cm인 두 지점 사이의 실제 거리는 몇 km인지 구하시오.

26 0469 축척이 $\frac{1}{500000}$인 지도에서의 거리가 6 cm인 두 지점을 시속 60 km로 왕복하는 데 걸리는 시간을 구하시오.

27 0470 어느 땅의 실제 넓이가 2 km²일 때, 축척이 1 : 40000인 지도에서의 이 땅의 넓이는 몇 cm²인지 구하시오.

서술형

28 0471 다음 그림과 같이 눈높이가 1.7 m인 호준이가 어떤 나무로부터 18 m 떨어진 곳에서 나무의 A 지점을 올려다본 각의 크기인 ∠B의 크기와 ∠E의 크기가 같도록 축도인 직각삼각형 DEF를 그렸다. $\overline{EF}=5$ cm, $\overline{DF}=3$ cm일 때, 나무의 실제 높이는 몇 m인지 구하시오.

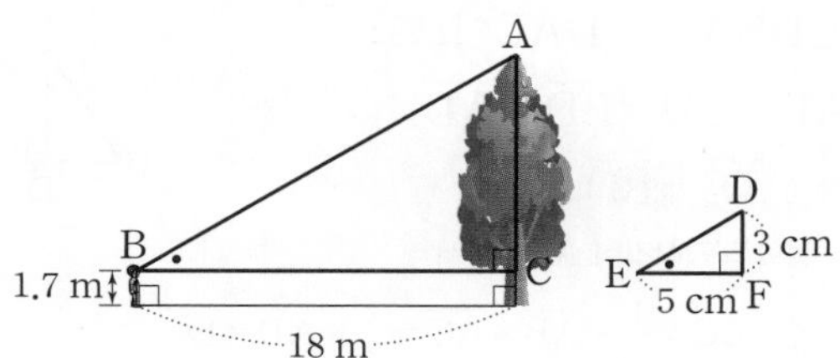

삼각형의 닮음 조건

13-1 삼각형의 닮음 조건 | 유형 15~20, 22, 23

다음 각 경우에 △ABC∽△A′B′C′이다.

(1) 세 쌍의 대응변의 길이의 비가 같을 때 (SSS 닮음)

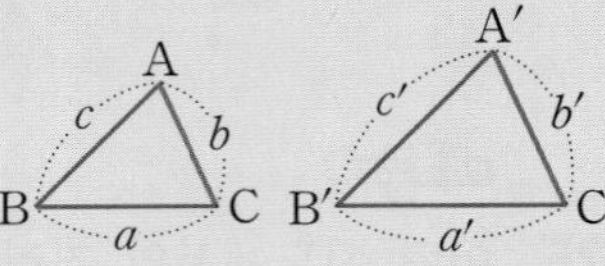

➡ $a:a'=b:b'=c:c'$

(2) 두 쌍의 대응변의 길이의 비가 같고, 그 끼인각의 크기가 같을 때 (SAS 닮음)

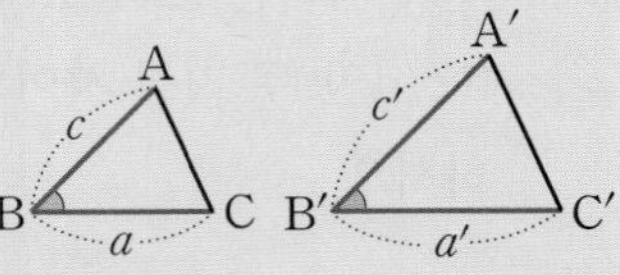

➡ $a:a'=c:c'$, $\angle B=\angle B'$

(3) 두 쌍의 대응각의 크기가 각각 같을 때 (AA 닮음)

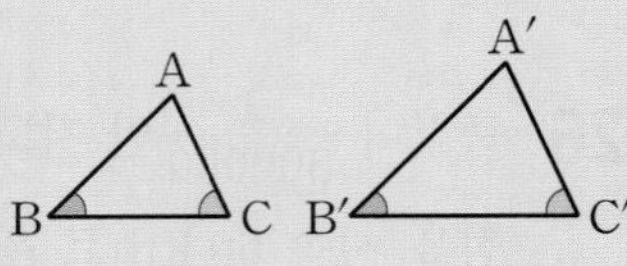

➡ $\angle B=\angle B'$, $\angle C=\angle C'$

주의 삼각형의 합동 조건은 대응하는 변의 길이가 같고, 삼각형의 닮음 조건은 대응하는 변의 길이의 비가 같다.

13-2 직각삼각형의 닮음의 응용 | 유형 21

∠A=90°인 직각삼각형 ABC의 꼭짓점 A에서 빗변 BC에 내린 수선의 발을 D라 할 때

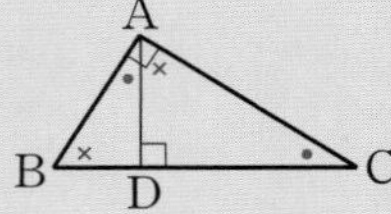

△ABC∽△DBA∽△DAC →AA 닮음

(1) △ABC∽△DBA이므로

$\overline{AB}:\overline{DB}=\overline{BC}:\overline{BA}$

➡ $\overline{AB}^2=\overline{BD}\times\overline{BC}$

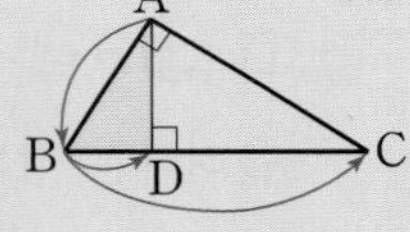

(2) △ABC∽△DAC이므로

$\overline{AC}:\overline{DC}=\overline{BC}:\overline{AC}$

➡ $\overline{AC}^2=\overline{CD}\times\overline{CB}$

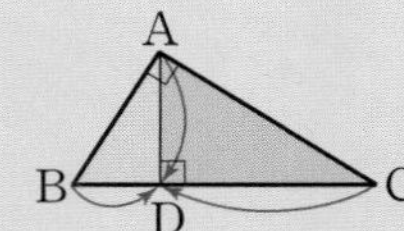

(3) △DBA∽△DAC이므로

$\overline{AD}:\overline{CD}=\overline{BD}:\overline{AD}$

➡ $\overline{AD}^2=\overline{BD}\times\overline{CD}$

참고 위의 직각삼각형 ABC에서

$\triangle ABC=\frac{1}{2}\times\overline{AB}\times\overline{AC}=\frac{1}{2}\times\overline{AD}\times\overline{BC}$

➡ $\overline{AB}\times\overline{AC}=\overline{AD}\times\overline{BC}$

[01~03] 아래 **보기** 중 서로 닮은 삼각형을 찾아 다음 □ 안에 알맞은 것을 써넣으시오.

보기

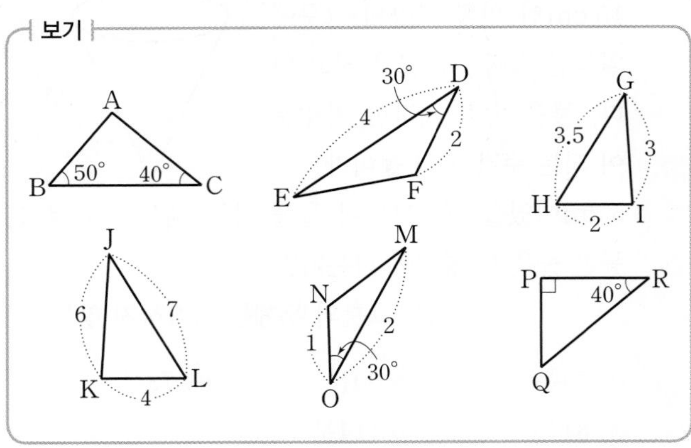

01 △ABC∽□ (□ 닮음)
0472

02 △DEF∽□ (□ 닮음)
0473

03 △GHI∽□ (□ 닮음)
0474

[04~06] 다음 그림에서 △ABC와 서로 닮은 삼각형을 찾아 기호 ∽를 사용하여 나타내고 닮음 조건을 말하시오.

04
0475

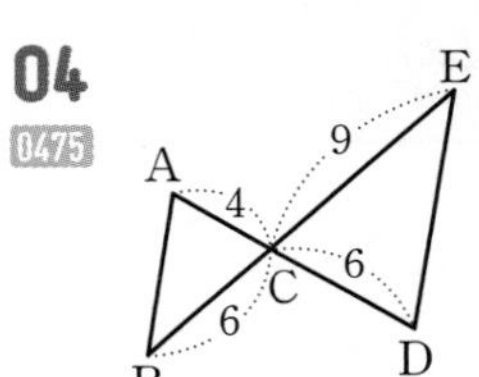

05
0476

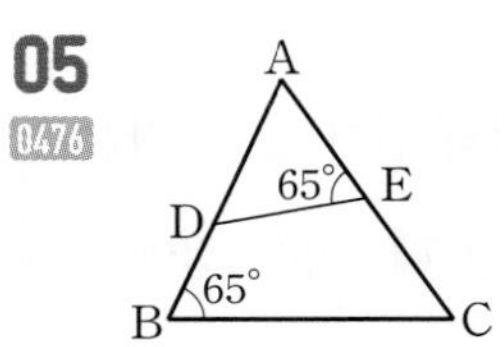

06
0477

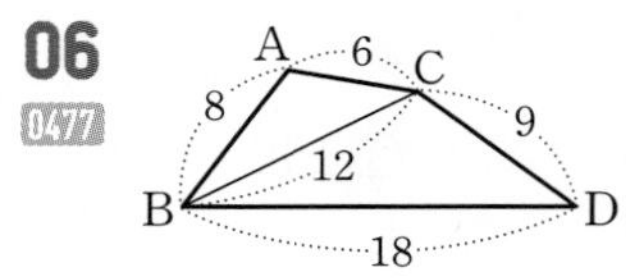

[07~09] 오른쪽 그림과 같이 $\angle A=90°$인 직각삼각형 ABC에서 $\overline{AD}\perp\overline{BC}$일 때, 다음 물음에 답하시오.

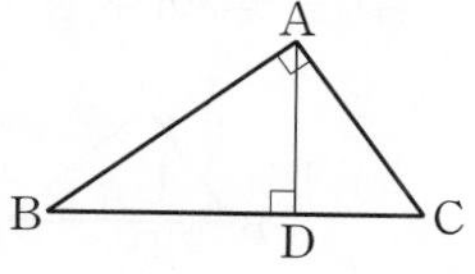

07 0478 $\angle B$와 크기가 같은 각을 구하시오.

08 0479 $\angle C$와 크기가 같은 각을 구하시오.

09 0480 $\triangle ABC$와 서로 닮은 삼각형을 모두 찾아 기호 $\backsim$를 사용하여 나타내시오.

[10~12] 아래 그림과 같이 $\angle A=90°$인 직각삼각형 ABC에서 $\overline{AD}\perp\overline{BC}$일 때, 다음 □ 안에 알맞은 것을 써넣으시오.

10 0481

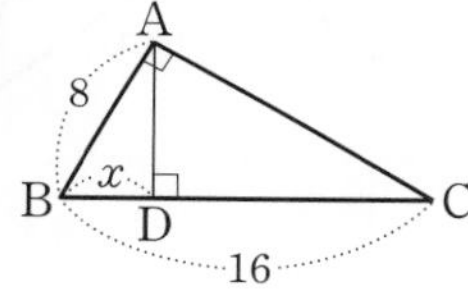

⇨ $\overline{AB}^2=$□$\times\overline{BC}$이므로

□$^2=x\times$□ $\therefore x=$□

11 0482

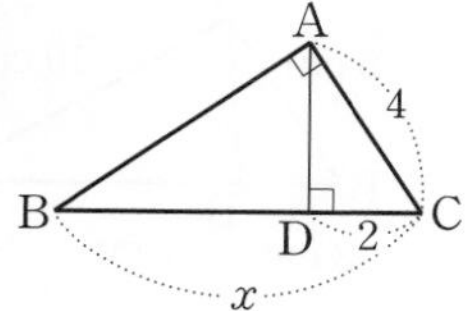

⇨ □$^2=\overline{CD}\times\overline{CB}$이므로

□$^2=$□$\times x$ $\therefore x=$□

12 0483

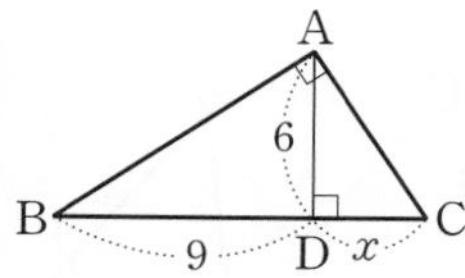

⇨ $\overline{AD}^2=\overline{BD}\times$□이므로

□$^2=$□$\times x$ $\therefore x=$□

유형 15 삼각형의 닮음 조건 | 개념 13-1

대표문제

13 0484 다음 중 오른쪽 그림의 $\triangle ABC$와 서로 닮은 삼각형을 모두 고르면? (정답 2개)

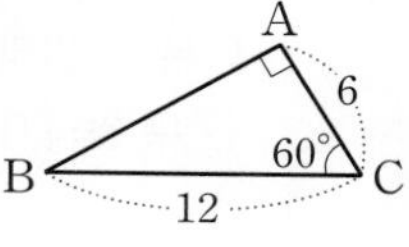

①
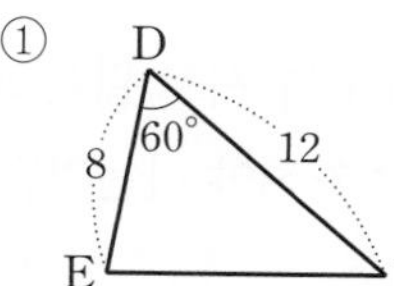

②
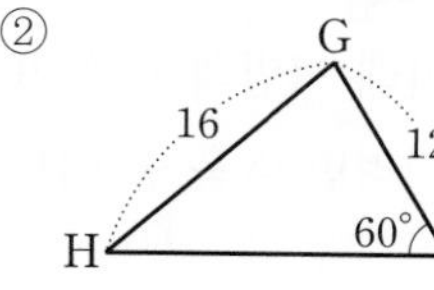

③
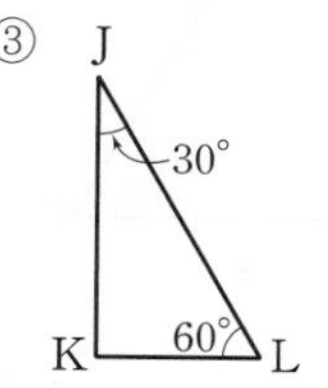

④
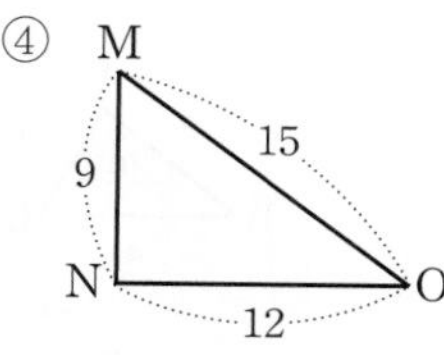

⑤
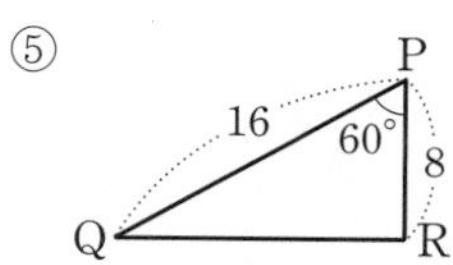

14 0485 다음 중 아래 그림의 $\triangle ABC$와 $\triangle DEF$가 서로 닮은 도형이 되기 위한 조건이 아닌 것은?

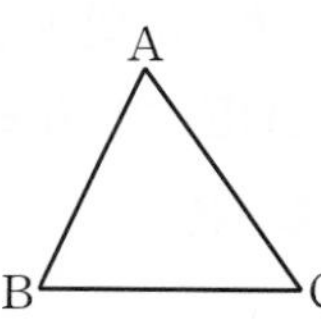

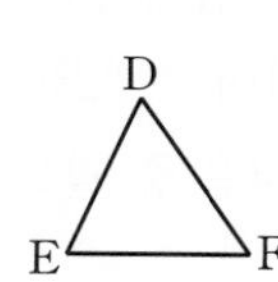

① $\angle A=\angle D$, $\angle C=\angle F$

② $\angle B=\angle E$, $\angle C=\angle F$

③ $\dfrac{\overline{AB}}{\overline{DE}}=\dfrac{\overline{BC}}{\overline{EF}}=\dfrac{\overline{CA}}{\overline{FD}}$

④ $\dfrac{\overline{AB}}{\overline{DE}}=\dfrac{\overline{BC}}{\overline{EF}}$, $\angle C=\angle F$

⑤ $\dfrac{\overline{AB}}{\overline{DE}}=\dfrac{\overline{CA}}{\overline{FD}}$, $\angle A=\angle D$

유형 16 삼각형이 닮음이 되기 위하여 추가될 조건 | 개념 13-1

① 두 쌍의 대응변의 길이의 비가 같을 때
➡ 나머지 한 쌍의 대응변의 길이의 비 또는 그 끼인각의 크기가 같아야 한다.
② 한 쌍의 대응각의 크기가 같을 때
➡ 다른 한 쌍의 대응각의 크기 또는 그 각을 끼인각으로 하는 두 쌍의 대응변의 길이의 비가 같아야 한다.

대표문제

15 0486 아래 그림의 △ABC와 △DEF가 서로 닮은 도형이 되려면 다음 중 어느 조건을 추가해야 하는가?

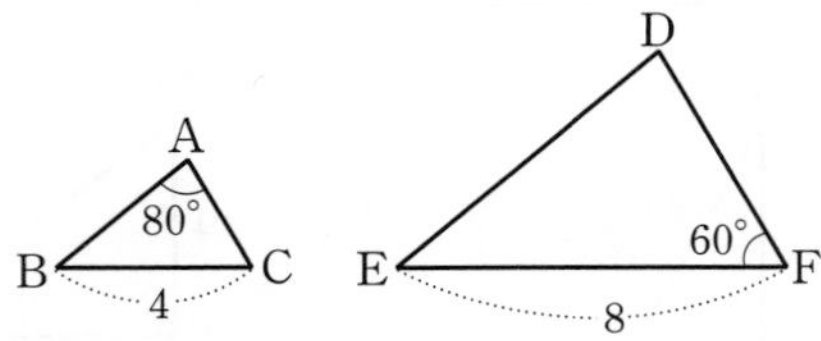

① $\overline{AB}=8$, $\overline{DE}=10$
② $\overline{AC}=3$, $\overline{DF}=6$
③ $\overline{AC}=5$, $\overline{DE}=10$
④ $\angle B=40°$, $\angle D=80°$
⑤ $\angle C=45°$, $\angle E=45°$

16 0487 아래 그림에서 $a=3d$, $b=3e$일 때, 한 가지 조건을 추가하여 △ABC∽△DEF가 되도록 하려고 한다. 이때 다음 중 필요한 조건은?

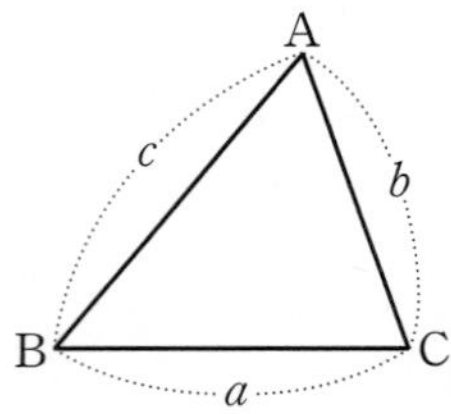

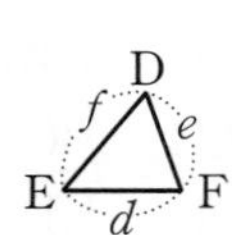

① $\angle A=\angle D$
② $\angle C=\angle F$
③ $\angle C=3\angle F$
④ $c=f$
⑤ $3c=f$

빈출

유형 17 삼각형의 닮음 조건; SAS 닮음 | 개념 13-1

공통인 각이 있고 두 변의 길이가 주어지면 대응하는 각과 변의 위치를 맞추어 두 삼각형을 분리하여 생각한다.

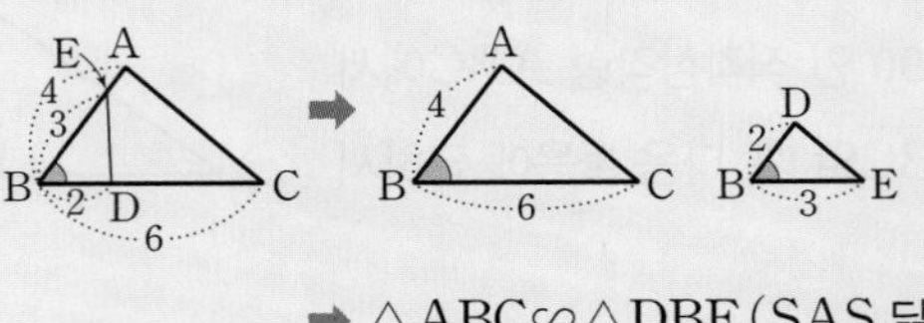

➡ △ABC∽△DBE (SAS 닮음)

대표문제

17 0488 오른쪽 그림과 같은 △ABC에서 $\overline{DE}$의 길이를 구하시오.

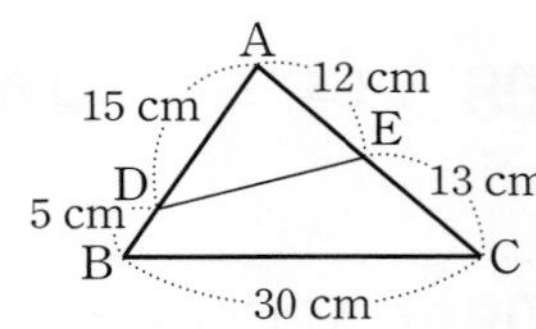

18 0489 오른쪽 그림에서 점 C가 $\overline{AD}$와 $\overline{BE}$의 교점일 때, $\overline{AB}$의 길이를 구하시오.

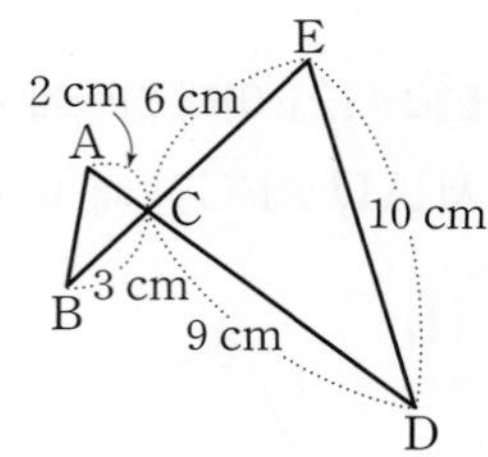

19 0490 오른쪽 그림과 같은 △ABC에서 $\overline{AD}$의 길이를 구하시오.

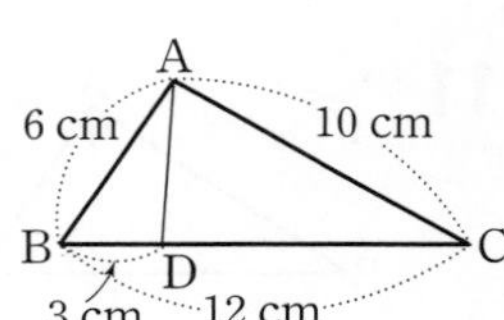

서술형

20 0491 오른쪽 그림과 같은 △ABC에서 $\overline{AE}=\overline{CE}=\overline{DE}$일 때, $\overline{BC}$의 길이를 구하시오.

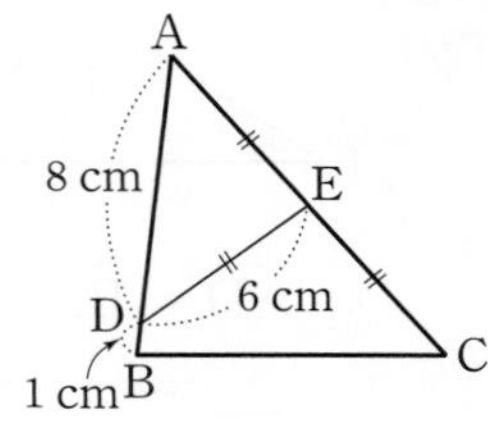

유형 18 삼각형의 닮음 조건; AA 닮음 | 개념 13-1

공통인 각이 있고 다른 한 각의 크기가 같으면 대응하는 각의 위치를 맞추어 두 삼각형을 분리하여 생각한다.

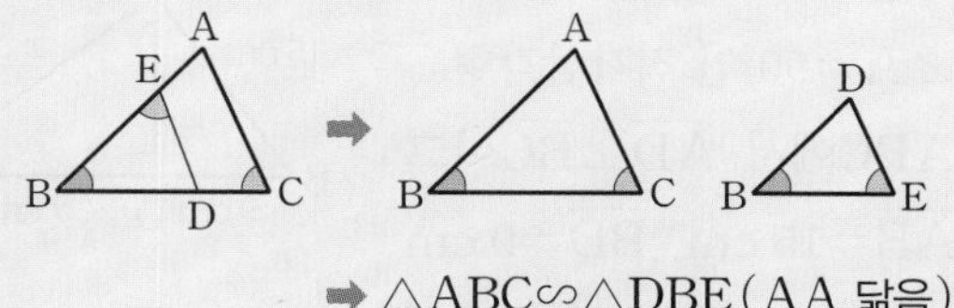

➡ △ABC∽△DBE(AA 닮음)

대표문제

21 0492 오른쪽 그림과 같은 △ABC에서 ∠A=∠DEB일 때, $\overline{AD}$의 길이를 구하시오.

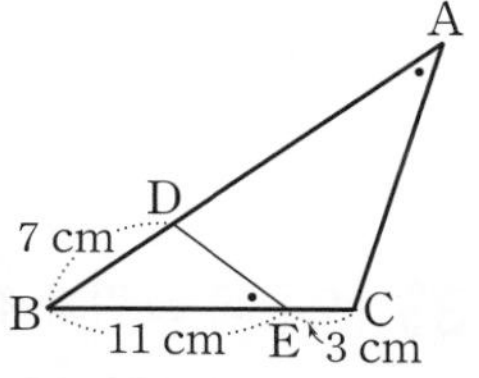

22 0493 오른쪽 그림과 같은 △ABC에서 ∠BAD=∠C일 때, $\overline{BD}$의 길이를 구하시오.

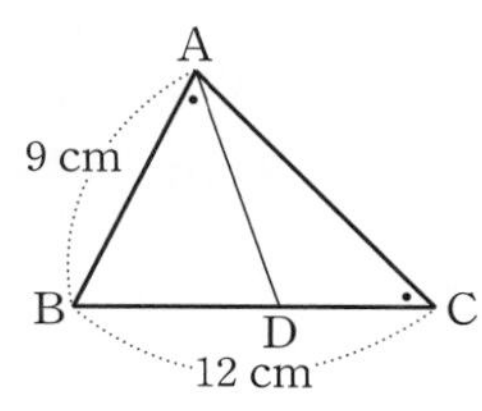

23 0494 오른쪽 그림에서 ∠A=∠F일 때, $\overline{AD}$의 길이를 구하시오.

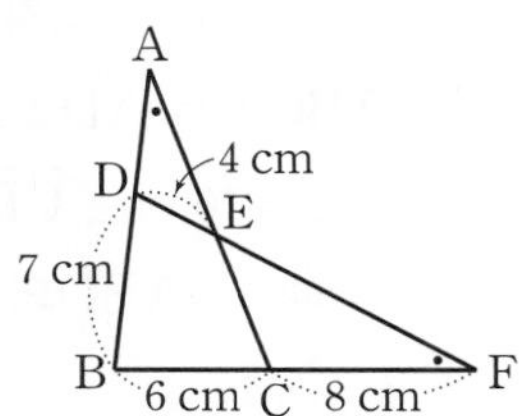

24 0495 오른쪽 그림에서 △ABC는 정삼각형이고 ∠AED=60°일 때, $\overline{CD}$의 길이를 구하시오.

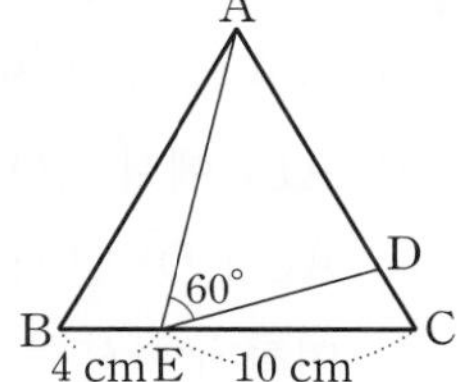

유형 19 삼각형의 닮음 조건의 응용 | 개념 13-1

평행선의 성질을 이용하여 닮은 두 삼각형을 찾은 후 주어진 사각형의 성질을 이용하여 변의 길이를 구한다.

대표문제

25 0496 오른쪽 그림과 같은 평행사변형 ABCD에서 $\overline{AF}$=4 cm, $\overline{CF}$=6 cm, $\overline{BC}$=9 cm일 때, $\overline{DE}$의 길이는?

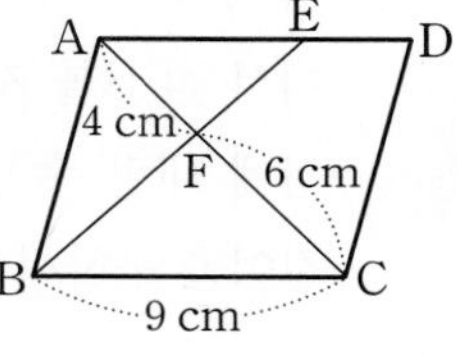

① 2 cm　② $\frac{5}{2}$ cm　③ 3 cm
④ $\frac{7}{2}$ cm　⑤ 4 cm

26 0497 오른쪽 그림과 같은 평행사변형 ABCD에서 ∠ADB=∠CDE이고 $\overline{DC}$=6 cm, $\overline{EC}$=4 cm일 때, □ABCD의 둘레의 길이는?

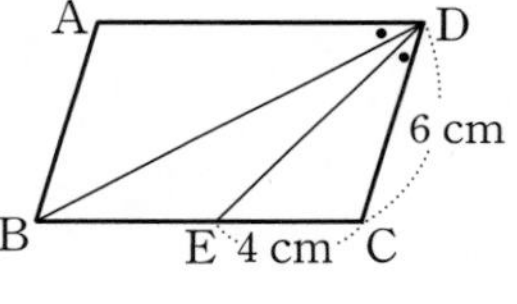

① 27 cm　② 28 cm　③ 29 cm
④ 30 cm　⑤ 31 cm

27 0498 오른쪽 그림에서 $\overline{AE}$ // $\overline{BC}$, $\overline{AB}$ // $\overline{ED}$일 때, △ADE의 둘레의 길이를 구하시오.

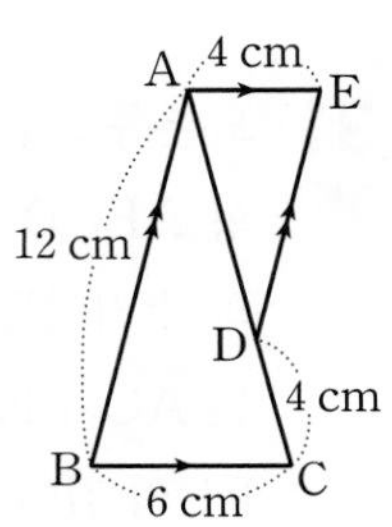

유형 20 직각삼각형의 닮음
| 개념 13-1

대표문제

28 오른쪽 그림과 같이 $\angle B=90°$인 직각삼각형 ABC의 두 점 A, C에서 점 B를 지나는 직선에 내린 수선의 발을 각각 D, E라 할 때, $\overline{BD}$의 길이를 구하시오.
0499

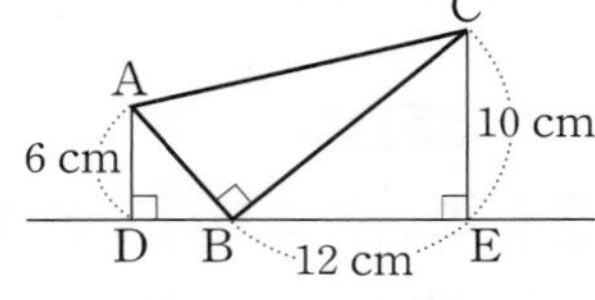

29 오른쪽 그림과 같이 $\angle A=90°$인 직각삼각형 ABC에서 $\angle EDC=90°$일 때, $\overline{AE}$의 길이를 구하시오.
0500

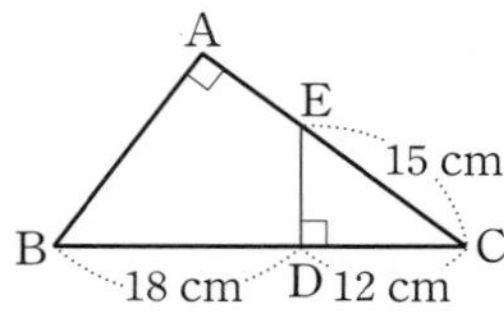

30 오른쪽 그림과 같은 △ABC에서 $\overline{AB}\perp\overline{CE}$, $\overline{AC}\perp\overline{BD}$일 때, △AEC의 넓이를 구하시오.
0501

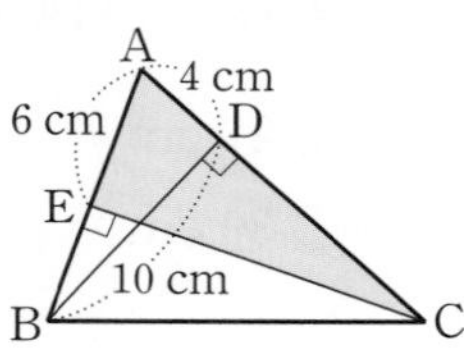

31 오른쪽 그림과 같은 직사각형 ABCD에서 $\overline{EF}$는 $\overline{AC}$의 수직이등분선이고 점 O는 $\overline{AC}$와 $\overline{EF}$의 교점일 때, $\overline{EF}$의 길이를 구하시오.
0502

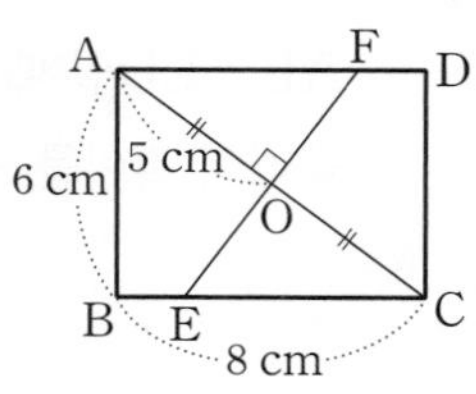

유형 21 직각삼각형의 닮음의 응용
빈출
| 개념 13-2

대표문제

32 오른쪽 그림과 같이 $\angle A=90°$인 직각삼각형 ABC에서 $\overline{AD}\perp\overline{BC}$이고 $\overline{AB}=15$ cm, $\overline{BD}=9$ cm일 때, $x+y$의 값을 구하시오.
0503

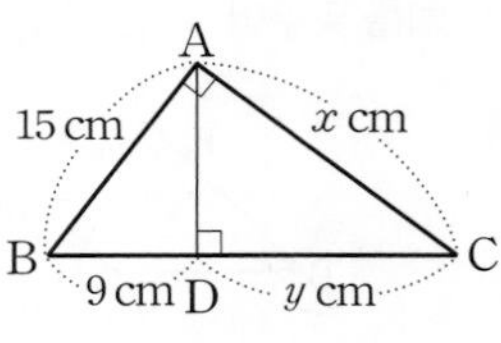

33 오른쪽 그림과 같이 $\angle C=90°$인 직각삼각형 ABC에서 $\overline{AB}\perp\overline{CD}$이고 $\overline{BC}=6$ cm, $\overline{BD}=4$ cm일 때, $\overline{AD}$의 길이는?
0504

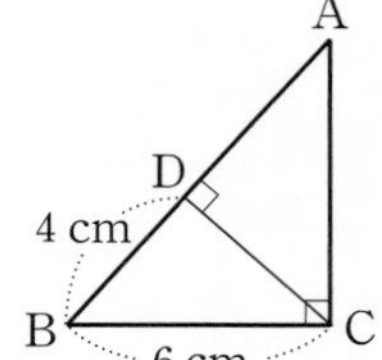

① 4 cm ② 5 cm
③ 6 cm ④ 7 cm
⑤ 8 cm

34 오른쪽 그림과 같이 $\angle A=90°$인 직각삼각형 ABC에서 $\overline{AD}\perp\overline{BC}$이고 $\overline{AD}=16$ cm, $\overline{CD}=8$ cm일 때, △ABD의 넓이를 구하시오.
0505

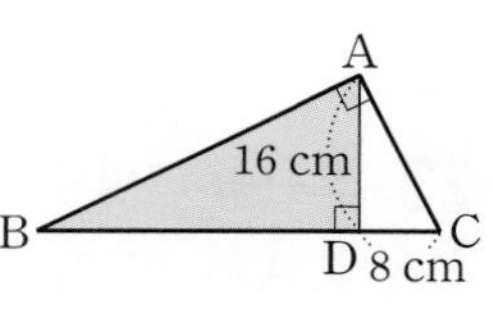

서술형

35 오른쪽 그림과 같이 $\angle A=90°$인 직각삼각형 ABC에서 $\overline{AD}\perp\overline{BC}$, $\overline{AC}\perp\overline{DE}$일 때, $\overline{AE}$의 길이를 구하시오.
0506

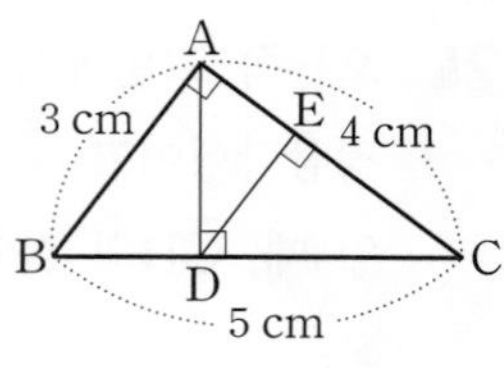

빈출

유형 22 접은 도형에서의 닮음 | 개념 13-1

① 정삼각형을 접을 때

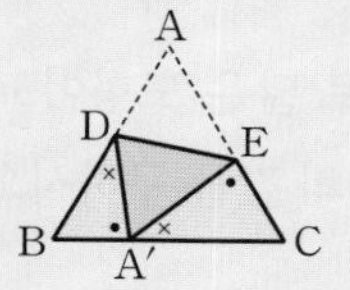

➡ $\triangle BA'D \backsim \triangle CEA'$ → AA 닮음

② 직사각형을 접을 때

A C′ D E B C

➡ $\triangle ABC' \backsim \triangle DC'E$ → AA 닮음

대표문제

36 0507 오른쪽 그림과 같이 정삼각형 ABC를 $\overline{DF}$를 접는 선으로 하여 꼭짓점 A가 $\overline{BC}$ 위의 점 E에 오도록 접었다. $\overline{AB}=24$ cm, $\overline{AF}=14$ cm, $\overline{BE}=8$ cm일 때, $\overline{AD}$의 길이를 구하시오.

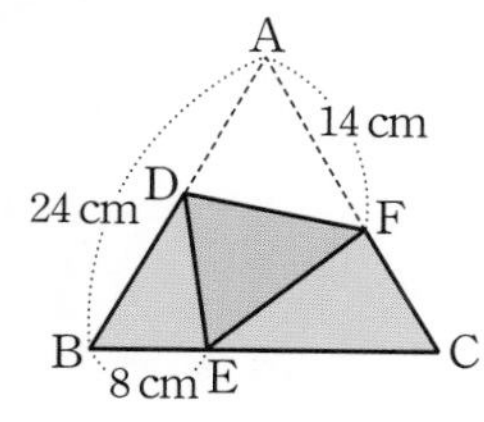

37 0508 오른쪽 그림은 직사각형 ABCD를 $\overline{BE}$를 접는 선으로 하여 꼭짓점 C가 $\overline{AD}$ 위의 점 C′에 오도록 접은 것이다. $\overline{AB}=8$ cm, $\overline{DE}=3$ cm, $\overline{DC'}=4$ cm일 때, $\overline{BC'}$의 길이는?

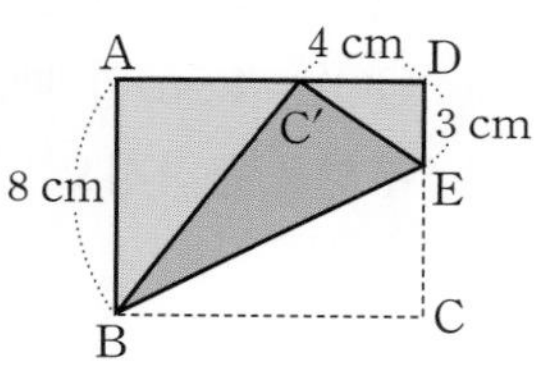

① 10 cm ② 11 cm ③ 12 cm
④ 13 cm ⑤ 14 cm

서술형

38 0509 오른쪽 그림은 직사각형 ABCD를 대각선 BD를 접는 선으로 하여 접은 것이다. $\overline{BD}\perp\overline{EF}$이고, $\overline{AB}=6$ cm, $\overline{BC}=8$ cm, $\overline{BD}=10$ cm일 때, $\overline{EF}$의 길이를 구하시오.

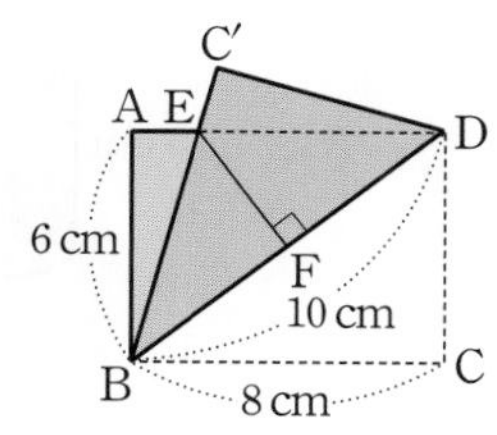

유형 23 닮음의 활용 | 개념 13-1

대표문제

39 0510 다음 그림과 같이 높이가 4 m인 막대기가 등대로부터 15 m 떨어진 곳에 있다. 막대기의 그림자의 길이는 10 m이고 막대기의 그림자의 끝이 등대의 그림자의 끝과 일치할 때, 등대의 높이를 구하시오.

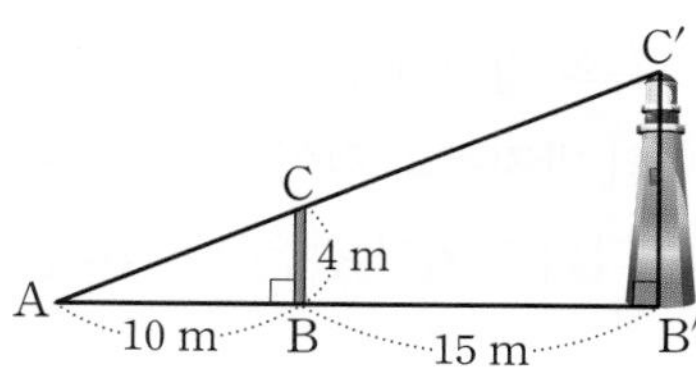

40 0511 은서는 오른쪽 그림과 같이 가로등의 높이를 측정하기 위하여 가로등의 끝이 보이는 곳에 거울을 놓았다. 은서의 눈높이는 1.6 m, 가로등과 은서는 거울로부터 각각 18 m, 2.4 m씩 떨어져 있고 $\angle ACB=\angle ECD$일 때, 가로등의 높이를 구하시오.
(단, 거울의 두께는 생각하지 않는다.)

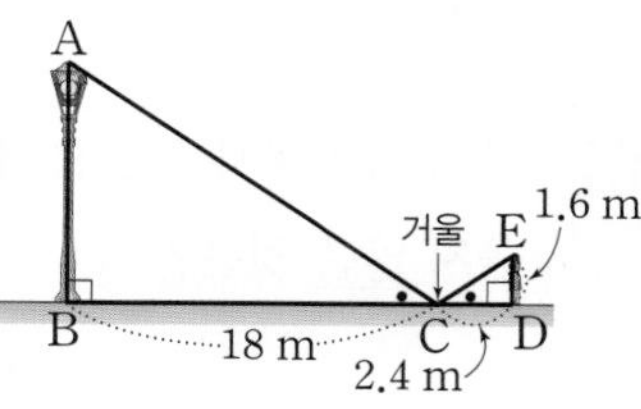

창의융합

41 0512 오른쪽 그림과 같이 나무의 그림자 일부가 벽면에 생겼다. 나무에서 벽면까지의 거리는 20 m이고, 벽면에 생긴 나무의 그림자의 길이는 5 m이다. 같은 시각에 높이가 0.8 m인 막대기의 그림자의 길이가 1.6 m일 때, 나무의 높이는? (단, 지면과 벽면은 수직이다.)

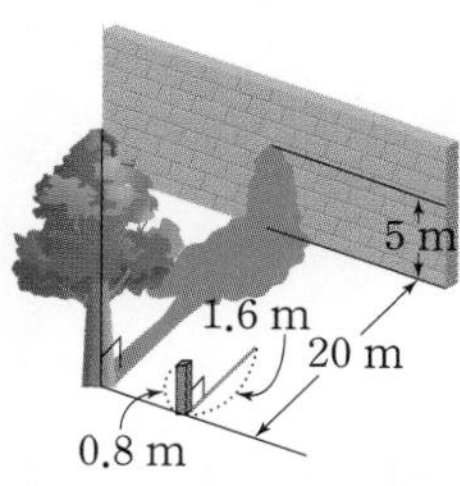

① 13 m ② 14 m ③ 15 m
④ 16 m ⑤ 17 m

3 도형의 닮음 (1)

01 다음 중 항상 닮은 도형이 아닌 것을 모두 고르면? (정답 2개)
0513

① 한 내각의 크기가 같은 두 마름모
② 한 모서리의 길이가 서로 같은 두 정육면체
③ 반지름의 길이가 같은 두 부채꼴
④ 밑면의 반지름의 길이가 같은 두 원기둥
⑤ 한 예각의 크기가 같은 두 직각삼각형

▶ 72쪽 유형 02

02 아래 그림에서 □ABCD∽□EFGH일 때, 다음 중 옳지 않은 것은?
0514

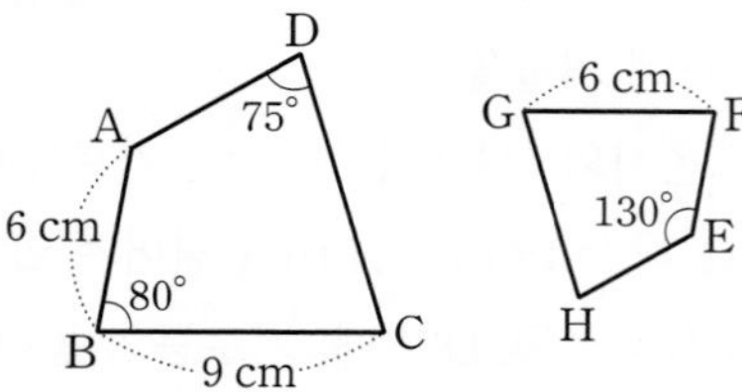

① $\angle A=130°$ ② $\angle F=80°$
③ $\angle G=75°$ ④ $\overline{EF}=4$ cm
⑤ $\overline{CD}:\overline{GH}=4:3$

▶ 72쪽 유형 03

03 오른쪽 그림에서 □ABCD는 직사각형이고 □ABCD∽□BCFE일 때, □ABCD의 둘레의 길이를 구하시오.
0515

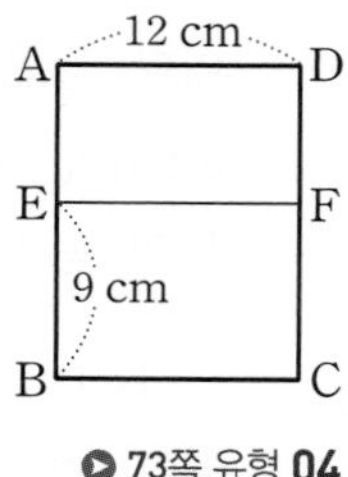

▶ 73쪽 유형 04

04 다음 그림에서 두 삼각기둥은 서로 닮은 도형이고 $\triangle ABC \backsim \triangle IHG$일 때, $x+y-z$의 값을 구하시오.
0516

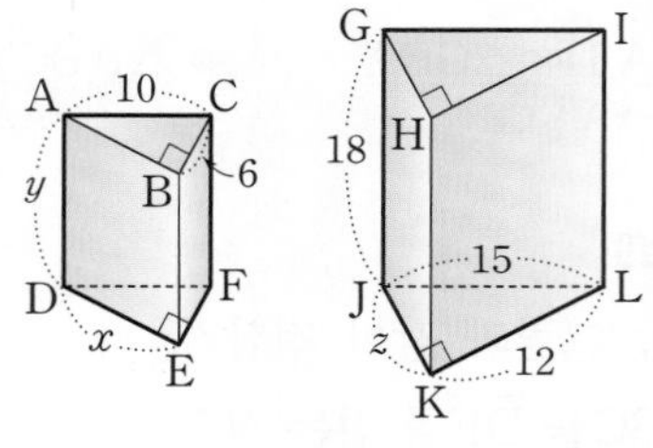

▶ 74쪽 유형 05

05 오른쪽 그림은 밑면의 반지름의 길이가 3 cm이고 높이가 6 cm인 원뿔을 밑면에 평행한 평면으로 자른 것이다. $\overline{OO'}=4$ cm일 때, 원뿔대의 부피를 구하시오.
0517

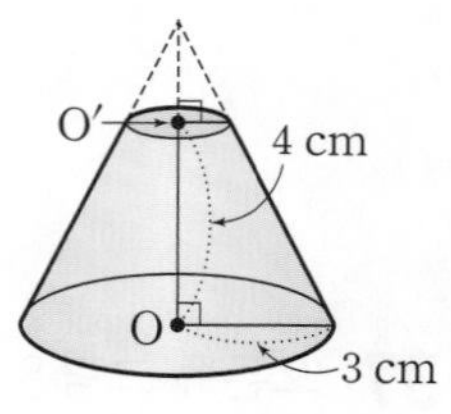

▶ 75쪽 유형 07

06 다음 그림의 두 원기둥 A, B는 서로 닮은 도형이고 옆넓이의 비가 9 : 16일 때, 두 원기둥 A, B의 겉넓이의 차를 구하시오.
0518

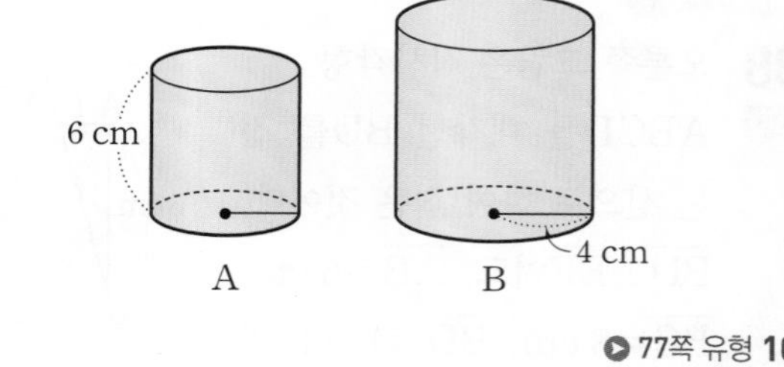

▶ 77쪽 유형 10

07 0519 오른쪽 그림과 같이 반지름의 길이가 9 cm인 구 모양의 쇠공 1개를 녹여서 반지름의 길이가 3 cm인 구 모양의 쇠공을 만들려고 할 때, 모두 몇 개를 만들 수 있는가?

(단, 쇠공의 속은 꽉 차 있다.)

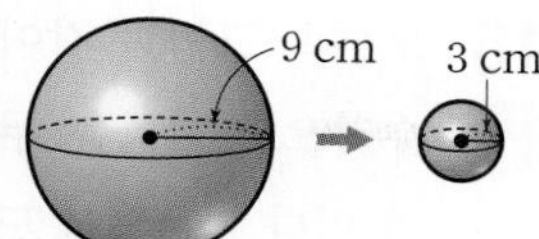

① 25개 ② 26개 ③ 27개
④ 28개 ⑤ 29개

▶ 79쪽 유형 13

08 0520 다음 **보기** 중 닮은 두 삼각형을 찾을 수 있는 것을 모두 고른 것은?

보기

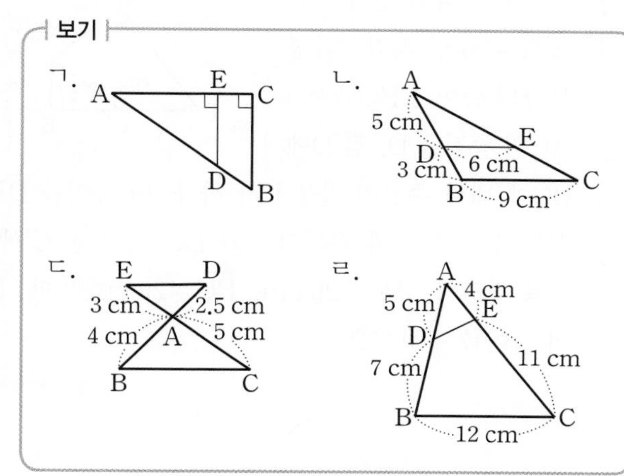

① ㄱ, ㄴ ② ㄱ, ㄷ ③ ㄱ, ㄹ
④ ㄴ, ㄷ ⑤ ㄷ, ㄹ

▶ 81쪽 유형 15

09 0521 오른쪽 그림과 같은 △ABC에서 $\overline{AB}=6$ cm, $\overline{BC}=12$ cm, $\overline{AC}=9$ cm, $\overline{CD}=4$ cm, $\overline{CE}=3$ cm 일 때, △CDE의 둘레의 길이를 구하시오.

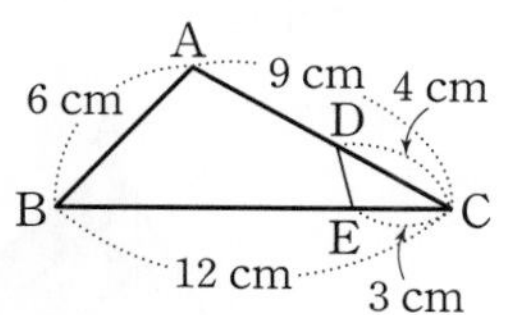

▶ 82쪽 유형 17

10 0522 오른쪽 그림과 같은 △ABC에서 점 E는 $\overline{AC}$의 중점이고 $\overline{AC}=12$ cm, $\overline{AD}=8$ cm, $\overline{DB}=1$ cm 이다. △ABC의 넓이가 36 cm^{2}일 때, □DBCE의 넓이를 구하시오.

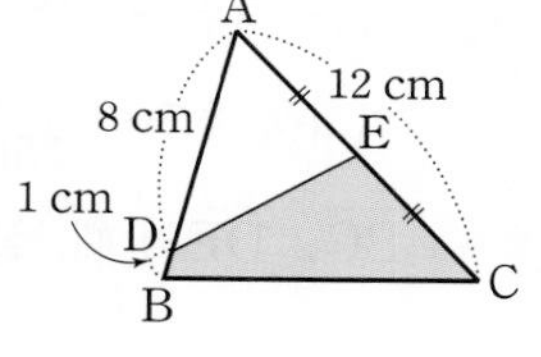

▶ 77쪽 유형 08 + 82쪽 유형 17

11 0523 오른쪽 그림에서 $\overline{AB}/\!/\overline{DC}$ 이고 $\overline{AB}=8$ cm, $\overline{CE}=5$ cm, $\overline{CD}=14$ cm 일 때, $\overline{AC}$의 길이는?

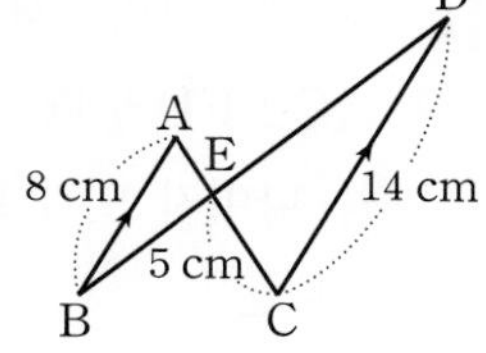

① $\frac{43}{7}$ cm ② $\frac{46}{7}$ cm
③ 7 cm ④ $\frac{52}{7}$ cm
⑤ $\frac{55}{7}$ cm

▶ 83쪽 유형 18

12 0524 오른쪽 그림과 같이 $\overline{AB}=\overline{AC}$인 이등변삼각형 ABC에서 점 D는 $\overline{BC}$의 중점이다. ∠B=∠ADE이고 $\overline{AB}=15$ cm, $\overline{AD}=12$ cm, $\overline{BC}=18$ cm일 때, $\overline{DE}$의 길이를 구하시오.

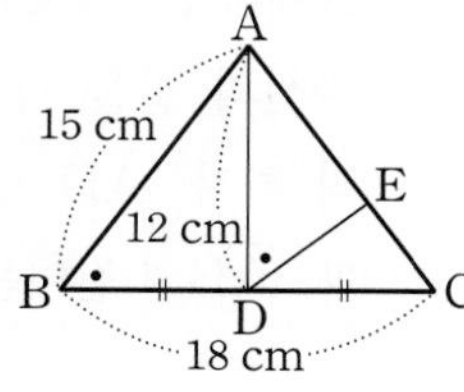

▶ 83쪽 유형 18

13 0525 다음 그림은 강의 폭인 $\overline{AB}$의 실제 거리를 구하기 위하여 축척이 $\frac{1}{15000}$인 축도를 그린 것이다. $\overline{BC} /\!/ \overline{DE}$일 때, 실제 강의 폭은 몇 m인지 구하시오.

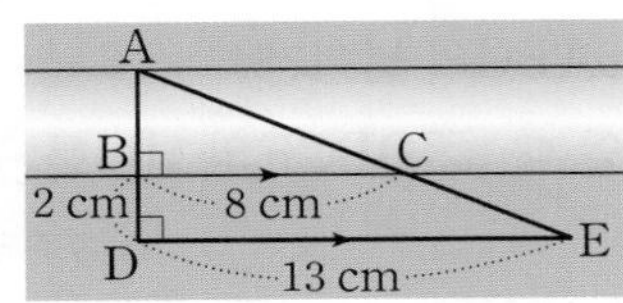

▶ 79쪽 유형 14 + 83쪽 유형 18

14 0526 오른쪽 그림에서 $\overline{AB} \perp \overline{FC}$, $\overline{AC} \perp \overline{FD}$일 때, 다음 삼각형 중 나머지 넷과 닮음이 아닌 하나는?

① △ABC ② △ADE
③ △EBC ④ △FBE
⑤ △FDC

▶ 84쪽 유형 20

15 0527 오른쪽 그림과 같이 평행사변형 ABCD의 꼭짓점 A에서 $\overline{BC}$와 $\overline{CD}$에 내린 수선의 발을 각각 E, F라 하자. $\overline{AD}=12$ cm, $\overline{AE}=6$ cm, $\overline{AF}=9$ cm일 때, $\overline{AB}$의 길이는?

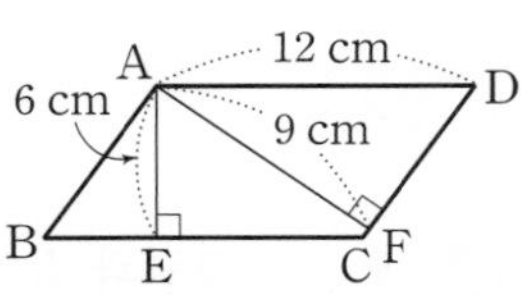

① 8 cm ② 9 cm ③ 10 cm
④ 12 cm ⑤ 15 cm

▶ 84쪽 유형 20

16 0528 오른쪽 그림과 같이 지도 위에 수직으로 만나는 두 직선 도로가 있다. 한 직선 도로 위의 두 지점 A, B와 마을이 직각삼각형을 이루고, 두 직선 도로가 수직으로 만나는 곳에 주유소가 있을 때, 마을과 주유소 사이의 거리는?

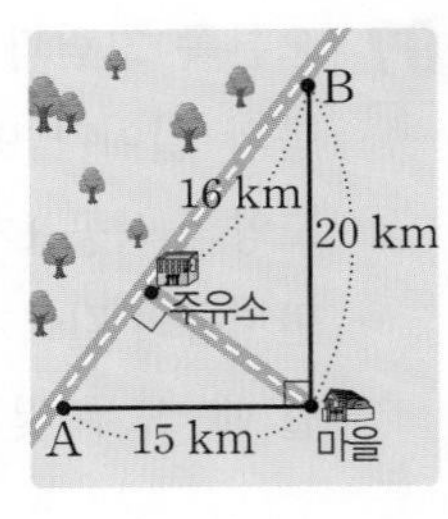

① 10 km ② 11 km ③ 12 km
④ 13 km ⑤ 14 km

▶ 84쪽 유형 21

17 0529 오른쪽 그림과 같이 ∠A=90°인 직각삼각형 모양의 종이 ABC에서 $\overline{AC}$의 중점을 D, 점 D에서 $\overline{BC}$에 내린 수선의 발을 E라 하자. 이 종이를 $\overline{DE}$를 접는 선으로 하여 꼭짓점 C가 $\overline{BC}$ 위의 점 C′에 오도록 접었다. $\overline{AC}=20$ cm, $\overline{BC}=25$ cm일 때, $\overline{BC'}$의 길이를 구하시오.

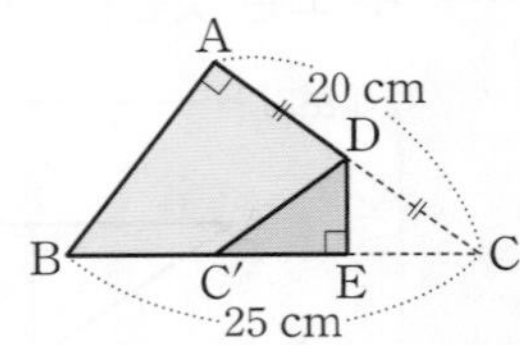

▶ 85쪽 유형 22

창의융합

18 0530 다음 그림과 같이 길이가 1 m인 막대기의 그림자의 길이가 2 m가 될 때, 밑면이 한 변의 길이가 40 m인 정사각형인 사각뿔 모양의 피라미드의 그림자의 길이를 측정하였더니 60 m였다. 피라미드의 높이를 구하시오.

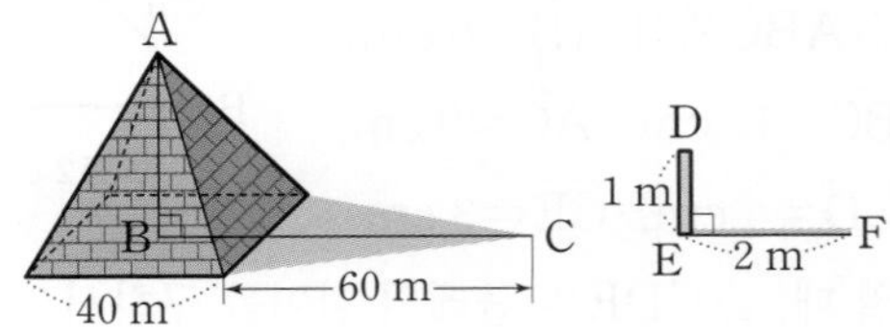

▶ 85쪽 유형 23

서술형 문제

19 0531 오른쪽 그림과 같이 지름이 $\overline{AB}$인 반원 O에서 두 점 C, D는 각각 $\overline{AO}$, $\overline{OB}$의 중점이다. 지름이 $\overline{CD}$인 반원의 넓이가 32 cm^2일 때, 색칠한 부분의 넓이를 구하시오.

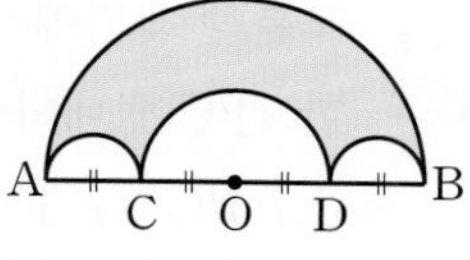

▶ 77쪽 유형 08

20 0532 오른쪽 그림과 같이 사각뿔의 모서리를 삼등분하여 밑면에 평행한 평면으로 잘랐다. 사각뿔대 B의 부피가 28 cm^3일 때, 사각뿔대 C의 부피를 구하시오.

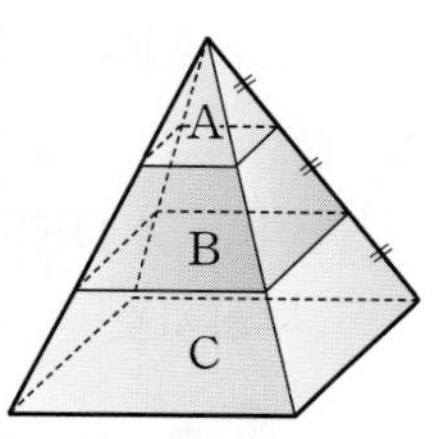

▶ 78쪽 유형 12

21 0533 오른쪽 그림에서 $\overline{AB}$ // $\overline{DC}$일 때, $\overline{BC}$의 길이를 구하시오.

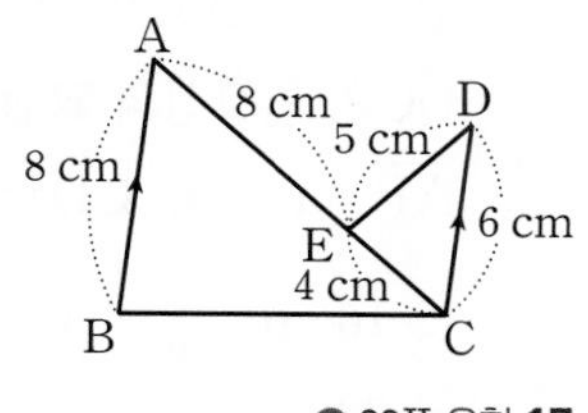

▶ 82쪽 유형 17

22 0534 오른쪽 그림과 같은 △ABC에서 ∠B=∠ACD일 때, 다음 물음에 답하시오.

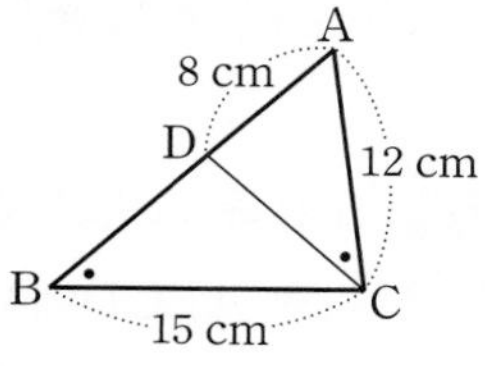

(1) △ABC와 서로 닮은 삼각형을 찾아 기호 ∽를 사용하여 나타내시오.

(2) △BCD의 둘레의 길이를 구하시오.

▶ 83쪽 유형 18

23 0535 오른쪽 그림과 같은 평행사변형 ABCD에서 점 D를 지나는 직선이 $\overline{AB}$의 연장선과 만나는 점을 E, $\overline{BC}$와 만나는 점을 F라 할 때, $\overline{BE}$의 길이를 구하시오.

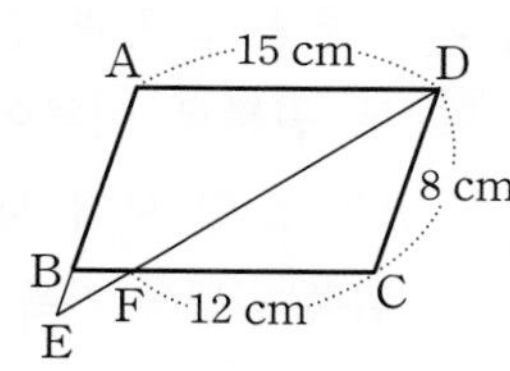

▶ 83쪽 유형 19

24 0536 오른쪽 그림에서 △ABC는 ∠C=90°인 직각삼각형이고 □DECF는 정사각형이다. $\overline{AC}$=6 cm, $\overline{BC}$=3 cm일 때, △ADF의 넓이를 구하시오.

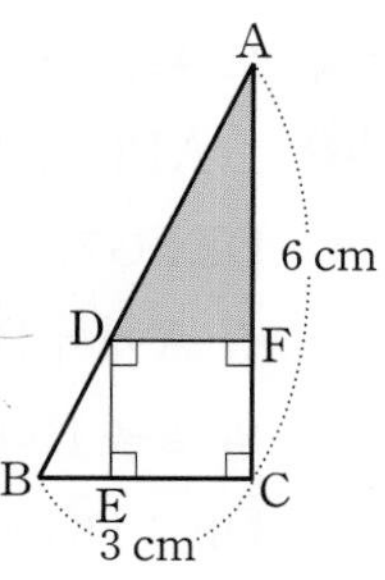

▶ 84쪽 유형 20

01 0537 오른쪽 그림과 같은 직사각형 ABCD에서 □ABCD∽□DEFC∽□AGHE이고 $\overline{AB}$=24 cm, $\overline{AD}$=32 cm일 때, □AGHE의 둘레의 길이를 구하시오.

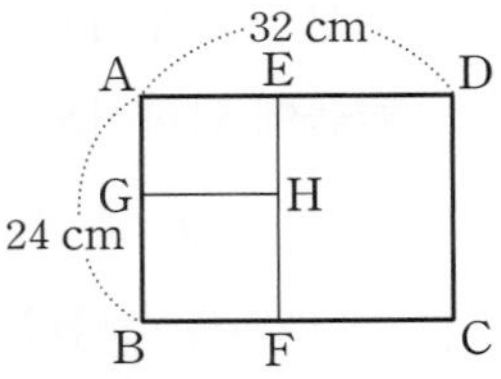

창의융합

02 0538 오른쪽 그림과 같이 합동인 두 원뿔로 이루어진 높이가 12 cm인 모래 시계가 있다. 위쪽 원뿔에 가득 차 있던 모래가 일정한 속력으로 흘러나와 높이가 2 cm 줄어드는 데 2분 13초가 걸렸다면 남은 모래가 모두 떨어지는 데 걸리는 시간은 몇 초인지 구하시오. (단, 두 원뿔의 밑면은 평행하고, 모래가 떨어지는 통로의 길이는 생각하지 않는다.)

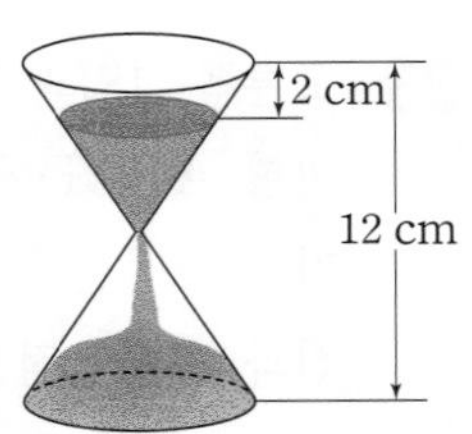

03 0539 오른쪽 그림과 같이 △ABC에 직사각형 DEFG가 내접하고 있다. 점 A에서 $\overline{BC}$에 내린 수선의 발을 H라 하면 $\overline{AH}$=12 cm, $\overline{BC}$=24 cm, $\overline{DE}$: $\overline{DG}$=1 : 2일 때, □DEFG의 둘레의 길이를 구하시오.

04 0540 오른쪽 그림에서 $\overline{BE}$ 위의 한 점 C에 대하여 △ABC∽△DCE이고 점 F는 $\overline{AC}$와 $\overline{BD}$의 교점이다. $\overline{BC}$=14 cm, $\overline{CE}$=7 cm, $\overline{DE}$=9 cm일 때, $\overline{AF}$의 길이를 구하시오.

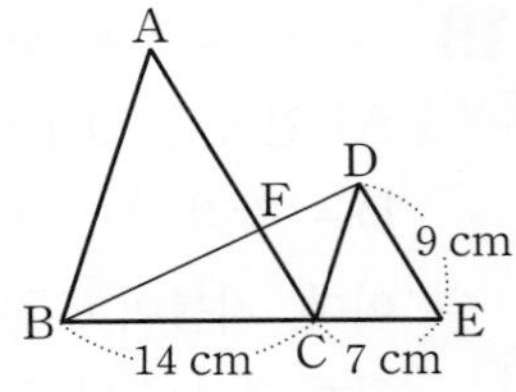

05 0541 오른쪽 그림과 같은 △ABC에서 $\overline{AB}$=4, $\overline{DE}$=2이고 ∠DAB=∠EBC=∠FCA이다. △DEF의 넓이가 3일 때, △ABC의 넓이를 구하시오.

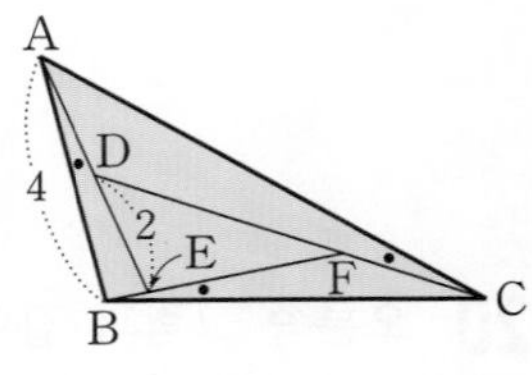

Tip
삼각형의 한 외각의 크기는 그와 이웃하지 않는 두 내각의 크기의 합과 같음을 이용한다.

06 0542 오른쪽 그림과 같이 평행사변형 ABCD에서 $\overline{BC}$ 위의 한 점 E에 대하여 $\overline{DE}$의 연장선과 $\overline{AB}$의 연장선의 교점을 F, $\overline{AE}$의 연장선과 $\overline{DC}$의 연장선의 교점을 G라 하자. $\overline{AF}$=12 cm, $\overline{CD}$=8 cm일 때, $\overline{DG}$의 길이는?

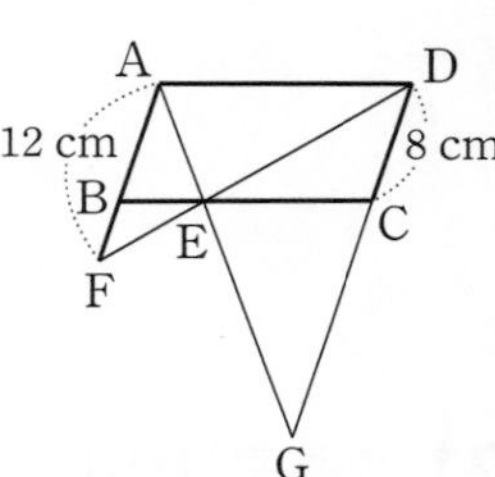

① 16 cm ② 18 cm ③ 20 cm
④ 22 cm ⑤ 24 cm

07 0543 오른쪽 그림과 같이 $\overline{AB}=3$ cm, $\overline{BC}=6$ cm인 직사각형 ABCD와 한 변의 길이가 18 cm인 정사각형 ECFG가 있다. $\overline{BD}$의 연장선과 $\overline{GF}$의 교점을 H라 할 때, □EDHG의 넓이를 구하시오.

(단, 세 점 B, C, F는 한 직선 위에 있다.)

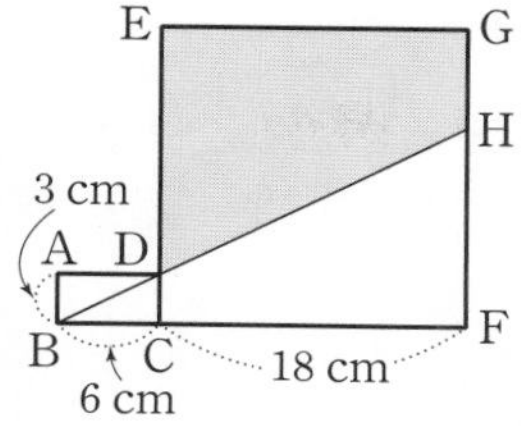

창의·융합

08 0544 오른쪽 그림과 같이 큰 정사각형의 내부에 5개의 색칠한 정사각형을 겹치지 않게 놓았을 때, 색칠한 부분의 넓이를 구하시오.

(단, 네 귀퉁이에 놓인 정사각형은 모두 합동이다.)

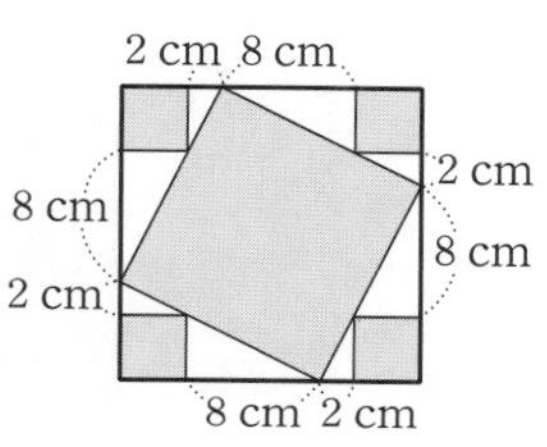

Tip
귀퉁이에 놓인 정사각형의 한 변의 길이를 x cm로 놓고 닮은 삼각형을 찾아 닮음비를 구한다.

09 0545 오른쪽 그림과 같이 ∠A=90°인 직각삼각형 ABC에서 $\overline{BM}=\overline{CM}$이고 $\overline{AG}\perp\overline{BC}$, $\overline{GH}\perp\overline{AM}$이다. $\overline{BG}=4$ cm, $\overline{CG}=1$ cm일 때, △AHG의 넓이를 구하시오.

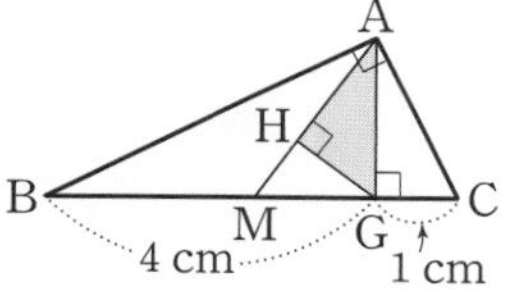

서술형 문제

10 0546 아래 그림과 같이 정삼각형을 각 변의 중점을 이어 4개의 작은 정삼각형으로 나누고 한가운데 있는 정삼각형을 지운다. 또, 남은 3개의 정삼각형을 각 변의 중점을 이어 4개의 작은 정삼각형으로 나누고 한가운데 있는 정삼각형을 각각 지운다. 이와 같은 과정을 반복할 때, 다음 물음에 답하시오.

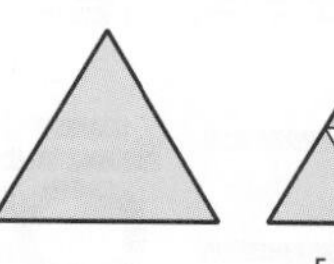
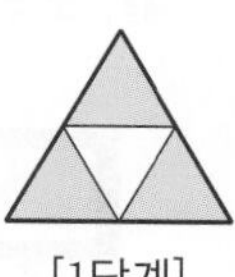
[1단계]
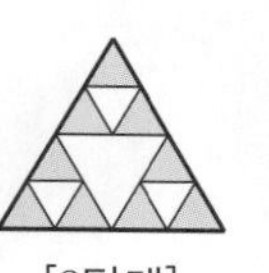
[2단계]
…

(1) 처음 정삼각형과 [1단계]에서 지운 정삼각형의 닮음비를 구하시오.

(2) 처음 정삼각형과 [9단계]에서 지운 한 정삼각형의 닮음비를 구하시오.

11 0547 오른쪽 그림과 같이 ∠C=90°인 직각삼각형 ABC에서 ∠B의 이등분선과 $\overline{AC}$의 교점을 D, 점 D에서 $\overline{AB}$에 내린 수선의 발을 E라 할 때, $\overline{CD}$의 길이를 구하시오.

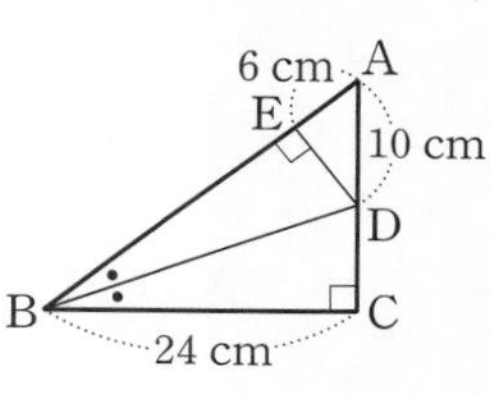

12 0548 오른쪽 그림과 같이 정사각형 ABCD를 선분 EF를 접는 선으로 하여 꼭짓점 C가 $\overline{AB}$ 위의 점 Q에 오도록 접었다. 이때 $\overline{PQ}$의 길이를 구하시오.

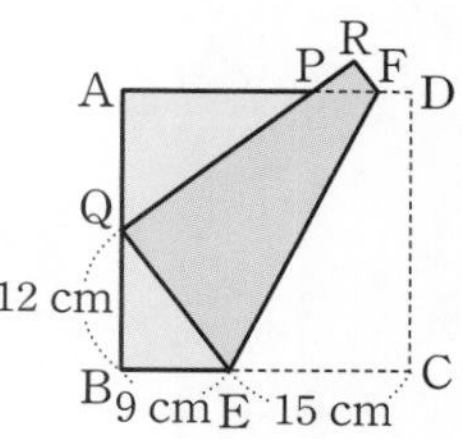

3 도형의 닮음 (1)

Ⅱ. 도형의 닮음과 피타고라스 정리

4 도형의 닮음 (2)

학습 계획 및 성취도 체크

- 학습 계획을 세우고 적어도 두 번 반복하여 공부합니다.
- 유형 이해도에 따라 ☐ 안에 ○, △, ×를 표시합니다.
- 시험 전에 [빈출] 유형과 × 표시한 유형은 반드시 한 번 더 풀어 봅니다.

Lecture	유형	내용	학습 계획	1차 학습	2차 학습
Lecture 14 삼각형에서 평행선과 선분의 길이의 비	유형 01	삼각형에서 평행선과 선분의 길이의 비 (1) 빈출	/	☐	☐
	유형 02	삼각형에서 평행선과 선분의 길이의 비 (2) 빈출	/	☐	☐
	유형 03	삼각형에서 평행선과 선분의 길이의 비의 응용 (1)	/	☐	☐
	유형 04	삼각형에서 평행선과 선분의 길이의 비의 응용 (2)	/	☐	☐
	유형 05	삼각형에서 평행선 찾기 빈출	/	☐	☐
Lecture 15 삼각형의 각의 이등분선	유형 06	삼각형의 내각의 이등분선 빈출	/	☐	☐
	유형 07	삼각형의 내각의 이등분선과 넓이	/	☐	☐
	유형 08	삼각형의 외각의 이등분선 빈출	/	☐	☐
	유형 09	삼각형의 내각과 외각의 이등분선	/	☐	☐
Lecture 16 삼각형의 두 변의 중점을 연결한 선분의 성질	유형 10	삼각형의 두 변의 중점을 연결한 선분의 성질 (1) 빈출	/	☐	☐
	유형 11	삼각형의 두 변의 중점을 연결한 선분의 성질 (2)	/	☐	☐
	유형 12	삼각형의 두 변의 중점을 연결한 선분의 성질의 응용 (1) 빈출	/	☐	☐
	유형 13	삼각형의 두 변의 중점을 연결한 선분의 성질의 응용 (2)	/	☐	☐
	유형 14	삼각형의 세 변의 중점을 연결한 삼각형	/	☐	☐
	유형 15	사각형의 네 변의 중점을 연결한 사각형	/	☐	☐
	유형 16	사다리꼴에서 두 변의 중점을 연결한 선분의 성질 빈출	/	☐	☐
Lecture 17 평행선 사이의 선분의 길이의 비	유형 17	평행선 사이의 선분의 길이의 비 빈출	/	☐	☐
	유형 18	사다리꼴에서 평행선과 선분의 길이의 비 빈출	/	☐	☐
	유형 19	사다리꼴에서 평행선의 응용 (1)	/	☐	☐
	유형 20	사다리꼴에서 평행선의 응용 (2)	/	☐	☐
	유형 21	평행선 사이의 선분의 길이의 비의 응용	/	☐	☐
Lecture 18 삼각형의 무게중심	유형 22	삼각형의 중선	/	☐	☐
	유형 23	삼각형의 무게중심 (1) 빈출	/	☐	☐
	유형 24	삼각형의 무게중심 (2)	/	☐	☐
	유형 25	삼각형의 무게중심의 응용 (1)	/	☐	☐
	유형 26	삼각형의 무게중심의 응용 (2) 빈출	/	☐	☐
	유형 27	삼각형의 무게중심과 넓이 빈출	/	☐	☐
	유형 28	평행사변형에서 삼각형의 무게중심 빈출	/	☐	☐
	유형 29	평행사변형에서 삼각형의 무게중심과 넓이	/	☐	☐
단원 마무리	**Level B** 필수 유형 정복하기		/	☐	☐
	Level C 발전 유형 정복하기		/	☐	☐

삼각형에서 평행선과 선분의 길이의 비

14-1 삼각형에서 평행선과 선분의 길이의 비 | 유형 01 ~ 04

△ABC에서 두 변 AB, AC 또는 그 연장선 위의 점을 각각 D, E라 할 때

(1) $\overline{BC} /\!/ \overline{DE}$이면

$\overline{AB} : \overline{AD} = \overline{AC} : \overline{AE} = \overline{BC} : \overline{DE}$

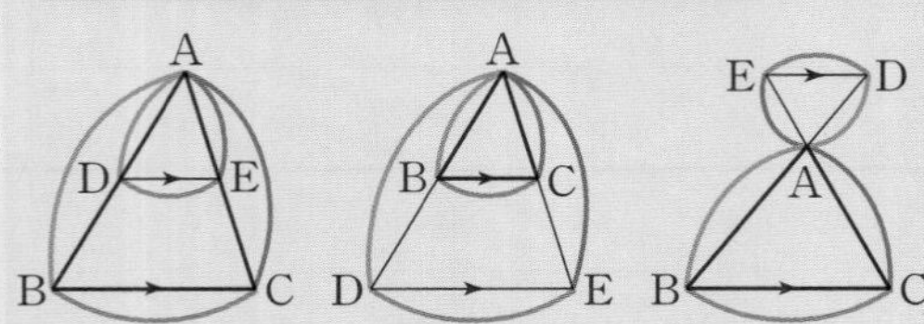

참고 △ABC∽△ADE (AA 닮음)이므로
$\overline{AB} : \overline{AD} = \overline{AC} : \overline{AE} = \overline{BC} : \overline{DE}$

(2) $\overline{BC} /\!/ \overline{DE}$이면

$\overline{AD} : \overline{DB} = \overline{AE} : \overline{EC}$

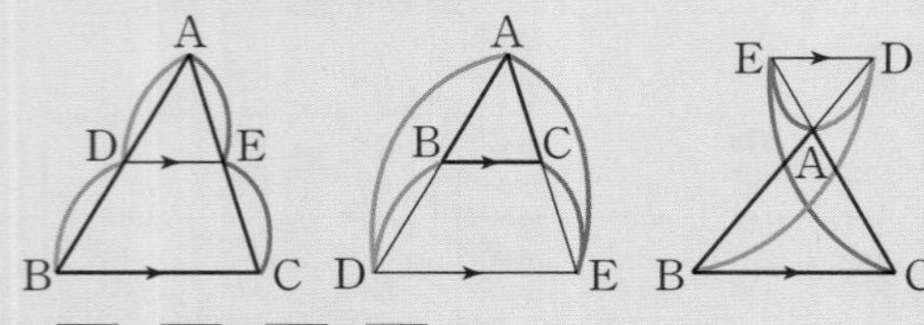

주의 $\overline{AD} : \overline{DB} \neq \overline{DE} : \overline{BC}$

14-2 삼각형에서 평행선 찾기 | 유형 05

△ABC에서 두 변 AB, AC 또는 그 연장선 위의 점을 각각 D, E라 할 때

(1) $\overline{AB} : \overline{AD} = \overline{AC} : \overline{AE}$이면

$\overline{BC} /\!/ \overline{DE}$

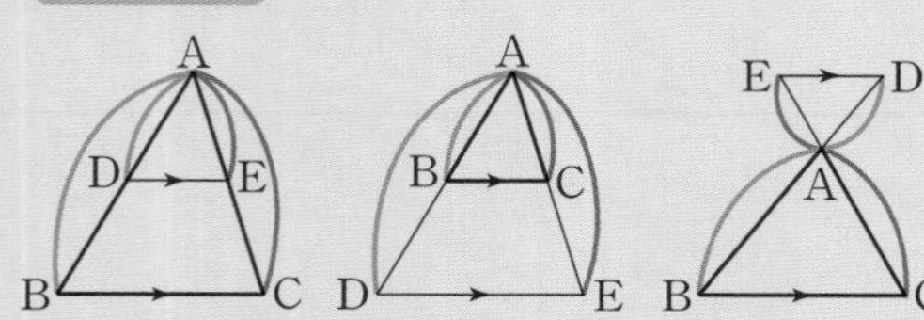

참고 △ABC∽△ADE (SAS 닮음)이므로
∠ABC=∠ADE
∴ $\overline{BC} /\!/ \overline{DE}$

(2) $\overline{AD} : \overline{DB} = \overline{AE} : \overline{EC}$이면

$\overline{BC} /\!/ \overline{DE}$

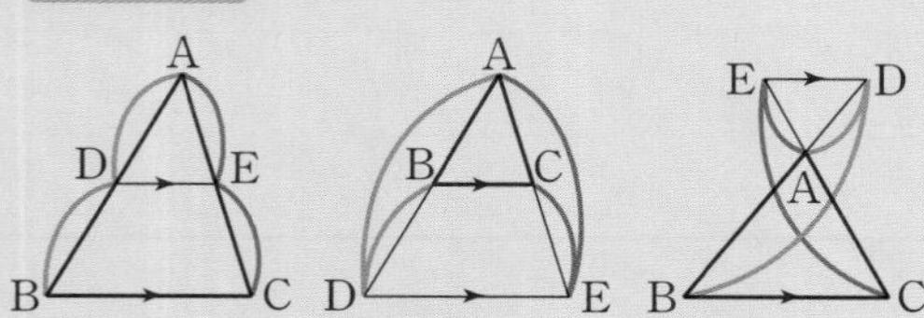

01 0549 다음은 △ABC에서 $\overline{AB}$, $\overline{AC}$ 위에 각각 점 D, E를 잡을 때, $\overline{BC} /\!/ \overline{DE}$이면 $\overline{AD} : \overline{DB} = \overline{AE} : \overline{EC}$임을 설명하는 과정이다. (가)~(마)에 알맞은 것을 써넣으시오.

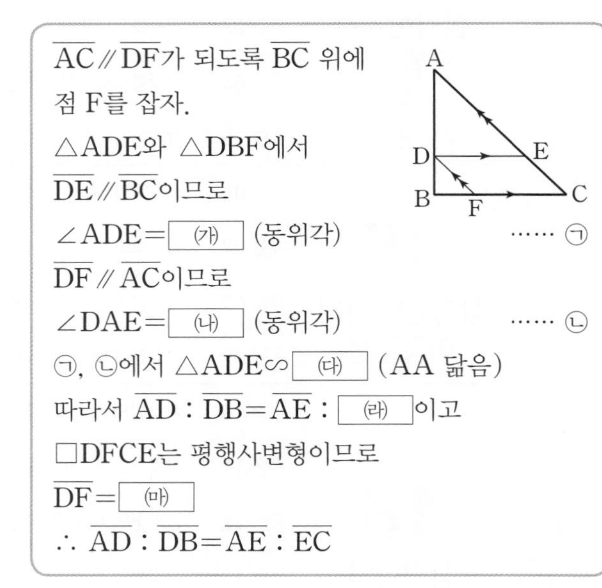

$\overline{AC} /\!/ \overline{DF}$가 되도록 $\overline{BC}$ 위에 점 F를 잡자.
△ADE와 △DBF에서
$\overline{DE} /\!/ \overline{BC}$이므로
∠ADE= (가) (동위각) …… ㉠
$\overline{DF} /\!/ \overline{AC}$이므로
∠DAE= (나) (동위각) …… ㉡
㉠, ㉡에서 △ADE∽ (다) (AA 닮음)
따라서 $\overline{AD} : \overline{DB} = \overline{AE} :$ (라) 이고
□DFCE는 평행사변형이므로
$\overline{DF} =$ (마)
∴ $\overline{AD} : \overline{DB} = \overline{AE} : \overline{EC}$

[02~05] 다음 그림에서 $\overline{BC} /\!/ \overline{DE}$일 때, x의 값을 구하시오.

02 0550

03 0551

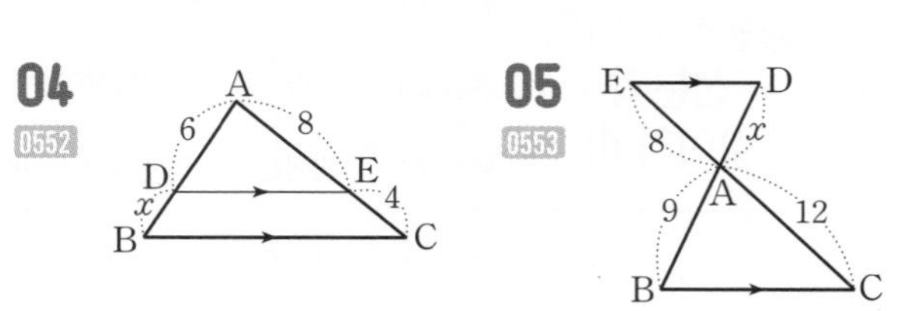

04 0552

05 0553

[06~07] 다음 그림에서 $\overline{BC}$와 $\overline{DE}$가 평행하면 ○표, 평행하지 않으면 ×표를 하시오.

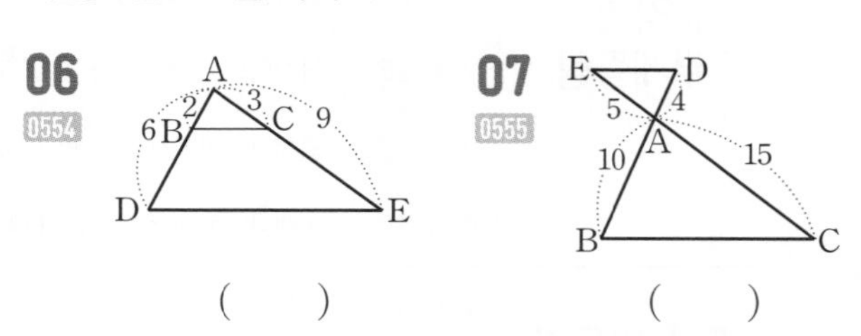

06 0554 (　　)

07 0555 (　　)

빈출

유형 01 삼각형에서 평행선과 선분의 길이의 비 (1) | 개념 14-1

대표문제

08 0556 오른쪽 그림에서 $\overline{BC} /\!/ \overline{DE}$일 때, xy의 값은?

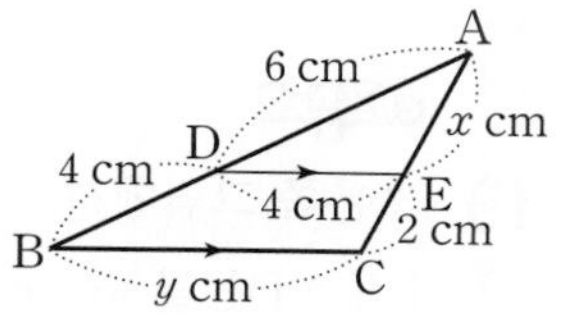

① 17 ② 18 ③ 19 ④ 20 ⑤ 21

09 0557 오른쪽 그림에서 $\overline{BC} /\!/ \overline{DE}$이고 $\overline{AE}=3\overline{EC}$일 때, $x+y$의 값을 구하시오.

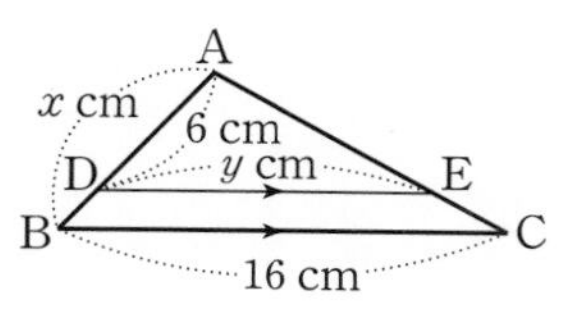

10 0558 오른쪽 그림에서 $\overline{BC} /\!/ \overline{DE}$일 때, $\triangle ABC$의 둘레의 길이를 구하시오.

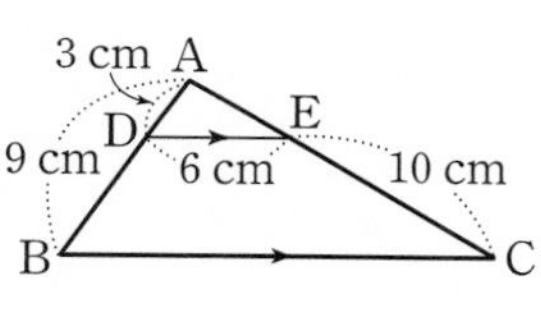

11 0559 오른쪽 그림의 평행사변형 ABCD에서 변 BC 위의 점 E에 대하여 $\overline{AE}$의 연장선과 $\overline{CD}$의 연장선의 교점을 F라 할 때, $\overline{BE}$의 길이를 구하시오.

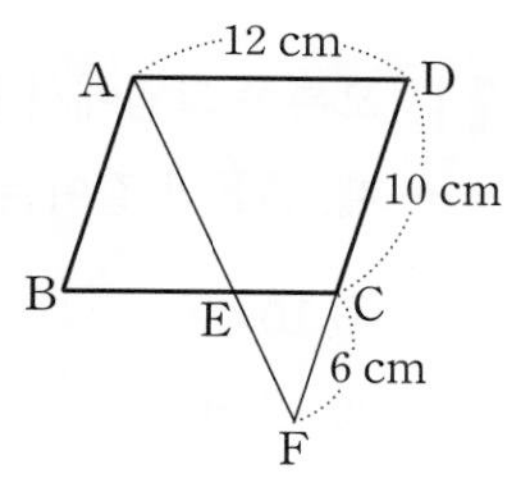

창의⊕융합

12 0560 오른쪽 그림과 같은 삼각형 ABC 모양의 공원에서 $\overline{AB}$, $\overline{AC}$, $\overline{BC}$ 위의 각 점 D, E, F에 대하여 마름모 DFCE 모양으로 꽃길을 만들려고 한다. $\overline{AC}=9$ m, $\overline{BC}=15$ m일 때, 마름모 모양의 꽃길의 길이를 구하시오. (단, 꽃길의 폭은 생각하지 않는다.)

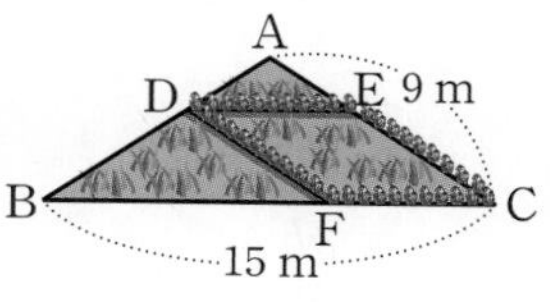

13 0561 오른쪽 그림에서 $\overline{FD} /\!/ \overline{GC}$이고 $\overline{AF}:\overline{FG}:\overline{GB}=2:1:1$이다. $\overline{FE}=10$ cm일 때, $\overline{DE}$의 길이를 구하시오.

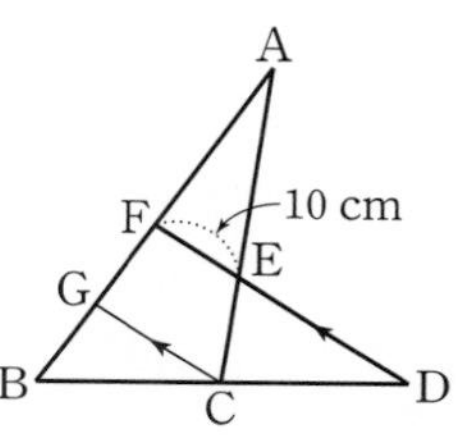

빈출

유형 02 삼각형에서 평행선과 선분의 길이의 비 (2) | 개념 14-1

대표문제

14 0562 오른쪽 그림에서 $\overline{BC} /\!/ \overline{DE}$일 때, xy의 값은?

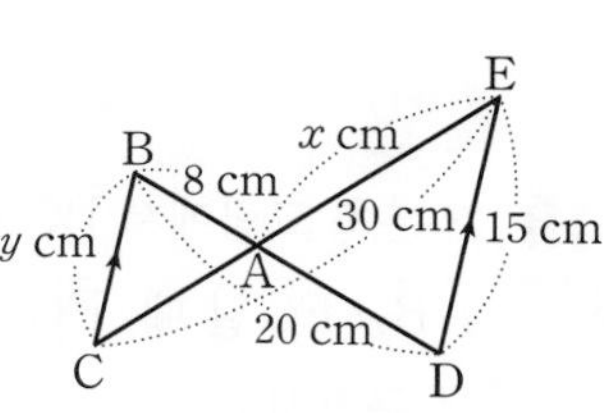

① 150 ② 160 ③ 180 ④ 200 ⑤ 210

4 도형의 닮음 (2)

15 오른쪽 그림에서 $\overline{BC} /\!/ \overline{DE}$일 때, 다음 중 $\overline{DE}$의 길이를 나타내는 것은?
0563

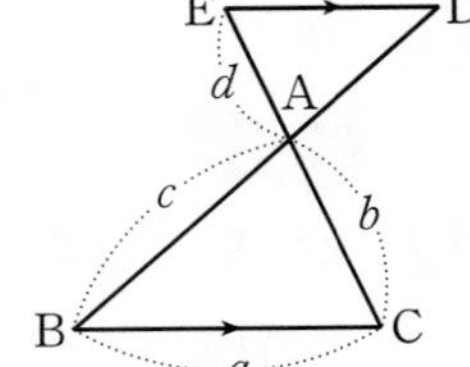

① $\frac{ac}{b}$ ② $\frac{ad}{b}$

③ $\frac{ab}{c}$ ④ $\frac{ad}{c}$

⑤ $\frac{ac}{d}$

16 오른쪽 그림에서 $\overline{BC} /\!/ \overline{DE} /\!/ \overline{FG}$이고 $\overline{GA} : \overline{AC} : \overline{CE} = 2 : 3 : 2$일 때, $x+y$의 값을 구하시오.
0564

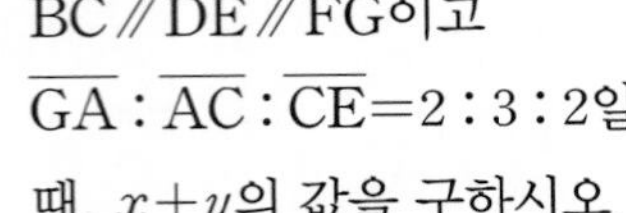
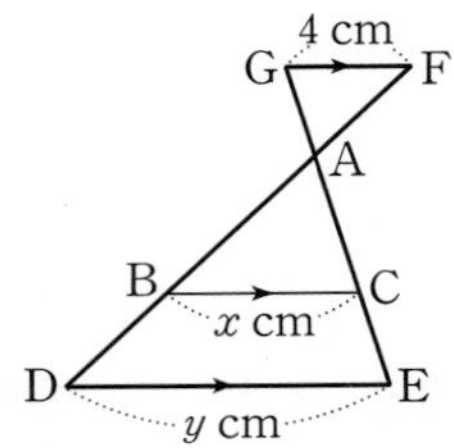

17 오른쪽 그림에서 $\overline{AD} /\!/ \overline{FC}$, $\overline{AB} /\!/ \overline{DC}$이고 $2\overline{EB} = 3\overline{AE}$일 때, $\overline{FC}$의 길이는?
0565

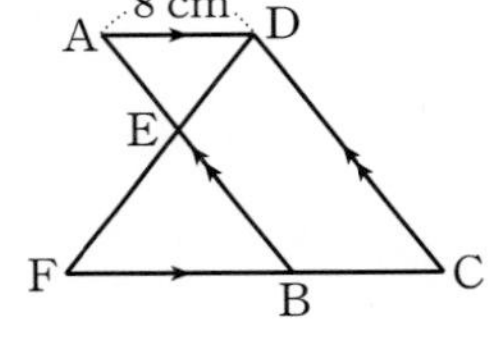

① 14 cm ② 16 cm

③ 18 cm ④ 20 cm

⑤ 22 cm

18 오른쪽 그림에서 $\overline{BC} /\!/ \overline{DE}$, $\overline{AB} /\!/ \overline{FG}$일 때, $\overline{FG}$의 길이를 구하시오.
0566

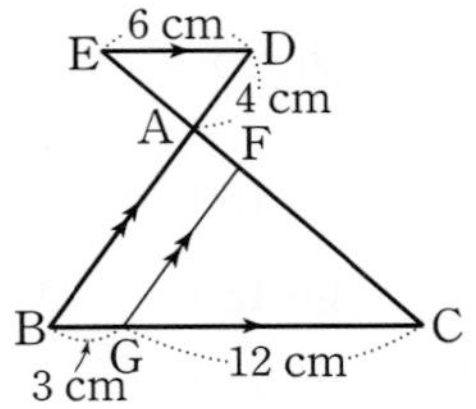

유형 03 삼각형에서 평행선과 선분의 길이의 비의 응용 (1)

| 개념 14-1

$\triangle ABC$에서 $\overline{BC} /\!/ \overline{DE}$이면
$\overline{AG} : \overline{AF} = \overline{DG} : \overline{BF} = \overline{GE} : \overline{FC}$

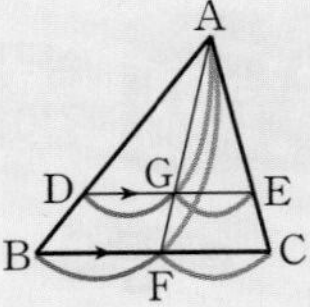

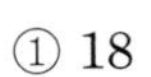

19 오른쪽 그림에서 $\overline{BC} /\!/ \overline{DE}$일 때, $x+y$의 값은?
0567

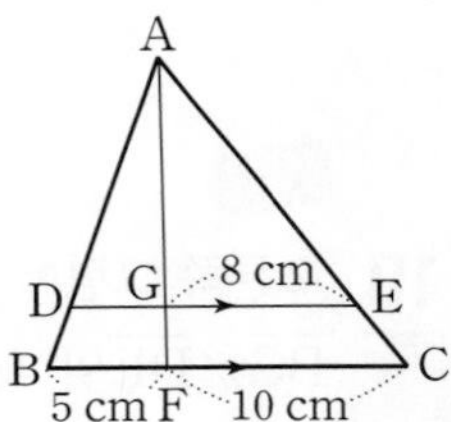

① 18 ② $\frac{37}{2}$

③ 19 ④ $\frac{39}{2}$

⑤ 20

20 오른쪽 그림에서 $\overline{BC} /\!/ \overline{DE}$일 때, $\overline{DG}$의 길이를 구하시오.
0568

21 오른쪽 그림에서 $\overline{BC} /\!/ \overline{DE}$일 때, $\overline{AE}$의 길이는?
0569

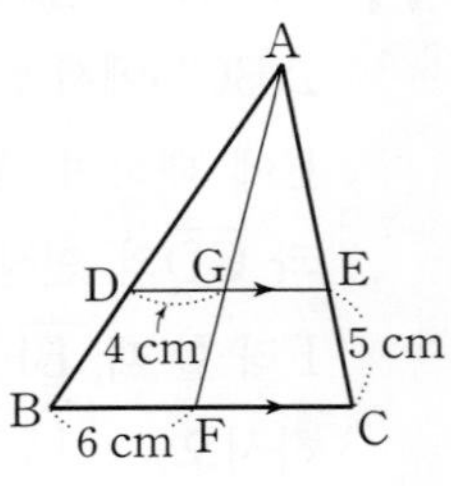

① 10 cm ② 11 cm

③ 12 cm ④ 13 cm

⑤ 14 cm

유형 04 삼각형에서 평행선과 선분의 길이의 비의 응용 (2) | 개념 14-1

$\triangle ABC$에서 $\overline{BC} /\!/ \overline{DE}$, $\overline{BE} /\!/ \overline{DF}$이면
$\overline{AD} : \overline{DB} = \overline{AE} : \overline{EC} = \overline{AF} : \overline{FE}$

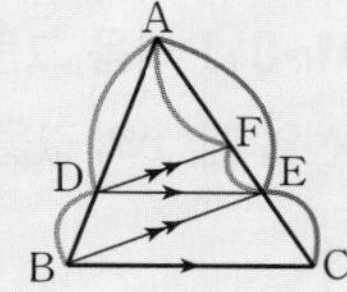

대표문제

22 0570 오른쪽 그림에서 $\overline{BC} /\!/ \overline{DE}$, $\overline{DC} /\!/ \overline{FE}$일 때, $\overline{AF}$의 길이를 구하시오.

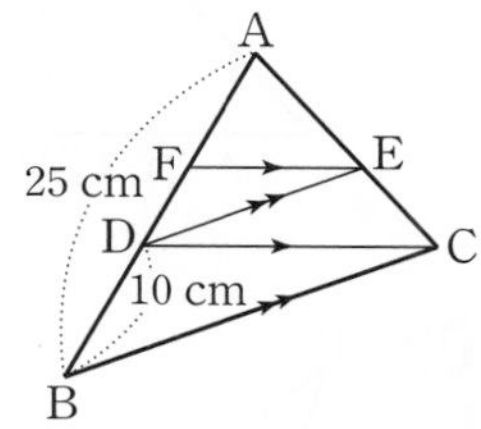

23 0571 오른쪽 그림에서 $\overline{AC} /\!/ \overline{DE}$, $\overline{CD} /\!/ \overline{EF}$이고 $\overline{BF} = 4$ cm, $\overline{FD} = 3$ cm일 때, $\overline{AD}$의 길이는?

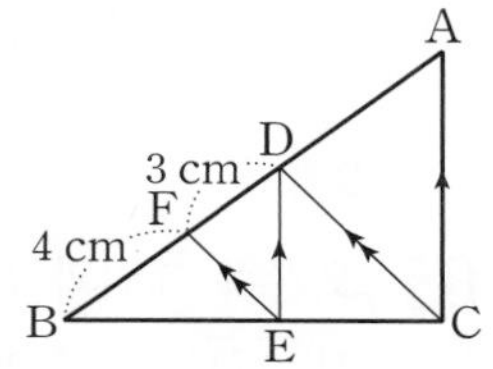

① 5 cm ② $\frac{21}{4}$ cm ③ $\frac{11}{2}$ cm ④ $\frac{23}{4}$ cm ⑤ 6 cm

24 0572 오른쪽 그림에서 $\overline{BC} /\!/ \overline{DE}$, $\overline{CD} /\!/ \overline{EF}$이다. $\overline{AF} : \overline{FD} = 3 : 1$이고 $\overline{AF} = 9$ cm일 때, $\overline{DB}$의 길이는?

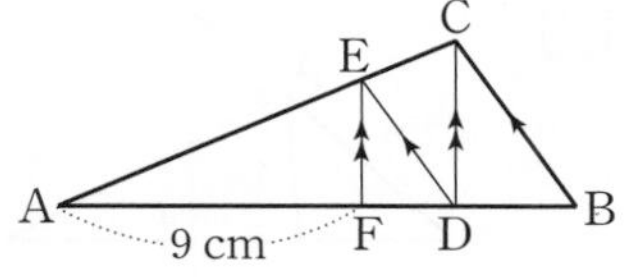

① 3 cm ② $\frac{10}{3}$ cm ③ 4 cm ④ $\frac{14}{3}$ cm ⑤ 5 cm

유형 05 삼각형에서 평행선 찾기 | 개념 14-2

대표문제

25 0573 다음 중 $\overline{BC} /\!/ \overline{DE}$가 아닌 것은?

①
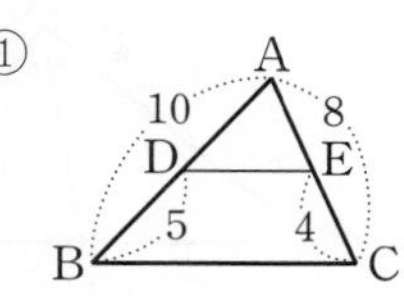

②
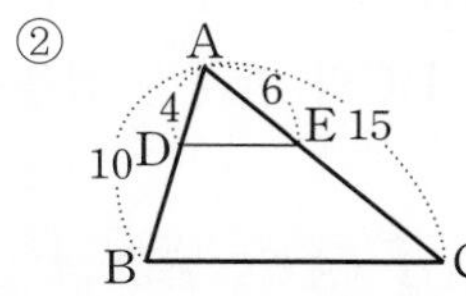

③
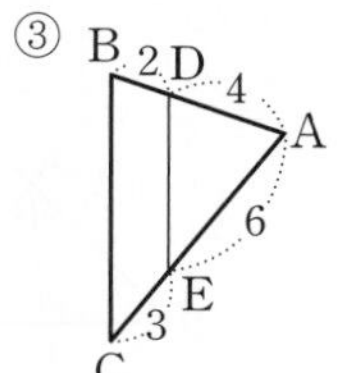

④
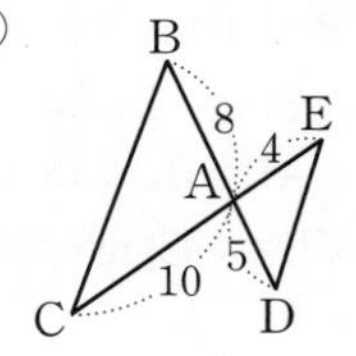

⑤
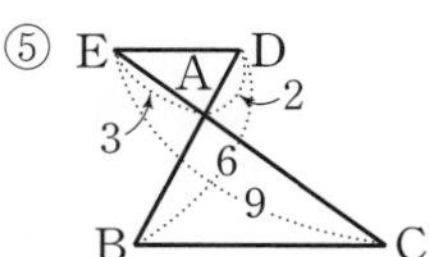

26 0574 오른쪽 그림의 $\triangle ABC$에서 $\overline{AD} : \overline{DB} = \overline{AE} : \overline{EC}$일 때, 다음 중 옳지 않은 것은?

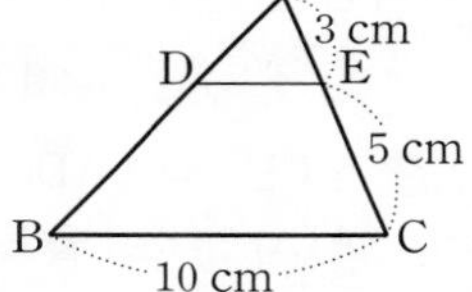

① $\overline{BC} /\!/ \overline{DE}$
② $\triangle ABC \backsim \triangle ADE$
③ $\overline{AB} : \overline{AD} = 8 : 3$
④ $\overline{BC} : \overline{DE} = 8 : 3$
⑤ $\overline{DE} = 4$ cm

서술형

27 0575 오른쪽 그림의 $\triangle ABC$에서 $\overline{DE}$, $\overline{EF}$, $\overline{DF}$ 중에서 $\triangle ABC$의 어느 한 변과 평행한 선분을 말하시오.

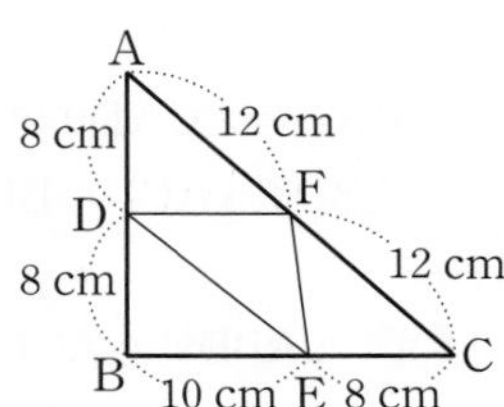

4 도형의 닮음 (2)

Lecture 15

4. 도형의 닮음 (2)

삼각형의 각의 이등분선

15-1 삼각형의 내각의 이등분선 | 유형 06, 07, 09

△ABC에서 ∠A의 이등분선이 변 BC와 만나는 점을 D라 하면

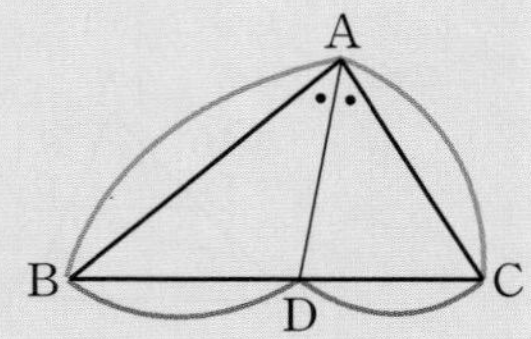

$\overline{AB}:\overline{AC}=\overline{BD}:\overline{CD}$

참고 점 C를 지나고 $\overline{AD}$에 평행한 직선이 $\overline{AB}$의 연장선과 만나는 점을 E라 하면
$\overline{BA}:\overline{AE}=\overline{BD}:\overline{DC}$이고,
△ACE는 이등변삼각형이므로
$\overline{AE}=\overline{AC}$
$\therefore \overline{AB}:\overline{AC}=\overline{BD}:\overline{CD}$

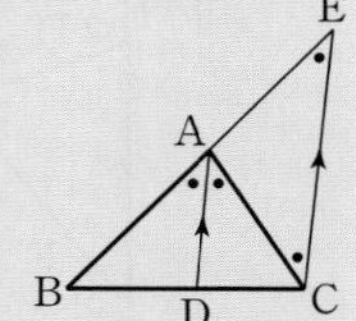

15-2 삼각형의 외각의 이등분선 | 유형 08, 09

△ABC에서 ∠A의 외각의 이등분선이 변 BC의 연장선과 만나는 점을 D라 하면

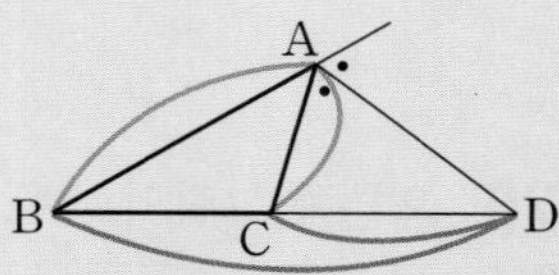

$\overline{AB}:\overline{AC}=\overline{BD}:\overline{CD}$

참고 점 C를 지나고 $\overline{AD}$에 평행한 직선이 $\overline{AB}$와 만나는 점을 E라 하면
$\overline{BA}:\overline{EA}=\overline{BD}:\overline{CD}$이고,
△AEC는 이등변삼각형이므로
$\overline{AE}=\overline{AC}$
$\therefore \overline{AB}:\overline{AC}=\overline{BD}:\overline{CD}$

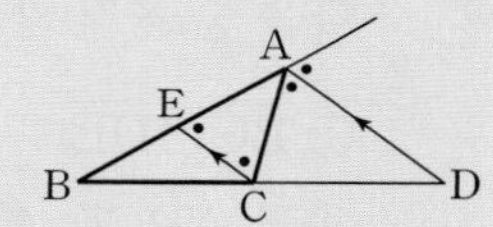

실전 특강 삼각형의 내각의 이등분선과 넓이 | 유형 07

오른쪽 그림에서
∠BAD=∠CAD이면
△ABD : △ACD$=\overline{BD}:\overline{CD}$
$=\overline{AB}:\overline{AC}$

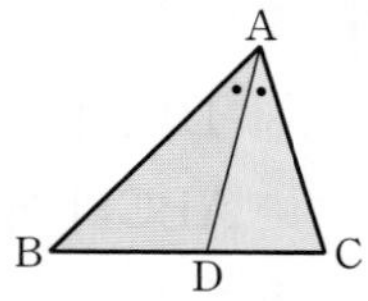

A
B
D
C

참고 △ABD와 △ACD의 높이가 같으므로
두 삼각형의 넓이의 비는 밑변의 길이의 비와 같다.

[01~04] 다음 그림과 같은 △ABC에서 $\overline{AD}$가 ∠A의 이등분선일 때, x의 값을 구하시오.

01 0576

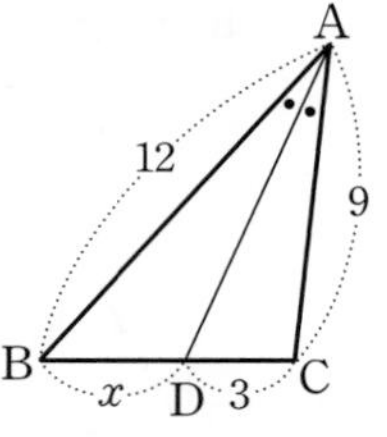

02 0577

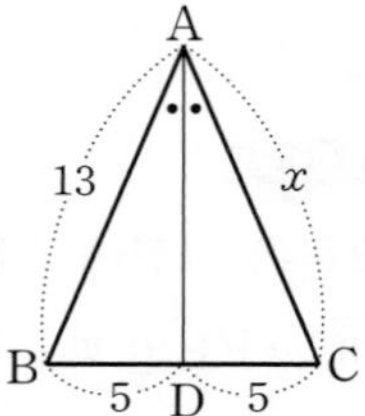

03 0578

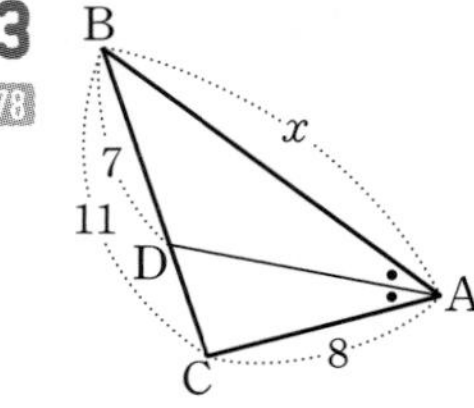

04 0579

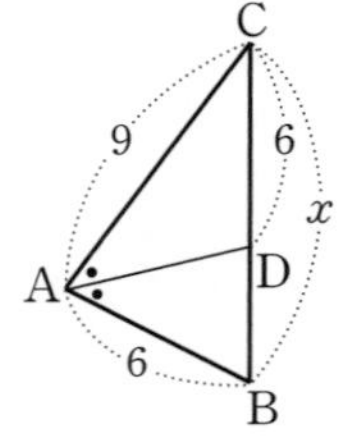

05 0580 오른쪽 그림과 같은 △ABC에서 $\overline{AD}$는 ∠A의 이등분선이고 △ACD의 넓이가 14일 때, △ABD의 넓이를 구하시오.

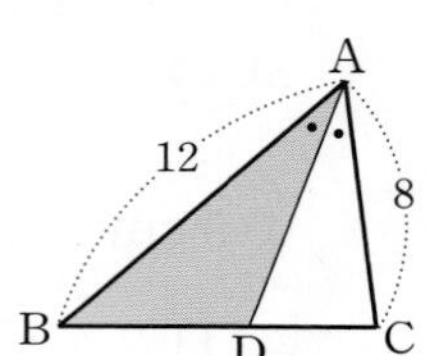

[06~07] 다음 그림과 같은 △ABC에서 $\overline{AD}$가 ∠A의 외각의 이등분선일 때, x의 값을 구하시오.

06 0581

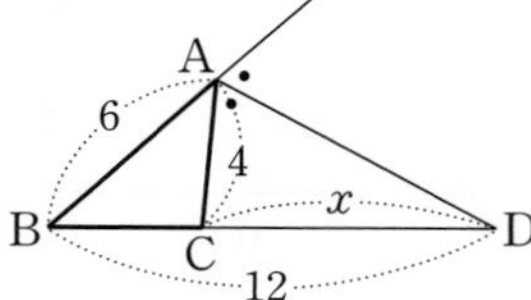

07 0582

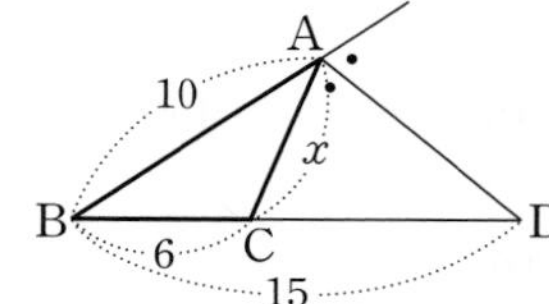

빠른답 5쪽 | 바른답 · 알찬풀이 61쪽

빈출

유형 06 삼각형의 내각의 이등분선 | 개념 15-1

대표문제

08 0583 오른쪽 그림과 같은 $\triangle ABC$에서 $\overline{AD}$가 $\angle A$의 이등분선일 때, $\overline{BD}$의 길이는?

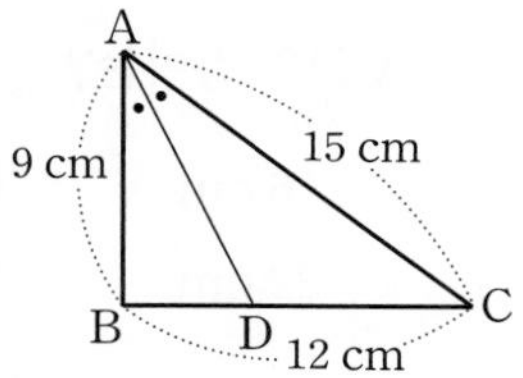

① 4 cm ② $\frac{9}{2}$ cm

③ 5 cm ④ $\frac{11}{2}$ cm

⑤ 6 cm

09 0584 오른쪽 그림과 같은 $\triangle ABC$에서 $\overline{AD}$는 $\angle A$의 이등분선이다. 점 C를 지나고 $\overline{AD}$와 평행한 직선이 $\overline{AB}$의 연장선과 만나는 점을 E라 할 때, 다음 중 옳지 않은 것은?

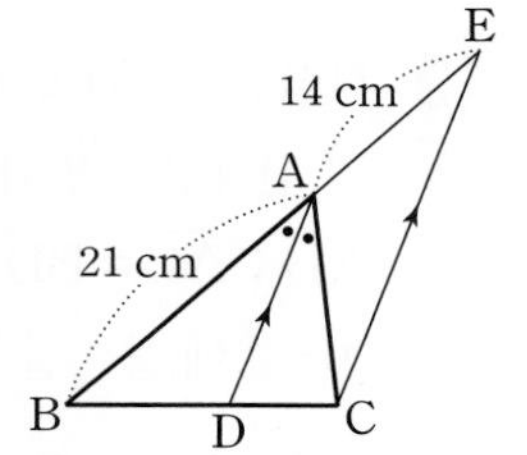

① $\angle AEC = \angle BAD$

② $\angle DAC = \angle ACE$

③ $\overline{AC} = 14$ cm

④ $\overline{BD} : \overline{DC} = 3 : 2$

⑤ $\overline{AD} : \overline{EC} = \overline{BA} : \overline{AE}$

10 0585 오른쪽 그림과 같은 $\triangle ABC$에서 $\overline{AD}$는 $\angle A$의 이등분선이다. $\overline{AB} /\!/ \overline{ED}$일 때, $\overline{CE}$의 길이는?

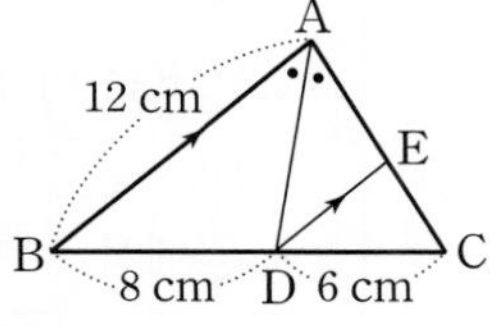

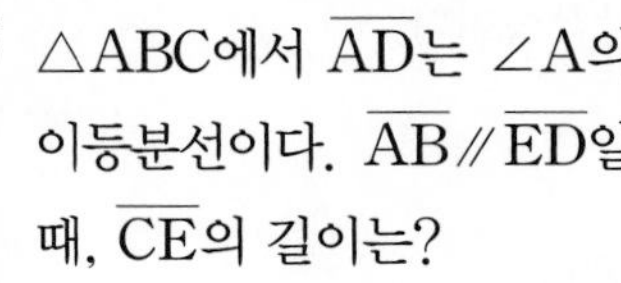

① 3 cm ② $\frac{22}{7}$ cm ③ $\frac{25}{7}$ cm

④ $\frac{27}{7}$ cm ⑤ 4 cm

11 0586 오른쪽 그림과 같은 평행사변형 ABCD에서 $\angle B$, $\angle D$의 이등분선과 $\overline{AC}$의 교점을 각각 E, F라 할 때, $\overline{EF}$의 길이를 구하시오.

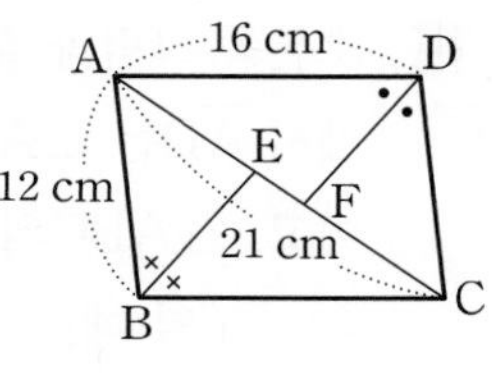

서술형

12 0587 오른쪽 그림에서 점 I가 $\triangle ABC$의 내심일 때, $\overline{AD}$의 길이를 구하시오.

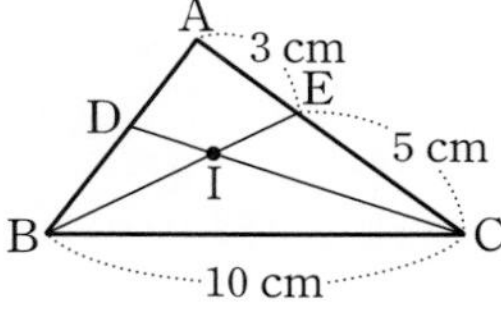

13 0588 오른쪽 그림과 같은 $\triangle ABC$에서 $\overline{AE}$는 $\angle A$의 이등분선이고 $\overline{AC} = \overline{AD} = 6$ cm, $\overline{BD} = 2$ cm, $\overline{BE} = 4$ cm일 때, $\overline{DE}$의 길이를 구하시오.

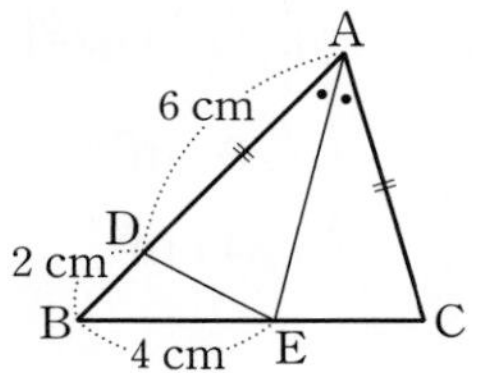

14 0589 오른쪽 그림과 같은 $\triangle ABC$에서 $\overline{AD}$는 $\angle A$의 이등분선이다. 두 점 B, C에서 $\overline{AD}$와 $\overline{AD}$의 연장선에 내린 수선의 발을 각각 E, F라 할 때, $\overline{DE}$의 길이를 구하시오.

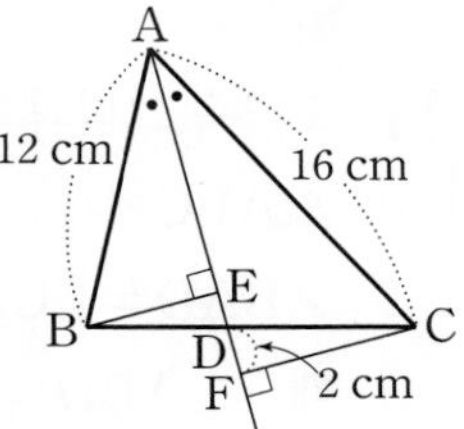

유형 07 삼각형의 내각의 이등분선과 넓이 | 개념 15-1

대표문제

15 0590 오른쪽 그림과 같은 △ABC에서 $\overline{AD}$는 ∠A의 이등분선이고, △ABC의 넓이가 42 cm^2일 때, △ABD의 넓이는?

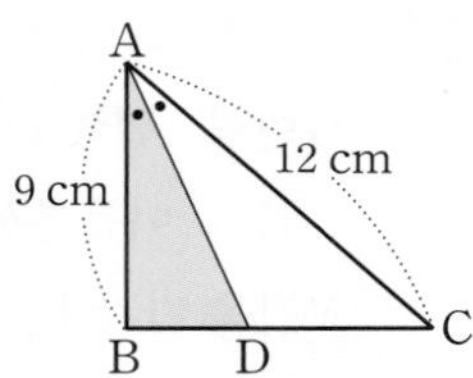

① 12 cm^2　② 18 cm^2　③ 24 cm^2
④ 30 cm^2　⑤ 36 cm^2

16 0591 오른쪽 그림과 같은 △ABC에서 $\overline{AD}$는 ∠A의 이등분선이고, $\overline{AB}$: $\overline{AC}$=2 : 3이다. △ABD의 넓이가 24 cm^2일 때, △ACD의 넓이는?

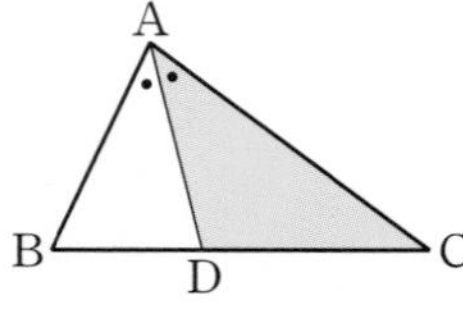

① 28 cm^2　② 30 cm^2　③ 32 cm^2
④ 34 cm^2　⑤ 36 cm^2

17 0592 오른쪽 그림과 같은 △ABC에서 ∠BAD=∠CAD=45°일 때, △ABD의 넓이를 구하시오.

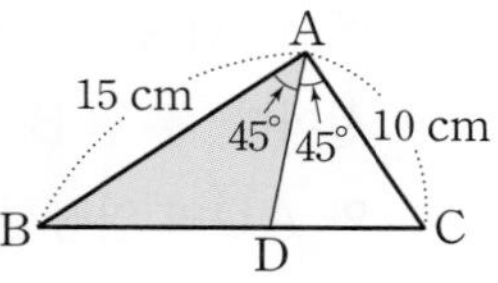

유형 08 삼각형의 외각의 이등분선 | 개념 15-2

빈출

대표문제

18 0593 오른쪽 그림과 같은 △ABC에서 $\overline{AD}$가 ∠A의 외각의 이등분선일 때, $\overline{CD}$의 길이는?

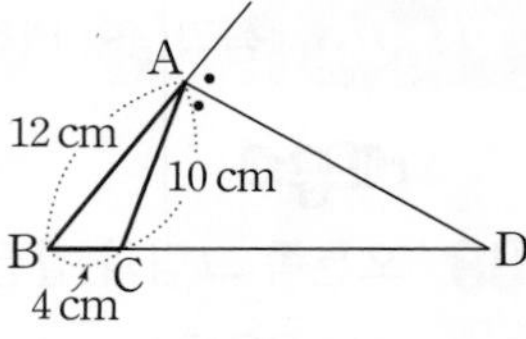

① 16 cm　② 18 cm　③ 20 cm
④ 22 cm　⑤ 24 cm

19 0594 다음은 △ABC에서 ∠A의 외각의 이등분선이 $\overline{BC}$의 연장선과 만나는 점을 D라 할 때, $\overline{AB}$: $\overline{AC}$=$\overline{BD}$: $\overline{CD}$임을 설명하는 과정이다. ①~⑤에 들어갈 것으로 옳지 않은 것은?

> 점 C를 지나고 $\overline{AB}$와 평행한 직선이 $\overline{AD}$와 만나는 점을 E라 하면
>
> 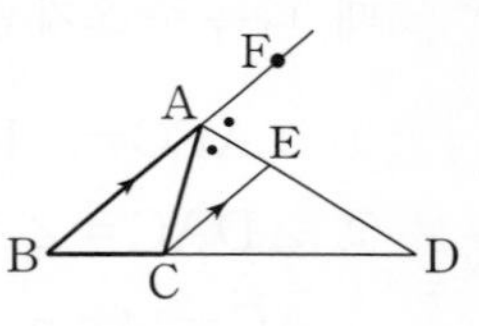
>
>
> △ABD와 △ECD에서
> ∠D는 공통,
> ∠ABD= ① (동위각)
> 이므로
> △ABD∽△ECD (② 닮음)
> ∴ $\overline{AB}$: $\overline{EC}$=$\overline{BD}$: ③ …… ㉠
> 또, ∠FAE= ④ (엇각)이므로
> △ACE는 이등변삼각형이다.
> ∴ $\overline{AC}$= ⑤ …… ㉡
> ㉠, ㉡에서
> $\overline{AB}$: $\overline{AC}$=$\overline{BD}$: $\overline{CD}$

① ∠ECD　② AA　③ $\overline{CD}$
④ ∠ADC　⑤ $\overline{EC}$

20 0595 오른쪽 그림과 같은 △ABC에서 $\overline{AD}$가 ∠A의 외각의 이등분선일 때, $\overline{AC}$의 길이를 구하시오.

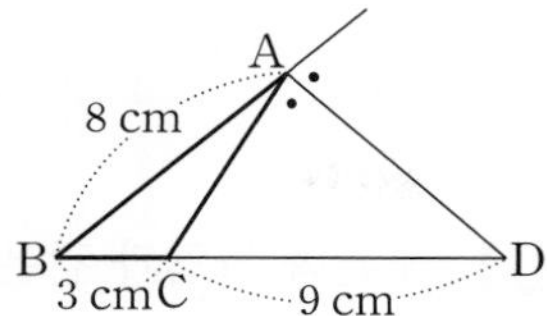

21 0596 오른쪽 그림과 같은 △ABC에서 $\overline{AD}$가 ∠A의 외각의 이등분선일 때, $\dfrac{\overline{CD}}{\overline{BC}}$의 값을 구하시오.

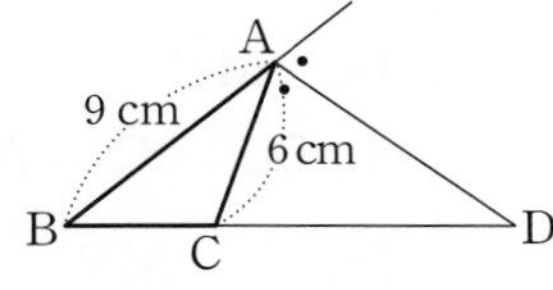

서술형

22 0597 오른쪽 그림과 같은 △ABC에서 $\overline{AD}$는 ∠A의 외각의 이등분선이고 △ACD의 넓이가 39 cm^2일 때, △ABC의 넓이를 구하시오.

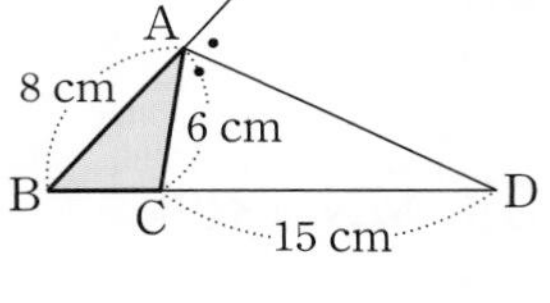

23 0598 오른쪽 그림과 같은 △ABC에서 $\overline{AD}$가 ∠A의 외각의 이등분선이고 $\overline{AD} /\!/ \overline{EB}$일 때, $\overline{EC}$의 길이는?

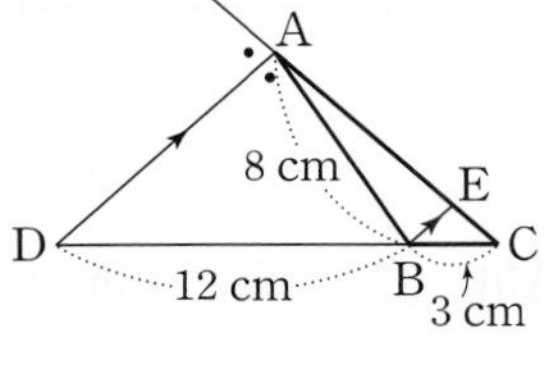

① 1 cm ② $\dfrac{4}{3}$ cm ③ $\dfrac{3}{2}$ cm
④ $\dfrac{5}{3}$ cm ⑤ 2 cm

유형 09 삼각형의 내각과 외각의 이등분선 | 개념 15-1, 2

오른쪽 그림에서
①：②=③：④
=(③+④+⑤)：⑤

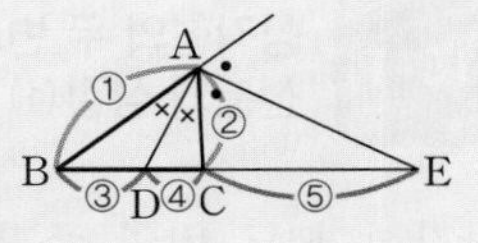

대표문제

24 0599 오른쪽 그림과 같은 △ABC에서 $\overline{AD}$는 ∠A의 이등분선이고, $\overline{AE}$는 ∠A의 외각의 이등분선일 때, $\overline{DE}$의 길이는?

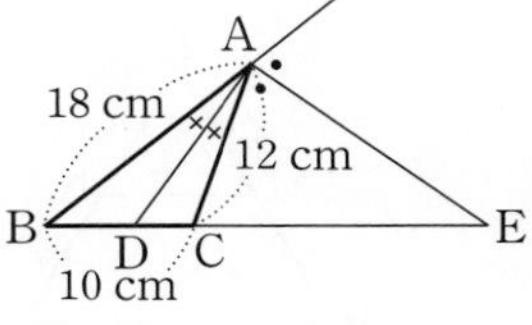

① 21 cm ② 22 cm ③ 23 cm
④ 24 cm ⑤ 25 cm

25 0600 오른쪽 그림과 같은 △ABC에서 $\overline{AD}$는 ∠A의 이등분선이고, $\overline{AE}$는 ∠A의 외각의 이등분선일 때, $\overline{CE}$의 길이는?

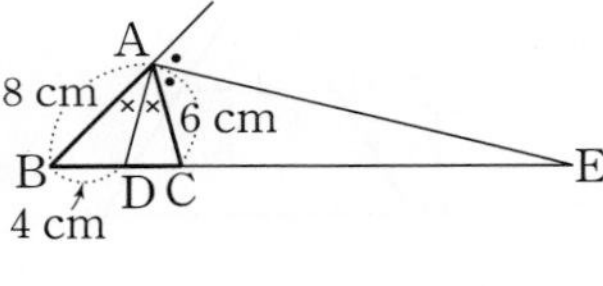

① 15 cm ② 18 cm ③ 21 cm
④ 24 cm ⑤ 27 cm

26 0601 오른쪽 그림과 같은 △ABC에서 $\overline{AD}$는 ∠A의 이등분선이고, $\overline{AE}$는 ∠A의 외각의 이등분선일 때, $\overline{CE}$의 길이를 구하시오.

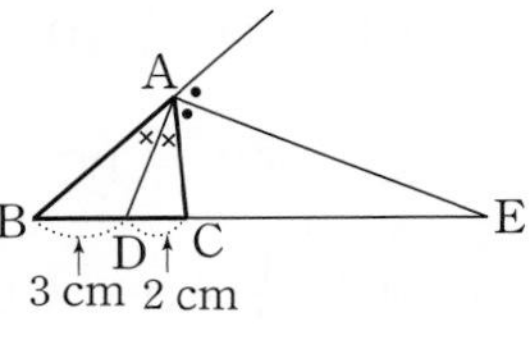

4. 도형의 닮음 (2)

삼각형의 두 변의 중점을 연결한 선분의 성질

16-1 삼각형의 두 변의 중점을 연결한 선분의 성질 (1) | 유형 10, 12, 14, 15

삼각형의 두 변의 중점을 연결한 선분은 나머지 한 변과 평행하고, 그 길이는 나머지 한 변의 길이의 $\frac{1}{2}$과 같다.

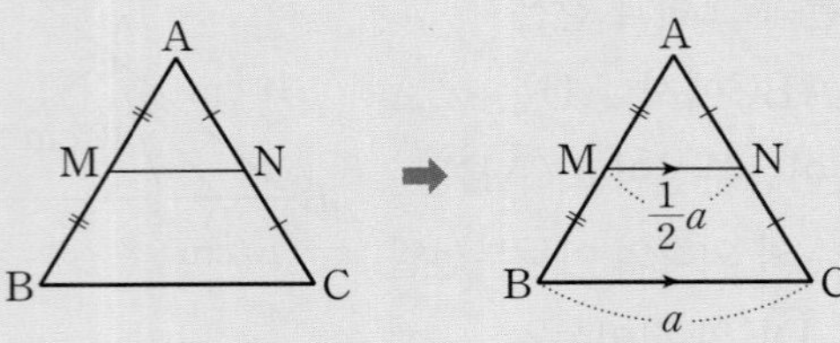

➡ $\triangle ABC$에서 $\overline{AM}=\overline{MB}$, $\overline{AN}=\overline{NC}$이면

$\overline{BC} /\!/ \overline{MN}$, $\overline{MN}=\frac{1}{2}\overline{BC}$

16-2 삼각형의 두 변의 중점을 연결한 선분의 성질 (2) | 유형 11~13, 16

삼각형의 한 변의 중점을 지나고 다른 한 변에 평행한 직선은 나머지 한 변의 중점을 지난다.

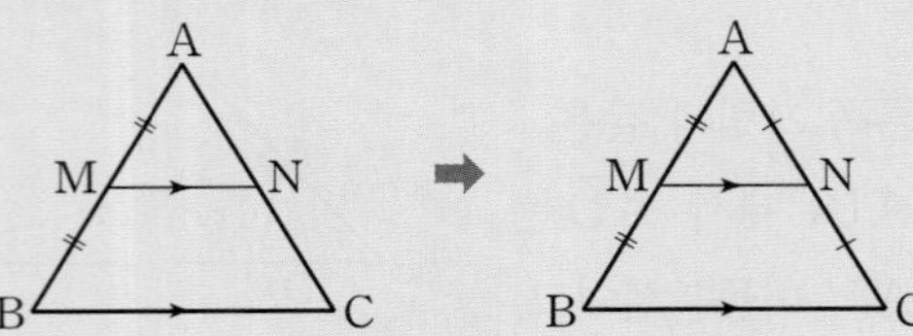

➡ $\triangle ABC$에서 $\overline{AM}=\overline{MB}$, $\overline{BC} /\!/ \overline{MN}$이면

$\overline{AN}=\overline{NC}$

참고 $\overline{AM}=\overline{MB}$, $\overline{AN}=\overline{NC}$이므로 삼각형의 두 변의 중점을 연결한 선분의 성질 (1)에 의하여 $\overline{MN}=\frac{1}{2}\overline{BC}$

실전 특강 사다리꼴에서 두 변의 중점을 연결한 선분의 성질 | 유형 16

$\overline{AD} /\!/ \overline{BC}$인 사다리꼴 ABCD에서 두 점 M, N이 각각 $\overline{AB}$, $\overline{DC}$의 중점일 때

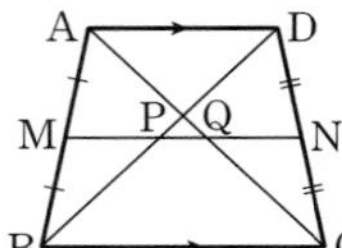

① $\overline{AD} /\!/ \overline{MN} /\!/ \overline{BC}$

② $\overline{MP}=\overline{NQ}=\frac{1}{2}\overline{AD}$,

$\overline{MQ}=\overline{NP}=\frac{1}{2}\overline{BC}$

③ $\overline{MN}=\frac{1}{2}(\overline{AD}+\overline{BC})$,

$\overline{PQ}=\frac{1}{2}(\overline{BC}-\overline{AD})$ (단, $\overline{AD}<\overline{BC}$)

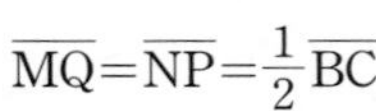

01 0602 오른쪽 그림과 같은 $\triangle ABC$에서 두 점 M, N이 각각 $\overline{AB}$, $\overline{AC}$의 중점일 때, 다음은 $\overline{BC} /\!/ \overline{MN}$, $\overline{MN}=\frac{1}{2}\overline{BC}$임을 설명하는 과정이다. (가)~(다)에 알맞은 것을 써넣으시오.

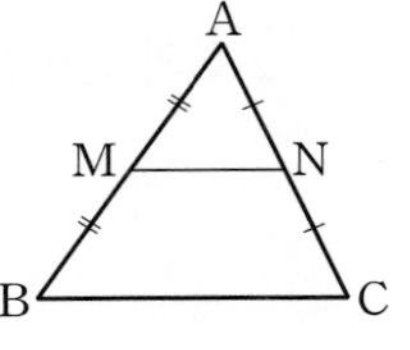

> $\overline{AB}:\overline{AM}=\overline{AC}:$ (가) $=2:1$이므로
> $\overline{BC} /\!/ \overline{MN}$
> 또, $\overline{BC}:\overline{MN}=\overline{AB}:$ (나) $=2:1$이므로
> $\overline{BC}=$ (다) $\overline{MN}$ ∴ $\overline{MN}=\frac{1}{2}\overline{BC}$

[02~03] 오른쪽 그림과 같은 $\triangle ABC$에서 두 점 M, N이 각각 $\overline{AB}$, $\overline{AC}$의 중점일 때, 다음을 구하시오.

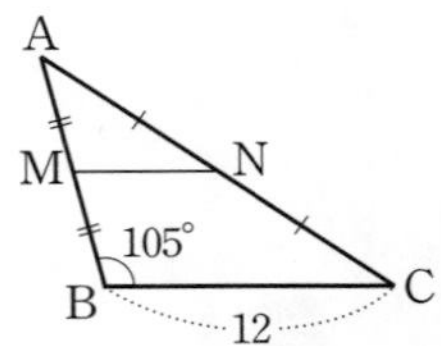

02 0603 $\angle AMN$의 크기

03 0604 $\overline{MN}$의 길이

[04~05] 다음 그림과 같은 $\triangle ABC$에서 두 점 M, N이 각각 $\overline{AB}$, $\overline{AC}$의 중점일 때, x의 값을 구하시오.

04 0605

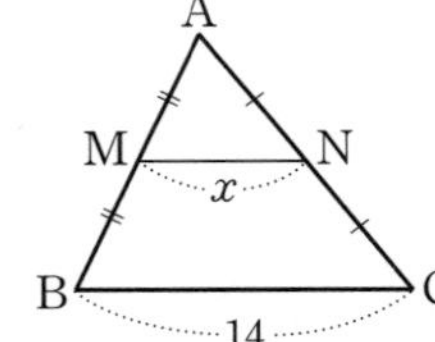

05 0606

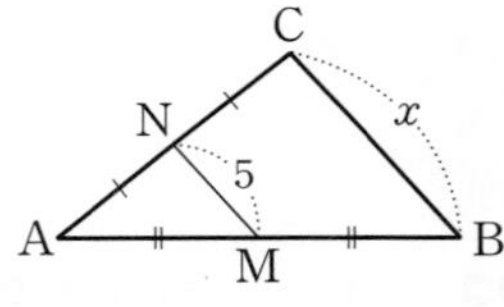

[06~07] 다음 그림과 같은 $\triangle ABC$에서 점 M은 $\overline{AB}$의 중점이고 $\overline{BC} /\!/ \overline{MN}$일 때, x의 값을 구하시오.

06 0607

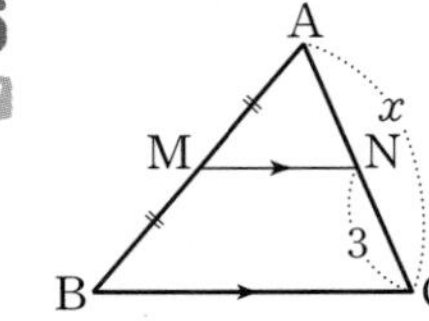

07 0608

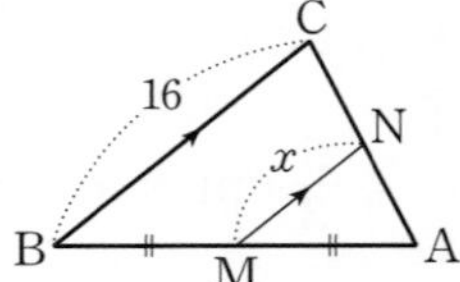

빈출

유형 10 삼각형의 두 변의 중점을 연결한 선분의 성질 (1) | 개념 16-1

대표문제

08 0609 오른쪽 그림과 같은 $\triangle ABC$에서 두 점 M, N은 각각 $\overline{AB}$, $\overline{BC}$의 중점일 때, $x+y$의 값을 구하시오.

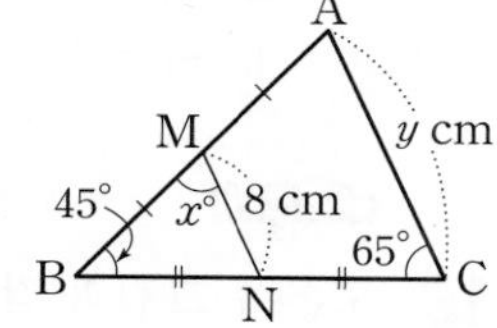

09 0610 오른쪽 그림과 같은 $\triangle ABC$에서 두 점 M, N은 각각 $\overline{AB}$, $\overline{AC}$의 중점이다. $\overline{BC}=16$ cm이고, $\triangle ABC$의 넓이가 80 cm^2일 때, 다음 중 옳지 않은 것은?

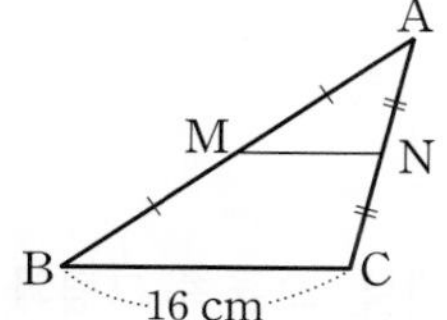

① $\overline{AB} : \overline{AM} = \overline{AC} : \overline{AN}$
② $\triangle ABC \backsim \triangle AMN$
③ $\overline{BC} /\!/ \overline{MN}$
④ $\overline{MN}=8$ cm
⑤ $\triangle AMN=40$ cm^2

10 0611 오른쪽 그림의 $\triangle ABC$와 $\triangle DBC$에서 네 점 M, N, P, Q는 각각 $\overline{AB}$, $\overline{AC}$, $\overline{DB}$, $\overline{DC}$의 중점이다. $\overline{MN}=4$ cm일 때, $\overline{PQ}$의 길이를 구하시오.

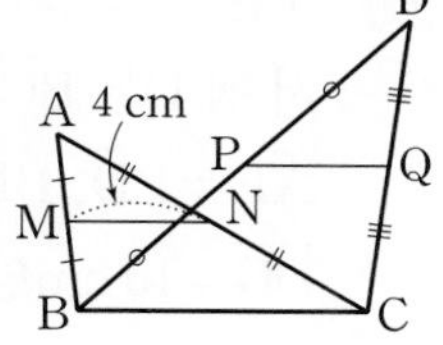

11 0612 오른쪽 그림과 같이 $\overline{AD} /\!/ \overline{BC}$인 등변사다리꼴 ABCD에서 세 점 P, Q, R는 각각 $\overline{AD}$, $\overline{BD}$, $\overline{BC}$의 중점일 때, $x+y$의 값은?

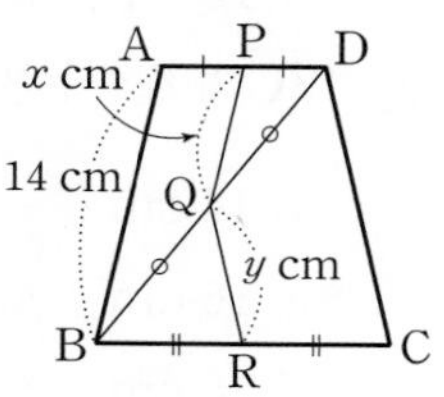

① 10 ② 12 ③ 14
④ 16 ⑤ 18

창의융합

12 0613 오른쪽 그림과 같이 한 모서리의 길이가 30 cm인 정사면체 모양의 상자의 네 모서리 AC, BC, BD, DA의 중점을 각각 P, Q, R, S라 하자. □PQRS의 둘레를 따라 색 테이프를 붙인다고 할 때, 필요한 색 테이프의 길이를 구하시오. (단, 테이프의 겹치는 부분은 없고, 두께는 생각하지 않는다.)

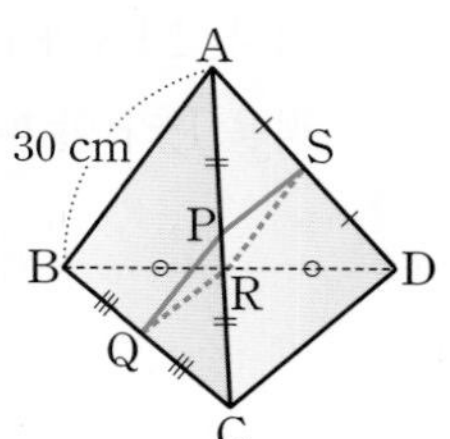

유형 11 삼각형의 두 변의 중점을 연결한 선분의 성질 (2) | 개념 16-2

대표문제

13 0614 오른쪽 그림과 같은 $\triangle ABC$에서 점 M은 $\overline{AB}$의 중점이고 $\overline{BC} /\!/ \overline{MN}$일 때, xy의 값은?

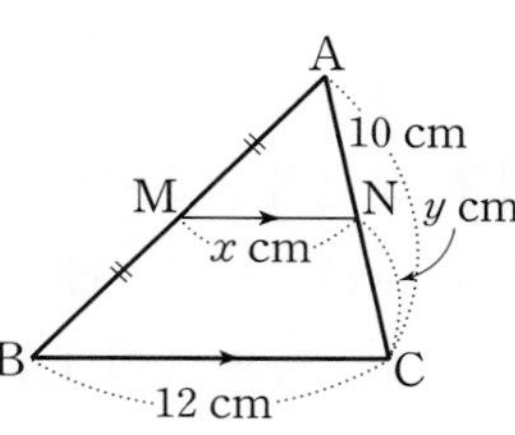

① 28 ② 30
③ 32 ④ 34
⑤ 36

4 도형의 닮음 (2)

14 0615 오른쪽 그림과 같은 $\triangle ABC$에서 점 D는 $\overline{AB}$의 중점이고 $\overline{AB} /\!/ \overline{EF}$, $\overline{BC} /\!/ \overline{DE}$일 때, $\overline{FC}$의 길이는?

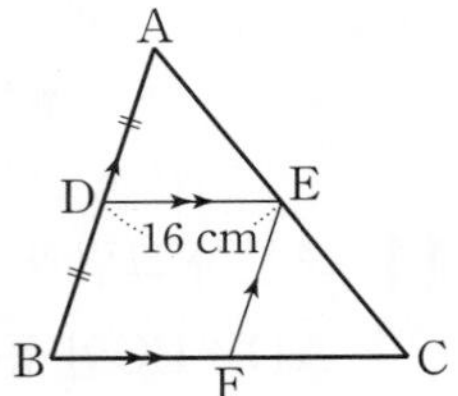

① 14 cm ② 15 cm ③ 16 cm ④ 17 cm ⑤ 18 cm

서술형

15 0616 오른쪽 그림에서 두 점 M, N은 각각 $\overline{AC}$, $\overline{BC}$의 중점이고 $\overline{AB} /\!/ \overline{DC}$이다. $\overline{MN}$과 $\overline{BD}$의 교점을 P라 할 때, $\overline{MP}$의 길이를 구하시오.

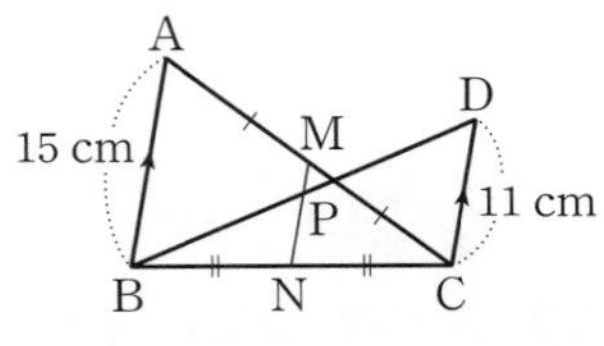

16 0617 오른쪽 그림과 같이 $\angle B=90°$인 직각삼각형 ABC에서 점 M은 $\overline{AC}$의 중점이다. $\overline{MD}=\overline{CD}$이고 $\overline{BM} /\!/ \overline{ED}$일 때, $\overline{AC}$의 길이는?

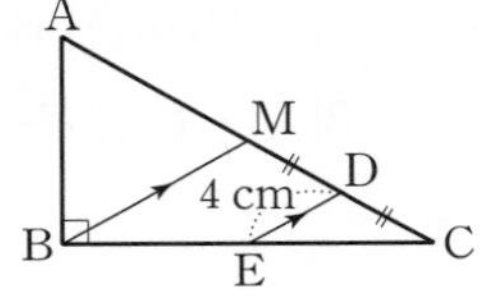

① 12 cm ② 13 cm ③ 14 cm ④ 15 cm ⑤ 16 cm

17 0618 오른쪽 그림에서 $\overline{AD} /\!/ \overline{MN} /\!/ \overline{BC}$이고 두 점 M, N은 각각 $\overline{DB}$, $\overline{AC}$의 중점이다. $\overline{AD}=8$ cm, $\overline{BC}=18$ cm일 때, $\overline{MN}$의 길이를 구하시오.

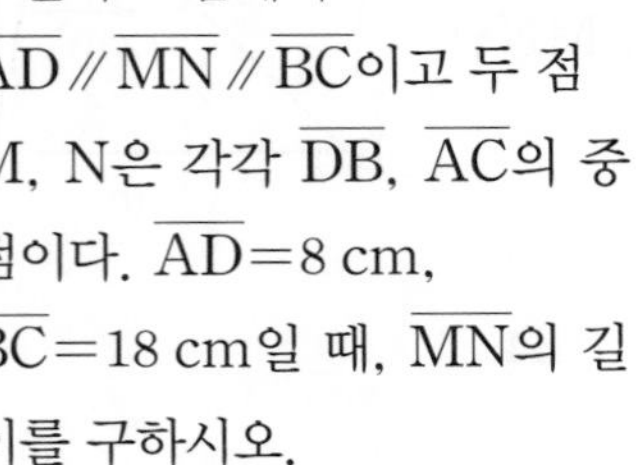

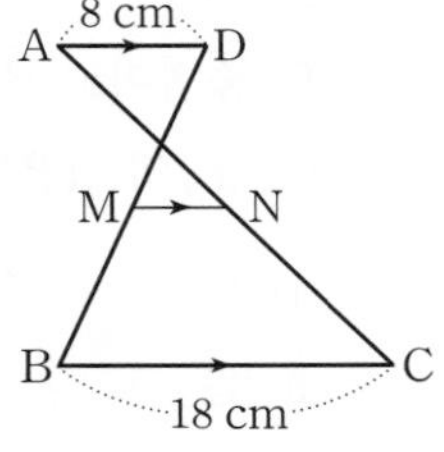

빈출

유형 12 삼각형의 두 변의 중점을 연결한 선분의 성질의 응용 (1)

| 개념 16-1, 2

$\triangle ABC$에서 $\overline{AE}=\overline{EF}=\overline{FB}$, $\overline{BD}=\overline{DC}$이고 $\overline{EG}=a$일 때

① $\overline{EC} /\!/ \overline{FD}$

② $\triangle AFD$에서 $\overline{FD}=2a$

③ $\triangle BCE$에서 $\overline{EC}=4a$

④ $\overline{GC}=4a-a=3a$

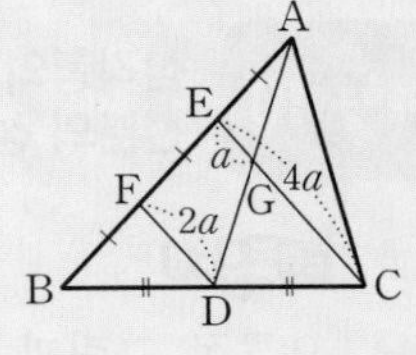

대표문제

18 0619 오른쪽 그림과 같은 $\triangle ABC$에서 $\overline{BC}$의 중점을 D, $\overline{AB}$의 삼등분점을 각각 E, F라 하자. $\overline{GC}=6$ cm일 때, $\overline{EG}$의 길이를 구하시오.

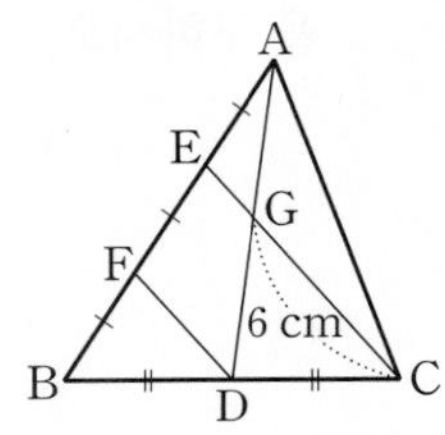

19 0620 오른쪽 그림과 같은 $\triangle ABC$에서 $\overline{BC}$의 중점을 D, $\overline{AB}$의 삼등분점을 각각 E, F라 하자. 점 G는 $\overline{AD}$와 $\overline{CE}$의 교점이고 $\overline{EG}=3$ cm일 때, $\overline{GC}$의 길이는?

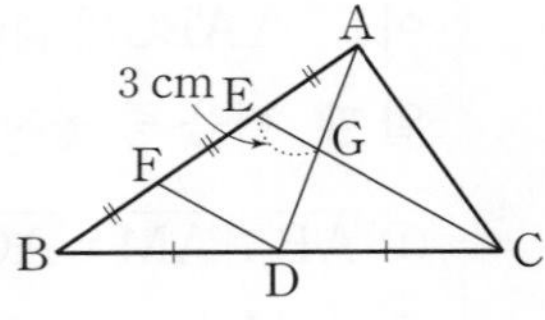

① 6 cm ② 8 cm ③ 9 cm ④ 10 cm ⑤ 12 cm

20 0621 오른쪽 그림과 같은 $\triangle ABC$에서 점 D는 $\overline{BC}$의 중점이고 $\overline{AE}=\overline{ED}$, $\overline{BF} /\!/ \overline{DG}$이다. $\overline{DG}=10$ cm일 때, $\overline{BE}$의 길이를 구하시오.

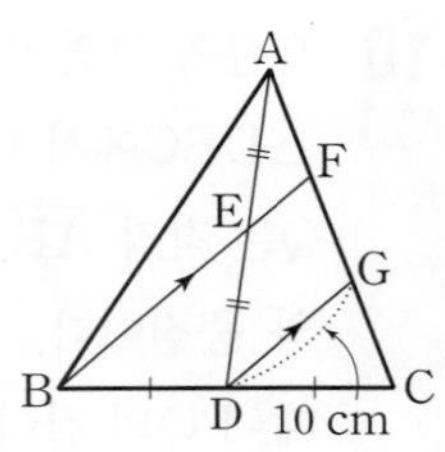

21 0622 오른쪽 그림의 △ABC에서 $\overline{AD}=\overline{DE}=\overline{EB}$, $\overline{AF}=\overline{FC}$이고 $\overline{DF}$와 $\overline{BC}$의 연장선의 교점을 G라 하자. $\overline{EC}=8$ cm일 때, $\overline{FG}$의 길이를 구하시오.

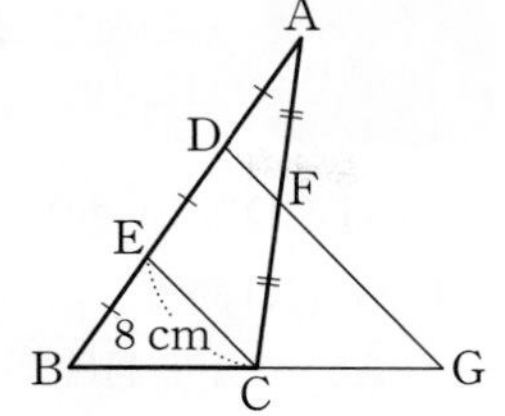

서술형

22 0623 오른쪽 그림과 같은 △ABC에서 점 D는 $\overline{BC}$의 중점이고 $\overline{AE}:\overline{EB}=1:2$이다. $\overline{EC}=24$ cm일 때, $\overline{CF}$의 길이를 구하시오.

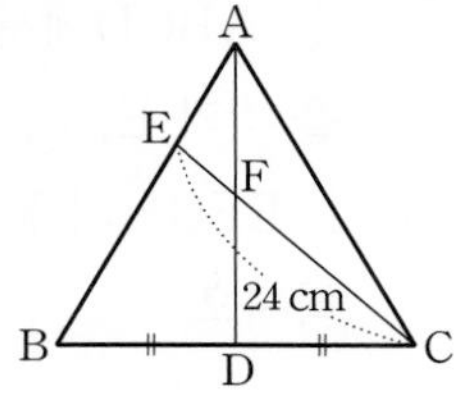

유형 13 삼각형의 두 변의 중점을 연결한 선분의 성질의 응용 (2)

| 개념 16-2

$\overline{AB}=\overline{AD}$, $\overline{AE}=\overline{CE}$일 때,
$\overline{AG}$ // $\overline{BF}$가 되도록 점 G를 잡으면
① △AEG≡△CEF (ASA 합동)
➡ $\overline{AG}=\overline{CF}$, $\overline{GE}=\overline{FE}$
② $\overline{BF}=2\overline{AG}=2\overline{FC}$

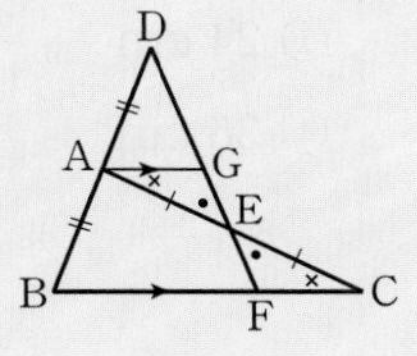

대표문제

23 0624 오른쪽 그림과 같은 △ABC에서 $\overline{BA}$의 연장선 위에 $\overline{AB}=\overline{AD}$인 점 D를 잡고, $\overline{AC}$의 중점 E에 대하여 $\overline{DE}$의 연장선과 $\overline{BC}$의 교점을 F라 하자. $\overline{BC}=12$ cm일 때, $\overline{CF}$의 길이를 구하시오.

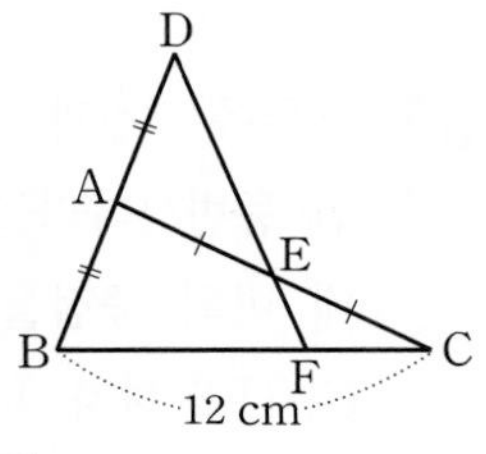

24 0625 오른쪽 그림과 같은 △ABC와 △DBF에서 $\overline{AB}=\overline{AD}$, $\overline{AE}=\overline{CE}$이다. $\overline{CF}=5$ cm일 때, $\overline{BF}$의 길이를 구하시오.

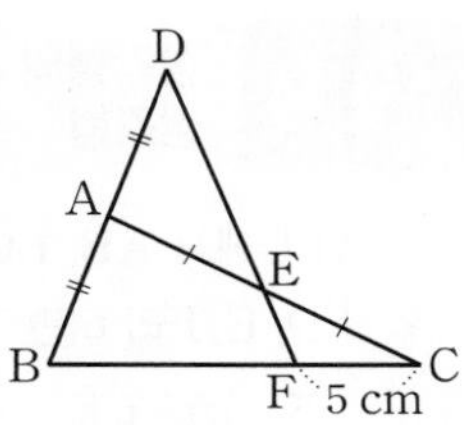

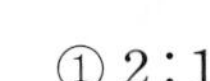

25 0626 오른쪽 그림과 같은 △ABC에서 $\overline{BC}$의 연장선 위에 $\overline{BC}=\overline{CD}$가 되도록 점 D를 잡고, $\overline{AC}$의 중점 E에 대하여 $\overline{DE}$의 연장선과 $\overline{AB}$의 교점을 F라 하자. $\overline{BF}=10$ cm일 때, $\overline{AB}$의 길이를 구하시오.

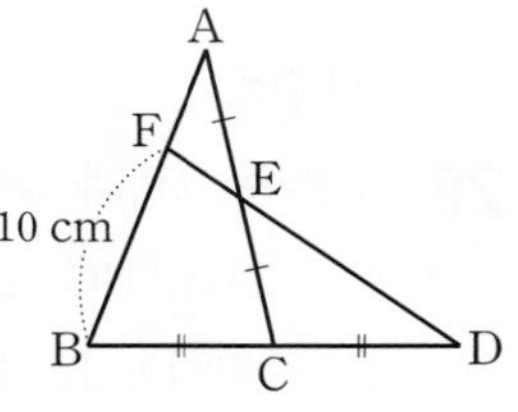

26 0627 오른쪽 그림과 같은 △ABC에서 $\overline{AD}=\overline{DB}$, $\overline{DE}=\overline{EC}$일 때, $\overline{BF}:\overline{CF}$는?

① 2 : 1 ② 3 : 1
③ 3 : 2 ④ 5 : 2
⑤ 5 : 3

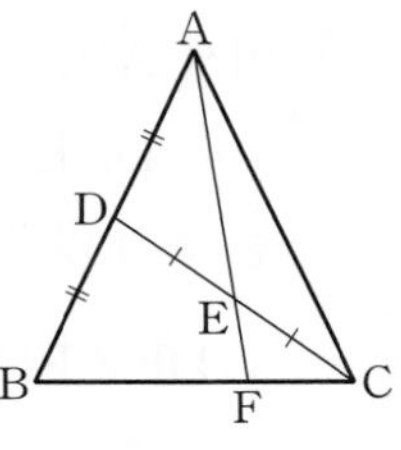

27 0628 오른쪽 그림과 같은 △ABC에서 $\overline{AB}$의 중점을 D, $\overline{CD}$의 중점을 E, $\overline{AE}$의 연장선과 $\overline{BC}$의 교점을 F라 하자. $\overline{EF}=6$ cm일 때, $\overline{AF}$의 길이를 구하시오.

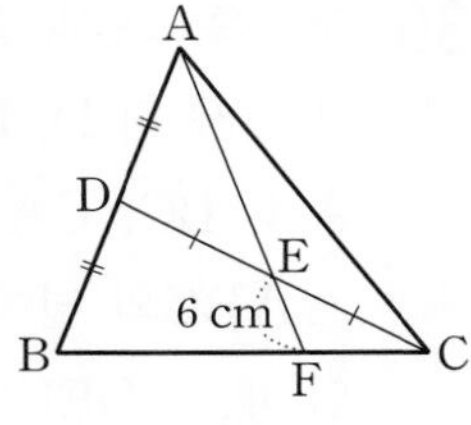

유형 14 삼각형의 세 변의 중점을 연결한 삼각형 | 개념 16-1

△ABC에서 $\overline{AB}$, $\overline{BC}$, $\overline{CA}$의 중점을 각각 D, E, F라 하면

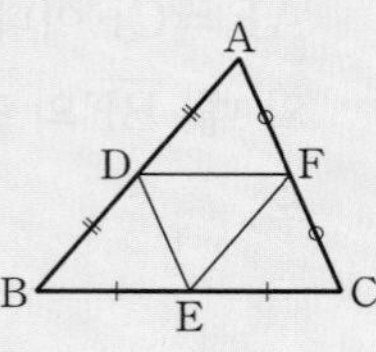

① $\overline{AB} /\!/ \overline{FE}$, $\overline{FE}=\frac{1}{2}\overline{AB}$

$\overline{BC} /\!/ \overline{DF}$, $\overline{DF}=\frac{1}{2}\overline{BC}$

$\overline{AC} /\!/ \overline{DE}$, $\overline{DE}=\frac{1}{2}\overline{AC}$

② (△DEF의 둘레의 길이)$=\frac{1}{2}\times$(△ABC의 둘레의 길이)

대표문제

28 0629 오른쪽 그림과 같은 △ABC에서 $\overline{AB}$, $\overline{BC}$, $\overline{CA}$의 중점을 각각 D, E, F라 할 때, △DEF의 둘레의 길이를 구하시오.

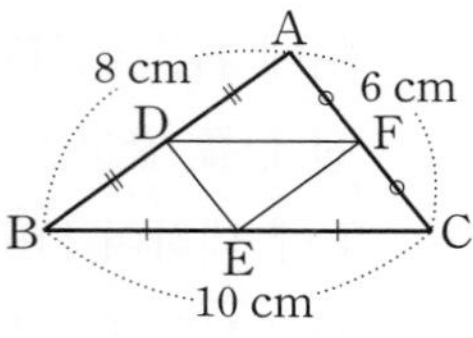

29 0630 오른쪽 그림과 같은 △ABC에서 $\overline{AB}$, $\overline{BC}$, $\overline{CA}$의 중점을 각각 D, E, F라 할 때, 다음 중 옳지 않은 것은?

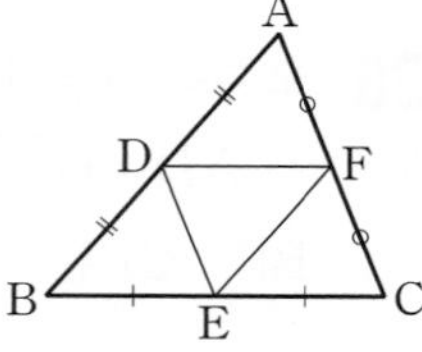

① $\overline{DF} /\!/ \overline{BC}$
② $\overline{DF}=\overline{BE}$
③ $\angle A=\angle C$
④ $\angle ADF=\angle B$
⑤ △ADF≡△DBE

30 0631 오른쪽 그림과 같은 △ABC에서 세 점 D, E, F가 각각 $\overline{AB}$, $\overline{BC}$, $\overline{CA}$의 중점이고 △ABC의 넓이가 36 cm^{2}일 때, △DEF의 넓이를 구하시오.

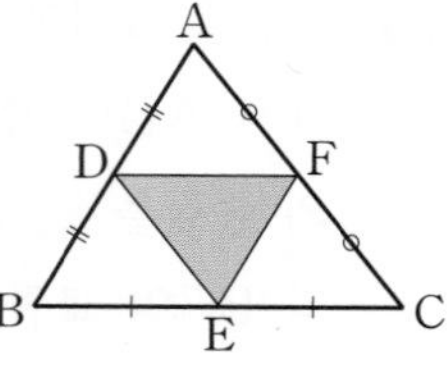

유형 15 사각형의 네 변의 중점을 연결한 사각형 | 개념 16-1

□ABCD의 네 변의 중점을 각각 E, F, G, H라 하면

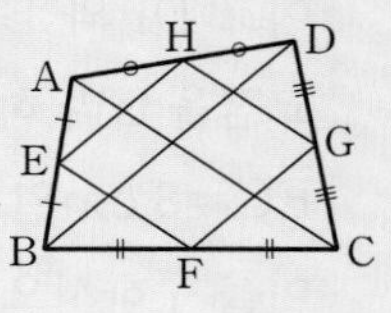

① $\overline{AC} /\!/ \overline{EF} /\!/ \overline{HG}$,

$\overline{EF}=\overline{HG}=\frac{1}{2}\overline{AC}$

② $\overline{BD} /\!/ \overline{EH} /\!/ \overline{FG}$, $\overline{EH}=\overline{FG}=\frac{1}{2}\overline{BD}$

③ (□EFGH의 둘레의 길이)$=\overline{EF}+\overline{FG}+\overline{GH}+\overline{HE}$
$=\overline{AC}+\overline{BD}$

대표문제

31 0632 오른쪽 그림과 같은 평행사변형 ABCD에서 네 변의 중점을 각각 E, F, G, H라 할 때, □EFGH의 둘레의 길이를 구하시오.

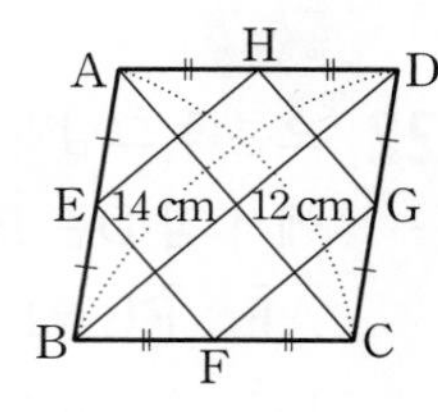

32 0633 오른쪽 그림과 같은 직사각형 ABCD에서 네 변의 중점을 각각 E, F, G, H라 하자. $\overline{AC}=16$ cm일 때, □EFGH의 둘레의 길이는?

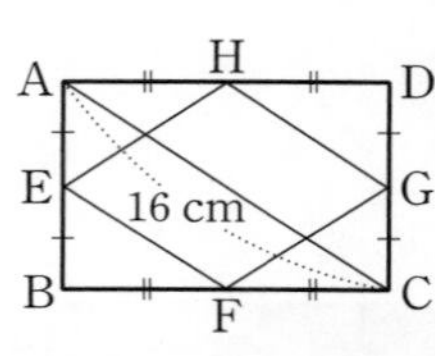

① 24 cm
② 28 cm
③ 32 cm
④ 36 cm
⑤ 40 cm

33 0634 오른쪽 그림과 같이 $\overline{AD} /\!/ \overline{BC}$인 등변사다리꼴 ABCD에서 네 변의 중점을 각각 E, F, G, H라 하자. □EFGH의 둘레의 길이가 40 cm일 때, $\overline{BD}$의 길이를 구하시오.

34 0635 오른쪽 그림과 같은 마름모 ABCD에서 네 변의 중점을 각각 E, F, G, H라 하자. $\overline{AC}=8$ cm, $\overline{BD}=12$ cm일 때, □EFGH의 넓이를 구하시오.

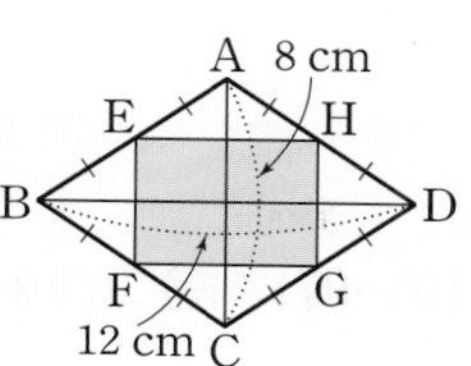

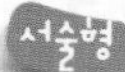

37 0638 오른쪽 그림과 같이 $\overline{AD}/\!/\overline{BC}$인 사다리꼴 ABCD에서 두 점 M, N은 각각 $\overline{AB}$, $\overline{DC}$의 중점이고 점 D를 지나고 $\overline{AB}$와 평행한 직선이 $\overline{MN}$, $\overline{BC}$와 만나는 점을 각각 E, F라 하자. $\overline{ME}=8$ cm, $\overline{BC}=14$ cm일 때, $\overline{MN}$의 길이를 구하시오.

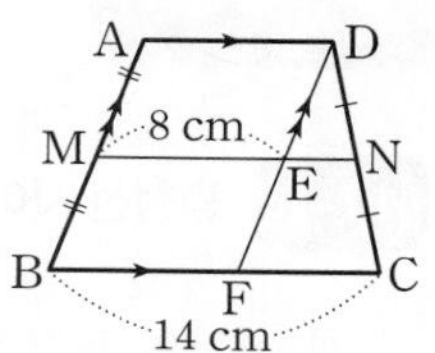

빈출

유형 16 사다리꼴에서 두 변의 중점을 연결한 선분의 성질 | 개념 16-2

대표문제

35 0636 오른쪽 그림과 같이 $\overline{AD}/\!/\overline{BC}$인 사다리꼴 ABCD에서 두 점 M, N은 각각 $\overline{AB}$, $\overline{DC}$의 중점이고 두 점 P, Q는 각각 $\overline{MN}$과 $\overline{BD}$, $\overline{CA}$의 교점이다. $\overline{AD}=4$ cm, $\overline{BC}=10$ cm일 때, $\overline{PQ}$의 길이는?

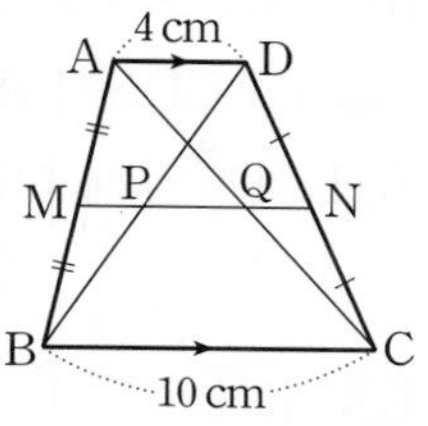

① 3 cm ② $\frac{13}{4}$ cm ③ $\frac{7}{2}$ cm
④ $\frac{15}{4}$ cm ⑤ 4 cm

36 0637 오른쪽 그림과 같이 $\overline{AD}/\!/\overline{BC}$인 사다리꼴 ABCD에서 두 점 M, N은 각각 $\overline{AB}$, $\overline{DC}$의 중점이고 점 P는 $\overline{AC}$와 $\overline{MN}$의 교점이다. $\overline{MN}=12$ cm, $\overline{BC}=16$ cm일 때, $\overline{AD}$의 길이를 구하시오.

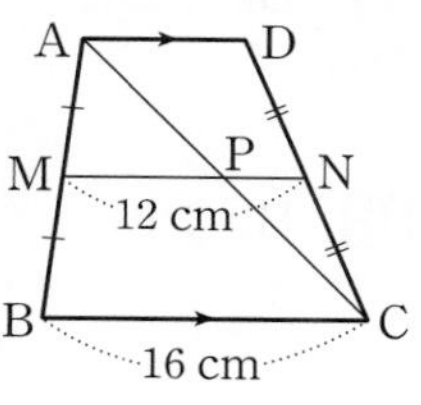

창의⊕융합

38 0639 오른쪽 그림과 같이 한 면이 사다리꼴 모양인 핸드볼 골대에서 $\overline{AB}$, $\overline{DC}$의 중점을 각각 M, N이라 하자. $\overline{AD}=0.7$ m, $\overline{BC}=1.1$ m일 때, $\overline{MN}$의 길이는? (단, 골대의 두께는 생각하지 않는다.)

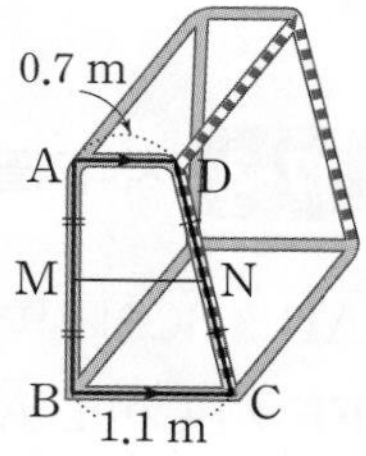

① 0.8 m ② 0.85 m ③ 0.9 m
④ 0.95 m ⑤ 1 m

39 0640 오른쪽 그림과 같이 $\overline{AD}/\!/\overline{BC}$인 사다리꼴 ABCD에서 $\overline{AB}$, $\overline{CD}$의 중점을 각각 M, N이라 하고 $\overline{MN}$과 $\overline{BD}$, $\overline{AC}$의 교점을 각각 P, Q라 하자. $\overline{AD}$와 $\overline{BC}$의 길이의 합이 48 cm이고 $\overline{MP}:\overline{PQ}=3:2$일 때, $\overline{AD}$의 길이는? (단, $\overline{AD}<\overline{BC}$)

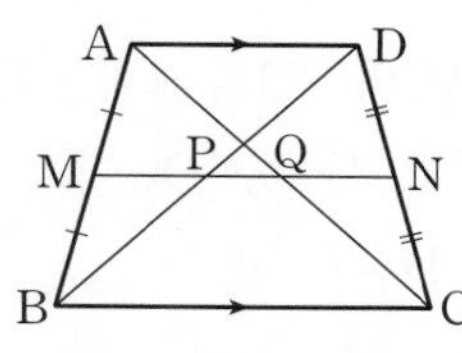

① 16 cm ② 17 cm ③ 18 cm
④ 19 cm ⑤ 20 cm

평행선 사이의 선분의 길이의 비

17-1 평행선 사이의 선분의 길이의 비 | 유형 17

세 개 이상의 평행선이 다른 두 직선과 만나서 생긴 선분의 길이의 비는 같다.

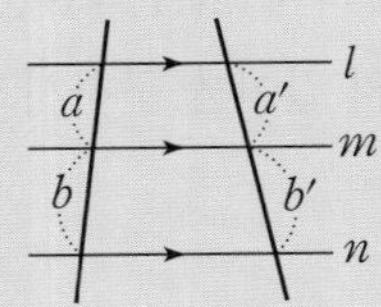
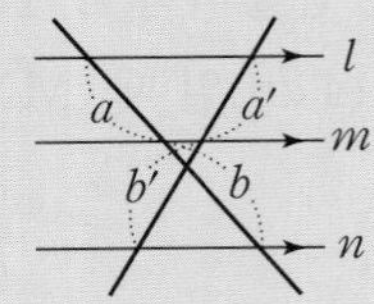

➡ $l /\!/ m /\!/ n$이면

$a : b = a' : b'$ 또는 $a : a' = b : b'$

참고 $k /\!/ l /\!/ m /\!/ n$이면
$a : b : c = a' : b' : c'$
또는 $a : a' = b : b' = c : c'$

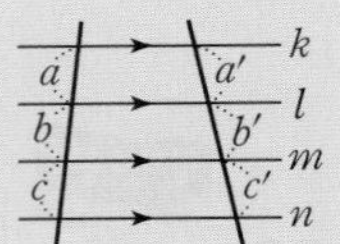

17-2 사다리꼴에서 평행선과 선분의 길이의 비 | 유형 18~20

$\overline{AD} /\!/ \overline{BC}$인 사다리꼴 ABCD에서 $\overline{EF} /\!/ \overline{BC}$이고 $\overline{AD}=a$, $\overline{BC}=b$, $\overline{AE}=m$, $\overline{EB}=n$일 때,

$$\overline{EF}=\frac{an+bm}{m+n}$$

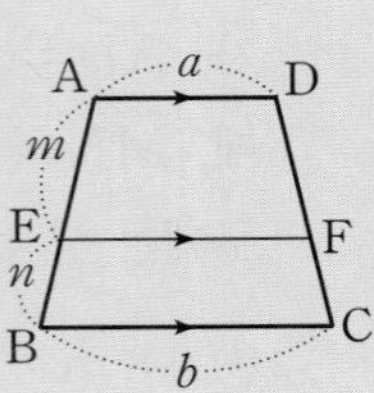

참고 오른쪽 그림과 같이 $\overline{DC}$에 평행하게 $\overline{AQ}$를 그으면
△ABQ에서 $\overline{AE} : \overline{AB} = \overline{EP} : \overline{BQ}$이므로
$m : (m+n) = \overline{EP} : (b-a)$

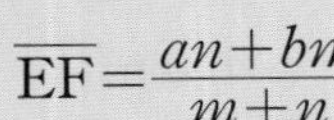

$\overline{EP}=\frac{m(b-a)}{m+n}$

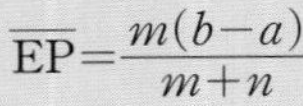

$\therefore \overline{EF}=\overline{EP}+\overline{PF}=\frac{an+bm}{m+n}$

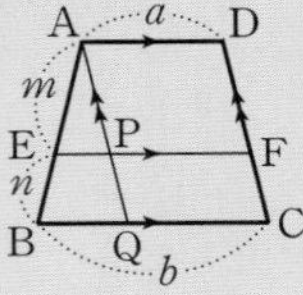

17-3 평행선과 선분의 길이의 비의 응용 | 유형 21

$\overline{AC}$와 $\overline{BD}$의 교점을 E라 할 때, $\overline{AB} /\!/ \overline{EF} /\!/ \overline{DC}$이고 $\overline{AB}=a$, $\overline{CD}=b$이면

(1) $\overline{EF}=\frac{ab}{a+b}$

(2) $\overline{BF} : \overline{FC} = a : b$

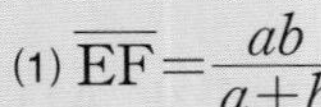

참고

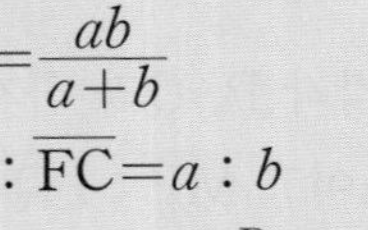
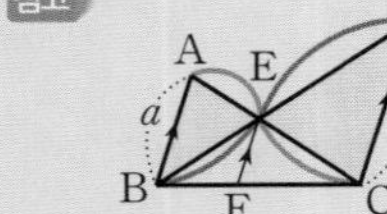
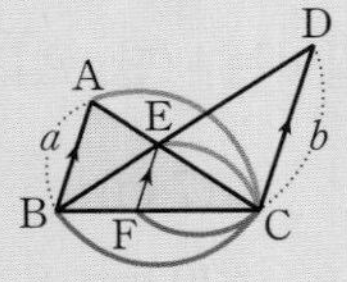
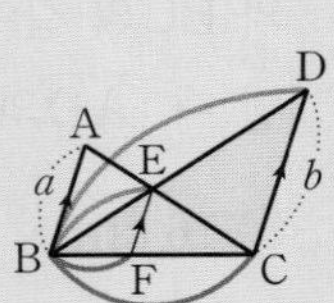

△ABE∽△CDE 닮음비 ➡ $a : b$

△CEF∽△CAB 닮음비 ➡ $b : (a+b)$

△BFE∽△BCD 닮음비 ➡ $a : (a+b)$

[01~02] 다음 그림에서 $l /\!/ m /\!/ n$일 때, x의 값을 구하시오.

01 0641

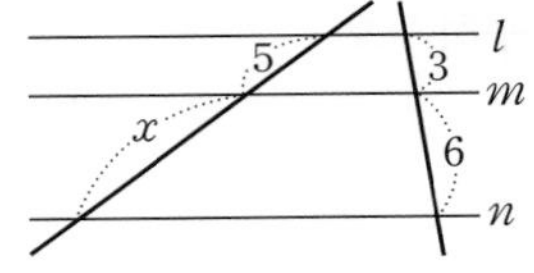

02 0642

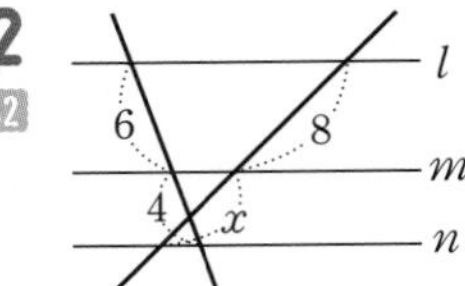

[03~06] 오른쪽 그림과 같은 사다리꼴 ABCD에서 $\overline{AD} /\!/ \overline{EF} /\!/ \overline{BC}$, $\overline{AH} /\!/ \overline{DC}$일 때, 다음을 구하시오.

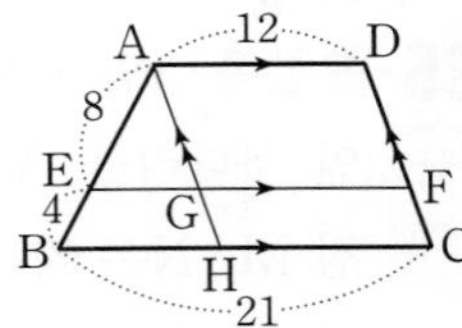

03 0643 $\overline{BH}$의 길이

04 0644 $\overline{EG}$의 길이

05 0645 $\overline{GF}$의 길이

06 0646 $\overline{EF}$의 길이

[07~09] 오른쪽 그림에서 $\overline{AB} /\!/ \overline{EF} /\!/ \overline{DC}$일 때, 다음을 구하시오.

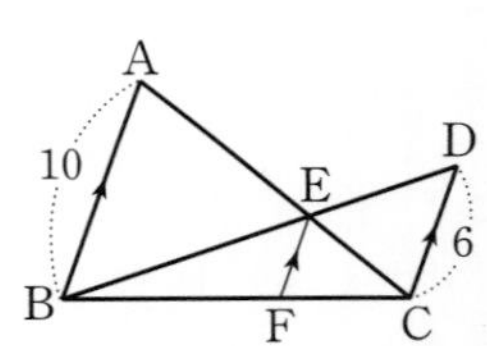

07 0647 $\overline{BE} : \overline{DE}$

08 0648 $\overline{BF} : \overline{FC}$

09 0649 $\overline{EF}$의 길이

빠른답 5쪽 | 바른답 · 알찬풀이 67쪽

빈출

유형 17 평행선 사이의 선분의 길이의 비 | 개념 17-1

대표문제

10 0650 오른쪽 그림에서 $l \mathbin{/\mkern-6mu/} m \mathbin{/\mkern-6mu/} n$일 때, $x+y$의 값은?

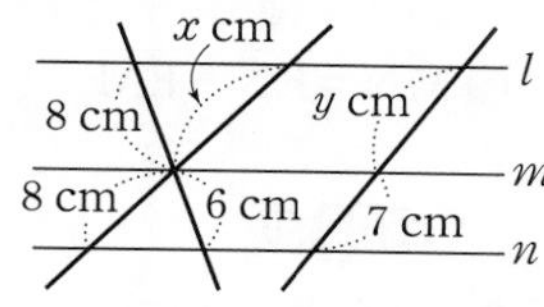

① 17 ② 18 ③ 19 ④ 20 ⑤ 21

11 0651 오른쪽 그림에서 $l \mathbin{/\mkern-6mu/} m \mathbin{/\mkern-6mu/} n$일 때, xy의 값을 구하시오.

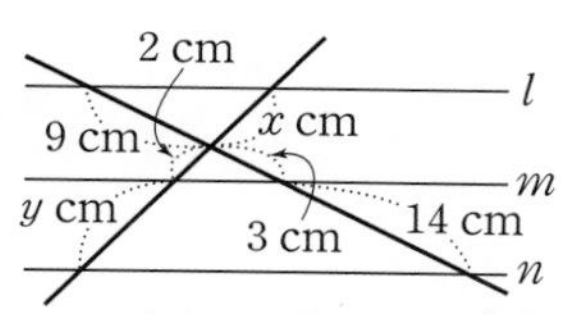

창의⊕융합

12 0652 오른쪽 그림과 같이 4개의 평행한 도로가 두 도로와 만날 때, $y-x$의 값을 구하시오.

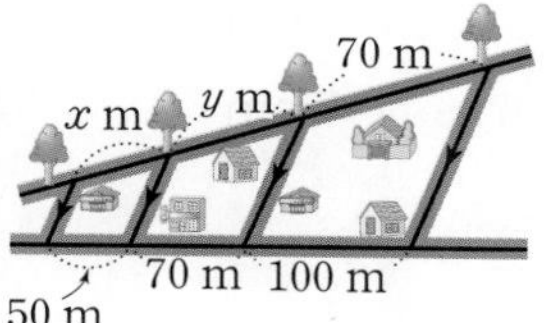

13 0653 오른쪽 그림에서 $l \mathbin{/\mkern-6mu/} m \mathbin{/\mkern-6mu/} n \mathbin{/\mkern-6mu/} p$일 때, $x+y$의 값을 구하시오.

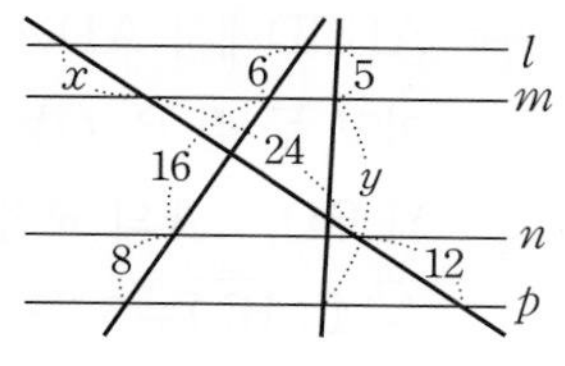

빈출

유형 18 사다리꼴에서 평행선과 선분의 길이의 비 | 개념 17-2

사다리꼴 ABCD에서 $\overline{AD} \mathbin{/\mkern-6mu/} \overline{EF} \mathbin{/\mkern-6mu/} \overline{BC}$일 때, $\overline{EF}$의 길이는 다음의 2가지 방법으로 구할 수 있다.

[방법 1]

❶ $\overline{DC}$에 평행하게 $\overline{AH}$를 긋는다.

❷ $\triangle ABH$에서 $\overline{EG}$의 길이를 구한다.

❸ $\overline{EF}=\overline{EG}+\overline{GF}$

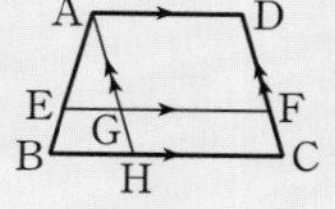

[방법 2]

❶ $\overline{AC}$를 긋는다.

❷ $\triangle ABC$에서 $\overline{EG}$, $\triangle ACD$에서 $\overline{GF}$의 길이를 구한다.

❸ $\overline{EF}=\overline{EG}+\overline{GF}$

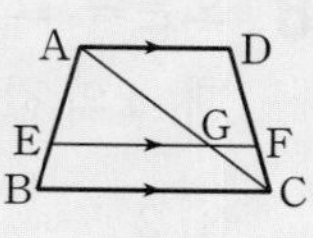

대표문제

14 0654 오른쪽 그림과 같은 사다리꼴 ABCD에서 $\overline{AD} \mathbin{/\mkern-6mu/} \overline{EF} \mathbin{/\mkern-6mu/} \overline{BC}$일 때, $\overline{EF}$의 길이를 구하시오.

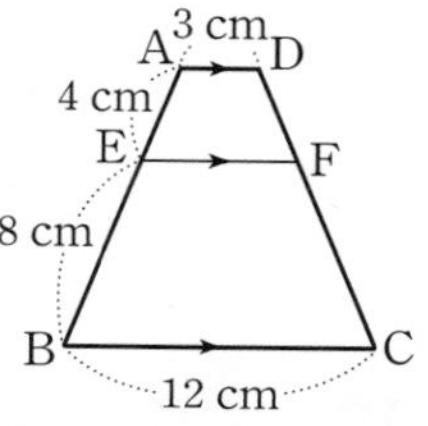

15 0655 오른쪽 그림에서 $l \mathbin{/\mkern-6mu/} m \mathbin{/\mkern-6mu/} n$일 때, $\overline{GD}$의 길이를 구하시오.

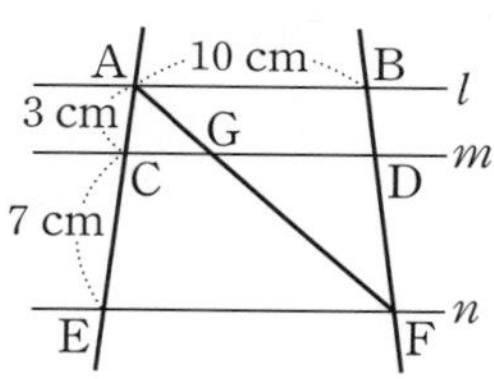

16 0656 오른쪽 그림과 같은 사다리꼴 ABCD에서 $\overline{AD} \mathbin{/\mkern-6mu/} \overline{EF} \mathbin{/\mkern-6mu/} \overline{BC}$이고 점 G는 $\overline{AC}$와 $\overline{EF}$의 교점일 때, $x+y$의 값을 구하시오.

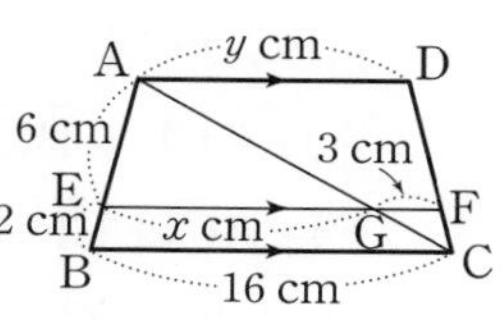

4 도형의 닮음 (2)

17 오른쪽 그림과 같은 사다리꼴 ABCD에서 $\overline{AD} /\!/ \overline{EF} /\!/ \overline{BC}$이고 $\overline{AH} /\!/ \overline{DC}$이다. 점 G가 $\overline{AH}$와 $\overline{EF}$의 교점일 때, $\overline{AD}$의 길이를 구하시오.

0657

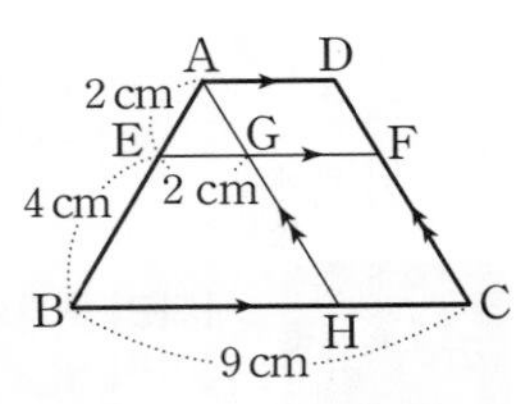

18 오른쪽 그림에서 $l /\!/ m /\!/ n$일 때, x의 값은?

0658

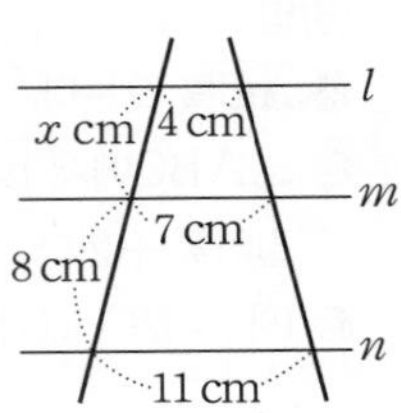

① 3 ② 4 ③ 5 ④ 6 ⑤ 7

19 오른쪽 그림과 같은 사다리꼴 ABCD에서 $\overline{AD} /\!/ \overline{EF} /\!/ \overline{BC}$일 때, $\overline{AD}$의 길이는?

0659

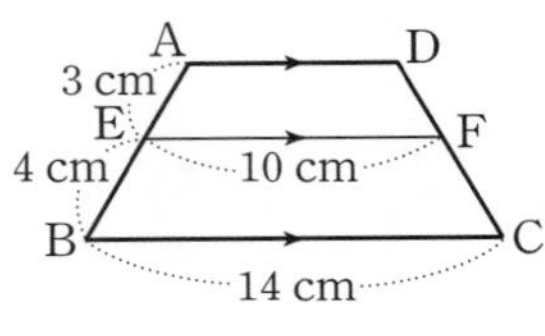

① 5 cm ② 6 cm ③ 7 cm ④ 8 cm ⑤ 9 cm

서술형

20 오른쪽 그림과 같이 ∠B=90°인 사다리꼴 ABCD에서 $\overline{AD} /\!/ \overline{EF} /\!/ \overline{BC}$이고 점 P는 $\overline{AC}$와 $\overline{EF}$의 교점이다. $\overline{DF} : \overline{FC} = 4 : 7$일 때, □EBCP의 넓이를 구하시오.

0660

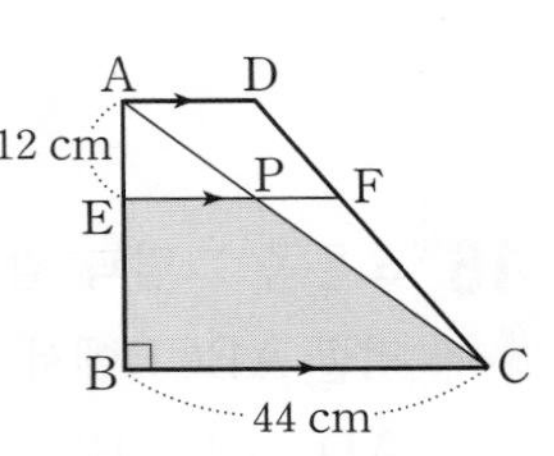

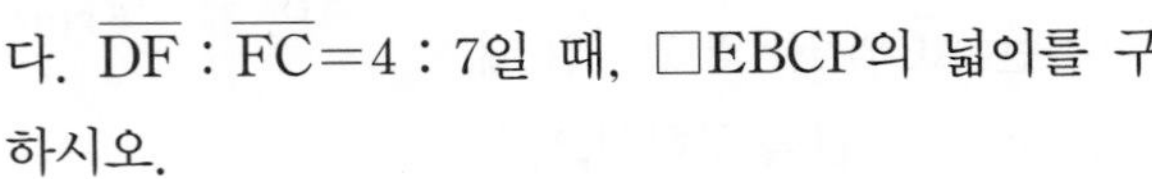

유형 19 사다리꼴에서 평행선의 응용 (1) | 개념 17-2

사다리꼴 ABCD에서 $\overline{AD} /\!/ \overline{EF} /\!/ \overline{BC}$일 때, $\overline{MN}$의 길이는 다음과 같은 순서로 구한다.

❶ △ABC, △ABD에서 각각 $\overline{EN}$, $\overline{EM}$의 길이를 구한다.

❷ $\overline{MN} = \overline{EN} - \overline{EM}$

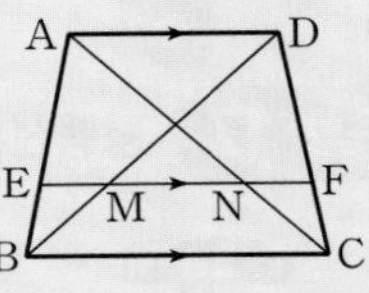

대표문제

21 오른쪽 그림과 같은 사다리꼴 ABCD에서 $\overline{AD} /\!/ \overline{EF} /\!/ \overline{BC}$이고 두 점 P, Q는 각각 $\overline{EF}$와 $\overline{BD}$, $\overline{CA}$의 교점일 때, $\overline{PQ}$의 길이를 구하시오.

0661

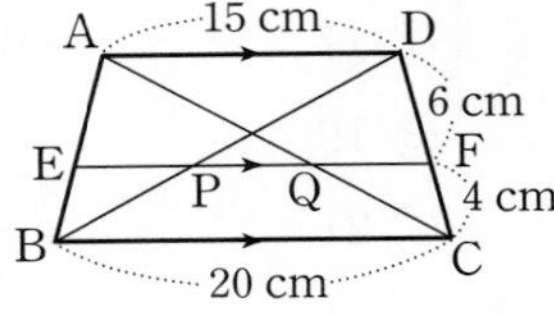

22 오른쪽 그림과 같은 사다리꼴 ABCD에서 $\overline{AD} /\!/ \overline{EF} /\!/ \overline{BC}$이고 두 점 M, N은 각각 $\overline{EF}$와 $\overline{BD}$, $\overline{CA}$의 교점이다. $\overline{AE} = 3\overline{BE}$일 때, $\overline{MN}$의 길이는?

0662

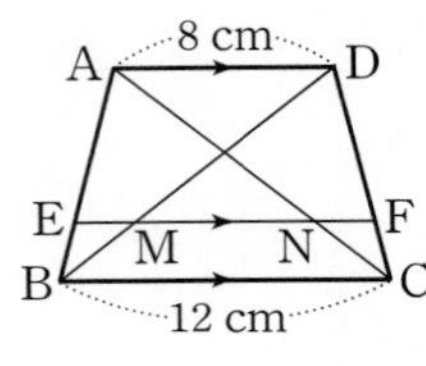

① 4 cm ② 5 cm ③ 6 cm ④ 7 cm ⑤ 8 cm

23 오른쪽 그림과 같은 사다리꼴 ABCD에서 $\overline{AD} /\!/ \overline{MN} /\!/ \overline{BC}$이고 두 점 P, Q는 각각 $\overline{MN}$과 $\overline{BD}$, $\overline{CA}$의 교점이다. $\overline{AM} : \overline{BM} = 5 : 2$일 때, $\overline{BC}$의 길이를 구하시오.

0663

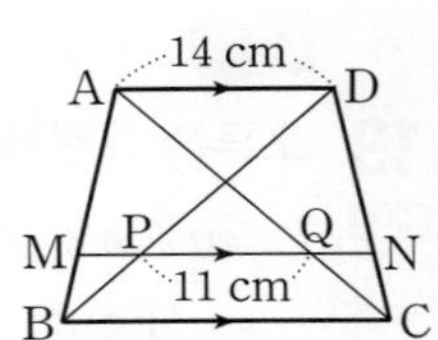

유형 20 사다리꼴에서 평행선의 응용 (2) | 개념 17-2

사다리꼴 ABCD에서
$\overline{AD} /\!/ \overline{EF} /\!/ \overline{BC}$일 때
① $\triangle AOD \backsim \triangle COB$ (AA 닮음)
② $\overline{OA} : \overline{OC} = \overline{OD} : \overline{OB}$
$= \overline{AD} : \overline{CB} = a : b$
③ $\overline{AE} : \overline{EB} = \overline{DF} : \overline{FC} = a : b$

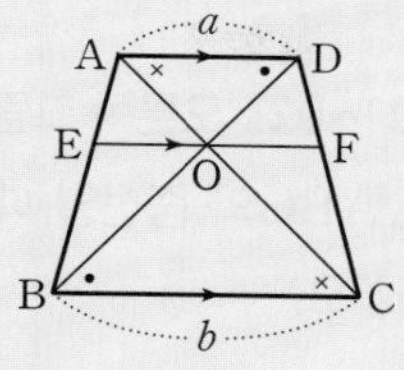

대표문제

24 0664 오른쪽 그림과 같은 사다리꼴 ABCD에서 $\overline{AD} /\!/ \overline{EF} /\!/ \overline{BC}$이고 점 O는 두 대각선의 교점일 때, $\overline{EF}$의 길이를 구하시오.

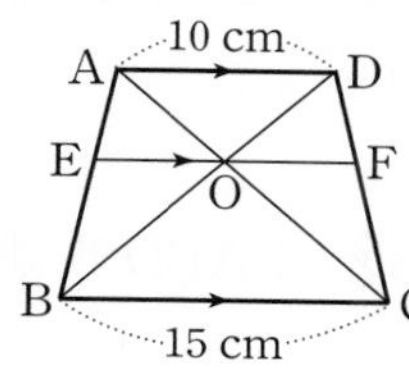

25 0665 오른쪽 그림과 같은 사다리꼴 ABCD에서 $\overline{AD} /\!/ \overline{EF} /\!/ \overline{BC}$이고 점 O는 두 대각선의 교점일 때, $\overline{OF}$의 길이는?

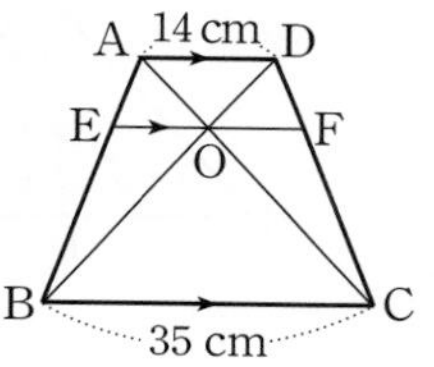

① 8 cm ② 10 cm ③ 12 cm
④ 14 cm ⑤ 16 cm

26 0666 오른쪽 그림과 같은 사다리꼴 ABCD에서 $\overline{AD} /\!/ \overline{EF} /\!/ \overline{BC}$이고 점 O는 두 대각선의 교점이다. $\overline{AE} : \overline{EB} = 3 : 5$일 때, $\overline{BC}$의 길이를 구하시오.

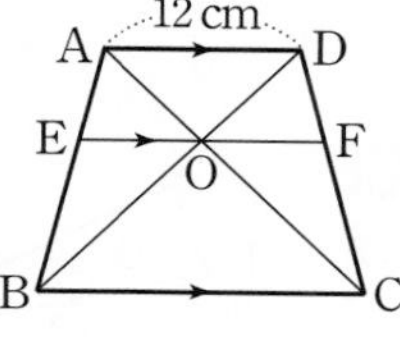

유형 21 평행선 사이의 선분의 길이의 비의 응용 | 개념 17-3

대표문제

27 0667 오른쪽 그림에서 $\overline{AB} /\!/ \overline{EF} /\!/ \overline{DC}$이고 $\overline{AB} = 9$, $\overline{BC} = 27$, $\overline{CD} = 18$일 때, x, y의 값을 각각 구하시오.

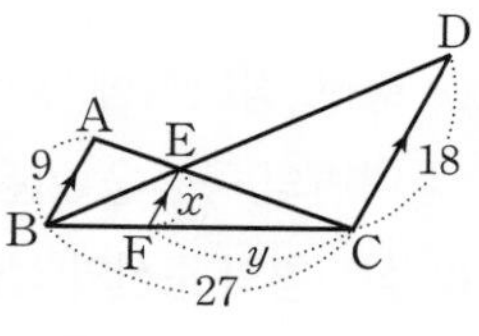

28 0668 오른쪽 그림에서 $\overline{AB} /\!/ \overline{EF} /\!/ \overline{DC}$이고 $\overline{AB} = 12$ cm, $\overline{CD} = 16$ cm일 때, 다음 중 옳지 않은 것은?

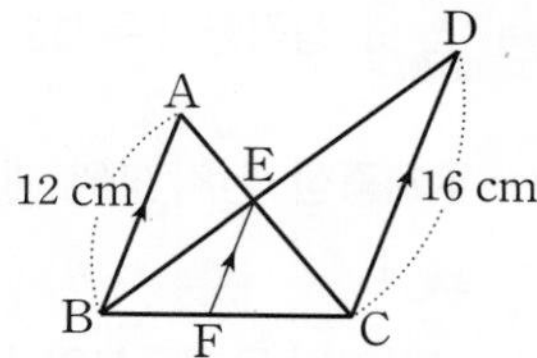

① $\triangle ABE \backsim \triangle CDE$
② $\overline{AE} : \overline{CE} = 3 : 4$
③ $\overline{BE} : \overline{BD} = 3 : 7$
④ $\overline{EF} : \overline{DC} = 3 : 4$
⑤ $\overline{EF} = \frac{48}{7}$ cm

29 0669 오른쪽 그림에서 $\overline{AB}$, $\overline{DC}$는 모두 $\overline{BC}$에 수직이고 점 E는 $\overline{AC}$와 $\overline{BD}$의 교점이다. $\overline{AB} = 6$ cm, $\overline{BC} = 14$ cm, $\overline{CD} = 15$ cm일 때, $\triangle EBC$의 넓이는?

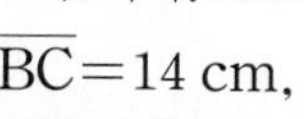

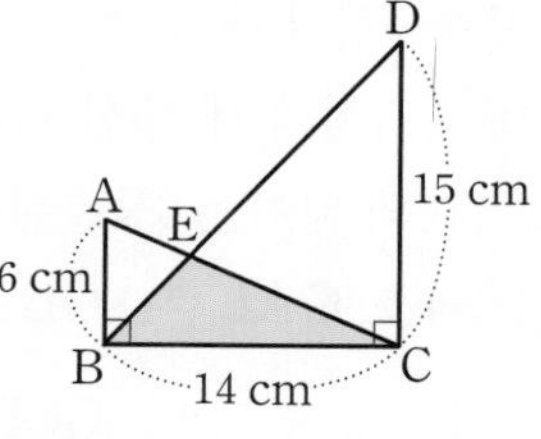

① 21 cm^2 ② 24 cm^2 ③ 28 cm^2
④ 30 cm^2 ⑤ 35 cm^2

4 도형의 닮음 (2)

삼각형의 무게중심

18-1 삼각형의 중선 | 유형 22

(1) **중선:** 삼각형에서 한 꼭짓점과 그 대변의 중점을 이은 선분

(2) **삼각형의 중선의 성질**

삼각형의 한 중선은 그 삼각형의 넓이를 이등분한다.

➡ $\triangle ABD = \triangle ACD = \frac{1}{2}\triangle ABC$

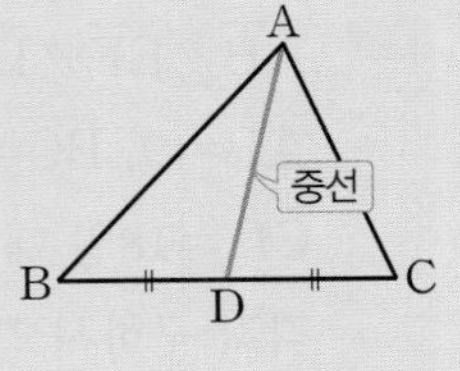

참고 ① 한 삼각형에는 세 개의 중선이 있다.
② 정삼각형의 세 중선의 길이는 같다.

18-2 삼각형의 무게중심 | 유형 23~26, 28

(1) **무게중심:** 삼각형의 세 중선의 교점

(2) **삼각형의 무게중심의 성질**

① 삼각형의 세 중선은 한 점(무게중심)에서 만난다.

② 삼각형의 무게중심은 세 중선의 길이를 각 꼭짓점으로부터 각각 2 : 1로 나눈다.

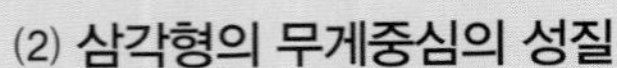

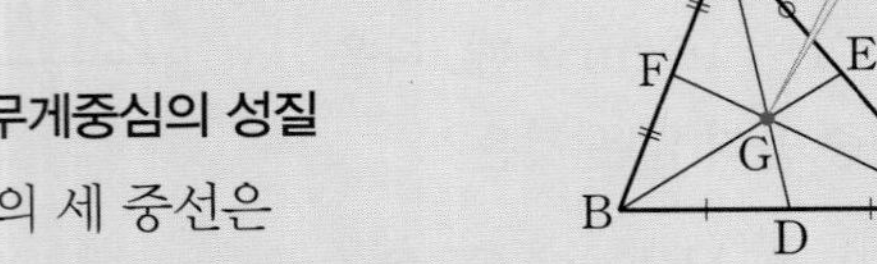

➡ $\overline{AG} : \overline{GD} = \overline{BG} : \overline{GE} = \overline{CG} : \overline{GF} = 2 : 1$

참고 ① 이등변삼각형의 무게중심, 외심, 내심은 모두 꼭지각의 이등분선 위에 있다.
② 정삼각형의 무게중심, 외심, 내심은 모두 일치한다.

18-3 삼각형의 무게중심과 넓이 | 유형 27, 29

오른쪽 그림의 $\triangle ABC$에서 점 G가 무게중심일 때

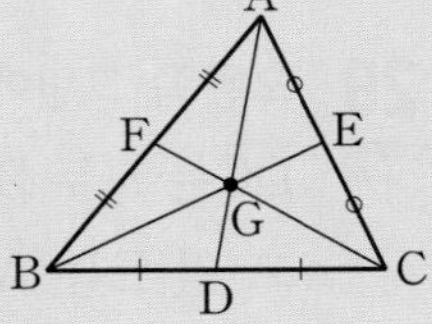

(1) 삼각형의 세 중선에 의하여 삼각형의 넓이는 6등분된다.

➡ $\triangle GAF = \triangle GBF = \triangle GBD = \triangle GCD = \triangle GCE = \triangle GAE = \frac{1}{6}\triangle ABC$

(2) 삼각형의 무게중심과 세 꼭짓점을 이어서 생기는 세 삼각형의 넓이는 같다.

➡ $\triangle GAB = \triangle GBC = \triangle GCA = \frac{1}{3}\triangle ABC$

[01~02] 오른쪽 그림에서 $\overline{AD}$가 $\triangle ABC$의 중선일 때, 다음 물음에 답하시오.

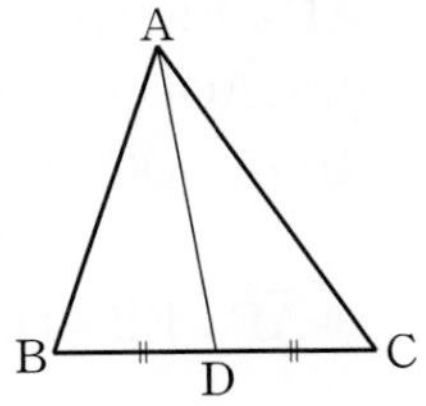

01 $\overline{BC} = 4$ cm일 때, $\overline{BD}$의 길이를 구하시오.
0670

02 $\triangle ABD$의 넓이가 4 cm^{2}일 때, $\triangle ABC$의 넓이를 구하시오.
0671

[03~06] 다음 그림에서 점 G가 $\triangle ABC$의 무게중심일 때, x, y의 값을 각각 구하시오.

03
0672

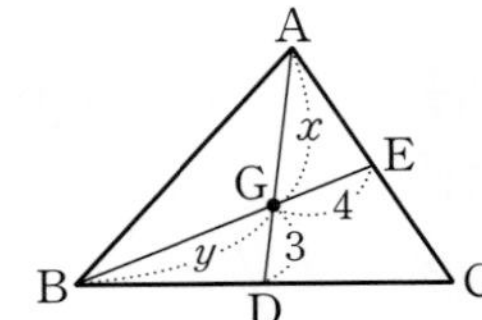

04
0673

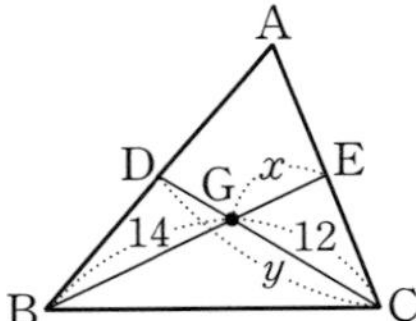

05
0674

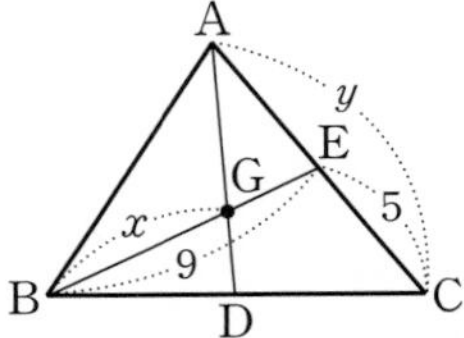

06
0675

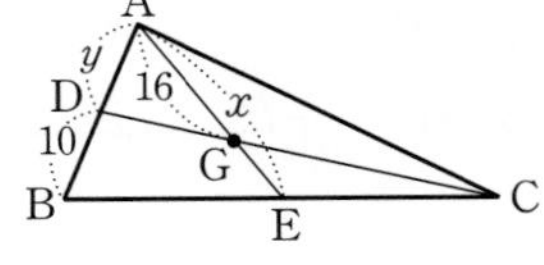

[07~09] 오른쪽 그림에서 점 G는 △ABC의 무게중심이다. △ABC의 넓이가 48 cm^2일 때, 다음 □ 안에 알맞은 수를 써넣으시오.

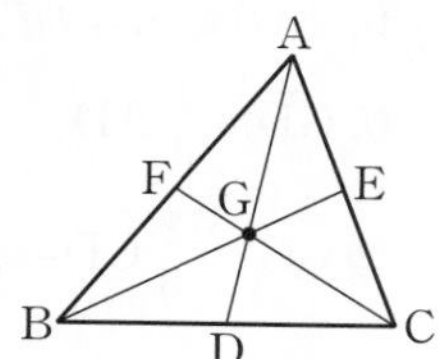

07 △ABE=□×△ABC=□(cm^2)
0676

08 △GBC=□×△ABC=□(cm^2)
0677

09 △GCE=□×△ABC=□(cm^2)
0678

[10~13] 다음 그림에서 점 G가 △ABC의 무게중심이고 △ABC의 넓이가 24 cm^2일 때, 색칠한 부분의 넓이를 구하시오.

10
0679

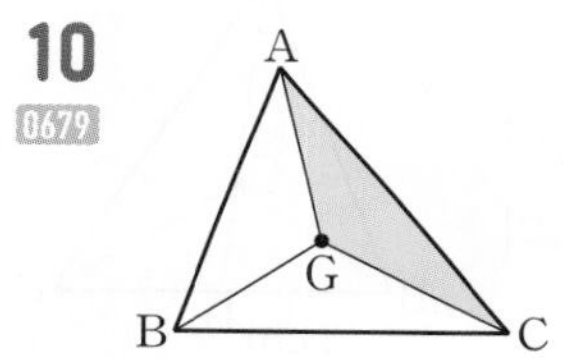

11
0680

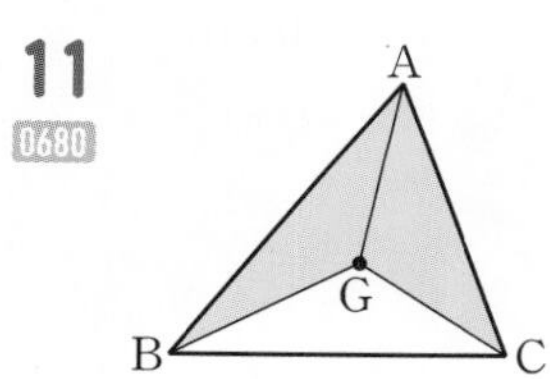

12
0681

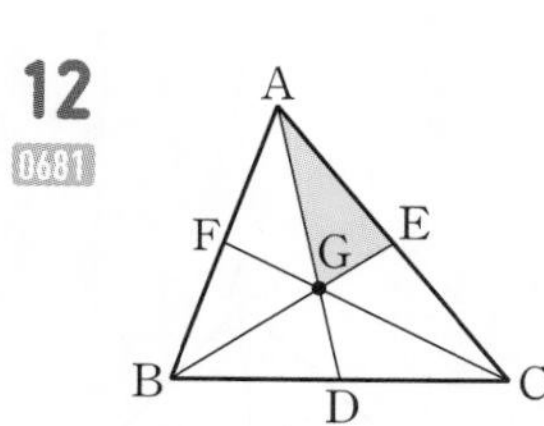

13
0682

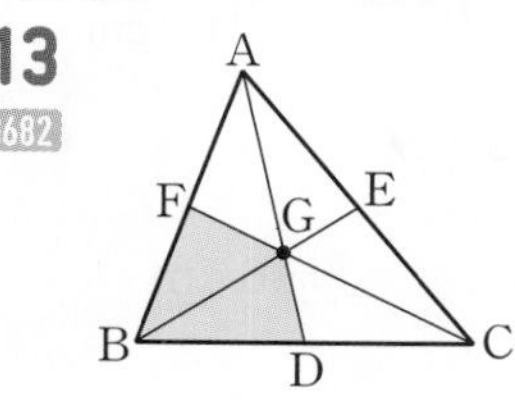

유형 22 삼각형의 중선 | 개념 18-1

대표문제

14 오른쪽 그림과 같은 △ABC에서 점 D는 $\overline{BC}$의 중점이고 점 E는 $\overline{AD}$의 중점이다. △AEC의 넓이가 4 cm^2일 때, △ABC의 넓이는?
0683

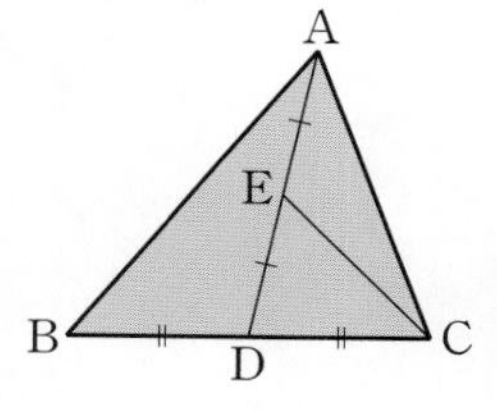

① 12 cm^2 ② 14 cm^2 ③ 16 cm^2
④ 18 cm^2 ⑤ 20 cm^2

15 오른쪽 그림에서 $\overline{CD}$는 △ABC의 중선이고 $\overline{DE}=\overline{EF}=\overline{FC}$이다. △ABC의 넓이가 18 cm^2일 때, △AEC의 넓이를 구하시오.
0684

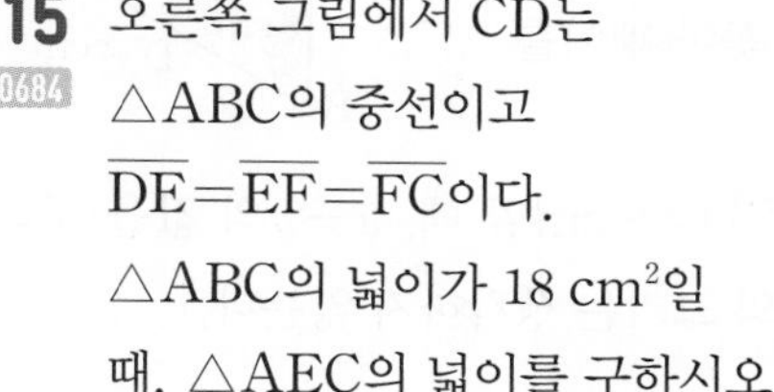

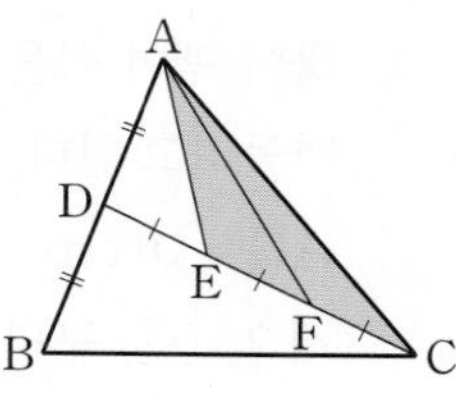

서술형

16 오른쪽 그림에서 $\overline{AD}$는 △ABC의 중선이고 점 E는 $\overline{AD}$ 위의 점이다. △ABC의 넓이는 32 cm^2이고 △AEC의 넓이는 10 cm^2일 때, △EBD의 넓이를 구하시오.
0685

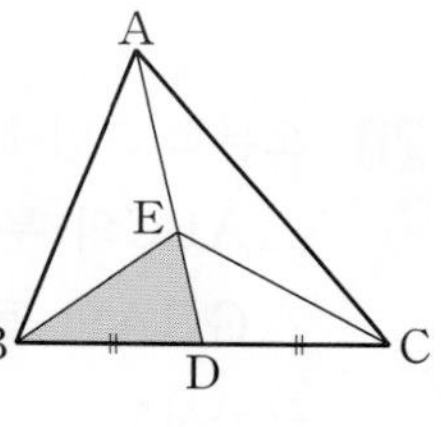

17 오른쪽 그림에서 $\overline{AD}$는 △ABC의 중선이고 $\overline{AH}\perp\overline{BC}$이다. $\overline{AH}=10$ cm이고 △ABD의 넓이가 30 cm^2일 때, $\overline{CD}$의 길이를 구하시오.
0686

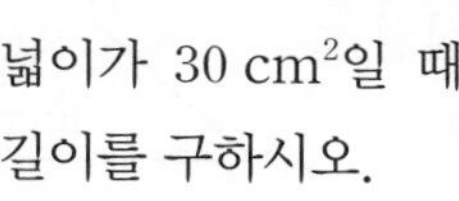

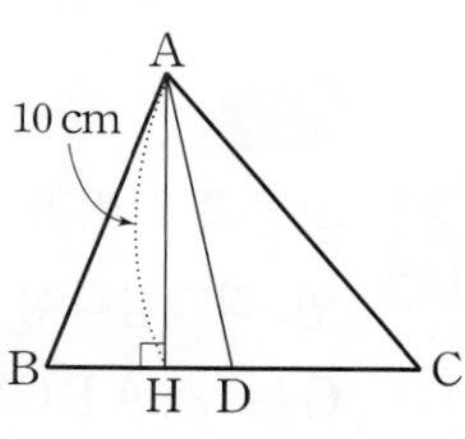

빈출

유형 23 삼각형의 무게중심(1) | 개념 18-2

대표문제

18 0687 오른쪽 그림에서 점 G는 △ABC의 무게중심일 때, $x+y$의 값을 구하시오.

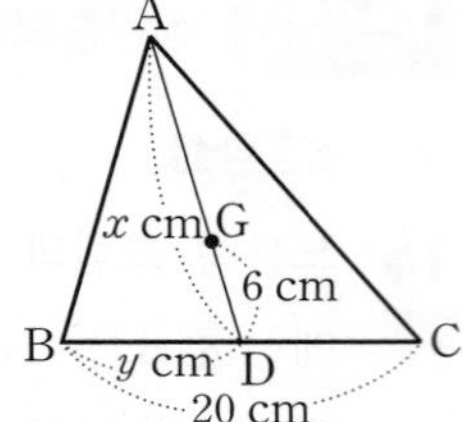

창의+융합

19 0688 오른쪽 그림과 같이 삼각형 모양 ABC에서 무게중심인 점 G를 찾아 그곳에 구멍을 뚫어 팽이 심을 꽂아 팽이를 만들려고 한다.
$\overline{AG}=10$ cm, $\overline{BD}=8$ cm일 때, $x-y$의 값을 구하시오. (단, 구멍의 크기는 생각하지 않는다.)

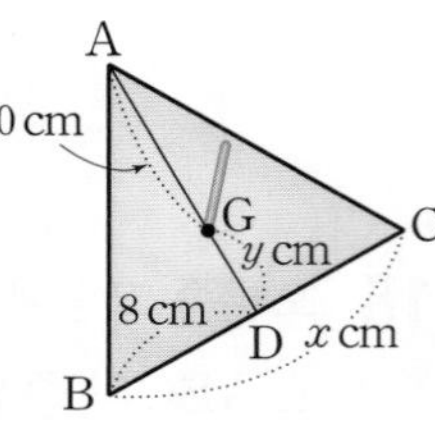

20 0689 오른쪽 그림에서 점 G가 △ABC의 무게중심일 때, △GCA의 둘레의 길이를 구하시오.

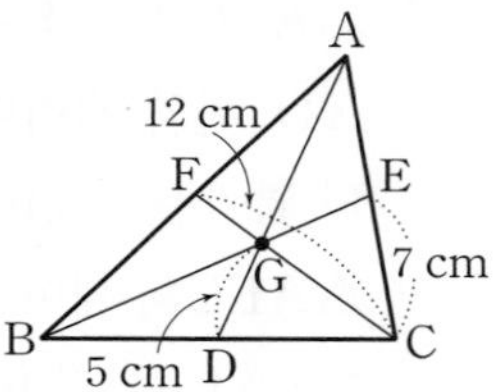

서술형

21 0690 오른쪽 그림과 같이 ∠C=90°인 직각삼각형 ABC에서 점 G는 △ABC의 무게중심일 때, $\overline{AB}$의 길이를 구하시오.

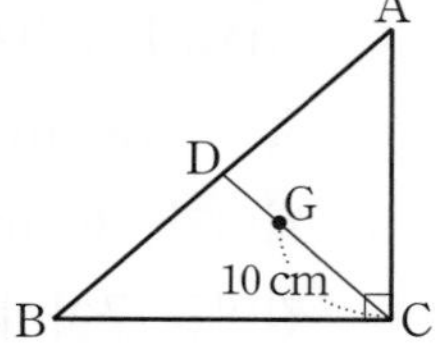

유형 24 삼각형의 무게중심(2) | 개념 18-2

점 G가 △ABC의 무게중심이고 점 G′이 △GBC의 무게중심일 때

① $\overline{GD}=\frac{1}{3}\overline{AD}$

② $\overline{GG'}=\frac{2}{3}\overline{GD}=\frac{2}{9}\overline{AD}$

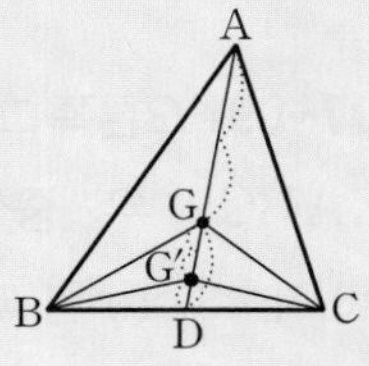

대표문제

22 0691 오른쪽 그림에서 점 G는 △ABC의 무게중심이고, 점 G′은 △GBC의 무게중심이다. $\overline{AD}=9$ cm일 때, $\overline{G'D}$의 길이를 구하시오.

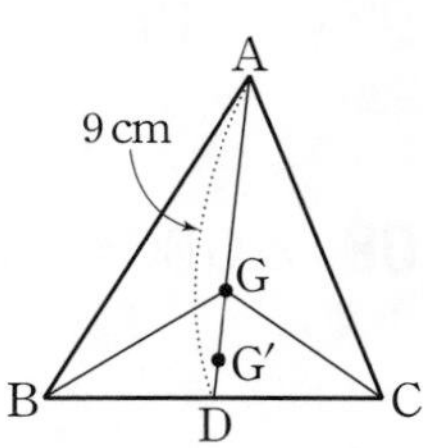

23 0692 오른쪽 그림에서 점 G는 △ABC의 무게중심이고, 점 G′은 △GBC의 무게중심이다. $\overline{G'D}=4$ cm일 때, $\overline{AG}$의 길이는?

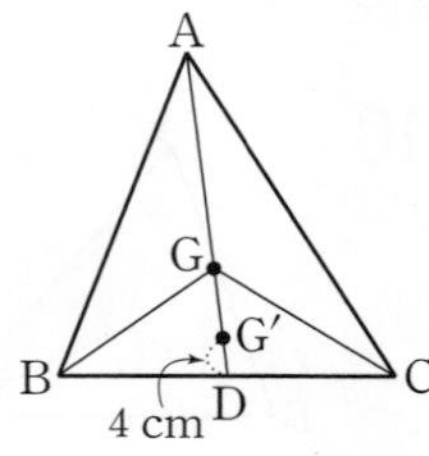

① 16 cm ② 18 cm ③ 20 cm
④ 22 cm ⑤ 24 cm

24 0693 오른쪽 그림에서 두 점 G, G′은 각각 △ABC, △GBC의 무게중심이다. ∠BAC=90°이고 $\overline{GG'}=2$ cm일 때, $\overline{BC}$의 길이는?

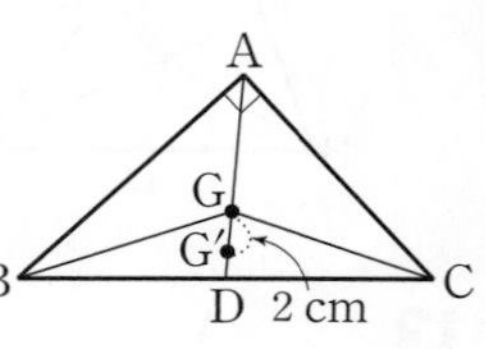

① 12 cm ② 14 cm ③ 16 cm
④ 18 cm ⑤ 20 cm

유형 25 삼각형의 무게중심의 응용 (1) | 개념 18-2

점 G가 $\triangle ABC$의 무게중심이고
$\overline{BE} /\!/ \overline{DF}$, $\overline{GE}=a$일 때
① $\overline{BE}=3\overline{GE}=3a$
② $\triangle ADF$에서
$\overline{GE} : \overline{DF}=\overline{AG} : \overline{AD}=2 : 3$이므로
$\overline{DF}=\frac{3}{2}\overline{GE}=\frac{3}{2}a$

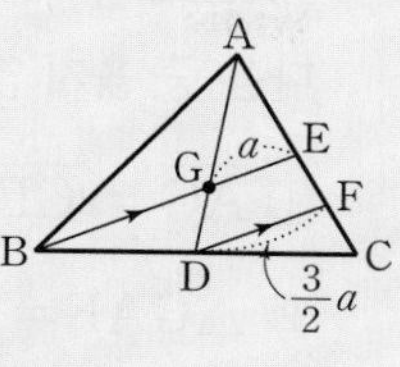

대표문제

25 0694 오른쪽 그림에서 점 G는 $\triangle ABC$의 무게중심이고 $\overline{BE} /\!/ \overline{DF}$이다. $\overline{GE}=6$ cm일 때, $x+y$의 값은?

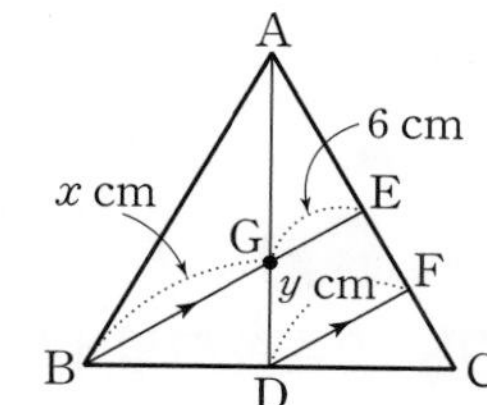

① 18 ② 19
③ 20 ④ 21
⑤ 22

26 0695 오른쪽 그림에서 점 G는 $\triangle ABC$의 무게중심이고 $\overline{BM} /\!/ \overline{DN}$이다. $\overline{BG}=8$ cm일 때, $\overline{DN}$의 길이는?

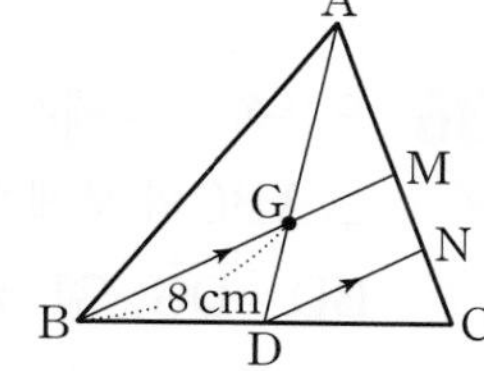

① 4 cm ② 5 cm
③ 6 cm ④ 7 cm
⑤ 8 cm

27 0696 오른쪽 그림에서 점 G는 $\triangle ABC$의 두 중선 AD, CE의 교점이고 점 F는 $\overline{BD}$의 중점이다. $\overline{EF}=3$ cm일 때, $\overline{AG}$의 길이를 구하시오.

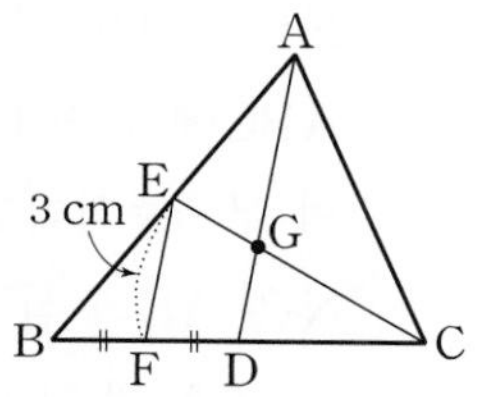

빈출

유형 26 삼각형의 무게중심의 응용 (2) | 개념 18-2

점 G가 $\triangle ABC$의 무게중심이고
$\overline{DE} /\!/ \overline{BC}$일 때
① $\triangle ADG \backsim \triangle ABM$ (AA 닮음)
$\triangle AGE \backsim \triangle AMC$ (AA 닮음)
② $\overline{DG} : \overline{BM}=\overline{AG} : \overline{AM}$
$=\overline{GE} : \overline{MC}=2 : 3$

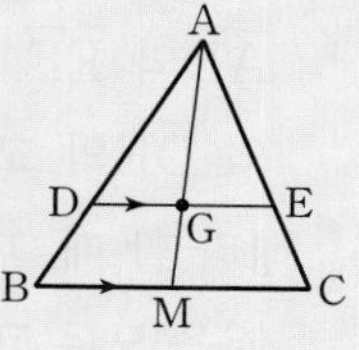

대표문제

28 0697 오른쪽 그림에서 점 G는 $\triangle ABC$의 무게중심이고 $\overline{EF} /\!/ \overline{BC}$이다. $\overline{AG}=8$ cm, $\overline{EG}=4$ cm일 때, $x+y$의 값을 구하시오.

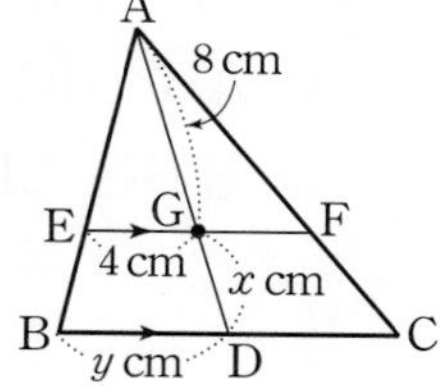

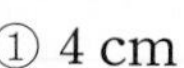

29 0698 오른쪽 그림에서 점 G는 $\triangle ABC$의 무게중심이고 $\overline{FE} /\!/ \overline{BC}$이다. $\overline{AD}=24$ cm일 때, $\overline{FG}$의 길이는?

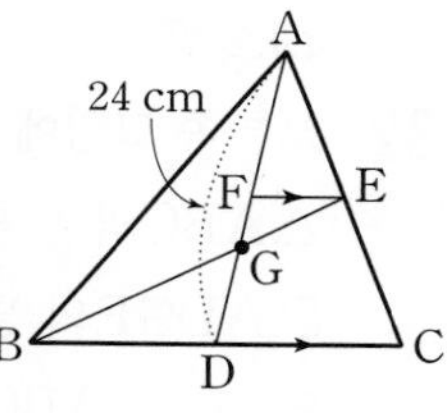

① 4 cm ② 5 cm
③ 6 cm ④ 8 cm
⑤ 10 cm

30 0699 오른쪽 그림에서 두 점 G, G′은 각각 $\triangle ABD$, $\triangle ADC$의 무게중심이다. $\overline{GG'}=6$ cm일 때, $\overline{BC}$의 길이를 구하시오.

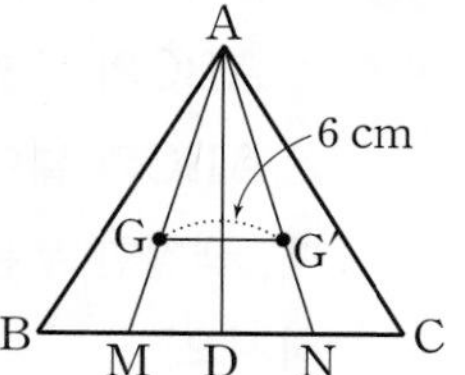

31 오른쪽 그림에서 점 G는 △ABC의 무게중심이고 $\overline{AD}$와 $\overline{EF}$, $\overline{BE}$와 $\overline{DF}$, $\overline{CF}$와 $\overline{DE}$의 교점을 각각 H, I, J라 할 때, 다음 중 옳지 <u>않은</u> 것을 모두 고르면? (정답 2개)
0700

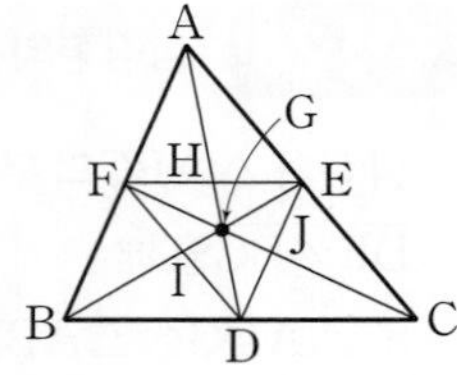

① $\overline{AC} /\!/ \overline{FD}$
② $\overline{AB}=3\overline{ED}$
③ $\overline{FH}=\overline{HE}$
④ $\overline{AH} : \overline{HG}=2 : 1$
⑤ 점 G는 △DEF의 무게중심이다.

유형 27 삼각형의 무게중심과 넓이 | 개념 18-3

빈출

32 오른쪽 그림에서 점 G는 △ABC의 무게중심이다. □ADGE의 넓이가 12 cm^2일 때, △ABC의 넓이를 구하시오.
0701

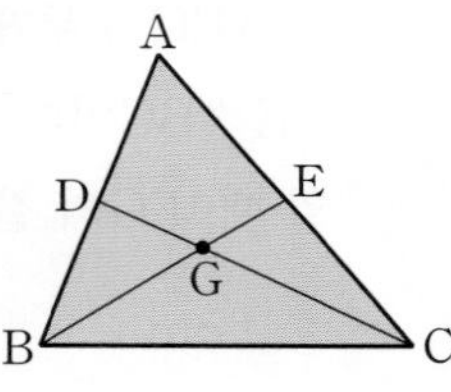

33 오른쪽 그림에서 점 G는 △ABC의 무게중심이다. △ABC의 넓이가 42 cm^2일 때, 색칠한 부분의 넓이를 구하시오.
0702

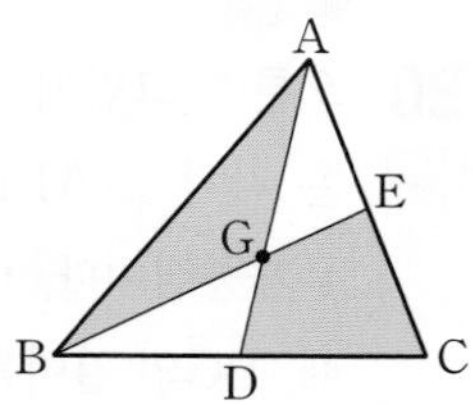

34 오른쪽 그림에서 점 G는 △ABC의 무게중심일 때, 다음 중 옳지 <u>않은</u> 것은?
0703

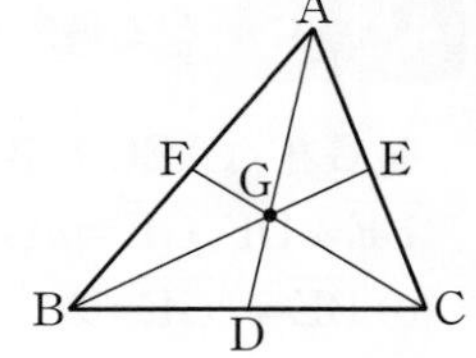

① $\overline{AG}=2\overline{GD}$
② $\triangle GAF=\frac{1}{2}\triangle GAB$
③ $6\triangle GAE=\triangle ABC$
④ □AFGE=□BDGF
⑤ △GAF≡△GBF

서술형

35 오른쪽 그림에서 점 G는 △ABC의 무게중심이고 점 G′은 △GBC의 무게중심이다. △GG′C의 넓이가 4 cm^2일 때, △ABC의 넓이를 구하시오.
0704

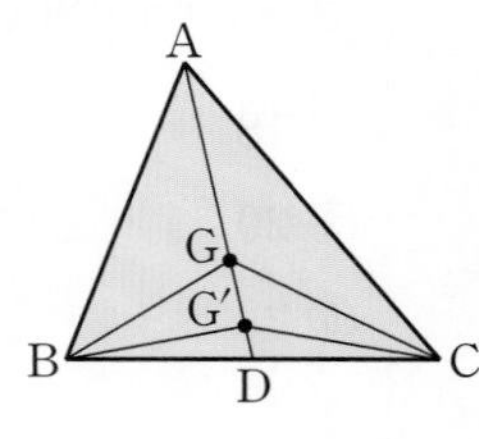

36 오른쪽 그림에서 점 G는 △ABC의 무게중심이고 $\overline{BD}=\overline{DG}$, $\overline{GE}=\overline{EC}$이다. △ABC의 넓이가 24 cm^2일 때, 색칠한 부분의 넓이를 구하시오.
0705

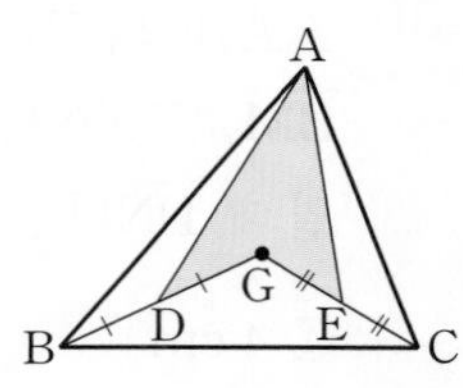

37 오른쪽 그림과 같이 ∠C=90°인 직각삼각형 ABC에서 점 G는 △ABC의 무게중심이고 두 점 M, N은 $\overline{AB}$의 삼등분점일 때, △GCM의 넓이를 구하시오.
0706

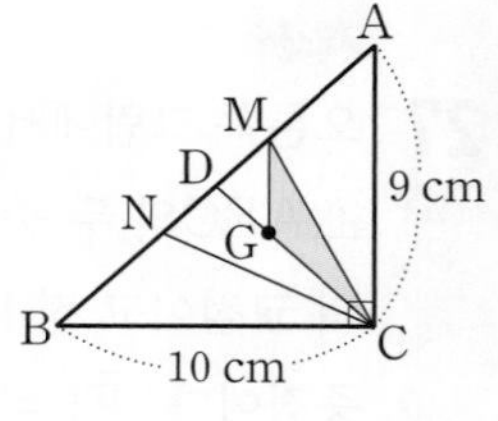

빈출

유형 28 평행사변형에서 삼각형의 무게중심 | 개념 18-2

평행사변형 ABCD에서 두 점 M, N이 각각 $\overline{BC}$, $\overline{CD}$의 중점일 때

① 두 점 P, Q는 각각 △ABC, △ACD의 무게중심이다.

② $\overline{BP}=2\overline{PO}$, $\overline{DQ}=2\overline{QO}$, $\overline{BP}=\overline{PQ}=\overline{QD}=\frac{1}{3}\overline{BD}$

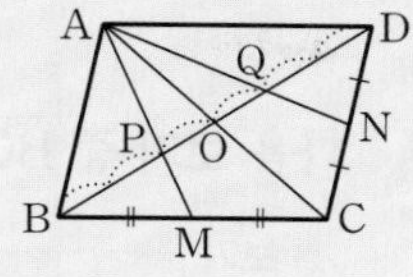

대표문제

38 0707 오른쪽 그림과 같은 평행사변형 ABCD에서 두 점 M, N은 각각 $\overline{BC}$, $\overline{CD}$의 중점이고 점 P, Q는 각각 대각선 BD와 $\overline{AM}$, $\overline{AN}$의 교점이다. $\overline{BD}$=27 cm일 때, $\overline{PQ}$의 길이는?

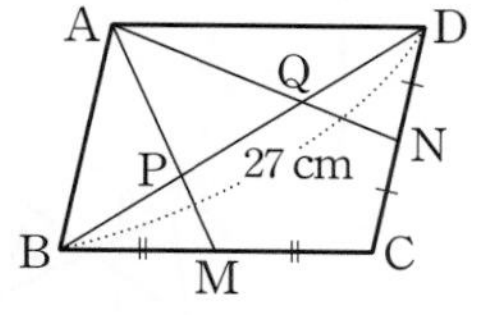

① 6 cm ② 8 cm ③ 9 cm
④ 10 cm ⑤ 12 cm

39 0708 오른쪽 그림과 같은 평행사변형 ABCD에서 두 점 M, N은 각각 $\overline{BC}$, $\overline{CD}$의 중점이고 점 P, Q는 각각 대각선 BD와 $\overline{AM}$, $\overline{AN}$의 교점이다. $\overline{PQ}$=8 cm일 때, $\overline{MN}$의 길이를 구하시오.

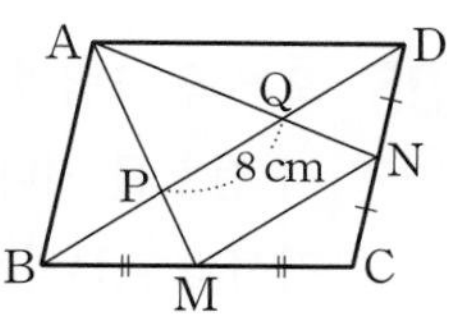

40 0709 오른쪽 그림과 같은 평행사변형 ABCD에서 두 점 M, N은 각각 $\overline{BC}$, $\overline{AD}$의 중점이고 두 점 P, Q는 각각 대각선 BD와 $\overline{AM}$, $\overline{CN}$의 교점이다. $\overline{BP}$=12 cm일 때, $\overline{PQ}$의 길이를 구하시오.

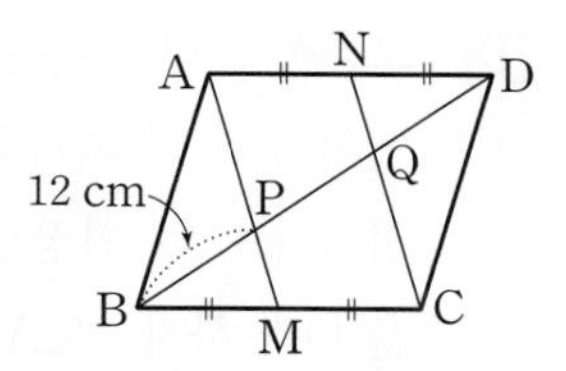

유형 29 평행사변형에서 삼각형의 무게중심과 넓이 | 개념 18-3

평행사변형 ABCD에서 두 점 P, Q가 각각 △ABC, △ACD의 무게중심일 때

① $\triangle APO=\frac{1}{6}\triangle ABC$
$=\frac{1}{12}\square ABCD$

② $\triangle AQO=\frac{1}{6}\triangle ACD=\frac{1}{12}\square ABCD$

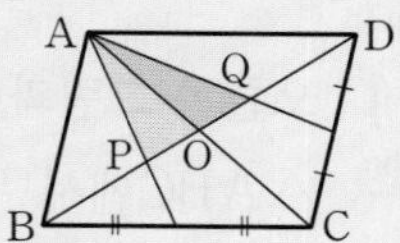

대표문제

41 0710 오른쪽 그림과 같은 평행사변형 ABCD에서 두 점 M, N은 각각 $\overline{BC}$, $\overline{CD}$의 중점이고 점 P, Q는 각각 대각선 BD와 $\overline{AM}$, $\overline{AN}$의 교점이다. □ABCD의 넓이가 54 cm²일 때, △APQ의 넓이를 구하시오.

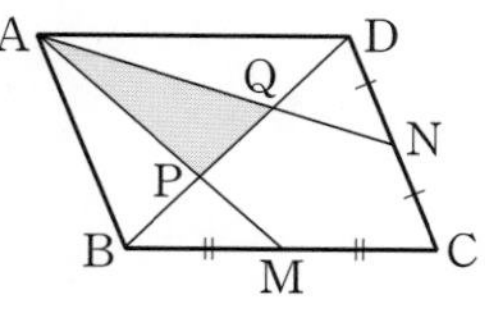

42 0711 오른쪽 그림과 같이 한 변의 길이가 6 cm인 정사각형 ABCD에서 두 점 E, F는 각각 $\overline{AD}$, $\overline{CD}$의 중점이고 점 G는 $\overline{AF}$와 $\overline{CE}$의 교점일 때, □ABCG의 넓이를 구하시오.

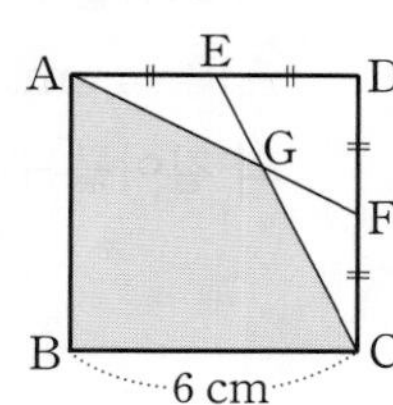

서술형

43 0712 오른쪽 그림과 같은 평행사변형 ABCD에서 네 점 E, F, G, H는 각각 $\overline{AB}$, $\overline{BC}$, $\overline{CD}$, $\overline{DA}$의 중점이고 점 I는 $\overline{BH}$와 $\overline{DE}$의 교점, 점 J는 $\overline{BG}$와 $\overline{DF}$의 교점이다. △BIE의 넓이가 7 cm²일 때, □BJDI의 넓이를 구하시오.

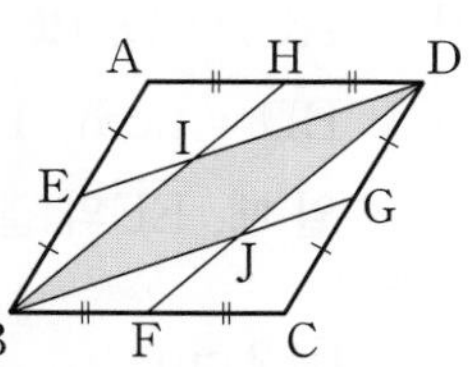

01 0713 오른쪽 그림과 같은 △ABC에서 두 점 F, G는 각각 $\overline{AB}$, $\overline{AC}$의 연장선 위에 있고 $\overline{BC} /\!/ \overline{DE} /\!/ \overline{GF}$일 때, $x+y$의 값은?

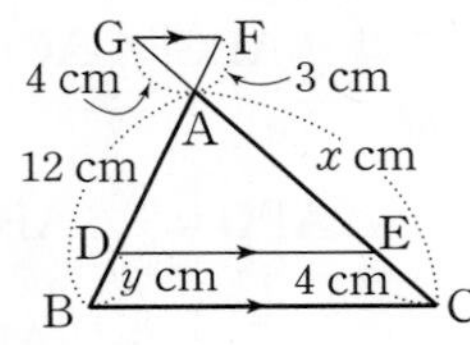

① 18 ② 19 ③ 20 ④ 21 ⑤ 22

95쪽 유형 01 + 95쪽 유형 02

02 0714 오른쪽 그림과 같은 평행사변형 ABCD에서 $\overline{AD}$ 위의 점 E에 대하여 $\overline{AC}$와 $\overline{BE}$의 교점을 F라 하자. $\overline{AF}=4$ cm, $\overline{FC}=16$ cm, $\overline{BC}=24$ cm일 때, $\overline{DE}$의 길이를 구하시오.

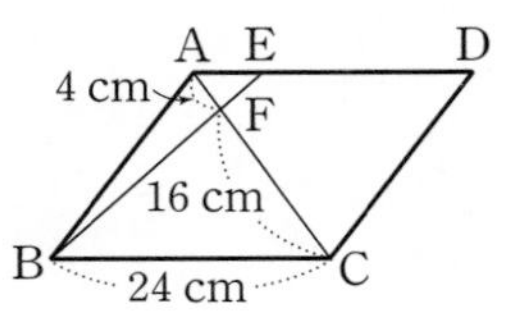

95쪽 유형 02

03 0715 오른쪽 그림에서 $\overline{AC} /\!/ \overline{ED}$, $\overline{BC} /\!/ \overline{EF}$이다. $\overline{BD}=4$ cm, $\overline{DC}=6$ cm일 때, $\overline{EF}$의 길이는?

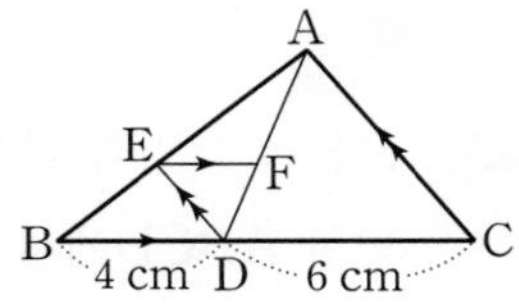

① 2 cm ② $\frac{12}{5}$ cm ③ $\frac{8}{3}$ cm ④ 3 cm ⑤ $\frac{18}{5}$ cm

97쪽 유형 04

04 0716 다음 **보기** 중 $\overline{BC} /\!/ \overline{DE}$인 것을 모두 고르시오.

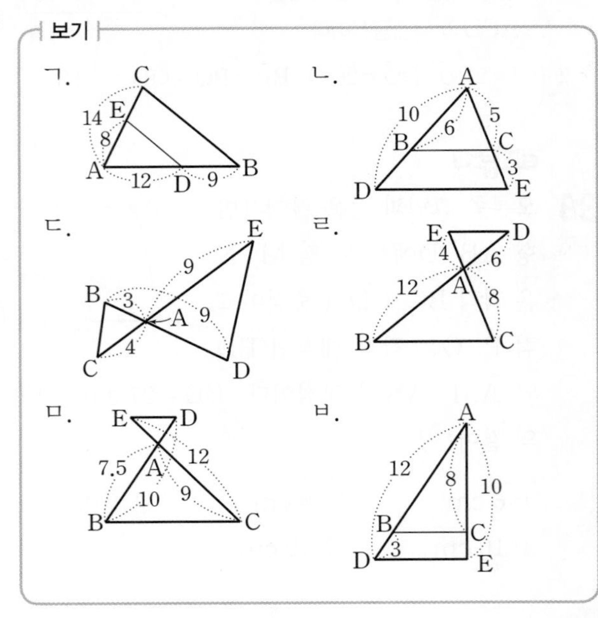

97쪽 유형 05

05 0717 오른쪽 그림과 같은 △ABC에서 점 C를 지나고 $\overline{AD}$에 평행한 직선과 $\overline{AB}$의 연장선의 교점을 E라 하자. ∠BAD=∠CAD일 때, $x-y$의 값을 구하시오.

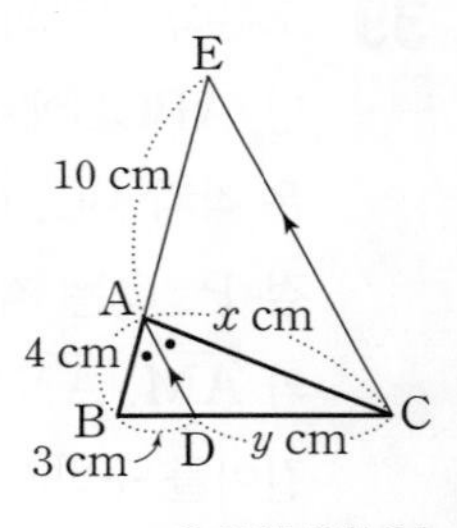

99쪽 유형 06

06 0718 오른쪽 그림과 같은 △ABC에서 ∠A의 외각의 이등분선과 $\overline{BC}$의 연장선의 교점을 D라 하자. △ABC의 넓이가 7 cm^{2}일 때, △ABD의 넓이를 구하시오.

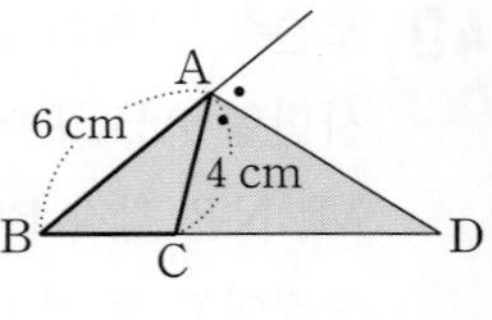

100쪽 유형 08

07 0719 오른쪽 그림의 $\triangle ABC$와 $\triangle DBC$에서 네 점 M, N, P, Q는 각각 $\overline{AB}$, $\overline{AC}$, $\overline{DB}$, $\overline{DC}$의 중점일 때, 다음 중 옳지 않은 것은?

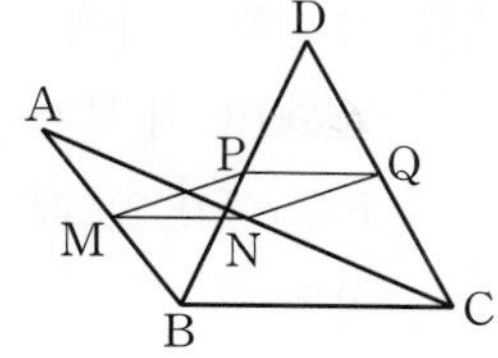

① $\overline{PQ}=\frac{1}{2}\overline{BC}$
② $\overline{MB}=\overline{DQ}$
③ $\overline{MN} /\!/ \overline{PQ}$
④ $\overline{MN}=\overline{PQ}$
⑤ □PMNQ는 평행사변형이다.

▶ 103쪽 유형 10

08 0720 오른쪽 그림에서 점 O는 $\overline{AC}$의 중점이고 □ABCD, □OCDF가 모두 평행사변형일 때, $x+y$의 값을 구하시오.

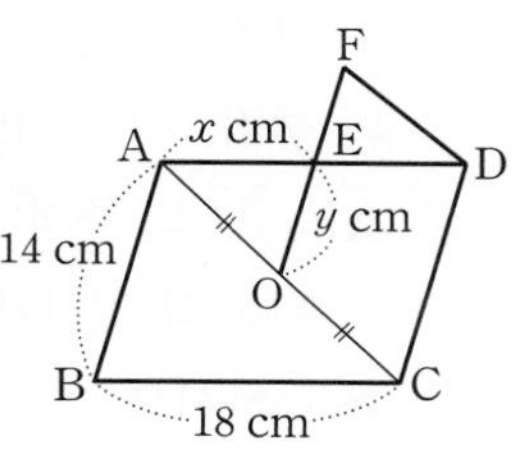

▶ 103쪽 유형 11

09 0721 오른쪽 그림과 같은 $\triangle ABC$와 $\triangle DBF$에서 $\overline{AB}=\overline{AD}$, $\overline{AE}=\overline{CE}$이다. $\overline{DE}=6$ cm일 때, $\overline{EF}$의 길이는?

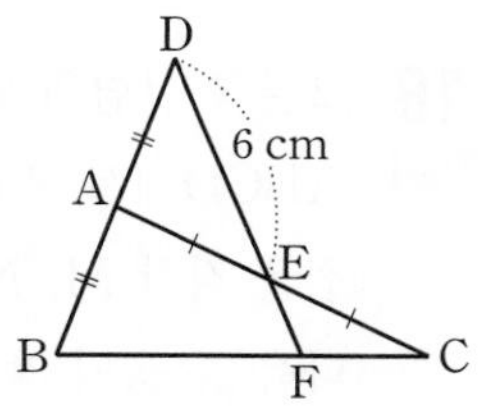

① 1 cm ② $\frac{3}{2}$ cm
③ 2 cm ④ $\frac{5}{2}$ cm
⑤ 3 cm

▶ 105쪽 유형 13

10 0722 오른쪽 그림과 같은 $\triangle ABC$에서 $\overline{AB}$, $\overline{BC}$, $\overline{CA}$의 중점을 각각 D, E, F라 하자. $\triangle DEF$의 둘레의 길이가 18 cm일 때, $\overline{BC}$의 길이는?

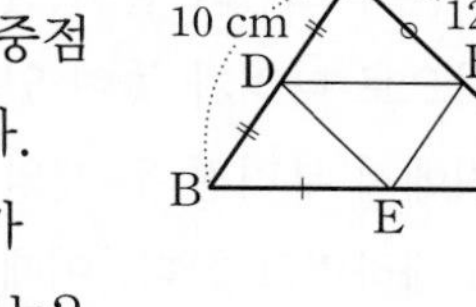

① 14 cm ② 15 cm ③ 16 cm
④ 17 cm ⑤ 18 cm

▶ 106쪽 유형 14

11 0723 오른쪽 그림과 같이 $\overline{AD} /\!/ \overline{BC}$인 사다리꼴 ABCD에서 두 점 M, N은 각각 $\overline{AB}$, $\overline{DC}$의 중점이고 두 점 P, Q는 각각 $\overline{MN}$과 $\overline{BD}$, $\overline{CA}$의 교점이다. $\overline{AD}=4$ cm, $\overline{PQ}=1$ cm일 때, $\overline{BC}$의 길이는?

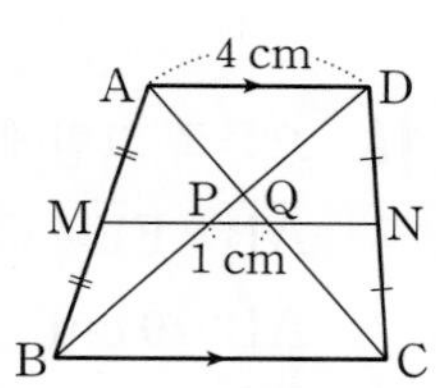

① 6 cm ② $\frac{20}{3}$ cm ③ 7 cm
④ $\frac{22}{3}$ cm ⑤ 8 cm

▶ 107쪽 유형 16

12 0724 오른쪽 그림에서 $l /\!/ m /\!/ n /\!/ p$일 때, $a-b+c$의 값은?

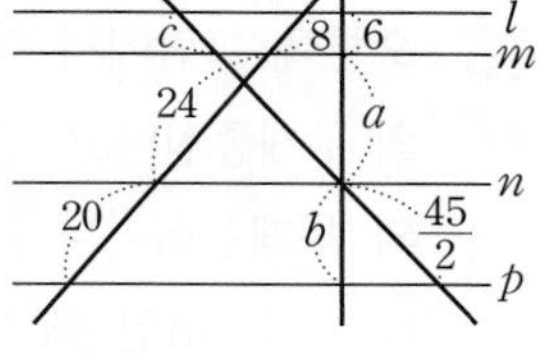

① 11 ② 12
③ 13 ④ 14
⑤ 15

▶ 109쪽 유형 17

4 도형의 닮음 (2)

창의⊕융합

13 0725 오른쪽 그림과 같이 일정한 간격으로 다리가 놓여 있는 사다리에서 부러진 두 개의 다리를 교체하려고 한다. 이때 교체해야 할 두 다리의 길이의 합을 구하시오. (단, 다리들은 서로 평행하고, 각 다리의 두께는 생각하지 않는다.)

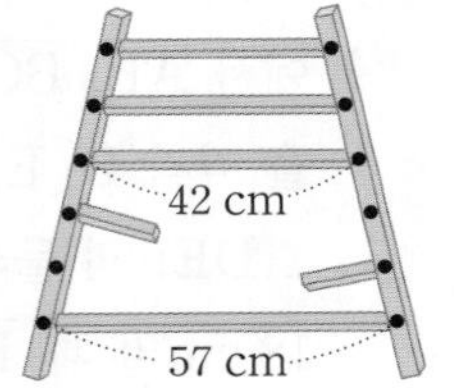

▶ 109쪽 유형 18

14 0726 오른쪽 그림에서 $\overline{AB}\,/\!/\,\overline{FE}\,/\!/\,\overline{CD}$이고 $\overline{AB}=9$ cm, $\overline{AC}=24$ cm, $\overline{CD}=15$ cm일 때, $\overline{FC}$의 길이는?

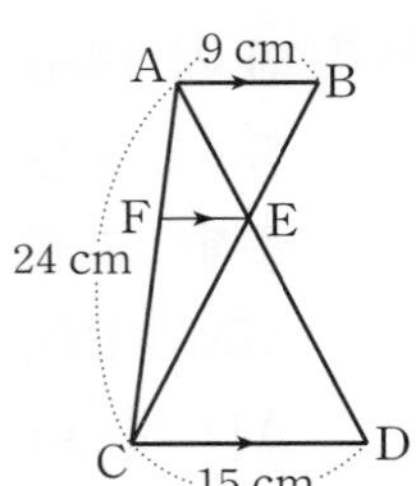

① 12 cm ② 14 cm
③ 15 cm ④ 16 cm
⑤ 18 cm

▶ 111쪽 유형 21

15 0727 오른쪽 그림에서 점 G는 △ABC의 무게중심이고, 점 G′은 △GBC의 무게중심이다. ∠BGC$=90°$, $\overline{BC}=6$ cm일 때, $\overline{AG'}$의 길이를 구하시오.

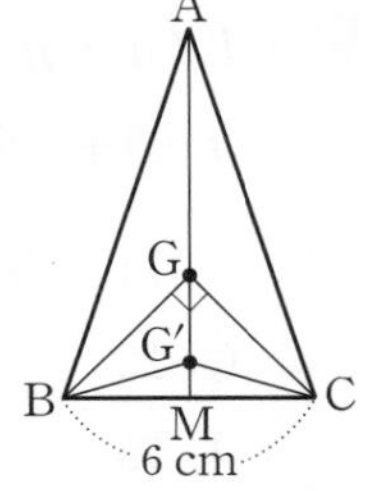

▶ 114쪽 유형 24

16 0728 오른쪽 그림에서 점 G는 △ABC의 무게중심이고 $\overline{BC}\,/\!/\,\overline{DE}$일 때, $x-y$의 값은?

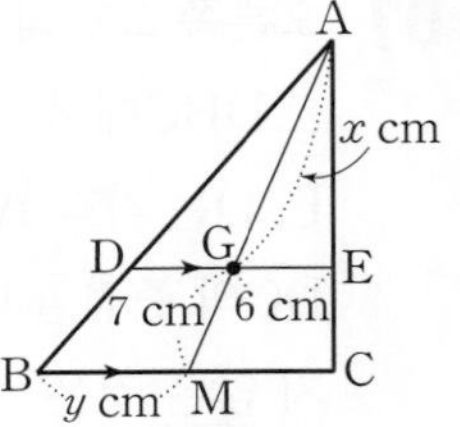

① 2 ② 3
③ 4 ④ 5
⑤ 6

▶ 115쪽 유형 26

17 0729 오른쪽 그림과 같은 △ABC에서 점 D는 $\overline{BC}$ 위의 점이고 두 점 M, N은 각각 $\overline{BD}$, $\overline{DC}$의 중점, 두 점 E, F는 각각 $\overline{AB}$, $\overline{AC}$의 중점이다.
△ABC의 넓이가 30 cm^{2}일 때, □AGDH의 넓이를 구하시오.

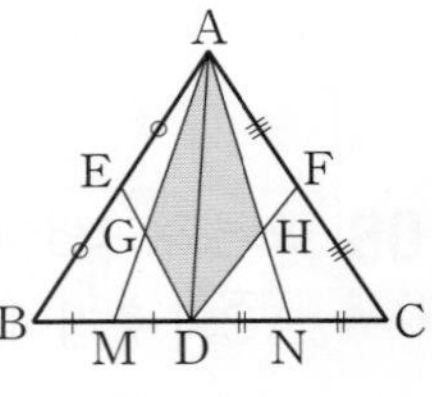

▶ 116쪽 유형 27

18 0730 오른쪽 그림의 평행사변형 ABCD에서 $\overline{AB}$, $\overline{BC}$의 중점을 각각 M, N이라 할 때, 다음 중 옳지 않은 것은?

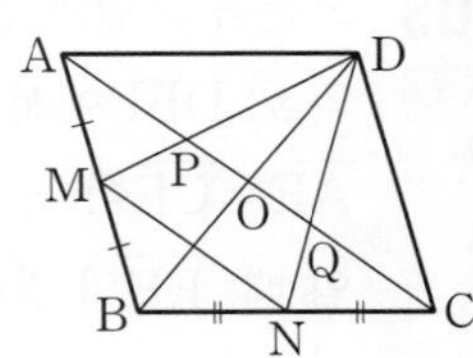

① $\overline{MN}=\overline{AO}$ ② $\overline{PO}=\overline{QO}$
③ $\overline{QN}=\frac{1}{3}\overline{DN}$ ④ $\overline{AP}=\overline{PQ}=\overline{QC}$
⑤ $\overline{DP}:\overline{PM}=3:1$

▶ 117쪽 유형 28

서술형 문제

19 0731 오른쪽 그림에서 $\overline{BC} /\!/ \overline{DE}$, $\overline{AC} /\!/ \overline{DF}$일 때, $\overline{BF}$의 길이를 구하시오.

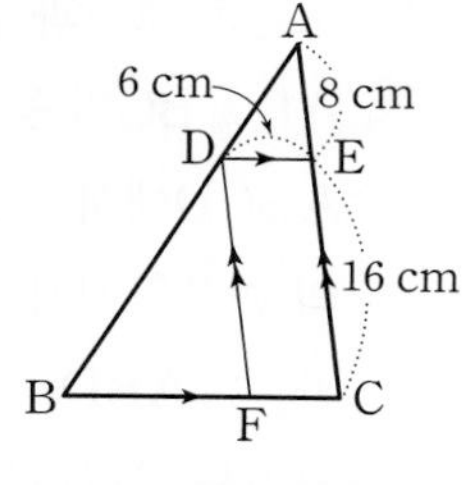

▶ 95쪽 유형 01

20 0732 오른쪽 그림과 같이 $\angle C=90°$인 직각삼각형 ABC에서 $\angle BAD=\angle CAD$, $\overline{AB} : \overline{AC}=7 : 5$이고 $\triangle ACD$의 넓이는 25 cm^2이다. 점 D에서 $\overline{AB}$에 내린 수선의 발을 E라 할 때, $\triangle BDE$의 넓이를 구하시오.

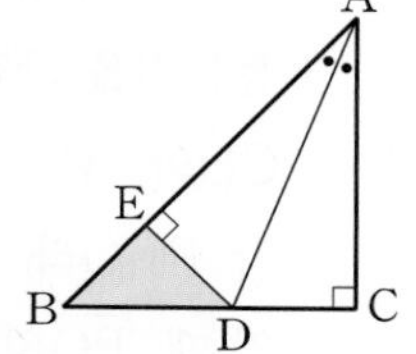

▶ 100쪽 유형 07

21 0733 오른쪽 그림과 같은 $\triangle ABC$에서 두 점 D, F와 두 점 E, G는 각각 $\overline{AB}$와 $\overline{AC}$의 삼등분점이고 두 점 P, Q는 각각 $\overline{FG}$와 $\overline{BE}$, $\overline{CD}$의 교점이다.
$\overline{DE}=6\text{ cm}$일 때, $\overline{PQ}$의 길이를 구하시오.

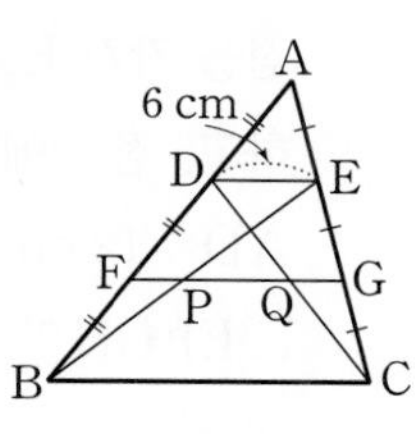

▶ 104쪽 유형 12

22 0734 오른쪽 그림과 같은 사다리꼴 ABCD에서 $\overline{AD} /\!/ \overline{EF} /\!/ \overline{BC}$이고 점 O는 두 대각선의 교점일 때, 다음 물음에 답하시오.

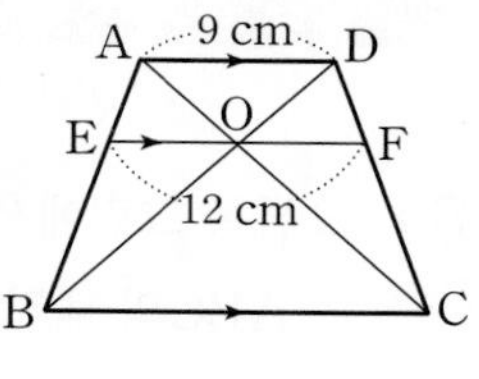

(1) $\overline{EO}$의 길이를 구하시오.

(2) $\overline{BC}$의 길이를 구하시오.

▶ 111쪽 유형 20

23 0735 오른쪽 그림에서 점 G는 $\triangle ABC$의 무게중심이다. $\overline{AD} \perp \overline{BC}$, $\overline{CE} /\!/ \overline{DF}$이고 $\overline{BF}=6\text{ cm}$일 때, $\overline{AC}$의 길이를 구하시오.

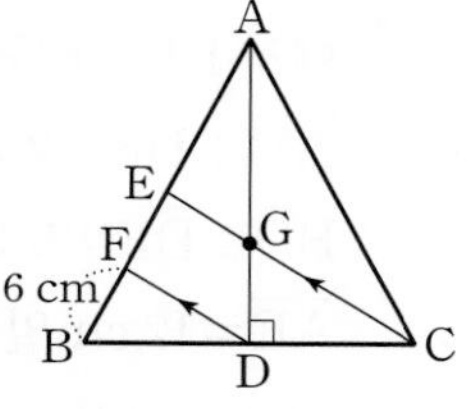

▶ 115쪽 유형 25

24 0736 오른쪽 그림과 같은 평행사변형 ABCD에서 $\overline{BE}=\overline{CE}$, $\overline{CF}=\overline{DF}$이고 점 G는 $\overline{BF}$와 $\overline{DE}$의 교점이다.
□ABCD의 넓이가 48 cm^2일 때, □GECF의 넓이를 구하시오.

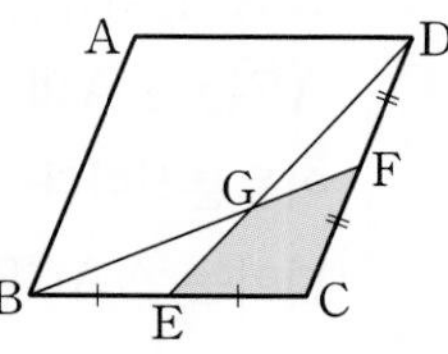

▶ 117쪽 유형 29

01 0737 오른쪽 그림에서 원 I는 $\triangle ABC$의 내접원이고 $\overline{AB} /\!/ \overline{DE}$일 때, $\overline{AB}$의 길이는?

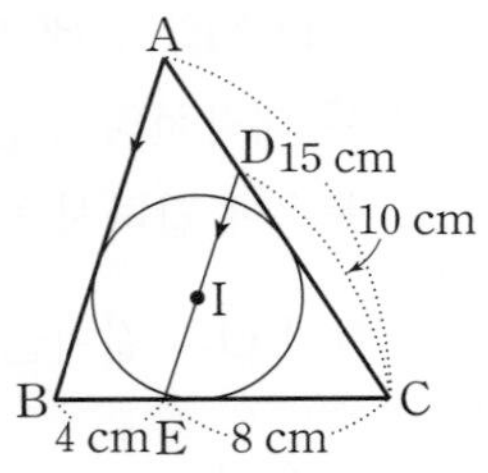

① 12 cm ② $\frac{25}{2}$ cm

③ $\frac{27}{2}$ cm ④ 14 cm

⑤ 15 cm

02 0738 오른쪽 그림과 같은 $\triangle ABC$에서 $\overline{BE} /\!/ \overline{FG}$이고 $\overline{AD} : \overline{DF} = 2 : 1$, $\overline{BD} : \overline{DE} = 5 : 2$이다. $\overline{AE} = 12$ cm일 때, $\overline{CG}$의 길이를 구하시오.

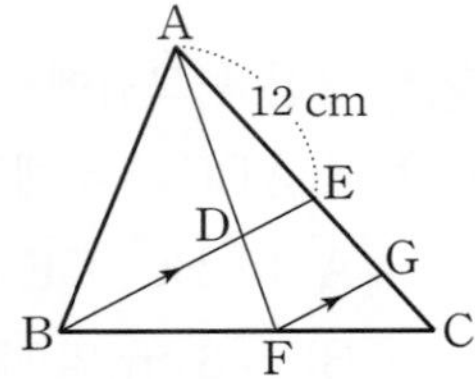

03 0739 오른쪽 그림과 같은 $\triangle ABC$에서 $\overline{AD}$는 $\angle A$의 이등분선이고 $\overline{AE}$는 $\angle A$의 외각의 이등분선이다. $\overline{BC} : \overline{CE} = 2 : 3$일 때, $\triangle ABD$의 넓이는 $\triangle ACE$의 넓이의 몇 배인가?

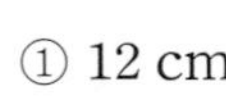
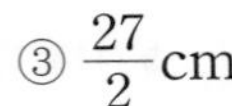

① $\frac{1}{4}$배 ② $\frac{1}{3}$배 ③ $\frac{2}{5}$배

④ $\frac{5}{12}$배 ⑤ $\frac{4}{9}$배

04 0740 오른쪽 그림과 같이 $\overline{AD} /\!/ \overline{BC}$인 등변사다리꼴 ABCD에서 $\overline{AD}$, $\overline{BD}$, $\overline{BC}$의 중점을 각각 P, Q, R라 하자. $\angle ABD = 40°$, $\angle BDC = 80°$일 때, $\angle QPR$의 크기를 구하시오.

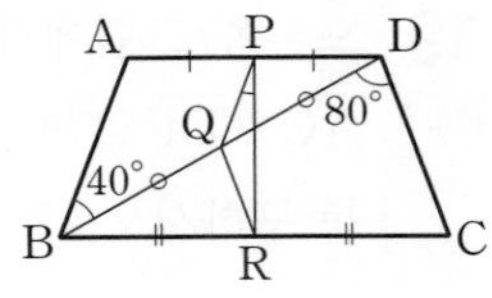

05 0741 오른쪽 그림과 같은 $\triangle ABC$에서 $\overline{AB}$의 중점을 D, $\overline{BC}$의 삼등분점을 각각 E, F라 하고 $\overline{CD}$와 $\overline{AE}$, $\overline{AF}$의 교점을 각각 P, Q라 하자. $\overline{PD} = 2$ cm일 때, $\overline{PQ}$의 길이를 구하시오.

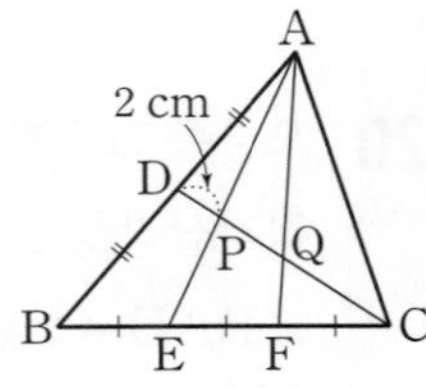

06 0742 오른쪽 그림과 같이 $\overline{AD} /\!/ \overline{BC}$인 등변사다리꼴 ABCD의 네 변의 중점을 각각 E, F, G, H라 하고, 점 D에서 $\overline{BC}$에 내린 수선의 발을 I라 하자. $\overline{AD} = 12$ cm, $\overline{BC} = 20$ cm, $\overline{DI} = 7$ cm일 때, □EFGH의 넓이를 구하시오.

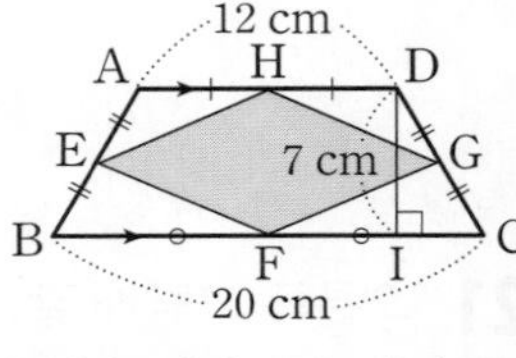

Tip
등변사다리꼴의 네 변의 중점을 연결한 사각형은 마름모임을 이용하여 마름모의 넓이를 구한다.

07 0743 오른쪽 그림과 같이 $\overline{AD}/\!/\overline{BC}$인 사다리꼴 ABCD에서 두 대각선의 교점을 O, $\overline{BC}$의 중점을 M, $\overline{AM}$과 $\overline{BD}$의 교점을 E, $\overline{DM}$과 $\overline{AC}$의 교점을 F라 할 때, $\overline{EF}$의 길이를 구하시오.

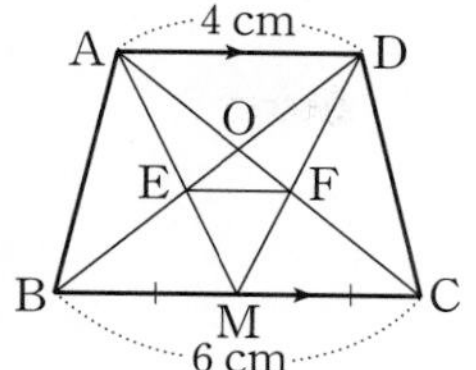

08 0744 오른쪽 그림과 같이 $\angle A=\angle C=90°$인 두 직각삼각형 ABC, ADC에서 △ADC의 무게중심 G가 $\overline{BC}$ 위에 있고 점 G에서 $\overline{AC}$에 내린 수선의 발을 H라 하자. $\overline{AB}=15$ cm일 때, $\overline{HG}$의 길이를 구하시오.

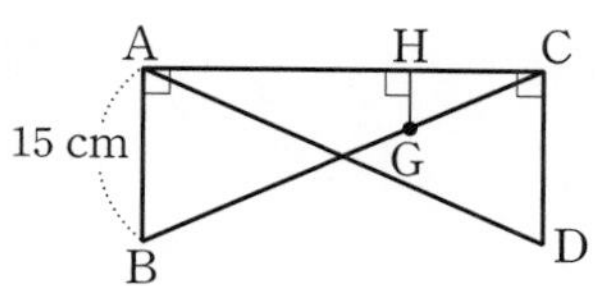

창의⊕융합

09 0745 오른쪽 그림의 △ABC에서 $\overline{BC}$ 위에 한 점 D를 잡고 △ABD, △ADC의 무게중심을 각각 G, G′이라 하자. △ABC의 넓이가 54 cm²일 때, △GDG′의 넓이를 구하시오.

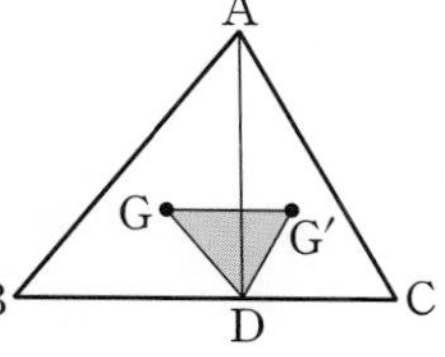

Tip
삼각형의 무게중심의 성질을 이용하여 $\overline{GG'}$과 평행한 선분을 찾아 △GDG′의 넓이가 △ABC의 넓이의 몇 배가 되는지 구한다.

서술형 문제

10 0746 오른쪽 그림과 같은 △ABC에서 $\overline{AD}$와 $\overline{BE}$는 각각 ∠A와 ∠B의 이등분선일 때, 다음 물음에 답하시오.

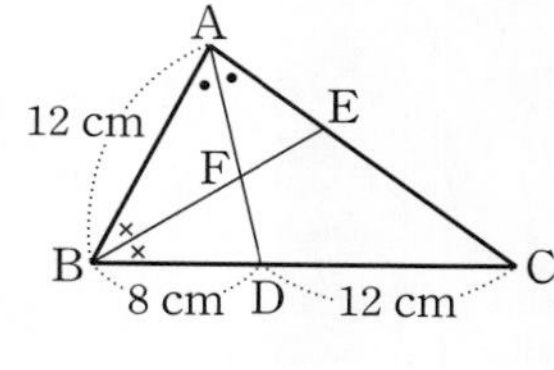

(1) $\overline{AC}$와 $\overline{AE}$의 길이를 각각 구하시오.

(2) △FBD와 △AFE의 넓이의 비가 $m:n$일 때, $m+n$의 값을 구하시오.
(단, m, n은 서로소인 자연수이다.)

11 0747 오른쪽 그림과 같이 $\overline{AD}/\!/\overline{BC}$인 사다리꼴 ABCD에서 세 점 M, N, H는 각각 $\overline{AB}$, $\overline{DC}$, $\overline{BC}$의 중점이고 두 점 G, G′은 각각 △ABC, △DBC의 무게중심이다. $\overline{BC}=18$ cm, $\overline{MN}=12$ cm일 때, $\overline{GG'}$의 길이를 구하시오.

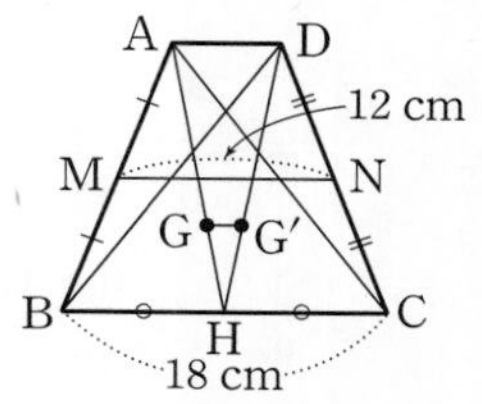

12 0748 오른쪽 그림과 같은 평행사변형 ABCD에서 두 점 M, N은 각각 $\overline{BC}$, $\overline{CD}$의 중점이고 두 점 P, Q는 각각 대각선 BD와 $\overline{AM}$, $\overline{AN}$의 교점이다. □ABCD의 넓이가 48 cm²일 때, □PMNQ의 넓이를 구하시오.

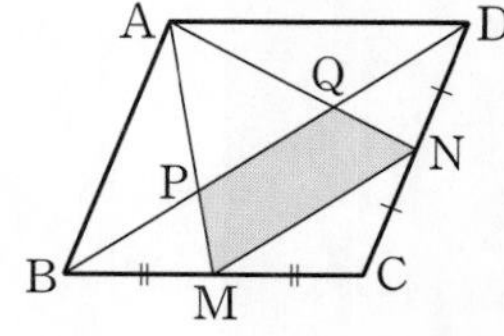

4 도형의 닮음 (2)

Ⅱ. 도형의 닮음과 피타고라스 정리

5 피타고라스 정리

학습 계획 및 성취도 체크

- 학습 계획을 세우고 적어도 두 번 반복하여 공부합니다.
- 유형 이해도에 따라 ☐ 안에 ○, △, ×를 표시합니다.
- 시험 전에 [빈출] 유형과 × 표시한 유형은 반드시 한 번 더 풀어 봅니다.

			학습 계획	1차 학습	2차 학습
Lecture 19 피타고라스 정리	유형 **01**	직각삼각형의 변의 길이	/	▢	▢
	유형 **02**	삼각형에서 피타고라스 정리 이용하기 빈출	/	▢	▢
	유형 **03**	사각형에서 피타고라스 정리 이용하기 빈출	/	▢	▢
	유형 **04**	직사각형의 대각선의 길이	/	▢	▢
	유형 **05**	이등변삼각형의 높이와 넓이	/	▢	▢
	유형 **06**	접은 도형에서 피타고라스 정리 이용하기 빈출	/	▢	▢
Lecture 20 피타고라스 정리의 설명	유형 **07**	유클리드의 방법 빈출	/	▢	▢
	유형 **08**	피타고라스의 방법	/	▢	▢
	유형 **09**	바스카라의 방법	/	▢	▢
	유형 **10**	직각삼각형의 닮음과 피타고라스 정리(1) 빈출	/	▢	▢
	유형 **11**	직각삼각형의 닮음과 피타고라스 정리(2)	/	▢	▢
Lecture 21 피타고라스 정리의 성질	유형 **12**	직각삼각형이 되는 조건 빈출	/	▢	▢
	유형 **13**	변의 길이에 따른 삼각형의 종류 빈출	/	▢	▢
	유형 **14**	각의 크기에 따른 삼각형의 변의 길이	/	▢	▢
	유형 **15**	피타고라스 정리를 이용한 직각삼각형의 성질	/	▢	▢
	유형 **16**	두 대각선이 직교하는 사각형의 성질 빈출	/	▢	▢
	유형 **17**	피타고라스 정리를 이용한 직사각형의 성질	/	▢	▢
	유형 **18**	직각삼각형의 세 반원 사이의 관계	/	▢	▢
	유형 **19**	히포크라테스의 원의 넓이	/	▢	▢
	유형 **20**	최단 거리	/	▢	▢
단원 마무리	**Level B** 필수 유형 정복하기		/	▢	▢
	Level C 발전 유형 정복하기		/	▢	▢

피타고라스 정리

19-1 피타고라스 정리 | 유형 01~06

직각삼각형에서 직각을 낀 두 변의 길이를 각각 a, b라 하고 빗변(→ 직각의 대변)의 길이를 c라 하면

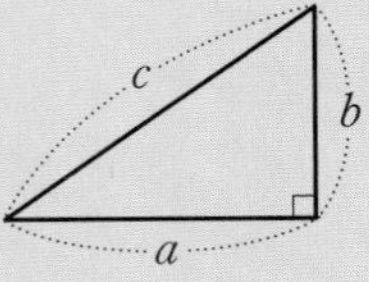

$a^2+b^2=c^2$

이 성립한다.

예) 오른쪽 그림과 같이 $\angle C=90°$인 직각삼각형 ABC에서 피타고라스 정리에 의하여

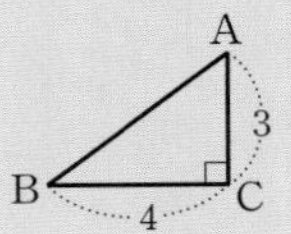

$\overline{BC}^2+\overline{CA}^2=\overline{AB}^2$이므로

$4^2+3^2=\overline{AB}^2$, $\overline{AB}^2=25$

이때 $5^2=25$이고 $\overline{AB}>0$이므로

$\overline{AB}=5$

참고 ① a, b, c는 변의 길이이므로 항상 양수이다.
② 피타고라스 정리는 직각삼각형에서만 성립한다.

19-2 직각삼각형의 변의 길이 | 유형 01~06

직각삼각형에서 두 변의 길이를 알면 피타고라스 정리를 이용하여 나머지 한 변의 길이를 구할 수 있다.

오른쪽 그림과 같이 $\angle C=90°$인 직각삼각형 ABC에서

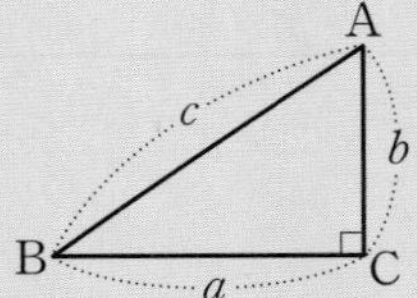

(1) $a^2=c^2-b^2$

(2) $b^2=c^2-a^2$

(3) $c^2=a^2+b^2$

실전 특강 삼각형에서 피타고라스 정리 이용하기 | 유형 02

직각삼각형을 찾아 피타고라스 정리를 이용한다.

(1)

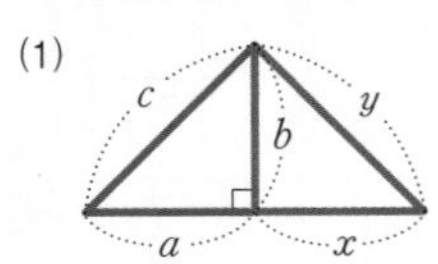

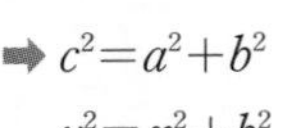

➡ $c^2=a^2+b^2$

$y^2=x^2+b^2$

(2)

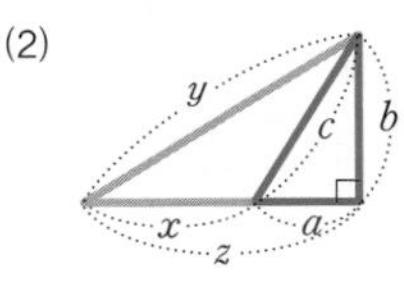

➡ $c^2=a^2+b^2$

$y^2=z^2+b^2$ (→ $z=x+a$)

[01~04] 다음 그림의 직각삼각형에서 x의 값을 구하시오.

01 0749

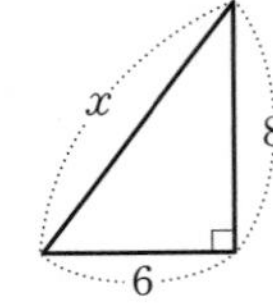

02 0750

03 0751

04 0752

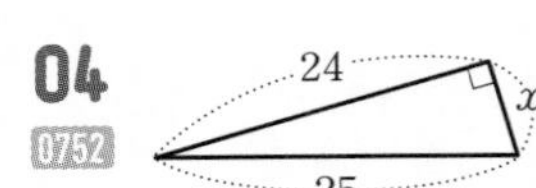

[05~06] 다음 그림에서 x, y의 값을 각각 구하시오.

05 0753

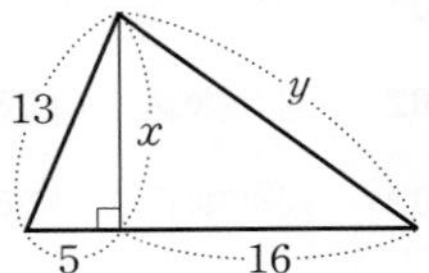

06 0754

[07~08] 다음 그림에서 x, y의 값을 각각 구하시오.

07 0755

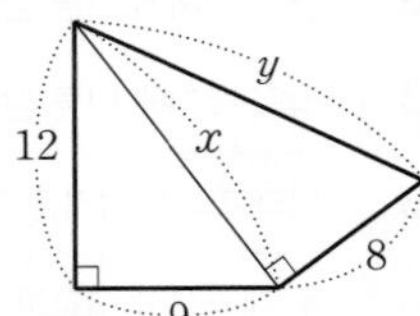

08 0756

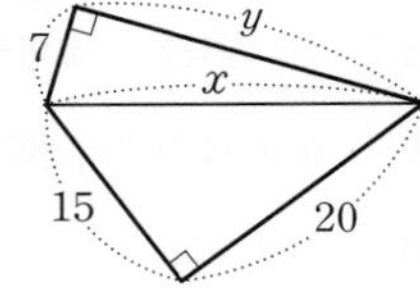

빠른답 6쪽 | 바른답 · 알찬풀이 81쪽

유형 01 직각삼각형의 변의 길이 | 개념 19-1, 2

대표문제

09 오른쪽 그림과 같이 $\angle B=90°$인 직각삼각형 ABC의 넓이는?
0757

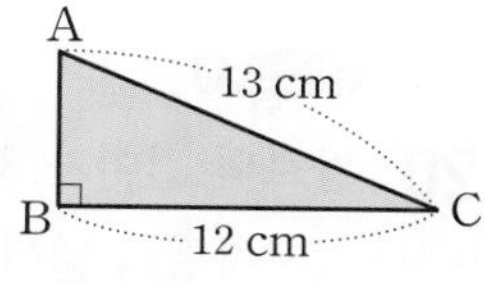

① 20 cm^2 ② 30 cm^2 ③ 40 cm^2
④ 50 cm^2 ⑤ 60 cm^2

10 오른쪽 그림에서 $\overline{AB}=\overline{BC}=\overline{CD}=\overline{DE}=1$ 일 때, $\overline{AE}$의 길이를 구하시오.
0758

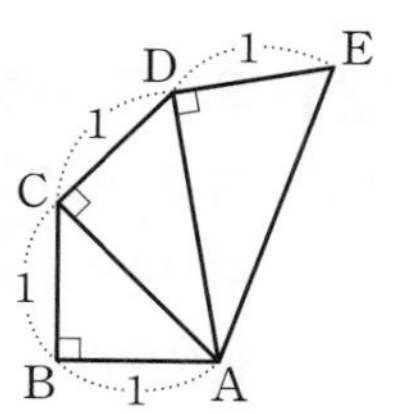

11 오른쪽 그림에서 점 O가 직각삼각형 ABC의 외심일 때, $\overline{OC}$의 길이를 구하시오.
0759

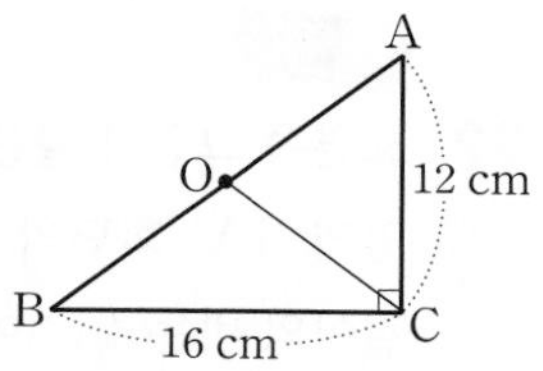

창의⊕융합

12 지면에 수직으로 서 있던 나무가 오른쪽 그림과 같이 부러져 그 끝이 지면에 닿았다. 나무의 높이가 25 m이고 지면에서 나무가 부러진 부분까지의 높이가 8 m일 때, 나무 밑에서 부러진 끝이 닿는 곳까지의 거리인 $\overline{BC}$의 길이를 구하시오.
0760

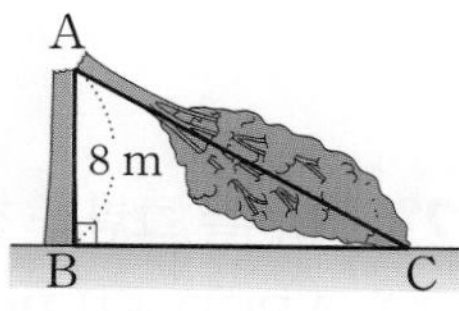

빈출

유형 02 삼각형에서 피타고라스 정리 이용하기 | 개념 19-1, 2

대표문제

13 오른쪽 그림과 같은 $\triangle ABC$에서 $\overline{AD}\perp\overline{BC}$일 때, $\overline{AB}$의 길이를 구하시오.
0761

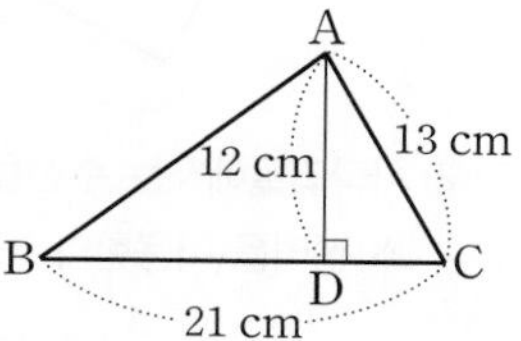

14 오른쪽 그림과 같은 직각삼각형 ABC에서 $\overline{AD}=\overline{CD}$일 때, $\overline{AC}^2$의 값을 구하시오.
0762

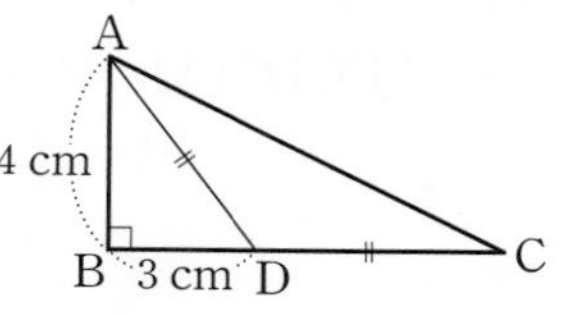

15 오른쪽 그림과 같은 직각삼각형 ABC에서 $\overline{CD}$의 길이를 구하시오.
0763

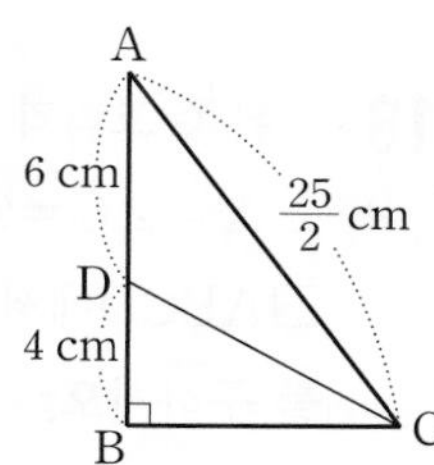

서술형

16 오른쪽 그림과 같은 직각삼각형 ABC에서 $\angle A$의 이등분선과 $\overline{BC}$의 교점을 D라 할 때, $\triangle ABD$의 넓이를 구하시오.
0764

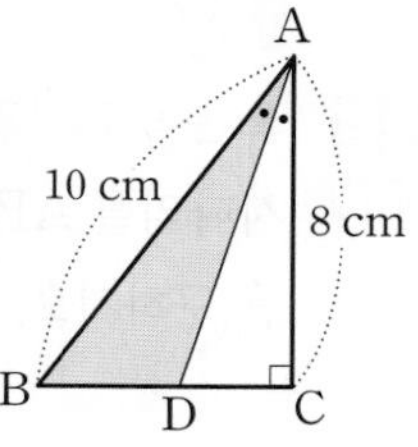

유형 03 사각형에서 피타고라스 정리 이용하기

| 개념 19-1, 2

① 사각형에서 한 쌍의 대각이 직각인 경우에는 보조선을 그어 두 개의 직각삼각형을 만든 후, 피타고라스 정리를 이용한다.

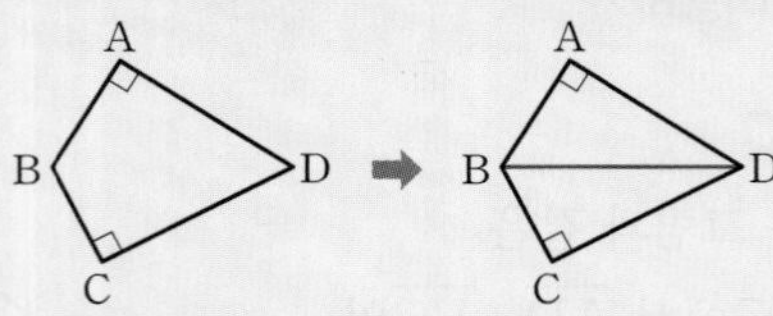

② 사다리꼴에서는 수선을 그어 직각삼각형을 만든 후, 피타고라스 정리를 이용한다.

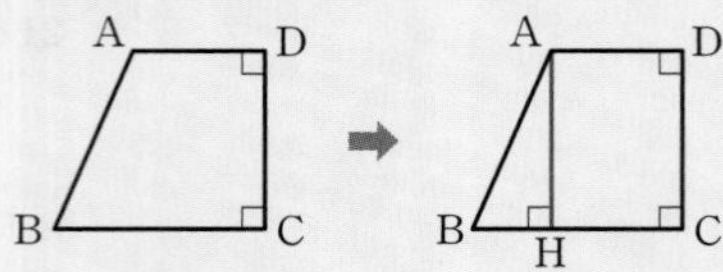

대표문제

17 0765 오른쪽 그림과 같은 사다리꼴 ABCD의 넓이를 구하시오.

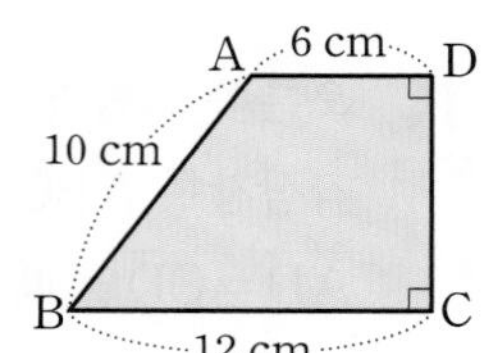

18 0766 오른쪽 그림과 같이 $\angle A=\angle C=90°$인 □ABCD에서 $\overline{CD}$의 길이를 구하시오.

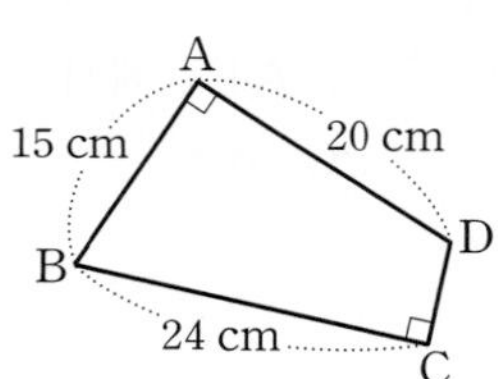

서술형

19 0767 오른쪽 그림과 같은 등변사다리꼴 ABCD의 넓이를 구하시오.

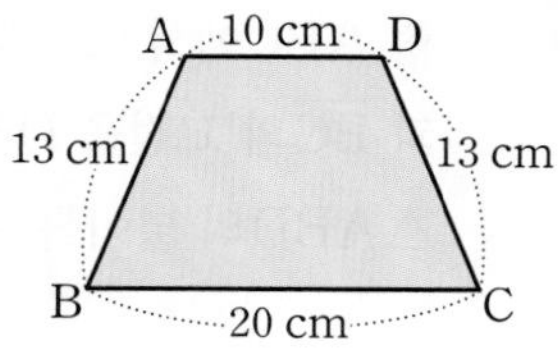

유형 04 직사각형의 대각선의 길이

| 개념 19-1, 2

가로, 세로의 길이가 각각 a, b인 직사각형의 대각선의 길이를 l이라 하면

$l^2=a^2+b^2$

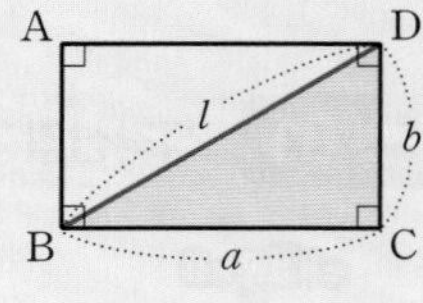

대표문제

20 0768 가로의 길이가 8 cm이고 대각선의 길이가 17 cm인 직사각형의 넓이는?

① 90 cm^2 ② 100 cm^2 ③ 110 cm^2
④ 120 cm^2 ⑤ 130 cm^2

21 0769 오른쪽 그림과 같이 직사각형 ABCD의 대각선을 한 변으로 하는 정사각형 BEFD의 넓이를 구하시오.

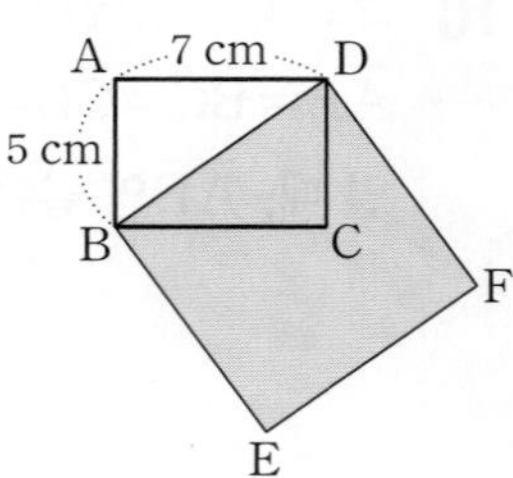

창의⊕융합

22 0770 오른쪽 그림과 같은 직사각형 모양의 TV 화면의 가로, 세로의 길이의 비는 4 : 3이고, 대각선의 길이가 100 cm일 때, TV 화면의 가로와 세로의 길이를 각각 구하시오.

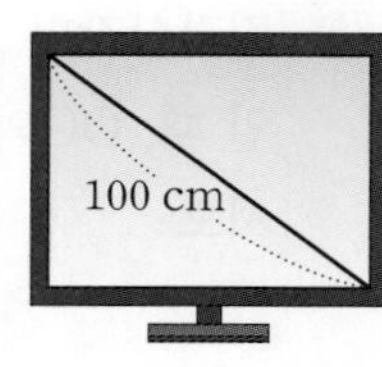

23 0771 오른쪽 그림과 같은 직사각형 ABCD에서 $\overline{BC}=16$ cm, $\overline{BE}=15$ cm, $\overline{ED}=7$ cm일 때, □ABCD의 대각선의 길이를 구하시오.

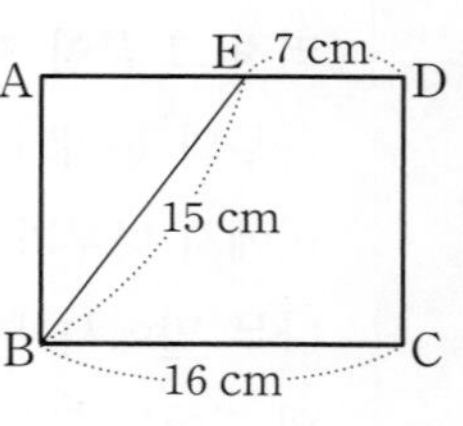

유형 05 이등변삼각형의 높이와 넓이 | 개념 19-1, 2

이등변삼각형의 꼭지각의 꼭짓점에서 밑변에 수선을 그어 2개의 직각삼각형으로 나눈 후, 피타고라스 정리를 이용한다.

① △ABH에서 $h^2=b^2-\left(\frac{a}{2}\right)^2$

② △ABC$=\frac{1}{2}ah$

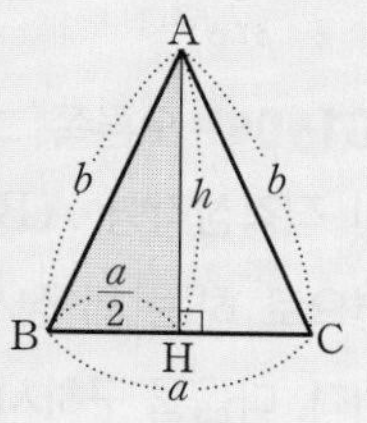

이등변삼각형의 꼭지각의 꼭짓점에서 밑변에 그은 수선은 밑변을 이등분한다.

대표문제

24 0772 오른쪽 그림과 같이 $\overline{AB}=\overline{AC}=13$ cm, $\overline{BC}=10$ cm인 이등변삼각형 ABC의 넓이는?

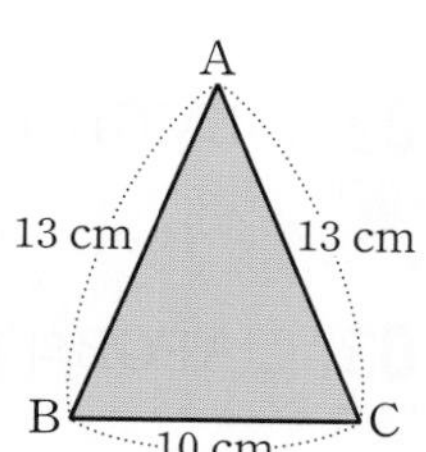

① 44 cm² ② 48 cm²
③ 52 cm² ④ 56 cm²
⑤ 60 cm²

25 0773 오른쪽 그림과 같이 $\overline{AB}=\overline{AC}=10$ cm, $\overline{BC}=16$ cm인 이등변삼각형 ABC에서 점 G는 무게중심일 때, $\overline{AG}$의 길이를 구하시오.

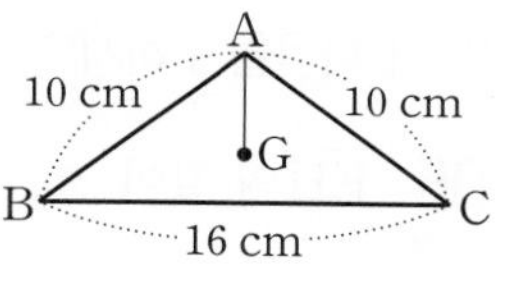

26 0774 오른쪽 그림과 같이 ∠C$=90°$인 직각삼각형 ABC를 직선 l을 회전축으로 하여 1회전 시킬 때 생기는 입체도형을 회전축을 포함하는 평면으로 잘랐다. 이때 생기는 단면의 넓이를 구하시오.

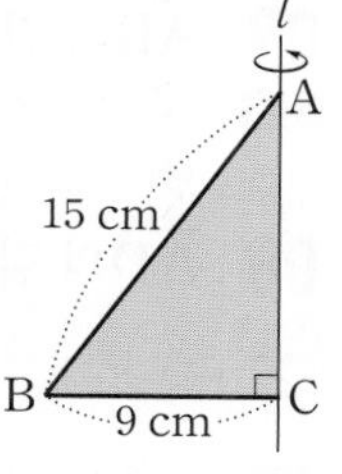

빈출

유형 06 접은 도형에서 피타고라스 정리 이용하기 | 개념 19-1, 2

직사각형 ABCD를 꼭짓점 D가 $\overline{BC}$ 위의 점 E에 오도록 접으면 다음이 성립한다.

① △ABE에서 $\overline{BE}^2=b^2-a^2$

② $\overline{EC}=b-\overline{BE}$

③ △ABE∽△ECF (AA 닮음)이므로
$a : \overline{EC}=b : \overline{EF}$

대표문제

27 0775 오른쪽 그림과 같이 $\overline{AB}=6$ cm, $\overline{AD}=10$ cm인 직사각형 ABCD를 꼭짓점 D가 $\overline{BC}$ 위의 점 E에 오도록 접었을 때, $\overline{EF}$의 길이를 구하시오.

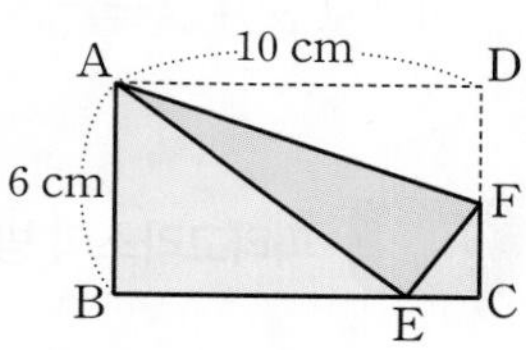

서술형

28 0776 오른쪽 그림과 같이 $\overline{AB}=16$ cm, $\overline{AD}=20$ cm인 직사각형 모양의 종이를 꼭짓점 C가 $\overline{AD}$ 위의 점 E에 오도록 접었을 때, △EFD의 넓이를 구하시오.

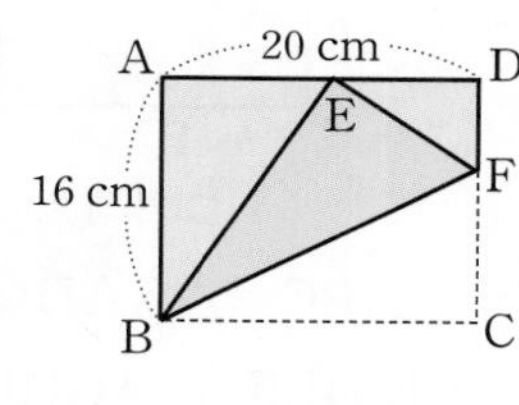

29 0777 오른쪽 그림과 같은 직사각형 모양의 종이를 대각선 BD를 접는 선으로 하여 접었다. △ABE의 넓이가 6 cm²일 때, $\overline{BC}$의 길이를 구하시오.

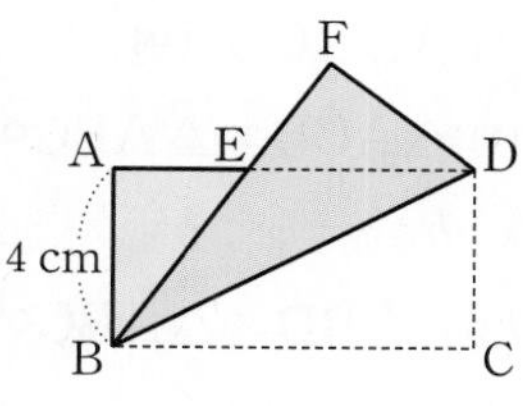

5 피타고라스 정리

Lecture 20

피타고라스 정리의 설명

20-1 유클리드의 방법 | 유형 07

직각삼각형 ABC의 각 변을 한 변으로 하는 세 정사각형을 그리면

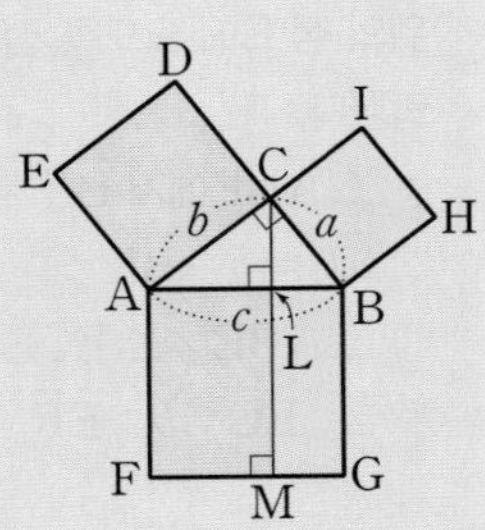

(1) □ACDE=□AFML

□BHIC=□LMGB

(2) □ACDE+□BHIC=□AFGB

이므로 $a^2+b^2=c^2$

20-2 피타고라스의 방법 | 유형 08

[그림 1]과 같이 직각삼각형 ABC와 이와 합동인 3개의 직각삼각형으로 만든 한 변의 길이가 $a+b$인 정사각형 CDEF를 [그림 2]와 같이 만들면

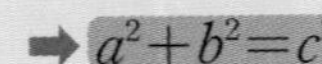

➡ $a^2+b^2=c^2$

→ 한 변의 길이가 각각 a, b인 두 정사각형의 넓이의 합은 □AGHB의 넓이와 같다.

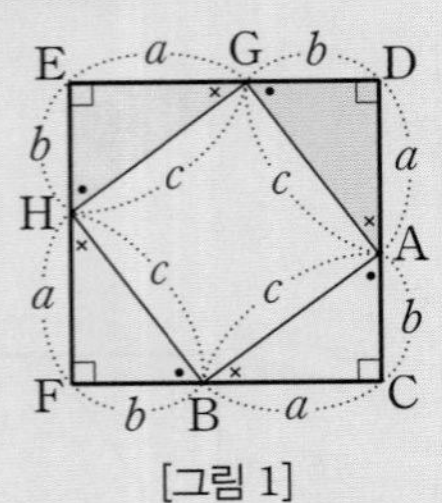

[그림 1]

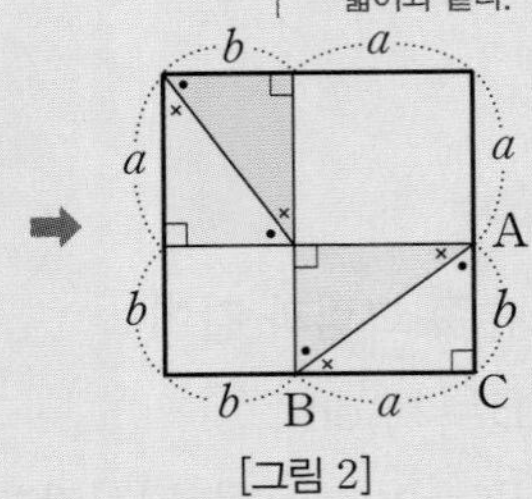

[그림 2]

(1) △ABC≡△GAD≡△HGE≡△BHF

(2) □CDEF, □AGHB는 정사각형이다.

(3) □CDEF=4△ABC+□AGHB

참고 ∠BAG=∠AGH=∠GHB=∠HBA=90°이므로 □AGHB는 한 변의 길이가 c인 정사각형이다.

20-3 직각삼각형의 닮음 이용 | 유형 10, 11

∠C=90°인 직각삼각형 ABC에서 $\overline{AB}\perp\overline{CD}$이면

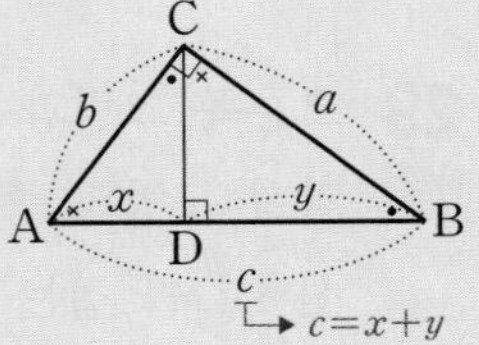

(1) △ACD∽△ABC이므로

$b:c=x:b$ $\therefore b^2=cx$

(2) △CBD∽△ABC이므로

$a:c=y:a$ $\therefore a^2=cy$

➡ $a^2+b^2=c^2$

[01~04] 오른쪽 그림은 ∠C=90°인 직각삼각형 ABC의 각 변을 한 변으로 하는 세 정사각형을 그린 것이다. 다음을 구하시오.

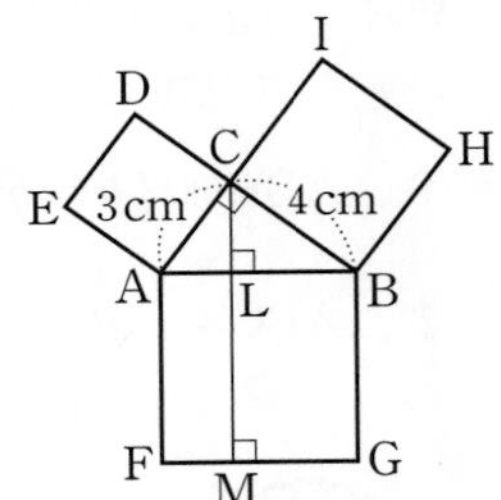

01 □AFML의 넓이
0778

02 □LMGB의 넓이
0779

03 □AFGB의 넓이
0780

04 $\overline{AB}$의 길이
0781

[05~06] 오른쪽 그림과 같은 정사각형 ABCD에서
$\overline{AE}=\overline{BF}=\overline{CG}=\overline{DH}=8$ cm,
$\overline{AH}=\overline{BE}=\overline{CF}=\overline{DG}=6$ cm
일 때, 다음을 구하시오.

05 $\overline{EH}$의 길이
0782

06 □EFGH의 넓이
0783

[07~09] 오른쪽 그림과 같이 ∠C=90°인 직각삼각형 ABC에서 $\overline{AB}\perp\overline{CD}$일 때, 다음을 구하시오.

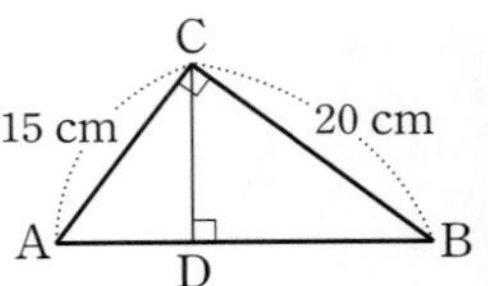

07 $\overline{AB}$의 길이
0784

08 $\overline{AD}$의 길이
0785

09 $\overline{CD}$의 길이
0786

빠른답 6쪽 | 바른답 · 알찬풀이 83쪽

빈출

유형 07 유클리드의 방법

| 개념 20-1

① △ACE=△ABE
=△AFC=△AFL

② △BHC=△BHA=△BCG
=△BLG

③ □ACDE=□AFML,
□BHIC=□LMGB

④ □ACDE+□BHIC=□AFGB

$\therefore \overline{AC}^2+\overline{BC}^2=\overline{AB}^2$

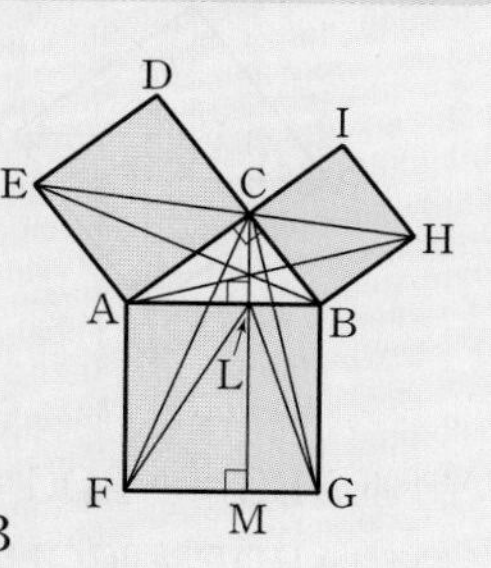

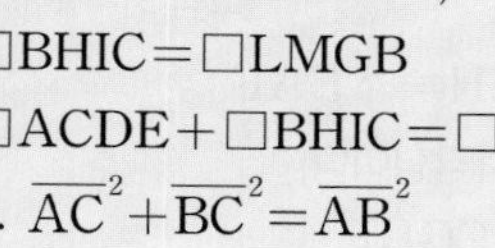

대표문제

10 0787 오른쪽 그림은 ∠C=90°인 직각삼각형 ABC의 각 변을 한 변으로 하는 세 정사각형을 그린 것이다. 두 정사각형 AFGB, BHIC의 넓이가 각각 34 cm^2, 9 cm^2일 때, △ABC의 넓이를 구하시오.

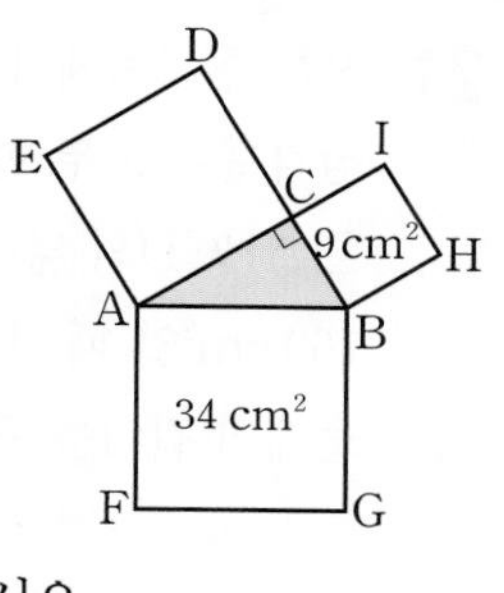

11 0788 오른쪽 그림은 ∠B=90°인 직각삼각형 ABC의 각 변을 한 변으로 하는 세 정사각형을 그린 것이다. $\overline{BC}$의 길이를 구하시오.

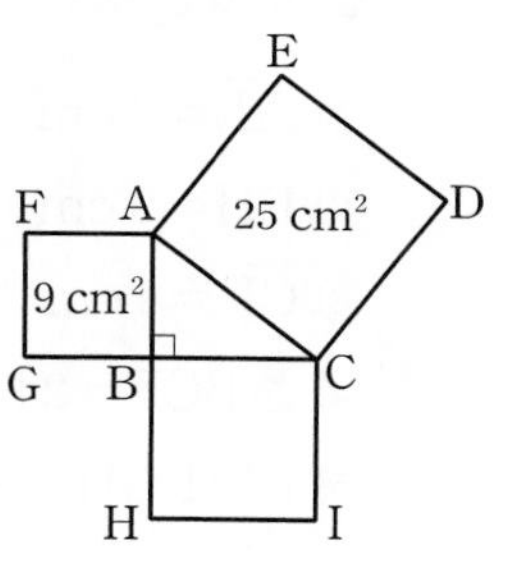

12 0789 오른쪽 그림은 ∠C=90°인 직각삼각형 ABC의 각 변을 한 변으로 하는 세 정사각형을 그린 것이다. 점 M이 $\overline{AB}$의 중점일 때, $\overline{CM}$의 길이를 구하시오.

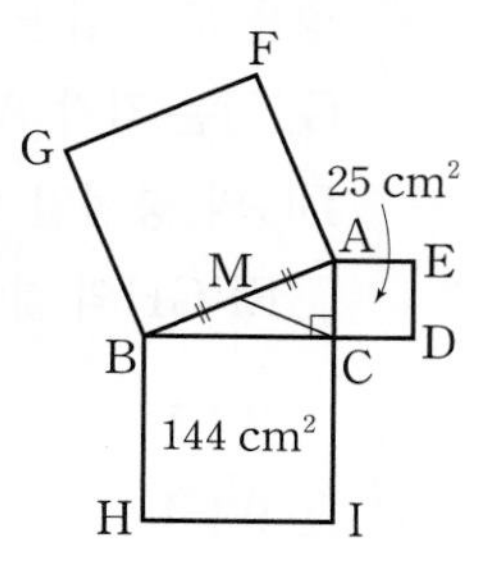

창의⊕융합

13 0790 오른쪽 그림은 직각삼각형의 각 변을 한 변으로 하는 정사각형을 이어 붙여 만든 피타고라스 나무이다. 색칠한 부분의 넓이를 구하시오.

(단, 세 직각삼각형은 모두 닮은 도형이다.)

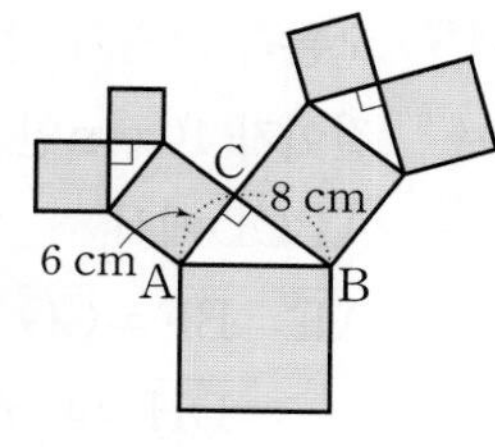

14 0791 오른쪽 그림은 ∠A=90°인 직각삼각형 ABC의 각 변을 한 변으로 하는 세 정사각형을 그린 것이다. 다음 중 넓이가 나머지 넷과 다른 하나는?

① △BHA ② △AHM ③ △BAG
④ △BCG ⑤ △BHL

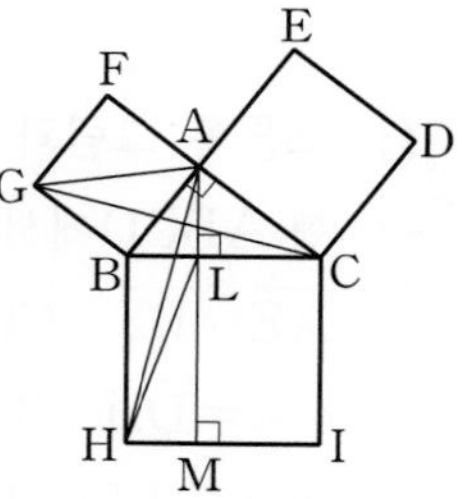

15 0792 오른쪽 그림은 ∠C=90°인 직각삼각형 ABC의 각 변을 한 변으로 하는 세 정사각형을 그린 것이다. △AFC의 넓이를 구하시오.

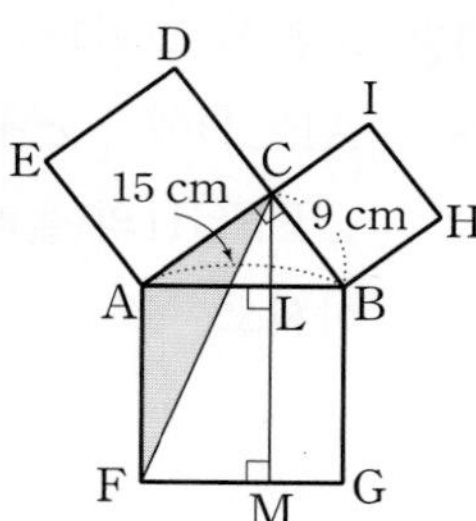

서술형

16 0793 오른쪽 그림은 ∠A=90°인 직각삼각형 ABC에서 $\overline{BC}$를 한 변으로 하는 정사각형 BDEC를 그린 것이다. △FDG의 넓이를 구하시오.

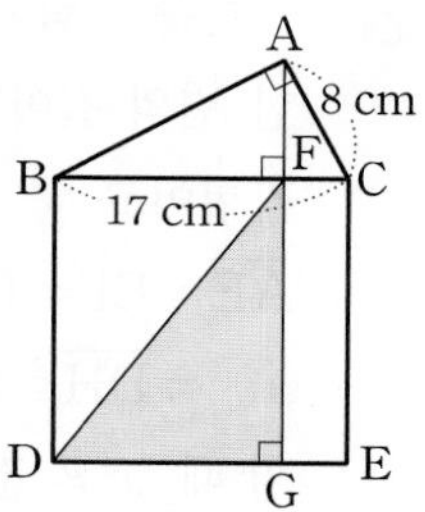

5 피타고라스 정리

유형 08 피타고라스의 방법 | 개념 20-2

대표문제

17 0794 오른쪽 그림과 같이 한 변의 길이가 10 cm인 정사각형 ABCD에서 $\overline{AE}=\overline{BF}=\overline{CG}=\overline{DH}=4\text{ cm}$일 때, □EFGH의 넓이를 구하시오.

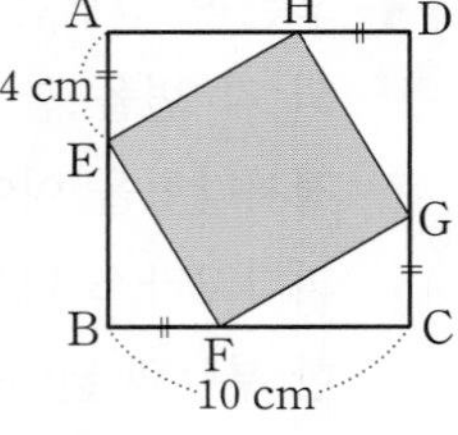

18 0795 오른쪽 그림과 같은 정사각형 ABCD에서 $\overline{AE}=\overline{BF}=\overline{CG}=\overline{DH}=3\text{ cm}$이고 □EFGH의 넓이가 25 cm^2일 때, □ABCD의 넓이를 구하시오.

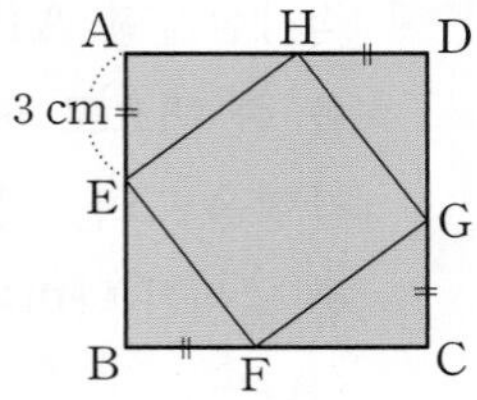

19 0796 오른쪽 그림과 같은 정사각형 ABCD에서 $x^2+y^2=64$일 때, □EFGH의 둘레의 길이를 구하시오.

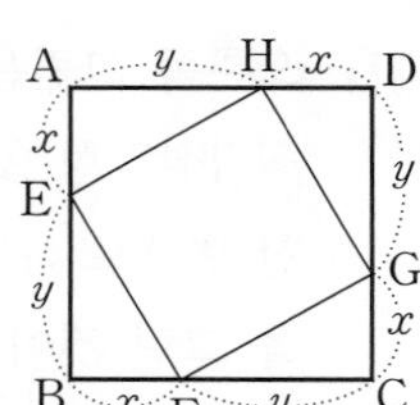

서술형

20 0797 오른쪽 그림에서 □ABCD는 한 변의 길이가 8 cm인 정사각형이고 $\overline{AE}=\overline{BF}=\overline{CG}=\overline{DH}=6\text{ cm}$일 때, x^2의 값을 구하시오.

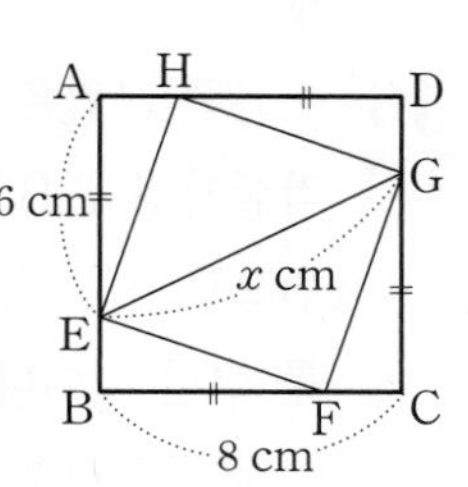

유형 09 바스카라의 방법

[그림 1]의 합동인 직각삼각형 4개와 정사각형 1개를 [그림 2]와 같이 만들면

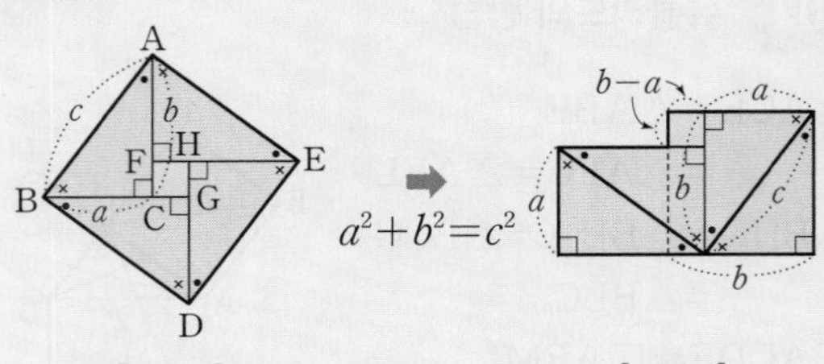

[그림 1] [그림 2]

① △ABC≡△BDG≡△DEH≡△EAF
② □ABDE, □CGHF는 정사각형이다.
③ □ABDE=4△ABC+□CGHF

대표문제

21 0798 오른쪽 그림에서 4개의 직각삼각형은 모두 합동이고 □ABCD의 넓이는 169 cm^2일 때, □EFGH의 둘레의 길이를 구하시오.

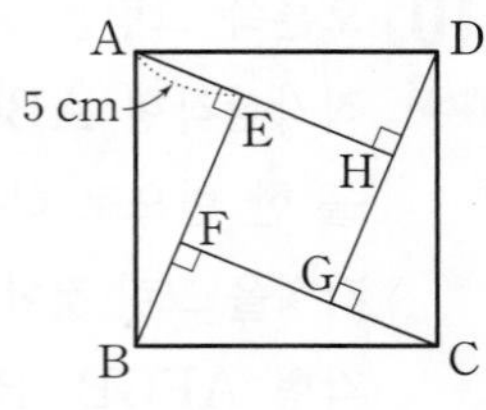

22 0799 오른쪽 그림에서 4개의 직각삼각형은 모두 합동일 때, 다음 중 옳지 않은 것은?

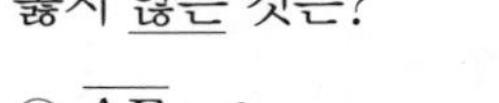

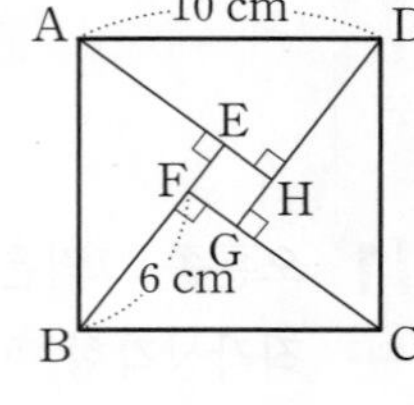

① $\overline{AE}=6\text{ cm}$
② $\overline{EH}=2\text{ cm}$
③ $\overline{CF}=8\text{ cm}$
④ $\triangle BCF=24\text{ cm}^2$
⑤ $\square EFGH=8\text{ cm}^2$

23 0800 오른쪽 그림에서 4개의 직각삼각형은 모두 합동이고 네 점 E, F, G, H는 각각 $\overline{AH}$, $\overline{BE}$, $\overline{CF}$, $\overline{DG}$의 중점일 때, □ABCD와 □EFGH의 넓이의 비는?

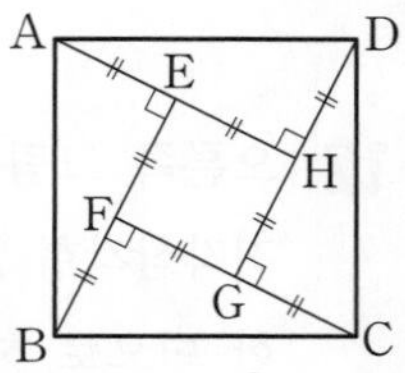

① 3 : 1 ② 4 : 1 ③ 5 : 1
④ 9 : 4 ⑤ 16 : 9

빈출

유형 10 직각삼각형의 닮음과 피타고라스 정리(1) | 개념 20-3

$\angle A=90°$인 직각삼각형 ABC에서 $\overline{AD}\perp\overline{BC}$이면

$\triangle ABC \backsim \triangle DBA \backsim \triangle DAC$

➡ ①^2=②×③

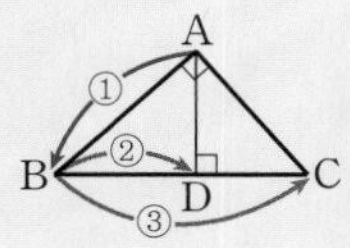
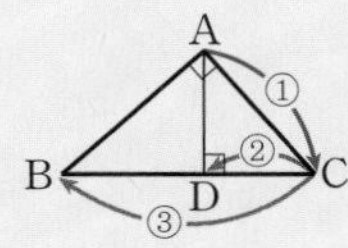
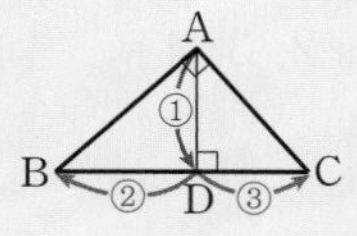

대표문제

24 0801 오른쪽 그림과 같이 $\angle A=90°$인 직각삼각형 ABC에서 $\overline{AD}\perp\overline{BC}$이고 $\overline{AB}=4$, $\overline{AC}=3$일 때, $x-y$의 값을 구하시오.

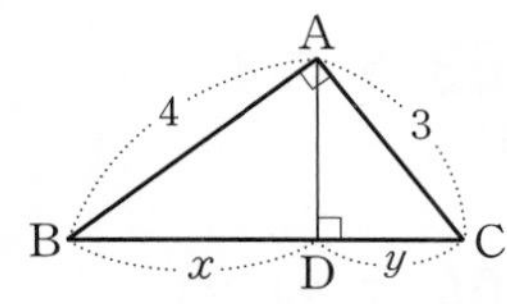

25 0802 오른쪽 그림과 같이 $\angle C=90°$인 직각삼각형 ABC에서 $\overline{AB}\perp\overline{CD}$, $\overline{AD}:\overline{BD}=4:1$이고 $\overline{CD}=12$ cm일 때, $\overline{AD}$의 길이는?

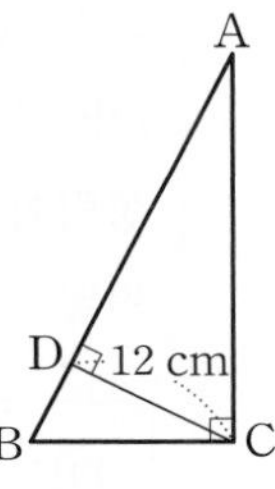

① 16 cm ② 20 cm ③ 24 cm ④ 28 cm ⑤ 30 cm

26 0803 오른쪽 그림과 같은 직각삼각형 ABC에서 점 M은 $\overline{BC}$의 중점이고 $\overline{AD}\perp\overline{BC}$, $\overline{DE}\perp\overline{AM}$이다. $\overline{BD}=2$ cm, $\overline{CD}=8$ cm일 때, 다음을 구하시오.

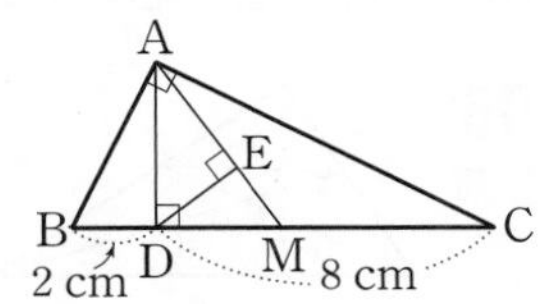

(1) $\overline{AD}$의 길이

(2) $\overline{AE}$의 길이

유형 11 직각삼각형의 닮음과 피타고라스 정리(2) | 개념 20-3

$\angle A=90°$인 직각삼각형 ABC에서 $\overline{AD}\perp\overline{BC}$이면 직각삼각형의 넓이에 의하여

$\overline{AB}\times\overline{AC}=\overline{BC}\times\overline{AD}$

➡ ①×②=③×④

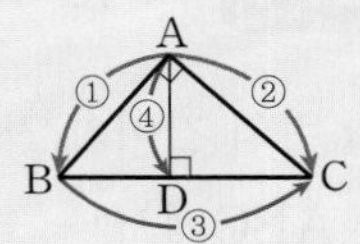

대표문제

27 0804 오른쪽 그림과 같이 $\angle A=90°$인 직각삼각형 ABC에서 $\overline{AD}\perp\overline{BC}$이고 $\overline{AC}=15$ cm, $\overline{BC}=17$ cm일 때, $\overline{AD}$의 길이를 구하시오.

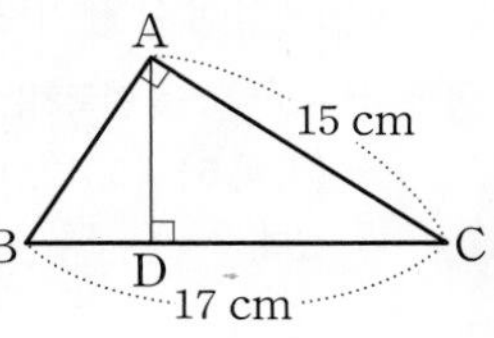

28 0805 오른쪽 그림과 같이 $\angle C=90°$인 직각삼각형 ABC에서 $\overline{AB}\perp\overline{CD}$이고 $\overline{AC}=15$, $\overline{BC}=20$일 때, $x+y-z$의 값은?

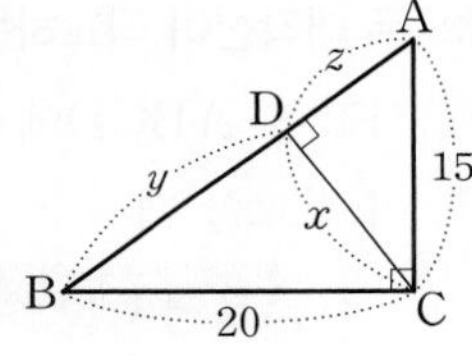

① 18 ② 19 ③ 20 ④ 21 ⑤ 22

서술형

29 0806 오른쪽 그림과 같이 $\angle A=90°$인 직각삼각형 ABC에서 $\overline{AD}\perp\overline{BC}$이고 점 M은 $\overline{BC}$의 중점이다. $\overline{AB}=6$ cm, $\overline{AC}=8$ cm일 때, $\triangle ADM$의 넓이를 구하시오.

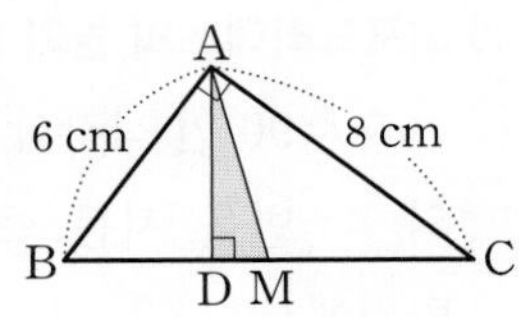

Lecture 21

5. 피타고라스 정리

피타고라스 정리의 성질

21-1 직각삼각형이 되는 조건 | 유형 12~14

세 변의 길이가 각각 a, b, c인 $\triangle ABC$에서

$a^2+b^2=c^2$

이 성립하면 $\triangle ABC$는 빗변의 길이가 c인 직각삼각형이다.

참고 $a^2+b^2=c^2$을 만족하는 세 자연수 a, b, c를 피타고라스 수라 한다.
➡ (3, 4, 5), (5, 12, 13), (6, 8, 10), (7, 24, 25), (8, 15, 17) 등이 있다.

21-2 피타고라스 정리의 성질 | 유형 15, 16

(1) 피타고라스 정리를 이용한 직각삼각형의 성질

$\angle A=90°$인 직각삼각형 ABC에서 두 점 D, E가 각각 $\overline{AB}$, $\overline{AC}$ 위에 있을 때

$\overline{DE}^2+\overline{BC}^2=\overline{BE}^2+\overline{CD}^2$

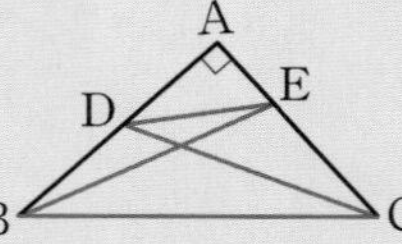

(2) 두 대각선이 직교하는 사각형의 성질

사각형 ABCD에서 두 대각선이 직교할 때

$\overline{AB}^2+\overline{CD}^2=\overline{AD}^2+\overline{BC}^2$

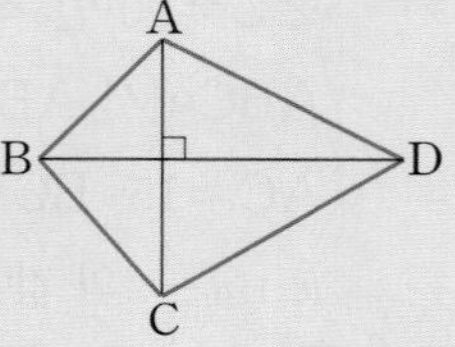

21-3 피타고라스 정리의 활용 | 유형 18, 19

(1) 직각삼각형의 세 반원 사이의 관계

$\angle A=90°$인 직각삼각형 ABC의 각 변을 지름으로 하는 세 반원의 넓이를 각각 S_1, S_2, S_3이라 할 때

$S_1+S_2=S_3$

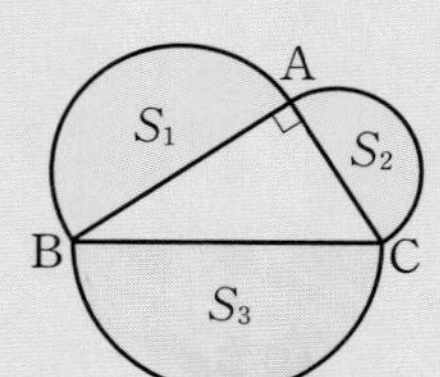

(2) 히포크라테스의 원의 넓이

$\angle A=90°$인 직각삼각형 ABC의 각 변을 지름으로 하는 세 반원에서

$S_1+S_2=\triangle ABC$

$=\frac{1}{2}bc$

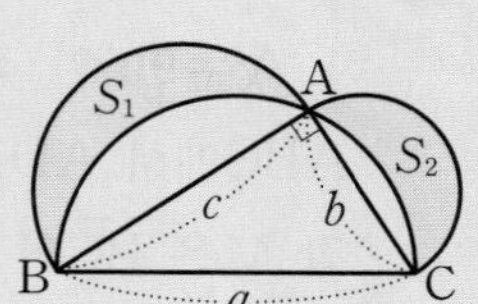

[01~04] 세 변의 길이가 각각 다음과 같은 삼각형이 직각삼각형이면 ○표, 직각삼각형이 아니면 ×표를 하시오.

01 0807 2, 3, 4 (　　)

02 0808 3, 4, 5 (　　)

03 0809 5, 6, 8 (　　)

04 0810 7, 24, 25 (　　)

05 0811 다음은 $\angle A=90°$인 직각삼각형 ABC에서 두 점 D, E가 각각 $\overline{AB}$, $\overline{AC}$ 위에 있을 때, $\overline{DE}^2+\overline{BC}^2=\overline{BE}^2+\overline{CD}^2$이 성립함을 설명하는 과정이다. (가)~(다)에 알맞은 것을 써넣으시오.

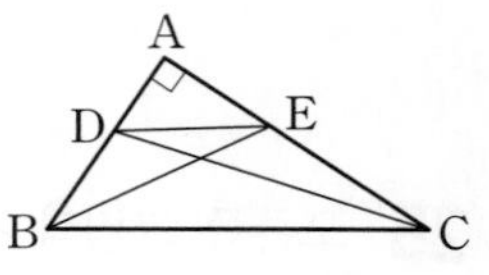

$\overline{DE}^2+\overline{BC}^2=(\overline{AD}^2+$ (가) $)+(\overline{AB}^2+$ (나) $)$
$=(\overline{AB}^2+$ (가) $)+(\overline{AD}^2+$ (나) $)$
$=\overline{BE}^2+$ (다)

[06~07] 다음 그림에서 x^2의 값을 구하시오.

06 0812

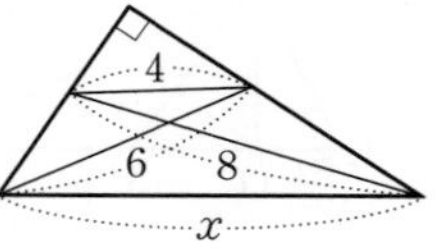

07 0813

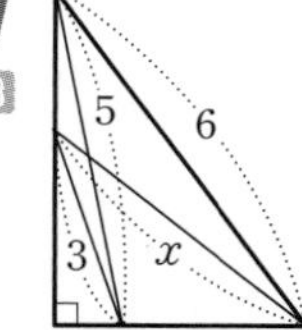

빠른답 6쪽 | 바른답 · 알찬풀이 85쪽

08 0814 다음은 사각형 ABCD에서 두 대각선이 직교할 때, $\overline{AB}^2+\overline{CD}^2=\overline{AD}^2+\overline{BC}^2$이 성립함을 설명하는 과정이다. (가), (나)에 알맞은 것을 써넣으시오.

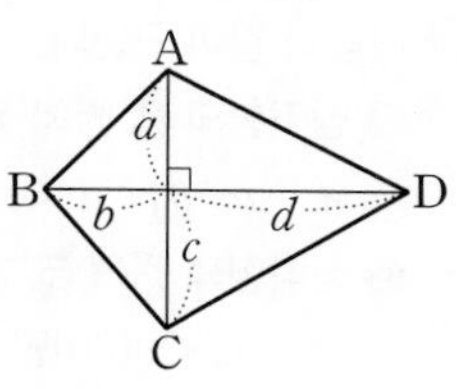

$$\overline{AB}^2+\overline{CD}^2=(a^2+b^2)+(\boxed{\text{(가)}})$$
$$=(\boxed{\text{(나)}})+(b^2+c^2)$$
$$=\overline{AD}^2+\overline{BC}^2$$

[09~10] 다음 그림에서 x^2의 값을 구하시오.

09 0815

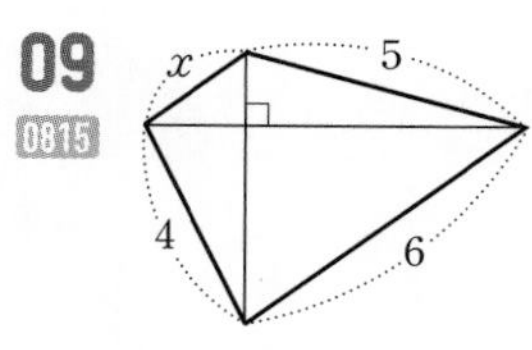

10 0816

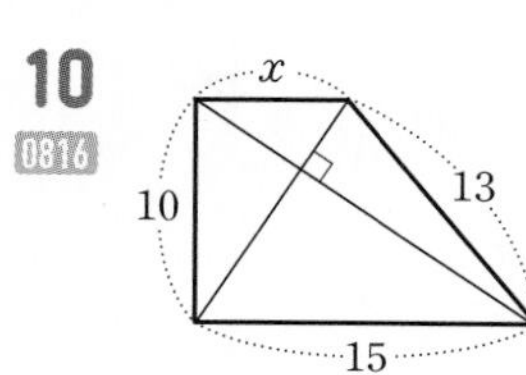

[11~12] 다음 그림에서 색칠한 부분의 넓이를 구하시오.

11 0817 **12** 0818

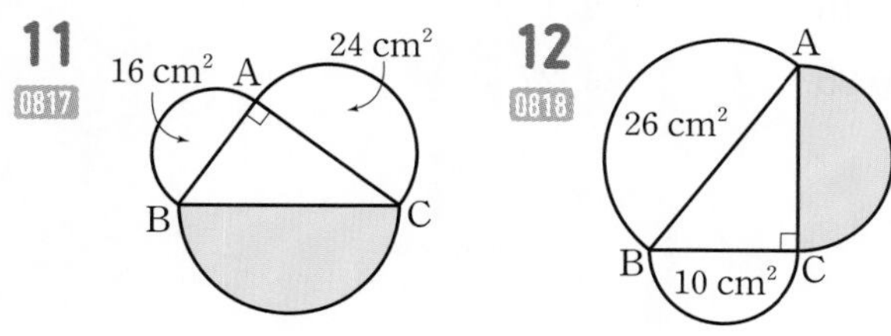

[13~14] 다음 그림에서 색칠한 부분의 넓이를 구하시오.

13 0819

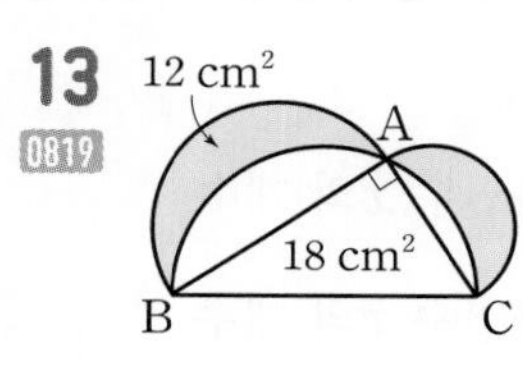

14 0820

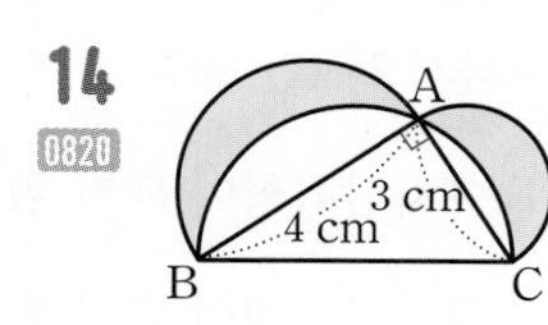

빈출

유형 12 직각삼각형이 되는 조건 | 개념 21-1

대표문제

15 0821 세 변의 길이가 다음과 같은 삼각형 중 직각삼각형인 것은?

① 2, 4, 5 ② 4, 5, 6 ③ 6, 8, 10
④ 7, 10, 15 ⑤ 12, 13, 17

16 0822 세 변의 길이가 각각 8 cm, 15 cm, 17 cm인 삼각형의 넓이를 구하시오.

17 0823 오른쪽 그림과 같은 △ABC에서 $\overline{AB}=12$ cm, $\overline{BC}=15$ cm, $\overline{CA}=9$ cm이고 점 G는 △ABC의 무게중심일 때, $\overline{AG}$의 길이는?

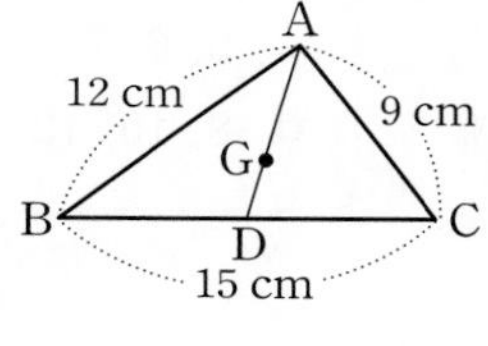

① $\frac{5}{2}$ cm ② 5 cm ③ 6 cm
④ $\frac{15}{2}$ cm ⑤ $\frac{25}{3}$ cm

18 0824 세 변의 길이가 각각 4, 5, x인 삼각형이 직각삼각형이 되도록 하는 모든 x^2의 값의 합을 구하시오.

5 피타고라스 정리

빈출

유형 13 변의 길이에 따른 삼각형의 종류 | 개념 21-1

△ABC에서 $\overline{AB}=c$, $\overline{BC}=a$, $\overline{CA}=b$이고 c가 가장 긴 변의 길이일 때

① $c^2<a^2+b^2$이면 $\angle C<90°$ ➡ 예각삼각형

② $c^2=a^2+b^2$이면 $\angle C=90°$ ➡ 직각삼각형

③ $c^2>a^2+b^2$이면 $\angle C>90°$ ➡ 둔각삼각형

대표문제

19 0825 세 변의 길이가 다음과 같은 삼각형 중 둔각삼각형인 것을 모두 고르면? (정답 2개)

① 3, 4, 5 ② 4, 6, 7
③ 5, 7, 10 ④ 8, 11, 12
⑤ 10, 10, 15

20 0826 세 변의 길이가 **보기**와 같은 삼각형 중 예각삼각형인 것은 모두 몇 개인지 구하시오.

보기
ㄱ. 1, 2, 2 ㄴ. 3, 4, 6
ㄷ. 5, 6, 7 ㄹ. 6, 8, 9
ㅁ. 8, 10, 13 ㅂ. 9, 12, 15

21 0827 △ABC에서 $\overline{AB}=c$, $\overline{BC}=a$, $\overline{CA}=b$일 때, 다음 중 옳지 않은 것은?

① $c^2=a^2+b^2$이면 $\angle C=90°$이다.
② $b^2>a^2+c^2$이면 $\angle B>90°$이다.
③ $a^2=b^2+c^2$이면 $\angle A=90°$인 직각삼각형이다.
④ $a^2<b^2+c^2$이면 $\angle A$가 예각인 예각삼각형이다.
⑤ $a^2>b^2+c^2$이면 $\angle A$가 둔각인 둔각삼각형이다.

유형 14 각의 크기에 따른 삼각형의 변의 길이 | 개념 21-1

△ABC에서 $\overline{AB}=c$, $\overline{BC}=a$, $\overline{CA}=b$일 때, c의 값의 범위는 다음과 같이 구한다.

❶ 삼각형의 세 변의 길이 사이의 관계 이용
➡ $|a-b|<c<a+b$

❷ 삼각형의 각의 크기에 따른 변의 길이 사이의 관계 이용
➡ $\angle C<90°$이면 $c^2<a^2+b^2$
$\angle C=90°$이면 $c^2=a^2+b^2$
$\angle C>90°$이면 $c^2>a^2+b^2$

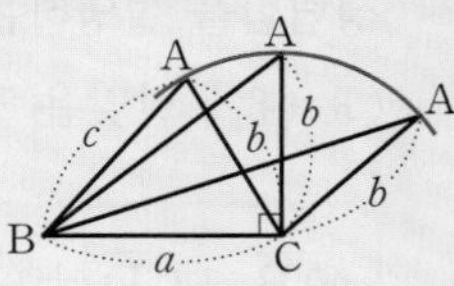

❸ ❶, ❷의 공통 범위를 구한다.

대표문제

22 0828 오른쪽 그림의 △ABC에서 $\angle A<90°$가 되도록 하는 자연수 x의 개수를 구하시오.

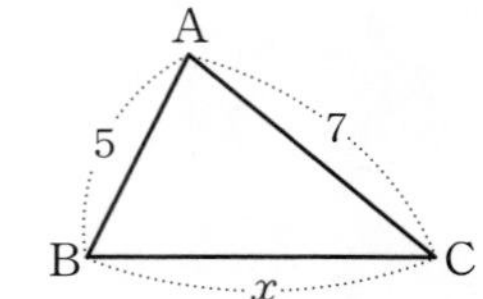

23 0829 세 변의 길이가 각각 4, 6, a인 삼각형이 둔각삼각형이 될 때, a의 값이 될 수 있는 모든 자연수의 합은? (단, $a>6$)

① 15 ② 17 ③ 21
④ 25 ⑤ 27

24 0830 세 변의 길이가 각각 8, 10, x인 삼각형에서 다음을 구하시오. (단, $x>10$)

(1) 예각삼각형이 되기 위한 자연수 x의 개수

(2) 둔각삼각형이 되기 위한 자연수 x의 개수

유형 15 피타고라스 정리를 이용한 직각삼각형의 성질 | 개념 21-2

대표문제

25 0831 오른쪽 그림과 같이 $\angle A=90^\circ$인 직각삼각형 ABC에서 $\overline{BE}=7$ cm, $\overline{CD}=9$ cm, $\overline{DE}=3$ cm일 때, $\overline{BC}$의 길이는?

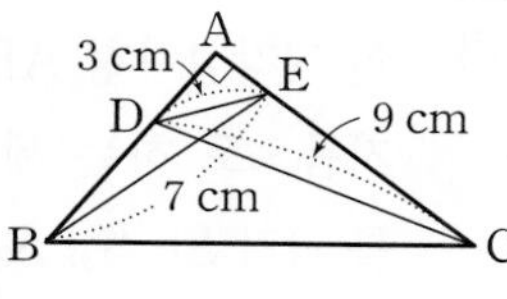

① 9 cm ② 10 cm ③ 11 cm
④ 12 cm ⑤ 13 cm

26 0832 오른쪽 그림과 같이 $\angle C=90^\circ$인 직각삼각형 ABC에서 $\overline{AC}=8$, $\overline{BC}=6$, $\overline{AD}=9$일 때, $\overline{BE}^2-\overline{DE}^2$의 값을 구하시오.

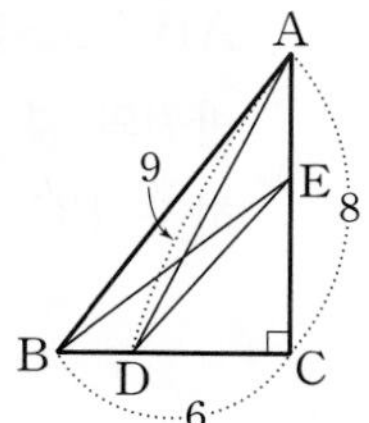

27 0833 오른쪽 그림과 같이 $\angle B=90^\circ$인 직각삼각형 ABC에서 $\overline{AB}$, $\overline{BC}$의 중점을 각각 D, E라 하자. $\overline{AC}=10$일 때, $\overline{AE}^2+\overline{CD}^2$의 값을 구하시오.

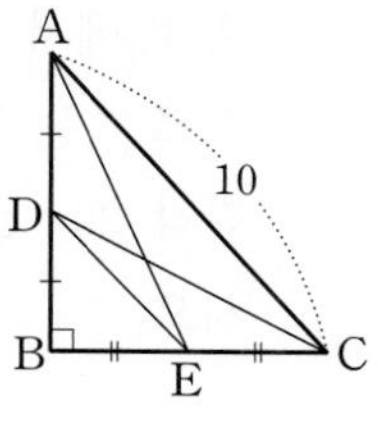

서술형

28 0834 오른쪽 그림과 같이 $\angle A=90^\circ$인 직각삼각형 ABC에서 $\overline{AD}=\overline{AE}=7$, $\overline{CE}=5$일 때, $\overline{BC}^2-\overline{BE}^2$의 값을 구하시오.

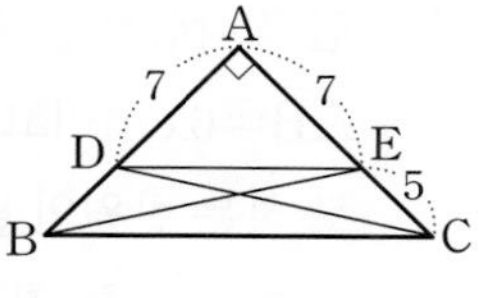

빈출 유형 16 두 대각선이 직교하는 사각형의 성질 | 개념 21-2

대표문제

29 0835 오른쪽 그림의 □ABCD에서 $\overline{AC}\perp\overline{BD}$일 때, $\overline{CD}^2$의 값을 구하시오. (단, 점 O는 두 대각선의 교점이다.)

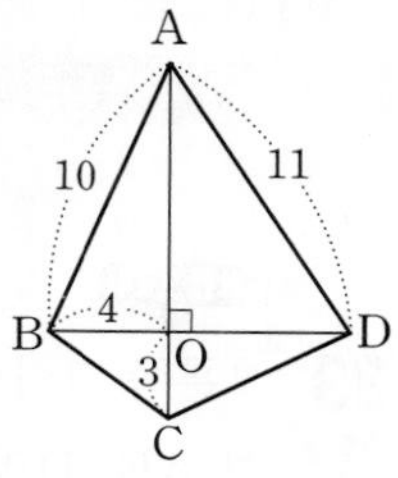

30 0836 오른쪽 그림과 같이 $\overline{AD}/\!/\overline{BC}$인 등변사다리꼴 ABCD의 두 대각선이 직교할 때, x^2의 값을 구하시오.

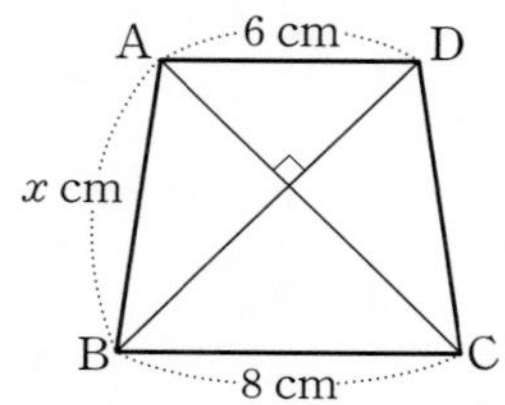

31 0837 오른쪽 그림과 같은 □ABCD에서 $\overline{AC}\perp\overline{BD}$이고 $\overline{AB}$, $\overline{BC}$, $\overline{CD}$를 한 변으로 하는 세 정사각형의 넓이가 각각 9 cm², 16 cm², 25 cm²일 때, $\overline{AD}$를 한 변으로 하는 정사각형의 넓이를 구하시오.

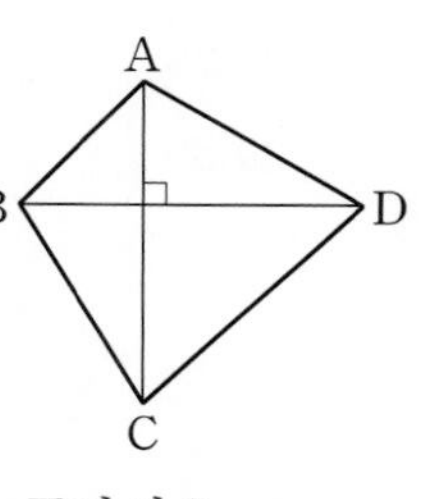

32 0838 오른쪽 그림과 같은 △ABC에서 두 점 D, E는 각각 $\overline{AB}$, $\overline{BC}$의 중점이다. $\overline{AB}=24$ cm, $\overline{BC}=32$ cm일 때, x^2의 값을 구하시오.

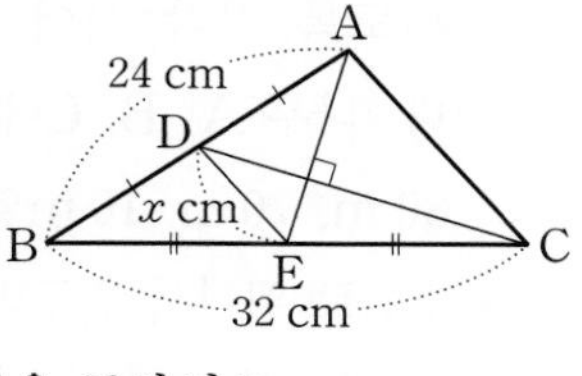

유형 17 피타고라스 정리를 이용한 직사각형의 성질

직사각형 ABCD의 내부에 있는 한 점 P에 대하여

$\overline{AP}^2+\overline{CP}^2=\overline{BP}^2+\overline{DP}^2$

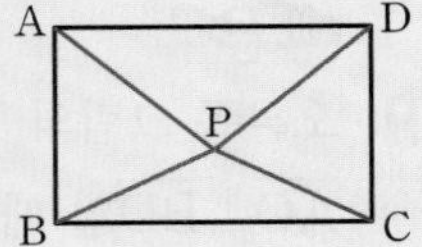

대표문제

33 0839 오른쪽 그림과 같이 직사각형 ABCD의 내부에 한 점 P가 있다. $\overline{AP}=4$, $\overline{BP}=5$, $\overline{CP}=7$일 때, $\overline{DP}^2$의 값을 구하시오.

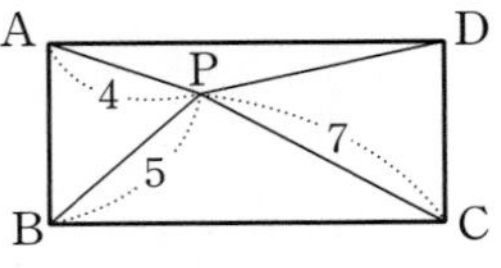

34 0840 오른쪽 그림과 같이 직사각형 ABCD의 내부에 한 점 P가 있다. $\overline{BP}=8$, $\overline{CP}=6$일 때, x^2-y^2의 값은?

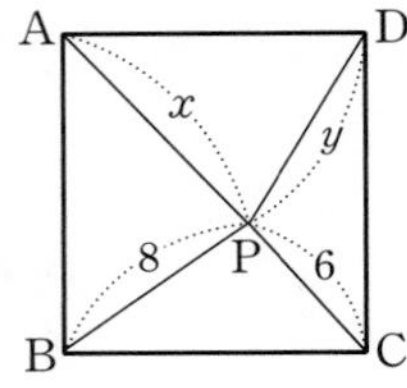

① 20 ② 24 ③ 28 ④ 32 ⑤ 36

창의⊕융합

35 0841 오른쪽 그림과 같이 네 나무 A, B, C, D는 직선으로 연결하면 직사각형이 되도록 각각 심어져 있다. 나무 A, B, C에서 원두막 P까지의 거리가 각각 80 m, 70 m, 10 m일 때, 나무 D에서 출발하여 초속 4 m로 뛰어서 원두막 P까지 가는 데 몇 초가 걸리는지 구하시오.

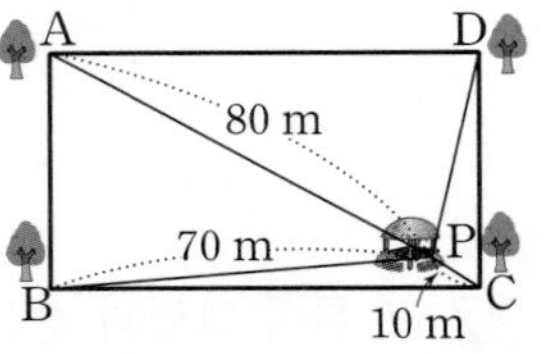

유형 18 직각삼각형의 세 반원 사이의 관계 | 개념 21-3

대표문제

36 0842 오른쪽 그림과 같이 $\angle A=90°$인 직각삼각형 ABC의 각 변을 지름으로 하는 세 반원의 넓이를 각각 S_1, S_2, S_3이라 하자. $\overline{BC}=12$일 때, $S_1+S_2+S_3$의 값을 구하시오.

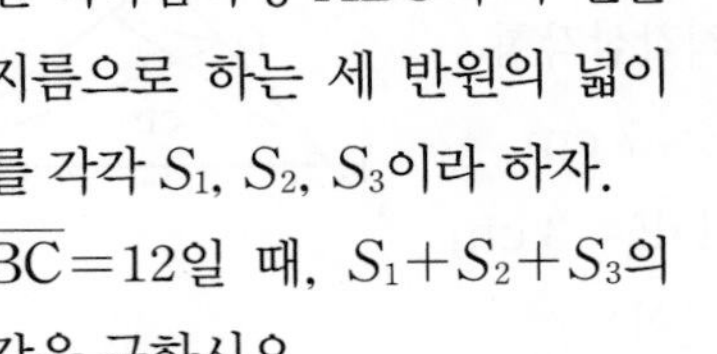

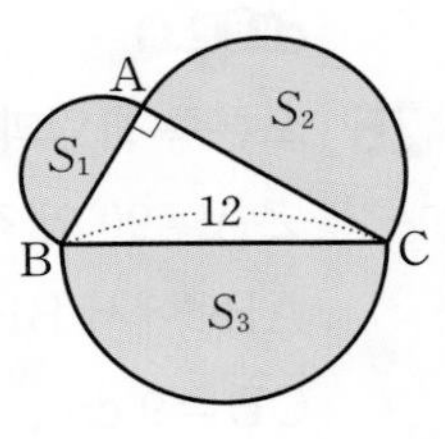

37 0843 오른쪽 그림과 같이 $\angle A=90°$인 직각삼각형 ABC에서 $\overline{AB}$, $\overline{AC}$를 지름으로 하는 두 반원의 넓이를 각각 P, Q라 하자. $\overline{BC}=4$일 때, $P+Q$의 값을 구하시오.

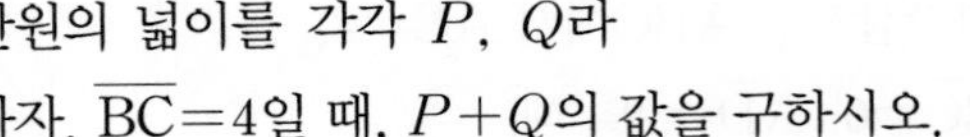

38 0844 오른쪽 그림과 같이 $\angle A=90°$인 직각삼각형 ABC에서 $\overline{AB}$, $\overline{AC}$를 지름으로 하는 두 반원의 넓이가 각각 $20\pi\text{ cm}^2$, $12\pi\text{ cm}^2$일 때, $\overline{BC}$의 길이를 구하시오.

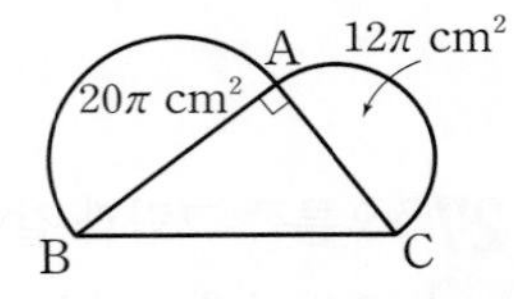

서술형

39 0845 오른쪽 그림과 같이 $\angle B=90°$인 직각삼각형 ABC에서 $\overline{AB}=6\text{ cm}$이고 $\overline{BC}$를 지름으로 하는 반원의 넓이가 $3\pi\text{ cm}^2$일 때, $\overline{AC}$를 지름으로 하는 반원의 넓이를 구하시오.

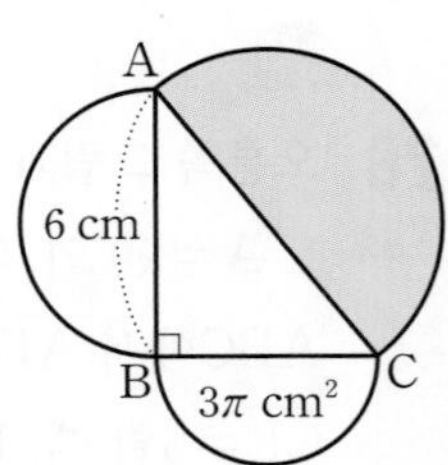

유형 19 히포크라테스의 원의 넓이 | 개념 21-3

대표문제

40 0846 오른쪽 그림과 같이 $\angle A=90°$인 직각삼각형 ABC의 각 변을 지름으로 하는 세 반원을 그렸다. $\overline{AB}=8$ cm, $\overline{BC}=10$ cm일 때, 색칠한 부분의 넓이를 구하시오.

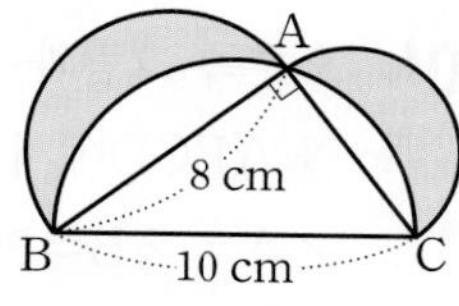

41 0847 오른쪽 그림과 같이 $\angle A=90°$인 직각삼각형 ABC의 각 변을 지름으로 하는 세 반원을 그렸다. $\overline{AB}=5$ cm이고 색칠한 부분의 넓이가 30 cm²일 때, $\overline{BC}$의 길이를 구하시오.

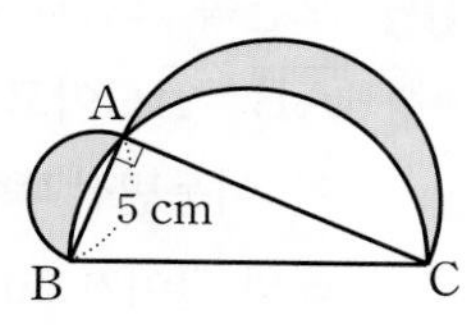

42 0848 오른쪽 그림과 같이 $\angle A=90°$인 직각이등변삼각형 ABC의 각 변을 지름으로 하는 세 반원을 그렸다. $\overline{BC}=18$ cm일 때, 색칠한 부분의 넓이를 구하시오.

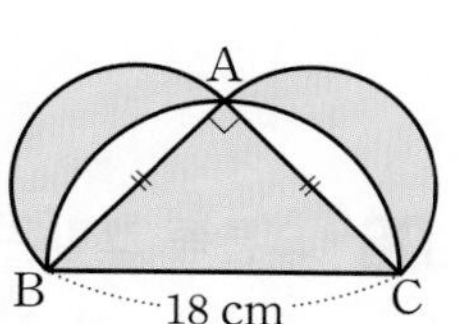

43 0849 오른쪽 그림과 같이 원에 내접하는 직사각형 ABCD의 각 변을 지름으로 하는 네 반원을 그렸을 때, 색칠한 부분의 넓이를 구하시오.

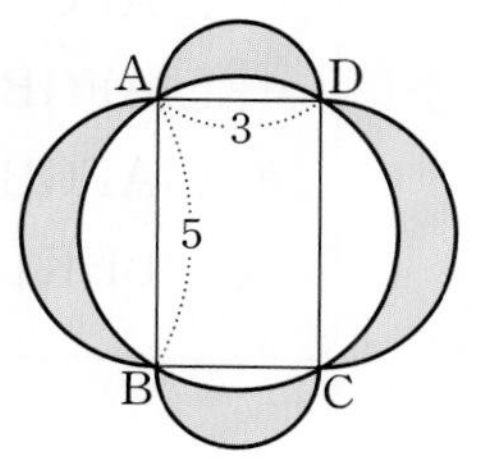

유형 20 최단 거리

① 평면도형에서의 최단 거리
점 P가 직선 l 위의 점일 때, 점 A와 직선 l에 대하여 대칭인 점을 A′이라 하면
$\overline{AP}+\overline{BP}=\overline{A'P}+\overline{BP}\geq\overline{A'B}$

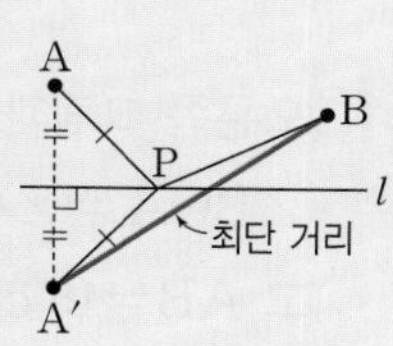

② 입체도형에서의 최단 거리
선이 지나는 부분의 전개도를 그려 선의 시작점과 끝점을 선분으로 연결한 후 피타고라스 정리를 이용한다.

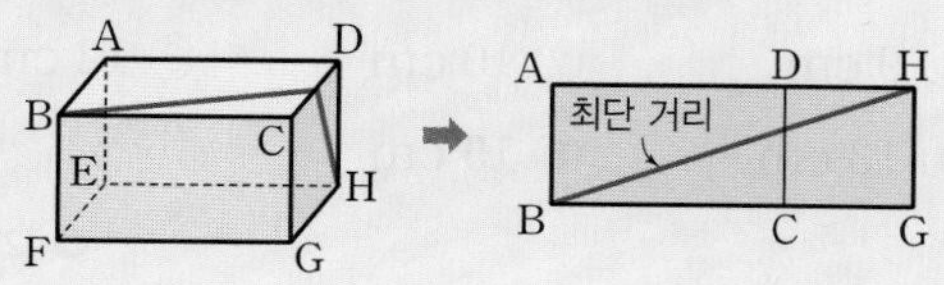

대표문제

44 0850 오른쪽 그림에서 $\overline{CA}\perp\overline{AB}$, $\overline{DB}\perp\overline{AB}$이고 점 P는 $\overline{AB}$ 위를 움직일 때, $\overline{CP}+\overline{DP}$의 값 중 가장 작은 것을 구하시오.

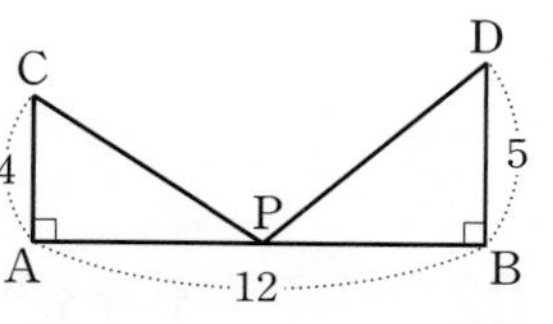

45 0851 오른쪽 그림과 같은 직육면체의 꼭짓점 B에서 겉면을 따라 두 모서리 CG, DH를 지나 꼭짓점 E에 이르는 최단 거리를 구하시오.

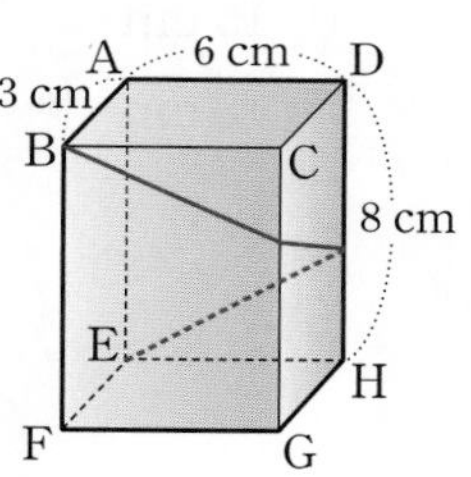

46 0852 오른쪽 그림과 같이 밑면의 반지름의 길이가 4 cm이고, 높이가 6π cm인 원기둥의 점 A에서 옆면을 따라 점 B에 이르는 최단 거리를 구하시오.

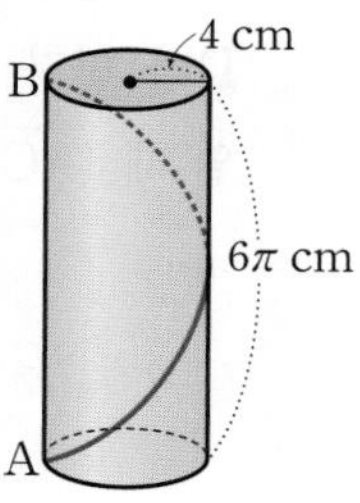

5 피타고라스 정리

필수 유형 정복하기

01 0853 오른쪽 그림과 같이 $\angle BCA=\angle CAD=90°$이고 $\overline{AB}=15$ cm, $\overline{AD}=5$ cm, $\overline{BC}=9$ cm일 때, $\overline{CD}$의 길이는?

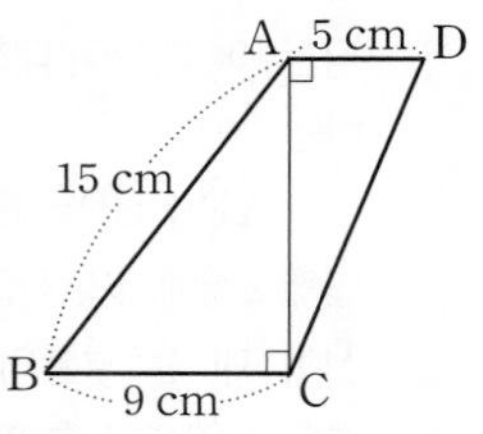

① 9 cm ② 10 cm ③ 12 cm
④ 13 cm ⑤ 15 cm

127쪽 유형 01

02 0854 오른쪽 그림과 같이 넓이가 각각 49 cm², 64 cm²인 두 정사각형 ABCD, ECFG를 세 점 B, C, F가 한 직선 위에 오도록 이어 붙였을 때, $\overline{BG}$의 길이는?

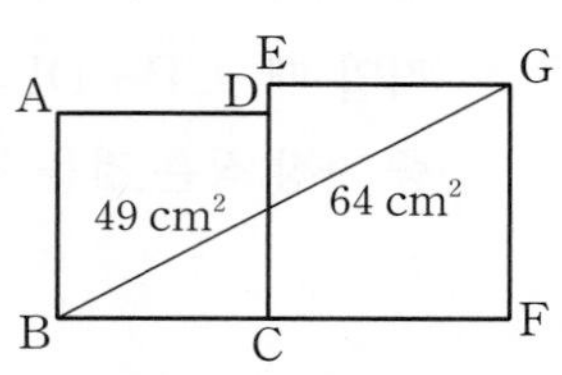

① 15 cm ② 16 cm ③ 17 cm
④ 18 cm ⑤ 19 cm

127쪽 유형 01

03 0855 오른쪽 그림과 같이 $\angle C=90°$인 직각삼각형 ABC에서 $\angle A$의 이등분선과 $\overline{BC}$의 교점을 D라 하자. $\overline{BD}=5$, $\overline{CD}=3$일 때, $\overline{AC}$의 길이는?

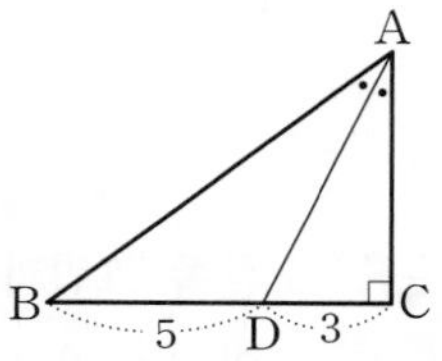

① 3 ② 4 ③ 6
④ 8 ⑤ 9

127쪽 유형 02

04 0856 오른쪽 그림과 같은 사다리꼴 ABCD에서 $\angle A=\angle B=90°$이고 $\overline{AD}=9$ cm, $\overline{BC}=15$ cm, $\overline{CD}=10$ cm일 때, $\overline{AC}$의 길이를 구하시오.

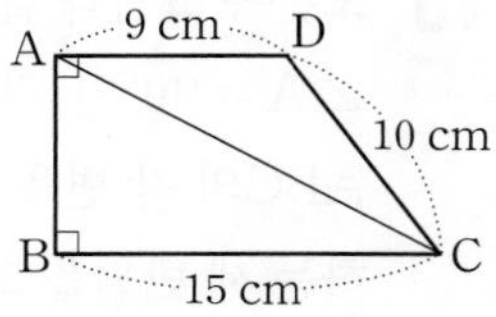

128쪽 유형 03

05 0857 오른쪽 그림과 같이 $\overline{AB}=\overline{AC}$이고 $\overline{BC}=16$ cm인 이등변삼각형 ABC의 둘레의 길이가 50 cm일 때, $\triangle ABC$의 넓이는?

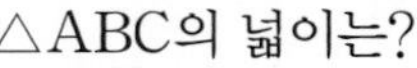

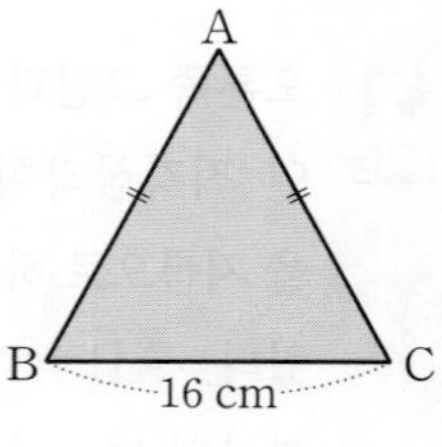

① 60 cm² ② 80 cm² ③ 90 cm²
④ 100 cm² ⑤ 120 cm²

129쪽 유형 05

06 0858 오른쪽 그림은 $\angle A=90°$인 직각삼각형 ABC의 각 변을 한 변으로 하는 세 정사각형을 그린 것이다. 다음 **보기** 중 옳은 것을 모두 고르시오.

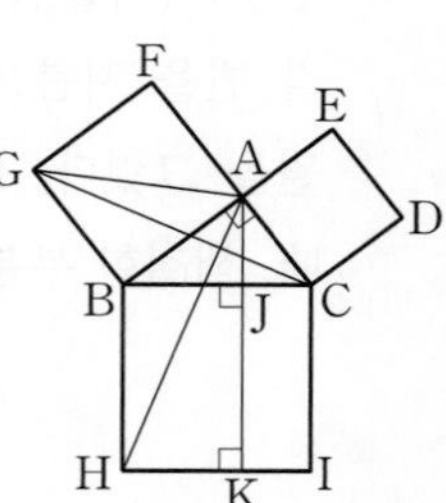

보기

ㄱ. $\triangle ABH\equiv\triangle GBC$
ㄴ. $\triangle ABC=\triangle AGB$
ㄷ. $\square AFGB=\square AGBC$
ㄹ. $\square AFGB+\square ACDE=\square BHIC$
ㅁ. $\square BHKJ : \square JKIC=\overline{AB}^2 : \overline{AC}^2$

131쪽 유형 07

07 0859 오른쪽 그림은 $\angle A=90°$인 직각삼각형 ABC에서 $\overline{BC}$를 한 변으로 하는 정사각형 BDEC를 그린 것이다. $\overline{AB}=2$ cm, $\overline{AC}=4$ cm일 때, 색칠한 부분의 넓이를 구하시오.

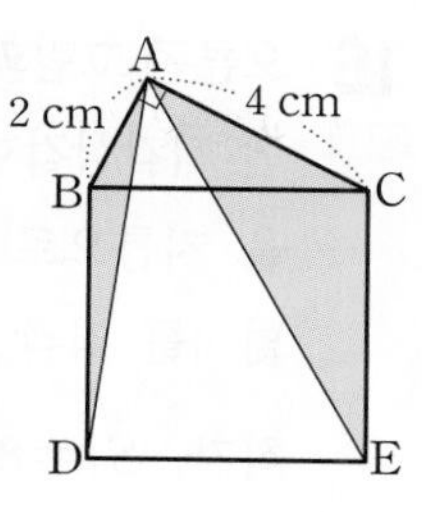

▶ 131쪽 유형 07

08 0860 오른쪽 그림과 같이 한 변의 길이가 14 cm인 정사각형 ABCD에서
$\overline{AE}=\overline{BF}=\overline{CG}$
$=\overline{DH}=6$ cm
일 때, 다음 중 옳지 <u>않은</u> 것은?

① $\triangle AEH \equiv \triangle CGF$
② $\square EFGH$는 정사각형이다.
③ $\overline{AH}=8$ cm
④ $\square EFGH=100$ cm^2
⑤ $\square EFGH=4\triangle AEH$

▶ 132쪽 유형 08

09 0861 오른쪽 그림에서 $\triangle ABE \equiv \triangle CDB$이고 세 점 A, B, C는 한 직선 위에 있다. $\overline{AB}=8$ cm이고 $\triangle BDE$의 넓이가 40 cm^{2}일 때, $\square ACDE$의 넓이는?

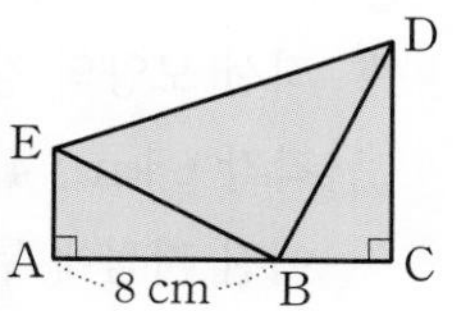

① 68 cm^2 ② 70 cm^2 ③ 72 cm^2
④ 74 cm^2 ⑤ 76 cm^2

10 0862 오른쪽 그림과 같이 직선 $y=\frac{4}{3}x-4$가 x축, y축과 만나는 점을 각각 A, B라 하고 원점 O에서 이 직선에 내린 수선의 발을 H라 할 때, $\overline{OH}$의 길이를 구하시오.

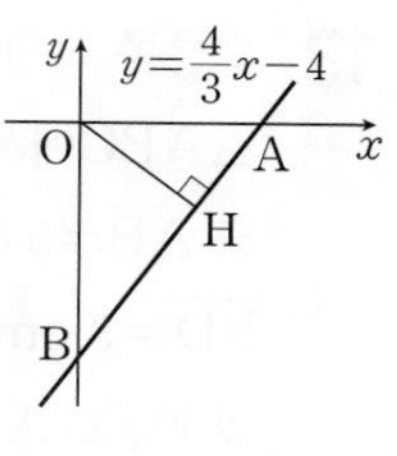

▶ 133쪽 유형 11

11 0863 길이가 각각 15 cm, 8 cm인 막대에 길이가 x cm인 막대를 하나만 추가하여 직각삼각형을 만들려고 한다. 필요한 막대의 길이는 몇 cm인지 구하시오. (단, $x>15$)

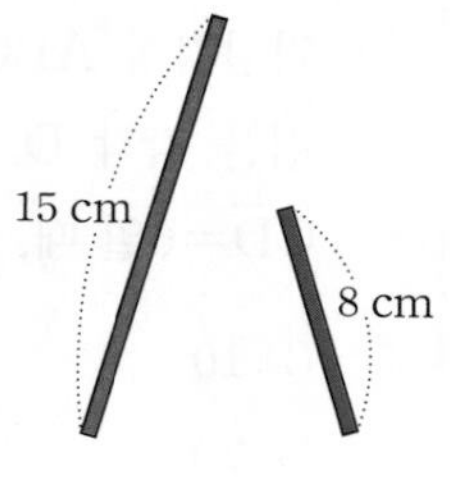

▶ 135쪽 유형 12

12 0864 $\triangle ABC$에서 $\overline{AB}=5$, $\overline{BC}=3$, $\overline{CA}=x$일 때, 다음 중 옳은 것을 모두 고르면? (정답 2개)

① $x=4$이면 $\angle A=90°$이다.
② $x=5$이면 $\angle B<90°$이다.
③ $x=7$이면 $\angle B>90°$이다.
④ $2<x<5$이면 $\angle C>90°$이다.
⑤ $4<x<6$이면 $\angle A>90°$이다.

▶ 136쪽 유형 13

13 0865 오른쪽 그림과 같은 △ABC에서 $\overline{AD}\perp\overline{BC}$이고 $\overline{AB}=5$ cm, $\overline{BD}=3$ cm, $\overline{DC}=6$ cm 일 때, △ABC는 어떤 삼각형인지 말하시오.

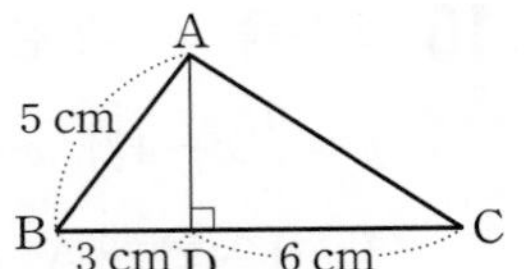

▶ 136쪽 유형 13

14 0866 오른쪽 그림과 같이 ∠B=90°인 직각삼각형 ABC에서 $\overline{AB}$, $\overline{BC}$의 중점을 각각 D, E라 하자. $\overline{AE}=8$, $\overline{CD}=6$일 때, $\overline{DE}^2$의 값은?

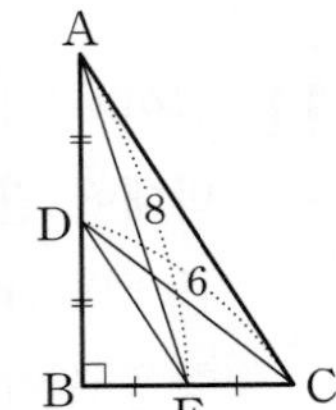

① 10 ② 15 ③ 20 ④ 25 ⑤ 30

▶ 137쪽 유형 15

15 0867 오른쪽 그림의 □ABCD에서 $\overline{AC}\perp\overline{BD}$일 때, △ABO의 넓이는? (단, 점 O는 두 대각선의 교점이다.)

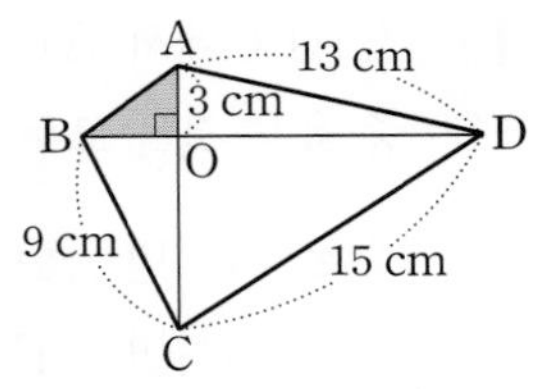

① 6 cm² ② 8 cm² ③ 9 cm² ④ 10 cm² ⑤ 12 cm²

▶ 137쪽 유형 16

16 0868 오른쪽 그림과 같이 ∠A=90°인 직각삼각형 ABC의 각 변을 지름으로 하는 세 반원의 넓이를 각각 S_1, S_2, S_3이라 하자. $S_1=8\pi$, $S_3=\frac{25}{2}\pi$일 때, △ABC의 넓이는?

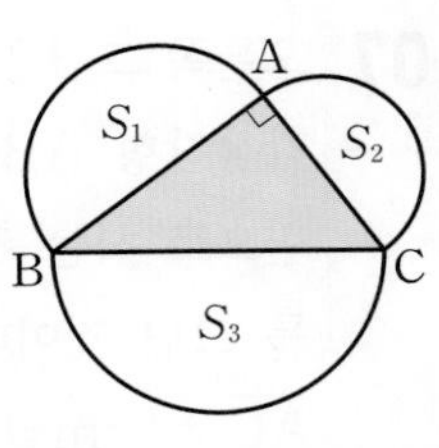

① 18 ② 20 ③ 24 ④ 28 ⑤ 30

▶ 138쪽 유형 18

17 0869 오른쪽 그림과 같이 ∠A=90°인 직각삼각형 ABC의 각 변을 지름으로 하는 세 반원을 그렸다. $\overline{AD}\perp\overline{BC}$, $\overline{AB}=9$ cm이고 색칠한 부분의 넓이가 54 cm²일 때, $\overline{AD}$의 길이는?

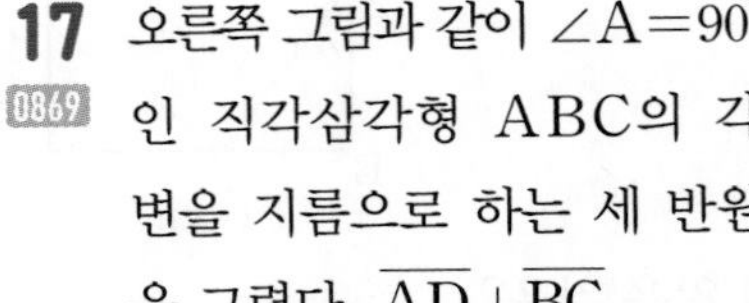
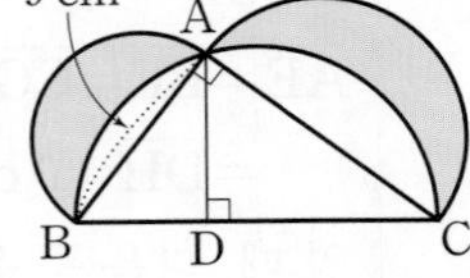

① $\frac{18}{5}$ cm ② 4 cm ③ 5 cm ④ $\frac{28}{5}$ cm ⑤ $\frac{36}{5}$ cm

▶ 139쪽 유형 19

창의 융합

18 0870 오른쪽 그림과 같이 직선 모양의 강가에서 각각 6 km, 4 km 떨어진 지점에 두 마을 A, B가 있다. 두 마을 A, B에 이르는 거리의 합이 최소가 되도록 강가에 하수 처리장을 만들려고 할 때, 마을 A에서 하수 처리장을 거쳐 마을 B로 가는 최단 거리를 구하시오.

▶ 139쪽 유형 20

서술형 문제

19 0871 오른쪽 그림과 같이 $\angle B=90°$인 직각삼각형 ABC의 $\overline{AB}$ 위의 점 D에서 $\overline{AC}$에 내린 수선의 발을 E라 하자. △ADC의 넓이가 42 cm^2일 때, $\overline{DE}$의 길이를 구하시오.

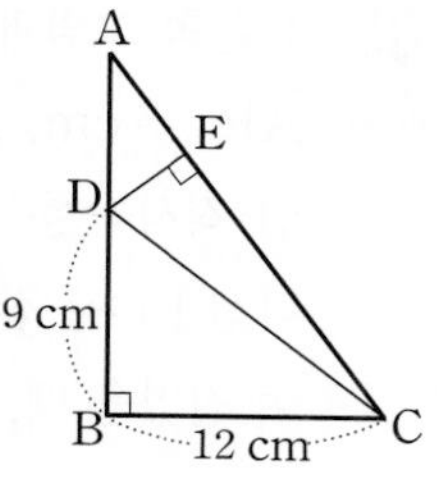

▶ 127쪽 유형 02

20 0872 오른쪽 그림과 같이 반지름의 길이가 13 cm인 사분원에 내접하는 직사각형 DOEC의 세로의 길이가 5 cm일 때, □DOEC의 둘레의 길이를 구하시오.

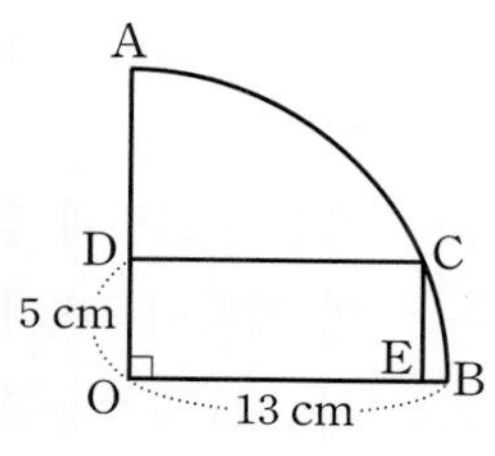

▶ 128쪽 유형 04

21 0873 오른쪽 그림과 같이 $\overline{AB}=12$ cm, $\overline{BC}=13$ cm인 직사각형 ABCD를 꼭짓점 C가 $\overline{AD}$ 위의 점 Q에 오도록 접었다. 꼭짓점 D에서 $\overline{PQ}$에 내린 수선의 발을 H라 할 때, 다음을 구하시오.

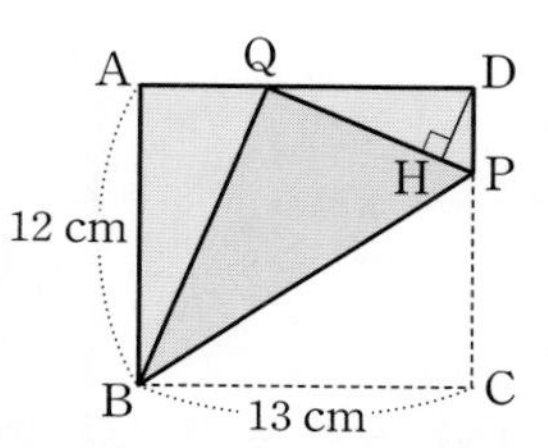

(1) $\overline{DP}$의 길이

(2) $\overline{DH}$의 길이

▶ 129쪽 유형 06 + 133쪽 유형 11

22 0874 오른쪽 그림과 같이 가로와 세로의 길이가 각각 4 cm, 3 cm인 직사각형 ABCD에서 $\overline{AC}\perp\overline{DE}$일 때, $\overline{DE}$의 길이를 구하시오.

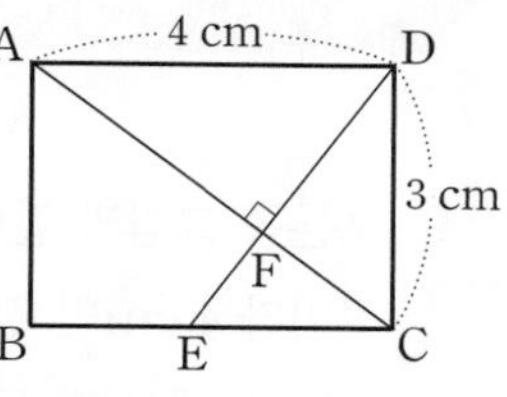

▶ 133쪽 유형 10 + 133쪽 유형 11

23 0875 오른쪽 그림의 △ABC에서 $\overline{AC}=4$, $\overline{BC}=6$이다. △ABC가 예각삼각형일 때, x의 값이 될 수 있는 자연수를 구하시오. (단, $x>6$)

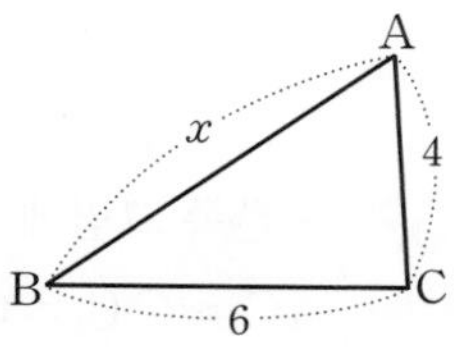

▶ 136쪽 유형 14

24 0876 오른쪽 그림과 같은 삼각기둥의 꼭짓점 A에서 겉면을 따라 모서리 CF를 지나 꼭짓점 E에 이르는 최단 거리를 구하시오.

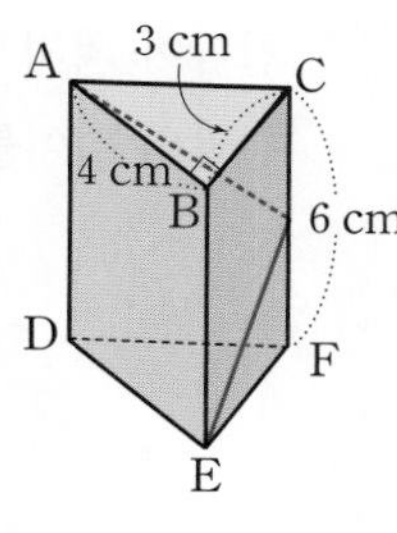

▶ 139쪽 유형 20

01 0877 오른쪽 그림과 같이 한 변의 길이가 4 cm인 정사각형 ABCD에서 점 E는 $\overline{CD}$ 위의 점이고, 점 F는 $\overline{AD}$의 연장선과 $\overline{BE}$의 연장선의 교점이다. $\overline{BE}=5$ cm일 때, △DEF의 넓이는?

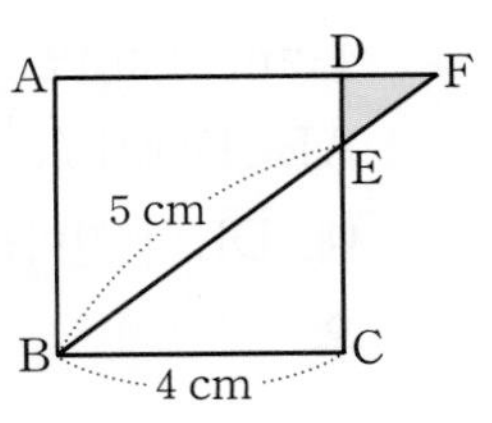

① $\frac{1}{3}$ cm² ② $\frac{2}{3}$ cm² ③ 1 cm² ④ $\frac{4}{3}$ cm² ⑤ 2 cm²

02 0878 오른쪽 그림에서 $\overline{AB}=3$, $\overline{AC_1}=\overline{C_1C_2}=\overline{C_2C_3}=\overline{C_3C_4}=\cdots=\overline{C_{n-1}C_n}=2$ 일 때, $\overline{BC_n}=7$인 자연수 n의 값을 구하시오. (단, $n\geq 2$)

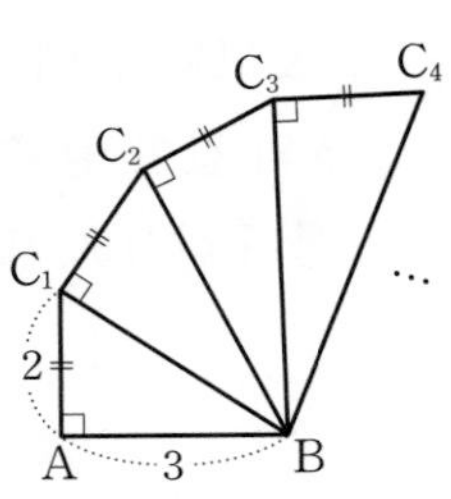

창의⊕융합

03 0879 다음 그림과 같이 어느 가게 앞에 직사각형 모양의 천막이 쳐져 있다. 천막의 가로의 길이가 7 m일 때, 천막의 넓이를 구하시오.

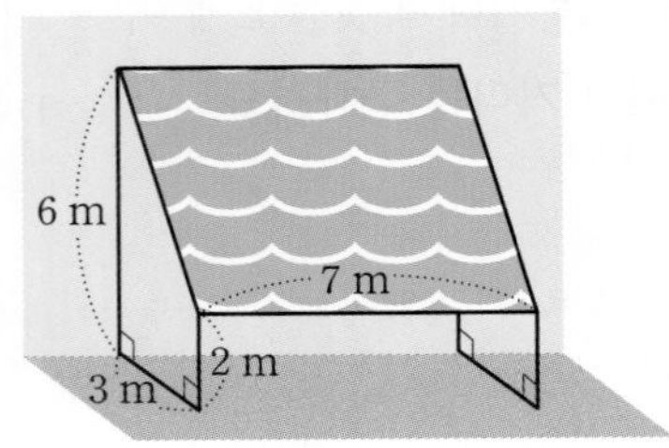

04 0880 오른쪽 그림과 같이 $\overline{AB}=5$ cm, $\overline{BC}=12$ cm인 직사각형 ABCD를 대각선 BD를 접는 선으로 하여 접었을 때, $\overline{AF}$의 길이는?

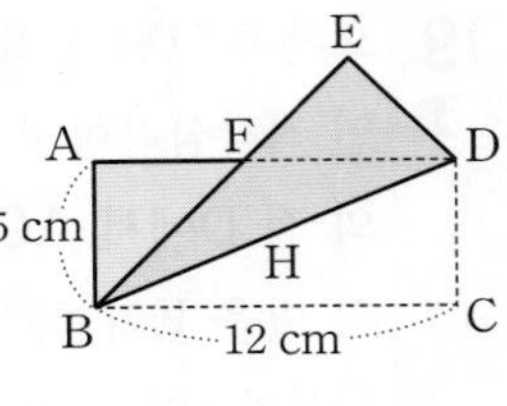

① 4 cm ② $\frac{49}{12}$ cm ③ $\frac{119}{24}$ cm ④ 5 cm ⑤ $\frac{131}{24}$ cm

05 0881 오른쪽 그림과 같이 ∠C=90°인 직각이등변삼각형 ABC에서 $\overline{AB}$의 삼등분점을 각각 D, E라 하자. $\overline{CD}=\overline{CE}=1$일 때, △ABC의 넓이를 구하시오.

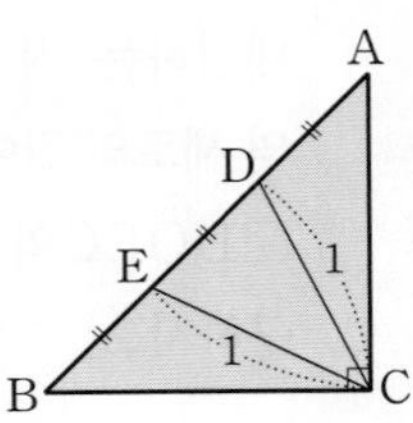

Tip
두 점 D, E에서 $\overline{AC}$에 내린 수선의 발을 각각 P, Q라 하고 $\overline{BC}$에 내린 수선의 발을 각각 R, S라 하면
$\overline{AP}=\overline{PQ}=\overline{QC}=\overline{CR}=\overline{RS}=\overline{SB}$이다.

06 0882 오른쪽 그림과 같이 가로와 세로의 길이가 각각 8 cm, 6 cm인 직사각형 ABCD의 두 꼭짓점 A, C에서 대각선 BD에 내린 수선의 발을 각각 E, F라 할 때, □AECF의 넓이를 구하시오.

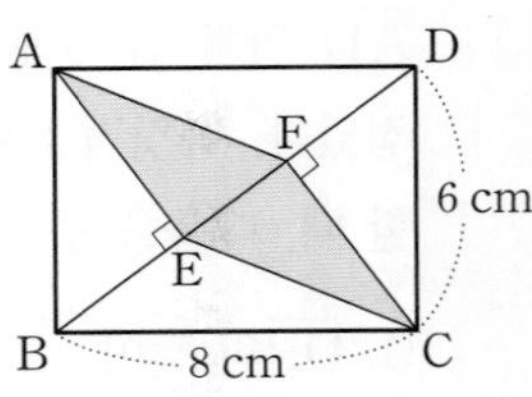

07 0883 길이가 각각 2, 4, 6, 8, 10인 5개의 막대 중 서로 다른 3개를 골라 삼각형을 만들려고 한다. 이때 만들 수 있는 직각삼각형의 개수를 a, 둔각삼각형의 개수를 b라 할 때, $a+b$의 값을 구하시오.

08 0884 오른쪽 그림과 같은 사다리꼴 ABCD를 $\overline{AB}$를 회전축으로 하여 1회전 시킬 때 생기는 입체도형의 부피는?

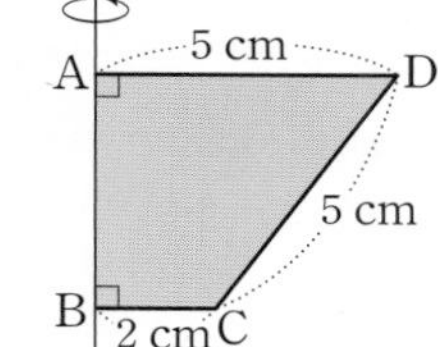

① 42π cm³ ② 44π cm³ ③ 52π cm³ ④ 60π cm³ ⑤ 64π cm³

09 0885 오른쪽 그림과 같이 밑면의 반지름의 길이가 15 cm이고, 높이가 10π cm인 원기둥이 있다. 밑면의 둘레 위에 $\angle BOC=72°$가 되도록 점 C를 잡고, 점 A에서 점 C까지 먼 쪽으로 실을 감았을 때, 이 실이 지나는 최단 거리는?

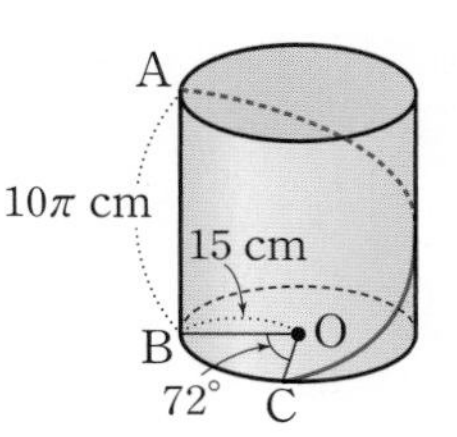

① 24 cm ② 25 cm ③ 26 cm ④ 25π cm ⑤ 26π cm

서술형 문제

10 0886 오른쪽 그림은 $\angle A=90°$인 직각삼각형 ABC의 각 변을 한 변으로 하는 세 정사각형을 그린 것이다. □ACHI, □BFGC의 넓이가 각각 64, 289일 때, $\dfrac{\overline{AJ}}{\overline{BJ}}$의 값을 구하시오.

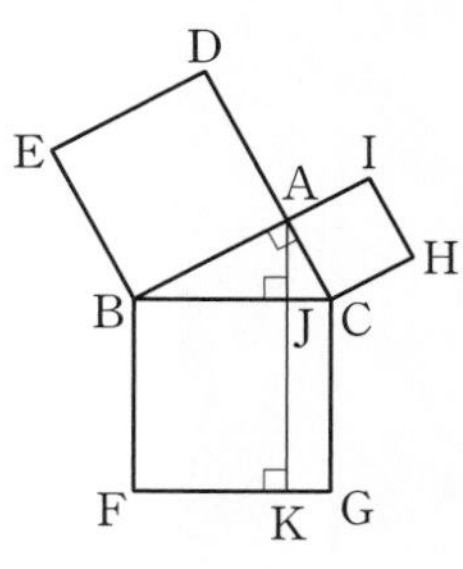

11 0887 오른쪽 그림과 같이 $\angle B=90°$인 직각삼각형 ABC에서 $\overline{AM}=\overline{CM}$이고 $\overline{AC}\perp\overline{BD}$, $\overline{DE}\perp\overline{BM}$일 때, $\overline{DE}$의 길이를 구하시오.

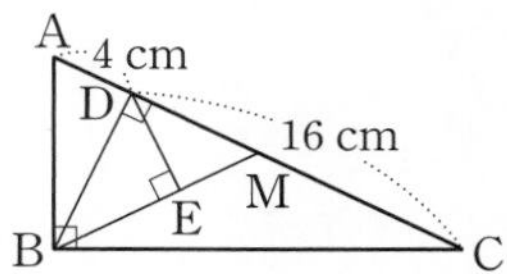

창의융합

12 0888 다음 그림과 같이 네 건물 A, B, C, D를 직선으로 이어 직사각형 모양의 길을 만들었다. 학교 P와 공원 Q를 $\overline{PQ}/\!/\overline{BC}$이고 $\overline{PQ}=50$ m, $\overline{BP}=50$ m, $\overline{CQ}=90$ m, $\overline{DQ}=150$ m가 되도록 세울 때, 성희가 건물 A에서 출발하여 학교 P를 지나 공원 Q까지 가는 최단 거리를 구하시오.

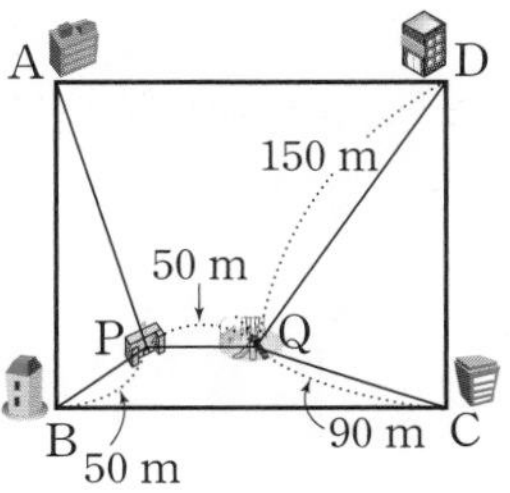

5 피타고라스 정리

Ⅲ. 확률

6 경우의 수

학습 계획 및 성취도 체크

- 학습 계획을 세우고 적어도 두 번 반복하여 공부합니다.
- 유형 이해도에 따라 ☐ 안에 ○, △, ×를 표시합니다.
- 시험 전에 [빈출] 유형과 × 표시한 유형은 반드시 한 번 더 풀어 봅니다.

			학습 계획	1차 학습	2차 학습
Lecture 22 경우의 수	유형 01	경우의 수	/	☐	☐
	유형 02	돈을 지불하는 경우의 수 빈출	/	☐	☐
	유형 03	경우의 수; 방정식, 부등식	/	☐	☐
	유형 04	경우의 수의 합; 물건 또는 교통수단	/	☐	☐
	유형 05	경우의 수의 합; 주사위 또는 원판 빈출	/	☐	☐
	유형 06	경우의 수의 합; 숫자 빈출	/	☐	☐
	유형 07	경우의 수의 곱; 물건	/	☐	☐
	유형 08	경우의 수의 곱; 경로 빈출	/	☐	☐
	유형 09	경우의 수의 곱; 동전 또는 주사위 빈출	/	☐	☐
	유형 10	경우의 수의 곱; 놀이 또는 신호	/	☐	☐
Lecture 23 여러 가지 경우의 수	유형 11	한 줄로 세우는 경우의 수	/	☐	☐
	유형 12	한 줄로 세우는 경우의 수; 특정한 사람의 자리를 고정하는 경우	/	☐	☐
	유형 13	한 줄로 세우는 경우의 수; 이웃하는 경우 빈출	/	☐	☐
	유형 14	자연수를 만드는 경우의 수; 0이 포함되지 않는 경우	/	☐	☐
	유형 15	자연수를 만드는 경우의 수; 0이 포함된 경우 빈출	/	☐	☐
	유형 16	대표를 뽑는 경우의 수; 자격이 다른 경우	/	☐	☐
	유형 17	대표를 뽑는 경우의 수; 자격이 같은 경우 빈출	/	☐	☐
	유형 18	대표를 뽑는 경우의 수의 활용	/	☐	☐
	유형 19	색칠하는 경우의 수 빈출	/	☐	☐
	유형 20	선분 또는 삼각형의 개수	/	☐	☐
단원 마무리	**Level B** 필수 유형 정복하기		/	☐	☐
	Level C 발전 유형 정복하기		/	☐	☐

경우의 수

22-1 사건과 경우의 수 | 유형 01 ~ 03

(1) **사건:** 동일한 조건에서 반복할 수 있는 실험이나 관찰에 의하여 나타나는 결과

(2) **경우의 수:** 사건이 일어나는 모든 가짓수

예

실험 · 관찰	한 개의 주사위를 던진다.
사건	짝수의 눈이 나온다.
경우	2, 4, 6
경우의 수	3

참고 사건이 일어나는 모든 경우를 표, 순서쌍, 나뭇가지 모양의 그림으로 나타내면 빠짐없이, 중복되지 않게 구할 수 있다.

22-2 사건 A 또는 사건 B가 일어나는 경우의 수 | 유형 04 ~ 06

동시에 일어나지 않는 두 사건 A와 B에 대하여 사건 A가 일어나는 경우의 수가 m이고, 사건 B가 일어나는 경우의 수가 n일 때

(사건 A 또는 사건 B가 일어나는 경우의 수)$=m+n$

예 한 개의 주사위를 던질 때

사건	경우	경우의 수
3 미만의 눈이 나온다.	1, 2	2
5 이상의 눈이 나온다.	5, 6	2
3 미만 또는 5 이상의 눈이 나온다.	1, 2, 5, 6	$2+2=4$

22-3 두 사건 A와 B가 동시에 일어나는 경우의 수 | 유형 07 ~ 10

사건 A가 일어나는 경우의 수가 m이고, 그 각각에 대하여 사건 B가 일어나는 경우의 수가 n일 때

(두 사건 A와 B가 동시에 일어나는 경우의 수)$=m\times n$

예 동전 1개와 주사위 1개를 동시에 던질 때

사건	경우	경우의 수
동전은 뒷면이 나온다.	뒷면	1
주사위는 홀수의 눈이 나온다.	1, 3, 5	3
동전은 뒷면이 나오고, 주사위는 홀수의 눈이 나온다.	(뒷면, 1) (뒷면, 3) (뒷면, 5)	$1\times3=3$

[01~03] 한 개의 주사위를 던질 때, 다음 사건이 일어나는 경우의 수를 구하시오.

01 4 이상의 눈이 나온다.
0889

02 3의 배수의 눈이 나온다.
0890

03 소수의 눈이 나온다.
0891

[04~06] 주머니 속에 1부터 10까지의 자연수가 각각 하나씩 적힌 10개의 공이 들어 있다. 이 주머니에서 한 개의 공을 꺼낼 때, 다음을 구하시오.

04 짝수가 나오는 경우의 수
0892

05 9의 약수가 나오는 경우의 수
0893

06 짝수 또는 9의 약수가 나오는 경우의 수
0894

[07~09] A 지점에서 B 지점으로, B 지점에서 C 지점으로 가는 길이 아래 그림과 같을 때, 다음을 구하시오.
(단, 같은 지점을 두 번 이상 지나지 않는다.)

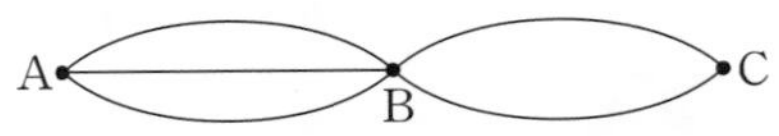

07 A 지점에서 B 지점으로 가는 경우의 수
0895

08 B 지점에서 C 지점으로 가는 경우의 수
0896

09 A 지점에서 B 지점을 거쳐 C 지점으로 가는 경우의 수
0897

빠른답 6쪽 | 바른답 · 알찬풀이 94쪽

유형 01 경우의 수 | 개념 22-1

대표문제

10 0898 서로 다른 두 개의 주사위를 동시에 던질 때, 나오는 두 눈의 수의 합이 8이 되는 경우의 수는?

① 2 ② 3 ③ 4
④ 5 ⑤ 6

11 0899 상자 속에 1부터 30까지의 자연수가 각각 하나씩 적힌 30개의 공이 들어 있다. 이 상자에서 한 개의 공을 꺼낼 때, 소수가 나오는 경우의 수를 구하시오.

12 0900 두 개의 주사위 A, B를 동시에 던져서 나오는 눈의 수를 각각 a, b라 할 때, $\frac{b}{a}$가 홀수가 되는 경우의 수는?

① 9 ② 10 ③ 12
④ 15 ⑤ 18

13 0901 오른쪽 그림과 같은 정육면체에서 꼭짓점 A를 출발하여 모서리를 따라 꼭짓점 G까지 갈 때, 최단 거리로 가는 경우의 수는?

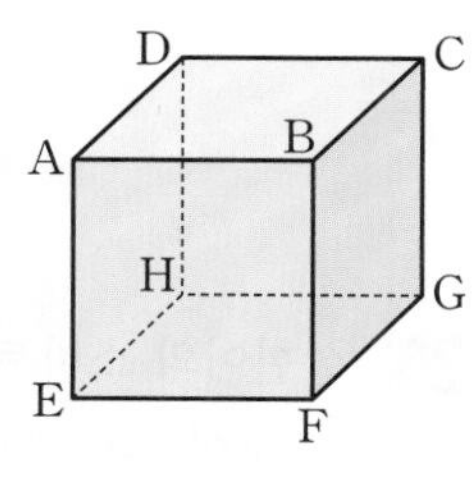

① 4 ② 5 ③ 6
④ 7 ⑤ 8

서술형

14 0902 두 자리 자연수 중 일의 자리의 숫자가 십의 자리의 숫자의 약수가 되는 수의 개수를 구하시오.

빈출

유형 02 돈을 지불하는 경우의 수 | 개념 22-1

돈을 지불하는 경우의 수는 다음과 같은 순서로 구한다.
❶ 액수가 큰 동전의 개수부터 정한다.
❷ 지불하는 금액에 맞게 나머지 동전의 개수를 정한다.
이때 표, 순서쌍, 나뭇가지 모양의 그림을 이용하면 편리하다.

대표문제

15 0903 보라는 50원짜리 동전과 100원짜리 동전을 각각 7개씩 가지고 있다. 이 동전을 사용하여 350원을 지불하는 경우의 수를 구하시오.

16 0904 혜정이는 입장료가 2400원인 식물원에 가려고 한다. 50원짜리 동전 4개, 100원짜리 동전 9개, 500원짜리 동전 4개를 가지고 있을 때, 거스름돈 없이 입장료를 지불하는 경우의 수는?

① 3 ② 4 ③ 5
④ 6 ⑤ 7

17 0905 50원짜리 동전 3개, 100원짜리 동전 3개, 500원짜리 동전 2개가 있다. 이 세 종류의 동전을 각각 1개 이상 사용하여 지불할 수 있는 금액의 종류의 수를 구하시오.

유형 03 경우의 수; 방정식, 부등식 | 개념 22-1

방정식 또는 부등식이 성립하는 경우의 수를 구할 때는 주어진 방정식 또는 부등식을 만족하는 순서쌍 (a, b)의 개수를 구한다. 이때 a, b의 값이 될 수 있는 수의 범위에 주의한다.

대표문제

18 0906 한 개의 주사위를 두 번 던져서 첫 번째에 나오는 눈의 수를 x, 두 번째에 나오는 눈의 수를 y라 할 때, $x+2y=7$을 만족하는 경우의 수는?

① 1 ② 2 ③ 3
④ 4 ⑤ 5

19 0907 두 개의 주사위 A, B를 동시에 던져서 나오는 눈의 수를 각각 a, b라 할 때, 점 (a, b)가 직선 $3x-y=5$ 위에 있는 경우의 수를 구하시오.

서술형

20 0908 두 개의 주사위 A, B를 동시에 던져서 나오는 눈의 수를 각각 a, b라 할 때, x에 대한 방정식 $ax-b=0$의 해가 1이 되는 경우의 수를 구하시오.

21 0909 한 개의 주사위를 두 번 던져서 첫 번째에 나오는 눈의 수를 x, 두 번째에 나오는 눈의 수를 y라 할 때, 부등식 $4x+y<10$을 만족하는 경우의 수는?

① 3 ② 4 ③ 5
④ 6 ⑤ 7

유형 04 경우의 수의 합 ; 물건 또는 교통수단 | 개념 22-2

대표문제

22 0910 어느 분식집의 메뉴는 오른쪽 그림과 같이 김밥 다섯 종류와 라면 세 종류이다. 김밥 또는 라면 중 하나를 주문하는 경우의 수를 구하시오.

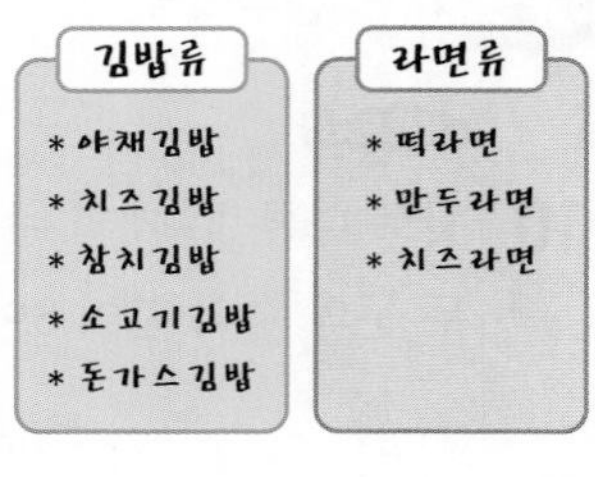

23 0911 책꽂이에 서로 다른 종류의 소설책 6권, 만화책 2권이 꽂혀 있다. 이 중 한 권의 책을 꺼낼 때, 소설책 또는 만화책을 꺼내는 경우의 수는?

① 4 ② 6 ③ 8
④ 10 ⑤ 12

24 0912 집에서 도서관까지 가는 방법으로 지하철 노선 2가지, 버스 노선 4가지가 있다. 지하철이나 버스를 타고 집에서 도서관까지 가는 경우의 수를 구하시오.

25 0913 설현이의 스마트폰 음악 폴더에 댄스 음악 3곡, 발라드 음악 7곡, 힙합 음악 2곡이 들어 있다. 이 폴더에서 한 곡을 재생하였을 때, 댄스 음악이나 힙합 음악이 재생되는 경우의 수를 구하시오.

유형 05 경우의 수의 합; 주사위 또는 원판 | 개념 22-2

빈출

대표문제

26 0914 서로 다른 두 개의 주사위를 동시에 던질 때, 나오는 두 눈의 수의 합이 5 또는 6인 경우의 수를 구하시오.

27 0915 서로 다른 두 개의 주사위를 동시에 던질 때, 나오는 두 눈의 수의 차가 1 이하인 경우의 수는?

① 10 ② 12 ③ 14
④ 16 ⑤ 18

28 0916 한 개의 주사위를 두 번 던질 때, 나오는 두 눈의 수의 합이 4의 배수인 경우의 수를 구하시오.

29 0917 오른쪽 그림과 같이 6등분된 서로 다른 두 개의 원판이 각각 돌다가 멈출 때, 두 원판의 각 바늘이 가리키는 두 수의 차가 2 또는 3인 경우의 수를 구하시오.

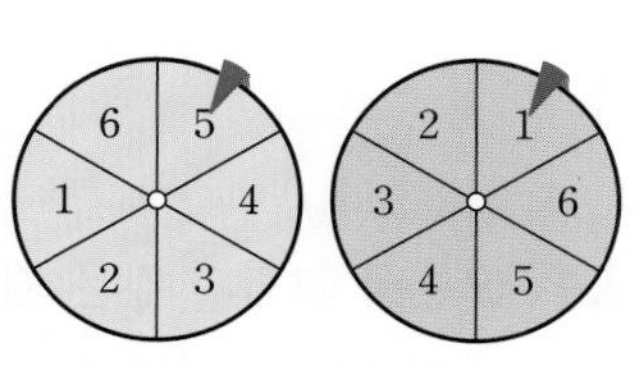

(단, 바늘이 경계선을 가리키는 경우는 없다.)

유형 06 경우의 수의 합; 숫자 | 개념 22-2

빈출

A의 배수 또는 B의 배수를 선택하는 경우의 수는
① A, B의 공배수가 없는 경우
➡ (A의 배수의 개수)+(B의 배수의 개수)
② A, B의 공배수가 있는 경우
➡ (A의 배수의 개수)+(B의 배수의 개수)
−(A, B의 공배수의 개수)

대표문제

30 0918 1부터 30까지의 자연수가 각각 하나씩 적힌 30장의 카드 중 한 장을 뽑을 때, 3의 배수 또는 5의 배수가 나오는 경우의 수를 구하시오.

31 0919 1부터 20까지의 자연수가 각각 하나씩 적힌 20장의 카드 중 한 장을 뽑을 때, 소수 또는 8의 배수가 나오는 경우의 수는?

① 6 ② 7 ③ 8
④ 9 ⑤ 10

서술형

32 0920 1부터 25까지의 자연수가 각각 하나씩 적힌 25개의 공이 주머니 안에 들어 있다. 이 주머니에서 한 개의 공을 꺼낼 때, 홀수 또는 24의 약수가 나오는 경우의 수를 구하시오.

33 0921 1부터 100까지의 자연수가 각각 하나씩 적힌 100장의 카드가 들어 있는 상자에서 한 장의 카드를 뽑아 나오는 수를 a라 하자. $\frac{a}{130}$ 또는 $\frac{a}{210}$를 소수로 나타내었을 때, 유한소수가 되는 경우의 수를 구하시오.

6 경우의 수

유형 07 경우의 수의 곱; 물건 | 개념 22-3

대표문제

34 0922 자음 ㄱ, ㄴ, ㄷ, ㄹ이 각각 하나씩 적힌 카드 4장과 모음 ㅏ, ㅔ, ㅣ, ㅗ, ㅜ가 각각 하나씩 적힌 카드 5장이 있다. 자음과 모음이 적힌 카드를 각각 한 장씩 선택하여 만들 수 있는 글자의 개수를 구하시오.

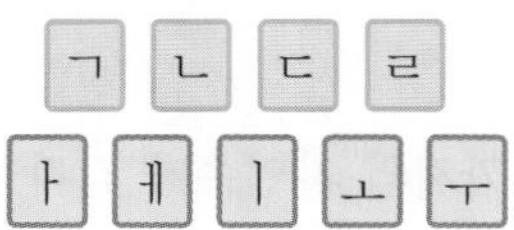

35 0923 오른쪽 그림과 같이 3종류의 티셔츠와 4종류의 반바지가 있을 때, 티셔츠와 반바지를 각각 하나씩 짝 지어 입는 경우의 수를 구하시오.

36 0924 서로 다른 수학책 7권과 서로 다른 과학책 5권이 있다. 이 중에서 수학책과 과학책을 각각 한 권씩 선택하는 경우의 수를 구하시오.

37 0925 재민이네 학교의 방과 후 학교 프로그램에는 어학 강좌 3가지, 스포츠 강좌 4가지, 예술 강좌 2가지가 있다. 이 중 재민이가 어학 강좌에서 한 가지를 선택하고, 어학 강좌를 제외한 나머지 강좌에서 한 가지를 선택하여 수강하는 경우의 수를 구하시오.

유형 08 경우의 수의 곱; 경로 빈출 | 개념 22-3

대표문제

38 0926 집, 학교, 도서관 사이에 다음과 같은 길이 있다. 집에서 도서관까지 가는 경우의 수를 구하시오.

(단, 같은 지점을 두 번 이상 지나지 않는다.)

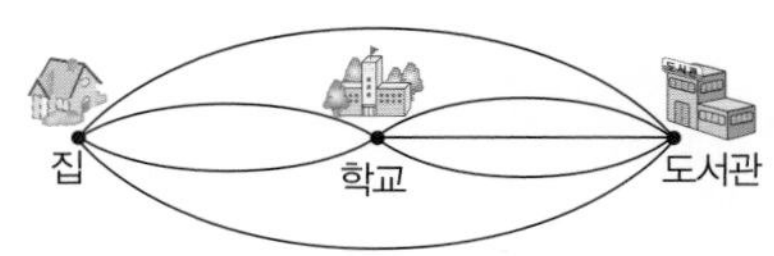

39 0927 어느 산의 입구부터 정상까지의 등산로는 7가지가 있다. 선아가 등산로를 따라 정상까지 올라갔다가 내려올 때, 올라갈 때와 다른 길을 선택하여 내려오는 경우의 수는?

① 7 ② 14 ③ 28
④ 30 ⑤ 42

40 0928 어느 도서관의 평면도가 오른쪽 그림과 같을 때, 시청각실에서 열람실과 복도를 한 번씩만 지나 화장실로 가는 경우의 수를 구하시오.

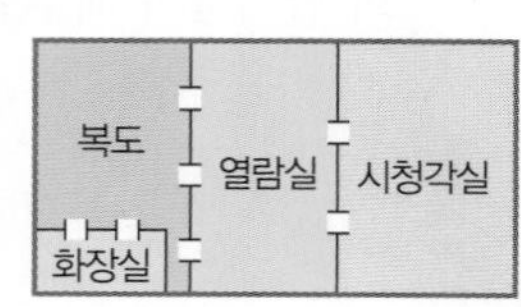

41 0929 오른쪽 그림과 같은 길을 따라 A 지점에서 P 지점을 거쳐 B 지점으로 가려고 할 때, 최단 거리로 가는 경우의 수를 구하시오.

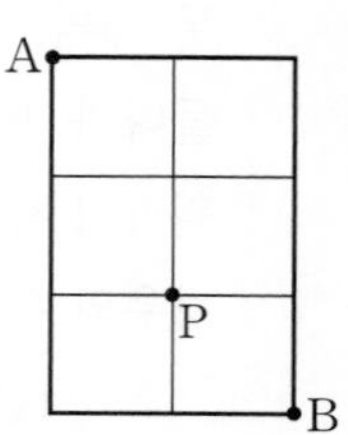

빈출

유형 09 경우의 수의 곱; 동전 또는 주사위 | 개념 22-3

① 서로 다른 n개의 동전을 동시에 던질 때, 일어나는 모든 경우의 수

➡ $\underbrace{2\times2\times\cdots\times2}_{n\text{개}}=2^n$ ← 각 동전에 대하여 앞면, 뒷면이 나오는 2가지 경우가 있다.

② 서로 다른 n개의 주사위를 동시에 던질 때, 일어나는 모든 경우의 수

➡ $\underbrace{6\times6\times\cdots\times6}_{n\text{개}}=6^n$ ← 각 주사위에 대하여 1, 2, 3, 4, 5, 6의 눈이 나오는 6가지 경우가 있다.

예) 서로 다른 동전 2개와 주사위 1개를 동시에 던질 때, 일어날 수 있는 모든 경우의 수 ➡ $2\times2\times6=24$

대표문제

42 0930 서로 다른 동전 3개와 서로 다른 주사위 2개를 동시에 던질 때, 일어나는 모든 경우의 수는?

① 48 ② 96 ③ 128
④ 144 ⑤ 288

43 0931 각 면에 1부터 12까지의 자연수가 각각 하나씩 적힌 정십이면체 모양의 주사위를 두 번 던질 때, 바닥에 오는 면에 적힌 수가 첫 번째에는 5의 약수가 나오고, 두 번째에는 3의 배수가 나오는 경우의 수는?

① 2 ② 4 ③ 6
④ 8 ⑤ 10

서술형

44 0932 주사위 한 개와 서로 다른 동전 2개를 동시에 던질 때, 주사위는 홀수의 눈이 나오고 동전은 서로 다른 면이 나오는 경우의 수를 구하시오.

유형 10 경우의 수의 곱; 놀이 또는 신호 | 개념 22-3

대표문제

45 0933 학생 3명이 가위바위보를 한 번 할 때, 일어나는 모든 경우의 수를 구하시오.

46 0934 깃발을 올리거나 내려서 신호를 만들 때, 서로 다른 깃발 4개로 만들 수 있는 신호의 개수는?
(단, 깃발을 모두 올리거나 모두 내리는 것도 신호로 생각한다.)

① 10 ② 12 ③ 14
④ 16 ⑤ 18

47 0935 오른쪽 그림과 같은 세 개의 칸에 기호 ●, ★, ◆를 각각 하나씩 써넣어 암호를 만들려고 한다. 같은 기호를 여러 번 사용할 수 있을 때, 만들 수 있는 암호의 개수를 구하시오.

창의⊕융합

48 0936 오른쪽 그림과 같은 5개의 전구에 각각 불을 켜거나 꺼서 만들 수 있는 신호의 개수를 구하시오.
(단, 전구가 모두 꺼진 경우는 신호로 생각하지 않는다.)

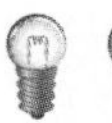

6 경우의 수

여러 가지 경우의 수

23-1 한 줄로 세우는 경우의 수 | 유형 11~13, 19

(1) n명을 한 줄로 세우는 경우의 수는

$n\times(n-1)\times(n-2)\times\cdots\times2\times1$

예 4명을 한 줄로 세우는 경우의 수는 $4\times3\times2\times1=24$

(2) n명 중 2명을 뽑아 한 줄로 세우는 경우의 수는

$n\times(n-1)$

예 4명 중 2명을 뽑아 한 줄로 세우는 경우의 수는 $4\times3=12$

(3) n명 중 3명을 뽑아 한 줄로 세우는 경우의 수는

$n\times(n-1)\times(n-2)$

예 4명 중 3명을 뽑아 한 줄로 세우는 경우의 수는 $4\times3\times2=24$

(4) 한 줄로 세울 때, 이웃하여 세우는 경우의 수는

(이웃하는 것을 하나로 묶어서 한 줄로 세우는 경우의 수)

×(묶음 안에서 한 줄로 세우는 경우의 수)

↳ 자리를 바꾸는 경우의 수

23-2 자연수를 만드는 경우의 수 | 유형 14, 15

서로 다른 한 자리 숫자가 각각 하나씩 적힌 n장의 카드 중 2장을 뽑아 만들 수 있는 두 자리 자연수의 개수는

(1) 0이 포함되지 않는 경우 ➡ $n\times(n-1)$

(2) 0이 포함된 경우 ➡ $(n-1)\times(n-1)$

↳ 맨 앞자리에는 0이 올 수 없다.

23-3 대표를 뽑는 경우의 수 | 유형 16~18, 20

n명 중 대표 2명을 뽑는 경우의 수는

(1) 자격이 다른 경우 ➡ $n\times(n-1)$

참고 뽑는 순서와 관계가 있으므로 n명 중 2명을 뽑아 한 줄로 세우는 경우의 수와 같다.

(2) 자격이 같은 경우 ➡ $\dfrac{n\times(n-1)}{2}$

↳ 뽑은 2명을 한 줄로 세우는 경우의 수

참고 n명 중 자격이 같은 대표 3명을 뽑는 경우의 수는

$\dfrac{n\times(n-1)\times(n-2)}{3\times2\times1}$

↳ 뽑은 3명을 한 줄로 세우는 경우의 수

예 4명의 학생 중 대표를 뽑을 때

(1) 회장 1명, 부회장 1명을 뽑는 경우의 수는 $4\times3=12$

(2) 대표 2명을 뽑는 경우의 수는 $\dfrac{4\times3}{2}=6$

[01~03] 다음을 구하시오.

01 3명을 한 줄로 세우는 경우의 수
0937

02 5명을 한 줄로 세우는 경우의 수
0938

03 6명 중 2명을 뽑아 한 줄로 세우는 경우의 수
0939

04 다음은 A, B, C, D 4명을 한 줄로 세울 때, A와 D를 이웃하여 세우는 경우의 수를 구하는 과정이다. □ 안에 알맞은 수를 써넣으시오.
0940

> A, D를 1명으로 생각하여 3명을 한 줄로 세우는 경우의 수는 □
> 이때 A와 D가 자리를 바꾸는 경우의 수는 □
> 따라서 구하는 경우의 수는
> □×□=□

[05~07] A, B, C, D, E 5명을 한 줄로 세울 때, 다음을 구하시오.

05 A, B가 이웃하여 서는 경우의 수
0941

06 A, B, C가 이웃하여 서는 경우의 수
0942

07 B, C, E가 이웃하여 서는 경우의 수
0943

빠른답 6쪽 | 바른답 · 알찬풀이 98쪽

08 0944 다음은 1, 2, 3, 4의 숫자가 각각 하나씩 적힌 4장의 카드 중 2장을 뽑아 만들 수 있는 두 자리 자연수의 개수를 구하는 과정이다. □ 안에 알맞은 수를 써넣으시오.

> 십의 자리에 올 수 있는 숫자는 1, 2, 3, 4의 4개
> 일의 자리에 올 수 있는 숫자는 십의 자리에 놓인 숫자를 제외한 □개
> 따라서 구하는 자연수의 개수는
> 4×□=□

09 0945 다음은 0, 1, 2, 3의 숫자가 각각 하나씩 적힌 4장의 카드 중 3장을 뽑아 만들 수 있는 세 자리 자연수의 개수를 구하는 과정이다. □ 안에 알맞은 수를 써넣으시오.

> 백의 자리에 올 수 있는 숫자는 □을 제외한 1, 2, 3의 3개
> 십의 자리에 올 수 있는 숫자는 백의 자리에 놓인 숫자를 제외한 □개
> 일의 자리에 올 수 있는 숫자는 백의 자리와 십의 자리에 놓인 숫자를 제외한 □개
> 따라서 구하는 자연수의 개수는
> 3×□×□=□

[10~13] 독서 동아리 회원 5명 중 대표를 뽑을 때, 다음을 구하시오.

10 0946 회장 1명, 부회장 1명을 뽑는 경우의 수

11 0947 회장 1명, 부회장 1명, 총무 1명을 뽑는 경우의 수

12 0948 대표 2명을 뽑는 경우의 수

13 0949 대표 3명을 뽑는 경우의 수

유형 11 한 줄로 세우는 경우의 수 | 개념 23-1

대표문제

14 0950 4명의 선수가 한 조가 되어 이어달리기를 하려고 한다. 이 4명이 달리는 순서를 정하는 경우의 수를 구하시오.

15 0951 국어, 영어, 수학, 사회, 과학 문제집이 각각 1권씩 있다. 이 5권의 문제집을 책꽂이에 일렬로 꽂는 경우의 수는?

① 24　② 48　③ 60　④ 90　⑤ 120

16 0952 #, &, @, ※, ♥ 다섯 개의 특수 문자 중 세 개를 뽑아 한 줄로 나열하는 경우의 수를 구하시오.

17 0953 미술 전람회가 A 관, B 관, C 관, D 관, E 관, F 관에서 나누어 열리고 있다. 6개의 관 중 3개의 관을 골라 둘러보는 순서를 정하는 경우의 수는?

① 20　② 60　③ 120　④ 180　⑤ 240

유형 12 한 줄로 세우는 경우의 수 ; 특정한 사람의 자리를 고정하는 경우

| 개념 23-1

n명을 한 줄로 세울 때, 특정한 사람의 자리를 고정하고 세우는 경우의 수는 자리가 정해진 사람을 제외한 나머지를 한 줄로 세우는 경우의 수와 같다.

예 A, B, C, D 4명을 한 줄로 세울 때, A가 맨 뒤에 서는 경우의 수는 A를 제외한 나머지 3명을 한 줄로 세우는 경우의 수와 같으므로

$3\times2\times1=6$ → B, C, D를 한 줄로 세운 후, A를 맨 뒤에 세운다.

대표문제

18 0954 선생님이 태동, 선우, 동민, 소연, 혜진 5명의 학생과 한 명씩 상담을 하려고 한다. 이때 선우가 처음에, 혜진이가 마지막에 상담을 하는 경우의 수는?

① 3　② 6　③ 12
④ 24　⑤ 120

19 0955 s, t, r, a, n, g, e 7개의 문자를 한 줄로 나열할 때, a가 한가운데에 오는 경우의 수를 구하시오.

서술형

20 0956 부모님을 포함하여 6명의 가족이 한 줄로 서서 사진을 찍을 때, 부모님이 양 끝에 서는 경우의 수를 구하시오.

21 0957 여학생 2명과 남학생 3명으로 구성된 5명의 합창반 학생들이 한 줄로 서서 공연을 할 때, 여학생과 남학생이 교대로 서는 경우의 수는?

① 5　② 10　③ 12
④ 24　⑤ 36

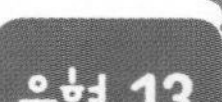

유형 13 한 줄로 세우는 경우의 수 ; 이웃하는 경우

| 개념 23-1

대표문제

22 0958 남학생 3명, 여학생 3명이 한 줄로 설 때, 남학생끼리 이웃하여 서는 경우의 수를 구하시오.

23 0959 은서, 진희, 민준, 경아, 연재 5명이 한 줄로 설 때, 민준이와 연재가 이웃하여 맨 앞에 서는 경우의 수를 구하시오.

24 0960 A, B, C, D, E 5명을 한 줄로 세울 때, A와 B가 이웃하고, B가 A의 앞에 서는 경우의 수는?

① 12　② 24　③ 48
④ 60　⑤ 120

25 0961 어른 4명과 어린이 2명이 지하철에서 6인용 의자에 한 줄로 앉을 때, 어른은 어른끼리, 어린이는 어린이끼리 이웃하여 앉는 경우의 수는?

① 84　② 88　③ 92
④ 96　⑤ 100

유형 14 자연수를 만드는 경우의 수 ; 0이 포함되지 않는 경우 | 개념 23-2

대표문제

26 0962 3, 4, 5, 6, 7의 숫자가 각각 하나씩 적힌 5장의 카드 중에서 2장을 뽑아 만들 수 있는 두 자리 자연수 중 홀수의 개수는?

① 8 ② 10 ③ 12
④ 14 ⑤ 16

27 0963 1부터 7까지의 7개의 숫자를 이용하여 세 자리 자연수를 만들려고 한다. 같은 숫자를 여러 번 사용해도 된다고 할 때, 만들 수 있는 세 자리 자연수의 개수를 구하시오.

28 0964 1, 2, 3, 4, 5의 숫자가 각각 하나씩 적힌 5장의 카드 중 3장을 뽑아 세 자리 자연수를 만들 때, 341보다 작은 수의 개수를 구하시오.

1 2 3 4 5

29 0965 1부터 6까지의 숫자가 각각 하나씩 적힌 6장의 카드 중 2장을 뽑아 두 자리 자연수를 만들 때, 12번째로 큰 수를 구하시오.

빈출

유형 15 자연수를 만드는 경우의 수 ; 0이 포함된 경우 | 개념 23-2

대표문제

30 0966 0부터 5까지의 숫자가 각각 하나씩 적힌 6장의 카드 중 3장을 뽑아 만들 수 있는 세 자리 자연수의 개수를 구하시오.

0 1 2 3 4 5

31 0967 0, 1, 2, 3의 숫자가 각각 하나씩 적힌 4개의 공이 들어 있는 상자에서 2개를 꺼내 두 자리 자연수를 만들 때, 짝수의 개수는?

① 4 ② 5 ③ 6
④ 7 ⑤ 8

서술형

32 0968 0, 1, 2, 3, 4, 5의 숫자가 각각 하나씩 적힌 6장의 카드 중 3장을 뽑아 세 자리 자연수를 만들 때, 5의 배수의 개수를 구하시오.

33 0969 0, 1, 2, 3, 4의 숫자가 각각 하나씩 적힌 5장의 카드 중에서 3장을 뽑아 만들 수 있는 세 자리 자연수 중 230 이상인 수의 개수를 구하시오.

유형 16 대표를 뽑는 경우의 수 ; 자격이 다른 경우

| 개념 23-3

대표문제

34 0970 유나, 태임, 수지, 효정, 주현, 연아 6명의 학생이 학급 임원 후보에 올랐다. 이 중에서 회장 1명, 부회장 1명, 총무 1명을 뽑는 경우의 수를 구하시오.

35 0971 A, B, C, D, E, F, G 7명의 학생 중 체육 대회에 나갈 대표 선수를 뽑으려고 한다. 달리기, 높이뛰기, 양궁 선수를 각각 1명씩 뽑을 때, A가 달리기 선수로 뽑히는 경우의 수를 구하시오.

36 0972 어느 학교의 여학생 4명과 남학생 6명이 한 조가 되어 토론 대회에 참가할 때, 이 중에서 대표 1명과 남녀 부대표 각각 1명씩을 뽑는 경우의 수를 구하시오.

빈출

유형 17 대표를 뽑는 경우의 수 ; 자격이 같은 경우

| 개념 23-3

대표문제

37 0973 어떤 회의에서 9명의 학생 중 의장 1명, 부의장 2명을 뽑는 경우의 수는?

① 196 ② 210 ③ 224 ④ 238 ⑤ 252

38 0974 연극 동아리 학생 10명 중 청소 당번 3명을 뽑는 경우의 수는?

① 60 ② 90 ③ 120 ④ 240 ⑤ 360

서술형

39 0975 어느 모임에 연출자 5명과 작가 4명이 모였다. 이 중에서 2명을 뽑을 때, 뽑힌 2명의 직업이 같은 경우의 수를 구하시오.

유형 18 대표를 뽑는 경우의 수의 활용

| 개념 23-3

대표문제

40 0976 봉사 활동에서 만난 6명의 사람이 한 사람도 빠짐없이 서로 한 번씩 악수를 할 때, 악수의 총 횟수는?

① 9 ② 12 ③ 15 ④ 18 ⑤ 21

41 0977 어느 축구 대회에서 7개의 축구팀이 각각 서로 한 번씩 경기를 하도록 대진표를 만들 때, 경기의 총 횟수를 구하시오.

빈출

유형 19 색칠하는 경우의 수 | 개념 23-1

서로 다른 색으로 도형을 칠하는 경우의 수는 다음과 같은 순서로 구한다.

❶ 한 부분을 정하여 그 부분에 색을 칠하는 경우의 수를 구한다.
❷ ❶과 인접한 부분에 색을 칠하는 경우의 수를 구한다. 이때 이전 부분에서 칠한 색은 제외한다.
❸ 같은 방법으로 각 부분에 색을 칠하는 경우의 수를 모두 구하여 곱한다.

대표문제

42 0978 오른쪽 그림과 같이 A, B, C, D, E 다섯 부분으로 나누어진 벽면에 빨강, 노랑, 파랑, 초록, 보라의 5가지 색을 한 번씩만 사용하여 칠하는 경우의 수는?

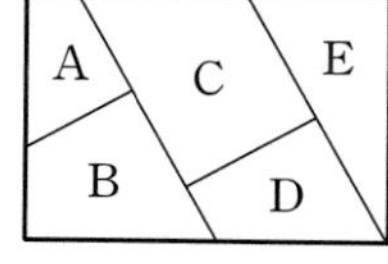

① 24 ② 30 ③ 60
④ 120 ⑤ 240

43 0979 오른쪽 그림과 같은 A, B, C 세 부분에 빨강, 노랑, 파랑, 초록의 4가지 색을 사용하여 칠하려고 한다. 모두 다른 색으로 칠하는 경우의 수를 구하시오.

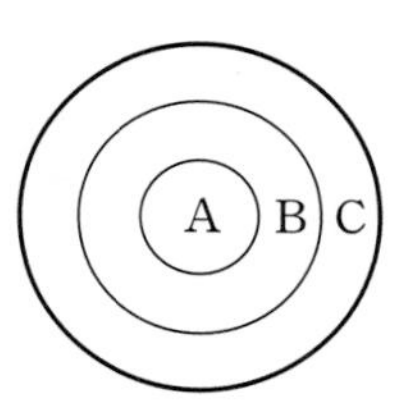

44 0980 오른쪽 그림과 같은 A, B, C, D, E 다섯 부분에 빨강, 노랑, 파랑, 초록, 보라의 5가지 색을 칠하려고 한다. 같은 색을 여러 번 사용할 수 있으나 이웃하는 곳에는 서로 다른 색으로 칠하는 경우의 수를 구하시오.

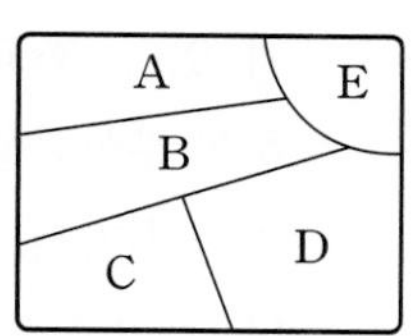

유형 20 선분 또는 삼각형의 개수 | 개념 23-3

어느 세 점도 한 직선 위에 있지 않은 n개의 점 중에서

① 두 점을 연결하여 만들 수 있는 선분의 개수
➡ $\dfrac{n\times(n-1)}{2}$

참고 선분 AB와 선분 BA는 같은 선분이므로 선분의 개수는 자격이 같은 대표 2명을 뽑는 경우의 수와 같다.

② 세 점을 연결하여 만들 수 있는 삼각형의 개수
➡ $\dfrac{n\times(n-1)\times(n-2)}{3\times2\times1}$

대표문제

45 0981 오른쪽 그림과 같이 원 위에 있는 5개의 점 A, B, C, D, E 중에서 두 점을 연결하여 만들 수 있는 선분의 개수를 구하시오.

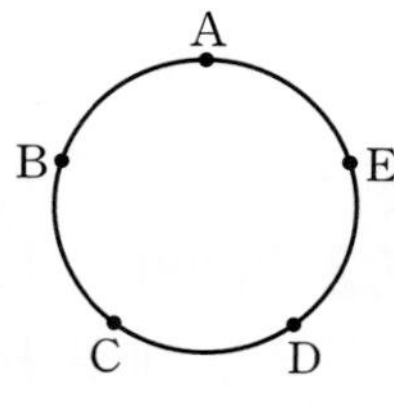

46 0982 오른쪽 그림과 같이 평행한 두 직선 l, m 위에 9개의 점이 있다. 직선 l 위의 한 점과 직선 m 위의 두 점을 연결하여 만들 수 있는 삼각형의 개수는?

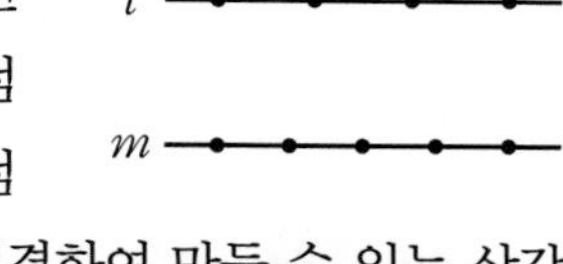

① 32 ② 36 ③ 40
④ 45 ⑤ 48

서술형

47 0983 오른쪽 그림과 같이 반원 위에 7개의 점 A, B, C, D, E, F, G가 있다. 이 중에서 세 점을 꼭짓점으로 하는 삼각형의 개수를 구하시오.

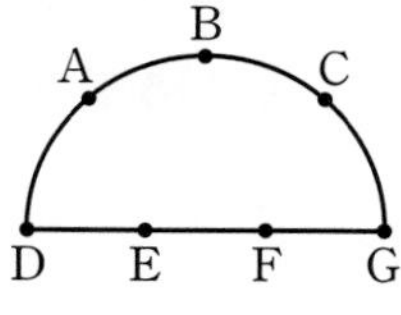

6 경우의 수

01 0984 서로 다른 두 개의 주사위를 동시에 던질 때, 나오는 두 눈의 수의 곱이 홀수가 되는 경우의 수는?

① 7 ② 8 ③ 9
④ 10 ⑤ 11

▶ 149쪽 유형 01

02 0985 지연이의 지갑 안에 1000원짜리 지폐 5장과 500원짜리, 100원짜리 동전이 각각 6개씩 있다고 한다. 지연이가 3600원짜리 다이어리를 사려고 할 때, 거스름돈 없이 다이어리 값을 지불하는 경우의 수를 구하시오. (단, 지폐와 두 종류의 동전은 각각 하나 이상 사용한다.)

▶ 149쪽 유형 02

03 0986 형철이와 희정이가 게임을 할 때, 이기는 사람은 다음과 같이 정한다.

> 서로 다른 두 개의 주사위를 동시에 던질 때, 나오는 두 눈의 수의 합이 3 또는 4이면 형철이가 이기고, 두 눈의 수의 합이 2 또는 a이면 희정이가 이긴다.

형철이와 희정이가 이기는 경우의 수가 서로 같도록 하는 a의 값으로 알맞은 것을 다음 중에서 모두 고르면? (정답 2개)

① 5 ② 6 ③ 7
④ 8 ⑤ 9

▶ 151쪽 유형 05

04 0987 다음에서 $a+b$의 값을 구하시오.

> • 탄산음료 5종류, 우유 4종류, 주스 2종류 중 한 가지를 선택하는 경우의 수는 a이다.
> • 빵 2종류, 토핑 4종류, 드레싱 3종류 중 각각 하나씩 선택하여 샌드위치를 주문하는 경우의 수는 b이다.

▶ 150쪽 유형 04 + 152쪽 유형 07

05 0988 다음 그림은 어떤 산의 등산로 입구에서 정상까지 가는 길을 나타낸 것이다. 등산로를 따라 이 산의 정상까지 올라갔다가 내려오는데 약수터는 반드시 한 번만 지나는 경우의 수를 구하시오.

(단, 같은 지점을 두 번 이상 지나지 않는다.)

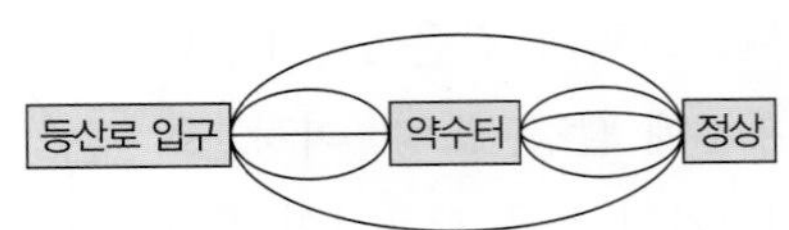

▶ 152쪽 유형 08

06 0989 오른쪽 그림과 같은 도로가 있다. 학교에서 출발하여 분식점을 거쳐 도서관까지 가려고 할 때, 최단 거리로 가는 경우의 수를 구하시오.

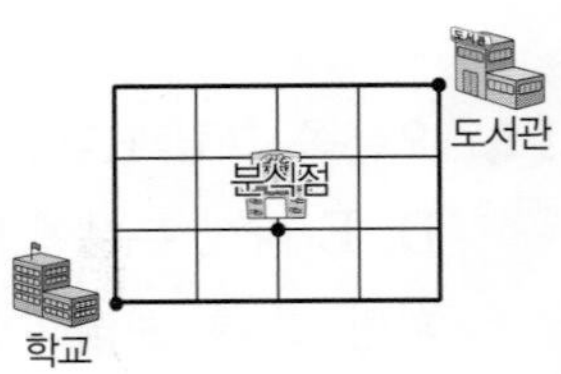

▶ 152쪽 유형 08

07 다음 중 경우의 수가 가장 큰 것은?
0990

① 한 개의 주사위를 던질 때, 6의 약수의 눈이 나오는 경우의 수

② 연필 5종류, 볼펜 6종류 중 한 가지를 고르는 경우의 수

③ 4개의 윷가락을 동시에 던질 때, 일어나는 모든 경우의 수

④ 서로 다른 동전 2개와 주사위 1개를 동시에 던질 때, 일어나는 모든 경우의 수

⑤ 서로 다른 2개의 주사위를 동시에 던질 때, 나오는 두 눈의 수가 다른 경우의 수

▶ 150쪽 유형 **04** + 153쪽 유형 **09**

08 지문 분류법에 의하면 지문은 우측 고리형, 좌측 고리형, 소용돌이형, 활형의 4가지로 분류된다. 한 학생의 왼쪽 손의 다섯 손가락에서 나올 수 있는 지문의 가짓수는?
0991

① 15 ② 16 ③ 20
④ 3^5 ⑤ 4^5

▶ 153쪽 유형 **10**

09 A, B, C 세 사람이 가위바위보를 할 때, 승부가 결정나는 경우의 수는?
0992

① 3 ② 6 ③ 9
④ 18 ⑤ 27

▶ 153쪽 유형 **10**

10 어느 영화관에서 상영 중인 서로 다른 영화 6편 중 4편을 골라 주영, 희원, 은사, 윤희가 각각 한 편씩 관람하는 경우의 수는?
0993

① 200 ② 240 ③ 280
④ 320 ⑤ 360

▶ 155쪽 유형 **11**

11 은수, 희정, 예준, 시호, 민우 5명이 한 줄로 설 때, 희정이가 맨 앞 또는 맨 뒤에 서는 경우의 수는?
0994

① 18 ② 24 ③ 36
④ 48 ⑤ 54

▶ 156쪽 유형 **12**

12 석원이와 지영이를 포함한 5명의 학생을 한 줄로 세울 때, 석원이와 지영이 사이에 한 명의 학생이 서는 경우의 수를 구하시오.
0995

▶ 156쪽 유형 **13**

13 0, 1, 2, 3, 4의 숫자가 각각 하나씩 적힌 5개의 공이 들어 있는 주머니에서 3개를 꺼내 만들 수 있는 세 자리 자연수 중 3의 배수의 개수는?
0996

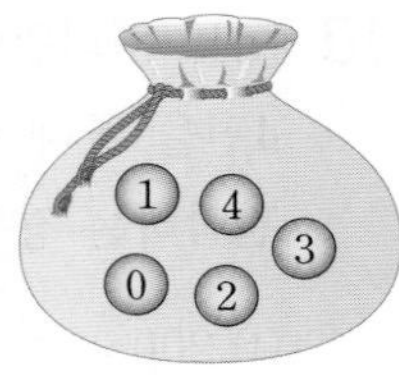

① 15 ② 20 ③ 24
④ 27 ⑤ 30

▶ 157쪽 유형 15

14 어느 배드민턴 동아리에는 남학생 15명, 여학생 10명이 있다. 혼합 복식 경기에 참가할 남녀 대표 선수 2명을 선발하는 경우의 수를 구하시오.
0997

▶ 158쪽 유형 16

15 A, B, C, D, E 5명의 학생 중 회장 1명과 부회장 2명을 뽑으려고 한다. A 또는 B를 회장으로 뽑는 경우의 수는?
0998

① 10 ② 12 ③ 18
④ 24 ⑤ 36

▶ 158쪽 유형 17

16 남자 4명, 여자 4명 중 대표 2명을 뽑을 때, 적어도 한 명은 여자가 뽑히는 경우의 수는?
0999

① 18 ② 20 ③ 22
④ 24 ⑤ 26

▶ 158쪽 유형 17

17 어느 야구 리그의 모든 팀이 서로 한 번씩 돌아가며 경기를 했더니 28경기가 치러졌다. 이 야구 리그는 몇 개의 팀으로 이루어져 있는가?
1000

① 5개 ② 6개 ③ 7개
④ 8개 ⑤ 9개

▶ 158쪽 유형 18

18 오른쪽 그림과 같이 원 위에 6개의 점 A, B, C, D, E, F가 있다. 이 중에서 두 점을 연결하여 만들 수 있는 선분의 개수를 a, 세 점을 연결하여 만들 수 있는 삼각형의 개수를 b라 할 때, $a+b$의 값은?
1001

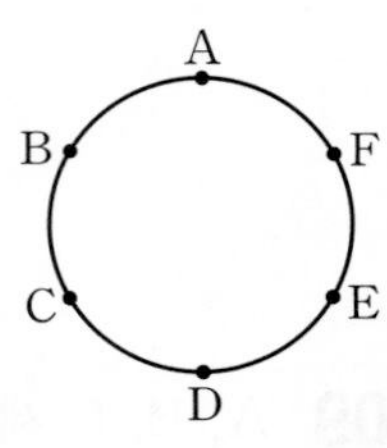

① 15 ② 20 ③ 25
④ 30 ⑤ 35

▶ 159쪽 유형 20

서술형 문제

창의+융합

19 다음 그림과 같이 세 면이 막혀 있는 주차장에 A, B, C, D 네 대의 차량이 주차되어 있다. 주차된 네 대의 차량이 한 번에 한 대씩 빠져나오려고 할 때, 차량이 모두 빠져나오는 순서를 정하는 경우의 수를 구하시오. (단, 모든 차량은 주차 구역 내에서 직진만 하도록 한다.)
1002

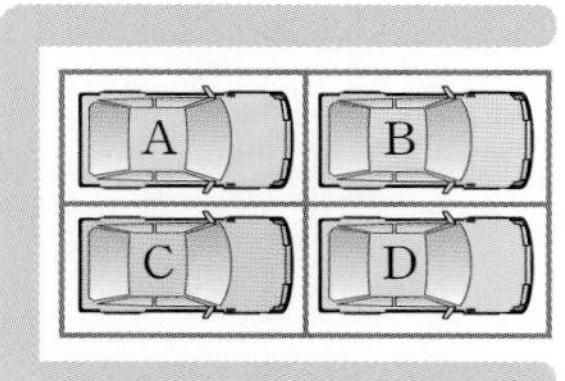

▶ 149쪽 유형 01

20 한 개의 주사위를 두 번 던져서 첫 번째에 나오는 눈의 수를 a, 두 번째에 나오는 눈의 수를 b라 하자. 이때 직선 $y=ax+b$가 점 $(-1,\ -2)$를 지나는 경우의 수를 구하시오.
1003

▶ 150쪽 유형 03

21 국어, 영어, 수학, 사회 교과서 1권씩을 책꽂이에 한 줄로 꽂을 때, 국어 교과서가 수학 교과서보다 앞에 오도록 꽂는 경우의 수를 구하시오.
1004

▶ 156쪽 유형 12

22 1, 2, 3, 4, 5의 숫자가 각각 하나씩 적힌 5장의 카드 중 3장을 뽑아 세 자리 자연수를 만들 때, 432보다 큰 수의 개수를 구하시오.
1005

▶ 157쪽 유형 14

23 어느 꽃가게에 장미꽃 5종류와 국화꽃 3종류가 있다. 이 중에서 장미꽃과 국화꽃을 각각 2종류씩 사는 경우의 수를 구하시오.
1006

▶ 158쪽 유형 17

24 오른쪽 그림과 같은 A, B, C, D 네 부분에 빨강, 노랑, 파랑, 보라의 4가지 색을 칠하려고 한다. 다음 물음에 답하시오.
1007

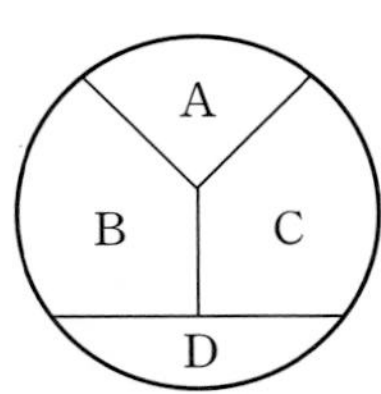

(1) 모두 다른 색으로 칠하는 경우의 수를 구하시오.

(2) 같은 색을 여러 번 사용할 수 있으나 이웃하는 곳에는 서로 다른 색으로 칠하는 경우의 수를 구하시오.

▶ 159쪽 유형 19

01 1008 좌표평면 위의 원점을 출발하여 다음 규칙에 따라 이동하는 점 P가 있다. 한 개의 주사위를 여러 번 던져서 규칙에 따라 이동할 때, 점 P가 점 (3, 2)에 도착하는 경우의 수는?

> [규칙 1] 주사위를 던져서 나온 눈의 수가 홀수이면 x축의 양의 방향으로 그 수만큼 이동한다.
> [규칙 2] 주사위를 던져서 나온 눈의 수가 짝수이면 y축의 양의 방향으로 그 수만큼 이동한다.

① 6 ② 7 ③ 8
④ 9 ⑤ 10

02 1009 수직선 위의 원점에 점 P를 놓고, 한 개의 동전을 던져서 앞면이 나오면 양의 방향으로 2만큼, 뒷면이 나오면 음의 방향으로 1만큼 이동시킨다. 한 개의 동전을 4번 던졌을 때, 점 P가 -1에 오는 경우의 수를 구하시오.

Tip
앞면이 x번, 뒷면이 y번 나왔다고 하고, x, y에 대한 방정식을 세운다.

03 1010 오른쪽 그림과 같이 5개의 계단을 오르는데 한 걸음에 1계단씩 또는 2계단씩 또는 3계단씩 오른다고 할 때, 지면에서부터 시작하여 5개의 계단을 모두 오르는 경우의 수를 구하시오.

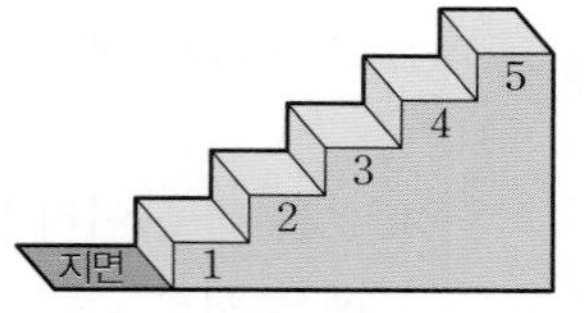

04 1011 오른쪽 그림과 같은 길이 있다. A 지점에서 출발하여 D 지점까지 가는 경우의 수를 구하시오. (단, 같은 지점을 두 번 이상 지나지 않는다.)

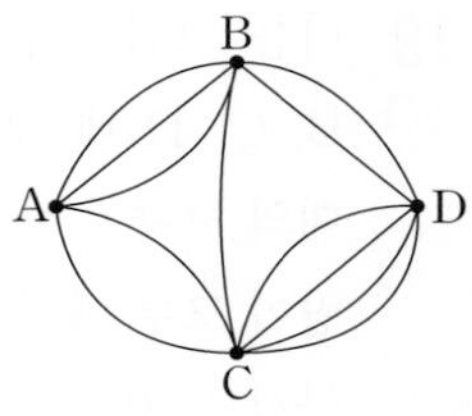

05 1012 오른쪽 그림과 같이 배열된 크기가 같은 7개의 정사각형이 있다. 각각의 정사각형 안에 3, 4, 5, 6, 7, 8, 9의 숫자를 한 번씩만 사용하여 하나씩 적으려고 한다. 가로줄, 세로줄의 정사각형 4개에 적힌 숫자의 합이 각각 25가 되도록 숫자를 적을 때, 숫자를 적을 수 있는 모든 경우의 수를 구하시오.

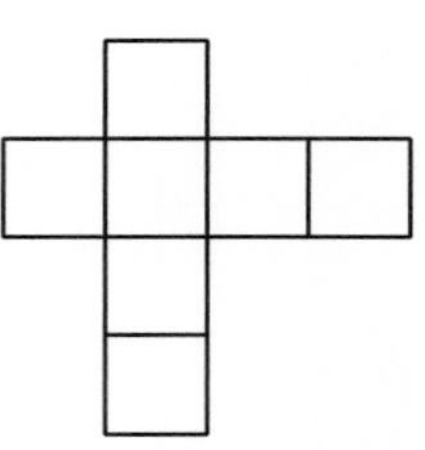

Tip
7개의 정사각형 안에 적힌 모든 숫자의 합이 42임을 이용하여 가로줄과 세로줄의 공통인 정사각형 안에 적을 수 있는 숫자부터 찾는다.

06 1013 5개의 문자 a, b, c, d, e를

abcde, abced, abdce, ⋯, edcba

와 같이 사전식으로 나열할 때, 54번째에 나오는 것은?

① cadeb ② caedb ③ cbaed
④ cbdea ⑤ cbead

07 1014 과학 시간에 5명의 학생이 제출한 실험 결과지에서 임의로 결과지를 하나씩 가져갔을 때, 자기 것을 가져간 학생이 2명인 경우의 수를 구하시오.

창의⊕융합

08 1015 다음은 어느 햄버거 가게의 메뉴판의 일부이다. 이 가게는 손님이 원하는대로 빵, 패티, 패티의 굽기 정도를 1가지씩 고르고, 야채에서 2가지를 골라 햄버거 한 종류를 만들 수 있다고 한다. 만들 수 있는 햄버거의 종류의 수는? (단, 햄버거에 들어가는 재료를 고르는 순서는 생각하지 않으며, 패티를 넣지 않는 경우에는 패티의 굽기 정도를 고르지 않는다.)

메뉴판	빵	모닝빵 / 호밀빵
	패티	넣지 않음 / 소고기 / 돼지고기
	패티의 굽기 정도	미디움 / 웰던
	야채	토마토 / 양파 / 양상추 / 피클 / 할라피뇨

① 50　② 60　③ 80
④ 100　⑤ 120

09 1016 오른쪽 그림과 같이 △ABC의 세 변 위에 10개의 점이 있다. 이 10개의 점 중에서 세 점을 연결하여 만들 수 있는 삼각형의 개수를 구하시오.

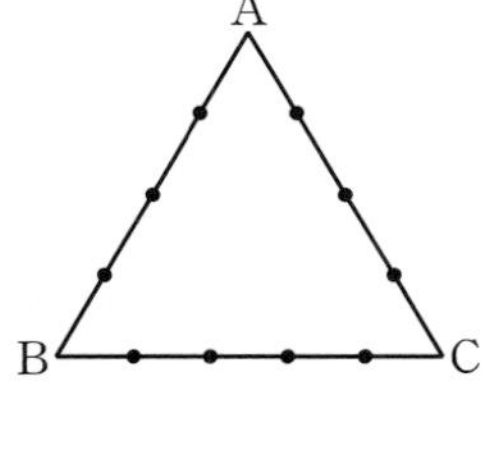

서술형 문제

10 1017 두 개의 주사위 A, B를 동시에 던져서 나오는 눈의 수를 각각 a, b라 할 때, 두 직선 $y=ax+2$, $y=(b-1)x+a$가 서로 평행한 경우의 수를 구하시오.

11 1018 0부터 6까지의 7개의 숫자를 이용하여 세 자리 자연수를 만들려고 한다. 같은 숫자를 여러 번 사용해도 된다고 할 때, 150번째로 작은 수를 구하시오.

창의⊕융합

12 1019 두 가지 방식의 (가), (나) 자물쇠에 대한 아래 설명을 읽고, 다음 물음에 답하시오.
(단, 자물쇠를 여는 비밀번호는 각각 하나뿐이다.)

(가)		각 자리에서 0부터 9까지의 숫자를 하나씩 맞추어 세 자리의 숫자가 모두 맞았을 때 자물쇠를 열 수 있다. 숫자의 중복이 가능하다. 예 112
(나)		0부터 9까지의 숫자 중 순서에 관계없이 세 개의 숫자가 모두 맞았을 때 자물쇠를 열 수 있다. 숫자의 중복이 가능하지 않다. 예 258

(1) (가), (나) 자물쇠의 비밀번호의 가짓수를 각각 구하시오.

(2) 자물쇠의 안전성은 비밀번호의 가짓수에 의해서만 결정된다고 할 때, 어느 자물쇠의 안전성이 더 높은지 말하시오.

6 경우의 수

III. 확률

7 확률과 그 계산

학습 계획 및 성취도 체크

- 학습 계획을 세우고 적어도 두 번 반복하여 공부합니다.
- 유형 이해도에 따라 ☐ 안에 ○, △, ×를 표시합니다.
- 시험 전에 [빈출] 유형과 × 표시한 유형은 반드시 한 번 더 풀어 봅니다.

			학습 계획	1차 학습	2차 학습
Lecture 24 확률과 그 기본 성질	유형 **01**	확률의 뜻 빈출	/	▢	▢
	유형 **02**	방정식, 부등식에서의 확률	/	▢	▢
	유형 **03**	확률의 기본 성질	/	▢	▢
	유형 **04**	어떤 사건이 일어나지 않을 확률 빈출	/	▢	▢
	유형 **05**	적어도 하나는 ~일 확률 빈출	/	▢	▢
Lecture 25 확률의 계산	유형 **06**	확률의 덧셈 빈출	/	▢	▢
	유형 **07**	확률의 곱셈 빈출	/	▢	▢
	유형 **08**	두 사건 A, B 중 적어도 하나가 일어날 확률	/	▢	▢
	유형 **09**	확률의 덧셈과 곱셈 빈출	/	▢	▢
	유형 **10**	연속하여 꺼내는 경우의 확률; 꺼낸 것을 다시 넣는 경우	/	▢	▢
	유형 **11**	연속하여 꺼내는 경우의 확률; 꺼낸 것을 다시 넣지 않는 경우 빈출	/	▢	▢
	유형 **12**	가위바위보에서의 확률	/	▢	▢
	유형 **13**	여러 가지 확률 (1) 빈출	/	▢	▢
	유형 **14**	여러 가지 확률 (2)	/	▢	▢
	유형 **15**	도형에서의 확률	/	▢	▢
단원 마무리	**Level B** 필수 유형 정복하기		/	▢	▢
	Level C 발전 유형 정복하기		/	▢	▢

Lecture 24

7. 확률과 그 계산

확률과 그 기본 성질

24-1 확률의 뜻
| 유형 01, 02

(1) **확률:** 동일한 조건에서 이루어지는 많은 횟수의 실험이나 관찰에서 어떤 사건이 일어나는 상대도수가 일정한 값에 가까워질 때, 이 일정한 값을 그 사건이 일어날 **확률**이라 한다.

(2) **사건 A가 일어날 확률:** 어떤 실험이나 관찰에서 일어나는 모든 경우의 수가 n이고 각 경우가 일어날 가능성이 모두 같을 때, 사건 A가 일어나는 경우의 수가 a이면 사건 A가 일어날 확률 p는

$$p=\frac{(\text{사건 }A\text{가 일어나는 경우의 수})}{(\text{일어나는 모든 경우의 수})}=\frac{a}{n}$$

예) 한 개의 주사위를 던질 때, 짝수의 눈이 나올 확률은
$\frac{(\text{짝수의 눈이 나오는 경우의 수})}{(\text{일어나는 모든 경우의 수})}=\frac{3}{6}=\frac{1}{2}$

참고) 확률은 보통 분수, 소수, 백분율(%) 등으로 나타낸다.

24-2 확률의 기본 성질
| 유형 03

(1) 어떤 사건이 일어날 확률을 p라 하면 $0\le p\le 1$이다.

(2) 절대로 일어나지 않는 사건의 확률은 0이다.

(3) 반드시 일어나는 사건의 확률은 1이다.

예) 빨간 공 3개, 파란 공 2개가 들어 있는 상자에서 한 개의 공을 꺼낼 때

(1) 파란 공이 나올 확률은 $\frac{2}{5}$

(2) 노란 공이 나올 확률은 0 ← 상자에 노란 공이 들어 있지 않으므로 노란 공은 나올 수 없다.

(3) 빨간 공 또는 파란 공이 나올 확률은 1

24-3 어떤 사건이 일어나지 않을 확률
| 유형 04, 05

사건 A가 일어날 확률이 p일 때

(사건 A가 일어나지 않을 확률)$=1-p$

예) 내일 비가 올 확률이 $\frac{2}{7}$이면 내일 비가 오지 않을 확률은

$1-$(내일 비가 올 확률)$=1-\frac{2}{7}=\frac{5}{7}$

참고) ① '적어도 하나는 ~일 확률', '~가 아닐 확률', '~하지 못할 확률' 등과 같이 표현된 확률은 어떤 사건이 일어나지 않을 확률을 이용한다.

② 사건 A가 일어날 확률을 p, 사건 A가 일어나지 않을 확률을 q라 하면 $p+q=1$

[01~03] 서로 다른 두 개의 동전을 동시에 던질 때, 다음을 구하시오.

01 모든 경우의 수
1020

02 모두 앞면이 나오는 경우의 수
1021

03 모두 앞면이 나올 확률
1022

04 포도 맛 사탕 3개와 딸기 맛 사탕 2개가 들어 있는 주머니에서 사탕 한 개를 꺼낼 때, 딸기 맛 사탕을 꺼낼 확률을 구하시오.
1023

[05~06] 흰 공 3개, 검은 공 4개가 들어 있는 주머니에서 한 개의 공을 꺼낼 때, 다음을 구하시오.

05 흰 공 또는 검은 공이 나올 확률
1024

06 노란 공이 나올 확률
1025

[07~08] 1부터 6까지의 자연수가 각각 하나씩 적힌 6장의 카드 중 한 장을 뽑을 때, 다음을 구하시오.

07 카드에 적힌 수가 6의 약수일 확률
1026

08 카드에 적힌 수가 6의 약수가 아닐 확률
1027

09 A 팀과 B 팀의 축구 시합에서 A 팀이 이길 확률이 $\frac{3}{4}$일 때, B 팀이 이길 확률을 구하시오. (단, 무승부는 없다.)
1028

유형 01 확률의 뜻 | 개념 24-1

대표문제

10 1029 서로 다른 두 개의 주사위를 동시에 던질 때, 나오는 두 눈의 수의 합이 10일 확률은?

① $\frac{1}{12}$ ② $\frac{1}{6}$ ③ $\frac{1}{4}$
④ $\frac{1}{3}$ ⑤ $\frac{5}{12}$

11 1030 1부터 5까지의 자연수가 각각 하나씩 적힌 5개의 공 중 2개를 골라 두 자리 자연수를 만들 때, 3의 배수일 확률을 구하시오.

12 1031 2, 4, 6, 8의 숫자가 각각 하나씩 적힌 4장의 카드 중 2장을 뽑아 두 자리 자연수를 만들 때, 그 수가 65보다 클 확률을 구하시오.

13 1032 노란 구슬 4개, 파란 구슬 3개가 들어 있는 주머니에서 한 개의 구슬을 꺼낼 때, 파란 구슬이 나올 확률이 $\frac{1}{4}$이 되도록 하려면 노란 구슬을 몇 개 더 넣어야 하는가?

① 4개 ② 5개 ③ 6개
④ 7개 ⑤ 8개

14 1033 오른쪽 그림과 같이 8등분된 원판 모양의 과녁에 화살을 쏠 때, 2가 적힌 부분을 맞힐 확률을 구하시오. (단, 화살이 원판을 벗어나거나 경계선을 맞히는 경우는 없다.)

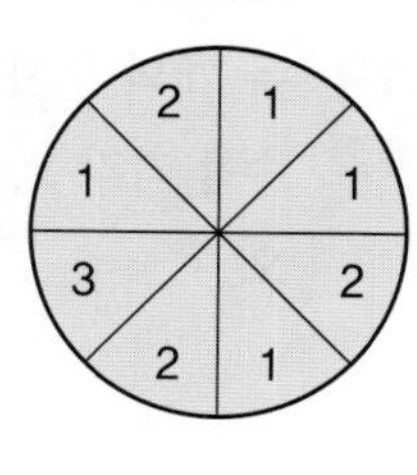

15 1034 남학생 3명, 여학생 2명 중 2명의 대의원을 뽑을 때, 남학생만 2명이 뽑힐 확률은?

① $\frac{3}{10}$ ② $\frac{2}{5}$ ③ $\frac{1}{2}$
④ $\frac{3}{5}$ ⑤ $\frac{7}{10}$

16 1035 알파벳 L, O, V, E가 각각 하나씩 적힌 4장의 카드를 한 줄로 나열할 때, L과 O가 이웃하여 나열될 확률을 구하시오.

L O V E

17 1036 길이가 3 cm, 4 cm, 5 cm, 6 cm, 7 cm인 5개의 선분 중에서 3개를 선택하여 삼각형을 만들 때, 삼각형이 만들어질 확률은?

① $\frac{1}{2}$ ② $\frac{3}{5}$ ③ $\frac{7}{10}$
④ $\frac{4}{5}$ ⑤ $\frac{9}{10}$

유형 02 방정식, 부등식에서의 확률 | 개념 24-1

대표문제

18 두 개의 주사위 A, B를 동시에 던져서 나오는 눈의 수를 각각 x, y라 할 때, $3x-y=4$일 확률을 구하시오.
1037

19 한 개의 주사위를 두 번 던져서 첫 번째에 나오는 눈의 수를 x, 두 번째에 나오는 눈의 수를 y라 할 때, $2x+1<y$일 확률은?
1038

① $\frac{1}{9}$ ② $\frac{1}{6}$ ③ $\frac{1}{4}$
④ $\frac{1}{3}$ ⑤ $\frac{1}{2}$

서술형

20 서로 다른 두 개의 주사위를 동시에 던져서 나오는 눈의 수를 각각 a, b라 할 때, 직선 $y=ax+b$가 점 $(2, 12)$를 지날 확률을 구하시오.
1039

21 한 개의 주사위를 두 번 던져서 첫 번째에 나오는 눈의 수를 a, 두 번째에 나오는 눈의 수를 b라 할 때, $\frac{b}{a}\geq 2$가 될 확률을 구하시오.
1040

유형 03 확률의 기본 성질 | 개념 24-2

대표문제

22 주머니 속에 1부터 10까지의 자연수가 각각 하나씩 적힌 10개의 구슬이 들어 있다. 이 주머니에서 한 개의 구슬을 꺼낼 때, 다음 중 옳지 않은 것은?
1041

① 1이 적힌 구슬이 나올 확률은 $\frac{1}{10}$이다.
② 0이 적힌 구슬이 나올 확률은 0이다.
③ 10 이하의 수가 적힌 구슬이 나올 확률은 1이다.
④ 10 이상의 수가 적힌 구슬이 나올 확률은 0이다.
⑤ 4의 배수가 적힌 구슬이 나올 확률과 5의 배수가 적힌 구슬이 나올 확률은 같다.

23 다음 중 확률이 1인 것을 모두 고르면? (정답 2개)
1042

① 동전 한 개를 던질 때, 뒷면이 나올 확률
② 주사위 한 개를 던질 때, 6보다 큰 수의 눈이 나올 확률
③ 서로 다른 두 개의 주사위를 동시에 던질 때, 나오는 두 눈의 수의 합이 12 이하일 확률
④ 두 사람이 가위바위보를 한 번 할 때, 비길 확률
⑤ 흰 구슬이 5개 들어 있는 주머니에서 구슬 한 개를 꺼낼 때, 흰 구슬이 나올 확률

24 사건 A가 일어날 확률이 p일 때, 다음 **보기** 중 옳은 것을 모두 고르시오.
1043

보기

ㄱ. $p=\frac{(\text{일어나는 모든 경우의 수})}{(\text{사건 } A\text{가 일어나는 경우의 수})}$
ㄴ. p의 값의 범위는 $0<p<1$이다.
ㄷ. $p=1$이면 사건 A는 반드시 일어난다.
ㄹ. $p=0$이면 사건 A는 절대로 일어나지 않는다.

유형 04 어떤 사건이 일어나지 않을 확률 | 개념 24-3

빈출

대표문제

25 1044 A, B, C, D, E, F 6명의 후보 중 대표 2명을 뽑을 때, A가 뽑히지 않을 확률은?

① $\frac{1}{5}$ ② $\frac{1}{3}$ ③ $\frac{2}{5}$
④ $\frac{2}{3}$ ⑤ $\frac{3}{4}$

26 1045 어느 상점에서는 일정 시간 동안 입장한 고객 100명에게 경품 추첨권을 한 장씩 나누어 주었는데, 이 중에 경품을 받을 수 있는 추첨권은 20개만 있다고 한다. 지영이가 경품 추첨권 한 장을 임의로 받았을 때, 경품을 받지 못할 확률은?

① $\frac{1}{5}$ ② $\frac{1}{4}$ ③ $\frac{1}{2}$
④ $\frac{3}{4}$ ⑤ $\frac{4}{5}$

27 1046 서로 다른 두 개의 주사위를 동시에 던질 때, 나오는 눈의 수가 서로 다를 확률을 구하시오.

28 1047 혜승, 민정, 희연, 지민, 소영 5명을 한 줄로 세울 때, 혜승이와 민정이가 이웃하지 않을 확률을 구하시오.

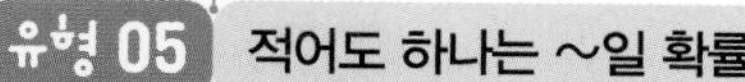

유형 05 적어도 하나는 ~일 확률 | 개념 24-3

빈출

(적어도 하나는 ~일 확률)$=1-$(모두 ~가 아닐 확률)

예 (적어도 한 개는 앞면일 확률)$=1-$(모두 뒷면일 확률)
(적어도 한 개는 짝수일 확률)$=1-$(모두 홀수일 확률)

대표문제

29 1048 남학생 4명, 여학생 3명 중 대표 2명을 뽑을 때, 적어도 한 명은 여학생이 뽑힐 확률을 구하시오.

30 1049 서로 다른 3개의 동전을 동시에 던질 때, 적어도 한 개는 앞면이 나올 확률을 구하시오.

31 1050 주머니 속에 흰 공 4개와 검은 공 2개가 들어 있다. 이 주머니에서 2개의 공을 동시에 꺼낼 때, 적어도 한 개는 검은 공이 나올 확률을 구하시오.

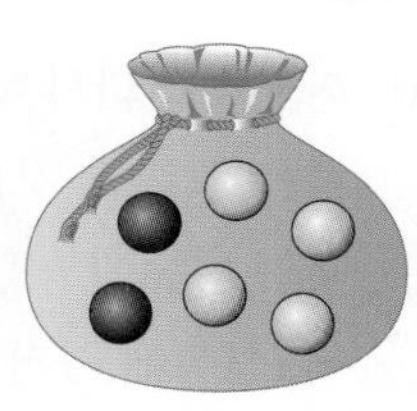

32 1051 영진이가 ○ 또는 ×로 답하는 문제 4개를 임의로 풀 때, 적어도 한 문제를 맞힐 확률은?

① $\frac{1}{16}$ ② $\frac{3}{8}$ ③ $\frac{1}{2}$
④ $\frac{5}{8}$ ⑤ $\frac{15}{16}$

7 확률과 그 계산

Lecture 25 확률의 계산

25-1 사건 A 또는 사건 B가 일어날 확률 | 유형 06, 09, 12~15

동시에 일어나지 않는 두 사건 A, B에 대하여 사건 A가 일어날 확률을 p, 사건 B가 일어날 확률을 q라 할 때

(사건 A 또는 사건 B가 일어날 확률)$=p+q$

예) 한 개의 주사위를 던질 때, 홀수 또는 6의 눈이 나올 확률은

(홀수의 눈이 나올 확률)+(6의 눈이 나올 확률)$=\frac{3}{6}+\frac{1}{6}=\frac{2}{3}$

25-2 두 사건 A, B가 동시에 일어날 확률 | 유형 07~09, 12~15

서로 영향을 미치지 않는 두 사건 A, B에 대하여 사건 A가 일어날 확률을 p, 사건 B가 일어날 확률을 q라 할 때

(두 사건 A, B가 동시에 일어날 확률)$=p\times q$

예) 동전 한 개와 주사위 한 개를 동시에 던질 때, 동전은 앞면이 나오고 주사위는 짝수의 눈이 나올 확률은

(동전은 앞면이 나올 확률)×(주사위는 짝수의 눈이 나올 확률)

$=\frac{1}{2}\times\frac{3}{6}=\frac{1}{4}$

25-3 연속하여 꺼내는 경우의 확률 | 유형 10, 11

(1) **꺼낸 것을 다시 넣고 연속하여 꺼내는 경우의 확률**

처음에 꺼낸 것을 다시 꺼낼 수 있으므로 처음에 꺼낼 때와 나중에 꺼낼 때의 조건이 같다.

➡ (처음에 사건 A가 일어날 확률)

$=$(나중에 사건 A가 일어날 확률)

(2) **꺼낸 것을 다시 넣지 않고 연속하여 꺼내는 경우의 확률**

처음에 꺼낸 것을 다시 꺼낼 수 없으므로 처음에 꺼낼 때와 나중에 꺼낼 때의 조건이 다르다.

➡ (처음에 사건 A가 일어날 확률)

$\neq$(나중에 사건 A가 일어날 확률)

예) 파란 공 3개와 빨간 공 2개가 들어 있는 주머니에서 연속하여 2개의 공을 꺼낼 때, 첫 번째는 파란 공, 두 번째는 빨간 공이 나올 확률은

(1) 꺼낸 공을 다시 넣을 때

➡ $\frac{3}{5}\times\frac{2}{5}=\frac{6}{25}$

(첫 번째 꺼낼 때 전체 개수)=(두 번째 꺼낼 때 전체 개수)

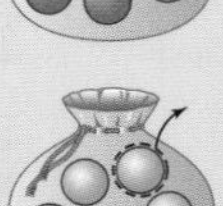

(2) 꺼낸 공을 다시 넣지 않을 때

➡ $\frac{3}{5}\times\frac{2}{4}=\frac{3}{10}$

(첫 번째 꺼낼 때 전체 개수)≠(두 번째 꺼낼 때 전체 개수)

[01~03] 한 개의 주사위를 두 번 던질 때, 다음을 구하시오.

01 두 눈의 수의 합이 4일 확률

1052

02 두 눈의 수의 합이 8일 확률

1053

03 두 눈의 수의 합이 4 또는 8일 확률

1054

[04~06] 아래 그림과 같이 A 상자에는 파란 공 2개, 빨간 공 3개가 들어 있고, B 상자에는 파란 공 5개, 빨간 공 2개가 들어 있다. 다음을 구하시오.

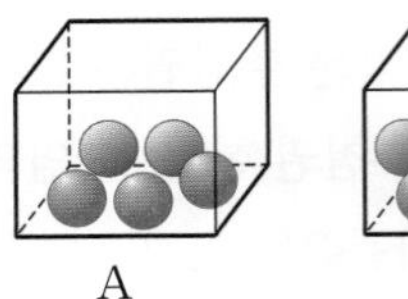

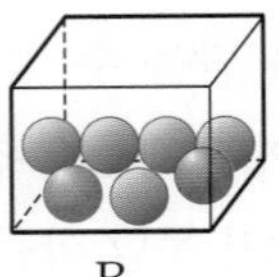

04 A 상자에서 공을 한 개 꺼낼 때, 빨간 공일 확률

1055

05 B 상자에서 공을 한 개 꺼낼 때, 파란 공일 확률

1056

06 두 상자에서 각각 공을 한 개씩 꺼낼 때, A 상자에서는 빨간 공, B 상자에서는 파란 공이 나올 확률

1057

[07~08] 딸기 맛 사탕 4개와 오렌지 맛 사탕 6개가 들어 있는 바구니에서 사탕을 연속하여 한 개씩 두 번 꺼낼 때, 첫 번째에는 딸기 맛 사탕을 꺼내고 두 번째에는 오렌지 맛 사탕을 꺼낼 확률을 다음 경우에 대하여 구하시오.

07 첫 번째 꺼낸 사탕을 다시 넣는 경우

1058

08 첫 번째 꺼낸 사탕을 다시 넣지 않는 경우

1059

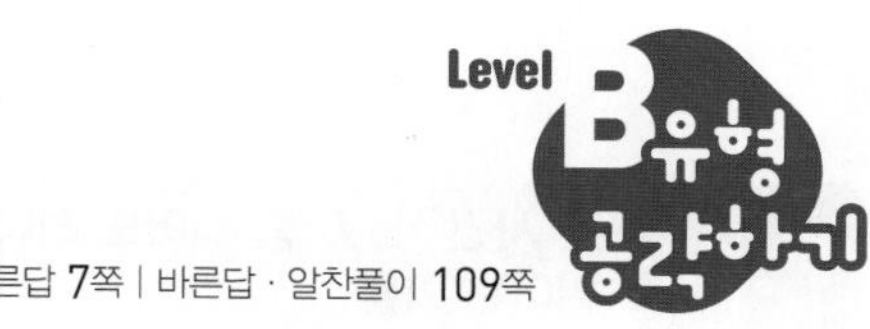

빠른답 7쪽 | 바른답 · 알찬풀이 109쪽

빈출

유형 06 확률의 덧셈 | 개념 25-1

대표문제

09 서로 다른 두 개의 주사위를 동시에 던질 때, 나오는 두 눈의 수의 차가 1 이하일 확률은?
1060

① $\frac{1}{3}$ ② $\frac{4}{9}$ ③ $\frac{2}{3}$
④ $\frac{3}{4}$ ⑤ $\frac{5}{6}$

10 다음 표는 어느 반 학생 30명의 취미를 조사하여 나타낸 것이다. 이 반에서 한 학생을 선택할 때, 그 학생의 취미가 음악감상이거나 운동일 확률을 구하시오. (단, 각 학생은 취미가 한 가지뿐이다.)
1061

취미	게임	음악감상	독서	운동
학생 수(명)	8	5	7	10

11 1부터 30까지의 자연수가 각각 하나씩 적힌 30장의 카드 중 1장을 뽑을 때, 5의 배수 또는 7의 배수가 적힌 카드가 나올 확률을 구하시오.
1062

12 알파벳 K, O, R, E, A가 각각 하나씩 적힌 5장의 카드를 한 줄로 나열할 때, R 또는 E가 맨 앞에 올 확률을 구하시오.
1063

빈출

유형 07 확률의 곱셈 | 개념 25-2

대표문제

13 서로 다른 동전 3개와 주사위 1개를 동시에 던질 때, 동전은 모두 앞면이 나오고 주사위는 4의 약수의 눈이 나올 확률을 구하시오.
1064

14 두 농구 선수 A, B의 덩크슛 성공률은 각각 0.4, 0.7이다. A, B가 각각 한 번씩 덩크슛을 던질 때, 두 선수 모두 성공할 확률은?
1065

① 0.2 ② 0.28 ③ 0.3
④ 0.32 ⑤ 0.5

15 오른쪽 그림과 같은 전기회로에서 A, B 두 스위치가 닫힐 확률이 각각 $\frac{1}{3}$, $\frac{3}{4}$일 때, 전구에 불이 들어올 확률을 구하시오.
1066

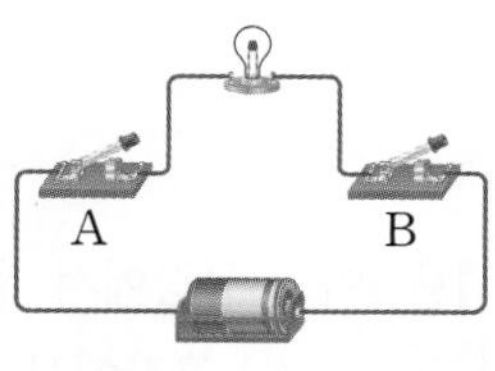

서술형

16 A 주머니에는 흰 구슬 4개, 검은 구슬 2개가 들어 있고, B 주머니에는 흰 구슬 3개, 검은 구슬 5개가 들어 있다. A, B 두 주머니에서 각각 구슬을 한 개씩 꺼낼 때, 두 구슬이 모두 흰 구슬일 확률을 구하시오.
1067

유형 08 두 사건 A, B 중 적어도 하나가 일어날 확률 | 개념 25-2

서로 영향을 미치지 않는 두 사건 A, B에 대하여
(두 사건 A, B 중 적어도 하나가 일어날 확률)
$=1-$(두 사건 A, B가 모두 일어나지 않을 확률)

대표문제

17 1068 동현이와 연정이가 지각할 확률이 각각 $\frac{3}{5}$, $\frac{2}{3}$일 때, 두 사람 중 적어도 한 명은 지각할 확률은?

① $\frac{2}{15}$ ② $\frac{1}{3}$ ③ $\frac{2}{5}$
④ $\frac{4}{5}$ ⑤ $\frac{13}{15}$

18 1069 서로 다른 두 개의 주사위를 동시에 던질 때, 적어도 한 개는 짝수의 눈이 나올 확률을 구하시오.

19 1070 어느 공장에서 생산하는 제품의 불량률이 4 %라 한다. 이 공장에서 두 개의 제품을 조사할 때, 적어도 한 개는 불량품이 아닐 확률을 구하시오.

20 1071 용이와 민이가 어떤 시험에 합격할 확률이 각각 $\frac{3}{4}$, $\frac{4}{5}$일 때, 적어도 한 사람은 합격할 확률을 구하시오.

빈출

유형 09 확률의 덧셈과 곱셈 | 개념 25-1, 2

대표문제

21 1072 A 상자에는 파란 공 1개, 노란 공 4개가 들어 있고, B 상자에는 파란 공 3개, 노란 공 2개가 들어 있다. A, B 두 상자에서 각각 한 개의 공을 꺼낼 때, 두 공의 색이 같을 확률은?

① $\frac{3}{25}$ ② $\frac{1}{5}$ ③ $\frac{8}{25}$
④ $\frac{11}{25}$ ⑤ $\frac{13}{25}$

22 1073 A 주머니에는 딸기 맛 사탕 3개, 포도 맛 사탕 5개가 들어 있고, B 주머니에는 딸기 맛 사탕 4개, 포도 맛 사탕 2개가 들어 있다. A, B 두 주머니에서 각각 한 개의 사탕을 꺼낼 때, 한 개만 딸기 맛 사탕일 확률을 구하시오.

23 1074 일기예보에 따르면 어느 지역에서 토요일에 비가 올 확률은 25 %이고, 일요일에 비가 올 확률은 60 %라 한다. 이 지역에서 토요일과 일요일 중 하루만 비가 올 확률은?

① 10 % ② 45 % ③ 55 %
④ 60 % ⑤ 85 %

24 1075 세라는 수학 시험의 객관식 문제 중 마지막 세 문제를 풀지 않고 임의로 답을 적었다. 객관식 문제는 정답이 1개인 오지선다형일 때, 세 문제 중 두 문제만 정답을 맞힐 확률을 구하시오.

유형 10 연속하여 꺼내는 경우의 확률 ; 꺼낸 것을 다시 넣는 경우 | 개념 25-3

대표문제

25 1076 주머니 안에 빨간 구슬 4개, 흰 구슬 6개가 들어 있다. 이 주머니에서 구슬 한 개를 꺼내 색을 확인하고 다시 넣은 후 한 개의 구슬을 또 꺼낼 때, 두 개 모두 흰 구슬일 확률은?

① $\frac{1}{5}$ ② $\frac{6}{25}$ ③ $\frac{9}{25}$
④ $\frac{3}{5}$ ⑤ $\frac{4}{5}$

26 1077 12개의 제비 중에 당첨 제비가 2개 들어 있다. 희은이가 제비 한 개를 뽑아 확인하고 다시 넣은 후 은영이가 제비 한 개를 뽑을 때, 희은이는 당첨 제비를 뽑고 은영이는 당첨 제비를 뽑지 않을 확률은?

① $\frac{1}{36}$ ② $\frac{5}{36}$ ③ $\frac{1}{6}$
④ $\frac{5}{18}$ ⑤ $\frac{4}{9}$

27 1078 파란 공 3개와 빨간 공 5개가 들어 있는 주머니에서 한 개의 공을 꺼내 색을 확인하고 다시 넣은 후 한 개의 공을 또 꺼낼 때, 두 번째에 꺼낸 공이 파란 공일 확률은?

① $\frac{1}{4}$ ② $\frac{3}{8}$ ③ $\frac{1}{2}$
④ $\frac{5}{8}$ ⑤ $\frac{3}{4}$

빈출

유형 11 연속하여 꺼내는 경우의 확률 ; 꺼낸 것을 다시 넣지 않는 경우 | 개념 25-3

대표문제

28 1079 상자 안에 모양과 크기가 같은 단팥빵 5개와 크림빵 4개가 들어 있다. 이 상자에서 2개의 빵을 연속하여 한 개씩 꺼낼 때, 첫 번째에는 단팥빵, 두 번째에는 크림빵을 꺼낼 확률은?

(단, 꺼낸 빵은 다시 넣지 않는다.)

① $\frac{2}{9}$ ② $\frac{5}{18}$ ③ $\frac{1}{2}$
④ $\frac{7}{12}$ ⑤ $\frac{3}{4}$

29 1080 1부터 15까지의 자연수가 각각 하나씩 적힌 15장의 카드 중에서 연속하여 한 장씩 2장의 카드를 뽑을 때, 적어도 한 장은 짝수가 적힌 카드가 나올 확률을 구하시오. (단, 뽑은 카드는 다시 넣지 않는다.)

30 1081 상자 안에 모양과 크기가 같은 빨간 주사위 6개, 노란 주사위 4개가 들어 있다. 이 상자에서 2개의 주사위를 차례로 한 개씩 꺼낼 때, 서로 다른 색의 주사위가 나올 확률을 구하시오.

(단, 꺼낸 주사위는 다시 넣지 않는다.)

서술형

31 1082 16개의 제비 중에 당첨 제비가 4개 들어 있다. A가 먼저 제비 한 개를 뽑고 B가 나중에 제비 한 개를 뽑을 때, B가 당첨 제비를 뽑을 확률을 구하시오.

(단, 뽑은 제비는 다시 넣지 않는다.)

유형 12 가위바위보에서의 확률 | 개념 25-1, 2

세 사람이 가위바위보를 한 번 할 때
① (비길 확률)
=(모두 같은 것을 낼 확률)+(모두 다른 것을 낼 확률)
② (승부가 결정될 확률)=1−(비길 확률)

대표문제

32 1083 민태, 화찬, 종철 세 사람이 가위바위보를 한 번 할 때, 비길 확률은?

① $\frac{1}{5}$ ② $\frac{1}{4}$ ③ $\frac{1}{3}$
④ $\frac{2}{5}$ ⑤ $\frac{1}{2}$

33 1084 슬기와 현정이가 가위바위보를 세 번 할 때, 첫 번째는 비기고 두 번째와 세 번째는 모두 슬기가 이길 확률은?

① $\frac{1}{27}$ ② $\frac{1}{9}$ ③ $\frac{1}{8}$
④ $\frac{1}{3}$ ⑤ $\frac{1}{2}$

34 1085 A, B, C 세 사람이 가위바위보를 한 번 할 때, B가 이길 확률을 구하시오.

빈출

유형 13 여러 가지 확률 (1) | 개념 25-1, 2

대표문제

35 1086 명중률이 각각 $\frac{2}{3}$, $\frac{3}{4}$인 두 양궁 선수 A, B가 화살을 각자 한 번씩 쏘았을 때, 둘 중 한 사람만 명중시킬 확률을 구하시오.

36 1087 어떤 야구 선수가 안타를 칠 확률이 40 %일 때, 이 선수가 경기 중 세 번의 타석에서 모두 안타를 칠 확률은?

① $\frac{8}{125}$ ② $\frac{1}{5}$ ③ $\frac{27}{125}$
④ $\frac{2}{5}$ ⑤ $\frac{64}{125}$

37 1088 명중률이 각각 $\frac{3}{5}$, $\frac{1}{4}$, $\frac{1}{3}$인 세 사격 선수 A, B, C가 하나의 목표물을 향하여 동시에 총을 쏘았을 때, 목표물이 총에 맞을 확률을 구하시오.

38 1089 A, B, C 세 학생이 어떤 수학 문제를 맞힐 확률이 각각 $\frac{2}{3}$, $\frac{1}{2}$, $\frac{2}{5}$일 때, 이 문제를 두 학생만 맞힐 확률을 구하시오.

유형 14 여러 가지 확률 (2)

| 개념 25−1, 2

(1) ① (A, B가 만날 확률)
=(A가 약속을 지킬 확률)×(B가 약속을 지킬 확률)
② (A, B가 만나지 못할 확률)=1−(A, B가 만날 확률)

(2) A, B 두 팀이 3번까지만 시합을 하여 2번 먼저 이기면 우승한다고 할 때, A팀이 우승하는 경우
➡ (승, 승), (승, 패, 승), (패, 승, 승)

대표문제

39 1090 진희가 약속 장소에 나갈 확률은 $\frac{1}{3}$, 정현이가 약속 장소에 나갈 확률은 $\frac{2}{5}$일 때, 두 사람이 약속 장소에서 만나지 못할 확률은?

① $\frac{2}{15}$ ② $\frac{1}{3}$ ③ $\frac{2}{5}$
④ $\frac{4}{5}$ ⑤ $\frac{13}{15}$

서술형

40 1091 세 번 경기를 해서 두 번 이기면 승리하는 게임에서 승률이 같은 A, B 두 사람이 만났다. 이 게임의 첫 번째 경기에서 A가 이겼을 때, A가 승리할 확률을 구하시오. (단, 비기는 경우는 없다.)

창의 융합

41 1092 A, B 두 사람이 다음과 같은 순서로 번갈아 가며 주사위 한 개를 한 번씩 던지는 놀이를 하려고 한다. 5의 눈이 먼저 나온 사람이 이기는 것으로 할 때, 세 번째 이내에 A가 이길 확률을 구하시오.

순서	첫 번째	두 번째	세 번째	네 번째	…
사람	A	B	A	B	…

유형 15 도형에서의 확률

| 개념 25−1, 2

도형과 관련된 확률을 구할 때는 일어날 수 있는 모든 경우의 수는 도형의 전체 넓이로, 어떤 사건이 일어나는 경우의 수는 해당하는 부분의 넓이로 생각한다.

➡ (도형에서의 확률)$=\frac{\text{(해당하는 부분의 넓이)}}{\text{(도형의 전체 넓이)}}$

대표문제

42 1093 오른쪽 그림과 같이 정사각형을 9등분한 표적에 화살을 두 번 쏠 때, 적어도 한 번은 색칠한 부분을 맞힐 확률을 구하시오. (단, 화살이 표적을 벗어나거나 경계선을 맞히는 경우는 없다.)

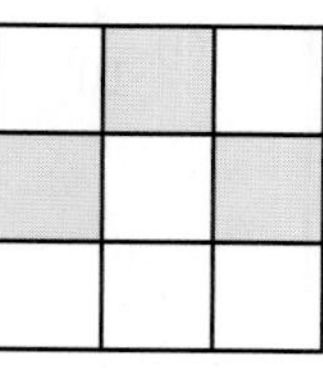

43 1094 다음 그림은 민현이와 재환이가 각각 4등분, 5등분된 두 개의 원판에 가고 싶은 여행지를 적은 것이다. 두 사람이 각각 자신의 원판에 화살을 쏠 때, 두 화살 모두 '전주'가 적힌 부분을 맞힐 확률을 구하시오. (단, 화살이 원판을 벗어나거나 경계선을 맞히는 경우는 없다.)

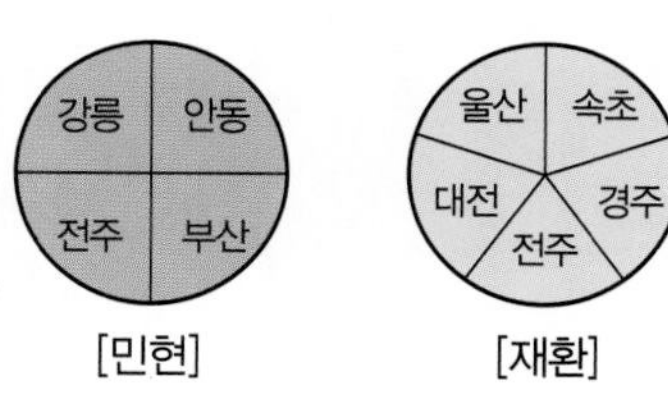

[민현] [재환]

44 1095 오른쪽 그림과 같은 원판에 화살을 쏘아 맞힌 부분에 적힌 점수를 얻는 게임을 하려고 한다. 이 원판에 화살을 한 번 쏠 때, 3점을 얻을 확률을 구하시오. (단, 화살이 원판을 벗어나거나 경계선을 맞히는 경우는 없다.)

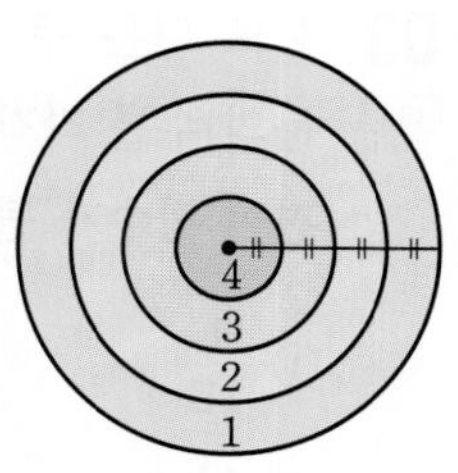

7 확률과 그 계산

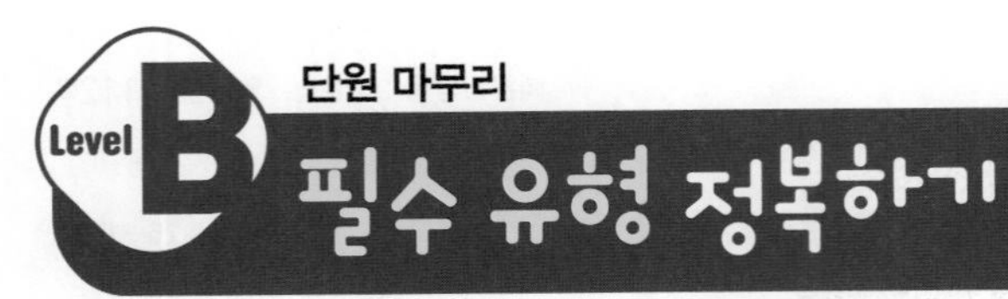

01 1096 A, B, C, D, E, F 6명의 학생 중에서 대표 2명을 뽑을 때, B가 반드시 뽑힐 확률은?

① $\frac{3}{20}$ ② $\frac{4}{25}$ ③ $\frac{1}{5}$
④ $\frac{3}{10}$ ⑤ $\frac{1}{3}$

169쪽 유형 01

02 1097 2, 4, 8, 12, 36, 50, 75의 수가 각각 하나씩 적힌 7장의 카드 중에서 한 장을 뽑아 나온 수를 k라 하고 분수 $\frac{1}{k}$을 소수로 나타낼 때, 순환소수로 나타내어질 확률은?

① $\frac{2}{7}$ ② $\frac{3}{7}$ ③ $\frac{4}{7}$
④ $\frac{5}{7}$ ⑤ $\frac{6}{7}$

169쪽 유형 01

03 1098 서로 다른 두 개의 주사위를 동시에 던져서 나오는 눈의 수를 각각 a, b라 할 때, 직선 $y=ax-b$의 x절편이 정수가 될 확률은?

① $\frac{1}{12}$ ② $\frac{1}{6}$ ③ $\frac{2}{9}$
④ $\frac{11}{36}$ ⑤ $\frac{7}{18}$

170쪽 유형 02

04 1099 다음 **보기**의 확률이 작은 것부터 차례대로 나열하시오.

보기
ㄱ. 서로 다른 두 개의 동전을 동시에 던질 때, 앞면이 두 개 이상 나올 확률
ㄴ. 서로 다른 두 개의 주사위를 동시에 던질 때, 나오는 두 눈의 수의 차가 6일 확률
ㄷ. 한 개의 주사위를 던질 때, 나오는 눈의 수의 제곱이 36 이하일 확률

170쪽 유형 03

05 1100 두 상자 A, B에 각각 1부터 7까지의 자연수가 하나씩 적힌 카드가 7장씩 들어 있다. 선우와 지혜가 두 상자에서 각각 1장의 카드를 뽑아 큰 수가 나오는 사람이 이기는 게임을 할 때, 승패가 결정될 확률을 구하시오.

171쪽 유형 04

창의⊕융합

06 1101 연우는 7월 30일부터 8월 3일까지의 기간 중에서 연속으로 3일 동안 봉사 활동을 할 예정이고, 희민이는 8월 1일부터 8월 5일까지의 기간 중에서 연속으로 4일 동안 봉사 활동을 할 예정이다. 두 사람 모두 봉사 활동 날짜를 임의로 정한다고 할 때, 두 사람의 봉사 활동 날짜가 하루 이상 겹치게 될 확률을 구하시오.

171쪽 유형 04

07 오른쪽 그림과 같이 정육면체 모양의 쌓기 나무 64개를 쌓아 큰 정육면체를 만들고 겉면에 색을 칠하였다. 정육면체를 흩트려 놓은 후 1개의 쌓기 나무를 택했을 때, 적어도 한 면이 색칠되어 있을 확률을 구하시오.
1102

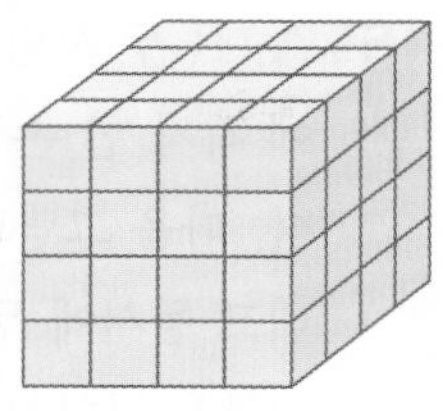

171쪽 유형 05

08 다음 그림은 어느 해 10월 달력이다. 이 달력에서 임의로 어느 한 날을 선택하여 음악 동아리 활동을 한다고 할 때, 수요일 또는 토요일을 선택할 확률을 구하시오.
1103

10월

일	월	화	수	목	금	토
						1
2	3	4	5	6	7	8
9	10	11	12	13	14	15
16	17	18	19	20	21	22
23	24	25	26	27	28	29
30	31					

173쪽 유형 06

09 각 면에 1부터 12까지의 자연수가 각각 하나씩 적힌 정십이면체 모양의 주사위를 한 번 던질 때, 바닥에 오는 면에 적힌 수가 소수이거나 8의 약수일 확률은?
1104

① $\frac{1}{2}$ ② $\frac{7}{12}$ ③ $\frac{2}{3}$
④ $\frac{3}{4}$ ⑤ $\frac{5}{6}$

173쪽 유형 06

10 영하는 선물 가게에서 선물과 포장지를 각각 한 가지씩 고르려고 한다. 선물은 다이어리 3종류, 머그컵 6종류가 있고 포장지는 비닐 2종류, 한지 1종류가 있을 때, 선물은 다이어리를 고르고, 포장지는 한지를 고를 확률을 구하시오.
1105

173쪽 유형 07

11 다음 그림은 어느 축구 대회의 대진표이다. A 팀과 F 팀이 결승전에서 만날 확률은?
1106
(단, 각 팀이 한 경기에서 이길 확률은 모두 같다.)

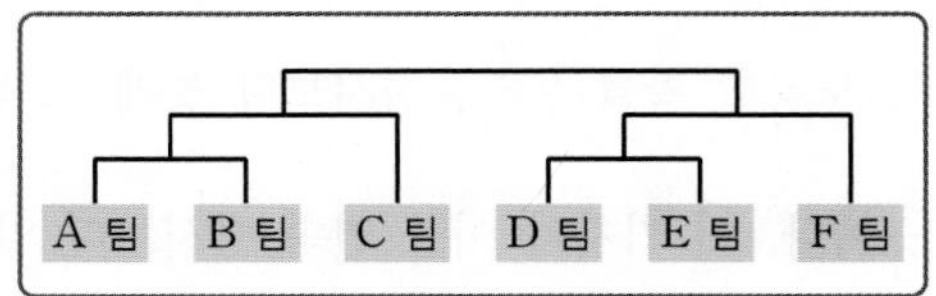

① $\frac{1}{32}$ ② $\frac{1}{16}$ ③ $\frac{1}{8}$
④ $\frac{1}{4}$ ⑤ $\frac{1}{2}$

173쪽 유형 07

12 A 상자에는 빨간 공 6개, 파란 공 2개, 노란 공 2개가 들어 있고, B 상자에는 빨간 공 4개, 파란 공 5개, 노란 공 3개가 들어 있다. A, B 두 상자에서 각각 공을 한 개씩 꺼낼 때, 적어도 한 개는 파란 공일 확률은?
1107

① $\frac{1}{12}$ ② $\frac{5}{12}$ ③ $\frac{7}{15}$
④ $\frac{8}{15}$ ⑤ $\frac{11}{12}$

174쪽 유형 08

13 A 주머니에는 파란 구슬 3개와 흰 구슬 5개가 들어 있고, B 주머니에는 파란 구슬 6개와 흰 구슬 4개가 들어 있다. A, B 두 주머니에서 각각 구슬을 한 개씩 꺼낸 후 구슬을 서로 바꾸어 주머니에 넣을 때, 각 주머니에 들어 있는 파란 구슬의 개수와 흰 구슬의 개수가 변하지 않을 확률을 구하시오.

1108

▶ 174쪽 유형 **09**

14 어느 기차역에 오전 7시에 도착 예정인 기차가 정시에 도착할 확률은 $\frac{3}{5}$, 정시보다 늦게 도착할 확률은 $\frac{1}{3}$이다. 이 기차가 이틀 연속 정시보다 일찍 도착할 확률은?

1109

① $\frac{1}{225}$ ② $\frac{1}{75}$ ③ $\frac{1}{45}$
④ $\frac{8}{225}$ ⑤ $\frac{2}{45}$

▶ 174쪽 유형 **09**

15 주머니 속에 흰 돌 3개, 검은 돌 2개, 노란 돌 5개가 들어 있다. 이 주머니에서 3개의 돌을 연속하여 한 개씩 꺼낼 때, 첫 번째와 두 번째에는 노란 돌이 나오고, 세 번째에는 흰 돌이 나올 확률을 구하시오.

1110

(단, 꺼낸 돌은 다시 넣지 않는다.)

▶ 175쪽 유형 **11**

창의⊕융합

16 A, B 두 사람이 두 손으로 가위바위보를 내고 동시에 각자 한 손씩 빼서 승부를 가리는 놀이를 하고 있다. 다음 그림과 같이 A, B 두 사람이 가위바위보를 내고 동시에 무심코 한 손씩 뺐을 때, 승부가 결정될 확률을 구하시오.

1111

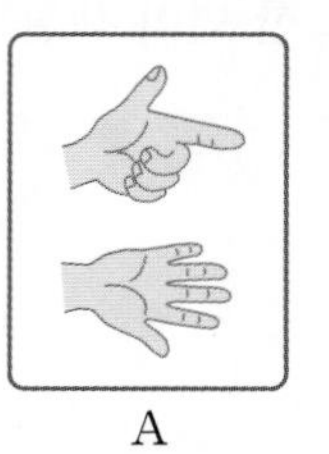
A

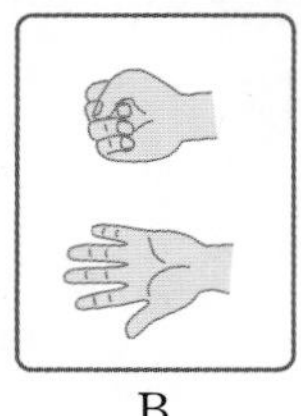
B

▶ 176쪽 유형 **12**

17 어떤 시험에서 A, B, C 세 사람이 합격할 확률이 각각 $\frac{2}{5}$, $\frac{1}{2}$, $\frac{1}{3}$일 때, A, B, C 중 적어도 한 사람은 합격할 확률은?

1112

① $\frac{1}{15}$ ② $\frac{2}{15}$ ③ $\frac{1}{5}$
④ $\frac{3}{5}$ ⑤ $\frac{4}{5}$

▶ 176쪽 유형 **13**

18 은정이와 경아가 탁구 경기를 한 번 할 때, 은정이가 승리할 확률은 $\frac{1}{5}$이다. 경기를 두 번 할 때, 은정이의 성적이 1승 1패일 확률을 구하시오.

1113

(단, 비기는 경우는 없다.)

▶ 177쪽 유형 **14**

서술형 문제

19 1114 서로 다른 두 개의 주사위를 동시에 던져서 나오는 눈의 수를 각각 a, b라 할 때, 좌표평면 위의 네 점 O(0, 0), A(a, 0), B(a, b), C(0, b)에 대하여 사각형 OABC의 넓이가 6일 확률을 구하시오.

▶ 169쪽 유형 01

20 1115 0부터 9까지의 숫자가 각각 하나씩 적힌 10장의 카드 중 2장을 뽑아 두 자리 자연수를 만들 때, 짝수일 확률을 구하시오.

▶ 173쪽 유형 06

21 1116 치료율이 60 %인 약으로 세 명의 환자를 치료할 때, 적어도 한 명의 환자가 치료될 확률을 구하시오.

▶ 174쪽 유형 08

22 1117 두 상자 A, B에 자연수가 각각 하나씩 적힌 카드가 여러 장 들어 있다. A, B 상자에서 한 장씩 뽑은 카드에 적힌 수를 각각 a, b라 할 때, a가 짝수일 확률은 $\frac{2}{3}$, b가 홀수일 확률은 $\frac{3}{4}$이다. 다음을 구하시오.

(1) $a+b$가 짝수일 확률

(2) ab가 짝수일 확률

▶ 174쪽 유형 09

23 1118 다음 표는 농구 선수 A, B, C 세 명의 3점슛 성공률을 나타낸 것이다. A, B, C가 각각 한 번씩 3점슛을 던질 때, 한 선수만 성공할 확률을 구하시오.

선수	A	B	C
성공률(%)	50	20	40

▶ 176쪽 유형 13

24 1119 다음 그림과 같이 원판 A는 5등분하여 각 면에 1부터 5까지의 자연수를 각각 하나씩 적고, 원판 B는 6등분하여 각 면에 1부터 6까지의 자연수를 각각 하나씩 적은 것이다. 두 원판 A, B를 동시에 돌린 후 멈추었을 때, 바늘이 가리키는 면에 적힌 두 수의 합이 5의 배수일 확률을 구하시오. (단, 바늘이 경계선을 가리키는 경우는 없다.)

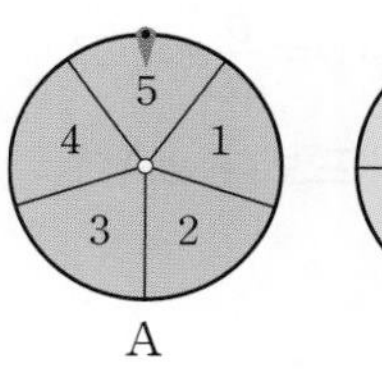

A

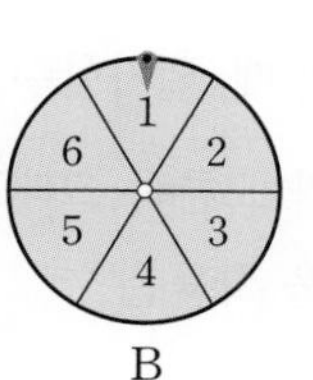

B

▶ 177쪽 유형 15

7 확률과 그 계산

단원 마무리

발전 유형 정복하기

01 1120 다음 수직선의 원점에 점 P가 있다. 동전 한 개를 던져서 앞면이 나오면 $+1$만큼, 뒷면이 나오면 -1만큼 점 P를 움직이기로 할 때, 동전을 3번 던져서 점 P의 위치가 1이 될 확률을 구하시오.

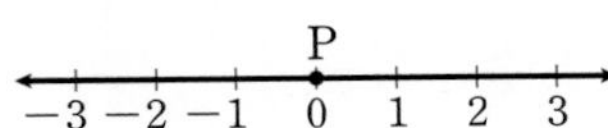

02 1121 오른쪽 그림과 같이 A, B, C, D 네 영역으로 나누어진 도형을 빨강, 노랑, 파랑 3가지 색으로 칠하려고 한다. 이웃한 영역은 서로 다른 색으로 구분하여 칠할 때, D 영역에 노란색이 칠해질 확률을 구하시오.

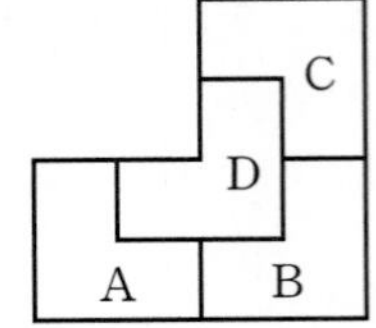

03 1122 두 개의 주사위 A, B를 동시에 던져서 나오는 눈의 수를 각각 a, b라 할 때, 일차함수 $y=\frac{b}{a}x$의 그래프가 오른쪽 그래프보다 x축에 가까울 확률은?

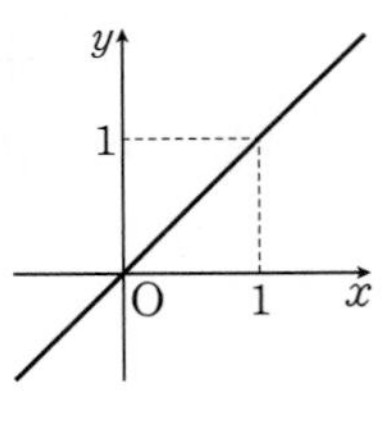

① $\frac{13}{36}$ ② $\frac{7}{18}$ ③ $\frac{5}{12}$
④ $\frac{4}{9}$ ⑤ $\frac{17}{36}$

04 1123 다음과 같은 순서로 배열된 4장의 카드가 있다. 이 카드를 잘 섞은 후에 일렬로 배열할 때, 적어도 한 장의 카드가 처음 위치에 있을 확률을 구하시오.

05 1124 오른쪽 그림과 같이 한 변의 길이가 1인 정오각형 ABCDE가 있다. 서로 다른 두 개의 주사위를 동시에 던져서 나오는 두 눈의 수의 합을 a라 할 때, 점 P는 꼭짓점 A를 출발하여 정오각형의 변을 따라 화살표 방향으로 a만큼 움직인다. 점 P가 꼭짓점 C에 올 확률을 구하시오.

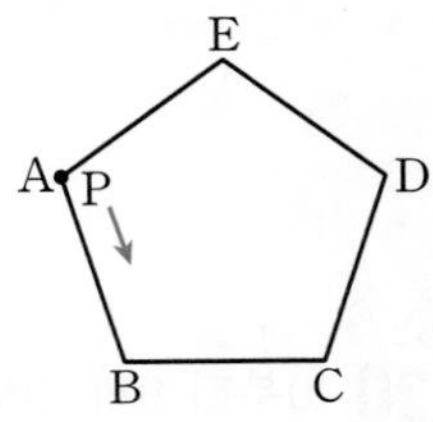

Tip
두 개의 주사위의 눈의 수의 합은 2부터 12까지의 자연수이므로 점 P는 최대 12만큼만 움직일 수 있음을 이용한다.

06 1125 다음 그림과 같이 숫자가 적혀 있는 A, B 두 전개도를 접어 정육면체를 만들었다. 두 정육면체를 동시에 던질 때, A 전개도로 만든 정육면체의 윗면에 나오는 수가 B 전개도로 만든 정육면체의 윗면에 나오는 수보다 클 확률을 구하시오.

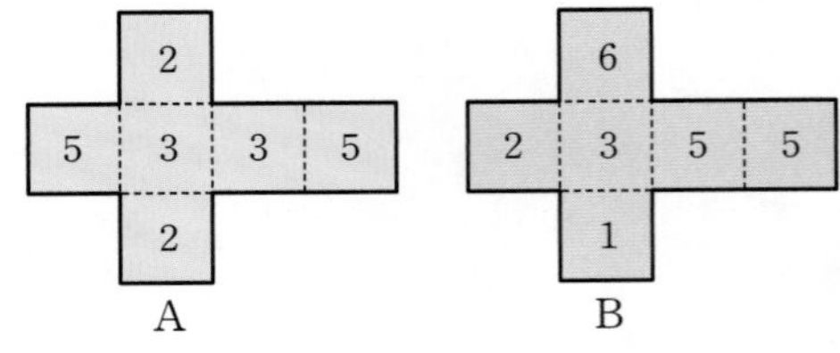

창의⊕융합

07 어떤 게임에서 주자는 다음 그림과 같은 코스를 입구에서 출발하여 경로를 따라 A, B, C, D, E, F 6개의 문 중 몇 개를 지나면서 출구로 나가야 한다. 경로에 그림과 같이 두 개의 구슬이 놓여 있어서 주자가 구슬을 만나면 구슬을 밀고 나가야 한다고 할 때, 주자가 두 개의 구슬 중 한 개만 밀고 나갈 확률을 구하시오. (단, 주자는 화살표 방향으로만 갈 수 있고, 갈림길에서 어느 한 길을 선택할 확률은 같다.)
1126

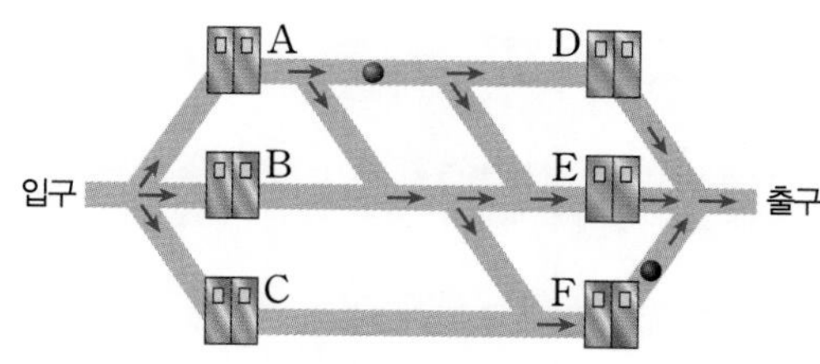

Tip
갈림길이 n개이면 갈림길에서 어느 한 길을 선택할 확률은 $\frac{1}{n}$임을 이용하여 각 경우의 확률을 구한다.

08 상자 안에 들어 있는 6개의 제품 중 2개가 불량품이라 한다. 이 상자에서 제품을 차례대로 한 개씩 꺼내서 불량품 2개를 찾아내려 할 때, 세 번 이내에 불량품을 모두 찾아낼 확률을 구하시오.
1127
(단, 꺼낸 제품은 다시 넣지 않는다.)

09 한 번의 경기에서 이길 확률이 서로 같은 두 사람 A, B가 시합을 하는데, 한 번 이기면 1점을 얻고 먼저 5점을 얻는 사람이 승리한다고 한다. 이 시합에서 현재 A가 4점, B가 3점을 얻었다고 할 때, A가 승리할 확률을 구하시오. (단, 비기는 경우는 없다.)
1128

서술형 문제

10 한 개의 주사위를 두 번 던져서 첫 번째에 나오는 눈의 수를 a, 두 번째에 나오는 눈의 수를 b라 할 때, x에 대한 방정식 $ax+b=4$의 해가 자연수일 확률을 구하시오.
1129

11 상자 안에 빨간 구슬과 파란 구슬이 합하여 10개가 들어 있다. 이 상자에서 구슬 한 개를 꺼내 색을 확인하고 다시 넣은 후 한 개의 구슬을 또 꺼낼 때, 빨간 구슬이 한 번 이상 나올 확률이 $\frac{16}{25}$이었다. 이때 파란 구슬의 개수를 구하시오.
1130

12 눈이 내린 다음 날 눈이 내릴 확률은 $\frac{1}{4}$이고, 눈이 내리지 않은 다음 날 눈이 내릴 확률은 $\frac{1}{3}$이다. 수요일에 눈이 내렸다면 3일 후인 토요일에도 눈이 내릴 확률을 구하시오.
1131

memo

중등 도서목록

비주얼 개념서

룩

이미지 연상으로 필수 개념을 쉽게 익히는 비주얼 개념서

국어 문학, 독서, 문법
영어 품사, 문법, 구문
수학 1(상), 1(하), 2(상), 2(하), 3(상), 3(하)
사회 ①, ②
역사 ①, ②
과학 1, 2, 3

필수 개념서

올리드

자세하고 쉬운 개념,
시험을 대비하는 특별한 비법이 한가득!

국어 1-1, 1-2, 2-1, 2-2, 3-1, 3-2
영어 1-1, 1-2, 2-1, 2-2, 3-1, 3-2
수학 1(상), 1(하), 2(상), 2(하), 3(상), 3(하)
사회 ①-1, ①-2, ②-1, ②-2
역사 ①-1, ①-2, ②-1, ②-2
과학 1-1, 1-2, 2-1, 2-2, 3-1, 3-2

* 국어, 영어는 미래엔 교과서 관련 도서입니다.

수학 필수 유형서

유형완성

체계적인 유형별 학습으로 실전에서 더욱 강력하게!

수학 1(상), 1(하), 2(상), 2(하), 3(상), 3(하)

내신 대비 문제집

시험직보 문제집

내신 만점을 위한 시험 직전에 보는 문제집

국어 1-1, 1-2, 2-1, 2-2, 3-1, 3-2
영어 1-1, 1-2, 2-1, 2-2, 3-1, 3-2

* 미래엔 교과서 관련 도서입니다.

1학년 총정리

자유학년제로 인한 학습 결손을 보충하는
중학교 1학년 전 과목 총정리

1학년(국어, 영어, 수학, 사회, 과학)

올리드

유형완성

실전에서 강력한 필수 유형서

바른답·알찬풀이

중등 수학2(하)

MiraeN 에듀

바른답·알찬풀이

STUDY POINT

알찬 풀이 정확하고 자세하며 논리적인 풀이로 이해하기 쉽습니다.

공략 비법 유형 공략 비법을 익혀 문제 해결 능력을 높일 수 있습니다.

개념 보충 중요 개념을 한 번 더 학습하여 개념을 확실히 다질 수 있습니다.

해결 전략 문제 해결의 방향을 잡는 전략을 세울 수 있습니다.

바른답
알찬풀이

Speed Check 빠른답 체크

1. 삼각형의 성질

Lecture 01 이등변삼각형 (8~13쪽)

01 $70°$ 02 $110°$ 03 $62°$ 04 $62°$ 05 $56°$
06 $90°$ 07 $60°$ 08 3 09 4 10 5
11 6 12 6 13 90 14 7 15 9
16 (가) $\overline{AC}$ (나) $\angle BAD$ (다) $\overline{AD}$ (라) SAS 17 ④
18 $15°$ 19 ② 20 ② 21 $44°$ 22 $75°$
23 ④ 24 $18°$ 25 $42°$ 26 $81°$ 27 $52°$
28 (가) $\overline{AD}$ (나) SAS (다) $\angle ADC$ (라) $90°$ (마) $\overline{BC}$ 29 레나
30 ③ 31 60 cm^2 32 ⑤ 33 $70°$
34 (가) $\angle ACB$ (나) $\angle ABC$ (다) $\angle DCB$ 35 ④
36 ③ 37 24 m 38 ④ 39 6 cm 40 ㄷ, ㄹ
41 ②

Lecture 02 직각삼각형의 합동 조건 (14~19쪽)

01 $\triangle ABC \equiv \triangle EFD$, RHA 합동 02 3 cm
03 $\triangle ABC \equiv \triangle FDE$, RHS 합동 04 8 cm
05 $\angle A = \angle D$ 또는 $\angle B = \angle E$
06 $\overline{AC} = \overline{DF}$ 또는 $\overline{BC} = \overline{EF}$
07 8 08 9 09 4 10 $25°$ 11 $30°$
12 (가) $\overline{DE}$ (나) $\angle D$ (다) ASA
13 (가) 180 (나) $\overline{AE}$ (또는 $\overline{DE}$) (다) $\angle E$ (라) RHA
14 6 cm 15 지혜, 선미 16 ⑤ 17 ① 18 31
19 2 cm 20 32 m^2 21 ③ 22 3 cm 23 ②
24 $69°$ 25 $x=4$, $y=30$ 26 ⑤ 27 $20°$
28 ④ 29 ④ 30 ② 31 45 cm^2 32 $140°$
33 ③ 34 5 cm 35 $30°$ 36 ④

Lecture 03 삼각형의 외심 (20~23쪽)

01 ○ 02 × 03 × 04 ○ 05 ○
06 3 07 5 08 8 09 50 10 24
11 110 12 ③ 13 ④ 14 ② 15 ④
16 30 cm 17 $55°$ 18 $25\pi\text{ cm}^2$ 19 $35°$ 20 ③
21 $48°$ 22 5 cm 23 13π cm 24 12 cm^2 25 ④
26 ② 27 $30°$ 28 ② 29 $25°$ 30 $33°$
31 ③ 32 $80°$ 33 4π cm

Lecture 04 삼각형의 내심 (24~29쪽)

01 $60°$ 02 $25°$ 03 × 04 ○ 05 ×
06 × 07 ○ 08 ○ 09 40 10 2
11 $35°$ 12 $33°$ 13 $116°$ 14 $84°$ 15 6
16 5 17 24 cm^2 18 ② 19 ③ 20 $30°$
21 ④ 22 $46°$ 23 $6°$ 24 $162°$ 25 $22°$
26 $165°$ 27 ④ 28 $115°$ 29 $\frac{3}{2}$ cm 30 20 m
31 24 cm^2 32 $(84-16\pi)\text{ cm}^2$ 33 6 cm 34 ⑤
35 ③ 36 ② 37 76 cm^2 38 17 cm 39 ③
40 2 cm 41 ③ 42 $80°$ 43 ③ 44 $9°$
45 $10°$ 46 $84\pi\text{ cm}^2$ 47 $\frac{7}{2}$ cm

Level B 필수 유형 정복하기 (30~33쪽)

01 ③ 02 $60°$ 03 ② 04 ④ 05 ㄱ, ㄷ
06 $90°$ 07 7 cm 08 $56°$ 09 ②, ③ 10 $110°$
11 32 cm^2 12 ⑤ 13 ③ 14 $32°$ 15 ①, ③
16 ④ 17 58 cm^2 18 ④ 19 $66°$ 20 $\frac{24}{5}$ cm
21 5 cm^2 22 $50°$ 23 (1) $14°$ (2) $46°$
24 $\left(9-\frac{9}{4}\pi\right)\text{ cm}^2$

Level C 발전 유형 정복하기 (34~35쪽)

01 ④ 02 ③ 03 7 cm 04 60 cm^2 05 $108°$
06 ④ 07 ㄱ, ㄹ 08 ④ 09 $(64-8\pi)\text{ cm}^2$
10 $50°$ 11 풀이 참조 12 (1) $80°$ (2) $60°$

2. 사각형의 성질

Lecture 05 평행사변형 (1)

38~41쪽

01 $x=50$, $y=35$　02 $x=25$, $y=45$
03 $x=5$, $y=4$　04 $x=9$, $y=8$
05 $x=120$, $y=60$　06 $x=110$, $y=30$
07 $x=4$, $y=6$　08 $x=5$, $y=\frac{13}{2}$
09 105°　10 86°　11 (가) ∠CDB (나) ∠CBD (다) $\overline{BD}$
12 (가) ∠DCA (나) $\overline{AC}$ (다) ASA (라) ∠D (마) ∠A
13 ③　14 ㄱ, ㄴ, ㄹ　15 5　16 75°　17 52°
18 3 cm　19 6 cm　20 16 cm　21 12 cm　22 126°
23 124°　24 44°　25 64°　26 120°　27 25 cm
28 ③　29 14 cm²

Lecture 06 평행사변형 (2)

42~45쪽

01 $\overline{DC}$, $\overline{BC}$　02 $\overline{DC}$, $\overline{BC}$　03 ∠BCD, ∠ADC　04 $\overline{OC}$, $\overline{OD}$
05 $\overline{DC}$, $\overline{DC}$　06 45 cm²　07 100 cm²
08 24 cm²　09 (가) $\overline{AC}$ (나) SSS (다) ∠DCA (라) ∠DAC
10 (가) $\overline{OC}$ (나) $\overline{OB}$ (다) ∠COD (라) SAS (마) $\overline{AB}$ // $\overline{DC}$
11 ⑤　12 ④　13 ⑤　14 ③　15 ④
16 38　17 ②　18 ②　19 100°　20 110°
21 17 cm²　22 120 cm²　23 80 cm²　24 28 cm²　25 40 cm²
26 20 cm²　27 36 cm²

Lecture 07 여러 가지 사각형 (1)

46~49쪽

01 10　02 5　03 30°　04 110°
05 $x=9$, $y=9$　06 $x=4$, $y=5$
07 $\angle x=25°$, $\angle y=25°$　08 $\angle x=90°$, $\angle y=35°$
09 $x=9$, $y=34$　10 ③
11 (가) $\overline{DC}$ (나) $\overline{BC}$ (다) SAS (라) $\overline{DB}$　12 ②　13 56°
14 ③　15 ③　16 ㄱ, ㄷ
17 (가) $\overline{BD}$ (나) $\overline{AD}$ (다) $\overline{AB}$ (라) SSS (마) ∠BAD
18 직사각형　19 $x=4$, $y=40$
20 (가) $\overline{AD}$ (나) $\overline{BO}$ (다) SSS (라) 90　21 113　22 116°
23 120°　24 60°　25 ④　26 17 cm
27 마름모, 3 cm　28 58

Lecture 08 여러 가지 사각형 (2)

50~53쪽

01 7　02 12　03 90°　04 45°　05 9
06 16　07 70°　08 85°　09 57°　10 32 cm²
11 75°　12 65°　13 30°　14 107°　15 ⑤
16 ㄱ, ㄹ　17 ④　18 $x=3$, $y=120$　19 80°
20 (가) $\overline{DE}$ (나) ∠DEC (다) 이등변삼각형 (라) $\overline{DC}$
21 ③　22 40°　23 18 cm　24 ⑤　25 60°
26 ④　27 마름모　28 ④

Lecture 09 여러 가지 사각형 사이의 관계

54~57쪽

01 ×　02 ○　03 ○　04 ×　05 ×
06 마름모　07 직사각형　08 마름모　09 정사각형　10 정사각형

11

성질 \ 사각형	평행사변형	직사각형	마름모	정사각형
두 쌍의 대변의 길이가 각각 같다.	○	○	○	○
두 쌍의 대각의 크기가 각각 같다.	○	○	○	○
네 변의 길이가 모두 같다.	×	×	○	○
두 대각선의 길이가 같다.	×	○	×	○
두 대각선이 서로를 이등분한다.	○	○	○	○
두 대각선이 서로 수직이다.	×	×	○	○

12 평행사변형　13 마름모　14 직사각형　15 정사각형
16 마름모　17 평행사변형　18 ②　19 ③, ④
20 ㄱ, ㄷ, ㄹ　21 정사각형　22 ②　23 ①, ③　24 6
25 ③　26 ④, ⑤　27 ③
28 (가) 마름모 (나) △DGH (다) SAS (라) $\overline{EF}$　29 ④
30 ⑤　31 28 m　32 $\overline{EH}$=5 cm, ∠EFG=105°

Lecture 10 평행선과 넓이

58~61쪽

01 27 cm²　02 14 cm²　03 21 cm²　04 2 : 3　05 △DBC
06 △ACD　07 △DCO　08 ②　09 13 cm²　10 ④
11 ③　12 7 cm²　13 12 cm²　14 ③　15 35 cm²
16 60 cm²　17 9 cm²　18 ②　19 ①　20 15 cm²
21 45 cm²　22 40 cm²　23 3 cm²　24 5 cm²　25 20 cm²
26 ④　27 108 cm²

Level B 필수 유형 정복하기 62~65쪽

01 ③ 02 ② 03 37° 04 ② 05 14 cm
06 (가) $\overline{FC}$ (나) $\overline{QC}$ (다) $\overline{GC}$ (라) $\overline{PC}$ 07 24 cm^2 08 ④
09 32° 10 30° 11 40 cm 12 ②, ④
13 (차례로) 정사각형, 직사각형, 마름모, 평행사변형, 사다리꼴
14 ③ 15 5π cm^2 16 ③ 17 ② 18 ②
19 18 cm 20 63° 21 (1) 풀이 참조 (2) 18 cm^2
22 36 cm 23 35 cm^2 24 8 cm^2

Level C 발전 유형 정복하기 66~67쪽

01 138° 02 ④ 03 6초 04 $\frac{1}{8}$배 05 135°
06 ① 07 ⑤ 08 $\frac{45}{4}$ cm 09 22 cm^2
10 63° 11 (1) 마름모 (2) 90 cm^2 12 풀이 참조

3. 도형의 닮음 (1)

Lecture 11 닮은 도형 70~75쪽

01 점 G 02 $\overline{EF}$ 03 ∠H 04 $\overline{EH}$ 05 ∠E, ∠B
06 $\overline{GH}$ 07 △FGH, △ABD 08 3 : 4 09 3 cm
10 30° 11 3 : 2 12 8 cm 13 110° 14 1 : 2
15 12 cm 16 14 cm 17 ③ 18 모서리 FI, 면 ABC
19 ㄱ, ㄴ, ㄹ 20 ㄱ, ㅁ, ㅂ 21 ②, ④ 22 ㉠, ㉡, ㉢, ㉤, ㉦
23 ②, ⑤ 24 1 : 2 25 ④ 26 민지, 영훈
27 $\frac{22}{3}$ cm 28 ③ 29 27 cm 30 ③ 31 24π cm
32 ③ 33 ㄱ, ㄷ, ㄹ 34 22 35 95 36 ③
37 360 cm^3 38 25π cm^2 39 324π cm^3 40 10 cm
41 20π cm 42 7 cm 43 100π cm^2

Lecture 12 닮은 도형의 넓이와 부피 76~79쪽

01 3 : 4 02 3 : 4 03 9 : 16 04 2 : 3 05 4 : 9
06 8 : 27 07 3 cm 08 500 m 09 14 cm 10 ①
11 240000원 12 9000원 13 256 cm^2 14 36 cm^2 15 ⑤
16 90 g 17 ② 18 250 cm^3 19 ⑤ 20 114 cm^3
21 32 cm^3 22 ③ 23 20000원 24 ④ 25 20 km
26 1시간 27 $\frac{25}{2}$ cm^2 28 12.5 m

Lecture 13 삼각형의 닮음 조건 80~85쪽

01 △PQR, AA 02 △OMN, SAS
03 △JLK, SSS 04 △ABC∽△DEC, SAS 닮음
05 △ABC∽△AED, AA 닮음
06 △ABC∽△CBD, SSS 닮음
07 ∠CAD 08 ∠BAD 09 △ABC∽△DBA∽△DAC
10 $\overline{BD}$, 8, 16, 4 11 $\overline{AC}$, 4, 2, 8
12 $\overline{CD}$, 6, 9, 4 13 ③, ⑤ 14 ④ 15 ④
16 ② 17 18 cm 18 $\frac{10}{3}$ cm 19 5 cm 20 9 cm
21 15 cm 22 $\frac{27}{4}$ cm 23 5 cm 24 $\frac{20}{7}$ cm 25 ③
26 ④ 27 20 cm 28 5 cm 29 9 cm 30 45 cm^2
31 $\frac{15}{2}$ cm 32 36 33 ② 34 256 cm^2 35 $\frac{36}{25}$ cm
36 $\frac{56}{5}$ cm 37 ① 38 $\frac{15}{4}$ cm 39 10 m 40 12 m
41 ③

Level B 필수 유형 정복하기 86~89쪽

01 ③, ④ 02 ⑤ 03 56 cm 04 11 05 $\frac{52}{3}\pi$ cm^3
06 42π cm^2 07 ③ 08 ③ 09 9 cm 10 20 cm^2
11 ⑤ 12 $\frac{36}{5}$ cm 13 480 m 14 ③ 15 ①
16 ③ 17 9 cm 18 40 m 19 80 cm^2 20 76 cm^3
21 10 cm 22 (1) △ABC∽△ACD (2) 35 cm 23 2 cm
24 4 cm^2

Level C 발전 유형 정복하기 90~91쪽

01 49 cm 02 56초 03 36 cm 04 12 cm 05 12
06 ⑤ 07 189 cm^2 08 244 cm^2 09 $\frac{24}{25}$ cm^2
10 (1) 2 : 1 (2) 512 : 1 11 8 cm 12 20 cm

4. 도형의 닮음 (2)

Lecture 14 삼각형에서 평행선과 선분의 길이의 비 (94~97쪽)

01 (가) ∠DBF (나) ∠BDF (다) △DBF (라) $\overline{DF}$ (마) $\overline{EC}$

02 5 03 10 04 3 05 6 06 ○

07 × 08 ④ 09 20 10 42 cm 11 $\frac{15}{2}$ cm

12 $\frac{45}{2}$ m 13 20 cm 14 ③ 15 ② 16 16

17 ④ 18 8 cm 19 ③ 20 4 cm 21 ①

22 9 cm 23 ② 24 ③ 25 ④ 26 ⑤

27 $\overline{DF}$

Lecture 15 삼각형의 각의 이등분선 (98~101쪽)

01 4 02 13 03 14 04 10 05 21

06 8 07 6 08 ② 09 ⑤ 10 ④

11 3 cm 12 $\frac{8}{3}$ cm 13 3 cm 14 $\frac{3}{2}$ cm 15 ②

16 ⑤ 17 45 cm^2 18 ③ 19 ④ 20 6 cm

21 2 22 13 cm^2 23 ⑤ 24 ④ 25 ③

26 10 cm

Lecture 16 삼각형의 두 변의 중점을 연결한 선분의 성질 (102~107쪽)

01 (가) $\overline{AN}$ (나) $\overline{AM}$ (다) 2 02 105° 03 6 04 7

05 10 06 6 07 8 08 86 09 ⑤

10 4 cm 11 ③ 12 60 cm 13 ② 14 ③

15 2 cm 16 ⑤ 17 5 cm 18 2 cm 19 ③

20 15 cm 21 12 cm 22 18 cm 23 4 cm 24 10 cm

25 15 cm 26 ① 27 24 cm 28 12 cm 29 ③

30 9 cm^2 31 26 cm 32 ③ 33 20 cm 34 24 cm^2

35 ① 36 8 cm 37 11 cm 38 ③ 39 ③

Lecture 17 평행선 사이의 선분의 길이의 비 (108~111쪽)

01 10 02 $\frac{16}{3}$ 03 9 04 6 05 12

06 18 07 5 : 3 08 5 : 3 09 $\frac{15}{4}$ 10 ④

11 56 12 14 13 29 14 6 cm 15 7 cm

16 24 17 3 cm 18 ④ 19 ③ 20 630 cm^2

21 6 cm 22 ④ 23 21 cm 24 12 cm 25 ②

26 20 cm 27 $x=6$, $y=18$ 28 ④ 29 ④

Lecture 18 삼각형의 무게중심 (112~117쪽)

01 2 cm 02 8 cm^2 03 $x=6$, $y=8$

04 $x=7$, $y=18$ 05 $x=6$, $y=10$

06 $x=24$, $y=10$ 07 $\frac{1}{2}$, 24 08 $\frac{1}{3}$, 16 09 $\frac{1}{6}$, 8

10 8 cm^2 11 16 cm^2 12 4 cm^2 13 8 cm^2 14 ③

15 6 cm^2 16 6 cm^2 17 6 cm 18 28 19 11

20 32 cm 21 30 cm 22 1 cm 23 ⑤ 24 ④

25 ④ 26 ③ 27 4 cm 28 10 29 ①

30 18 cm 31 ②, ④ 32 36 cm^2 33 28 cm^2 34 ⑤

35 36 cm^2 36 8 cm^2 37 5 cm^2 38 ③ 39 12 cm

40 12 cm 41 9 cm^2 42 24 cm^2 43 28 cm^2

Level B 필수 유형 정복하기 (118~121쪽)

01 ② 02 18 cm 03 ② 04 ㄱ, ㄹ, ㅁ 05 $\frac{5}{2}$

06 21 cm^2 07 ② 08 16 09 ③ 10 ①

11 ① 12 ② 13 99 cm 14 ③ 15 8 cm

16 ④ 17 10 cm^2 18 ⑤ 19 12 cm 20 10 cm^2

21 6 cm 22 (1) 6 cm (2) 18 cm 23 24 cm 24 8 cm^2

Level C 발전 유형 정복하기 (122~123쪽)

01 ③ 02 $\frac{9}{2}$ cm 03 ④ 04 20° 05 3 cm

06 56 cm^2 07 $\frac{12}{7}$ cm 08 5 cm 09 6 cm^2

10 (1) $\overline{AC}=18$ cm, $\overline{AE}=\frac{27}{4}$ cm (2) 59 11 2 cm

12 10 cm^2

5. 피타고라스 정리

Lecture 19 피타고라스 정리 (126~129쪽)

01 10 02 12 03 15 04 7
05 $x=12$, $y=20$ 06 $x=8$, $y=17$
07 $x=15$, $y=17$ 08 $x=25$, $y=24$ 09 ②
10 2 11 10 cm 12 15 m 13 20 cm 14 80
15 $\frac{17}{2}$ cm 16 $\frac{40}{3}$ cm^2 17 72 cm^2 18 7 cm 19 180 cm^2
20 ④ 21 74 cm^2
22 가로의 길이: 80 cm, 세로의 길이: 60 cm 23 20 cm
24 ⑤ 25 4 cm 26 108 cm^2 27 $\frac{10}{3}$ cm 28 24 cm^2
29 8 cm

Lecture 20 피타고라스 정리의 설명 (130~133쪽)

01 9 cm^2 02 16 cm^2 03 25 cm^2 04 5 cm 05 10 cm
06 100 cm^2 07 25 cm 08 9 cm 09 12 cm 10 $\frac{15}{2}$ cm^2
11 4 cm 12 $\frac{13}{2}$ cm 13 300 cm^2 14 ② 15 72 cm^2
16 $\frac{225}{2}$ cm^2 17 52 cm^2 18 49 cm^2 19 32 20 80
21 28 cm 22 ⑤ 23 ③ 24 $\frac{7}{5}$ 25 ③
26 (1) 4 cm (2) $\frac{16}{5}$ cm 27 $\frac{120}{17}$ cm 28 ② 29 $\frac{84}{25}$ cm^2

Lecture 21 피타고라스 정리의 성질 (134~139쪽)

01 × 02 ○ 03 × 04 ○
05 (가) $\overline{AE}^2$ (나) $\overline{AC}^2$ (다) $\overline{CD}^2$ 06 84 07 20
08 (가) c^2+d^2 (나) a^2+d^2 09 5 10 44 11 40 cm^2
12 16 cm^2 13 6 cm^2 14 6 cm^2 15 ③ 16 60 cm^2
17 ② 18 50 19 ③, ⑤ 20 3개 21 ④
22 6 23 ② 24 (1) 2 (2) 5 25 ③
26 19 27 125 28 95 29 46 30 50
31 18 cm^2 32 80 33 40 34 ③ 35 10초
36 36π 37 2π 38 16 cm 39 $\frac{15}{2}\pi$ cm^2 40 24 cm^2
41 13 cm 42 162 cm^2 43 15 44 15 45 17 cm
46 10π cm

Level B 필수 유형 정복하기 (140~143쪽)

01 ④ 02 ③ 03 ③ 04 17 cm 05 ⑤
06 ㄱ, ㄹ, ㅁ 07 10 cm^2 08 ⑤ 09 ③ 10 $\frac{12}{5}$
11 17 cm 12 ②, ③ 13 둔각삼각형 14 ③
15 ① 16 ③ 17 ⑤ 18 26 km 19 $\frac{21}{5}$ cm
20 34 cm 21 (1) $\frac{10}{3}$ cm (2) $\frac{40}{13}$ cm 22 $\frac{15}{4}$ cm 23 7
24 10 cm

Level C 발전 유형 정복하기 (144~145쪽)

01 ② 02 10 03 35 m^2 04 ③ 05 $\frac{9}{10}$
06 $\frac{336}{25}$ cm^2 07 3 08 ③ 09 ⑤ 10 $\frac{8}{15}$
11 $\frac{24}{5}$ cm 12 180 m

6. 경우의 수

Lecture 22 경우의 수 (148~153쪽)

01 3 02 2 03 3 04 5 05 3
06 8 07 3 08 2 09 6 10 ④
11 10 12 ① 13 ③ 14 23 15 4
16 ④ 17 14 18 ③ 19 2 20 6
21 ④ 22 8 23 ③ 24 6 25 5
26 9 27 ④ 28 9 29 14 30 14
31 ⑤ 32 19 33 11 34 20 35 12
36 35 37 18 38 8 39 ⑤ 40 12
41 6 42 ⑤ 43 ④ 44 6 45 27
46 ④ 47 27 48 31

Lecture 23 여러 가지 경우의 수 (154~159쪽)

01 6 02 120 03 30 04 6, 2, 6, 2, 12
05 48 06 36 07 36 08 3, 3, 12
09 0, 3, 2, 3, 2, 18 10 20 11 60 12 10
13 10 14 24 15 ⑤ 16 60 17 ③

18 ② 19 720 20 48 21 ③ 22 144
23 12 24 ② 25 ④ 26 ③ 27 343
28 30 29 45 30 100 31 ② 32 36
33 30 34 120 35 30 36 192 37 ⑤
38 ③ 39 16 40 ③ 41 21 42 ④
43 24 44 540 45 10 46 ③ 47 31

Level B 필수 유형 정복하기

160~163쪽

01 ③ 02 5 03 ①, ⑤ 04 35 05 48
06 18 07 ⑤ 08 ⑤ 09 ④ 10 ⑤
11 ④ 12 36 13 ② 14 150 15 ②
16 ③ 17 ④ 18 ⑤ 19 6 20 4
21 12 22 16 23 30 24 (1) 24 (2) 48

Level C 발전 유형 정복하기

164~165쪽

01 ① 02 4 03 13 04 30 05 72
06 ② 07 20 08 ④ 09 114 10 4
11 402 12 (1) ㈎ 자물쇠: 1000, ㈏ 자물쇠: 120 (2) ㈎ 자물쇠

7. 확률과 그 계산

Lecture 24 확률과 그 기본 성질

168~171쪽

01 4 02 1 03 $\frac{1}{4}$ 04 $\frac{2}{5}$ 05 1
06 0 07 $\frac{2}{3}$ 08 $\frac{1}{3}$ 09 $\frac{1}{4}$ 10 ①
11 $\frac{2}{5}$ 12 $\frac{1}{3}$ 13 ② 14 $\frac{3}{8}$ 15 ①
16 $\frac{1}{2}$ 17 ⑤ 18 $\frac{1}{18}$ 19 ① 20 $\frac{1}{12}$
21 $\frac{1}{4}$ 22 ④ 23 ③, ⑤ 24 ㄷ, ㄹ 25 ④
26 ⑤ 27 $\frac{5}{6}$ 28 $\frac{3}{5}$ 29 $\frac{5}{7}$ 30 $\frac{7}{8}$
31 $\frac{3}{5}$ 32 ⑤

Lecture 25 확률의 계산

172~177쪽

01 $\frac{1}{12}$ 02 $\frac{5}{36}$ 03 $\frac{2}{9}$ 04 $\frac{3}{5}$ 05 $\frac{5}{7}$
06 $\frac{3}{7}$ 07 $\frac{6}{25}$ 08 $\frac{4}{15}$ 09 ② 10 $\frac{1}{2}$
11 $\frac{1}{3}$ 12 $\frac{2}{5}$ 13 $\frac{1}{16}$ 14 ② 15 $\frac{1}{4}$
16 $\frac{1}{4}$ 17 ⑤ 18 $\frac{3}{4}$ 19 $\frac{624}{625}$ 20 $\frac{19}{20}$
21 ④ 22 $\frac{13}{24}$ 23 ③ 24 $\frac{12}{125}$ 25 ③
26 ② 27 ② 28 ② 29 $\frac{11}{15}$ 30 $\frac{8}{15}$
31 $\frac{1}{4}$ 32 ③ 33 ① 34 $\frac{1}{3}$ 35 $\frac{5}{12}$
36 ① 37 $\frac{4}{5}$ 38 $\frac{2}{5}$ 39 ⑤ 40 $\frac{3}{4}$
41 $\frac{61}{216}$ 42 $\frac{5}{9}$ 43 $\frac{1}{20}$ 44 $\frac{3}{16}$

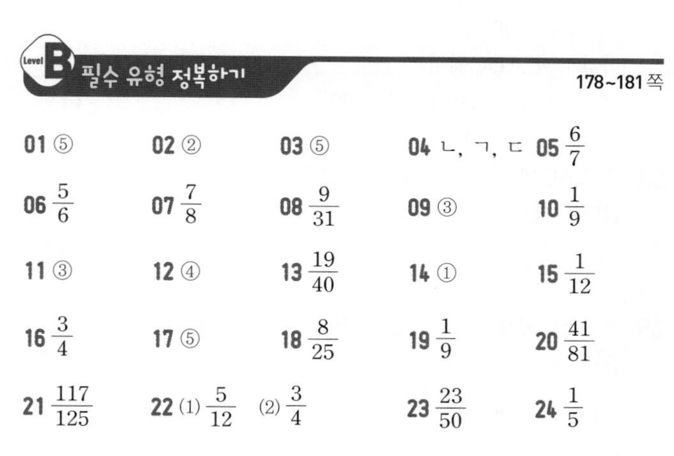

Level B 필수 유형 정복하기

178~181쪽

01 ⑤ 02 ② 03 ⑤ 04 ㄴ, ㄱ, ㄷ 05 $\frac{6}{7}$
06 $\frac{5}{6}$ 07 $\frac{7}{8}$ 08 $\frac{9}{31}$ 09 ③ 10 $\frac{1}{9}$
11 ③ 12 ④ 13 $\frac{19}{40}$ 14 ① 15 $\frac{1}{12}$
16 $\frac{3}{4}$ 17 ⑤ 18 $\frac{8}{25}$ 19 $\frac{1}{9}$ 20 $\frac{41}{81}$
21 $\frac{117}{125}$ 22 (1) $\frac{5}{12}$ (2) $\frac{3}{4}$ 23 $\frac{23}{50}$ 24 $\frac{1}{5}$

Level C 발전 유형 정복하기

182~183쪽

01 $\frac{3}{8}$ 02 $\frac{1}{3}$ 03 ③ 04 $\frac{5}{8}$ 05 $\frac{2}{9}$
06 $\frac{1}{3}$ 07 $\frac{3}{4}$ 08 $\frac{1}{5}$ 09 $\frac{3}{4}$ 10 $\frac{5}{36}$
11 6 12 $\frac{59}{192}$

1. 삼각형의 성질

Lecture 01 이등변삼각형

Level A 개념 익히기 8~9쪽

01 $\triangle ABC$에서 $\overline{AB}=\overline{AC}$이므로
$\angle x=\angle B=70°$ 답 $70°$

02 $\triangle ABC$에서 $\overline{AB}=\overline{AC}$이므로
$\angle C=\angle B=35°$
$\therefore \angle x=180°-2\times35°=110°$ 답 $110°$

03 $\angle ACB=180°-118°=62°$ 답 $62°$

04 $\triangle ABC$에서 $\overline{AB}=\overline{AC}$이므로
$\angle B=\angle ACB=62°$ 답 $62°$

05 $\angle A=180°-2\times62°=56°$ 답 $56°$

06 $\triangle ABC$에서 $\overline{AB}=\overline{AC}$, $\angle BAD=\angle CAD$이므로
$\angle x=90°$ 답 $90°$

07 $\triangle ABC$에서 $\overline{AB}=\overline{AC}$, $\angle BAD=\angle CAD$이므로
$\angle ADC=90°$
따라서 $\triangle ADC$에서
$\angle x=180°-(30°+90°)=60°$ 답 $60°$

08 $\triangle ABC$에서 $\overline{AB}=\overline{AC}$, $\angle BAD=\angle CAD$이므로
$\overline{BD}=\overline{CD}$
$\therefore x=3$ 답 3

09 $\triangle ABC$에서 $\overline{AB}=\overline{AC}$, $\angle BAD=\angle CAD$이므로
$\overline{BD}=\overline{CD}$
$\therefore x=\frac{1}{2}\times8=4$ 답 4

10 $\angle B=\angle C$이므로 $\triangle ABC$는 $\overline{AB}=\overline{AC}$인 이등변삼각형이다.
$\therefore x=5$ 답 5

11 $\angle B=\angle C$이므로 $\triangle ABC$는 $\overline{AB}=\overline{AC}$인 이등변삼각형이다.
$\therefore x=6$ 답 6

12 $\angle B=\angle C$이므로 $\triangle ABC$는 $\overline{AB}=\overline{AC}$인 이등변삼각형이다.
이때 $\overline{AD}\perp\overline{BC}$이므로 $\overline{BD}=\overline{CD}$
$\therefore x=2\times3=6$ 답 6

13 $\angle B=\angle C$이므로 $\triangle ABC$는 $\overline{AB}=\overline{AC}$인 이등변삼각형이다.
이때 $\overline{BD}=\overline{CD}$이므로 $\overline{AD}\perp\overline{BC}$
$\therefore x=90$ 답 90

14 $\angle A=180°-(90°+45°)=45°$이므로
$\angle A=\angle B$
따라서 $\triangle ABC$는 $\overline{CA}=\overline{CB}$인 이등변삼각형이므로
$x=7$ 답 7

15 $\angle B=180°-(40°+100°)=40°$이므로
$\angle A=\angle B$
따라서 $\triangle ABC$는 $\overline{CA}=\overline{CB}$인 이등변삼각형이므로
$x=9$ 답 9

Level B 유형 공략하기 9~13쪽

하 **16** 답 (가) $\overline{AC}$ (나) $\angle BAD$ (다) $\overline{AD}$ (라) SAS

> 개념 보충 학습
>
> **삼각형의 합동 조건**
> 두 삼각형은 다음의 각 경우에 서로 합동이다.
> ① 세 변의 길이가 각각 같을 때 (SSS 합동)
> ② 두 변의 길이가 각각 같고, 그 끼인각의 크기가 같을 때 (SAS 합동)
> ③ 한 변의 길이가 같고, 그 양 끝 각의 크기가 각각 같을 때 (ASA 합동)

중 **17** ④ SSS 답 ④

중 **18** $\triangle BCD$에서 $\overline{BC}=\overline{BD}$이므로
$\angle C=\angle BDC=65°$
$\therefore \angle DBC=180°-2\times65°=50°$
또, $\triangle ABC$에서 $\overline{AB}=\overline{AC}$이므로
$\angle ABC=\angle C=65°$
$\therefore \angle ABD=\angle ABC-\angle DBC$
$=65°-50°=15°$ 답 $15°$

하 **19** $\triangle ABC$에서 $\overline{AB}=\overline{AC}$이므로
$\angle C=\angle B=2\angle x+10°$
$2(2\angle x+10°)+40°=180°$이므로
$4\angle x+20°+40°=180°$
$4\angle x=120°$ $\therefore \angle x=30°$ 답 ②

하 **20** $\triangle ABC$에서 $\overline{AC}=\overline{BC}$이므로
$\angle CAB=\frac{1}{2}\times(180°-50°)=65°$
$\therefore \angle x=180°-65°=115°$ 답 ②

중 **21** $\angle DCE=\angle DAE=\angle x$ (접은 각) …… ㉮
$\triangle ABC$에서 $\overline{AB}=\overline{AC}$이므로
$\angle B=\angle ACB=\angle x+24°$ …… ㉯

△ABC에서 $\angle x+(\angle x+24^\circ)+(\angle x+24^\circ)=180^\circ$이므로
$3\angle x=132^\circ$ $\quad\therefore \angle x=44^\circ$ ······ ㉰

답 44°

채점 기준

㉮ $\angle DCE=\angle DAE$임을 알기	30 %
㉯ ∠B의 크기를 ∠x의 크기를 이용하여 나타내기	30 %
㉰ ∠x의 크기 구하기	40 %

중 22 △DBC에서 $\overline{DB}=\overline{DC}$이므로
$\angle DCB=\angle B=25^\circ$
$\therefore \angle CDA=\angle B+\angle DCB$
$=25^\circ+25^\circ=50^\circ$
△CAD에서 $\overline{CA}=\overline{CD}$이므로
$\angle A=\angle CDA=50^\circ$
따라서 △ABC에서
$\angle x=\angle A+\angle B$
$=50^\circ+25^\circ=75^\circ$

답 75°

공략 비법

오른쪽 그림에서 $\overline{AB}=\overline{AC}=\overline{CD}$일 때
① 이등변삼각형 ABC에서
(∠A의 외각의 크기)$=\angle a+\angle a$
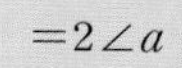
$=2\angle a$
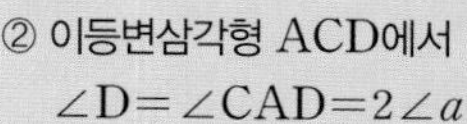
② 이등변삼각형 ACD에서
$\angle D=\angle CAD=2\angle a$
③ △DBC에서
(∠C의 외각의 크기)$=\angle a+2\angle a=3\angle a$

중 23 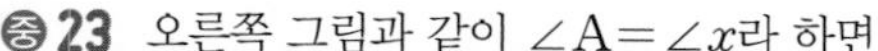
오른쪽 그림과 같이 $\angle A=\angle x$라 하면
△DAB에서 $\overline{DA}=\overline{DB}$이므로
$\angle DBA=\angle A=\angle x$
$\therefore \angle BDC=\angle x+\angle x=2\angle x$
△BCD에서 $\overline{BC}=\overline{BD}$이므로
$\angle C=\angle BDC=2\angle x$
△ABC에서 $\overline{AB}=\overline{AC}$이므로
$\angle ABC=\angle C=2\angle x$
△ABC에서 $\angle A+\angle ABC+\angle C=180^\circ$이므로
$\angle x+2\angle x+2\angle x=180^\circ$
$5\angle x=180^\circ$ $\quad\therefore \angle x=36^\circ$
$\therefore \angle ADB=180^\circ-2\angle x$
$=180^\circ-2\times 36^\circ=108^\circ$

답 ④

상 24 오른쪽 그림과 같이
$\angle B=\angle x$라 하면
△EBD에서 $\overline{EB}=\overline{ED}$
이므로
$\angle EDB=\angle B=\angle x$
$\therefore \angle AED=\angle x+\angle x=2\angle x$
△AED에서 $\overline{DA}=\overline{DE}$이므로
$\angle DAE=\angle DEA=2\angle x$

△ABD에서
$\angle ADC=\angle x+2\angle x=3\angle x$
△ADC에서 $\overline{AD}=\overline{AC}$이므로
$\angle ACD=\angle ADC=3\angle x$
△ABC에서 $\angle x+3\angle x=72^\circ$이므로
$4\angle x=72^\circ$ $\quad\therefore \angle x=18^\circ$
$\therefore \angle B=18^\circ$

답 18°

중 25 △ABC에서 $\overline{AB}=\overline{AC}$이므로
$\angle ABC=\angle ACB=\frac{1}{2}\times(180^\circ-84^\circ)=48^\circ$
$\therefore \angle DBC=\frac{1}{2}\times 48^\circ=24^\circ$
또, $\angle ACE=180^\circ-48^\circ=132^\circ$이므로
$\angle DCE=\frac{1}{2}\times 132^\circ=66^\circ$
따라서 △BCD에서
$\angle D=\angle DCE-\angle DBC$
$=66^\circ-24^\circ=42^\circ$

답 42°

중 26 △ABC에서 $\overline{AB}=\overline{AC}$이므로
$\angle ACB=\frac{1}{2}\times(180^\circ-48^\circ)=66^\circ$
이때 $\angle ACD=\frac{1}{2}\times 66^\circ=33^\circ$이므로
△ADC에서
$\angle BDC=\angle A+\angle ACD$
$=48^\circ+33^\circ=81^\circ$

답 81°

다른 풀이 △ABC에서 $\overline{AB}=\overline{AC}$이므로
$\angle B=\angle ACB=\frac{1}{2}\times(180^\circ-48^\circ)=66^\circ$
이때 $\angle BCD=\frac{1}{2}\times 66^\circ=33^\circ$이므로
△BCD에서
$\angle BDC=180^\circ-(66^\circ+33^\circ)=81^\circ$

중 27 △CDB에서 $\overline{CB}=\overline{CD}$이므로
$\angle CDB=\angle CBD=29^\circ$
$\therefore \angle DCE=29^\circ+29^\circ=58^\circ$ ······ ㉮
$\angle ACE=2\times 58^\circ=116^\circ$이므로
$\angle ACB=180^\circ-116^\circ=64^\circ$ ······ ㉯
△ABC에서 $\overline{AB}=\overline{AC}$이므로
$\angle A=180^\circ-2\times 64^\circ=52^\circ$ ······ ㉰

답 52°

채점 기준

㉮ ∠DCE의 크기 구하기	40 %
㉯ ∠ACB의 크기 구하기	40 %
㉰ ∠A의 크기 구하기	20 %

중 28 답 (가) $\overline{AD}$ (나) SAS (다) $\angle ADC$ (라) 90° (마) $\overline{BC}$

1 삼각형의 성질

중 29 [정한], [시연] 꼭지각의 이등분선은 밑변을 수직이등분하므로
$\overline{BD}=\overline{CD}$, $\overline{AD}\perp\overline{BC}$
[원우] $\triangle PBD$와 $\triangle PCD$에서
$\overline{BD}=\overline{CD}$, $\angle PDB=\angle PDC=90°$, $\overline{PD}$는 공통이므로
$\triangle PBD\equiv\triangle PCD$ (SAS 합동)
$\therefore \angle BPD=\angle CPD$
[레나] $\angle PAB=\angle PBA$인지는 알 수 없다.
따라서 성립하지 않는 것이 적혀 있는 카드를 가지고 있는 학생은 레나이다. 답 레나

중 30 ① $\triangle ABC$에서 $\overline{AB}=\overline{AC}$이므로
$\angle C=\angle B=50°$
②, ④ $\triangle ABC$에서 $\overline{AB}=\overline{AC}$, $\angle BAD=\angle CAD$이므로
$\overline{AD}\perp\overline{BC}$, $\overline{BD}=\overline{CD}$
$\therefore \angle ADC=90°$, $\overline{BD}=\frac{1}{2}\overline{BC}=\frac{1}{2}\times10=5(\text{cm})$
③ $\triangle ABD$에서 $\angle ADB=90°$이므로
$\angle BAD=180°-(50°+90°)=40°$
⑤ $\triangle ABD$와 $\triangle ACD$에서
$\overline{AB}=\overline{AC}$, $\angle BAD=\angle CAD$, $\overline{AD}$는 공통
$\therefore \triangle ABD\equiv\triangle ACD$ (SAS 합동)
따라서 옳지 않은 것은 ③이다. 답 ③

중 31 $\triangle ABC$에서 $\overline{AB}=\overline{AC}$, $\angle BAD=\angle CAD$이므로
$\overline{AD}\perp\overline{BC}$, $\overline{BD}=\overline{CD}$
따라서 $\overline{BC}=2\overline{BD}=2\times5=10(\text{cm})$이므로 …… ㉮
$\triangle ABC=\frac{1}{2}\times\overline{BC}\times\overline{AD}$
$=\frac{1}{2}\times10\times12=60(\text{cm}^2)$ …… ㉯
답 60 cm^2

채점 기준

㉮ $\overline{BC}$의 길이 구하기	60 %
㉯ $\triangle ABC$의 넓이 구하기	40 %

중 32 $\triangle ABC$에서 $\overline{BA}=\overline{BC}$이므로
$\angle A=\angle C=60°$
$\therefore \angle ABC=180°-2\times60°=60°$
따라서 $\triangle ABC$는 정삼각형이므로
$\overline{AC}=\overline{AB}=16\text{ cm}$
이때 $\overline{AD}=\overline{CD}$이므로
$\overline{CD}=\frac{1}{2}\times16=8(\text{cm})$ 답 ⑤

중 33 $\triangle ABD$와 $\triangle ACD$에서
$\overline{AB}=\overline{AC}$, $\overline{BD}=\overline{CD}$, $\overline{AD}$는 공통
$\therefore \triangle ABD\equiv\triangle ACD$ (SSS 합동)
즉, $\angle BAD=\angle CAD$이므로 $\overline{AD}$는 이등변삼각형 ABC의 꼭지각의 이등분선이다.
$\therefore \overline{AD}\perp\overline{BC}$
따라서 $\angle BAD=20°$, $\angle ADB=90°$이므로
$\triangle ABD$에서
$\angle B=180°-(20°+90°)=70°$ 답 70°

중 34 답 ㈎ $\angle ACB$ ㈏ $\angle ABC$ ㈐ $\angle DCB$

하 35 $\angle A=\angle B$이므로
$\triangle ABC$는 $\overline{CA}=\overline{CB}$인 이등변삼각형이다.
$\overline{AB}\perp\overline{CD}$이므로 $\overline{AD}=\overline{BD}$
$\therefore \overline{AD}=\frac{1}{2}\times8=4(\text{cm})$ 답 ④

중 36 ① $\triangle ABC$에서 $\overline{AB}=\overline{AC}$이므로
$\angle ABC=\angle C=\frac{1}{2}\times(180°-36°)=72°$
$\therefore \angle ABD=\frac{1}{2}\times72°=36°$
② $\triangle ABD$에서
$\angle BDC=\angle A+\angle ABD$
$=36°+36°=72°$
③ $\triangle ABD$에서 $\angle A=\angle ABD=36°$이므로
$\overline{AD}=\overline{BD}$
$\triangle BCD$에서 $\angle C=\angle BDC=72°$이므로
$\overline{BC}=\overline{BD}$
$\therefore \overline{AD}=\overline{BD}=\overline{BC}$
④ $\overline{AD}=\overline{BD}$이므로 $\triangle ABD$는 이등변삼각형이다.
⑤ $\overline{BC}=\overline{BD}$이므로 $\triangle BCD$는 이등변삼각형이다.
따라서 옳지 않은 것은 ③이다. 답 ③

중 37 $\triangle ACD$에서
$\angle A=180°-(30°+90°)=60°$
$\triangle ABD$에서 $\overline{AB}=\overline{BD}$이므로
$\angle ADB=\angle A=60°$
$\therefore \angle ABD=180°-2\times60°=60°$
따라서 $\triangle ABD$는 정삼각형이므로
$\overline{AB}=\overline{AD}=12\text{ m}$ …… ㉮
또, $\angle BDC=90°-60°=30°$이므로 $\angle C=\angle BDC$
$\therefore \overline{BC}=\overline{BD}=\overline{AD}=12\text{ m}$ …… ㉯
$\therefore \overline{AC}=\overline{AB}+\overline{BC}$
$=12+12=24(\text{m})$
따라서 두 건물 A와 C 사이의 거리는 24 m이다. …… ㉰
답 24 m

채점 기준

㉮ $\overline{AB}$의 길이 구하기	40 %
㉯ $\overline{BC}$의 길이 구하기	40 %
㉰ 두 건물 A와 C 사이의 거리 구하기	20 %

상 38 $\triangle BEF$에서
$\angle BFE=180°-(40°+90°)=50°$
$\therefore \angle AFD=\angle BFE$
$=50°$ (맞꼭지각)

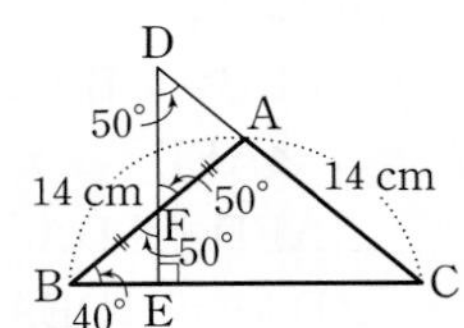

△ABC는 $\overline{AB}=\overline{AC}$인 이등변삼각형이므로
$\angle C=\angle B=40°$
△DEC에서 $\angle D=180°-(90°+40°)=50°$이므로
$\angle D=\angle AFD$
따라서 △ADF는 $\overline{AD}=\overline{AF}$인 이등변삼각형이므로
$\overline{AD}=\overline{AF}=\frac{1}{2}\overline{AB}=\frac{1}{2}\times 14=7\,(cm)$
$\therefore \overline{CD}=\overline{AC}+\overline{AD}$
$=14+7=21\,(cm)$ 답 ④

중 **39** $\angle GFE=\angle CFE$ (접은 각),
$\angle GEF=\angle CFE$ (엇각)이므로
$\angle GFE=\angle GEF$
따라서 △GFE는 $\overline{GF}=\overline{GE}$인 이등변삼각형이므로
$\overline{GF}=\overline{GE}=6$ cm 답 6 cm

중 **40** $\angle BAC=\angle DAC$ (접은 각),
$\angle BCA=\angle DAC$ (엇각)이므로
$\angle BAC=\angle BCA$
$\therefore \overline{BA}=\overline{BC}$
따라서 옳은 것은 ㄷ, ㄹ이다. 답 ㄷ, ㄹ

상 **41** $\angle BFE=\angle GFE$ (접은 각),
$\angle BFE=\angle GEF$ (엇각)이므로
$\angle GFE=\angle GEF$
따라서 △GEF는 $\overline{GE}=\overline{GF}$인 이등변삼각형이므로
$\overline{GE}=\overline{GF}=6$ cm
$\therefore \triangle GEF=\frac{1}{2}\times\overline{GE}\times\overline{CD}$
$=\frac{1}{2}\times 6\times 3$
$=9\,(cm^2)$ 답 ②

Lecture 02 직각삼각형의 합동 조건

Level A 개념 익히기 14~15쪽

01 △EFD에서 $\angle E=180°-(60°+90°)=30°$이므로
△ABC와 △EFD에서
$\angle B=\angle F=90°$,
$\overline{AC}=\overline{ED}=6$ cm,
$\angle A=\angle E=30°$
∴ △ABC≡△EFD (RHA 합동)
답 △ABC≡△EFD, RHA 합동

02 △ABC≡△EFD이므로
$\overline{BC}=\overline{FD}=3$ cm 답 3 cm

03 △ABC와 △FDE에서
$\angle C=\angle E=90°$,
$\overline{AB}=\overline{FD}=10$ cm,
$\overline{BC}=\overline{DE}=6$ cm
∴ △ABC≡△FDE (RHS 합동)
답 △ABC≡△FDE, RHS 합동

04 △ABC≡△FDE이므로
$\overline{AC}=\overline{FE}=8$ cm 답 8 cm

05 답 $\angle A=\angle D$ 또는 $\angle B=\angle E$

06 답 $\overline{AC}=\overline{DF}$ 또는 $\overline{BC}=\overline{EF}$

07 $\angle AOP=\angle BOP$이므로 각의 이등분선의 성질에 의하여
$\overline{PB}=\overline{PA}=8$ cm $\therefore x=8$ 답 8

08 $\angle AOP=\angle BOP$이므로 각의 이등분선의 성질에 의하여
$\overline{PA}=\overline{PB}=6$ cm
즉, $x-3=6$ $\therefore x=9$ 답 9

09 △AOP와 △BOP에서
$\angle A=\angle B=90°$,
$\overline{OP}$는 공통,
$\angle AOP=\angle BOP$
∴ △AOP≡△BOP (RHA 합동)
따라서 $\overline{OA}=\overline{OB}=9$ cm이므로
$x+5=9$ $\therefore x=4$ 답 4

10 $\overline{PA}=\overline{PB}$이므로 각의 이등분선의 성질에 의하여
$\angle x=\angle AOP=25°$ 답 25°

11 $\overline{PA}=\overline{PB}$이므로 각의 이등분선의 성질에 의하여
$\angle x=\angle BOP=180°-(60°+90°)=30°$ 답 30°

Level B 유형 공략하기 15~19쪽

중 **12** 답 (가) $\overline{DE}$ (나) $\angle D$ (다) ASA

중 **13** 답 (가) 180 (나) $\overline{AE}$ (또는 $\overline{DE}$) (다) $\angle E$ (라) RHA

하 **14** $\angle A=180°-(90°+30°)=60°$이므로
△ABC와 △EFD에서
$\angle B=\angle F=90°$, $\overline{AC}=\overline{ED}=12$ cm, $\angle A=\angle E=60°$
∴ △ABC≡△EFD (RHA 합동)
$\therefore \overline{EF}=\overline{AB}=6$ cm 답 6 cm

중 15 △KJL에서

$\angle K=180^\circ-(90^\circ+40^\circ)=50^\circ$

△GHI와 △KJL에서

$\angle H=\angle J=90^\circ$, $\overline{GI}=\overline{KL}=5$, $\angle G=\angle K=50^\circ$

∴ △GHI≡△KJL (RHA 합동)

답 지혜, 선미

중 16 ① RHS 합동

② RHS 합동

③ ASA 합동

④ RHA 합동 (또는 ASA 합동)

답 ⑤

중 17 ②, ③, ④ △ACD와 △CBE에서

$\angle D=\angle E=90^\circ$, $\overline{AC}=\overline{CB}$

$\angle CAD+\angle ACD=90^\circ$, $\angle BCE+\angle ACD=90^\circ$이므로

$\angle CAD=\angle BCE$

∴ △ACD≡△CBE (RHA 합동)

⑤ △ACD≡△CBE이므로

$\overline{AD}=\overline{CE}$, $\overline{CD}=\overline{BE}$

∴ $\overline{DE}=\overline{CE}+\overline{CD}=\overline{AD}+\overline{BE}$

따라서 옳지 않은 것은 ①이다.

답 ①

중 18 △APC와 △BPD에서

$\angle ACP=\angle BDP=90^\circ$, $\overline{AP}=\overline{BP}$,

$\angle APC=\angle BPD$ (맞꼭지각)

∴ △APC≡△BPD (RHA 합동)

$\overline{AC}=\overline{BD}=4$ cm이므로 $x=4$

$\angle BPD=\angle APC=180^\circ-(55^\circ+90^\circ)=35^\circ$이므로

$y=35$

∴ $y-x=35-4=31$

답 31

중 19 △ADE와 △ADC에서

$\angle AED=\angle C=90^\circ$, $\overline{AD}$는 공통, $\angle DAE=\angle DAC$

∴ △ADE≡△ADC (RHA 합동) …… ㉮

따라서 $\overline{AE}=\overline{AC}=9$ cm이므로 …… ㉯

$\overline{BE}=\overline{AB}-\overline{AE}=11-9=2$(cm) …… ㉰

답 2 cm

채점 기준

㉮ △ADE≡△ADC임을 보이기	40 %
㉯ $\overline{AE}$의 길이 구하기	30 %
㉰ $\overline{BE}$의 길이 구하기	30 %

중 20 △ABD와 △CAE에서

$\angle ADB=\angle CEA=90^\circ$, $\overline{AB}=\overline{CA}$

$\angle ABD+\angle BAD=90^\circ$, $\angle CAE+\angle BAD=90^\circ$이므로

$\angle ABD=\angle CAE$

∴ △ABD≡△CAE (RHA 합동)

따라서 $\overline{AD}=\overline{CE}=3$ m, $\overline{AE}=\overline{BD}=5$ m이므로

$\overline{DE}=\overline{AD}+\overline{AE}=3+5=8$(m)

∴ (사다리꼴 BCED의 넓이)$=\frac{1}{2}\times(\overline{BD}+\overline{CE})\times\overline{DE}$

$=\frac{1}{2}\times(5+3)\times8=32(\text{m}^2)$

따라서 넓어진 전체 꽃밭의 넓이는 32 m^2이다.

답 32 m^2

중 21 △BDM과 △CEM에서

$\angle BDM=\angle E=90^\circ$, $\overline{BM}=\overline{CM}$,

$\angle BMD=\angle CME$ (맞꼭지각)

∴ △BDM≡△CEM (RHA 합동)

따라서 $\overline{DM}=\overline{EM}=2$ cm, $\overline{CE}=\overline{BD}=6$ cm이므로

$\triangle AEC=\frac{1}{2}\times\overline{AE}\times\overline{CE}$

$=\frac{1}{2}\times11\times6=33(\text{cm}^2)$

답 ③

상 22 △ABD와 △CAE에서

$\angle ADB=\angle CEA=90^\circ$, $\overline{AB}=\overline{CA}$

$\angle ABD+\angle BAD=90^\circ$, $\angle CAE+\angle BAD=90^\circ$이므로

$\angle ABD=\angle CAE$

∴ △ABD≡△CAE (RHA 합동) …… ㉮

따라서 $\overline{AD}=\overline{CE}=8$ cm, $\overline{AE}=\overline{BD}=5$ cm이므로 …… ㉯

$\overline{DE}=\overline{AD}-\overline{AE}=8-5=3$(cm) …… ㉰

답 3 cm

채점 기준

㉮ △ABD≡△CAE임을 보이기	50 %
㉯ $\overline{AD}$, $\overline{AE}$의 길이 각각 구하기	30 %
㉰ $\overline{DE}$의 길이 구하기	20 %

중 23 △DBC와 △DEC에서

$\angle B=\angle DEC=90^\circ$, $\overline{DC}$는 공통, $\overline{BC}=\overline{EC}$

∴ △DBC≡△DEC (RHS 합동)

따라서 옳은 것은 ㄱ, ㄹ이다.

답 ②

중 24 △EDB와 △ECB에서

$\angle EDB=\angle C=90^\circ$, $\overline{BE}$는 공통, $\overline{BD}=\overline{BC}$

∴ △EDB≡△ECB (RHS 합동)

∴ $\angle DBE=\angle CBE$

△ABC에서 $\angle ABC=180^\circ-(48^\circ+90^\circ)=42^\circ$이므로

$\angle DBE=\angle CBE=\frac{1}{2}\times42^\circ=21^\circ$

따라서 △EDB에서

$\angle DEB=180^\circ-(90^\circ+21^\circ)=69^\circ$

답 69°

중 25 △ADE와 △ACE에서

$\angle ADE=\angle C=90^\circ$, $\overline{AE}$는 공통, $\overline{AD}=\overline{AC}$

∴ △ADE≡△ACE (RHS 합동)

$\overline{DE}=\overline{CE}=4$ cm이므로 $x=4$

$\angle CAE=\angle DAE=30^\circ$이므로 △ABC에서

$\angle B=180^\circ-(90^\circ+30^\circ+30^\circ)=30^\circ$

∴ $y=30$

답 $x=4$, $y=30$

중 26 △BMD와 △CME에서
$\angle BDM=\angle CEM=90^\circ$, $\overline{BM}=\overline{CM}$, $\overline{DM}=\overline{EM}$
∴ △BMD≡△CME (RHS 합동)
따라서 ∠B=∠C이므로 △ABC에서
$\angle B=\frac{1}{2}\times(180^\circ-70^\circ)=55^\circ$

답 ⑤

중 27 △ABC와 △EDC에서
$\angle ACB=\angle ECD=90^\circ$, $\overline{AB}=\overline{ED}$, $\overline{BC}=\overline{DC}$
∴ △ABC≡△EDC (RHS 합동) …… ㉮
따라서 ∠CDF=∠CBF이므로 사각형 DFBC에서
$\angle CDF=\frac{1}{2}\times(360^\circ-130^\circ-90^\circ)=70^\circ$ …… ㉯
따라서 △ECD에서
$\angle E=180^\circ-(90^\circ+70^\circ)=20^\circ$ …… ㉰

답 20°

채점 기준

㉮ △ABC≡△EDC임을 보이기	50 %
㉯ ∠CDF의 크기 구하기	30 %
㉰ ∠E의 크기 구하기	20 %

참고 사다리의 길이는 일정하므로 $\overline{AB}=\overline{ED}$이다.

상 28 △ACE와 △ADE에서
$\angle C=\angle ADE=90^\circ$, $\overline{AE}$는 공통, $\overline{AC}=\overline{AD}$
∴ △ACE≡△ADE (RHS 합동)
따라서 $\overline{CE}=\overline{DE}$이고
$\overline{BD}=\overline{AB}-\overline{AD}=\overline{AB}-\overline{AC}=15-9=6\,(\text{cm})$이므로
△DBE의 둘레의 길이는
$\overline{BD}+\overline{BE}+\overline{DE}=\overline{BD}+\overline{BE}+\overline{CE}$
$=\overline{BD}+\overline{BC}$
$=6+12=18\,(\text{cm})$

답 ④

중 29 ④ RHA

답 ④

중 30 △AOP와 △BOP에서
$\angle PAO=\angle PBO=90^\circ$, $\overline{OP}$는 공통, $\overline{PA}=\overline{PB}$
∴ △AOP≡△BOP (RHS 합동)
따라서 옳은 것은 ㄱ, ㄷ이다.

답 ②

중 31 오른쪽 그림과 같이 점 D에서 $\overline{AB}$에 내린 수선의 발을 E라 하면
∠EAD=∠CAD이므로
각의 이등분선의 성질에 의하여
$\overline{DE}=\overline{DC}=6$ cm
∴ $\triangle ABD=\frac{1}{2}\times\overline{AB}\times\overline{DE}$

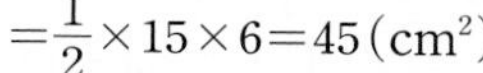
$=\frac{1}{2}\times15\times6=45\,(\text{cm}^2)$

답 45 cm²

중 32 $\overline{PQ}=\overline{PR}$이므로 각의 이등분선의 성질에 의하여
$\angle ROP=\angle QOP=20^\circ$
따라서 사각형 ORPQ에서
$\angle QPR=360^\circ-(90^\circ+20^\circ+20^\circ+90^\circ)=140^\circ$

답 140°

중 33 $\overline{DE}=\overline{DF}$이므로 각의 이등분선의 성질에 의하여
$\angle EAD=\angle FAD$
$=180^\circ-(58^\circ+90^\circ)=32^\circ$
∴ $\angle BAC=2\angle EAD$
$=2\times32^\circ=64^\circ$

답 ③

중 34 오른쪽 그림과 같이 점 D에서 $\overline{BC}$에 내린 수선의 발을 E라 하자.

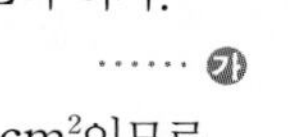
…… ㉮

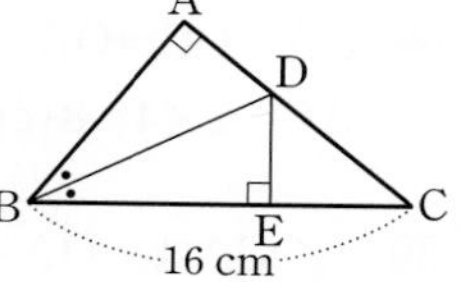

△BCD의 넓이가 40 cm²이므로
$\frac{1}{2}\times16\times\overline{DE}=40$
$8\overline{DE}=40$ ∴ $\overline{DE}=5\,(\text{cm})$ …… ㉯
이때 ∠ABD=∠EBD이므로 각의 이등분선의 성질에 의하여
$\overline{AD}=\overline{DE}=5$ cm …… ㉰

답 5 cm

채점 기준

㉮ $\overline{BC}$의 수선 $\overline{DE}$ 긋기	30 %
㉯ $\overline{DE}$의 길이 구하기	50 %
㉰ $\overline{AD}$의 길이 구하기	20 %

상 35 △ADE와 △BDE에서
$\overline{AD}=\overline{BD}$, $\overline{DE}$는 공통, ∠ADE=∠BDE
∴ △ADE≡△BDE (SAS 합동)
따라서 $\angle DAE=\angle DBE=\angle x$이고
이때 $\overline{CE}=\overline{DE}$이므로 각의 이등분선의 성질에 의하여
$\angle CAE=\angle DAE=\angle x$
△ABC에서 $2\angle x+\angle x+90^\circ=180^\circ$이므로
$3\angle x=90^\circ$ ∴ $\angle x=30^\circ$

답 30°

상 36 오른쪽 그림과 같이 점 D에서 $\overline{AB}$에 내린 수선의 발을 E라 하고 $\overline{CD}=x$ cm라 하자.
∠EBD=∠CBD이므로 각의 이등분선의 성질에 의하여
$\overline{ED}=\overline{CD}=x$ cm
또, $\overline{AD}=(12-x)$ cm이므로
$\triangle ABD=\frac{1}{2}\times\overline{AB}\times\overline{DE}=\frac{1}{2}\times\overline{AD}\times\overline{BC}$에서
$\frac{1}{2}\times13\times x=\frac{1}{2}\times(12-x)\times5$
$9x=30$ ∴ $x=\frac{10}{3}$
∴ $\overline{CD}=\frac{10}{3}$ cm

답 ④

1 삼각형의 성질

Lecture 03 삼각형의 외심

Level A 개념 익히기 20쪽

01 답 ○

02 답 ×

03 답 ×

04 답 ○

05 답 ○

06 $\overline{CD}=\overline{BD}=3$ cm　$\therefore x=3$　답 3

07 $\overline{OC}=\overline{OA}=5$ cm　$\therefore x=5$　답 5

08 $\overline{OA}=\overline{OC}=\overline{OB}=4$ cm이므로
$\overline{AC}=2\times4=8$(cm)　$\therefore x=8$　답 8

09 △OCA에서 $\overline{OA}=\overline{OC}$이므로
$\angle OCA=\frac{1}{2}\times(180°-80°)=50°$
$\therefore x=50$　답 50

10 $x°+36°+30°=90°$이므로 $x=24$　답 24

11 $\angle BOC=2\angle A=2\times55°=110°$
$\therefore x=110$　답 110

Level B 유형 공략하기 21~23쪽

중 12 ① $\overline{OD}$는 $\overline{AB}$의 수직이등분선이므로
$\overline{AD}=\overline{BD}$
② 삼각형의 외심의 성질에 의하여
$\overline{OA}=\overline{OB}=\overline{OC}$
④ △OAB에서 $\overline{OA}=\overline{OB}$이므로
$\angle OBD=\angle OAD$
⑤ △OBE와 △OCE에서
$\angle OEB=\angle OEC=90°$, $\overline{OB}=\overline{OC}$, $\overline{OE}$는 공통
$\therefore$ △OBE≡△OCE (RHS 합동)
따라서 옳지 않은 것은 ③이다.　답 ③

하 13 편의점의 위치는 삼각형의 외심이므로 ④와 같다.　답 ④

하 14 점 O는 △ABC의 외심이므로
$\overline{OA}=\overline{OC}$
따라서 △OCA에서
$\angle OCA=\angle OAC=27°$
$\therefore \angle x=180°-2\times27°=126°$　답 ②

중 15 점 O는 △ABC의 외심이므로
$\overline{BD}=\overline{CD}=6$ cm　$\therefore x=6$
또, △OCA에서 $\overline{OA}=\overline{OC}$이므로
$\angle OCA=\angle OAC=\frac{1}{2}\times(180°-110°)=35°$
$\therefore y=35$
$\therefore x+y=6+35=41$　답 ④

중 16 점 O는 △ABC의 외심이므로
$\overline{AF}=\overline{BF}=6$ cm, $\overline{CD}=\overline{BD}=4$ cm, $\overline{AE}=\overline{CE}=5$ cm
따라서 △ABC의 둘레의 길이는
$\overline{AB}+\overline{BC}+\overline{CA}=2\times6+2\times4+2\times5=30$(cm)
답 30 cm

중 17 오른쪽 그림과 같이 $\overline{OA}$를 그으면
점 O는 △ABC의 외심이므로
$\overline{OA}=\overline{OB}=\overline{OC}$
△OAB에서
$\angle OAB=\angle OBA=30°$
△OCA에서 $\angle OAC=\angle OCA=25°$
$\therefore \angle A=\angle OAB+\angle OAC$
$=30°+25°=55°$　답 55°

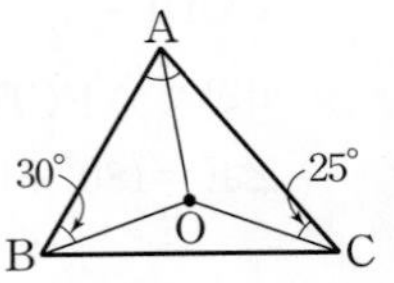

중 18 △OBC의 둘레의 길이가 17 cm이므로
$\overline{OB}+\overline{OC}+7=17$
$\therefore \overline{OB}+\overline{OC}=10$(cm)
점 O는 △ABC의 외심이므로
$\overline{OB}=\overline{OC}=\frac{1}{2}\times10=5$(cm)
따라서 △ABC의 외접원의 반지름의 길이는 5 cm이므로 …… ㉮
외접원의 넓이는 $\pi\times5^2=25\pi$(cm²) …… ㉯
답 25π cm²

채점 기준

㉮ 외접원의 반지름의 길이 구하기	60 %
㉯ 외접원의 넓이 구하기	40 %

중 19 점 O는 △ABC의 외심이므로
$\overline{OA}=\overline{OB}=\overline{OC}$
△OBC에서 $\angle OCB=\angle OBC=50°$
△OAC에서 $\angle OCA=\angle OAC=15°$
$\therefore \angle x=\angle OCB-\angle OCA$
$=50°-15°=35°$　답 35°

중 20 점 O는 △ABC의 외심이므로
$\overline{OA}=\overline{OB}=\overline{OC}$
오른쪽 그림과 같이 $\angle ACB=\angle x$
라 하면 △OAB에서
$\angle OAB=\angle OBA$
$=26°+14°=40°$
△OCB에서 $\angle OCB=\angle OBC=14°$
△OCA에서 $\angle OAC=\angle OCA=\angle x+14°$

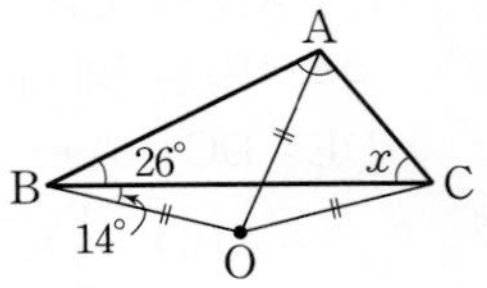

따라서 △ABC에서

$(40°+\angle x+14°)+26°+\angle x=180°$

$2\angle x=100°$ $\therefore \angle x=50°$

$\therefore \angle BAC=\angle OAB+\angle OAC$

$=40°+(50°+14°)=104°$

답 ③

하 21 점 M은 △ABC의 외심이므로 $\overline{MA}=\overline{MB}$

따라서 △ABM에서 $\angle MAB=\angle MBA=24°$

$\therefore \angle x=24°+24°=48°$

답 48°

다른 풀이 점 M은 △ABC의 외심이므로

$\overline{MA}=\overline{MB}=\overline{MC}$

△ABM에서 $\angle MAB=\angle MBA=24°$

△AMC에서 $\angle MCA=\angle MAC=90°-24°=66°$

$\therefore \angle x=180°-2\times 66°=48°$

하 22 직각삼각형의 외심은 빗변의 중점이므로

$\overline{OC}=\overline{OA}=\overline{OB}=\frac{1}{2}\times 10=5(\text{cm})$

답 5 cm

중 23 직각삼각형의 외심은 빗변의 중점이므로

△ABC의 외접원의 반지름의 길이는

$\frac{1}{2}\overline{AB}=\frac{1}{2}\times 13=\frac{13}{2}(\text{cm})$ ······ ㉮

따라서 △ABC의 외접원의 둘레의 길이는

$2\pi\times\frac{13}{2}=13\pi(\text{cm})$ ······ ㉯

답 13π cm

채점 기준

㉮ 외접원의 반지름의 길이 구하기	60 %
㉯ 외접원의 둘레의 길이 구하기	40 %

중 24 직각삼각형의 외심은 빗변의 중점이므로 $\overline{OB}=\overline{OC}$

따라서 △ABO=△ACO이므로

$\triangle ABO=\frac{1}{2}\triangle ABC=\frac{1}{2}\times\left(\frac{1}{2}\times 8\times 6\right)$

$=12(\text{cm}^2)$

답 12 cm²

참고 높이가 같은 두 삼각형의 밑변의 길이가 같으면 넓이도 같다.

중 25 점 M은 △ABC의 외심이므로 $\overline{MA}=\overline{MB}$

△ABM에서 $\angle MAB=\angle B=35°$

$\therefore \angle AMH=35°+35°=70°$

따라서 △AMH에서

$\angle MAH=180°-(70°+90°)=20°$

답 ④

중 26 점 O는 △ABC의 외심이므로 $\overline{OA}=\overline{OB}$

△OAB에서 $\angle OAB=\frac{1}{2}\times(180°-94°)=43°$

이때 $43°+20°+\angle x=90°$이므로 $\angle x=27°$

답 ②

중 27 오른쪽 그림과 같이 $\overline{OA}$를 그으면

점 O는 △ABC의 외심이므로

$24°+\angle x+36°=90°$

$\therefore \angle x=30°$

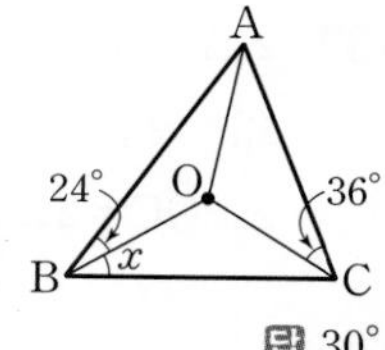

답 30°

중 28 오른쪽 그림과 같이 $\overline{OA}$, $\overline{OC}$를 긋고

$\angle OAB=\angle a$, $\angle OAC=\angle b$,

$\angle OBC=\angle c$라 하면

점 O는 △ABC의 외심이므로

$\angle a+\angle b+\angle c=90°$

이때 $\angle a+\angle b=64°$이므로

$64°+\angle c=90°$ $\therefore \angle c=26°$

$\therefore \angle OBC=26°$

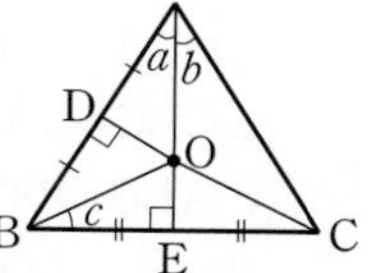

답 ②

중 29 오른쪽 그림과 같이 $\overline{OA}$, $\overline{OC}$를 그으면 점 O는 △ABC의 외심이므로

$\overline{OA}=\overline{OB}=\overline{OC}$

△OAB에서

$\angle OAB=\angle OBA=40°$

△OBC에서 $\angle OCB=\angle OBC=15°$

이때 $\angle OAC+40°+15°=90°$이므로

$\angle OAC=35°$

따라서 △OCA에서 $\angle OCA=\angle OAC=35°$이므로

$\angle A=\angle OAB+\angle OAC=40°+35°=75°$

$\angle C=\angle OCA+\angle OCB=35°+15°=50°$

$\therefore \angle A-\angle C=75°-50°=25°$

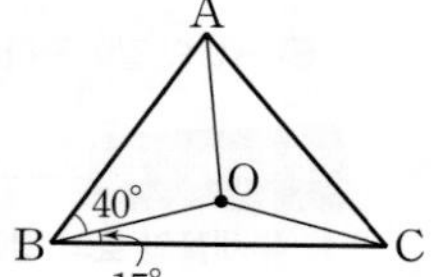

답 25°

중 30 점 O는 △ABC의 외심이므로

$\angle ABC=\frac{1}{2}\angle AOC=\frac{1}{2}\times 144°=72°$

오른쪽 그림과 같이 $\overline{OB}$를 그으면

$\overline{OA}=\overline{OB}=\overline{OC}$이므로

△OAB에서

$\angle OBA=\angle OAB=39°$

따라서 △OBC에서

$\angle OCB=\angle OBC$

$=\angle ABC-\angle OBA$

$=72°-39°=33°$

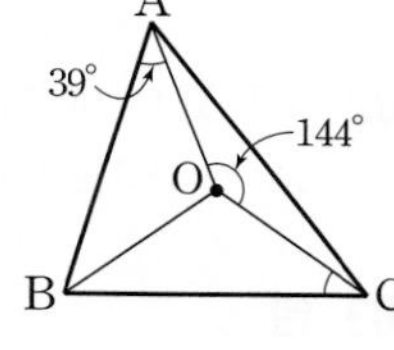

답 33°

다른 풀이 $\angle OAC=\frac{1}{2}\times(180°-144°)=18°$

$39°+\angle OCB+18°=90°$이므로

$\angle OCB=33°$

하 31 점 O는 △ABC의 외심이므로 $\overline{OB}=\overline{OC}$

△OBC에서 $\angle BOC=180°-2\times 25°=130°$

$\therefore \angle A=\frac{1}{2}\angle BOC=\frac{1}{2}\times 130°=65°$

답 ③

중 32 $\angle A=180^\circ\times\frac{2}{2+3+4}=180^\circ\times\frac{2}{9}=40^\circ$

이때 점 O는 $\triangle ABC$의 외심이므로

$\angle BOC=2\angle A=2\times40^\circ=80^\circ$ 답 80°

중 33 오른쪽 그림과 같이 $\overline{OB}$를 그으면

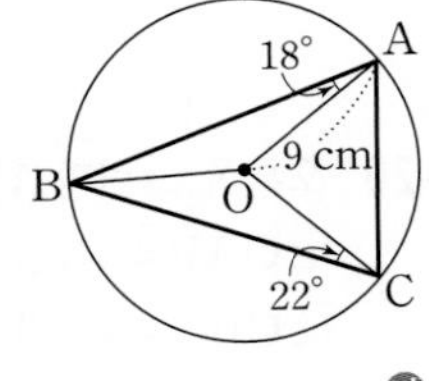

점 O는 $\triangle ABC$의 외심이므로

$\overline{OA}=\overline{OB}=\overline{OC}$ ······ ㉮

$\angle OBA=\angle OAB=18^\circ$,

$\angle OBC=\angle OCB=22^\circ$이므로

$\angle ABC=18^\circ+22^\circ=40^\circ$ ······ ㉯

따라서 $\angle AOC=2\angle ABC=2\times40^\circ=80^\circ$이므로

$\widehat{AC}=2\pi\times9\times\frac{80}{360}=4\pi(\text{cm})$ ······ ㉰

답 4π cm

채점 기준

㉮ $\overline{OA}=\overline{OB}=\overline{OC}$임을 알기	20 %
㉯ $\angle ABC$의 크기 구하기	40 %
㉰ $\widehat{AC}$의 길이 구하기	40 %

개념 보충 학습

부채꼴의 호의 길이

반지름의 길이가 r, 중심각의 크기가 x°인 부채꼴의 호의 길이는

$2\pi r\times\frac{x}{360}$

Lecture 04 삼각형의 내심

Level A 개념 익히기 24~25쪽

01 $\angle PAO=90^\circ$이므로 $\triangle PAO$에서

$\angle x=180^\circ-(30^\circ+90^\circ)=60^\circ$ 답 60°

02 $\angle PAO=90^\circ$이므로 $\triangle POA$에서

$\angle x=180^\circ-(90^\circ+65^\circ)=25^\circ$ 답 25°

03 답 ×

04 답 ○

05 답 ×

06 답 ×

07 답 ○

08 $\triangle BDI$와 $\triangle BEI$에서

$\angle BDI=\angle BEI=90^\circ$, $\overline{BI}$는 공통, $\overline{ID}=\overline{IE}$

$\therefore \triangle BDI\equiv\triangle BEI$ (RHS 합동) 답 ○

09 점 I는 $\triangle ABC$의 내심이므로

$\angle IAC=\angle IAB=40^\circ$

$\therefore x=40$ 답 40

10 점 I는 $\triangle ABC$의 내심이므로

$\overline{IE}=\overline{ID}=2$ cm $\therefore x=2$ 답 2

11 점 I는 $\triangle ABC$의 내심이므로

$\angle x+25^\circ+30^\circ=90^\circ$ $\therefore \angle x=35^\circ$ 답 35°

12 점 I는 $\triangle ABC$의 내심이므로

$36^\circ+\angle x+21^\circ=90^\circ$ $\therefore \angle x=33^\circ$ 답 33°

13 점 I는 $\triangle ABC$의 내심이므로

$\angle x=90^\circ+\frac{1}{2}\angle A=90^\circ+\frac{1}{2}\times52^\circ=116^\circ$ 답 116°

14 점 I는 $\triangle ABC$의 내심이므로

$132^\circ=90^\circ+\frac{1}{2}\angle x$, $\frac{1}{2}\angle x=42^\circ$

$\therefore \angle x=84^\circ$ 답 84°

15 점 I는 $\triangle ABC$의 내심이므로

$\overline{AD}=\overline{AF}=2$ cm, $\overline{BD}=\overline{BE}=4$ cm

$\therefore \overline{AB}=\overline{AD}+\overline{BD}=2+4=6(\text{cm})$

$\therefore x=6$ 답 6

16 점 I는 $\triangle ABC$의 내심이므로

$\overline{CE}=\overline{CF}=4$ cm, $\overline{BD}=\overline{BE}=10-4=6(\text{cm})$

$\therefore \overline{AD}=\overline{AB}-\overline{BD}=11-6=5(\text{cm})$

$\therefore x=5$ 답 5

17 $\triangle ABC=\frac{1}{2}\times2\times(6+10+8)=24(\text{cm}^2)$ 답 24 cm^2

Level B 유형 공략하기 25~29쪽

중 18 ①, ⑤ $\triangle ADI$와 $\triangle AFI$에서

$\angle ADI=\angle AFI=90^\circ$, $\overline{AI}$는 공통, $\overline{ID}=\overline{IF}$

$\therefore \triangle ADI\equiv\triangle AFI$ (RHS 합동)

$\therefore \overline{AD}=\overline{AF}$

③ 점 I는 $\triangle ABC$의 내심이므로 $\overline{ID}=\overline{IE}=\overline{IF}$

④ 점 I는 세 내각의 이등분선의 교점이므로

$\angle ECI=\angle FCI$

따라서 옳지 않은 것은 ②이다. 답 ②

하 19 삼각형의 내심은 세 내각의 이등분선의 교점이므로 ③과 같다.

답 ③

중 20 점 I는 $\triangle ABC$의 내심이므로

$\angle IAB=\angle IAC=40^\circ$

$\angle IBA=\angle IBC=\angle x$ ······ ㉮

$\triangle ABI$에서 $40^\circ+\angle x+110^\circ=180^\circ$이므로

$\angle x=30^\circ$ …… (나)

답 30°

채점 기준

(가) $\angle IAB$, $\angle IBA$와 크기가 같은 각을 각각 구하기	50 %
(나) $\angle x$의 크기 구하기	50 %

하 21 오른쪽 그림과 같이 $\overline{CI}$를 그으면

점 I는 $\triangle ABC$의 내심이므로

$\angle ICB=\angle ICA=\frac{1}{2}\times 76^\circ=38^\circ$

이때 $\angle IAB+34^\circ+38^\circ=90^\circ$이므로

$\angle IAB=18^\circ$

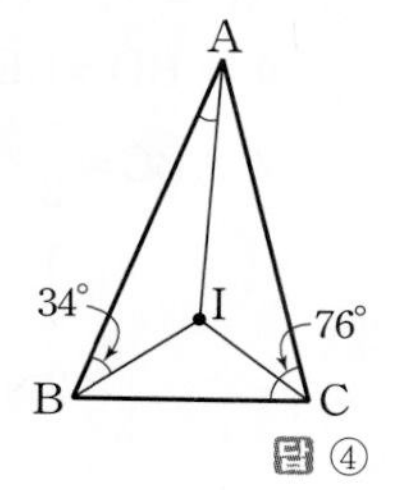

답 ④

하 22 오른쪽 그림과 같이 $\overline{BI}$를 그으면

점 I는 $\triangle ABC$의 내심이므로

$25^\circ+\angle IBC+42^\circ=90^\circ$

$\therefore \angle IBC=23^\circ$

$\therefore \angle B=2\angle IBC$

$=2\times 23^\circ=46^\circ$

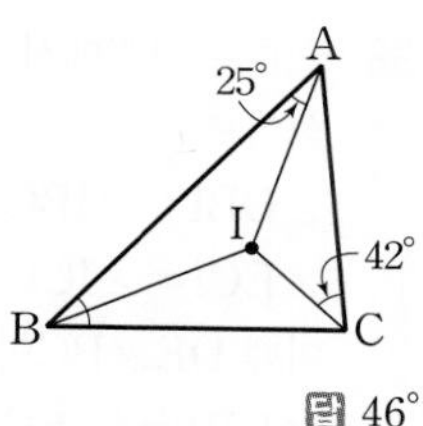

답 46°

중 23 점 I는 $\triangle ABC$의 내심이므로

$\angle BAI+28^\circ+22^\circ=90^\circ$ $\therefore \angle BAI=40^\circ$

또, $\angle ABD=2\angle ABI=2\times 28^\circ=56^\circ$이므로

$\triangle ABD$에서 $\angle BAD=180^\circ-(56^\circ+90^\circ)=34^\circ$

$\therefore \angle DAI=\angle BAI-\angle BAD$

$=40^\circ-34^\circ=6^\circ$

답 6°

상 24 오른쪽 그림과 같이 $\overline{BI}$를 그으면

점 I는 $\triangle ABC$의 내심이므로

$\angle ABI=\frac{1}{2}\times 48^\circ=24^\circ$

$\angle IAB=\angle a$, $\angle ICA=\angle b$라 하면

$\angle IAC=\angle IAB=\angle a$,

$\angle ICB=\angle ICA=\angle b$

또, $\angle a+24^\circ+\angle b=90^\circ$이므로 $\angle a+\angle b=66^\circ$ …… (가)

$\triangle BCE$에서 $\angle x=48^\circ+\angle b$

$\triangle ABD$에서 $\angle y=\angle a+48^\circ$ …… (나)

$\therefore \angle x+\angle y=(48^\circ+\angle b)+(\angle a+48^\circ)$

$=(\angle a+\angle b)+96^\circ$

$=66^\circ+96^\circ=162^\circ$ …… (다)

답 162°

채점 기준

(가) $\angle a+\angle b$의 크기 구하기	40 %
(나) $\angle x$, $\angle y$의 크기를 각각 $\angle a$, $\angle b$에 대한 식으로 나타내기	30 %
(다) $\angle x+\angle y$의 크기 구하기	30 %

하 25 점 I는 $\triangle ABC$의 내심이므로

$112^\circ=90^\circ+\frac{1}{2}\angle BAC$

$112^\circ=90^\circ+\angle x$ $\therefore \angle x=22^\circ$

답 22°

다른 풀이 $\triangle IBC$에서

$\angle IBC+\angle ICB=180^\circ-112^\circ=68^\circ$

점 I는 $\triangle ABC$의 내심이므로

$\angle x+\angle IBC+\angle ICB=90^\circ$

$\angle x+68^\circ=90^\circ$ $\therefore \angle x=22^\circ$

중 26 점 I는 $\triangle ABC$의 내심이므로

$35^\circ+30^\circ+\frac{1}{2}\angle x=90^\circ$

$\frac{1}{2}\angle x=25^\circ$ $\therefore \angle x=50^\circ$

$\angle y=90^\circ+\frac{1}{2}\angle x=90^\circ+\frac{1}{2}\times 50^\circ=115^\circ$

$\therefore \angle x+\angle y=50^\circ+115^\circ=165^\circ$

답 165°

다른 풀이 $\angle IAB=\angle IAC=35^\circ$이므로

$\triangle ABI$에서

$\angle y=180^\circ-(35^\circ+30^\circ)=115^\circ$

중 27 $\angle C=180^\circ\times\frac{7}{5+6+7}=180^\circ\times\frac{7}{18}=70^\circ$

점 I는 $\triangle ABC$의 내심이므로

$\angle AIB=90^\circ+\frac{1}{2}\angle C=90^\circ+\frac{1}{2}\times 70^\circ=125^\circ$

답 ④

중 28 점 I는 $\triangle ABC$의 내심이므로

$\angle BAC=2\angle IAC=2\times 40^\circ=80^\circ$

$\triangle ABC$에서 $\overline{AB}=\overline{AC}$이므로

$\angle B=\angle ACB=\frac{1}{2}\times(180^\circ-80^\circ)=50^\circ$

$\therefore \angle AIC=90^\circ+\frac{1}{2}\angle B=90^\circ+\frac{1}{2}\times 50^\circ=115^\circ$

답 115°

중 29 내접원의 반지름의 길이를 r cm라 하면

$\triangle ABC=\frac{1}{2}\times r\times(5+6+5)=12$

$8r=12$ $\therefore r=\frac{3}{2}$

따라서 내접원의 반지름의 길이는 $\frac{3}{2}$ cm이다.

답 $\frac{3}{2}$ cm

중 30 $\triangle ABC=\frac{1}{2}\times 2\times(\overline{AB}+\overline{BC}+\overline{CA})=20\,(\text{m}^2)$이므로

$\overline{AB}+\overline{BC}+\overline{CA}=20\,(\text{m})$

따라서 잔디밭의 둘레의 길이는 20 m이다.

답 20 m

중 31 내접원의 반지름의 길이를 r cm라 하면

$\triangle ABC=\frac{1}{2}\times r\times(20+16+12)=24r\,(\text{cm}^2)$

이때 $\triangle ABC=\frac{1}{2}\times 16\times 12=96\,(\text{cm}^2)$이므로

$24r=96$ $\therefore r=4$

$\therefore \triangle AIC=\frac{1}{2}\times 12\times 4=24\,(\text{cm}^2)$

답 24 cm^2

상 32 원 I의 반지름의 길이를 r cm라 하면

$2\pi r=8\pi$ $\quad\therefore r=4$

$\therefore$ (원 I의 넓이)$=\pi\times4^2=16\pi\,(\text{cm}^2)$ ······ ㉮

또, $\triangle ABC=\frac{1}{2}\times4\times42=84\,(\text{cm}^2)$ ······ ㉯

따라서 색칠한 부분의 넓이는

$\triangle ABC-$(원 I의 넓이)$=84-16\pi\,(\text{cm}^2)$ ······ ㉰

답 $(84-16\pi)\ \text{cm}^2$

채점 기준

㉮ 원 I의 넓이 구하기	40 %
㉯ $\triangle ABC$의 넓이 구하기	40 %
㉰ 색칠한 부분의 넓이 구하기	20 %

중 33 $\overline{CE}=\overline{CF}=x$ cm라 하면

$\overline{AD}=\overline{AF}=(10-x)$ cm

$\overline{BD}=\overline{BE}=(9-x)$ cm

이때 $\overline{AB}=\overline{AD}+\overline{BD}$이므로

$7=(10-x)+(9-x)$

$7=19-2x,\ 2x=12$ $\quad\therefore x=6$

$\therefore \overline{CE}=6$ cm

답 6 cm

다른 풀이 $\overline{CE}=\frac{1}{2}\times(9+10-7)=6\,(\text{cm})$

공략 비법

오른쪽 그림에서

$\overline{BD}=\overline{BE}=a-x$, $\overline{AD}=\overline{AF}=b-x$

이때 $\overline{AB}=\overline{AD}+\overline{BD}$이므로

$c=(b-x)+(a-x)$

$2x=a+b-c$

$\therefore x=\frac{1}{2}(a+b-c)$

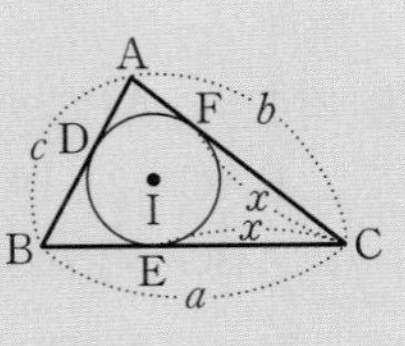

중 34 점 I는 $\triangle ABC$의 내심이므로

$\overline{AF}=\overline{AD}=2$ cm

$\overline{CE}=\overline{CF}=6$ cm

$\overline{BD}=\overline{BE}=11-6=5\,(\text{cm})$

따라서 $\triangle ABC$의 둘레의 길이는

$\overline{AB}+\overline{BC}+\overline{CA}=(2+5)+11+(6+2)$

$=26\,(\text{cm})$

답 ⑤

중 35 $\overline{AF}=\overline{AD}=x$ cm, $\overline{CF}=\overline{CE}=y$ cm라 하면

$2(x+y+4)=34$이므로

$x+y+4=17$ $\quad\therefore x+y=13$

$\therefore \overline{AC}=\overline{AF}+\overline{CF}=x+y=13\,(\text{cm})$

답 ③

중 36 오른쪽 그림과 같이 내접원 I와 $\triangle ABC$의 접점을 D, E, F라 하면

$\overline{CE}=\overline{CF}=\overline{IE}=3$ cm이므로

$\overline{AD}=\overline{AF}=8-3=5\,(\text{cm})$

$\overline{BD}=\overline{BE}=15-3=12\,(\text{cm})$

$\therefore \overline{AB}=\overline{AD}+\overline{BD}=5+12=17\,(\text{cm})$

답 ②

다른 풀이 $\triangle ABC=\frac{1}{2}\times15\times8=60\,(\text{cm}^2)$이므로

$60=\frac{1}{2}\times3\times(\overline{AB}+15+8)$

$\therefore \overline{AB}=17\,(\text{cm})$

중 37 $\overline{AD}=\overline{AF}=x$ cm, $\overline{CE}=\overline{CF}=y$ cm라 하면

$\overline{AC}=\overline{AF}+\overline{CF}$에서 $x+y=15$

이때 $\overline{BD}=\overline{BE}=\overline{IE}=4$ cm이므로

$\triangle ABC=\frac{1}{2}\times4\times(\overline{AB}+\overline{BC}+\overline{CA})$

$=\frac{1}{2}\times4\times\{(x+4)+(y+4)+15\}$

$=2\times(x+y+23)$

$=2\times(15+23)=76\,(\text{cm}^2)$

답 76 cm²

중 38 오른쪽 그림에서 점 I는 $\triangle ABC$의 내심이므로

$\angle DBI=\angle IBC$ ······ ㉠

$\angle ECI=\angle ICB$ ······ ㉡

이때 $\overline{DE}\,/\!/\,\overline{BC}$이므로

$\angle DIB=\angle IBC$ (엇각) ······ ㉢

$\angle EIC=\angle ICB$ (엇각) ······ ㉣

㉠, ㉢에서 $\angle DBI=\angle DIB$이므로 $\triangle DBI$는 $\overline{DB}=\overline{DI}$인 이등변삼각형이고,

㉡, ㉣에서 $\angle ECI=\angle EIC$이므로 $\triangle ECI$는 $\overline{EC}=\overline{EI}$인 이등변삼각형이다.

따라서 $\triangle ADE$의 둘레의 길이는

$\overline{AD}+\overline{DE}+\overline{EA}=\overline{AD}+(\overline{DI}+\overline{EI})+\overline{EA}$

$=(\overline{AD}+\overline{DB})+(\overline{EC}+\overline{EA})$

$=\overline{AB}+\overline{AC}$

$=7+10=17\,(\text{cm})$

답 17 cm

중 39 오른쪽 그림과 같이 $\overline{AI}$, $\overline{CI}$를 그으면

$\triangle ADI$, $\triangle ECI$에서

$\angle DAI=\angle DIA$, $\angle ECI=\angle EIC$

이므로

$\overline{DA}=\overline{DI}$, $\overline{EC}=\overline{EI}$

따라서 $\triangle ABC$의 둘레의 길이는

$\overline{AB}+\overline{BC}+\overline{CA}=(\overline{AD}+\overline{DB})+(\overline{BE}+\overline{EC})+\overline{CA}$

$=\overline{DI}+\overline{DB}+\overline{BE}+\overline{EI}+\overline{CA}$

$=\overline{DB}+\overline{BE}+\overline{DE}+\overline{CA}$

$=8+6+7+\frac{21}{2}=\frac{63}{2}\,(\text{cm})$

답 ③

중 40 $\triangle DBI$, $\triangle ECI$에서 $\angle DBI=\angle DIB$, $\angle ECI=\angle EIC$이므로

$\overline{DB}=\overline{DI}$, $\overline{EC}=\overline{EI}$ ······ ㉮

$\therefore$ ($\triangle ADE$의 둘레의 길이)$=\overline{AD}+\overline{DE}+\overline{EA}$

$=\overline{AD}+(\overline{DI}+\overline{EI})+\overline{EA}$

$=(\overline{AD}+\overline{DB})+(\overline{EC}+\overline{EA})$

$=\overline{AB}+\overline{AC}=2\overline{AC}$

이때 △ADE의 둘레의 길이가 18 cm이므로

$2\overline{AC}=18$ $\therefore \overline{AC}=9(cm)$ …… ㉯

$\therefore \overline{EC}=\overline{AC}-\overline{AE}$

$=9-7=2(cm)$ …… ㉰

답 2 cm

채점 기준

㉮ $\overline{DB}=\overline{DI}$, $\overline{EC}=\overline{EI}$임을 알기	40 %
㉯ $\overline{AC}$의 길이 구하기	40 %
㉰ $\overline{EC}$의 길이 구하기	20 %

상 41 오른쪽 그림과 같이 $\overline{BI}$, $\overline{CI}$를 그으면

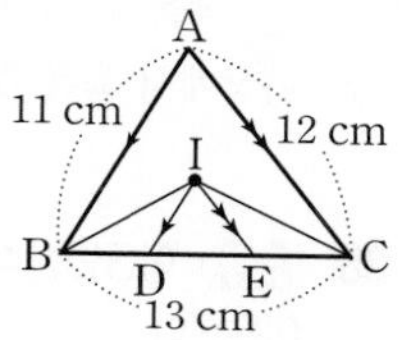

$\overline{AB}$ // $\overline{ID}$이므로

$\angle ABI=\angle BID$ (엇각)

점 I가 △ABC의 내심이므로

$\angle ABI=\angle IBD$

$\therefore \angle BID=\angle IBD$

즉, △BDI는 $\overline{DB}=\overline{DI}$인 이등변삼각형이다.

같은 방법으로 하면 △CEI도 $\overline{EC}=\overline{EI}$인 이등변삼각형이다.

따라서 △IDE의 둘레의 길이는

$\overline{ID}+\overline{DE}+\overline{EI}=\overline{BD}+\overline{DE}+\overline{EC}$

$=\overline{BC}=13$ cm

답 ③

중 42 점 I는 △ABC의 내심이므로

$110°=90°+\frac{1}{2}\angle A$

$\frac{1}{2}\angle A=20°$ $\therefore \angle A=40°$

점 O는 △ABC의 외심이므로

$\angle BOC=2\angle A=2\times 40°=80°$

답 80°

중 43 점 O는 △ABC의 외심이므로 $\overline{OB}=\overline{OC}$

따라서 △OBC에서

$\angle BOC=180°-2\times 30°=120°$

$\therefore \angle A=\frac{1}{2}\angle BOC=\frac{1}{2}\times 120°=60°$

점 I는 △ABC의 내심이므로

$\angle BIC=90°+\frac{1}{2}\angle A$

$=90°+\frac{1}{2}\times 60°=120°$

답 ③

중 44 점 O는 △ABC의 외심이므로

$\angle BOC=2\angle A=2\times 48°=96°$

△OBC에서 $\overline{OB}=\overline{OC}$이므로

$\angle OBC=\frac{1}{2}\times(180°-96°)=42°$

△ABC에서 $\overline{AB}=\overline{AC}$이므로

$\angle ABC=\frac{1}{2}\times(180°-48°)=66°$

점 I는 △ABC의 내심이므로

$\angle IBC=\frac{1}{2}\angle ABC=\frac{1}{2}\times 66°=33°$

$\therefore \angle OBI=\angle OBC-\angle IBC$

$=42°-33°=9°$

답 9°

개념 보충 학습

삼각형의 외심과 내심의 위치

① 모든 삼각형의 내심은 삼각형의 내부에 있다.

② 이등변삼각형의 외심과 내심은 꼭지각의 이등분선 위에 있다.

③ 정삼각형의 외심과 내심은 일치한다.

상 45 오른쪽 그림과 같이 $\overline{OC}$를 그으면

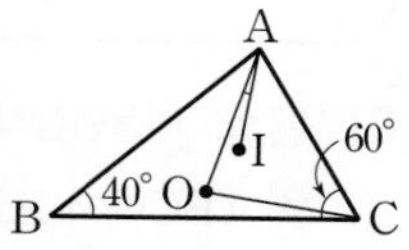

점 O는 △ABC의 외심이므로

$\angle AOC=2\angle B=2\times 40°=80°$

△OCA에서 $\overline{OA}=\overline{OC}$이므로

$\angle OAC=\frac{1}{2}\times(180°-80°)=50°$ …… ㉮

이때 △ABC에서

$\angle BAC=180°-(40°+60°)=80°$

점 I는 △ABC의 내심이므로

$\angle IAC=\frac{1}{2}\angle BAC=\frac{1}{2}\times 80°=40°$ …… ㉯

$\therefore \angle OAI=\angle OAC-\angle IAC$

$=50°-40°=10°$ …… ㉰

답 10°

채점 기준

㉮ $\angle OAC$의 크기 구하기	40 %
㉯ $\angle IAC$의 크기 구하기	40 %
㉰ $\angle OAI$의 크기 구하기	20 %

중 46 내접원의 반지름의 길이를 r cm라 하면

$\triangle ABC=\frac{1}{2}\times r\times(12+20+16)=24r(cm^2)$

이때 $\triangle ABC=\frac{1}{2}\times 12\times 16=96(cm^2)$이므로

$24r=96$ $\therefore r=4$

한편, 점 O는 직각삼각형 ABC의 외심이므로

$\overline{BO}=\frac{1}{2}\overline{BC}=\frac{1}{2}\times 20=10(cm)$

∴ (색칠한 부분의 넓이)=(원 O의 넓이)−(원 I의 넓이)

$=\pi\times 10^2-\pi\times 4^2$

$=84\pi(cm^2)$

답 84π cm²

상 47 점 O는 직각삼각형 ABC의 외심이므로

$\overline{AO}=\frac{1}{2}\overline{AB}=\frac{1}{2}\times 13=\frac{13}{2}(cm)$

$\overline{AD}=\overline{AF}=x$ cm라 하면

$\overline{BE}=\overline{BD}=(13-x)$ cm, $\overline{CE}=\overline{CF}=(5-x)$ cm

이때 $\overline{BC}=\overline{BE}+\overline{CE}$이므로

$12=(13-x)+(5-x)$

$12=18-2x$, $2x=6$ $\therefore x=3$

$\therefore \overline{OD}=\overline{AO}-\overline{AD}$

$=\frac{13}{2}-3=\frac{7}{2}(cm)$

답 $\frac{7}{2}$ cm

단원 마무리 Level B 필수 유형 정복하기 30~33쪽

01 ③	02 $60°$	03 ②	04 ④	05 ㄱ, ㄷ
06 $90°$	07 7 cm	08 $56°$	09 ②, ③	10 $110°$
11 32 cm^2	12 ⑤	13 ③	14 $32°$	15 ①, ③
16 ④	17 58 cm^2	18 ④	19 $66°$	20 $\frac{24}{5}\text{ cm}$
21 5 cm^2	22 $50°$	23 (1) $14°$ (2) $46°$		
24 $\left(9-\frac{9}{4}\pi\right)\text{ cm}^2$				

01 전략 이등변삼각형의 두 밑각의 크기는 같음을 이용한다.

$\triangle ABC$에서 $\overline{AB}=\overline{AC}$이므로

$\angle ACB=\angle B=55°$

$\triangle DCE$에서 $\overline{DC}=\overline{DE}$이므로

$\angle DCE=\frac{1}{2}\times(180°-38°)=71°$

$\therefore \angle ACD=180°-\angle ACB-\angle DCE$

$=180°-55°-71°=54°$

02 전략 $\angle CAE=\angle DAE=\angle a$라 하고 $\angle a$의 크기를 먼저 구한다.

오른쪽 그림에서

$\angle CAE=\angle DAE=\angle a$라 하면

$\triangle ACE$에서 $\overline{AE}=\overline{CE}$이므로

$\angle ACE=\angle CAE=\angle a$

$\triangle ACD$에서

$(\angle a+\angle a)+\angle a+90°=180°$이므로

$3\angle a=90°$ $\therefore \angle a=30°$

따라서 $\triangle AED$에서 $\angle x=180°-(90°+30°)=60°$

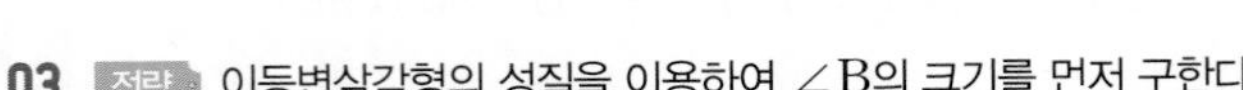

03 전략 이등변삼각형의 성질을 이용하여 $\angle B$의 크기를 먼저 구한다.

오른쪽 그림과 같이 $\angle B=\angle x$라 하면

$\triangle DBC$에서 $\overline{DB}=\overline{DC}$이므로

$\angle DCB=\angle B=\angle x$

$\therefore \angle ADC=\angle x+\angle x=2\angle x$

$\triangle CAD$에서 $\overline{CA}=\overline{CD}$이므로

$\angle A=\angle ADC=2\angle x$

$\triangle ABC$에서 $2\angle x+\angle x=120°$이므로

$3\angle x=120°$ $\therefore \angle x=40°$

$\therefore \angle BDC=180°-2\angle x$

$=180°-2\times 40°=100°$

04 전략 이등변삼각형의 밑각의 크기를 구한 후 $\angle CBD$, $\angle ACD$의 크기를 구한다.

$\triangle ABC$에서 $\overline{AB}=\overline{AC}$이므로

$\angle ABC=\angle ACB=\frac{1}{2}\times(180°-36°)=72°$

$\therefore \angle CBD=\frac{1}{2}\times 72°=36°$

$\angle ACE=3\angle ACD$이므로

$\angle ACD=\frac{1}{3}\angle ACE=\frac{1}{3}\times(180°-72°)=36°$

따라서 $\triangle BCD$에서

$\angle D=180°-(36°+72°+36°)=36°$

05 전략 이등변삼각형의 뜻과 성질을 확인해 본다.

ㄴ. 이등변삼각형의 꼭지각의 이등분선은 밑변을 수직이등분한다.

ㄹ. 이등변삼각형의 두 밑각의 크기의 합은 꼭지각의 크기보다 작을 수 있다.

이상에서 옳은 것은 ㄱ, ㄷ이다.

06 전략 이등변삼각형의 꼭지각의 이등분선은 밑변을 수직이등분함을 이용한다.

$\triangle ABC$에서 $\overline{AB}=\overline{AC}$, $\angle BAD=\angle CAD$이므로

$\overline{BD}=\overline{CD}$, $\overline{AD}\perp\overline{BC}$

$\triangle ADC$에서 $\angle DAC=50°$, $\angle ADC=90°$이므로

$\angle ACD=180°-(50°+90°)=40°$

$\therefore \angle x=40°-20°=20°$

$\triangle PBD$와 $\triangle PCD$에서

$\overline{BD}=\overline{CD}$, $\angle PDB=\angle PDC=90°$, $\overline{PD}$는 공통

$\therefore \triangle PBD\equiv\triangle PCD$ (SAS 합동)

$\therefore \angle PBD=\angle PCD=20°$

$\triangle PBD$에서 $\angle y=180°-(20°+90°)=70°$

$\therefore \angle x+\angle y=20°+70°=90°$

07 전략 두 내각의 크기가 같으면 이등변삼각형임을 이용한다.

$\triangle DBC$에서

$\angle DBC=\angle ADB-\angle C=70°-35°=35°$

즉, $\angle DBC=\angle DCB$이므로

$\overline{DB}=\overline{DC}=7\text{ cm}$

$\angle BAD=180°-110°=70°$

즉, $\triangle BDA$에서 $\angle BAD=\angle BDA$이므로

$\overline{AB}=\overline{BD}=7\text{ cm}$

08 전략 접은 각의 크기와 엇각의 크기가 같음을 이용한다.

$\angle BAC=\angle DAC=62°$ (접은 각),

$\angle BCA=\angle DAC=62°$ (엇각)

이므로 $\angle BAC=\angle BCA$

따라서 $\triangle BCA$는 $\overline{BA}=\overline{BC}$인 이등변삼각형이므로

$\angle ABC=180°-2\times 62°=56°$

$\therefore \angle BCE=\angle ABC=56°$ (엇각)

다른 풀이 오른쪽 그림에서

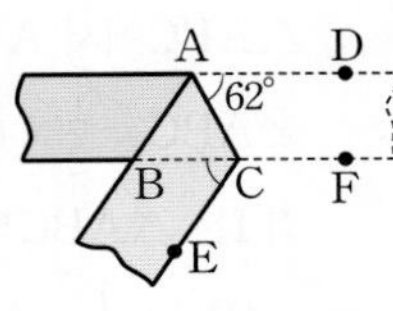

$\angle BCA=\angle DAC=62°$ (엇각)

$\therefore \angle ACF=180°-62°=118°$

$\angle ACE=\angle ACF=118°$ (접은 각)

이므로 $\angle BCE=118°-62°=56°$

09 전략 직각삼각형의 합동 조건을 이용한다.

① △ABC에서 $\overline{AB}=\overline{AC}$이므로 ∠B=∠C

④, ⑤ △BDM과 △CEM에서

∠BDM=∠CEM=90°, $\overline{BM}=\overline{CM}$, ∠B=∠C

∴ △BDM≡△CEM (RHA 합동)

∴ $\overline{DM}=\overline{EM}$

따라서 옳지 않은 것은 ②, ③이다.

10 전략 합동인 두 직각삼각형을 찾는다.

△AME와 △BMD에서

∠AEM=∠BDM=90°, $\overline{AM}=\overline{BM}$, $\overline{ME}=\overline{MD}$

∴ △AME≡△BMD (RHS 합동)

따라서 ∠A=∠B=35°이므로 △ABC에서

∠C=180°−2×35°=110°

11 전략 각의 이등분선의 성질을 이용하여 $\overline{DE}$의 길이를 먼저 구한다.

∠EBD=∠CBD이므로 각의 이등분선의 성질에 의하여

$\overline{DE}=\overline{DC}$=8 cm

△ABC에서 ∠A=$\frac{1}{2}$×(180°−90°)=45°이므로

△AED에서 ∠ADE=180°−(45°+90°)=45°

즉, △AED는 $\overline{AE}=\overline{DE}$, ∠AED=90°인 직각이등변삼각형이므로

$\overline{AE}=\overline{DE}$=8 cm

∴ △AED=$\frac{1}{2}$×$\overline{AE}$×$\overline{DE}$

=$\frac{1}{2}$×8×8=32 (cm²)

12 전략 직각삼각형의 빗변의 중점은 직각삼각형의 외심임을 이용한다.

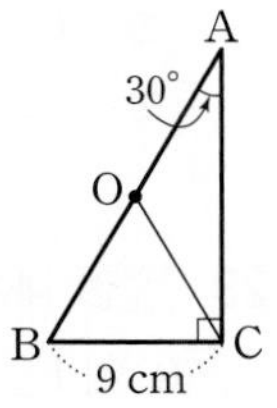

오른쪽 그림과 같이 직각삼각형 ABC의 외심을 O라 하면

$\overline{OA}=\overline{OB}=\overline{OC}$

△ABC에서

∠B=180°−(30°+90°)=60°이므로

△OBC에서 ∠OCB=∠B=60°

∴ ∠BOC=180°−2×60°=60°

즉, △OBC는 정삼각형이므로

$\overline{OB}=\overline{OC}=\overline{BC}$=9 cm

∴ $\overline{AB}$=2$\overline{OB}$=2×9=18 (cm)

13 전략 ∠OBA+∠OCB+∠OAC=90°, ∠BOC=2∠BAC임을 이용한다.

점 O가 △ABC의 외심이므로

$4x°+3x°+48°=90°$

$7x°=42°$ ∴ $x=6$

$\overline{OA}=\overline{OB}$이므로 △OAB에서

∠OAB=∠OBA=4×6°=24°

∠BAC=∠OAB+∠OAC=24°+48°=72°이므로

∠BOC=2∠BAC=2×72°=144° ∴ $y=144$

∴ $x+y=6+144=150$

14 전략 삼각형의 세 변의 수직이등분선의 교점은 외심임을 이용한다.

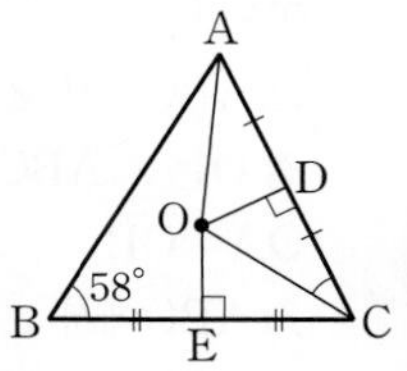

오른쪽 그림과 같이 $\overline{OA}$를 그으면

점 O는 △ABC의 외심이므로

∠AOC=2∠B=2×58°=116°

$\overline{OA}=\overline{OC}$이므로 △OCA에서

∠OCD=∠OAD

=$\frac{1}{2}$×(180°−116°)=32°

다른 풀이 $\overline{OB}$를 그으면 점 O는 △ABC의 외심이므로

∠OBA+∠OBC+∠OCD=90°

58°+∠OCD=90°

∴ ∠OCD=32°

15 전략 모든 삼각형의 내심은 삼각형의 내부에 있으므로 외심이 삼각형의 내부에 있는 것을 찾는다.

② 이등변삼각형이 둔각삼각형이면 외심은 삼각형의 외부에 있다.

④ 둔각삼각형의 외심은 삼각형의 외부에 있다.

⑤ 직각삼각형의 외심은 빗변의 중점이다.

따라서 외심과 내심이 모두 삼각형의 내부에 있는 것은 ①, ③이다.

16 전략 ∠BIC의 크기를 먼저 구한 후 내심의 성질을 이용한다.

점 I는 △ABC의 내심이므로

∠IBC=∠ABI=40°, ∠ICB=∠ACI=32°

△IBC에서 ∠BIC=180°−(40°+32°)=108°

또, 점 I′은 △IBC의 내심이므로

∠BI′C=90°+$\frac{1}{2}$∠BIC=90°+$\frac{1}{2}$×108°=144°

다른 풀이 점 I는 △ABC의 내심이므로

∠IBC=∠ABI=40°, ∠ICB=∠ACI=32°

또, 점 I′은 △IBC의 내심이므로

∠I′BC=$\frac{1}{2}$×40°=20°, ∠I′CB=$\frac{1}{2}$×32°=16°

따라서 △I′BC에서

∠BI′C=180°−(20°+16°)=144°

17 전략 △ADE의 둘레의 길이를 먼저 구한다.

△DBI, △ECI에서

∠DBI=∠DIB, ∠ECI=∠EIC이므로

$\overline{DB}=\overline{DI}$, $\overline{EC}=\overline{EI}$

따라서 △ADE의 둘레의 길이는

$\overline{AD}+\overline{DE}+\overline{EA}=\overline{AD}+(\overline{DI}+\overline{EI})+\overline{EA}$

$=(\overline{AD}+\overline{DB})+(\overline{EC}+\overline{EA})$

$=\overline{AB}+\overline{AC}$

=14+15=29 (cm)

이때 △ADE의 내접원의 반지름의 길이가 4 cm이므로

△ADE=$\frac{1}{2}$×4×($\overline{AD}+\overline{DE}+\overline{EA}$)

=$\frac{1}{2}$×4×29=58 (cm²)

18 전략 외심과 내심의 성질을 이용하여 $\angle BAO$, $\angle ABI$의 크기를 구한다.

$\triangle ABC$에서 $\angle ABC=180^\circ-(90^\circ+58^\circ)=32^\circ$
점 O는 $\triangle ABC$의 외심이므로
$\overline{OA}=\overline{OB}$
$\triangle ABO$에서 $\angle BAO=\angle ABO=32^\circ$
또, 점 I는 $\triangle ABC$의 내심이므로
$\angle ABI=\frac{1}{2}\angle ABC=\frac{1}{2}\times 32^\circ=16^\circ$
따라서 $\triangle ABP$에서
$\angle APB=180^\circ-(32^\circ+16^\circ)=132^\circ$

다른 풀이 $\triangle ABC$에서
$\angle ABC=180^\circ-(90^\circ+58^\circ)=32^\circ$
점 I는 $\triangle ABC$의 내심이므로
$\angle IBO=\frac{1}{2}\angle ABC=\frac{1}{2}\times 32^\circ=16^\circ$
점 O는 $\triangle ABC$의 외심이므로
$\angle AOB=2\angle C=2\times 58^\circ=116^\circ$
따라서 $\triangle PBO$에서
$\angle APB=\angle PBO+\angle POB=16^\circ+116^\circ=132^\circ$

19 전략 합동인 두 삼각형을 찾아 $\angle DEF$와 크기가 같은 각을 구한다.

$\triangle ABC$에서 $\overline{AB}=\overline{AC}$이므로
$\angle B=\angle C$
$\triangle DBE$와 $\triangle ECF$에서
$\overline{DB}=\overline{EC}$, $\angle B=\angle C$, $\overline{BE}=\overline{CF}$
$\therefore \triangle DBE\equiv\triangle ECF$ (SAS 합동) …… ㉮
$\therefore \angle DEF=180^\circ-(\angle BED+\angle FEC)$
$=180^\circ-(\angle BED+\angle EDB)$
$=\angle B$
$=\frac{1}{2}\times(180^\circ-48^\circ)=66^\circ$ …… ㉯

채점 기준

㉮ $\triangle DBE\equiv\triangle ECF$임을 보이기	50 %
㉯ $\angle DEF$의 크기 구하기	50 %

20 전략 이등변삼각형에서 꼭지각의 이등분선은 밑변을 수직이등분함을 이용한다.

$\triangle ABC$에서 $\overline{AB}=\overline{AC}$, $\angle BAD=\angle CAD$이므로
$\overline{BD}=\overline{CD}$, $\overline{AD}\perp\overline{BC}$
$\therefore \overline{CD}=\frac{1}{2}\overline{BC}=\frac{1}{2}\times 12=6\,(\text{cm})$ …… ㉮
$\triangle ADC=\frac{1}{2}\times\overline{AC}\times\overline{DE}=\frac{1}{2}\times\overline{CD}\times\overline{AD}$에서
$\frac{1}{2}\times 10\times\overline{DE}=\frac{1}{2}\times 6\times 8$ …… ㉯
$5\overline{DE}=24$ $\quad\therefore \overline{DE}=\frac{24}{5}\,(\text{cm})$ …… ㉰

채점 기준

㉮ $\overline{CD}$의 길이 구하기	30 %
㉯ $\triangle ADC$의 넓이를 이용하여 $\overline{DE}$에 대한 방정식 세우기	40 %
㉰ $\overline{DE}$의 길이 구하기	30 %

21 전략 합동인 두 직각삼각형을 찾는다.

$\triangle CFB$와 $\triangle DGC$에서
$\angle CFB=\angle DGC=90^\circ$, $\overline{BC}=\overline{CD}$
$\angle BCF+\angle FBC=90^\circ$, $\angle BCF+\angle GCD=90^\circ$이므로
$\angle FBC=\angle GCD$
$\therefore \triangle CFB\equiv\triangle DGC$ (RHA 합동) …… ㉮
따라서 $\overline{CG}=\overline{BF}=3$ cm, $\overline{CF}=\overline{DG}=5$ cm이므로
$\overline{FG}=\overline{CF}-\overline{CG}=5-3=2\,(\text{cm})$ …… ㉯
$\therefore \triangle DFG=\frac{1}{2}\times\overline{FG}\times\overline{DG}$
$=\frac{1}{2}\times 2\times 5=5\,(\text{cm}^2)$ …… ㉰

채점 기준

㉮ $\triangle CFB\equiv\triangle DGC$임을 보이기	50 %
㉯ $\overline{FG}$의 길이 구하기	30 %
㉰ $\triangle DFG$의 넓이 구하기	20 %

22 전략 합동인 두 직각삼각형을 이용하여 크기가 같은 두 각을 찾는다.

$\triangle ABD$와 $\triangle EBD$에서
$\angle A=\angle BED=90^\circ$, $\overline{BD}$는 공통, $\overline{AB}=\overline{EB}$
$\therefore \triangle ABD\equiv\triangle EBD$ (RHS 합동) …… ㉮
$\therefore \angle DBA=\angle DBE=25^\circ$
$\angle ABC=\angle DBA+\angle DBE=25^\circ+25^\circ=50^\circ$이므로
$\triangle ABC$에서
$\angle C=180^\circ-(90^\circ+50^\circ)=40^\circ$ …… ㉯
따라서 $\triangle CDE$에서
$\angle x=180^\circ-(90^\circ+40^\circ)=50^\circ$ …… ㉰

채점 기준

㉮ $\triangle ABD\equiv\triangle EBD$임을 보이기	40 %
㉯ $\angle C$의 크기 구하기	40 %
㉰ $\angle x$의 크기 구하기	20 %

23 전략 내심의 성질을 이용하여 각의 크기를 구한다.

(1) 점 I는 $\triangle ABC$의 내심이므로
$\angle BAD=\angle CAD=28^\circ$ …… ㉮
점 I′은 $\triangle ABD$의 내심이므로
$\angle BAI'=\frac{1}{2}\angle BAD=\frac{1}{2}\times 28^\circ=14^\circ$ …… ㉯

(2) $\triangle ABC$에서 $\angle ABC=180^\circ-(28^\circ+28^\circ+60^\circ)=64^\circ$
점 I는 $\triangle ABC$의 내심이므로
$\angle ABI=\frac{1}{2}\angle ABC=\frac{1}{2}\times 64^\circ=32^\circ$ …… ㉰
따라서 $\triangle ABI'$에서
$\angle AI'I=\angle BAI'+\angle ABI'$
$=14^\circ+32^\circ=46^\circ$ …… ㉱

채점 기준

(1)	㉮ $\angle BAD$의 크기 구하기	20 %
	㉯ $\angle BAI'$의 크기 구하기	30 %
(2)	㉰ $\angle ABI$의 크기 구하기	30 %
	㉱ $\angle AI'I$의 크기 구하기	20 %

24 전략 △ABC의 내접원의 반지름의 길이를 먼저 구한다.

오른쪽 그림과 같이 $\overline{AB}$, $\overline{AC}$와 내접원의 접점을 각각 D, E라 하고 △ABC의 내접원의 반지름의 길이를 r cm라 하면

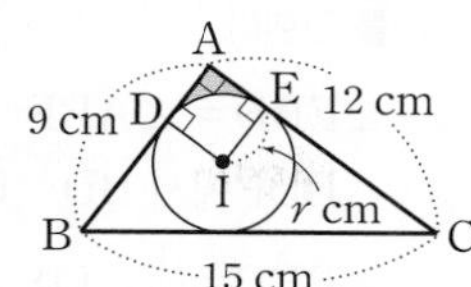

$\triangle ABC=\frac{1}{2}\times r\times(9+15+12)=18r\,(\text{cm}^2)$

이때 $\triangle ABC=\frac{1}{2}\times 9\times 12=54\,(\text{cm}^2)$이므로

$18r=54$ $\quad\therefore r=3$ …… ㉮

따라서 사각형 ADIE는 한 변의 길이가 3 cm인 정사각형이므로 색칠한 부분의 넓이는

(정사각형 ADIE의 넓이)−(부채꼴 DIE의 넓이)

$=3\times3-\pi\times3^2\times\frac{90}{360}$

$=9-\frac{9}{4}\pi\,(\text{cm}^2)$ …… ㉯

채점 기준

㉮ 내접원의 반지름의 길이 구하기	50 %
㉯ 색칠한 부분의 넓이 구하기	50 %

Level C 단원 마무리 발전 유형 정복하기 34~35쪽

01 ④	02 ③	03 7 cm	04 60 cm^2	05 108°
06 ④	07 ㄱ, ㄹ	08 ④	09 $(64-8\pi)$ cm^2	
10 50°	11 풀이 참조		12 (1) 80° (2) 60°	

01 전략 △ABC, △ABE, △ACD가 이등변삼각형임을 이용한다.

△ABE와 △ACD에서

$\overline{AB}=\overline{AC}$, $\angle B=\angle C$, $\overline{BE}=\overline{BA}=\overline{CA}=\overline{CD}$

$\therefore$ △ABE≡△ACD (SAS 합동)

따라서 △ADE에서 $\overline{AD}=\overline{AE}$이므로

$\angle AED=\frac{1}{2}\times(180°-42°)=69°$

△ABE에서 $\overline{BA}=\overline{BE}$이므로

$\angle BAE=\angle BEA=69°$

$\therefore \angle BAD=\angle BAE-\angle DAE$

$=69°-42°=27°$

02 전략 $\angle EDB=\angle x$라 하고 △ABC의 세 내각의 크기의 합은 180°임을 이용한다.

△BDE에서 $\overline{BD}=\overline{BE}$이므로

$\angle EDB=\angle E=\angle x$라 하면

$\angle DBC=\angle x+\angle x=2\angle x$

△ABC에서 $\overline{AB}=\overline{AC}$이므로

$\angle ACB=\angle ABC=2\angle x$

$\therefore \angle DCA=\frac{1}{2}\angle ACB=\angle x$

△DCA에서 $\overline{DA}=\overline{DC}$이므로

$\angle A=\angle DCA=\angle x$

△ABC에서 $\angle x+2\angle x+2\angle x=180°$이므로

$5\angle x=180°$ $\quad\therefore \angle x=36°$

$\therefore \angle EDB=36°$

03 전략 △QPC, △MBP가 직각삼각형임을 이용하여 ∠Q와 크기가 같은 각을 찾는다.

△ABC에서 $\overline{AB}=\overline{AC}$이므로

$\angle B=\angle C$

두 직각삼각형 QPC, MBP에서

$\angle Q=90°-\angle C=90°-\angle B=\angle BMP$

이때 $\angle AMQ=\angle BMP$ (맞꼭지각)이므로

$\angle Q=\angle AMQ$

따라서 △AQM은 $\overline{AQ}=\overline{AM}$인 이등변삼각형이므로

$\overline{AQ}=\overline{AM}=\frac{1}{2}\overline{AB}=\frac{1}{2}\times14=7\,(\text{cm})$

04 전략 합동인 두 삼각형을 찾아 필요한 변의 길이를 구한 후 △ABC=△AMC+△BCM임을 이용한다.

△ADM과 △BEM에서

$\angle ADM=\angle BEM=90°$, $\overline{AM}=\overline{BM}$,

$\angle AMD=\angle BME$ (맞꼭지각)

$\therefore$ △ADM≡△BEM (RHA 합동)

따라서 $\overline{EM}=\overline{DM}=4$ cm, $\overline{BE}=\overline{AD}=6$ cm이므로

△ABC=△AMC+△BCM

$=\frac{1}{2}\times(4+6)\times6+\frac{1}{2}\times(4+6)\times6$

$=30+30=60\,(\text{cm}^2)$

05 전략 $\overline{OD}$를 그은 후 외심의 성질을 이용한다.

점 O가 △ABC의 외심이므로

$\angle AOC=2\angle B=2\times72°=144°$

또, 오른쪽 그림과 같이 $\overline{OD}$를 그으면

점 O는 △ACD의 외심이므로

$\overline{OA}=\overline{OD}=\overline{OC}$

$\angle ODA=\angle x$, $\angle ODC=\angle y$라 하면

△AOD에서 $\angle OAD=\angle ODA=\angle x$

△OCD에서 $\angle OCD=\angle ODC=\angle y$

따라서 사각형 AOCD에서

$\angle x+144°+\angle y+(\angle x+\angle y)=360°$이므로

$2(\angle x+\angle y)=216°$

$\therefore \angle x+\angle y=108°$

$\therefore \angle D=108°$

다른 풀이 점 O가 △ABC의 외심이므로

$\angle AOC=2\angle B=2\times72°=144°$

또, 점 O가 △ACD의 외심이므로

$\angle D=\frac{1}{2}\times(360°-144°)=108°$

06 전략 점 O′이 △AOC의 외심임을 이용하여 ∠OAC의 크기를 먼저 구한다.

점 O′이 △AOC의 외심이므로

$\angle OO'C=180°-2\times 35°=110°$

$\therefore\ \angle OAC=\frac{1}{2}\angle OO'C=\frac{1}{2}\times 110°=55°$

이때 △ABC의 외심 O가 $\overline{BC}$ 위에 있으므로 ∠BAC=90°

$\therefore\ \angle OAB=90°-55°=35°$

따라서 △OAB에서 $\overline{OA}=\overline{OB}$이므로

$\angle B=\angle OAB=35°$

07 전략 점 I가 △ABC의 내심임을 이용한다.

점 I는 △ABC의 두 내각의 이등분선의 교점이므로 △ABC의 내심이다.

ㄱ. $2\angle AIB-\angle C=180°$에서

$2\angle AIB=180°+\angle C$

$\therefore\ \angle AIB=90°+\frac{1}{2}\angle C$

ㄴ. $\overline{AB}$의 수직이등분선이 점 I를 지나는지는 알 수 없다.

ㄷ. 점 I는 △ABC의 내접원의 중심이다.

ㄹ. 점 I에서 △ABC의 세 변에 이르는 거리는 같으므로 점 I와 $\overline{AB}$ 사이의 거리는 점 I와 $\overline{AC}$ 사이의 거리와 같다.

이상에서 옳은 것은 ㄱ, ㄹ이다.

08 전략 내심의 뜻을 이용하여 ∠ABI, ∠ADI′의 크기를 구한다.

점 I는 △ABC의 내심이므로

$\angle ABI=\frac{1}{2}\angle ABC=\frac{1}{2}\times 48°=24°$

△ACD에서

$\angle ADC=\angle BAC-\angle ACD$

$=86°-46°=40°$

점 I′은 △ACD의 내심이므로

$\angle ADI'=\frac{1}{2}\angle ADC=\frac{1}{2}\times 40°=20°$

따라서 △BPD에서 $\angle IPI'=180°-(20°+24°)=136°$

09 전략 $\overline{EI}=\overline{EA}$, $\overline{DI}=\overline{DB}$임을 이용한다.

오른쪽 그림과 같이 점 I에서 $\overline{AB}$에 내린 수선의 발을 H라 하면

$\overline{IH}=4$ cm

또, $\overline{AI}$, $\overline{BI}$를 그으면

△EAI, △DIB에서

∠EAI=∠EIA, ∠DBI=∠DIB

이므로 $\overline{EI}=\overline{EA}$, $\overline{DI}=\overline{DB}$

$\therefore\ \overline{ED}=\overline{EI}+\overline{DI}=\overline{EA}+\overline{DB}=7+5=12$ (cm)

따라서 색칠한 부분의 넓이는

(사다리꼴 ABDE의 넓이)−(반원의 넓이)

$=\frac{1}{2}\times(12+20)\times 4-\frac{1}{2}\times\pi\times 4^2$

$=64-8\pi\ (\text{cm}^2)$

10 전략 ∠BFD의 크기와 ∠BAC의 크기를 이용하여 ∠C의 크기를 구한다.

∠FBD=∠ABF=50°

△BDF에서 $\overline{BD}=\overline{BF}$이므로

$\angle BFD=\frac{1}{2}\times(180°-50°)=65°$ …… ㉮

이때 △ABF에서 ∠BAF+50°=65°이므로

∠BAF=15°　　$\therefore\ \angle BAC=2\times 15°=30°$ …… ㉯

따라서 △ABC에서

$\angle C=180°-(30°+50°+50°)=50°$ …… ㉰

채점 기준

㉮ ∠BFD의 크기 구하기	40 %
㉯ ∠BAC의 크기 구하기	40 %
㉰ ∠C의 크기 구하기	20 %

11 전략 호 위에 세 점 A, B, C를 잡고 △ABC의 외심을 찾는다.

원의 중심은 원 위의 세 점을 꼭짓점으로 하는 삼각형의 외심이므로 삼각형의 외심의 성질 '삼각형의 세 변의 수직이등분선은 한 점(외심)에서 만난다.'를 이용하여 원의 중심을 찾을 수 있다. …… ㉮

오른쪽 그림과 같이 호 위에 세 점 A, B, C를 정하고 △ABC의 세 변의 수직이등분선의 교점을 O라 하면 원의 중심은 O이다.

따라서 점 O를 중심으로 하고 $\overline{OA}$를 반지름으로 하는 원을 그리면 된다. …… ㉯

채점 기준

㉮ 이용할 수 있는 삼각형의 성질 말하기	50 %
㉯ 원의 중심을 찾아 원 그리기	50 %

12 전략 외심과 내심의 성질, 삼각형의 내각과 외각 사이의 관계를 이용한다.

(1) 점 I는 △ABC의 내심이므로

$\angle BAC=2\angle CAE=2\times 40°=80°$ …… ㉮

(2) 오른쪽 그림과 같이 $\overline{OB}$, $\overline{OC}$를 그으면 점 O는 △ABC의 외심이므로 $\overline{OA}=\overline{OB}=\overline{OC}$

△OAB에서

∠OBA=∠OAB=25°

한편, ∠BOC=2∠BAC=2×80°=160°이므로

△OBC에서 $\angle OBC=\frac{1}{2}\times(180°-160°)=10°$

$\therefore\ \angle ABD=\angle OBA+\angle OBC=25°+10°=35°$ …… ㉯

따라서 △ABD에서 ∠ADE=25°+35°=60° …… ㉰

채점 기준

(1)	㉮ ∠BAC의 크기 구하기	30 %
(2)	㉯ ∠ABD의 크기 구하기	50 %
	㉰ ∠ADE의 크기 구하기	20 %

05 평행사변형 (1)

개념 익히기 38쪽

01 $\overline{AD}/\!/\overline{BC}$이므로
$\angle DAC=\angle BCA$ (엇각) $\quad\therefore x=50$
$\angle ADB=\angle CBD$ (엇각) $\quad\therefore y=35$
답 $x=50$, $y=35$

> 개념 보충 학습
> **평행선의 성질**
> 평행한 두 직선이 다른 한 직선과 만날 때, 동위각과 엇각의 크기는 각각 같다.

02 $\overline{AD}/\!/\overline{BC}$이므로
$\angle ADB=\angle CBD$ (엇각) $\quad\therefore x=25$
$\overline{AB}/\!/\overline{DC}$이므로
$\angle CDB=\angle ABD$ (엇각) $\quad\therefore y=45$
답 $x=25$, $y=45$

03 $\overline{AD}=\overline{BC}$이므로 $x=5$
$\overline{AB}=\overline{DC}$이므로 $y=4$ 답 $x=5$, $y=4$

04 $\overline{AD}=\overline{BC}$이므로
$10=x+1 \quad\therefore x=9$
$\overline{AB}=\overline{DC}$이므로
$6=y-2 \quad\therefore y=8$ 답 $x=9$, $y=8$

05 $\angle A+\angle D=180°$이므로
$x°+60°=180° \quad\therefore x=120$
$\angle B=\angle D$이므로 $y=60$ 답 $x=120$, $y=60$

06 $\angle A=\angle C=110°$이므로 $x=110$
$\triangle BCD$에서
$\angle DBC=180°-(40°+110°)=30°$
$\overline{AD}/\!/\overline{BC}$이므로 $\angle ADB=\angle DBC=30°$
$\therefore y=30$ 답 $x=110$, $y=30$

07 평행사변형의 두 대각선은 서로를 이등분하므로
$x=4$
$y=6$ 답 $x=4$, $y=6$

08 평행사변형의 두 대각선은 서로를 이등분하므로
$x=5$
$y=\frac{1}{2}\times 13=\frac{13}{2}$ 답 $x=5$, $y=\frac{13}{2}$

Level B 유형 공략하기 39~41쪽

중 09 $\overline{AB}/\!/\overline{DC}$이므로
$\angle CDB=\angle ABD=43°$ (엇각)
$\therefore \angle ADC=32°+43°=75°$
$\triangle ACD$에서 $\angle x+\angle y+75°=180°$
$\therefore \angle x+\angle y=105°$ 답 $105°$

중 10 $\overline{AD}/\!/\overline{BC}$이므로
$\angle ODA=\angle OBC=50°$ (엇각)
$\triangle AOD$에서 $\angle x=36°+50°=86°$ 답 $86°$

> 개념 보충 학습
> **삼각형의 외각의 성질**
> 삼각형의 한 외각의 크기는 그와 이웃하지 않는 두 내각의 크기의 합과 같다.

중 11 $\overline{AB}/\!/\overline{DC}$이므로
$\angle ABD=$ $\boxed{\angle CDB}$ (엇각)
$\overline{AD}/\!/\overline{BC}$이므로
$\angle ADB=$ $\boxed{\angle CBD}$ (엇각)
$\boxed{\overline{BD}}$는 공통
답 (가) $\angle CDB$ (나) $\angle CBD$ (다) $\overline{BD}$

중 12 $\overline{AB}/\!/\overline{DC}$이므로
$\angle BAC=$ $\boxed{\angle DCA}$ (엇각)
$\overline{AD}/\!/\overline{BC}$이므로
$\angle BCA=\angle DAC$ (엇각)
$\boxed{\overline{AC}}$는 공통
따라서 $\triangle ABC\equiv\triangle CDA$ ($\boxed{ASA}$ 합동)이므로
$\angle B=$ $\boxed{\angle D}$
$\triangle ABD$와 $\triangle CDB$에서 같은 방법으로 하면
$\triangle ABD\equiv\triangle CDB$ (ASA 합동)
$\therefore$ $\boxed{\angle A}$ $=\angle C$
답 (가) $\angle DCA$ (나) $\overline{AC}$ (다) ASA (라) $\angle D$ (마) $\angle A$

중 13 ③ $\angle OBC$ 답 ③

중 14 ㄱ. 평행사변형의 두 쌍의 대변의 길이는 각각 같으므로
$\overline{AB}=\overline{DC}$
ㄴ. 평행사변형의 두 대각선은 서로를 이등분하므로
$\overline{OB}=\overline{OD}$
ㄷ. 평행사변형의 두 쌍의 대각의 크기는 각각 같으므로
$\angle ABC=\angle CDA$
ㄹ. $\triangle OAB$와 $\triangle OCD$에서
$\overline{AB}=\overline{CD}$, $\overline{AB}/\!/\overline{DC}$이므로
$\angle OAB=\angle OCD$ (엇각), $\angle OBA=\angle ODC$ (엇각)
$\therefore \triangle OAB\equiv\triangle OCD$ (ASA 합동)
이상에서 옳은 것은 ㄱ, ㄴ, ㄹ이다.
답 ㄱ, ㄴ, ㄹ

하 **15** $\overline{AD}=\overline{BC}$이므로

$9=4x+1$, $4x=8$ $\therefore x=2$

$\overline{OB}=\overline{OD}$이므로

$\overline{OB}=\frac{1}{2}\times 12=6(cm)$

즉, $2y=6$이므로 $y=3$

$\therefore x+y=2+3=5$ 답 5

중 **16** $\angle BAD=\angle C=115°$이므로

$\angle DAE=\angle BAD-\angle BAE$

$=115°-40°=75°$

$\overline{AD}/\!/\overline{BC}$이므로

$\angle BEA=\angle DAE=75°$ (엇각) 답 75°

다른 풀이 $\angle B+\angle C=180°$이므로

$\angle B=180°-115°=65°$

$\triangle ABE$에서

$\angle BEA=180°-(40°+65°)=75°$

상 **17** $\angle FDB=\angle BDC=\angle x$ (접은 각) …… ㉮

$\overline{AB}/\!/\overline{DC}$이므로

$\angle FBD=\angle BDC=\angle x$ (엇각) …… ㉯

$\triangle FBD$에서

$76°+\angle x+\angle x=180°$

$2\angle x=104°$ $\therefore \angle x=52°$ …… ㉰

답 52°

채점 기준

㉮ $\angle FDB=\angle x$임을 알기	30 %
㉯ $\angle FBD=\angle x$임을 알기	30 %
㉰ $\angle x$의 크기 구하기	40 %

중 **18** $\overline{AB}/\!/\overline{DE}$이므로 $\angle E=\angle BAE$ (엇각)

$\triangle DAE$에서 $\angle DAE=\angle E$이므로

$\triangle DAE$는 $\overline{DA}=\overline{DE}$인 이등변삼각형이다.

즉, $\overline{DE}=\overline{DA}=12$ cm이므로

$\overline{CE}=\overline{DE}-\overline{DC}=\overline{DE}-\overline{AB}$

$=12-9=3(cm)$ 답 3 cm

중 **19** $\overline{AD}/\!/\overline{BC}$이므로 $\angle AEB=\angle EBC$ (엇각)

$\triangle ABE$에서 $\angle ABE=\angle AEB$이므로

$\triangle ABE$는 $\overline{AB}=\overline{AE}$인 이등변삼각형이다.

즉, $\overline{AD}=\overline{BC}=10$ cm이므로

$\overline{AB}=\overline{AE}=\overline{AD}-\overline{ED}$

$=10-4=6(cm)$ 답 6 cm

중 **20** $\triangle EFA$와 $\triangle ECD$에서

$\overline{AE}=\overline{DE}$, $\angle FEA=\angle CED$ (맞꼭지각)

$\overline{FB}/\!/\overline{DC}$이므로 $\angle FAE=\angle D$ (엇각)

따라서 $\triangle EFA\equiv\triangle ECD$ (ASA 합동)이므로

$\overline{FA}=\overline{CD}=8$ cm …… ㉮

또, $\overline{AB}=\overline{DC}=8$ cm이므로 …… ㉯

$\overline{FB}=\overline{FA}+\overline{AB}=8+8=16(cm)$ …… ㉰

답 16 cm

채점 기준

㉮ $\overline{FA}$의 길이 구하기	50 %
㉯ $\overline{AB}$의 길이 구하기	30 %
㉰ $\overline{FB}$의 길이 구하기	20 %

상 **21** $\overline{AD}/\!/\overline{BC}$이므로

$\angle AFB=\angle CBF$ (엇각)

$\triangle ABF$에서 $\angle ABF=\angle AFB$이므로

$\triangle ABF$는 $\overline{AB}=\overline{AF}$인 이등변삼각형이다.

즉, $\overline{AF}=\overline{AB}=14$ cm이므로

$\overline{FD}=\overline{AD}-\overline{AF}=\overline{BC}-\overline{AF}$

$=16-14=2(cm)$

또, $\overline{AD}/\!/\overline{BC}$이므로

$\angle DEC=\angle BCE$ (엇각)

$\triangle DEC$에서 $\angle DEC=\angle DCE$이므로

$\triangle DEC$는 $\overline{DE}=\overline{DC}$인 이등변삼각형이다.

즉, $\overline{DE}=\overline{DC}=\overline{AB}=14$ cm이므로

$\overline{AE}=\overline{DA}-\overline{DE}=\overline{BC}-\overline{DE}$

$=16-14=2(cm)$

$\therefore \overline{EF}=\overline{AD}-(\overline{AE}+\overline{FD})$

$=16-(2+2)=12(cm)$ 답 12 cm

하 **22** $\angle A+\angle B=180°$이므로

$\angle A=180°\times\frac{7}{7+3}=180°\times\frac{7}{10}=126°$

$\therefore \angle C=\angle A=126°$ 답 126°

중 **23** $\triangle BEA$는 $\overline{AB}=\overline{BE}$인 이등변삼각형이므로

$\angle BAE=\angle BEA$ …… ㉠

또, $\overline{AD}/\!/\overline{BC}$이므로

$\angle DAE=\angle BEA$ (엇각) …… ㉡

㉠, ㉡에서 $\angle BAE=\angle DAE$

이때 $\angle BAD=\angle C=112°$이므로

$\angle BEA=\angle BAE=\angle DAE$

$=\frac{1}{2}\angle BAD=\frac{1}{2}\times 112°=56°$

$\therefore \angle AEC=180°-56°=124°$ 답 124°

중 **24** $\angle BCD=\angle A=110°$이므로

$\angle BCE=110°\times\frac{3}{3+2}=110°\times\frac{3}{5}=66°$

$\overline{AD}/\!/\overline{BC}$이므로

$\angle DEC=\angle BCE=66°$ (엇각)

$\angle AEB+70°+66°=180°$이므로

$\angle AEB=44°$ 답 44°

중 25 $\overline{AD}/\!/\overline{BE}$이므로
$\angle DAE=\angle CEA=24°$ (엇각)
$\therefore \angle DAC=2\angle DAE=2\times 24°=48°$
이때 $\angle D=\angle B=68°$이므로
$\triangle ACD$에서
$\angle x=180°-(68°+48°)=64°$

답 64°

상 26 $\overline{AD}/\!/\overline{BC}$이므로
$\angle FBE=\angle BFA=180°-150°=30°$ (엇각)
$\therefore \angle ABE=2\angle FBE=2\times 30°=60°$ …… ㉮
$\angle BAD+\angle ABC=180°$이므로
$\angle BAD=180°-60°=120°$
$\therefore \angle BAE=\frac{1}{2}\angle BAD=\frac{1}{2}\times 120°=60°$ …… ㉯
따라서 $\triangle ABE$에서
$\angle x=\angle ABE+\angle BAE$
$=60°+60°=120°$ …… ㉰

답 120°

채점 기준

㉮ $\angle ABE$의 크기 구하기	40 %
㉯ $\angle BAE$의 크기 구하기	40 %
㉰ $\angle x$의 크기 구하기	20 %

하 27 $\overline{AO}=\overline{CO}$이므로
$\overline{CO}=\frac{1}{2}\times 12=6(cm)$
$\overline{DO}=\overline{BO}=10$ cm, $\overline{DC}=\overline{AB}=9$ cm이므로
($\triangle DOC$의 둘레의 길이)$=\overline{DO}+\overline{CO}+\overline{DC}$
$=10+6+9$
$=25(cm)$

답 25 cm

중 28 ① 평행사변형의 두 대각선은 서로를 이등분하므로
$\overline{AO}=\overline{CO}$
②, ③, ④, ⑤ $\triangle AEO$와 $\triangle CFO$에서
$\overline{AO}=\overline{CO}$, $\angle AOE=\angle COF$ (맞꼭지각)
$\overline{AB}/\!/\overline{DC}$이므로 $\angle EAO=\angle FCO$ (엇각)
따라서 $\triangle AEO\equiv\triangle CFO$ (ASA 합동)이므로
$\overline{OE}=\overline{OF}$, $\angle AEO=\angle CFO$
따라서 옳지 않은 것은 ③이다.

답 ③

상 29 $\triangle PBO$와 $\triangle QDO$에서
$\overline{OB}=\overline{OD}$, $\angle POB=\angle QOD$ (맞꼭지각)
$\overline{AB}/\!/\overline{DC}$이므로
$\angle BPO=\angle DQO=90°$ (엇각)
$\therefore \triangle PBO\equiv\triangle QDO$ (RHA 합동)
$\overline{DQ}=\overline{DC}-\overline{QC}=\overline{AB}-\overline{QC}=10-3=7(cm)$이므로
$\triangle PBO=\triangle QDO=\frac{1}{2}\times\overline{OQ}\times\overline{DQ}$
$=\frac{1}{2}\times 4\times 7=14(cm^2)$

답 14 cm²

Lecture 06 평행사변형 (2)

Level A 개념 익히기

42쪽

01 두 쌍의 대변이 각각 평행해야 하므로
$\overline{AB}/\!/$ $\boxed{\overline{DC}}$, $\overline{AD}/\!/$ $\boxed{\overline{BC}}$

답 $\overline{DC}$, $\overline{BC}$

02 두 쌍의 대변의 길이가 각각 같아야 하므로
$\overline{AB}=\boxed{\overline{DC}}$, $\overline{AD}=\boxed{\overline{BC}}$

답 $\overline{DC}$, $\overline{BC}$

03 두 쌍의 대각의 크기가 각각 같아야 하므로
$\angle BAD=\boxed{\angle BCD}$, $\angle ABC=\boxed{\angle ADC}$

답 $\angle BCD$, $\angle ADC$

04 두 대각선이 서로를 이등분해야 하므로
$\overline{OA}=\boxed{\overline{OC}}$, $\overline{OB}=\boxed{\overline{OD}}$

답 $\overline{OC}$, $\overline{OD}$

05 한 쌍의 대변이 평행하고 그 길이가 같아야 하므로
$\overline{AB}/\!/$ $\boxed{\overline{DC}}$, $\overline{AB}=\boxed{\overline{DC}}$

답 $\overline{DC}$, $\overline{DC}$

06 $\triangle ABC=\frac{1}{2}\square ABCD=\frac{1}{2}\times 90=45(cm^2)$

답 45 cm²

07 $\square ABCD=4\triangle ABO=4\times 25=100(cm^2)$

답 100 cm²

08 $\triangle PDA+\triangle PBC=\frac{1}{2}\square ABCD=\frac{1}{2}\times 48=24(cm^2)$

답 24 cm²

Level B 유형 공략하기

43~45쪽

중 09 답 (가) $\overline{AC}$ (나) SSS (다) $\angle DCA$ (라) $\angle DAC$

중 10 답 (가) $\overline{OC}$ (나) $\overline{OB}$ (다) $\angle COD$ (라) SAS (마) $\overline{AB}/\!/\overline{DC}$

중 11 ① 두 쌍의 대변이 각각 평행하므로 평행사변형이다.
② 한 쌍의 대변이 평행하고 그 길이가 같으므로 평행사변형이다.
③ 두 대각선이 서로를 이등분하므로 평행사변형이다.
④ $\angle A+\angle B=180°$, $\angle B+\angle C=180°$에서 $\angle A=\angle C$
$\therefore \angle D=360°-(\angle A+\angle B+\angle C)$
$=360°-(180°+\angle C)$
$=180°-\angle C=\angle B$
즉, 두 쌍의 대각의 크기가 각각 같으므로 평행사변형이다.
따라서 평행사변형이 아닌 것은 ⑤이다.

답 ⑤

공략 비법

평행사변형이 되는 조건을 찾을 때는 주어진 조건대로 그림을 그리고, 다음 그림 중 하나와 같이 되는지 확인한다.

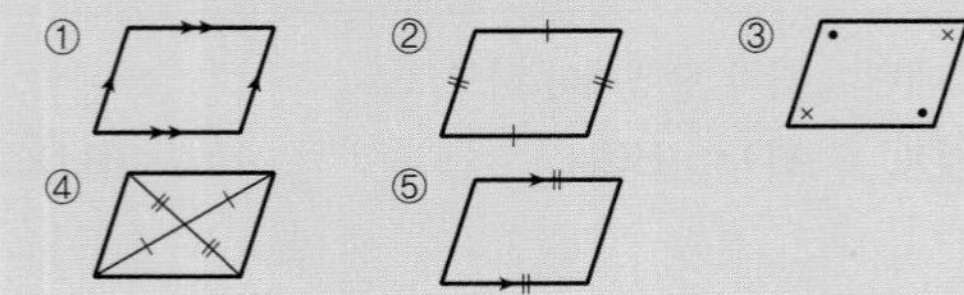

하 12 ① 두 대각선이 서로를 이등분하므로 평행사변형이다.
② 엇각의 크기가 각각 같으므로 두 쌍의 대변이 각각 평행하다. 따라서 평행사변형이다.
③ 나머지 한 내각의 크기는
$360^\circ-(110^\circ+70^\circ+110^\circ)=70^\circ$
따라서 두 쌍의 대각의 크기가 각각 같으므로 평행사변형이다.
⑤ 두 쌍의 대변의 길이가 각각 같으므로 평행사변형이다.
따라서 평행사변형이 아닌 것은 ④이다. 답 ④

중 13 ⑤ $\overline{AB}=\overline{DC}=4\text{ cm}$이고
$\angle BAC=\angle ACD=50^\circ$에서 엇각의 크기가 같으므로
$\overline{AB}/\!/\overline{DC}$
즉, 한 쌍의 대변이 평행하고 그 길이가 같으므로 □ABCD는 평행사변형이다. 답 ⑤

중 14 한 쌍의 대변이 평행하고 그 길이가 같아야 하므로
$\overline{AB}=\overline{DC}$에서 $x=7$
$\overline{AB}/\!/\overline{DC}$에서 $\angle BAC=\angle DCA=y^\circ$ (엇각)
$\triangle ABC$에서 $y^\circ+65^\circ+45^\circ=180^\circ$
$\therefore y=70$
$\therefore x+y=7+70=77$ 답 ③

하 15 두 대각선이 서로를 이등분해야 하므로
$\overline{OA}=\overline{OC}$에서
$x-1=\frac{1}{2}\times14=7$ $\therefore x=8$
$\overline{OB}=\overline{OD}$에서
$2y+1=5$ $\therefore y=2$ 답 ④

중 16 두 쌍의 대각의 크기가 각각 같아야 하므로
$\angle A=\angle C=104^\circ$
$\angle ABC=\angle D=180^\circ-104^\circ=76^\circ$ …… ㉮
이때 $\triangle ABE$는 $\overline{AB}=\overline{AE}$인 이등변삼각형이므로
$\angle ABE=\angle AEB=\frac{1}{2}\times(180^\circ-104^\circ)=38^\circ$ …… ㉯
$\angle CBE=\angle ABC-\angle ABE$
$=76^\circ-38^\circ=38^\circ$
$\therefore x=38$ …… ㉰
답 38

채점 기준

채점 기준	
㉮ ∠A, ∠ABC의 크기 각각 구하기	30 %
㉯ ∠ABE의 크기 구하기	40 %
㉰ x의 값 구하기	30 %

중 17 ① $\overline{AD}/\!/\overline{BC}$이므로
$\angle AEB=\angle FBE$ (엇각)
따라서 $\angle ABE=\angle AEB$이므로
$\overline{AB}=\overline{AE}$
③, ⑤ $\angle ABC=\angle ADC$이므로
$\angle EBF=\frac{1}{2}\angle ABC=\frac{1}{2}\angle ADC=\angle EDF$
$\therefore \angle EBF=\angle EDF$ …… ㉠
또, $\angle AEB=\angle FBE$ (엇각),
$\angle CFD=\angle EDF$ (엇각)이므로
$\angle AEB=\angle CFD$
$\therefore \angle BED=180^\circ-\angle AEB$
$=180^\circ-\angle CFD=\angle BFD$ …… ㉡
㉠, ㉡에서 두 쌍의 대각의 크기가 각각 같으므로
□EBFD는 평행사변형이다.
$\therefore \overline{BF}=\overline{ED}$
④ $\angle AEB=\angle FBE=\angle EDF=\angle CDF$
따라서 옳지 않은 것은 ②이다. 답 ②

중 18 $\triangle ABP$와 $\triangle CDQ$에서
$\angle APB=\angle CQD=90^\circ$, $\overline{AB}=\overline{CD}$
$\overline{AB}/\!/\overline{DC}$이므로 $\angle ABP=\angle CDQ$ (엇각)
따라서 $\triangle ABP\equiv\triangle CDQ$ (RHA 합동)이므로
$\overline{AP}=\overline{CQ}$ …… ㉠
또, $\overline{AP}\perp\overline{BD}$, $\overline{CQ}\perp\overline{BD}$이므로
$\overline{AP}/\!/\overline{CQ}$ …… ㉡
㉠, ㉡에서 한 쌍의 대변이 평행하고 그 길이가 같으므로
□APCQ는 평행사변형이다.
$\therefore \overline{AQ}=\overline{PC}$, $\overline{AQ}/\!/\overline{PC}$, $\angle PAQ=\angle QCP$
따라서 옳지 않은 것은 ②이다. 답 ②

중 19 □ABCD가 평행사변형이므로
$\overline{AO}=\overline{CO}$, $\overline{BO}=\overline{DO}$
이때 $\overline{BE}=\overline{DF}$이므로
$\overline{EO}=\overline{BO}-\overline{BE}=\overline{DO}-\overline{DF}=\overline{FO}$
따라서 □AECF는 두 대각선이 서로를 이등분하므로 평행사변형이다.
$\therefore \angle x=180^\circ-\angle EAF$
$=180^\circ-80^\circ=100^\circ$ 답 100°

상 20 $\overline{AE}/\!/\overline{FC}$, $\overline{AE}=\overline{FC}$이므로 □AFCE는 평행사변형이다.
따라서 $\overline{AF}/\!/\overline{EC}$이므로

$\angle AFB=\angle ECF=70°$ (동위각)

또, $\overline{ED}\,/\!/\,\overline{BF}$, $\overline{ED}=\overline{BF}$이므로 □EBFD는 평행사변형이다.

$\therefore \angle EBF=\angle EDF=40°$

따라서 △GBF에서

$\angle EGF=40°+70°=110°$ 답 110°

중 **21** △AEO와 △CFO에서

$\overline{AO}=\overline{CO}$, $\angle AOE=\angle COF$ (맞꼭지각)

$\overline{AB}\,/\!/\,\overline{DC}$이므로 $\angle EAO=\angle FCO$ (엇각)

따라서 △AEO≡△CFO (ASA 합동)이므로

(색칠한 부분의 넓이)=△EBO+△CFO

=△EBO+△AEO

=△ABO

$=\frac{1}{4}$□ABCD

$=\frac{1}{4}\times 68=17\,(\text{cm}^2)$ 답 17 cm^2

중 **22** $\overline{BC}=\overline{CE}$, $\overline{DC}=\overline{CF}$이므로 □BFED는 평행사변형이다.

∴ □BFED=4△BCD

=4×2△AOD

=8△AOD

$=8\times 15=120\,(\text{cm}^2)$ 답 120 cm^2

중 **23** 오른쪽 그림과 같이 $\overline{MN}$을 그으면

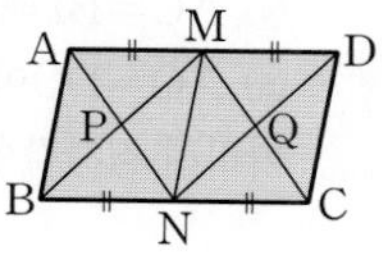

$\overline{AM}\,/\!/\,\overline{BN}$, $\overline{AM}=\overline{BN}$이므로

□ABNM은 평행사변형이고

$\overline{MD}\,/\!/\,\overline{NC}$, $\overline{MD}=\overline{NC}$이므로

□MNCD도 평행사변형이다.

∴ □ABCD=□ABNM+□MNCD

=4△MPN+4△MNQ

=4(△MPN+△MNQ)

=4□MPNQ

$=4\times 20=80\,(\text{cm}^2)$ 답 80 cm^2

중 **24** △PAB+△PCD=△PDA+△PBC이므로

12+26=10+△PBC

$\therefore$ △PBC$=28\,(\text{cm}^2)$ 답 28 cm^2

하 **25** △PDA+△PBC$=\frac{1}{2}$□ABCD이므로

$13+7=\frac{1}{2}$□ABCD

∴ □ABCD$=2\times 20=40\,(\text{cm}^2)$ 답 40 cm^2

중 **26** △PAB+△PCD$=\frac{1}{2}$□ABCD이므로

△PAB$+20=\frac{1}{2}\times 120=60\,(\text{cm}^2)$

∴ △PAB$=60-20=40\,(\text{cm}^2)$ ······ ㉮

또, △ABD$=\frac{1}{2}$□ABCD이므로

△PAB+△PDA$=\frac{1}{2}\times 120=60\,(\text{cm}^2)$

∴ △PDA$=60-40=20\,(\text{cm}^2)$ ······ ㉯

답 20 cm^2

채점 기준	
㉮ △PAB의 넓이 구하기	50 %
㉯ △PDA의 넓이 구하기	50 %

중 **27** □AEPH, □EBFP는 모두 평행사변형이므로

△PAH=△PAE, △PBF=△PBE

∴ (색칠한 부분의 넓이)

=△PAH+△PBF+△PCG+△PDG

=△PAE+△PBE+△PCG+△PDG

=△PAB+△PCD

$=\frac{1}{2}$□ABCD

$=\frac{1}{2}\times 72$

$=36\,(\text{cm}^2)$ 답 36 cm^2

Lecture 07 여러 가지 사각형 (1)

Level A 개념 익히기 46쪽

01 $\overline{BO}=\overline{AO}=\frac{1}{2}\times 20=10\,(\text{cm})$이므로

$x=10$ 답 10

02 $\overline{AO}=\overline{DO}$이므로

$6x-2=5x+3$ $\therefore x=5$ 답 5

03 $\angle OAD=90°-60°=30°$

△ODA에서 $\overline{OA}=\overline{OD}$이므로

$\angle x=30°$ 답 30°

04 △OBC에서 $\overline{OB}=\overline{OC}$이므로

$\angle OCB=35°$

$\angle BOC=180°-2\times 35°=110°$

$\therefore \angle x=\angle BOC=110°$ (맞꼭지각) 답 110°

05 네 변의 길이가 모두 같으므로

$x=y=9$ 답 $x=9$, $y=9$

06 $\overline{BO}=\overline{DO}$이므로

$2x=8$ $\therefore x=4$

$\overline{AO}=\overline{CO}$이므로 $y=5$ 답 $x=4$, $y=5$

07 △ABD에서 $\overline{AB}=\overline{AD}$이므로

$\angle x=\frac{1}{2}\times(180^\circ-130^\circ)=25^\circ$

$\overline{AD}/\!/\overline{BC}$이므로 $\angle y=\angle x=25^\circ$ (엇각)

답 $\angle x=25^\circ$, $\angle y=25^\circ$

08 $\overline{AC}\perp\overline{BD}$이므로 $\angle x=90^\circ$

△ABO에서 $\angle y=180^\circ-(55^\circ+90^\circ)=35^\circ$

답 $\angle x=90^\circ$, $\angle y=35^\circ$

Level B 유형 공략하기 47~49쪽

하 09 $\overline{OD}=\overline{OA}=\frac{1}{2}\times18=9$(cm)이므로 $x=9$

$\angle ADC=90^\circ$이므로

$\angle ADO=90^\circ-56^\circ=34^\circ$

△AOD에서 $\overline{OA}=\overline{OD}$이므로

$\angle DAO=\angle ADO=34^\circ$ ∴ $y=34$

답 $x=9$, $y=34$

하 10 △DOC에서 $\overline{OD}=\overline{OC}$이므로

$\angle DOC=180^\circ-2\times30^\circ=120^\circ$

∴ $\angle AOB=\angle DOC=120^\circ$ (맞꼭지각) 답 ③

중 11 △ABC와 △DCB에서

$\overline{AB}=$ $\overline{DC}$,

$\angle ABC=\angle DCB=90^\circ$,

$\overline{BC}$ 는 공통

따라서 △ABC≡△DCB (SAS 합동)이므로

$\overline{AC}=$ $\overline{DB}$

그러므로 직사각형의 두 대각선의 길이는 같다.

답 (가) $\overline{DC}$ (나) $\overline{BC}$ (다) SAS (라) $\overline{DB}$

중 12 ㄴ. 직사각형의 두 대각선은 길이가 같고 서로를 이등분하므로

$\overline{AO}=\overline{BO}$

ㄷ. 직사각형의 한 내각의 크기는 90°이므로

$\angle ABC=90^\circ$

ㄹ. △AOD와 △COB에서

$\overline{OA}=\overline{OC}$, $\overline{OD}=\overline{OB}$, $\overline{AD}=\overline{CB}$

∴ △AOD≡△COB (SSS 합동)

이상에서 옳은 것은 ㄴ, ㄷ, ㄹ의 3개이다. 답 ②

중 13 $\angle ADC=90^\circ$이므로

$\angle ADF=90^\circ-22^\circ=68^\circ$ ······ ㉮

$\angle DFE=\angle BFE$ (접은 각)

$\overline{AD}/\!/\overline{BC}$이므로 $\angle DEF=\angle BFE$ (엇각)

∴ $\angle DEF=\angle DFE$ ······ ㉯

따라서 △DEF에서

$\angle DEF=\frac{1}{2}\times(180^\circ-68^\circ)=56^\circ$ ······ ㉰

답 56°

채점 기준	
㉮ ∠ADF의 크기 구하기	30 %
㉯ ∠DEF=∠DFE임을 알기	40 %
㉰ ∠DEF의 크기 구하기	30 %

중 14 오른쪽 그림과 같이 $\overline{OE}$를 그으면

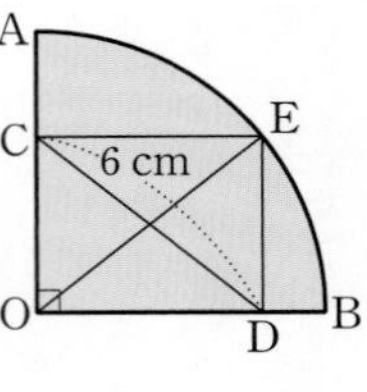

$\overline{OE}=\overline{CD}=6$ cm

$\overline{OE}$는 부채꼴 AOB의 반지름이고

$\angle AOB=90^\circ$이므로

(부채꼴 AOB의 넓이)$=\pi\times6^2\times\frac{90}{360}$

$=9\pi$ (cm²)

답 ③

중 15 ① $\angle ADC=90^\circ$이면 □ABCD는 직사각형이다.

② $\angle BCD+\angle ADC=180^\circ$에서

$\angle BCD=\angle ADC$이면 $\angle BCD=\angle ADC=90^\circ$이므로

□ABCD는 직사각형이다.

③ $\overline{AB}=\overline{BC}$이면 □ABCD는 마름모이다.

④ $\overline{AC}=\overline{BD}$이면 □ABCD는 직사각형이다.

⑤ $\overline{AO}=\overline{DO}$이면 $\overline{AC}=\overline{BD}$이므로 □ABCD는 직사각형이다.

따라서 직사각형이 되는 조건이 아닌 것은 ③이다. 답 ③

중 16 ㄱ. $\overline{AO}=7$ cm이면 $\overline{AC}=2\times7=14$(cm)이므로

$\overline{AC}=\overline{BD}$

따라서 □ABCD는 직사각형이다.

ㄴ. $\overline{AB}=10$ cm이면 $\overline{AB}=\overline{AD}$이므로 □ABCD는 마름모이다.

ㄷ. $\angle ABC=90^\circ$이면 □ABCD는 직사각형이다.

ㄹ. $\angle AOD=90^\circ$이면 □ABCD는 마름모이다.

이상에서 직사각형이 되는 조건은 ㄱ, ㄷ이다. 답 ㄱ, ㄷ

중 17 답 (가) $\overline{BD}$ (나) $\overline{AD}$ (다) $\overline{AB}$ (라) SSS (마) ∠BAD

중 18 △ABM과 △DCM에서

$\overline{AB}=\overline{DC}$, $\overline{AM}=\overline{DM}$, $\overline{BM}=\overline{CM}$이므로

△ABM≡△DCM (SSS 합동)

∴ $\angle A=\angle D$

이때 $\angle A+\angle D=180^\circ$이므로

$2\angle A=180^\circ$ ∴ $\angle A=90^\circ$

즉, 평행사변형 ABCD의 한 내각이 직각이므로 □ABCD는 직사각형이다. 답 직사각형

중 19 $\overline{AO}=\overline{CO}=4$ cm이므로 $x=4$
$\angle DAO=\angle BAO=50°$, $\angle AOD=90°$이므로
$\triangle AOD$에서
$\angle ADO=180°-(50°+90°)=40°$
$\therefore y=40$
답 $x=4$, $y=40$

중 20 $\triangle ABO$와 $\triangle ADO$에서
$\overline{AO}$는 공통, $\overline{AB}=$ $\boxed{\overline{AD}}$, $\boxed{\overline{BO}}=\overline{DO}$
따라서 $\triangle ABO\equiv\triangle ADO$ ($\boxed{SSS}$ 합동)이므로
$\angle AOB=\angle AOD$
이때 $\angle AOB+\angle AOD=180°$이므로
$\angle AOB=\angle AOD=$ $\boxed{90}$ °
$\therefore \overline{AC}\perp\overline{BD}$
그러므로 마름모의 두 대각선은 서로 수직이다.
답 (가) $\overline{AD}$ (나) $\overline{BO}$ (다) SSS (라) 90

중 21 마름모의 네 변의 길이는 모두 같으므로
$\overline{AD}=\overline{CD}=3$ m $\therefore x=3$
$\triangle CEP$에서
$\angle ECP=180°-(35°+90°)=55°$
$\overline{AB}/\!/\overline{DE}$이므로
$\angle BAC=\angle ECP=55°$ (동위각)
이때 $\triangle ABD$에서 $\overline{AB}=\overline{AD}$이고 $\overline{AC}$는 $\overline{BD}$를 수직이등분하므로
$\angle BAD=2\angle BAC=2\times55°=110°$
$\therefore y=110$
$\therefore x+y=3+110=113$
답 113

중 22 $\triangle BCD$에서 $\overline{CB}=\overline{CD}$이므로
$\angle CDB=\angle CBD=32°$
이때 $\triangle OCD$에서 $\angle COD=90°$이므로
$\angle x=180°-(90°+32°)=58°$ …… ㉮
$\triangle FED$에서
$\angle DFE=180°-(90°+32°)=58°$이므로
$\angle y=\angle DFE=58°$ (맞꼭지각) …… ㉯
$\therefore \angle x+\angle y=58°+58°=116°$ …… ㉰
답 116°

채점 기준

㉮ $\angle x$의 크기 구하기	40 %
㉯ $\angle y$의 크기 구하기	40 %
㉰ $\angle x+\angle y$의 크기 구하기	20 %

중 23 $\triangle ACF$에서 $\overline{AF}=\overline{CF}$이므로
$\angle FAC=\angle FCA$
$\overline{AE}/\!/\overline{FC}$이므로 $\angle EAC=\angle FCA$ (엇각)
$\therefore \angle FAC=\angle EAC$
$\therefore \angle FAC=\frac{1}{3}\angle BAD=\frac{1}{3}\times90°=30°$
따라서 $\triangle ACF$에서
$\angle x=180°-2\times30°=120°$
답 120°

상 24 $\triangle ABD$에서 $\overline{AB}=\overline{AD}$이므로
$\angle ADB=\angle ABD=40°$
또, $\triangle APD$에서 $\overline{PA}=\overline{PD}$이므로
$\angle PAD=\angle PDA=40°$
$\triangle ABD$에서 $\angle BAD=180°-2\times40°=100°$
$\therefore \angle BAP=\angle BAD-\angle PAD$
$=100°-40°=60°$
답 60°

다른 풀이 $\angle PAD=\angle PDA=\angle ABP=40°$이므로
$\triangle APD$에서
$\angle APB=\angle PAD+\angle PDA=40°+40°=80°$
따라서 $\triangle ABP$에서
$\angle BAP=180°-(40°+80°)=60°$

중 25 ① $\angle ABC=90°$이면 □ABCD는 직사각형이다.
② $\angle OBC=\angle OCB$이면
$\overline{BO}=\overline{CO}$이므로 $\overline{AC}=\overline{BD}$
따라서 □ABCD는 직사각형이다.
④ $\overline{AC}\perp\overline{BD}$이면 □ABCD는 마름모이다.
⑤ $\overline{AC}=\overline{BD}$이면 □ABCD는 직사각형이다.
따라서 마름모가 되는 조건은 ④이다.
답 ④

하 26 $\overline{AB}=\overline{BC}$이어야 하므로
$4x+1=6x-7$, $2x=8$ $\therefore x=4$
$\therefore \overline{CD}=\overline{AB}=4x+1$
$=4\times4+1=17$(cm)
답 17 cm

중 27 $\overline{AD}/\!/\overline{BC}$이므로 $\angle BCA=\angle DAC$ (엇각)
$\triangle ABC$에서 $\angle BAC=\angle BCA$이므로
$\overline{AB}=\overline{BC}$
즉, □ABCD는 마름모이다.
$\therefore \overline{CD}=\overline{BC}=3$ cm
답 마름모, 3 cm

중 28 $\overline{AB}/\!/\overline{DC}$이므로 $\angle OCD=\angle OAB=39°$ (엇각)
$\triangle DOC$에서
$\angle DOC=180°-(39°+51°)=90°$
즉, $\overline{AC}\perp\overline{BD}$이므로 □ABCD는 마름모이다. …… ㉮
따라서 $\overline{AD}=\overline{CD}$이므로 $x=7$ …… ㉯
또, $\triangle CDB$는 $\overline{CB}=\overline{CD}$인 이등변삼각형이므로
$y=51$ …… ㉰
$\therefore x+y=7+51=58$ …… ㉱
답 58

채점 기준

㉮ □ABCD가 마름모임을 알기	30 %
㉯ x의 값 구하기	30 %
㉰ y의 값 구하기	30 %
㉱ $x+y$의 값 구하기	10 %

Lecture 08 여러 가지 사각형 (2)

Level A 개념 익히기 50쪽

01 $\overline{CD}=\overline{BC}=7$ cm이므로 $x=7$ 답 7

02 $\overline{AC}=\overline{BD}=2\times6=12$ (cm)이므로
$x=12$ 답 12

03 $\overline{AC}\perp\overline{BD}$이므로 $\angle x=90°$ 답 90°

04 $\triangle ABC$에서 $\overline{AB}=\overline{BC}$이고 $\angle B=90°$이므로
$\angle x=\frac{1}{2}\times(180°-90°)=45°$ 답 45°

05 $\overline{DC}=\overline{AB}=9$ cm이므로 $x=9$ 답 9

06 $\overline{BD}=\overline{AC}=4+12=16$ (cm)이므로
$x=16$ 답 16

07 $\angle x=\angle C=70°$ 답 70°

08 $\angle A=\angle D$, $\angle B=\angle C$이므로
$95°+\angle x=180°$
$\therefore\ \angle x=85°$ 답 85°

Level B 유형 공략하기 51~53쪽

중 **09** $\triangle EBC$와 $\triangle EDC$에서
$\overline{BC}=\overline{DC}$, $\overline{CE}$는 공통, $\angle ECB=\angle ECD$
$\therefore\ \triangle EBC\equiv\triangle EDC$ (SAS 합동)
$\angle ECD=45°$, $\angle EDC=\angle EBC=12°$이므로
$\triangle ECD$에서
$\angle AED=\angle ECD+\angle EDC=45°+12°=57°$ 답 57°
다른 풀이 $\triangle ABE$와 $\triangle ADE$에서
$\overline{AB}=\overline{AD}$, $\overline{AE}$는 공통, $\angle BAE=\angle DAE$
$\therefore\ \triangle ABE\equiv\triangle ADE$ (SAS 합동)
$\angle ABE=90°-12°=78°$, $\angle BAE=45°$이므로
$\triangle ABE$에서 $\angle AEB=180°-(78°+45°)=57°$
$\therefore\ \angle AED=\angle AEB=57°$

하 **10** $\overline{OA}=\overline{OB}=\frac{1}{2}\times8=4$ (cm)이고
$\angle AOD=90°$이므로
$\square ABCD=2\triangle ABD$
$=2\times\left(\frac{1}{2}\times8\times4\right)=32$ (cm²) 답 32 cm²

중 **11** $\triangle PBC$는 정삼각형이므로 $\angle PBC=60°$
$\therefore\ \angle PBA=90°-60°=30°$ …… ㉮
$\square ABCD$가 정사각형이므로
$\overline{BA}=\overline{BC}$
이때 $\overline{BC}=\overline{BP}$이므로
$\overline{BA}=\overline{BP}$
즉, $\triangle BPA$는 $\overline{BA}=\overline{BP}$인 이등변삼각형이다. …… ㉯
$\therefore\ \angle BAP=\frac{1}{2}\times(180°-30°)=75°$ …… ㉰
답 75°

채점 기준

㉮ $\angle PBA$의 크기 구하기	30%
㉯ $\triangle BPA$가 이등변삼각형임을 알기	40%
㉰ $\angle BAP$의 크기 구하기	30%

중 **12** $\angle ABC=90°$이므로
$\angle ABE=90°-70°=20°$
$\overline{AE}=\overline{AD}=\overline{AB}$이므로 $\triangle ABE$는 $\overline{AB}=\overline{AE}$인 이등변삼각형이다.
따라서 $\angle AEB=\angle ABE=20°$이므로
$\angle BAE=180°-2\times20°=140°$
$\therefore\ \angle EAD=140°-90°=50°$
이때 $\triangle ADE$는 $\overline{AD}=\overline{AE}$인 이등변삼각형이므로
$\angle EDF=\frac{1}{2}\times(180°-50°)=65°$ 답 65°

중 **13** $\triangle AFD$와 $\triangle DEC$에서
$\overline{AD}=\overline{DC}$, $\overline{DF}=\overline{CE}$, $\angle ADF=\angle DCE=90°$
$\therefore\ \triangle AFD\equiv\triangle DEC$ (SAS 합동)
이때 $\angle AFD=180°-120°=60°$이므로
$\triangle AFD$에서 $\angle FAD=180°-(60°+90°)=30°$
$\therefore\ \angle EDC=\angle FAD=30°$ 답 30°

상 **14** $\triangle ABE$와 $\triangle CDF$에서
$\overline{AE}=\overline{CF}$, $\overline{AB}=\overline{CD}$, $\angle BAE=\angle DCF=90°$
따라서 $\triangle ABE\equiv\triangle CDF$ (SAS 합동)이므로
$\angle CDF=\angle ABE=28°$
$\angle DCH=45°$이므로 $\triangle CDH$에서
$\angle DHC=180°-(28°+45°)=107°$
$\therefore\ \angle x=\angle DHC=107°$ (맞꼭지각) 답 107°

중 **15** ① $\square ABCD$는 마름모이다.
② $\square ABCD$는 직사각형이다.
③ $\square ABCD$는 마름모이다.
④ $\square ABCD$는 직사각형이다.
⑤ $\overline{AC}\perp\overline{BD}$인 평행사변형 ABCD는 마름모이고
$\angle BAD=90°$인 마름모 ABCD는 정사각형이다.
따라서 정사각형이 되는 조건은 ⑤이다. 답 ⑤

중 16 ㄱ. 이웃하는 두 변의 길이가 같으므로 정사각형이다.
ㄹ. 두 대각선이 서로 수직이므로 정사각형이다.
이상에서 정사각형이 되는 조건은 ㄱ, ㄹ이다. 답 ㄱ, ㄹ

중 17 ④ $\angle ABC + \angle BCD = 180°$이므로
$\angle ABC = \angle BCD$이면
$\angle ABC = \angle BCD = 90°$
즉, 한 내각이 직각이므로 정사각형이다. 답 ④

중 18 $\overline{AC} = \overline{DB}$이므로
$14 = 5x - 1$, $5x = 15$ $\qquad \therefore x = 3$
$\angle BAD + \angle ABC = 180°$이므로
$\angle BAD = 180° - \angle ABC = 180° - 60° = 120°$
$\therefore y = 120$ 답 $x=3$, $y=120$

개념 보충 학습

$\overline{AD} /\!/ \overline{BC}$인 등변사다리꼴 ABCD에서
① $\angle B = \angle C$, $\angle A = \angle D$
② $\angle A + \angle B = 180°$, $\angle C + \angle D = 180°$
③ $\angle A + \angle C = 180°$, $\angle B + \angle D = 180°$

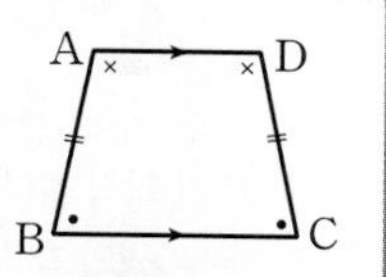

하 19 $\overline{AD} /\!/ \overline{BC}$이므로
$\angle ACB = \angle DAC = 50°$ (엇각)
$\therefore \angle B = \angle BCD = \angle ACB + \angle ACD$
$= 50° + 30° = 80°$ 답 $80°$

중 20 답 (가) $\overline{DE}$ (나) $\angle DEC$ (다) 이등변삼각형 (라) $\overline{DC}$

중 21 ⑤ $\triangle ABD$와 $\triangle DCA$에서
$\overline{AB} = \overline{DC}$, $\overline{AD}$는 공통, $\angle BAD = \angle CDA$
따라서 $\triangle ABD \equiv \triangle DCA$ (SAS 합동)이므로
$\angle ABO = \angle DCO$ 답 ③

중 22 $\overline{AD} /\!/ \overline{BC}$이므로
$\angle BCA = \angle DAC = \angle x$ (엇각) …… ㉮
$\overline{AD} = \overline{AB} = \overline{DC}$이므로 $\triangle ACD$는 $\overline{AD} = \overline{DC}$인 이등변삼각형이다.
따라서 $\angle DCA = \angle DAC = \angle x$이므로
$\angle BCD = \angle BCA + \angle DCA$
$= \angle x + \angle x = 2\angle x$
$\therefore \angle B = \angle BCD = 2\angle x$ …… ㉯
$\triangle ABC$에서 $60° + 2\angle x + \angle x = 180°$
$3\angle x = 120°$ $\qquad \therefore \angle x = 40°$ …… ㉰
답 $40°$

채점 기준

㉮ $\angle BCA = \angle x$임을 알기	20 %
㉯ $\angle B$의 크기를 $\angle x$를 이용하여 나타내기	40 %
㉰ $\angle x$의 크기 구하기	40 %

중 23 오른쪽 그림과 같이 꼭짓점 A를 지나고 $\overline{DC}$와 평행한 직선을 그어 $\overline{BC}$와의 교점을 E라 하면 □AECD는 평행사변형이므로

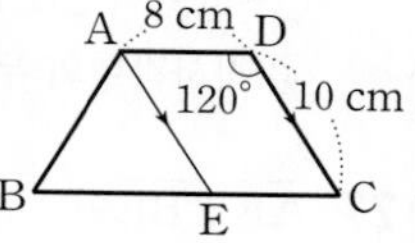

$\overline{EC} = \overline{AD} = 8$ cm
$\angle C = 180° - \angle D$
$= 180° - 120° = 60°$
이때 $\angle B = \angle C = 60°$, $\angle AEB = \angle C = 60°$ (동위각)이므로
$\triangle ABE$에서 $\angle BAE = 180° - 2 \times 60° = 60°$
즉, $\triangle ABE$는 정삼각형이므로
$\overline{BE} = \overline{AB} = \overline{DC} = 10$ cm
$\therefore \overline{BC} = \overline{BE} + \overline{EC}$
$= 10 + 8 = 18$ (cm) 답 18 cm

중 24 오른쪽 그림과 같이 꼭짓점 A에서 $\overline{BC}$에 내린 수선의 발을 I라 하면
□AIHD는 직사각형이므로
$\overline{IH} = \overline{AD} = 12$ cm
$\triangle ABI$와 $\triangle DCH$에서
$\overline{AB} = \overline{DC}$, $\angle B = \angle C$, $\angle BIA = \angle CHD = 90°$
따라서 $\triangle ABI \equiv \triangle DCH$ (RHA 합동)이므로
$\overline{BI} = \overline{CH} = \frac{1}{2} \times (26 - 12) = 7$ (cm)
$\therefore \overline{BH} = \overline{BI} + \overline{IH}$
$= 7 + 12 = 19$ (cm) 답 ⑤

중 25 오른쪽 그림과 같이 꼭짓점 A를 지나고 $\overline{DC}$와 평행한 직선을 그어 $\overline{BC}$와의 교점을 E라 하면
□AECD는 평행사변형이므로

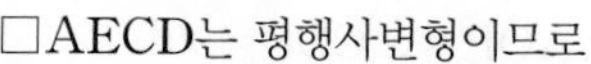

$\overline{AD} = \overline{EC}$, $\overline{AE} = \overline{DC}$
$\overline{BC} = 2\overline{AB} = 2\overline{AD} = 2\overline{EC}$이므로
$\overline{EC} = \frac{1}{2}\overline{BC}$
$\therefore \overline{BE} = \overline{EC}$
따라서 $\overline{AB} = \overline{BE} = \overline{AE}$이므로 $\triangle ABE$는 정삼각형이다.
$\therefore \angle B = 60°$ 답 $60°$

중 26 $\angle BAD + \angle ABC = 180°$이므로
$\angle BAE + \angle ABE = 90°$
$\triangle ABE$에서 $\angle AEB = 180° - 90° = 90°$
$\therefore \angle HEF = \angle AEB = 90°$ (맞꼭지각) …… ㉠
같은 방법으로 하면
$\angle HGF = 90°$ …… ㉡
$\angle BAD + \angle ADC = 180°$이므로
$\angle FAD + \angle FDA = 90°$
$\triangle AFD$에서 $\angle AFD = 180° - 90° = 90°$ …… ㉢
같은 방법으로 하면
$\angle BHC = 90°$ …… ㉣

㉠~㉣에서 □EFGH는 직사각형이다.
④ 직사각형의 두 대각선은 서로를 이등분한다. 답 ④

중 27 $\overline{AF} /\!/ \overline{BE}$이므로 $\angle AFB = \angle EBF$ (엇각)
$\angle ABF = \angle EBF$이므로
$\angle ABF = \angle AFB$
따라서 $\triangle ABF$는 이등변삼각형이므로
$\overline{AB} = \overline{AF}$ …… ㉠
또, $\angle BEA = \angle FAE$ (엇각)이고
$\angle BAE = \angle FAE$이므로
$\angle BAE = \angle BEA$
따라서 $\triangle BEA$는 이등변삼각형이므로
$\overline{BA} = \overline{BE}$ …… ㉡
㉠, ㉡에서 $\overline{AF} = \overline{BE}$이고 $\overline{AF} /\!/ \overline{BE}$이므로 □ABEF는 평행사변형이다.
이때 ㉠에서 $\overline{AB} = \overline{AF}$이므로 □ABEF는 마름모이다.
답 마름모

중 28 $\triangle AOP$와 $\triangle COQ$에서
$\overline{AO} = \overline{CO}$, $\angle POA = \angle QOC$ (맞꼭지각)
$\overline{AP} /\!/ \overline{QC}$이므로 $\angle PAO = \angle QCO$ (엇각)
따라서 $\triangle AOP \equiv \triangle COQ$ (ASA 합동)이므로
$\overline{OP} = \overline{OQ}$
즉, 두 대각선이 서로를 이등분하므로 □AQCP는 평행사변형이고 두 대각선이 서로 수직이므로 □AQCP는 마름모이다.
$\overline{AP} = \overline{AD} - \overline{PD} = \overline{BC} - \overline{PD}$
$= 11 - 3 = 8\,(\text{cm})$
이므로 □AQCP의 둘레의 길이는
$4 \times 8 = 32\,(\text{cm})$ 답 ④
다른 풀이 $\triangle AOP$와 $\triangle COP$에서
$\overline{AO} = \overline{CO}$, $\overline{PO}$는 공통, $\angle AOP = \angle COP = 90^\circ$
따라서 $\triangle AOP \equiv \triangle COP$ (SAS 합동)이므로
$\overline{AP} = \overline{CP}$ …… ㉠
$\triangle COP$와 $\triangle COQ$에서
$\overline{CO}$는 공통, $\angle COP = \angle COQ = 90^\circ$
$\overline{AP} /\!/ \overline{QC}$이므로 $\angle QCO = \angle PAO$(엇각)이고
㉠에서 $\angle PAO = \angle PCO$이므로
$\angle PCO = \angle QCO$
따라서 $\triangle COP \equiv \triangle COQ$ (ASA 합동)이므로
$\overline{CP} = \overline{CQ}$ …… ㉡
$\triangle AOQ$와 $\triangle COQ$에서
$\overline{AO} = \overline{CO}$, $\overline{QO}$는 공통, $\angle AOQ = \angle COQ = 90^\circ$
따라서 $\triangle AOQ \equiv \triangle COQ$ (SAS 합동)이므로
$\overline{AQ} = \overline{CQ}$ …… ㉢
㉠~㉢에서 $\overline{AP} = \overline{PC} = \overline{CQ} = \overline{QA}$이므로 □AQCP는 마름모이다.
$\overline{AP} = \overline{AD} - \overline{PD} = \overline{BC} - \overline{PD}$
$= 11 - 3 = 8\,(\text{cm})$
이므로 □AQCP의 둘레의 길이는
$4 \times 8 = 32\,(\text{cm})$

Lecture 09 여러 가지 사각형 사이의 관계

Level A 개념 익히기 54~55쪽

01 답 ×
02 답 ○
03 답 ○
04 답 ×
05 답 ×
06 답 마름모
07 답 직사각형
08 답 마름모
09 답 정사각형
10 답 정사각형

11 답

성질 \ 사각형	평행사변형	직사각형	마름모	정사각형
두 쌍의 대변의 길이가 각각 같다.	○	○	○	○
두 쌍의 대각의 크기가 각각 같다.	○	○	○	○
네 변의 길이가 모두 같다.	×	×	○	○
두 대각선의 길이가 같다.	×	○	×	○
두 대각선이 서로를 이등분한다.	○	○	○	○
두 대각선이 서로 수직이다.	×	×	○	○

12 답 평행사변형

13 답 마름모

14 답 직사각형

15 답 정사각형

16 답 마름모

17

답 평행사변형

Level B 유형 공략하기 55~57쪽

중 18 ② 한 내각이 직각이거나 두 대각선의 길이가 같다.

답 ②

하 19 ① 사다리꼴 중에는 평행사변형이 아닌 것도 있다.
② 직사각형 중에는 정사각형이 아닌 것도 있다.
⑤ 마름모 중에는 정사각형이 아닌 것도 있다. 답 ③, ④

중 20 ㄴ. 두 대각선의 길이가 같은 마름모는 정사각형이다.
ㄹ. 평행사변형에서 이웃하는 두 내각의 크기의 합은 $180°$이므로 이웃하는 두 내각의 크기가 같으면 한 내각이 직각이 된다. 따라서 직사각형이다.
이상에서 옳은 것은 ㄱ, ㄷ, ㄹ이다. 답 ㄱ, ㄷ, ㄹ

중 21 ㈎, ㈏에서 한 쌍의 대변이 평행하고 그 길이가 같으므로 □ABCD는 평행사변형이다.
㈐에서 평행사변형 ABCD의 한 내각이 직각이므로 직사각형이고, ㈑에서 직사각형 ABCD의 두 대각선이 서로 수직이므로 정사각형이다.
답 정사각형

하 22 ㄱ, ㄹ. 두 대각선이 서로를 수직이등분한다.
ㄷ, ㅁ. 두 대각선이 서로를 이등분한다.
ㄷ, ㄹ, ㅂ. 두 대각선의 길이가 같다.
이상에서 두 대각선이 서로를 수직이등분하는 것은 ㄱ, ㄹ이다.
답 ②

하 23 두 대각선의 길이가 같은 사각형은 정사각형, 직사각형이다.
답 ①, ③

중 24 두 대각선이 서로를 이등분하는 것은 ㄷ, ㄹ, ㅁ, ㅂ의 4개이므로
$x=4$ …… ㉮
두 대각선이 서로 수직인 것은 ㄷ, ㅁ의 2개이므로
$y=2$ …… ㉯
$\therefore x+y=4+2=6$ …… ㉰
답 6

채점 기준

㉮ x의 값 구하기	40 %
㉯ y의 값 구하기	40 %
㉰ $x+y$의 값 구하기	20 %

중 25 ① 마름모는 D, F의 2개이다.
② 두 대각선의 길이가 같은 사각형은 C, D, E의 3개이다.
③ 두 대각선이 서로를 이등분하는 사각형은 B, C, D, F의 4개이다.
④ 이웃하는 두 변의 길이가 같은 사각형은 D, F의 2개이다.
⑤ 두 대각선이 서로를 수직이등분하는 사각형은 D, F의 2개이다.
따라서 옳지 않은 것은 ③이다. 답 ③

중 26 직사각형의 각 변의 중점을 연결하여 만든 사각형은 마름모이다.
답 ④, ⑤

하 27 ③ 평행사변형 – 평행사변형 답 ③

중 28 △AEH와 △BEF에서
$\overline{AE}=\overline{BE}$, $\overline{AH}=\overline{BF}$, $\angle EAH=\angle EBF=90°$
$\therefore$ △AEH≡△BEF (SAS 합동)
같은 방법으로 하면
△AEH≡△BEF≡△CGF≡ [△DGH] ([SAS] 합동)
이므로 $\overline{EH}=$ [$\overline{EF}$] $=\overline{GF}=\overline{GH}$
따라서 □EFGH는 [마름모] 이다.
답 ㈎ 마름모 ㈏ △DGH ㈐ SAS ㈑ $\overline{EF}$

중 29 두 대각선이 서로 수직인 평행사변형은 마름모이고, 두 대각선의 길이가 같은 마름모는 정사각형이다.
따라서 □ABCD는 정사각형이므로 정사각형의 각 변의 중점을 연결하여 만든 사각형은 정사각형이다. 답 ④

중 30 마름모의 각 변의 중점을 연결하여 만든 사각형은 직사각형이므로 □EFGH는 직사각형이다.
① △BEF와 △DHG에서
$\overline{BE}=\overline{DH}$, $\overline{BF}=\overline{DG}$, $\angle B=\angle D$
$\therefore$ △BEF≡△DHG (SAS 합동) 답 ⑤

중 31 등변사다리꼴 모양의 땅의 각 변의 중점을 연결하여 만든 밭의 모양은 마름모이므로 □EFGH는 마름모이다.
따라서 □EFGH의 둘레의 길이는
$4\times7=28$ (m) 답 28 m

중 32 일반 사각형의 각 변의 중점을 연결하여 만든 사각형은 평행사변형이므로 □EFGH는 평행사변형이다. …… ㉮
$\therefore \overline{EH}=\overline{FG}=5$ cm …… ㉯
$\angle HEF+\angle EFG=180°$이므로
$\angle EFG=180°-\angle HEF$
$=180°-75°=105°$ …… ㉰
답 $\overline{EH}=5$ cm, $\angle EFG=105°$

채점 기준

㉮ □EFGH가 평행사변형임을 알기	40 %
㉯ $\overline{EH}$의 길이 구하기	30 %
㉰ $\angle EFG$의 크기 구하기	30 %

10 평행선과 넓이

Level A 개념 익히기 58쪽

01 $l /\!/ m$이므로
$\triangle ABC=\triangle DBC$
$=\frac{1}{2}\times\overline{BC}\times\overline{DE}$
$=\frac{1}{2}\times 9\times 6=27\,(cm^2)$ 답 $27\ cm^2$

02 $\triangle ABD=\frac{1}{2}\times 4\times 7=14\,(cm^2)$ 답 $14\ cm^2$

03 $\triangle ADC=\frac{1}{2}\times 6\times 7=21\,(cm^2)$ 답 $21\ cm^2$

04 $\triangle ABD:\triangle ADC=14:21=2:3$ 답 $2:3$
다른 풀이 $\triangle ABD:\triangle ADC=\overline{BD}:\overline{DC}$
$=4:6$
$=2:3$

05 $\overline{AD} /\!/ \overline{BC}$이므로
$\triangle ABC=\triangle DBC$ 답 $\triangle DBC$

06 $\overline{AD} /\!/ \overline{BC}$이므로
$\triangle ABD=\triangle ACD$ 답 $\triangle ACD$

07 $\overline{AD} /\!/ \overline{BC}$이므로
$\triangle ABO=\triangle ABC-\triangle OBC$
$=\triangle DBC-\triangle OBC$
$=\triangle DCO$ 답 $\triangle DCO$

Level B 유형 공략하기 59~61쪽

중 **08** $\square ABCD=\triangle ABC+\triangle ACD$
$=\triangle ABC+\triangle ACE$
$=\triangle ABE$
$=\frac{1}{2}\times(12+6)\times 7$
$=63\,(cm^2)$ 답 ②

하 **09** $l /\!/ m$이므로
$\triangle ABC=\triangle DBC=26\ cm^2$
$\overline{BM}=\overline{CM}$이므로
$\triangle ABM=\frac{1}{2}\triangle ABC$
$=\frac{1}{2}\times 26=13\,(cm^2)$ 답 $13\ cm^2$

중 **10** $\overline{AE} /\!/ \overline{DC}$이므로
③ $\triangle OAD=\triangle DAE-\triangle OAE$
$=\triangle CAE-\triangle OAE$
$=\triangle OEC$
⑤ $\square ABED=\triangle ABE+\triangle AED$
$=\triangle ABE+\triangle AEC$
$=\triangle ABC$ 답 ④

중 **11** $\square ABCD=\triangle ABD+\triangle DBC$
$=\triangle EBD+\triangle DBC$
$=\triangle DEC$
$=\frac{1}{2}\times(14+14)\times 9$
$=126\,(cm^2)$ 답 ③

중 **12** $\square ABCD=\triangle ABC+\triangle ACD$
$=\triangle ABC+\triangle ACE$
$=\triangle ABE$ ······ ㉮
$\therefore \triangle AFD=\square ABCD-\square ABCF$
$=\triangle ABE-\square ABCF$
$=28-21$
$=7(cm^2)$ ······ ㉯
답 $7\ cm^2$

채점 기준

㉮ $\square ABCD=\triangle ABE$임을 알기	50%
㉯ $\triangle AFD$의 넓이 구하기	50%

상 **13** $\square ABCD$는 정사각형이므로
$\overline{AD}=\overline{AB}=8\ cm$, $\overline{AD} /\!/ \overline{BC}$
오른쪽 그림과 같이 $\overline{AC}$를 그으면
$\triangle AFD=\triangle ACD$
$\therefore \triangle DEF=\triangle AFD-\triangle AED$
$=\triangle ACD-\triangle AED$
$=\frac{1}{2}\times 8\times 8-\frac{1}{2}\times 8\times 5$
$=32-20=12\,(cm^2)$ 답 $12\ cm^2$

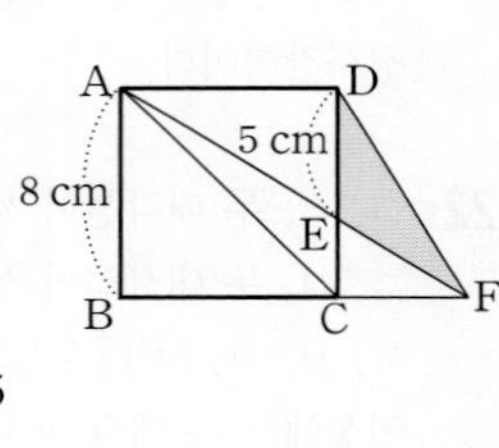

중 **14** $\overline{BM}=\overline{CM}$이므로
$\triangle AMC=\frac{1}{2}\triangle ABC=\frac{1}{2}\times 90=45\,(cm^2)$
$\overline{AP}:\overline{PM}=3:2$이므로
$\triangle APC:\triangle PMC=3:2$
$\therefore \triangle APC=\frac{3}{5}\triangle AMC=\frac{3}{5}\times 45=27\,(cm^2)$ 답 ③

중 **15** $\overline{BO}:\overline{OE}=4:3$이므로
$\triangle OBC:\triangle OCE=4:3$
$12:\triangle OCE=4:3$, $4\triangle OCE=36$
$\therefore \triangle OCE=9\,(cm^2)$
$\therefore \triangle EBC=\triangle OBC+\triangle OCE$
$=12+9=21\,(cm^2)$

$\overline{AE}:\overline{EC}=2:3$이므로
$\triangle ABE:\triangle EBC=2:3$
$\triangle ABE:21=2:3,\ 3\triangle ABE=42$
$\therefore\ \triangle ABE=14\,(cm^2)$
$\therefore\ \triangle ABC=\triangle ABE+\triangle EBC$
$=14+21=35\,(cm^2)$ 답 $35\ cm^2$

다른 풀이 $\overline{BO}:\overline{OE}=4:3$이므로
$\triangle OBC:\triangle OCE=4:3$
$\overline{AE}:\overline{EC}=2:3$이므로 $\triangle ABE:\triangle EBC=2:3$
$\triangle OBC=\frac{4}{7}\triangle EBC$
$=\frac{4}{7}\times\frac{3}{5}\triangle ABC$
$=\frac{12}{35}\triangle ABC=12\ cm^2$
$\therefore\ \triangle ABC=12\times\frac{35}{12}=35\,(cm^2)$

중 **16** $\overline{BM}=\overline{CM}$이므로 $\triangle ABM=\triangle ACM$ …… ㉮
$\triangle ABM=\triangle ABP+\triangle APM$
$=\triangle ABP+\triangle APQ$
$=\square ABPQ=30\ cm^2$ …… ㉯
$\therefore\ \triangle ABC=2\triangle ABM$
$=2\times30=60\,(cm^2)$ …… ㉰
답 $60\ cm^2$

채점 기준

㉮ $\triangle ABM=\triangle ACM$임을 알기	20 %
㉯ $\triangle ABM$의 넓이 구하기	60 %
㉰ $\triangle ABC$의 넓이 구하기	20 %

상 **17** $\overline{BF}:\overline{FC}=2:3$이므로 $\triangle DBF:\triangle DFC=2:3$
$6:\triangle DFC=2:3,\ 2\triangle DFC=18$
$\therefore\ \triangle DFC=9\,(cm^2)$
$\overline{AC}/\!/\overline{DE}$이므로 $\triangle ADE=\triangle CDE$
$\therefore\ \square ADFE=\triangle ADE+\triangle DFE$
$=\triangle CDE+\triangle DFE$
$=\triangle DFC=9\ cm^2$ 답 $9\ cm^2$

중 **18** $\overline{AD}/\!/\overline{BC}$이므로 $\triangle ABE=\triangle DBE$
$\overline{AB}/\!/\overline{DC}$이므로 $\triangle DAF=\triangle DBF$
$\overline{BD}/\!/\overline{EF}$이므로 $\triangle DBE=\triangle DBF$
$\therefore\ \triangle ABE=\triangle DBE=\triangle DBF=\triangle DAF$ 답 ②

하 **19** $\overline{AP}:\overline{PC}=3:1$이므로 $\triangle APD:\triangle PCD=3:1$
$\therefore\ \triangle PCD=\frac{1}{4}\triangle ACD$
$=\frac{1}{4}\times\frac{1}{2}\square ABCD$
$=\frac{1}{8}\square ABCD$
$=\frac{1}{8}\times80=10\,(cm^2)$ 답 ①

중 **20** $\overline{AB}/\!/\overline{DE}$이므로
$\triangle ABE=\triangle ABC=\frac{1}{2}\square ABCD$
$=\frac{1}{2}\times30=15\,(cm^2)$ 답 $15\ cm^2$

중 **21** $\overline{AC}/\!/\overline{EF}$이므로 $\triangle ACE=\triangle ACF$
$\overline{AB}/\!/\overline{DC}$이므로 $\triangle ACF=\triangle BCF$
$\therefore\ \triangle ACE=\triangle ACF=\triangle BCF=45\ cm^2$ 답 $45\ cm^2$

중 **22** $\overline{AE}:\overline{ED}=3:2$이므로
$\triangle ABE:\triangle ECD=3:2$
$24:\triangle ECD=3:2,\ 3\triangle ECD=48$
$\therefore\ \triangle ECD=16\,(cm^2)$
오른쪽 그림과 같이 꼭짓점 E를 지나고 $\overline{AB}$와 평행한 직선을 그어 $\overline{BC}$와의 교점을 F라 하면

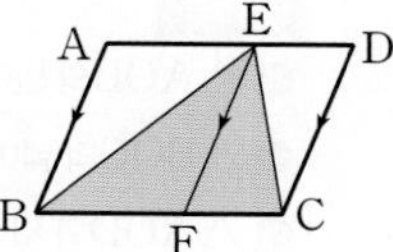

$\triangle EBC=\triangle EBF+\triangle EFC$
$=\triangle ABE+\triangle ECD$
$=24+16=40\,(cm^2)$ 답 $40\ cm^2$

상 **23** $\triangle ACD=\frac{1}{2}\square ABCD=\frac{1}{2}\times36=18\,(cm^2)$
$\overline{CE}=\overline{DE}$이므로
$\triangle AED=\frac{1}{2}\triangle ACD=\frac{1}{2}\times18=9\,(cm^2)$
$\overline{AF}:\overline{FE}=2:1$이므로 $\triangle AFD:\triangle FED=2:1$
$\therefore\ \triangle AFD=\frac{2}{3}\triangle AED=\frac{2}{3}\times9=6\,(cm^2)$
이때 $\triangle AOD=\frac{1}{4}\square ABCD=\frac{1}{4}\times36=9\,(cm^2)$이므로
$\triangle AOF=\triangle AOD-\triangle AFD$
$=9-6=3\,(cm^2)$ 답 $3\ cm^2$

상 **24** $\overline{AB}/\!/\overline{DC}$이므로 $\triangle BED=\triangle AED$
$\triangle BEF=\triangle BED-\triangle DFE$
$=\triangle AED-\triangle DFE$
$=\triangle AFD$ …… ㉠
한편, $\triangle ABD=\triangle BCD$이므로
$\triangle ABF+\triangle AFD=\triangle BCE+\triangle BEF+\triangle DFE$
㉠에 의하여 $\triangle ABF=\triangle BCE+\triangle DFE$
$13=8+\triangle DFE$
$\therefore\ \triangle DFE=5\,(cm^2)$ 답 $5\ cm^2$

중 **25** $\overline{AO}:\overline{CO}=1:2$이므로 $\triangle AOD:\triangle DOC=1:2$
$5:\triangle DOC=1:2$
$\therefore\ \triangle DOC=10\,(cm^2)$
$\triangle AOB=\triangle DOC=10\ cm^2$이므로
$\triangle AOB:\triangle BOC=1:2$에서
$10:\triangle BOC=1:2$
$\therefore\ \triangle BOC=20\,(cm^2)$ 답 $20\ cm^2$

하 26 $\triangle AOB=\triangle DOC=16\ cm^2$

$\therefore \triangle AOD=\triangle ABD-\triangle AOB$
$=30-16$
$=14\ (cm^2)$

답 ④

중 27 $\triangle AOB=\triangle DOC=24\ cm^2$ ······ ㉮

$\overline{BO}=2\overline{DO}$이므로

$\triangle BOC=2\triangle DOC=2\times24=48\ (cm^2)$ ······ ㉯

$\triangle AOD=\frac{1}{2}\triangle AOB=\frac{1}{2}\times24=12\ (cm^2)$ ······ ㉰

$\therefore \square ABCD=\triangle AOB+\triangle BOC+\triangle DOC+\triangle AOD$
$=24+48+24+12$
$=108\ (cm^2)$ ······ ㉱

답 $108\ cm^2$

채점 기준

㉮ $\triangle AOB$의 넓이 구하기	30 %
㉯ $\triangle BOC$의 넓이 구하기	30 %
㉰ $\triangle AOD$의 넓이 구하기	30 %
㉱ $\square ABCD$의 넓이 구하기	10 %

단원 마무리 62~65쪽

Level B 필수 유형 정복하기

01 ③ 02 ② 03 37° 04 ② 05 14 cm
06 (가) $\overline{FC}$ (나) $\overline{QC}$ (다) $\overline{GC}$ (라) $\overline{PC}$ 07 $24\ cm^2$ 08 ④
09 32° 10 30° 11 40 cm 12 ②, ④
13 (차례로) 정사각형, 직사각형, 마름모, 평행사변형, 사다리꼴
14 ③ 15 $5\pi\ cm^2$ 16 ③ 17 ② 18 ②
19 18 cm 20 63° 21 (1) 풀이 참조 (2) $18\ cm^2$
22 36 cm 23 $35\ cm^2$ 24 $8\ cm^2$

01 전략 평행사변형의 성질을 이용한다.

$\overline{BC}=\overline{AD}$이므로

$x+2=9$ $\therefore x=7$

$\overline{OB}=\frac{1}{2}\overline{BD}$이므로

$2y+3=\frac{1}{2}\times14,\ 2y=4$ $\therefore y=2$

$\angle ADC+\angle BCD=180°$이므로

$z°+124°=180°$ $\therefore z=56$

$\therefore x+y+z=7+2+56=65$

02 전략 평행사변형의 두 쌍의 대변은 각각 평행하고 그 길이는 각각 같음을 이용한다.

$\overline{BO}=0-(-4)=4$이므로

$\overline{AC}=\overline{BO}=4$

점 C의 x좌표를 a라 하면

$\overline{AC}=a-(-3)=a+3$

따라서 $4=a+3$이므로 $a=1$

이때 $\overline{AC}$는 x축에 평행하므로 두 점 A, C의 y좌표는 같다.

$\therefore C(1,\ 5)$

03 전략 평행사변형의 두 쌍의 대각의 크기는 각각 같음을 이용한다.

$\angle BAD=\angle C=106°$이므로

$\angle BAP=\frac{1}{2}\times106°=53°$

$\triangle ABP$에서 $\angle ABP=180°-(53°+90°)=37°$

이때 $\angle ABC+\angle C=180°$이므로

$\angle ABC=180°-106°=74°$

$\therefore \angle PBC=\angle ABC-\angle ABP$
$=74°-37°=37°$

04 전략 $\triangle ABC$와 합동인 삼각형을 찾는다.

$\triangle ABC$와 $\triangle DBE$에서

$\overline{AB}=\overline{DB},\ \overline{BC}=\overline{BE},$

$\angle ABC=60°-\angle EBA=\angle DBE$

$\therefore \triangle ABC\equiv\triangle DBE$ (SAS 합동) ······ ㉠

$\triangle ABC$와 $\triangle FEC$에서

$\overline{AC}=\overline{FC},\ \overline{BC}=\overline{EC},$

$\angle ACB=60°-\angle ECA=\angle FCE$

$\therefore \triangle ABC\equiv\triangle FEC$ (SAS 합동) ······ ㉡

㉠, ㉡에서 $\triangle ABC\equiv\triangle DBE\equiv\triangle FEC$이므로

$\angle ABC=\angle FEC,\ \angle BCA=\angle BED$

또, $\overline{DA}=\overline{DB}=\overline{EF},\ \overline{AF}=\overline{FC}=\overline{DE}$이므로 $\square AFED$는 두 쌍의 대변의 길이가 각각 같다.

즉, $\square AFED$는 평행사변형이다.

따라서 옳지 않은 것은 ②이다.

05 전략 먼저 $\square AODE$가 어떤 사각형인지 알아본다.

$\overline{ED}/\!/\overline{AC}$에서 $\overline{ED}/\!/\overline{AO}$이고 $\overline{ED}=\overline{OC}=\overline{AO}$이므로

$\square AODE$는 평행사변형이다.

$\overline{AF}=\overline{FD}$이므로

$\overline{AF}=\frac{1}{2}\overline{AD}=\frac{1}{2}\overline{BC}=\frac{1}{2}\times16=8\ (cm)$

$\overline{OF}=\overline{FE}$이므로

$\overline{OF}=\frac{1}{2}\overline{EO}=\frac{1}{2}\overline{DC}=\frac{1}{2}\overline{AB}=\frac{1}{2}\times12=6\ (cm)$

$\therefore \overline{AF}+\overline{OF}=8+6=14\ (cm)$

06 전략 먼저 $\square AFCH$와 $\square AECG$가 어떤 사각형인지 알아본다.

(가) $\overline{FC}$ (나) $\overline{QC}$ (다) $\overline{GC}$ (라) $\overline{PC}$

07 전략 $\triangle PAB+\triangle PCD=\frac{1}{2}\square ABCD$임을 이용한다.

$\triangle PAB+\triangle PCD=\frac{1}{2}\square ABCD=\frac{1}{2}\times112=56\ (cm^2)$

$\triangle PAB:\triangle PCD=3:4$이므로

$\triangle PAB=56\times\frac{3}{7}=24\ (cm^2)$

08 전략 이등변삼각형과 직사각형의 성질을 이용하여 $\angle \mathrm{BDE}$와 크기가 같은 각을 찾는다.

$\triangle \mathrm{BED}$에서 $\overline{\mathrm{BE}}=\overline{\mathrm{DE}}$이므로

$\angle \mathrm{DBE}=\angle \mathrm{BDE}$

$\overline{\mathrm{AD}} /\!/ \overline{\mathrm{BC}}$이므로

$\angle \mathrm{ADB}=\angle \mathrm{DBE}$ (엇각)

따라서 $\angle \mathrm{ADC}=3\angle \mathrm{DBE}$이므로

$\angle \mathrm{DBE}=\frac{1}{3}\angle \mathrm{ADC}=\frac{1}{3}\times 90^\circ=30^\circ$

$\triangle \mathrm{BED}$에서

$\angle \mathrm{DEC}=\angle \mathrm{DBE}+\angle \mathrm{BDE}$

$=30^\circ+30^\circ=60^\circ$

09 전략 합동인 삼각형을 이용하여 $\angle x$의 크기를 구하는 데 필요한 각의 크기를 구한다.

$\triangle \mathrm{DCE}$와 $\triangle \mathrm{BCE}$에서

$\overline{\mathrm{DC}}=\overline{\mathrm{BC}}$, $\overline{\mathrm{CE}}$는 공통, $\angle \mathrm{DCE}=\angle \mathrm{BCE}$

이므로 $\triangle \mathrm{DCE}\equiv\triangle \mathrm{BCE}$ (SAS 합동)

$\therefore \angle \mathrm{CDE}=\angle \mathrm{CBE}=58^\circ$

따라서 $\triangle \mathrm{DFC}$에서

$\angle x=180^\circ-(58^\circ+90^\circ)=32^\circ$

10 전략 $\overline{\mathrm{AD}} /\!/ \overline{\mathrm{BC}}$, $\overline{\mathrm{AB}}=\overline{\mathrm{AD}}$임을 이용하여 $\angle \mathrm{ADB}$, $\angle \mathrm{ABD}$를 $\angle x$에 대하여 나타낸다.

$\overline{\mathrm{AD}} /\!/ \overline{\mathrm{BC}}$이므로

$\angle \mathrm{ADB}=\angle \mathrm{DBC}=\angle x$ (엇각)

$\triangle \mathrm{ABD}$에서 $\overline{\mathrm{AB}}=\overline{\mathrm{AD}}$이므로

$\angle \mathrm{ABD}=\angle \mathrm{ADB}=\angle x$

이때 $\angle \mathrm{BCD}=\angle \mathrm{ABC}=\angle x+\angle x=2\angle x$이므로

$\triangle \mathrm{BCD}$에서 $\angle x+2\angle x+90^\circ=180^\circ$

$3\angle x=90^\circ \qquad \therefore \angle x=30^\circ$

11 전략 평행사변형의 성질과 주어진 조건을 이용하여 합동인 삼각형을 찾는다.

$\square \mathrm{ABCD}$는 평행사변형이므로

$\angle \mathrm{B}=\angle \mathrm{D}$

$\triangle \mathrm{ABP}$와 $\triangle \mathrm{ADQ}$에서

$\overline{\mathrm{AP}}=\overline{\mathrm{AQ}}$, $\angle \mathrm{APB}=\angle \mathrm{AQD}=90^\circ$,

$\angle \mathrm{BAP}=90^\circ-\angle \mathrm{B}=90^\circ-\angle \mathrm{D}=\angle \mathrm{DAQ}$

$\therefore \triangle \mathrm{ABP}\equiv\triangle \mathrm{ADQ}$ (ASA 합동)

따라서 $\overline{\mathrm{AB}}=\overline{\mathrm{AD}}$이므로 $\square \mathrm{ABCD}$는 마름모이다.

$\therefore$ ($\square \mathrm{ABCD}$의 둘레의 길이)$=4\times 10=40\,(\mathrm{cm})$

12 전략 여러 가지 사각형 사이의 관계를 이해한다.

② $\overline{\mathrm{AC}}=\overline{\mathrm{BD}}$인 평행사변형 ABCD는 직사각형이다.

③ $\angle \mathrm{ABC}+\angle \mathrm{BCD}=180^\circ$이므로

$\angle \mathrm{ABC}=\angle \mathrm{BCD}$이면

$\angle \mathrm{ABC}=\angle \mathrm{BCD}=90^\circ$

따라서 $\angle \mathrm{ABC}=90^\circ$인 평행사변형 ABCD는 직사각형이다.

④ $\angle \mathrm{DAC}=\angle \mathrm{DCA}$이면 $\overline{\mathrm{DA}}=\overline{\mathrm{DC}}$

따라서 $\overline{\mathrm{DA}}=\overline{\mathrm{DC}}$인 평행사변형 ABCD는 마름모이다.

⑤ $\angle \mathrm{ADC}=90^\circ$인 평행사변형 ABCD는 직사각형이고, $\overline{\mathrm{AC}}\perp\overline{\mathrm{BD}}$인 직사각형 ABCD는 정사각형이다.

따라서 $\angle \mathrm{ADC}=90^\circ$, $\overline{\mathrm{AC}}\perp\overline{\mathrm{BD}}$인 평행사변형 ABCD는 정사각형이다.

따라서 옳지 않은 것은 ②, ④이다.

13 전략 주어진 대각선의 조건을 이용하여 해당하는 사각형을 찾는다.

- 두 대각선의 길이가 같고 서로를 수직이등분하는 사각형은 정사각형이다.
- 두 대각선의 길이가 같고 서로를 이등분하는 사각형은 직사각형이다.
- 두 대각선이 서로를 수직이등분하는 사각형은 마름모이다.
- 두 대각선이 서로를 이등분하는 사각형은 평행사변형이다.
- 한 쌍의 대변이 평행한 사각형은 사다리꼴이다.

따라서 □ 안에 주어진 조건에 가장 알맞은 사각형의 이름은 차례로 정사각형, 직사각형, 마름모, 평행사변형, 사다리꼴이다.

14 전략 정사각형의 각 변의 중점을 연결하여 만든 사각형이 정사각형임을 이용한다.

정사각형의 각 변의 중점을 연결하여 만든 사각형은 정사각형이므로 $\square \mathrm{EFGH}$는 정사각형이다.

$\therefore \square \mathrm{ABCD}=2\square \mathrm{EFGH}$

$=2\times(4\times 4)=32\,(\mathrm{cm}^2)$

15 전략 평행선과 삼각형의 넓이를 이용하여 색칠한 부분과 넓이가 같은 도형을 찾는다.

오른쪽 그림과 같이 $\overline{\mathrm{OA}}$, $\overline{\mathrm{OB}}$를 그으면

$\overline{\mathrm{AB}} /\!/ \overline{\mathrm{CD}}$이므로

$\triangle \mathrm{CAB}=\triangle \mathrm{OAB}$

따라서 색칠한 부분의 넓이는 부채꼴 OAB의 넓이와 같으므로

$\pi\times 5^2\times\frac{1}{5}=5\pi\,(\mathrm{cm}^2)$

> **개념 보충 학습**
>
> 반지름의 길이가 r, 중심각의 크기가 x°인 부채꼴의 호의 길이를 l, 넓이를 S라 하면
>
> $S=\pi r^2\times\frac{x}{360}=\frac{1}{2}rl$

16 전략 $\overline{\mathrm{AE}}$를 긋고 $\square \mathrm{ABCD}$와 넓이가 같은 도형을 찾는다.

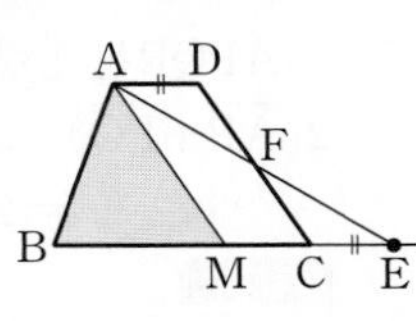

오른쪽 그림과 같이 $\overline{\mathrm{AE}}$를 그어 $\overline{\mathrm{AE}}$와 $\overline{\mathrm{DC}}$의 교점을 F라 하면

$\triangle \mathrm{AFD}$와 $\triangle \mathrm{EFC}$에서

$\overline{\mathrm{AD}}=\overline{\mathrm{EC}}$

$\overline{\mathrm{AD}} /\!/ \overline{\mathrm{CE}}$이므로

$\angle \mathrm{FAD}=\angle \mathrm{FEC}$ (엇각), $\angle \mathrm{FDA}=\angle \mathrm{FCE}$ (엇각)

따라서 $\triangle AFD \equiv \triangle EFC$ (ASA 합동)이므로

$\triangle AFD = \triangle EFC$

$\therefore\ \square ABCD = \square ABCF + \triangle AFD$

$= \square ABCF + \triangle EFC$

$= \triangle ABE$

$\therefore\ \triangle ABM = \frac{1}{2}\triangle ABE$

$= \frac{1}{2}\square ABCD$

$= \frac{1}{2} \times 40 = 20\,(\text{cm}^2)$

17 전략 보조선을 그어 $\triangle APQ$의 넓이를 다른 삼각형의 넓이의 합, 차로 나타내어 본다.

오른쪽 그림과 같이 $\overline{AC}$, $\overline{DP}$를 그으면

$\triangle APQ$

$= \triangle APC + \triangle ACQ - \triangle PCQ$

$= \frac{1}{3}\triangle ABC + \frac{1}{2}\triangle ACD - \frac{1}{2}\triangle PCD$

$= \frac{1}{3}\triangle ABC + \frac{1}{2}\triangle ACD - \frac{1}{2}\triangle APC$

$= \frac{1}{3}\triangle ABC + \frac{1}{2}\triangle ACD - \frac{1}{2} \times \frac{1}{3}\triangle ABC$

$= \frac{1}{3} \times \frac{1}{2}\square ABCD + \frac{1}{2} \times \frac{1}{2}\square ABCD - \frac{1}{6} \times \frac{1}{2}\square ABCD$

$= \frac{1}{3}\square ABCD$

$= \frac{1}{3} \times 30 = 10\,(\text{cm}^2)$

18 전략 사다리꼴에서 높이가 같은 두 삼각형의 넓이의 비는 밑변의 길이의 비와 같음을 이용한다.

$\triangle DOC = \triangle AOB = 18\text{ cm}^2$

$\overline{AO} : \overline{CO} = 3 : 5$이므로 $\triangle AOB : \triangle BOC = 3 : 5$

$18 : \triangle BOC = 3 : 5$, $3\triangle BOC = 90$

$\therefore\ \triangle BOC = 30\,(\text{cm}^2)$

$\therefore\ \triangle DBC = \triangle DOC + \triangle BOC$

$= 18 + 30 = 48\,(\text{cm}^2)$

19 전략 이등변삼각형의 성질을 이용하여 $\overline{PQ}$와 길이가 같은 선분을 찾는다.

$\triangle ABC$에서 $\overline{AB} = \overline{AC}$이므로

$\angle B = \angle C$

$\overline{AC} /\!/ \overline{PQ}$이므로

$\angle C = \angle PQB$ (동위각)

따라서 $\angle B = \angle PQB$이므로

$\overline{PQ} = \overline{PB}$ …… ㉮

$\square APQR$는 평행사변형이므로 둘레의 길이는

$2(\overline{AP} + \overline{PQ}) = 2(\overline{AP} + \overline{PB}) = 2\overline{AB}$

$= 2 \times 9 = 18\,(\text{cm})$ …… ㉯

채점 기준

㉮ $\overline{PQ} = \overline{PB}$임을 보이기	50 %
㉯ $\square APQR$의 둘레의 길이 구하기	50 %

20 전략 마름모의 성질을 이용하여 합동인 삼각형을 찾는다.

$\triangle ABP$와 $\triangle ADQ$에서

$\overline{AB} = \overline{AD}$, $\angle APB = \angle AQD = 90°$, $\angle B = \angle D$

$\therefore\ \triangle ABP \equiv \triangle ADQ$ (RHA 합동) …… ㉮

$\overline{AP} = \overline{AQ}$, $\angle BAP = \angle DAQ$이고

$\angle BAD + \angle D = 180°$이므로

$\angle BAD = 180° - 54° = 126°$ …… ㉯

이때 $\triangle AQD$에서

$\angle DAQ = 180° - (90° + 54°) = 36°$이므로

$\angle PAQ = 126° - (36° + 36°) = 54°$ …… ㉰

$\triangle APQ$에서 $\overline{AP} = \overline{AQ}$이므로

$\angle x = \frac{1}{2} \times (180° - 54°) = 63°$ …… ㉱

채점 기준

㉮ $\triangle ABP \equiv \triangle ADQ$임을 보이기	30 %
㉯ $\angle BAD$의 크기 구하기	20 %
㉰ $\angle PAQ$의 크기 구하기	20 %
㉱ $\angle x$의 크기 구하기	30 %

21 전략 $\triangle EIC \equiv \triangle EJD$임을 이용하여 $\square EICJ$와 넓이가 같은 도형을 찾는다.

(1) $\triangle EIC$와 $\triangle EJD$에서

$\overline{EC} = \overline{ED}$, $\angle ECI = \angle EDJ = 45°$,

$\angle CEI = 90° - \angle JEC = \angle DEJ$

$\therefore\ \triangle EIC \equiv \triangle EJD$ (ASA 합동) …… ㉮

(2) $\square EICJ = \triangle EIC + \triangle ECJ = \triangle EJD + \triangle ECJ$

$= \triangle ECD = \frac{1}{2} \times \overline{EC} \times \overline{DE}$

$= \frac{1}{2} \times 6 \times 6 = 18\,(\text{cm}^2)$ …… ㉯

채점 기준

(1)	㉮ $\triangle EIC \equiv \triangle EJD$임을 보이기	50 %
(2)	㉯ $\square EICJ$의 넓이 구하기	50 %

22 전략 $\overline{AB}$ 또는 $\overline{DC}$와 평행한 선분을 그어 평행사변형을 만든다.

오른쪽 그림과 같이 꼭짓점 D를 지나고 $\overline{AB}$와 평행한 직선을 그어 $\overline{BC}$와의 교점을 E라 하면

$\angle C = \angle B = 60°$,

$\angle DEC = \angle B = 60°$ (동위각)이므로

$\angle CDE = 180° - 2 \times 60° = 60°$

즉, $\triangle DEC$는 정삼각형이다.

$\therefore\ \overline{EC} = \overline{DC} = \overline{AB} = 8\text{ cm}$

한편, $\square ABED$는 평행사변형이므로

$\overline{AD} = \overline{BE} = \overline{BC} - \overline{EC} = 14 - 8 = 6\,(\text{cm})$ …… ㉮

$\therefore$ ($\square ABCD$의 둘레의 길이) $= \overline{AB} + \overline{BC} + \overline{CD} + \overline{DA}$

$= 8 + 14 + 8 + 6$

$= 36\,(\text{cm})$ …… ㉯

채점 기준

㉮ $\overline{AD}$, $\overline{DC}$의 길이 각각 구하기	60 %
㉯ $\square ABCD$의 둘레의 길이 구하기	40 %

23 전략 평행선과 삼각형의 넓이를 이용하여 △ECD와 넓이가 같은 도형을 찾는다.

$\overline{EC}\,/\!/\,l$이므로 $\triangle ECD = \triangle ECF$ …… ㉮

∴ (오각형 ABCDE의 넓이)

$= \square ABCE + \triangle ECD$

$= \square ABCE + \triangle ECF$

$= \square ABFE$ …… ㉯

$= \frac{1}{2} \times (5+9) \times 5$

$= 35\,(\text{cm}^2)$ …… ㉰

채점 기준

㉮ △ECD=△ECF임을 알기	20 %
㉯ (오각형 ABCDE의 넓이)=(□ABFE의 넓이)임을 알기	50 %
㉰ 오각형 ABCDE의 넓이 구하기	30 %

24 전략 평행사변형에서 높이가 같은 두 삼각형의 넓이의 비는 밑변의 길이의 비와 같음을 이용한다.

$\triangle ABC = \frac{1}{2}\square ABCD = \frac{1}{2} \times 54 = 27\,(\text{cm}^2)$ …… ㉮

$\overline{BE} : \overline{EC} = 4 : 5$이므로

$\triangle ABE : \triangle AEC = 4 : 5$

∴ $\triangle ABE = \frac{4}{9}\triangle ABC$

$= \frac{4}{9} \times 27 = 12\,(\text{cm}^2)$ …… ㉯

$\overline{AF} : \overline{FE} = 2 : 1$이므로

$\triangle ABF : \triangle BEF = 2 : 1$

∴ $\triangle ABF = \frac{2}{3}\triangle ABE$

$= \frac{2}{3} \times 12 = 8\,(\text{cm}^2)$ …… ㉰

채점 기준

㉮ △ABC의 넓이 구하기	20 %
㉯ △ABE의 넓이 구하기	40 %
㉰ △ABF의 넓이 구하기	40 %

단원 마무리 66~67쪽

Level C 발전 유형 정복하기

01 138° **02** ④ **03** 6초 **04** $\frac{1}{8}$배 **05** 135°
06 ① **07** ⑤ **08** $\frac{45}{4}$ cm **09** 22 cm²
10 63° **11** (1) 마름모 (2) 90 cm² **12** 풀이 참조

01 전략 □ABCD가 평행사변형이므로 ∠BAD+∠ADC=180°임을 이용한다.

$\angle BAD + \angle ADC = 180°$이므로

$\angle GAD + \angle GDA = 90°$

∴ $\angle AGD = 90°$

즉, $\angle DGH = 90°$이므로 △DGH에서

$\angle GDH = 180° - (90° + 48°) = 42°$

∴ $\angle ADF = \angle GDH = 42°$

따라서 $\angle DFC = \angle ADF = 42°$ (엇각)이므로

$\angle BFD = 180° - 42° = 138°$

02 전략 $\overline{AD}$, $\overline{BE}$의 연장선을 각각 긋고 삼각형의 합동을 이용한다.

다음 그림과 같이 $\overline{AD}$, $\overline{BE}$의 연장선의 교점을 G라 하자.

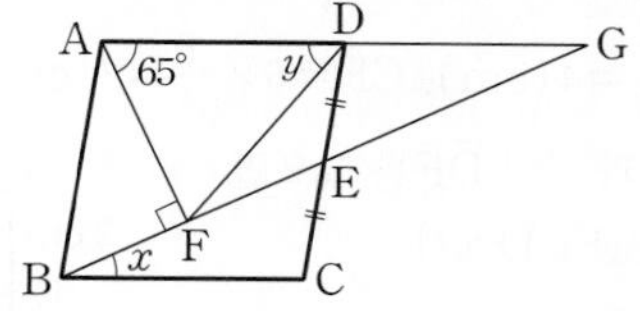

△AFG에서

$\angle G = 180° - (90° + 65°) = 25°$

$\overline{AG}\,/\!/\,\overline{BC}$이므로 $\angle x = \angle G = 25°$ (엇각)

한편, △EBC와 △EGD에서

$\overline{CE} = \overline{DE}$, $\angle CEB = \angle DEG$ (맞꼭지각)

$\overline{AG}\,/\!/\,\overline{BC}$이므로 $\angle C = \angle GDE$ (엇각)

∴ $\triangle EBC \equiv \triangle EGD$ (ASA 합동)

따라서 $\overline{DG} = \overline{CB} = \overline{AD}$이므로 점 D는 직각삼각형 AFG의 외심이다.

∴ $\overline{AD} = \overline{DF} = \overline{DG}$

△DAF에서 $\angle y = 180° - 2 \times 65° = 50°$

∴ $\angle x + \angle y = 25° + 50° = 75°$

03 전략 □AQCP가 평행사변형이 되려면 $\overline{AP} = \overline{QC}$이어야 함을 이용한다.

$\overline{AP}\,/\!/\,\overline{QC}$이므로 □AQCP가 평행사변형이 되려면 $\overline{AP} = \overline{QC}$이어야 한다.

점 Q가 꼭짓점 B를 출발한 지 x초 후에

$\overline{AP} = 4(7+x) = (28+4x)\,\text{cm}$,

$\overline{QC} = (70-3x)\,\text{cm}$

이므로 $28 + 4x = 70 - 3x$

$7x = 42$ ∴ $x = 6$

따라서 □AQCP가 평행사변형이 되는 것은 점 Q가 출발한 지 6초 후이다.

04 전략 $\overline{AB}$와 평행한 선분을 그어 두 개의 평행사변형으로 나누어 생각한다.

오른쪽 그림과 같이 세 점 P, E, Q를 각각 지나면서 $\overline{AB}$에 평행한 세 선분을 그으면 두 평행사변형 ABFE, EFCD에서

$\triangle EPG = \frac{1}{8}\square ABFE$, $\triangle EGQ = \frac{1}{8}\square EFCD$이므로

$\triangle EPQ = \triangle EPG + \triangle EGQ$

$= \frac{1}{8}\square ABFE + \frac{1}{8}\square EFCD$

$= \frac{1}{8}(\square ABFE + \square EFCD)$

$= \frac{1}{8}\square ABCD$

따라서 △EPQ의 넓이는 □ABCD의 넓이의 $\frac{1}{8}$배이다.

참고 $\overline{AB}/\!/\overline{EF}/\!/\overline{DC}$, $\overline{AD}/\!/\overline{MN}/\!/\overline{BC}$이므로 □ABFE와 □EFCD는 모두 평행사변형이다.

05 전략 보조선을 그어 △EBF와 합동인 삼각형을 찾는다.

점 E는 $\overline{AB}$의 중점이므로 $\overline{AE}=\overline{EB}=2$ cm

또, $\overline{BF}:\overline{CF}=2:1$이므로

$\overline{BF}=6\times\frac{2}{3}=4$(cm), $\overline{CF}=6\times\frac{1}{3}=2$(cm)

오른쪽 그림과 같이 $\overline{DF}$를 그으면

△EBF와 △FCD에서

$\overline{EB}=\overline{FC}=2$ cm,

$\overline{BF}=\overline{CD}=4$ cm,

∠EBF=∠FCD=90°

따라서 △EBF≡△FCD (SAS 합동)이므로

$\overline{EF}=\overline{FD}$

∠EFB+∠DFC=∠FDC+∠DFC=90°

즉, △DEF는 ∠DFE=90°인 직각이등변삼각형이므로

$\angle DEF=\frac{1}{2}\times(180°-90°)=45°$

∴ ∠AED+∠BEF=180°−∠DEF

=180°−45°=135°

06 전략 점 P와 □ABCD의 각 꼭짓점을 연결하여 삼각형의 넓이를 이용한다.

오른쪽 그림과 같이 $\overline{PA}$, $\overline{PC}$를 그으면

□ABCD

=△PAB+△PBC

+△PCD+△PDA

$=\frac{1}{2}\times10\times l_1+\frac{1}{2}\times10\times l_2$

$+\frac{1}{2}\times10\times l_3+\frac{1}{2}\times10\times l_4$

$=\frac{1}{2}\times10\times(l_1+l_2+l_3+l_4)$

$=5(l_1+l_2+l_3+l_4)$

이때 $□ABCD=\frac{1}{2}\times\overline{AC}\times\overline{BD}=\frac{1}{2}\times12\times16=96$이므로

$5(l_1+l_2+l_3+l_4)=96$

07 전략 정사각형과 정삼각형의 한 내각의 크기는 각각 90°, 60°임을 이용한다.

∠ACB=45°, ∠PCB=60°이므로

∠PCA=∠PCB−∠ACB=60°−45°=15°

또, ∠ABP=90°−60°=30°이고

△ABP에서 $\overline{BA}=\overline{BP}$이므로

$\angle PAB=\frac{1}{2}\times(180°-30°)=75°$

∠PAC=∠PAB−∠CAB=75°−45°=30°

∴ ∠PAC−∠PCA=30°−15°=15°

08 전략 보조선을 그어 넓이가 같은 삼각형을 찾는다.

오른쪽 그림과 같이 $\overline{FD}$, $\overline{FC}$를 그으면 △DFE=△EFC이므로

□AFED=□FBCE이려면

△AFD=△BCF이어야 한다.

$\overline{AF}=x$ cm라 하면

$\frac{1}{2}\times4\times x=\frac{1}{2}\times12\times(15-x)$

$2x=6(15-x)$, $8x=90$　　∴ $x=\frac{45}{4}$

∴ $\overline{AF}=\frac{45}{4}$ cm

09 전략 보조선을 그어 평행사변형에서 밑변은 공통이고 높이가 같은 두 삼각형의 넓이는 서로 같음을 이용한다.

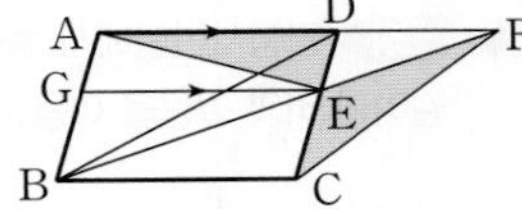

오른쪽 그림과 같이 $\overline{BD}$를 그으면 $\overline{AF}/\!/\overline{BC}$이므로

△DBF=△DCF

∴ △DBE=△DBF−△DEF

=△DCF−△DEF=△ECF

또, $\overline{AD}$와 평행하도록 $\overline{GE}$를 그으면

△DBE=△DAE=△AGE이므로

△ECF=△DBE=△AGE

따라서 색칠한 부분의 넓이는

△DAE+△ECF=△DAE+△AGE=□AGED

$=\frac{2}{5}$□ABCD (∵ $\overline{DE}:\overline{EC}=2:3$)

$=\frac{2}{5}\times55=22$(cm²)

10 전략 보조선을 그어 △APQ와 합동인 삼각형을 찾는다.

오른쪽 그림과 같이 $\overline{CD}$의 연장선 위에

$\overline{BP}=\overline{DP'}$인 점 P′을 잡으면　…… ㉮

△ABP와 △ADP′에서

$\overline{AB}=\overline{AD}$, $\overline{BP}=\overline{DP'}$, ∠B=∠ADP′

이므로

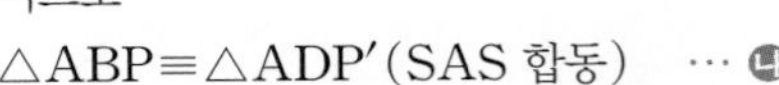

△ABP≡△ADP′(SAS 합동)　… ㉯

∴ $\overline{AP}=\overline{AP'}$, ∠BAP=∠DAP′

또, △APQ와 △AP′Q에서

$\overline{AP}=\overline{AP'}$, $\overline{AQ}$는 공통, ∠PAQ=∠P′AQ

이므로 △APQ≡△AP′Q(SAS 합동)　…… ㉰

∴ ∠AQD=∠AQP=180°−(72°+45°)=63°　…… ㉱

채점 기준

채점 기준	비율
㉮ $\overline{BP}=\overline{DP'}$이 되도록 점 P′을 잡아 보조선 긋기	30 %
㉯ △ABP≡△ADP′임을 알기	20 %
㉰ △APQ≡△AP′Q임을 알기	30 %
㉱ ∠AQD의 크기 구하기	20 %

참고 ∠BAP+∠PAD=90°이므로

∠DAP′+∠PAD=90°　∴ ∠PAP′=90°

즉, 45°+∠P′AQ=90°이므로

∠P′AQ=45°　∴ ∠PAQ=∠P′AQ=45°

11 전략 서로 합동인 삼각형을 찾아 □ABHG가 평행사변형임을 보인다.

(1) △ABG와 △DFG에서
$\overline{AB}=\overline{DF}$
$\overline{AB}/\!/\overline{FD}$이므로
$\angle ABG=\angle F$ (엇각), $\angle BAG=\angle FDG$ (엇각)
따라서 △ABG≡△DFG (ASA 합동)이므로
$\overline{AG}=\overline{DG}=\frac{1}{2}\overline{AD}=\overline{AB}$ …… ㉠
또, △ABH와 △ECH에서
$\overline{AB}=\overline{EC}$
$\overline{AB}/\!/\overline{CE}$이므로
$\angle BAH=\angle E$ (엇각), $\angle ABH=\angle ECH$ (엇각)
따라서 △ABH≡△ECH (ASA 합동)이므로
$\overline{BH}=\overline{CH}=\frac{1}{2}\overline{AD}=\overline{AB}$ …… ㉡
$\overline{AG}/\!/\overline{BH}$이고 ㉠, ㉡에서 $\overline{AG}=\overline{BH}$이므로
□ABHG는 평행사변형이다.
또, $\overline{AB}=\overline{AG}$이므로 평행사변형 ABHG는 마름모이다.
…… ㉮

(2) △ABG=20 cm²이므로
△DFG=△ABG=△ABH=△ECH=20 cm²
□GHCD=□ABHG=2△ABG
$=2\times20=40\,(\text{cm}^2)$ …… ㉯
△PHG$=\frac{1}{4}$□ABHG
$=\frac{1}{4}\times40=10\,(\text{cm}^2)$ …… ㉰
∴ △FPE=△PHG+□GHCD+△DFG+△ECH
$=10+40+20+20$
$=90\,(\text{cm}^2)$ …… ㉱

채점 기준

(1)	㉮ □ABHG가 마름모임을 보이기	50 %
(2)	㉯ □GHCD의 넓이 구하기	20 %
	㉰ △PHG의 넓이 구하기	20 %
	㉱ △FPE의 넓이 구하기	10 %

12 전략 점 B를 지나면서 $\overline{AC}$와 평행한 선분을 그어 평행선과 삼각형의 넓이를 이용한다.

오른쪽 그림과 같이 $\overline{AC}/\!/\overline{BD}$가 되도록 $\overleftrightarrow{QR}$ 위에 점 D를 잡는다.
…… ㉮

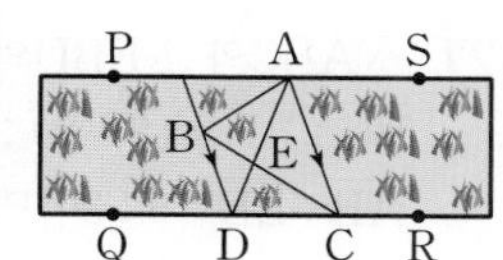

$\overline{AD}$와 $\overline{BC}$의 교점을 E라 하면
△ABC=△ADC이므로
△ABE+△AEC=△EDC+△AEC
∴ △ABE=△EDC
따라서 $\overline{AD}$를 경계선으로 하면 처음에 나누어져 있던 두 논의 넓이는 변하지 않는다. …… ㉯

채점 기준

㉮ $\overline{AC}/\!/\overline{BD}$가 되도록 $\overleftrightarrow{QR}$ 위에 점 D 잡기	40 %
㉯ 두 논의 넓이가 변하지 않도록 하는 경계선 정하기	60 %

3. 도형의 닮음 (1)

Lecture 11 닮은 도형

Level A 개념 익히기 70~71 쪽

01 답 점 G

02 답 $\overline{EF}$

03 답 ∠H

04 $\overline{AB}:\overline{EF}=\overline{AD}:\boxed{\overline{EH}}$ 답 $\overline{EH}$

05 $\angle A=\boxed{\angle E}$, $\boxed{\angle B}=\angle F$ 답 ∠E, ∠B

06 $\overline{AC}:\overline{EG}=\overline{CD}:\boxed{\overline{GH}}$ 답 $\overline{GH}$

07 △BCD∽$\boxed{\text{△FGH}}$, $\boxed{\text{△ABD}}$∽△EFH
답 △FGH, △ABD

08 △ABC와 △DEF의 닮음비는
$\overline{BC}:\overline{EF}=6:8=3:4$ 답 3 : 4

09 닮음비가 3 : 4이므로 $\overline{AB}:\overline{DE}=3:4$
$\overline{AB}:4=3:4$, $4\overline{AB}=12$
∴ $\overline{AB}=3\,(\text{cm})$ 답 3 cm

10 $\angle F=\angle C=30°$ 답 30°

11 □ABCD와 □EFGH의 닮음비는
$\overline{BC}:\overline{FG}=9:6=3:2$ 답 3 : 2

12 닮음비가 3 : 2이므로 $\overline{AD}:\overline{EH}=3:2$
$12:\overline{EH}=3:2$, $3\overline{EH}=24$
∴ $\overline{EH}=8\,(\text{cm})$ 답 8 cm

13 $\angle G=\angle C$
$=360°-(75°+90°+85°)=110°$ 답 110°

14 두 사각기둥의 닮음비는
$\overline{FG}:\overline{NO}=5:10=1:2$ 답 1 : 2

15 닮음비가 1 : 2이므로 $\overline{GH}:\overline{OP}=1:2$
$6:\overline{OP}=1:2$ ∴ $\overline{OP}=12\,(\text{cm})$ 답 12 cm

16 닮음비가 1 : 2이므로 $\overline{DH}:\overline{LP}=1:2$
$7:\overline{LP}=1:2$ ∴ $\overline{LP}=14\,(\text{cm})$ 답 14 cm

하 17 $\overline{CD}$의 대응변은 $\overline{GH}$, $\angle F$의 대응각은 $\angle B$이다. 답 ③

하 18 모서리 AD에 대응하는 모서리는 모서리 FI, 면 FGH에 대응하는 면은 면 ABC이다. 답 모서리 FI, 면 ABC

하 19 ㄷ. 다음과 같은 두 삼각형은 둘레의 길이는 같지만 닮은 도형은 아니다.

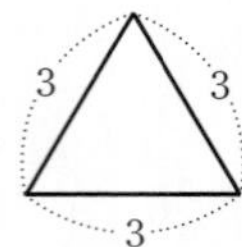

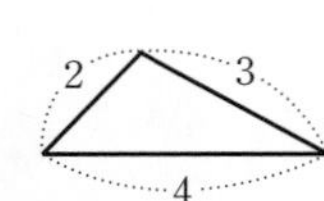

답 ㄱ, ㄴ, ㄹ

중 20 다음과 같은 두 도형은 닮은 도형이 아니다.

ㄴ. 40° 60°

ㄷ.

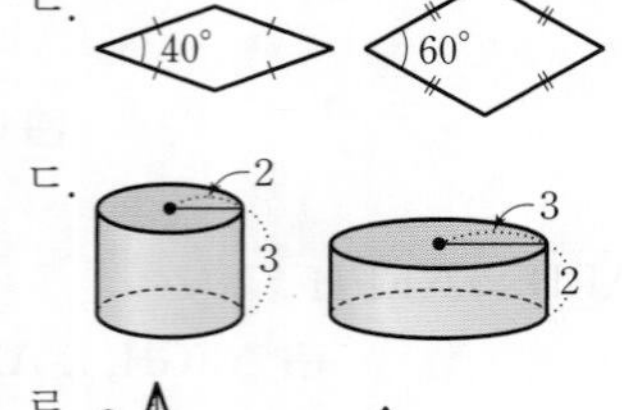

ㄹ. 6 2 5 3

답 ㄱ, ㅁ, ㅂ

개념 보충 학습

합동인 도형이 크기와 모양이 같은 도형이라면 닮은 도형은 크기와 관계없이 모양이 같은 도형이다.
① 항상 닮은 평면도형: 두 원, 두 직각이등변삼각형, 두 정n각형($n\geq3$), 중심각의 크기가 같은 두 부채꼴
② 항상 닮은 입체도형: 두 구, 면의 개수가 같은 두 정다면체

중 21 ① 다음과 같은 두 직사각형은 넓이가 같지만 닮은 도형은 아니다.

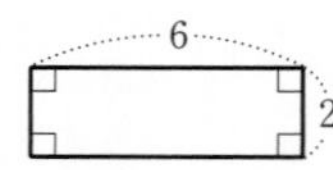

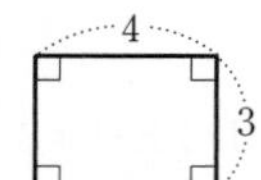

③ 다음과 같은 두 평행사변형은 한 내각의 크기가 같지만 닮은 도형은 아니다.

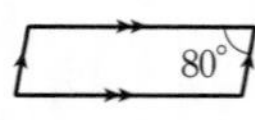

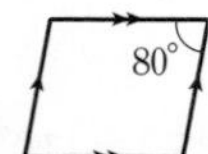

⑤ 오른쪽 그림과 같은 두 직사각형은 대각선의 길이가 같지만 닮은 도형은 아니다.

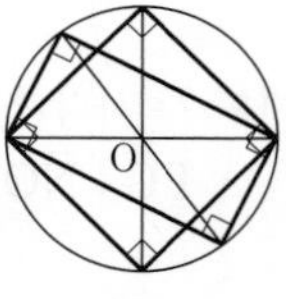

답 ②, ④

중 22 ㉠, ㉡, ㉢, ㉤, ㉦: 직각이등변삼각형
㉣: 평행사변형
㉥: 정사각형
이때 두 직각이등변삼각형은 항상 서로 닮은 도형이므로 7개의 도형 중에서 서로 닮음인 것은 ㉠, ㉡, ㉢, ㉤, ㉦이다.

답 ㉠, ㉡, ㉢, ㉤, ㉦

중 23 □ABCD와 □EFGH의 닮음비는
$\overline{BC}:\overline{FG}=8:12=2:3$
① $\overline{AD}:\overline{EH}=2:3$
② $\overline{AB}:\overline{EF}=2:3$이므로
$\overline{AB}:15=2:3$
$3\overline{AB}=30$ $\qquad\therefore \overline{AB}=10\,(\text{cm})$
③ $\angle E=\angle A=65^\circ$
④ □EFGH에서
$\angle G=360^\circ-(65^\circ+90^\circ+90^\circ)=115^\circ$
⑤ □ABCD와 □EFGH의 닮음비는 $2:3$이다.
따라서 옳은 것은 ②, ⑤이다. 답 ②, ⑤

하 24 $\overline{BE}=9-3=6\,(\text{cm})$이므로
△AEC와 △BED의 닮음비는
$\overline{AE}:\overline{BE}=3:6=1:2$ 답 $1:2$

하 25 △ABC와 △DEF의 닮음비는
$\overline{BC}:\overline{EF}=12:4=3:1$이므로
$a:6=3:1$ $\qquad\therefore a=18$
$\angle F$의 대응각은 $\angle C$이므로
$\angle F=\angle C=70^\circ$ $\qquad\therefore b=70$
$\therefore a+b=18+70=88$ 답 ④

중 26 [은수] △ABC와 △DEF의 닮음비는
$\overline{BC}:\overline{EF}=3:5$
$\therefore \overline{AB}:\overline{DE}=3:5$
[민지] $\angle B=\angle E=180^\circ-(35^\circ+85^\circ)=60^\circ$
[영훈] $\overline{AC}:\overline{DF}=3:5$이므로
$6:\overline{DF}=3:5$, $3\overline{DF}=30$
$\therefore \overline{DF}=10\,(\text{cm})$
[장수] $\overline{AB}$의 길이는 알 수 없다.
이상에서 바르게 말한 학생은 민지, 영훈이다.

답 민지, 영훈

중 27 △ABC와 △EBD의 닮음비는
$\overline{BC}:\overline{BD}=(8+2):6=5:3$ …… ㉮
$\overline{AB}:\overline{EB}=5:3$이므로
$(\overline{AD}+6):8=5:3$, $3(\overline{AD}+6)=40$
$\overline{AD}+6=\dfrac{40}{3}$
$\therefore \overline{AD}=\dfrac{22}{3}\,(\text{cm})$ …… ㉯

답 $\dfrac{22}{3}$ cm

채점 기준

㉮ △ABC와 △EBD의 닮음비 구하기	40 %
㉯ $\overline{AD}$의 길이 구하기	60 %

상 28 A0 용지의 긴 변의 길이를 a, 짧은 변의 길이를 b라 하면 A1, A2, A3, A4 용지의 변의 길이는 다음과 같다.

용지	긴 변의 길이	짧은 변의 길이
A0	a	b
A1	b	$a\times\frac{1}{2}=\frac{1}{2}a$
A2	$\frac{1}{2}a$	$b\times\frac{1}{2}=\frac{1}{2}b$
A3	$\frac{1}{2}b$	$\frac{1}{2}a\times\frac{1}{2}=\frac{1}{4}a$
A4	$\frac{1}{4}a$	$\frac{1}{2}b\times\frac{1}{2}=\frac{1}{4}b$

A0 용지와 A4 용지의 대응변의 길이의 비를 구해 보면

긴 변의 길이의 비는 $a : \frac{1}{4}a=4 : 1$

짧은 변의 길이의 비는 $b : \frac{1}{4}b=4 : 1$

따라서 두 용지의 닮음비는 $4 : 1$

답 ③

중 29 $\overline{AB} : \overline{DE}=5 : 3$이므로 $15 : \overline{DE}=5 : 3$

$5\overline{DE}=45$　　$\therefore \overline{DE}=9\,(\text{cm})$

$\overline{BC} : \overline{EF}=5 : 3$이므로 $20 : \overline{EF}=5 : 3$

$5\overline{EF}=60$　　$\therefore \overline{EF}=12\,(\text{cm})$

$\therefore$ (△DEF의 둘레의 길이)$=\overline{DE}+\overline{EF}+\overline{FD}$

$=9+12+6=27\,(\text{cm})$

답 27 cm

다른 풀이 $\overline{AC} : \overline{DF}=5 : 3$이므로 $\overline{AC} : 6=5 : 3$

$3\overline{AC}=30$　　$\therefore \overline{AC}=10(\text{cm})$

$\therefore$ (△ABC의 둘레의 길이)$=\overline{AB}+\overline{BC}+\overline{CA}$

$=15+20+10=45(\text{cm})$

이때 △DEF의 둘레의 길이를 l cm라 하면

$45 : l=5 : 3$, $5l=135$　　$\therefore l=27$

개념 보충 학습

닮은 두 평면도형에서 둘레의 길이의 비는 닮음비와 같다.

➡ △ABC∽△DEF이고 닮음비가 $m : n$이면

둘레의 길이의 비는

$m(a+b+c) : n(a+b+c)=m : n$

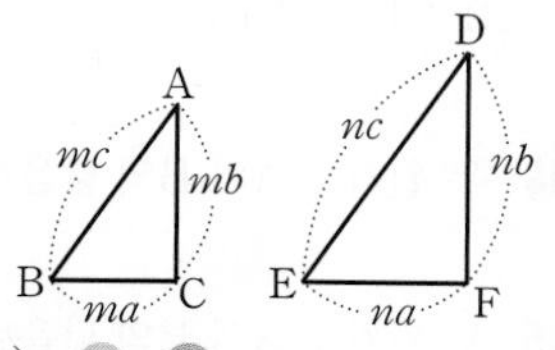

중 30 $\overline{CD} : \overline{GH}=2 : 3$이므로 $\overline{CD} : 9=2 : 3$

$3\overline{CD}=18$　　$\therefore \overline{CD}=6\,(\text{cm})$

따라서 □ABCD의 둘레의 길이는

$2\times(4+6)=20\,(\text{cm})$

답 ③

개념 보충 학습

평행사변형의 성질

① 두 쌍의 대변의 길이는 각각 같다.

② 두 쌍의 대각의 크기는 각각 같다.

③ 두 대각선은 서로를 이등분한다.

상 31 원 O의 반지름의 길이를 k cm라 하면 원 O′과 원 O″의 반지름의 길이는 각각 $2k$ cm, $4k$ cm이므로 세 원 O, O′, O″의 닮음비는

$k : 2k : 4k=1 : 2 : 4$

이때 원 O″의 반지름의 길이를 r cm라 하면

$1 : 4=3 : r$　　$\therefore r=12$

$\therefore$ (원 O″의 둘레의 길이)$=2\pi\times12$

$=24\pi\,(\text{cm})$

답 24π cm

중 32 ③ 두 사각뿔대의 닮음비는

$\overline{AB} : \overline{IJ}=4 : 6=2 : 3$

$x : 15=2 : 3$이므로

$3x=30$　　$\therefore x=10$

$6 : y=2 : 3$이므로

$2y=18$　　$\therefore y=9$

$\therefore x-y=10-9=1$

답 ③

하 33 ㄴ. 두 삼각기둥의 닮음비는

$\overline{AD} : \overline{A'D'}=9 : 15=3 : 5$

답 ㄱ, ㄷ, ㄹ

중 34 두 직육면체의 닮음비는

$\overline{FG} : \overline{F'G'}=12 : 9=4 : 3$

$x : 12=4 : 3$이므로

$3x=48$　　$\therefore x=16$

$8 : y=4 : 3$이므로

$4y=24$　　$\therefore y=6$

$\therefore x+y=16+6=22$

답 22

중 35 두 사각뿔의 닮음비는

$\overline{CD} : \overline{HI}=8 : 20=2 : 5$

$\overline{AB} : \overline{FG}=2 : 5$이므로 $10 : \overline{FG}=2 : 5$

$2\overline{FG}=50$　　$\therefore \overline{FG}=25\,(\text{cm})$

$\therefore a=25$

△FIJ에서 $\angle FIJ=\frac{1}{2}\times(180°-40°)=70°$

∠ADE의 대응각은 ∠FIJ이므로

$\angle ADE=\angle FIJ=70°$

$\therefore b=70$

$\therefore a+b=25+70=95$

답 95

중 36 $\overline{VC} : \overline{V'C'}=3 : 4$이므로 $\overline{VC} : 12=3 : 4$

$4\overline{VC}=36$　　$\therefore \overline{VC}=9\,(\text{cm})$

따라서 정사면체 V−ABC의 모든 모서리의 길이의 합은

$6\times9=54(\text{cm})$

답 ③

중 37 두 사각기둥의 닮음비는

$\overline{DH} : \overline{LP}=10 : 15=2 : 3$　　…… ㉮

$\overline{FG} : \overline{NO}=2 : 3$이므로 $\overline{FG} : 9=2 : 3$

$3\overline{FG}=18$　　$\therefore \overline{FG}=6\,(\text{cm})$　　…… ㉯

3 도형의 닮음 (1)

따라서 작은 사각기둥의 부피는

$(6\times6)\times10=360\,(\text{cm}^3)$ …… ㉰

답 360 cm^3

채점 기준

채점 기준	배점
㉮ 두 사각기둥의 닮음비 구하기	30 %
㉯ $\overline{FG}$의 길이 구하기	40 %
㉰ 작은 사각기둥의 부피 구하기	30 %

중 **38** 두 원기둥의 닮음비는 $6:10=3:5$

큰 원기둥의 밑면의 반지름의 길이를 r cm라 하면

$3:r=3:5,\ 3r=15 \qquad \therefore r=5$

따라서 큰 원기둥의 밑넓이는

$\pi\times5^2=25\pi\,(\text{cm}^2)$

답 $25\pi\text{ cm}^2$

중 **39** 두 원기둥의 닮음비는 $9:12=3:4$

작은 원기둥의 밑면의 반지름의 길이를 r cm라 하면

$r:8=3:4,\ 4r=24 \qquad \therefore r=6$

따라서 작은 원기둥의 부피는

$\pi\times6^2\times9=324\pi\,(\text{cm}^3)$

답 $324\pi\text{ cm}^3$

중 **40** 원기둥 A의 밑면의 반지름의 길이를 a cm $(a>0)$라 하면

$\pi a^2=81\pi,\ a^2=81 \qquad \therefore a=9$

원기둥 B의 밑면의 반지름의 길이를 b cm $(b>0)$라 하면

$\pi b^2=25\pi,\ b^2=25 \qquad \therefore b=5$ …… ㉮

두 원기둥의 닮음비는 $9:5$이므로 …… ㉯

원기둥 B의 높이를 h cm라 하면

$18:h=9:5,\ 9h=90 \qquad \therefore h=10$

따라서 원기둥 B의 높이는 10 cm이다. …… ㉰

답 10 cm

채점 기준

채점 기준	배점
㉮ 두 원기둥 A, B의 밑면의 반지름의 길이 각각 구하기	50 %
㉯ 두 원기둥 A, B의 닮음비 구하기	20 %
㉰ 원기둥 B의 높이 구하기	30 %

중 **41** 두 원뿔 A, B의 닮음비는 $16:24=2:3$

원뿔 A의 밑면의 반지름의 길이를 r cm라 하면

$r:15=2:3,\ 3r=30 \qquad \therefore r=10$

따라서 원뿔 A의 밑면의 둘레의 길이는

$2\pi\times10=20\pi\,(\text{cm})$

답 20π cm

공략 비법

닮은 두 입체도형에서 닮음비

① 다면체: 대응하는 모서리의 길이의 비

② 원기둥: 밑면의 반지름의 길이의 비, 높이의 비

③ 원뿔: 밑면의 반지름의 길이의 비, 높이의 비, 모선의 길이의 비

④ 구: 반지름의 길이의 비

중 **42** 처음 원뿔과 밑면에 평행한 평면으로 잘라 생긴 작은 원뿔은 서로 닮은 도형이고 닮음비는 높이의 비와 같으므로

$(6+8):6=7:3$

처음 원뿔의 밑면의 반지름의 길이를 r cm라 하면

$r:3=7:3,\ 3r=21 \qquad \therefore r=7$

따라서 처음 원뿔의 밑면의 반지름의 길이는 7 cm이다.

답 7 cm

중 **43** 원뿔 모양의 그릇과 물이 채워진 부분은 서로 닮음이고 그릇 높이의 $\frac{2}{3}$만큼 물을 채웠으므로 닮음비는

$1:\frac{2}{3}=3:2$ …… ㉮

수면의 반지름의 길이를 r cm라 하면

$15:r=3:2$

$3r=30 \qquad \therefore r=10$ …… ㉯

따라서 수면의 넓이는

$\pi\times10^2=100\pi\,(\text{cm}^2)$ …… ㉰

답 $100\pi\text{ cm}^2$

채점 기준

채점 기준	배점
㉮ 원뿔 모양의 그릇과 물이 채워진 부분의 닮음비 구하기	40 %
㉯ 수면의 반지름의 길이 구하기	40 %
㉰ 수면의 넓이 구하기	20 %

Lecture 12 닮은 도형의 넓이와 부피

Level A 개념 익히기 76쪽

01 $\overline{CD}:\overline{C'D'}=3:4$

답 $3:4$

02 두 사각형의 닮음비가 $3:4$이므로 둘레의 길이의 비는

$3:4$

답 $3:4$

03 두 사각형의 닮음비가 $3:4$이므로 넓이의 비는

$3^2:4^2=9:16$

답 $9:16$

04 두 원기둥 A와 B의 닮음비는 $12:18=2:3$

답 $2:3$

05 두 원기둥 A와 B의 닮음비가 $2:3$이므로 겉넓이의 비는

$2^2:3^2=4:9$

답 $4:9$

06 두 원기둥 A와 B의 닮음비가 $2:3$이므로 부피의 비는

$2^3:3^3=8:27$

답 $8:27$

07 300 m=30000 cm이므로 축도에서 A와 C 사이의 거리는

$30000\times\frac{1}{10000}=3\,(\text{cm})$

답 3 cm

08 B와 C 사이의 실제 거리는

$5\times10000=50000\,(\text{cm})$

$=500\,(\text{m})$

답 500 m

중 **09** 두 정삼각형 ABC와 DEF의 넓이의 비가 $16 : 49=4^2 : 7^2$이므로 닮음비는 $4 : 7$

(△ABC의 둘레의 길이) : (△DEF의 둘레의 길이)$=4 : 7$에서

$24 :$ (△DEF의 둘레의 길이)$=4 : 7$

$4\times$(△DEF의 둘레의 길이)$=7\times 24$

∴ (△DEF의 둘레의 길이)$=42$ (cm)

따라서 △DEF의 한 변의 길이는

$\frac{1}{3}\times$(△DEF의 둘레의 길이)$=\frac{1}{3}\times 42=14$ (cm)

답 14 cm

다른 풀이 정삼각형 ABC의 한 변의 길이는

$\frac{1}{3}\times 24=8$ (cm)

두 정삼각형 ABC와 DEF의 넓이의 비가 $16 : 49=4^2 : 7^2$이므로 닮음비는 $4 : 7$

(△ABC의 한 변의 길이) : (△DEF의 한 변의 길이)$=4 : 7$에서

$8 :$ (△DEF의 한 변의 길이)$=4 : 7$

$4\times$(△DEF의 한 변의 길이)$=7\times 8$

∴ (△DEF의 한 변의 길이)$=14$ (cm)

중 **10** 세 원의 지름의 길이의 비가 $1 : 2 : 3$이므로 닮음비는 $1 : 2 : 3$

넓이의 비는 $1^2 : 2^2 : 3^2=1 : 4 : 9$

이므로 세 부분 A, B, C의 넓이의 비는

$1 : (4-1) : (9-4)=1 : 3 : 5$

답 ①

중 **11** 두 벽의 닮음비가 $3 : 6=1 : 2$이므로 넓이의 비는

$1^2 : 2^2=1 : 4$

구하는 비용을 x원이라 하면

$60000 : x=1 : 4$

∴ $x=240000$

따라서 구하는 비용은 240000원이다. 답 240000원

참고 두 직사각형 모양의 벽에서

(가로의 길이의 비)$=3 : 6=1 : 2$

(세로의 길이의 비)$=2 : 4=1 : 2$

이므로 두 직사각형 모양의 벽은 서로 닮음이다.

중 **12** 두 피자의 닮음비가 $40 : 30=4 : 3$이므로 넓이의 비는

$4^2 : 3^2=16 : 9$

지름의 길이가 30 cm인 피자의 가격을 x원이라 하면

$16000 : x=16 : 9$

$16x=9\times 16000$

∴ $x=9000$

따라서 지름의 길이가 30 cm인 피자의 가격은 9000원이다.

답 9000원

중 **13** 두 사각뿔 A, B의 닮음비가 $6 : 8=3 : 4$이므로 겉넓이의 비는

$3^2 : 4^2=9 : 16$

(A의 겉넓이) : (B의 겉넓이)$=9 : 16$에서

$144 :$ (B의 겉넓이)$=9 : 16$

$9\times$(B의 겉넓이)$=16\times 144$

∴ (B의 겉넓이)$=256$ (cm^2)

답 256 cm^2

중 **14** 두 원기둥 A, B의 닮음비가 $9 : 15=3 : 5$이므로 ······ ㉮

옆넓이의 비는 $3^2 : 5^2=9 : 25$ ······ ㉯

(A의 옆넓이) : (B의 옆넓이)$=9 : 25$에서

(A의 옆넓이) $: 100=9 : 25$

$25\times$(A의 옆넓이)$=9\times 100$

∴ (A의 옆넓이)$=36$ (cm^2) ······ ㉰

답 36 cm^2

채점 기준

㉮ 두 원기둥 A, B의 닮음비 구하기	20 %
㉯ 두 원기둥 A, B의 옆넓이의 비 구하기	30 %
㉰ 원기둥 A의 옆넓이 구하기	50 %

중 **15** 두 상자의 닮음비가 $a : 2a=1 : 2$이므로 겉넓이의 비는

$1^2 : 2^2=1 : 4$

구하는 포장지의 넓이를 $x\ \text{cm}^2$라 하면

$120 : x=1 : 4$

∴ $x=480$

따라서 필요한 포장지의 넓이는 480 cm^2이다. 답 ⑤

중 **16** 두 화분의 닮음비가 $3 : 4$이므로 옆넓이의 비는

$3^2 : 4^2=9 : 16$

구하는 페인트의 양을 x g이라 하면

$x : 160=9 : 16$, $16x=9\times 160$

∴ $x=90$

따라서 90 g의 페인트가 필요하다. 답 90 g

상 **17** 두 초콜릿의 닮음비가 $100 : 125=4 : 5$이므로 겉넓이의 비는

$4^2 : 5^2=16 : 25$

A 초콜릿의 겉넓이를 $x\ \text{cm}^2$라 하면

$x : 50=16 : 25$, $25x=16\times 50$

∴ $x=32$

따라서 A 초콜릿의 겉넓이는 32 cm^2이다. 답 ②

중 **18** 두 삼각기둥 A, B의 겉넓이의 비가 $9 : 25=3^2 : 5^2$이므로 닮음비는 $3 : 5$

부피의 비는 $3^3 : 5^3=27 : 125$이므로

(A의 부피) : (B의 부피)$=27 : 125$에서

$54 :$ (B의 부피)$=27 : 125$

$27\times$(B의 부피)$=54\times 125$

∴ (B의 부피)$=250$ (cm^3) 답 250 cm^3

하 **19** 두 구의 닮음비가 $1 : 2$이므로 부피의 비는

$1^3 : 2^3=1 : 8$

(작은 구의 부피) : (큰 구의 부피)=1 : 8에서

10π : (큰 구의 부피)=1 : 8

∴ (큰 구의 부피)=80π (cm^3) 답 ⑤

중 **20** 원뿔 P와 처음 원뿔의 닮음비가 $\overline{AC}:\overline{AB}=2:3$이므로 부피의 비는 $2^3:3^3=8:27$

따라서 원뿔 P와 원뿔대 Q의 부피의 비는

$8:(27-8)=8:19$ …… ㉮

(원뿔 P의 부피) : (원뿔대 Q의 부피)=8 : 19에서

48 : (원뿔대 Q의 부피)=8 : 19

8×(원뿔대 Q의 부피)=19×48

∴ (원뿔대 Q의 부피)=114 (cm^3) …… ㉯

답 114 cm^3

채점 기준

㉮ 원뿔 P와 원뿔대 Q의 부피의 비 구하기	50 %
㉯ 원뿔대 Q의 부피 구하기	50 %

상 **21** 작은 정사면체와 큰 정사면체의 한 모서리의 길이의 비가 1 : 2이므로 부피의 비는

$1^3:2^3=1:8$

따라서 작은 정사면체 1개와 정팔면체 1개의 부피의 비는

$1:(8-4)=1:4$

(작은 정사면체 1개의 부피) : (정팔면체 1개의 부피)=1 : 4에서

8 : (정팔면체 1개의 부피)=1 : 4

∴ (정팔면체 1개의 부피)=32 (cm^3) 답 32 cm^3

중 **22** 물의 높이와 그릇의 높이의 비가 5 : 15=1 : 3이므로 부피의 비는 $1^3:3^3=1:27$

물을 채우는 데 걸리는 시간과 물의 부피는 정비례하므로 물을 더 넣어야 하는 시간을 x분이라 하면

$3:x=1:(27-1)$ $\therefore x=78$

따라서 그릇에 물을 가득 채우려면 78분 동안 물을 더 넣어야 한다. 답 ③

중 **23** 작은 병과 큰 병의 닮음비가 7 : 14=1 : 2이므로 부피의 비는

$1^3:2^3=1:8$

큰 병의 딸기잼의 가격을 x원이라 하면

$2500:x=1:8$ $\therefore x=20000$

따라서 큰 병의 딸기잼의 가격은 20000원이다. 답 20000원

상 **24** 작은 컵과 큰 컵의 닮음비가 $\frac{2}{5}:1=2:5$이므로 부피의 비는

$2^3:5^3=8:125$

따라서 큰 컵의 부피는 작은 컵의 부피의 $\frac{125}{8}=15.625$(배)이므로 적어도 물을 16번 부어야 한다. 답 ④

중 **25** 이 지도의 축척은

$\frac{1.8\text{ cm}}{7.2\text{ km}}=\frac{1.8\text{ cm}}{720000\text{ cm}}=\frac{1}{400000}$

따라서 지도에서의 거리가 5 cm인 두 지점 사이의 실제 거리는

$5\times400000=2000000$ (cm)=20 (km) 답 20 km

중 **26** (두 지점 사이의 실제 거리)$=6\times500000$

$=3000000$ (cm)

$=30$ (km)

∴ (왕복한 거리)$=30+30=60$ (km)

따라서 시속 60 km로 왕복하는 데 걸리는 시간은

$\frac{60}{60}=1$(시간) 답 1시간

개념 보충 학습

거리, 속력, 시간 사이의 관계

(1) (거리)=(속력)×(시간)

(2) (속력)=$\frac{(\text{거리})}{(\text{시간})}$

(3) (시간)=$\frac{(\text{거리})}{(\text{속력})}$

상 **27** 축척이 1 : 40000이므로 지도에서의 땅의 넓이와 실제 땅의 넓이의 비는 $1^2:40000^2=1:1600000000$

실제 땅의 넓이는 2 km^2=2000000 m^2=20000000000 cm^2

지도에서의 땅의 넓이를 x cm^2라 하면

$x:20000000000=1:1600000000$

$16x=200$ $\therefore x=\frac{25}{2}$

따라서 지도에서의 땅의 넓이는 $\frac{25}{2}$ cm^2이다. 답 $\frac{25}{2}$ cm^2

참고 10000 cm^2=1 m^2, 1000000 m^2=1 km^2

상 **28** (축척)$=\frac{5\text{ cm}}{18\text{ m}}=\frac{5\text{ cm}}{1800\text{ cm}}=\frac{1}{360}$ …… ㉮

$\overline{AC}=3\times360=1080$ (cm)=10.8 (m) …… ㉯

따라서 나무의 실제 높이는

$1.7+10.8=12.5$ (m) …… ㉰

답 12.5 m

채점 기준

㉮ 축척 구하기	40 %
㉯ $\overline{AC}$의 길이 구하기	30 %
㉰ 나무의 실제 높이 구하기	30 %

Lecture 13 삼각형의 닮음 조건

Level A 개념 익히기 80~81 쪽

01 △ABC와 △PQR에서

∠B=∠Q, ∠C=∠R

∴ △ABC∽ △PQR (AA 닮음) 답 △PQR, AA

02 △DEF와 △OMN에서
$\overline{DE}:\overline{OM}=\overline{DF}:\overline{ON}=2:1$,
∠D=∠O
∴ △DEF∽$\boxed{\triangle OMN}$ ($\boxed{SAS}$ 닮음)

답 △OMN, SAS

03 △GHI와 △JLK에서
$\overline{GH}:\overline{JL}=\overline{HI}:\overline{LK}=\overline{IG}:\overline{KJ}=1:2$
∴ △GHI∽$\boxed{\triangle JLK}$ ($\boxed{SSS}$ 닮음)

답 △JLK, SSS

04 △ABC와 △DEC에서
$\overline{AC}:\overline{DC}=\overline{BC}:\overline{EC}=2:3$,
∠ACB=∠DCE(맞꼭지각)
∴ △ABC∽△DEC(SAS 닮음)

답 △ABC∽△DEC, SAS 닮음

05 △ABC와 △AED에서
∠A는 공통, ∠B=∠AED
∴ △ABC∽△AED(AA 닮음)

답 △ABC∽△AED, AA 닮음

06 △ABC와 △CBD에서
$\overline{AB}:\overline{CB}=\overline{BC}:\overline{BD}=\overline{CA}:\overline{DC}=2:3$
∴ △ABC∽△CBD(SSS 닮음)

답 △ABC∽△CBD, SSS 닮음

07 답 ∠CAD

08 답 ∠BAD

09 (i) △ABC와 △DBA에서
∠B는 공통, ∠BAC=∠BDA=90°
∴ △ABC∽△DBA(AA 닮음)
(ii) △ABC와 △DAC에서
∠C는 공통, ∠BAC=∠ADC=90°
∴ △ABC∽△DAC(AA 닮음)
(i), (ii)에서 △ABC∽△DBA∽△DAC

답 △ABC∽△DBA∽△DAC

10 $\overline{AB}^2=\boxed{\overline{BD}}\times\overline{BC}$이므로
$\boxed{8}^2=x\times\boxed{16}$ ∴ $x=\boxed{4}$ 답 $\overline{BD}$, 8, 16, 4

11 $\boxed{\overline{AC}}^2=\overline{CD}\times\overline{CB}$이므로
$\boxed{4}^2=\boxed{2}\times x$ ∴ $x=\boxed{8}$ 답 $\overline{AC}$, 4, 2, 8

12 $\overline{AD}^2=\overline{BD}\times\boxed{\overline{CD}}$이므로
$\boxed{6}^2=\boxed{9}\times x$ ∴ $x=\boxed{4}$ 답 $\overline{CD}$, 6, 9, 4

중 **13** ③ △ABC와 △KJL에서
∠C=∠L=60°,
∠B=180°−(90°+60°)=30°=∠J
∴ △ABC∽△KJL(AA 닮음)
⑤ △ABC와 △RQP에서
$\overline{BC}:\overline{QP}=\overline{AC}:\overline{RP}=3:4$,
∠C=∠P=60°
∴ △ABC∽△RQP(SAS 닮음)
따라서 △ABC와 서로 닮은 삼각형은 ③, ⑤이다.

답 ③, ⑤

참고 서로 닮은 삼각형을 찾을 때는 변의 길이의 비와 각의 크기를 각각 비교해 본다.

중 **14** ④

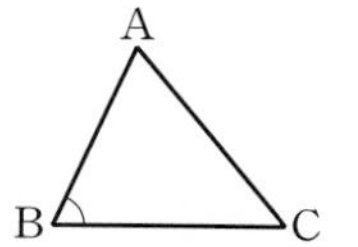

$\overline{AB}$와 $\overline{BC}$의 끼인각은 ∠B이고, $\overline{DE}$와 $\overline{EF}$의 끼인각은 ∠E이므로 ∠B=∠E일 때,
△ABC∽△DEF(SAS 닮음)이다.
따라서 △ABC와 △DEF가 서로 닮은 도형이 되기 위한 조건이 아닌 것은 ④이다. 답 ④

중 **15** ④ △ABC에서 ∠B=40°이면
∠C=180°−(80°+40°)=60°
또, ∠D=80°이면
△ABC와 △DEF에서
∠A=∠D=80°, ∠C=∠F=60°
∴ △ABC∽△DEF(AA 닮음)
따라서 △ABC와 △DEF가 서로 닮은 도형이 되기 위해 추가해야 할 조건은 ④이다. 답 ④

중 **16** ② $\overline{BC}:\overline{EF}=\overline{AC}:\overline{DF}=3:1$이므로
∠C=∠F이면
△ABC∽△DEF (SAS 닮음) 답 ②

참고 $c=3f$의 조건이 추가되면
△ABC∽△DEF (SSS 닮음)

중 **17** △ABC와 △AED에서
$\overline{AB}:\overline{AE}=20:12=5:3$,
$\overline{AC}:\overline{AD}=25:15=5:3$,
∠A는 공통
∴ △ABC∽△AED(SAS 닮음)
따라서 $\overline{CB}:\overline{DE}=5:3$이므로
$30:\overline{DE}=5:3$, $5\overline{DE}=90$
∴ $\overline{DE}=18$(cm) 답 18 cm

공략 비법

두 삼각형에서 공통인 각이 있을 때, 그 각을 끼인각으로 하는 변끼리의 길이의 비를 구할 경우 긴 변은 긴 변끼리, 짧은 변은 짧은 변끼리 길이를 비교한다.

중 **18** △ABC와 △EDC에서
$\overline{AC}:\overline{EC}=2:6=1:3$,
$\overline{BC}:\overline{DC}=3:9=1:3$,
∠ACB=∠ECD(맞꼭지각)
∴ △ABC∽△EDC (SAS 닮음)
따라서 $\overline{AB}:\overline{ED}=1:3$이므로
$\overline{AB}:10=1:3$, $3\overline{AB}=10$
∴ $\overline{AB}=\frac{10}{3}$ (cm) 답 $\frac{10}{3}$ cm

중 **19** △ABC와 △DBA에서
$\overline{AB}:\overline{DB}=6:3=2:1$,
$\overline{BC}:\overline{BA}=12:6=2:1$,
∠B는 공통
∴ △ABC∽△DBA (SAS 닮음)
따라서 $\overline{CA}:\overline{AD}=2:1$이므로
$10:\overline{AD}=2:1$, $2\overline{AD}=10$
∴ $\overline{AD}=5$(cm) 답 5 cm

상 **20** $\overline{AE}=\overline{CE}=\overline{DE}=6$ cm이므로
△ABC와 △AED에서
$\overline{AB}:\overline{AE}=9:6=3:2$,
$\overline{AC}:\overline{AD}=12:8=3:2$,
∠A는 공통
∴ △ABC∽△AED(SAS 닮음) …… ㉮
따라서 $\overline{BC}:\overline{ED}=3:2$이므로
$\overline{BC}:6=3:2$, $2\overline{BC}=18$
∴ $\overline{BC}=9$(cm) …… ㉯
답 9 cm

채점 기준

㉮ 닮은 두 삼각형 찾기	70 %
㉯ $\overline{BC}$의 길이 구하기	30 %

중 **21** △ABC와 △EBD에서
∠B는 공통, ∠A=∠BED
∴ △ABC∽△EBD(AA 닮음)
따라서 $\overline{AB}:\overline{EB}=\overline{BC}:\overline{BD}$이므로
$\overline{AB}:11=14:7$, $7\overline{AB}=154$
∴ $\overline{AB}=22$(cm)
∴ $\overline{AD}=\overline{AB}-\overline{BD}$
$=22-7=15$(cm) 답 15 cm

공략 비법

두 삼각형에서 한 각의 크기가 같을 때, 공통인 각을 찾아 AA 닮음인지 확인한다.

중 **22** △ABC와 △DBA에서
∠B는 공통, ∠C=∠BAD
∴ △ABC∽△DBA(AA 닮음)
따라서 $\overline{BC}:\overline{BA}=\overline{BA}:\overline{BD}$이므로
$12:9=9:\overline{BD}$, $12\overline{BD}=81$
∴ $\overline{BD}=\frac{27}{4}$(cm) 답 $\frac{27}{4}$ cm

중 **23** △ABC와 △FBD에서
∠B는 공통, ∠A=∠F
∴ △ABC∽△FBD(AA 닮음)
따라서 $\overline{AB}:\overline{FB}=\overline{BC}:\overline{BD}$이므로
$\overline{AB}:14=6:7$, $7\overline{AB}=84$
∴ $\overline{AB}=12$(cm)
∴ $\overline{AD}=\overline{AB}-\overline{DB}$
$=12-7=5$(cm) 답 5 cm

상 **24** △ABE와 △ECD에서
∠B=∠C=60° …… ㉠
∠BAE+60°=∠AEC=60°+∠CED이므로
∠BAE=∠CED …… ㉡
㉠, ㉡에서 △ABE∽△ECD (AA 닮음)
따라서 $\overline{AB}:\overline{EC}=\overline{BE}:\overline{CD}$이므로
$14:10=4:\overline{CD}$, $14\overline{CD}=40$
∴ $\overline{CD}=\frac{20}{7}$(cm) 답 $\frac{20}{7}$ cm

개념 보충 학습

삼각형의 한 외각의 크기는 그와 이웃하지 않는 두 내각의 크기의 합과 같다.
➡ △ABC에서
∠ACD=∠A+∠B

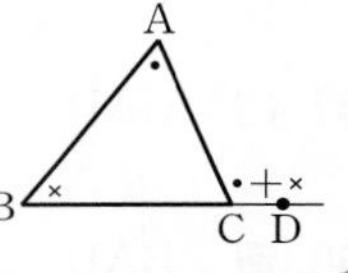

중 **25** △AFE와 △CFB에서
∠AFE=∠CFB(맞꼭지각), ∠AEF=∠CBF(엇각)
∴ △AFE∽△CFB(AA 닮음)
따라서 $\overline{AF}:\overline{CF}=\overline{AE}:\overline{CB}$이므로
$4:6=\overline{AE}:9$, $6\overline{AE}=36$
∴ $\overline{AE}=6$(cm)
이때 $\overline{AD}=\overline{BC}=9$ cm이므로
$\overline{DE}=\overline{AD}-\overline{AE}$
$=9-6=3$(cm) 답 ③

중 **26** △ABD와 △CED에서
∠ADB=∠CDE, ∠A=∠C
∴ △ABD∽△CED(AA 닮음)
따라서 $\overline{AB}:\overline{CE}=\overline{AD}:\overline{CD}$이므로
$6:4=\overline{AD}:6$, $4\overline{AD}=36$
∴ $\overline{AD}=9$(cm)
∴ (□ABCD의 둘레의 길이)$=2\times(6+9)$
$=30$(cm) 답 ④

상 27 △ABC와 △DEA에서
∠BAC=∠EDA(엇각),
∠ACB=∠DAE(엇각)
∴ △ABC∽△DEA(AA 닮음) …… ㉮
따라서 $\overline{AB}:\overline{DE}=\overline{BC}:\overline{EA}$이므로
$12:\overline{DE}=6:4$, $6\overline{DE}=48$
∴ $\overline{DE}=8$(cm) …… ㉯
또, $\overline{AC}:\overline{DA}=\overline{BC}:\overline{EA}$이므로
$(\overline{DA}+4):\overline{DA}=6:4$
$4(\overline{DA}+4)=6\overline{DA}$
$2\overline{DA}=16$　∴ $\overline{DA}=8$(cm) …… ㉰
∴ (△ADE의 둘레의 길이)$=\overline{DA}+\overline{DE}+\overline{EA}$
$=8+8+4$
$=20$(cm) …… ㉱

답 20 cm

채점 기준

㉮ 닮은 두 삼각형 찾기	30 %
㉯ $\overline{DE}$의 길이 구하기	20 %
㉰ $\overline{DA}$의 길이 구하기	30 %
㉱ △ADE의 둘레의 길이 구하기	20 %

중 28 △ADB와 △BEC에서
∠D=∠E=90° …… ㉠
∠ABD+∠CBE=90°,
∠CBE+∠BCE=90°이므로
∠ABD=∠BCE …… ㉡
㉠, ㉡에서 △ADB∽△BEC(AA 닮음)
따라서 $\overline{AD}:\overline{BE}=\overline{BD}:\overline{CE}$이므로
$6:12=\overline{BD}:10$, $12\overline{BD}=60$
∴ $\overline{BD}=5$(cm)

답 5 cm

중 29 △ABC와 △DEC에서
∠C는 공통, ∠A=∠EDC=90°
∴ △ABC∽△DEC(AA 닮음)
따라서 $\overline{AC}:\overline{DC}=\overline{BC}:\overline{EC}$이므로
$\overline{AC}:12=30:15$, $15\overline{AC}=360$
∴ $\overline{AC}=24$(cm)
∴ $\overline{AE}=\overline{AC}-\overline{EC}$
$=24-15=9$(cm)

답 9 cm

중 30 △ABD와 △ACE에서
∠A는 공통, ∠ADB=∠AEC=90°
∴ △ABD∽△ACE (AA 닮음)
따라서 $\overline{AD}:\overline{AE}=\overline{BD}:\overline{CE}$이므로
$4:6=10:\overline{CE}$, $4\overline{CE}=60$
∴ $\overline{CE}=15$(cm)
∴ $\triangle AEC=\frac{1}{2}\times\overline{AE}\times\overline{CE}$
$=\frac{1}{2}\times6\times15=45$(cm²)

답 45 cm²

상 31 △AOF와 △ADC에서
∠A는 공통, ∠AOF=∠ADC=90°
∴ △AOF∽△ADC(AA 닮음)
따라서 $\overline{AO}:\overline{AD}=\overline{OF}:\overline{DC}$이므로
$5:8=\overline{OF}:6$, $8\overline{OF}=30$
∴ $\overline{OF}=\frac{15}{4}$(cm)
△AOF와 △COE에서
$\overline{AO}=\overline{CO}$, ∠AOF=∠COE=90°,
∠FAO=∠ECO(엇각)
∴ △AOF≡△COE(ASA 합동)
∴ $\overline{OE}=\overline{OF}=\frac{15}{4}$ cm
∴ $\overline{EF}=\frac{15}{4}\times2=\frac{15}{2}$(cm)

답 $\frac{15}{2}$ cm

중 32 $\overline{AB}^2=\overline{BD}\times\overline{BC}$이므로
$15^2=9\times(9+y)$, $225=81+9y$
$9y=144$　∴ $y=16$
또, $\overline{AC}^2=\overline{CD}\times\overline{CB}$이므로
$x^2=16\times(16+9)=400$
$x>0$이므로 $x=20$
∴ $x+y=20+16=36$

답 36

하 33 $\overline{BC}^2=\overline{BD}\times\overline{BA}$이므로
$6^2=4\times(4+\overline{AD})$, $36=16+4\overline{AD}$
$4\overline{AD}=20$　∴ $\overline{AD}=5$(cm)

답 ②

중 34 $\overline{AD}^2=\overline{BD}\times\overline{CD}$이므로
$16^2=\overline{BD}\times8$　∴ $\overline{BD}=32$(cm)
∴ $\triangle ABD=\frac{1}{2}\times\overline{BD}\times\overline{AD}$
$=\frac{1}{2}\times32\times16=256$(cm²)

답 256 cm²

상 35 △ABC에서 $\overline{AB}\times\overline{AC}=\overline{BC}\times\overline{AD}$이므로
$3\times4=5\times\overline{AD}$　∴ $\overline{AD}=\frac{12}{5}$(cm) …… ㉮
△ADC에서 $\overline{AD}^2=\overline{AE}\times\overline{AC}$이므로
$\left(\frac{12}{5}\right)^2=\overline{AE}\times4$, $4\overline{AE}=\frac{144}{25}$
∴ $\overline{AE}=\frac{36}{25}$(cm) …… ㉯

답 $\frac{36}{25}$ cm

채점 기준

㉮ $\overline{AD}$의 길이 구하기	50 %
㉯ $\overline{AE}$의 길이 구하기	50 %

중 36 △BED와 △CFE에서
∠B=∠C=60°,
∠BED=180°−(60°+∠FEC)=∠CFE
∴ △BED∽△CFE(AA 닮음)

$\overline{FC}=\overline{AC}-\overline{AF}=24-14=10$ (cm),
$\overline{CE}=\overline{BC}-\overline{BE}=24-8=16$ (cm)이므로
$\overline{BD}:\overline{CE}=\overline{BE}:\overline{CF}$에서
$(24-\overline{AD}):16=8:10$
$10(24-\overline{AD})=128$, $10\overline{AD}=112$
$\therefore \overline{AD}=\frac{56}{5}$ (cm) 답 $\frac{56}{5}$ cm

다른 풀이 $\overline{AD}=\overline{ED}$, $\overline{AF}=\overline{EF}$이고
$\triangle BED \backsim \triangle CFE$ (AA 닮음)이므로
$\overline{ED}:\overline{FE}=\overline{BE}:\overline{CF}$에서 $\overline{ED}:14=8:10$
$10\overline{ED}=112$ $\therefore \overline{ED}=\frac{56}{5}$ (cm)
$\therefore \overline{AD}=\overline{ED}=\frac{56}{5}$ (cm)

참고 접은 도형에서 접은 면은 서로 합동이다.

중 **37** $\triangle ABC'$과 $\triangle DC'E$에서
$\angle A=\angle D=90^\circ$ …… ㉠
$\angle ABC'+\angle AC'B=90^\circ$,
$\angle AC'B+\angle DC'E=90^\circ$
이므로 $\angle ABC'=\angle DC'E$ …… ㉡
㉠, ㉡에서 $\triangle ABC' \backsim \triangle DC'E$ (AA 닮음)
따라서 $\overline{AB}:\overline{DC'}=\overline{AC'}:\overline{DE}$이므로
$8:4=\overline{AC'}:3$, $4\overline{AC'}=24$
$\therefore \overline{AC'}=6$ (cm)
$\therefore \overline{BC'}=\overline{BC}=\overline{AD}=\overline{AC'}+\overline{C'D}$
$=6+4=10$ (cm) 답 ①

상 **38** $\overline{BD}$가 접는 선이므로 $\angle EBD=\angle DBC$
$\overline{AD} /\!/ \overline{BC}$이므로 $\angle EDB=\angle DBC$ (엇각)
$\therefore \angle EBD=\angle EDB$
따라서 $\triangle EBD$는 $\overline{EB}=\overline{ED}$인 이등변삼각형이므로
$\overline{BF}=\overline{DF}=\frac{1}{2}\overline{BD}=\frac{1}{2}\times 10=5$(cm) …… ㉮
또, $\triangle BFE$와 $\triangle BC'D$에서
$\angle EBF$는 공통, $\angle BFE=\angle BC'D=90^\circ$
$\therefore \triangle BFE \backsim \triangle BC'D$ (AA 닮음) …… ㉯
따라서 $\overline{BF}:\overline{BC'}=\overline{EF}:\overline{DC'}$이므로
$5:8=\overline{EF}:6$, $8\overline{EF}=30$
$\therefore \overline{EF}=\frac{15}{4}$(cm) …… ㉰

답 $\frac{15}{4}$ cm

채점 기준	
㉮ $\overline{BF}$의 길이 구하기	30 %
㉯ 닮은 두 삼각형 찾기	50 %
㉰ $\overline{EF}$의 길이 구하기	20 %

중 **39** $\triangle ABC$와 $\triangle AB'C'$에서
$\angle A$는 공통, $\angle ABC=\angle AB'C'$
$\therefore \triangle ABC \backsim \triangle AB'C'$ (AA 닮음)
따라서 $\overline{AB}:\overline{AB'}=\overline{BC}:\overline{B'C'}$이므로
$10:(10+15)=4:\overline{B'C'}$, $10\overline{B'C'}=100$
$\therefore \overline{B'C'}=10$ (m)
따라서 등대의 높이는 10 m이다. 답 10 m

중 **40** $\triangle ABC$와 $\triangle EDC$에서
$\angle ACB=\angle ECD$, $\angle ABC=\angle EDC$
$\therefore \triangle ABC \backsim \triangle EDC$ (AA 닮음)
따라서 $\overline{AB}:\overline{ED}=\overline{BC}:\overline{DC}$이므로
$\overline{AB}:1.6=18:2.4$
$2.4\overline{AB}=28.8$ $\therefore \overline{AB}=12$ (m)
따라서 가로등의 높이는 12 m이다. 답 12 m
참고 거울의 입사각과 반사각의 크기는 같으므로 $\angle ACB=\angle ECD$이다.

상 **41**

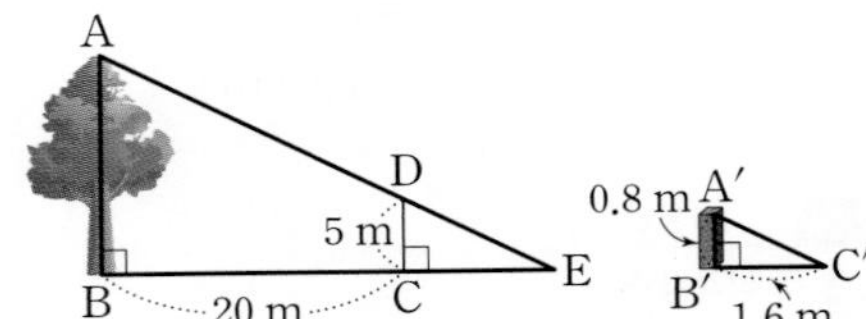

위의 그림과 같이 벽면이 그림자를 가리지 않았다고 할 때, $\overline{AD}$의 연장선과 $\overline{BC}$의 연장선의 교점을 E라 하면
$\triangle DCE \backsim \triangle A'B'C'$ (AA 닮음)이므로
$\overline{CE}:\overline{B'C'}=\overline{DC}:\overline{A'B'}$
$\overline{CE}:1.6=5:0.8$, $0.8\overline{CE}=8$
$\therefore \overline{CE}=10$ (m)
또, $\triangle ABE \backsim \triangle A'B'C'$ (AA 닮음)이므로
$\overline{AB}:\overline{A'B'}=\overline{BE}:\overline{B'C'}$
$\overline{AB}:0.8=(20+10):1.6$, $1.6\overline{AB}=24$
$\therefore \overline{AB}=15$ (m)
따라서 나무의 높이는 15 m이다. 답 ③

단원 마무리 86~89 쪽

Level B 필수 유형 정복하기

01 ③, ④	**02** ⑤	**03** 56 cm	**04** 11	**05** $\frac{52}{3}\pi$ cm^3
06 42π cm^2	**07** ③	**08** ③	**09** 9 cm	**10** 20 cm^2
11 ⑤	**12** $\frac{36}{5}$ cm	**13** 480 m	**14** ③	**15** ①
16 ③	**17** 9 cm	**18** 40 m	**19** 80 cm^2	**20** 76 cm^3
21 10 cm	**22** (1) $\triangle ABC \backsim \triangle ACD$	(2) 35 cm	**23** 2 cm	
24 4 cm^2				

01 전략 항상 닮은 도형은 크기와 관계없이 모양이 같은 도형임을 이용한다.
① 두 마름모에서 한 내각의 크기가 같으면 네 내각의 크기가 각각 같으므로 닮은 도형이다.
② 두 정육면체에서 한 모서리의 길이가 서로 같으면 모든 모서리의 길이가 같으므로 모양과 크기가 같다. 따라서 닮은 도형이다.

③ 두 부채꼴에서 중심각의 크기가 같아야 닮은 도형이다.
④ 두 원기둥에서 밑면의 반지름의 길이의 비와 높이의 비가 같아야 닮은 도형이다.
⑤ 두 직각삼각형에서 한 예각의 크기가 같으면 세 내각의 크기가 각각 같으므로 닮은 도형이다.

따라서 항상 닮은 도형이 아닌 것은 ③, ④이다.

02 전략 두 평면도형이 서로 닮은 도형일 때, 대응변의 길이의 비는 일정하고, 대응각의 크기는 각각 같음을 이용한다.

□ABCD와 □EFGH의 닮음비는
$\overline{BC}:\overline{FG}=9:6=3:2$
① $\angle A=\angle E=130°$
② $\angle F=\angle B=80°$
③ □ABCD에서
$\angle C=360°-(130°+80°+75°)=75°$
$\therefore \angle G=\angle C=75°$
④ $\overline{AB}:\overline{EF}=3:2$이므로 $6:\overline{EF}=3:2$
$3\overline{EF}=12$ $\quad\therefore \overline{EF}=4(\text{cm})$
⑤ $\overline{CD}:\overline{GH}=3:2$
따라서 옳지 않은 것은 ⑤이다.

03 전략 닮은 두 평면도형에서 대응변의 길이의 비가 일정함을 이용한다.

□ABCD와 □BCFE의 닮음비는
$\overline{AD}:\overline{BE}=12:9=4:3$
$\overline{CD}:\overline{FE}=4:3$이므로
$\overline{CD}:12=4:3$, $3\overline{CD}=48$
$\therefore \overline{CD}=16(\text{cm})$
$\therefore$ (□ABCD의 둘레의 길이)$=2\times(12+16)$
$=56(\text{cm})$

04 전략 두 입체도형이 서로 닮은 도형일 때, 대응하는 모서리의 길이의 비는 일정하고, 대응하는 면은 닮은 도형임을 이용한다.

두 삼각기둥의 닮음비는
$\overline{AC}:\overline{IG}=10:15=2:3$
$x:12=2:3$이므로 $3x=24$ $\quad\therefore x=8$
$y:18=2:3$이므로 $3y=36$ $\quad\therefore y=12$
$6:z=2:3$이므로 $2z=18$ $\quad\therefore z=9$
$\therefore x+y-z=8+12-9=11$

05 전략 닮은 두 원뿔에서 닮음비는 높이의 비와 같음을 이용한다.

작은 원뿔과 큰 원뿔의 닮음비는
$(6-4):6=1:3$
작은 원뿔의 밑면의 반지름의 길이를 r cm라 하면
$r:3=1:3$, $3r=3$ $\quad\therefore r=1$
$\therefore$ (원뿔대의 부피)$=$(큰 원뿔의 부피)$-$(작은 원뿔의 부피)
$=\frac{1}{3}\pi\times3^2\times6-\frac{1}{3}\pi\times1^2\times2$
$=18\pi-\frac{2}{3}\pi=\frac{52}{3}\pi(\text{cm}^3)$

06 전략 닮음비가 $m:n$인 두 입체도형의 옆넓이의 비는 $m^2:n^2$임을 이용한다.

두 원기둥 A, B의 옆넓이의 비가 $9:16=3^2:4^2$이므로 닮음비는 $3:4$
원기둥 A의 밑면의 반지름의 길이를 x cm, 원기둥 B의 높이를 y cm라 하면
$x:4=3:4$, $4x=12$ $\quad\therefore x=3$
$6:y=3:4$, $3y=24$ $\quad\therefore y=8$
(원기둥 A의 겉넓이)$=2\times(\pi\times3^2)+2\pi\times3\times6$
$=54\pi(\text{cm}^2)$
(원기둥 B의 겉넓이)$=2\times(\pi\times4^2)+2\pi\times4\times8$
$=96\pi(\text{cm}^2)$
따라서 겉넓이의 차는
$96\pi-54\pi=42\pi(\text{cm}^2)$

다른 풀이 원기둥 A의 밑면의 반지름의 길이가 3 cm이므로
원기둥 A의 겉넓이는
$2\times(\pi\times3^2)+2\pi\times3\times6=54\pi(\text{cm}^2)$
두 원기둥 A, B의 옆넓이의 비가 $9:16$이므로 겉넓이의 비도 $9:16$
$54\pi:$(B의 겉넓이)$=9:16$
$\therefore$ (B의 겉넓이)$=96\pi(\text{cm}^2)$
따라서 겉넓이의 차는 $96\pi-54\pi=42\pi(\text{cm}^2)$

07 전략 닮음비가 $m:n$인 두 입체도형의 부피의 비는 $m^3:n^3$임을 이용한다.

두 쇠공의 닮음비가 $9:3=3:1$이므로 부피의 비는
$3^3:1^3=27:1$
따라서 반지름의 길이가 9 cm인 쇠공의 부피는 반지름의 길이가 3 cm인 쇠공의 부피의 27배이므로 반지름의 길이가 3 cm인 쇠공 27개를 만들 수 있다.

08 전략 삼각형의 닮음 조건을 이용한다.

ㄱ. △ABC∽△ADE (AA 닮음)
ㄹ. △ABC∽△AED (SAS 닮음)
이상에서 닮은 두 삼각형을 찾을 수 있는 것은 ㄱ, ㄹ이다.

09 전략 끼인각이 공통인 각이고 두 쌍의 대응변의 길이의 비가 같은 두 삼각형을 찾는다.

△ABC와 △EDC에서
$\overline{BC}:\overline{DC}=12:4=3:1$,
$\overline{AC}:\overline{EC}=9:3=3:1$,
∠C는 공통
$\therefore$ △ABC∽△EDC (SAS 닮음)
따라서 $\overline{BA}:\overline{DE}=3:1$이므로
$6:\overline{DE}=3:1$, $3\overline{DE}=6$
$\therefore \overline{DE}=2(\text{cm})$
$\therefore$ (△CDE의 둘레의 길이)$=\overline{DE}+\overline{EC}+\overline{CD}$
$=2+3+4=9(\text{cm})$

10 전략 먼저 닮은 두 삼각형을 찾아 닮음비를 구한다.

$\triangle ABC$와 $\triangle AED$에서

$\angle A$는 공통,

$\overline{AB}:\overline{AE}=9:6=3:2$, $\overline{AC}:\overline{AD}=12:8=3:2$

$\therefore \triangle ABC \backsim \triangle AED$ (SAS 닮음)

두 삼각형의 닮음비가 $3:2$이므로 넓이의 비는

$3^2:2^2=9:4$

$\triangle ABC:\triangle AED=9:4$에서

$36:\triangle AED=9:4$, $9\triangle AED=4\times 36$

$\therefore \triangle AED=16(cm^2)$

$\therefore \square DBCE=\triangle ABC-\triangle AED$

$=36-16=20(cm^2)$

11 전략 맞꼭지각 또는 엇각을 이용하여 닮은 두 삼각형을 찾는다.

$\triangle ABE$와 $\triangle CDE$에서

$\angle AEB=\angle CED$ (맞꼭지각),

$\angle BAE=\angle DCE$ (엇각)

$\therefore \triangle ABE \backsim \triangle CDE$ (AA 닮음)

따라서 $\overline{AB}:\overline{CD}=\overline{AE}:\overline{CE}$이므로

$8:14=\overline{AE}:5$, $14\overline{AE}=40$

$\therefore \overline{AE}=\frac{20}{7}(cm)$

$\therefore \overline{AC}=\overline{AE}+\overline{CE}=\frac{20}{7}+5=\frac{55}{7}(cm)$

12 전략 이등변삼각형에서 꼭짓점과 밑변의 중점을 잇는 선분은 꼭지각의 이등분선임을 이용한다.

$\triangle ABC$는 이등변삼각형이고 $\overline{BD}=\overline{CD}$이므로

$\angle BAD=\angle CAD$

$\triangle ABD$와 $\triangle ADE$에서

$\angle B=\angle ADE$, $\angle BAD=\angle DAE$

$\therefore \triangle ABD \backsim \triangle ADE$ (AA 닮음)

따라서 $\overline{AB}:\overline{AD}=\overline{BD}:\overline{DE}$이므로

$15:12=9:\overline{DE}$, $15\overline{DE}=108$

$\therefore \overline{DE}=\frac{36}{5}(cm)$

13 전략 축척이 $\frac{1}{n}$인 축도에서 두 지점 A, B 사이의 거리가 l일 때, 두 지점 A, B 사이의 실제 거리는 $l\times n$임을 이용한다.

$\triangle ABC$와 $\triangle ADE$에서

$\angle ABC=\angle ADE=90^\circ$

$\overline{BC} /\!/ \overline{DE}$이므로 $\angle ACB=\angle AED$

$\therefore \triangle ABC \backsim \triangle ADE$ (AA 닮음)

따라서 $\overline{AB}:\overline{AD}=\overline{BC}:\overline{DE}$이므로

$\overline{AB}:(\overline{AB}+2)=8:13$, $13\overline{AB}=8(\overline{AB}+2)$

$5\overline{AB}=16$ $\therefore \overline{AB}=\frac{16}{5}(cm)$

따라서 실제 강의 폭은

$\frac{16}{5}\times 15000=48000(cm)=480(m)$ 답 480 m

참고 10 mm=1 cm, 100 cm=1 m, 1000 m=1 km

14 전략 한 예각의 크기가 같은 두 직각삼각형은 닮은 도형임을 이용한다.

(i) $\triangle ABC$와 $\triangle ADE$에서

$\angle A$는 공통,

$\angle ABC=\angle ADE=90^\circ$

$\therefore \triangle ABC \backsim \triangle ADE$ (AA 닮음)

(ii) $\triangle ABC$와 $\triangle FDC$에서

$\angle C$는 공통,

$\angle ABC=\angle FDC=90^\circ$

$\therefore \triangle ABC \backsim \triangle FDC$ (AA 닮음)

(iii) $\triangle ABC$와 $\triangle FBE$에서

$\angle A=90^\circ-\angle C=\angle F$,

$\angle ABC=\angle FBE=90^\circ$

$\therefore \triangle ABC \backsim \triangle FBE$ (AA 닮음)

이상에서 $\triangle ABC \backsim \triangle ADE \backsim \triangle FDC \backsim \triangle FBE$이므로 나머지 넷과 닮음이 아닌 하나는 $\triangle EBC$이다.

15 전략 평행사변형은 두 대각의 크기가 같음을 이용하여 닮은 두 직각삼각형을 찾는다.

$\triangle ABE$와 $\triangle ADF$에서

$\angle AEB=\angle AFD=90^\circ$

$\square ABCD$는 평행사변형이므로 $\angle B=\angle D$

$\therefore \triangle ABE \backsim \triangle ADF$ (AA 닮음)

따라서 $\overline{AB}:\overline{AD}=\overline{AE}:\overline{AF}$이므로

$\overline{AB}:12=6:9$, $9\overline{AB}=72$

$\therefore \overline{AB}=8(cm)$

16 전략 $\angle C=90^\circ$인 직각삼각형 ABC의 꼭짓점 C에서 빗변 AB에 내린 수선의 발이 H일 때, $\overline{AB}\times\overline{CH}=\overline{AC}\times\overline{BC}$임을 이용한다.

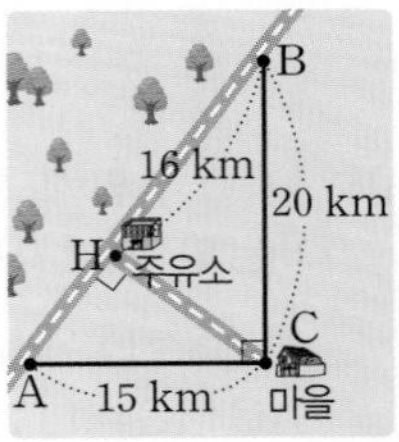

오른쪽 그림에서

$\overline{CB}^2=\overline{BH}\times\overline{BA}$이므로

$20^2=16\times\overline{BA}$

$\therefore \overline{BA}=25(km)$

$\overline{AB}\times\overline{CH}=\overline{AC}\times\overline{BC}$이므로

$25\times\overline{CH}=15\times 20$

$\therefore \overline{CH}=12(km)$

따라서 마을과 주유소 사이의 거리는 12 km이다.

다른 풀이 $\overline{CB}^2=\overline{BH}\times\overline{BA}$이므로

$20^2=16\times\overline{BA}$ $\therefore \overline{BA}=25(km)$

$\therefore \overline{AH}=\overline{BA}-\overline{BH}=25-16=9(km)$

$\overline{CH}^2=\overline{AH}\times\overline{BH}$이므로

$\overline{CH}^2=9\times 16=144$

$\overline{CH}>0$이므로 $\overline{CH}=12(km)$

17 전략 닮은 두 삼각형을 찾은 후 도형에서 접은 면은 서로 합동임을 이용한다.

$\triangle ABC$와 $\triangle EDC$에서

$\angle C$는 공통, $\angle A=\angle DEC=90^\circ$

$\therefore \triangle ABC \backsim \triangle EDC$ (AA 닮음)

따라서 $\overline{AC}:\overline{EC}=\overline{BC}:\overline{DC}$이므로

$20:\overline{EC}=25:10$, $25\overline{EC}=200$

$\therefore \overline{EC}=8\,(cm)$

$\therefore \overline{BC'}=\overline{BC}-\overline{CC'}=\overline{BC}-2\overline{EC}$

$=25-2\times8=9\,(cm)$

18 전략 닮은 두 도형의 대응변의 길이의 비는 일정함을 이용한다.

다음 그림과 같이 △ABC와 △DEF를 그리면

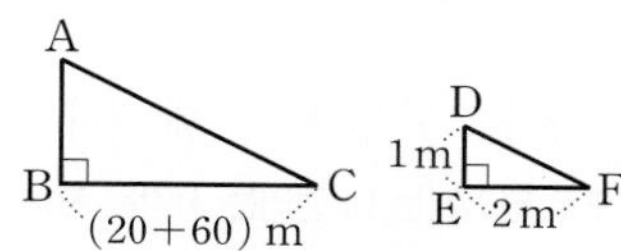

△ABC∽△DEF (AA 닮음)이므로

$\overline{AB}:\overline{DE}=\overline{BC}:\overline{EF}$에서

$\overline{AB}:1=(20+60):2$, $2\overline{AB}=80$

$\therefore \overline{AB}=40\,(m)$

따라서 피라미드의 높이는 40 m이다.

19 전략 닮음비가 $m:n$인 두 평면도형의 넓이의 비는 $m^2:n^2$임을 이용하여 색칠하지 않은 반원 3개의 넓이를 구한다.

지름이 각각 $\overline{AB}$, $\overline{CD}$, $\overline{AC}$인 반원의 닮음비는

$\overline{AB}:\overline{CD}:\overline{AC}=4:2:1$이므로 넓이의 비는

$4^2:2^2:1^2=16:4:1$ …… ㉮

지름이 $\overline{AC}$인 반원의 넓이를 S cm²라 하면

$32:S=4:1$, $4S=32$

$\therefore S=8$ …… ㉯

이때 $\overline{AC}=\overline{BD}$이므로 지름이 $\overline{BD}$인 반원의 넓이도 8 cm²이다.

지름이 $\overline{AB}$인 반원의 넓이를 T cm²라 하면

$T:32=16:4$, $4T=16\times32$

$\therefore T=128$ …… ㉰

따라서 색칠한 부분의 넓이는

$128-(8+32+8)=80\,(cm^2)$ …… ㉱

채점 기준

㉮ 지름이 각각 $\overline{AB}$, $\overline{CD}$, $\overline{AC}$인 반원의 넓이의 비 구하기	30 %
㉯ 지름이 $\overline{AC}$인 반원의 넓이 구하기	30 %
㉰ 지름이 $\overline{AB}$인 반원의 넓이 구하기	30 %
㉱ 색칠한 부분의 넓이 구하기	10 %

20 전략 닮음비가 $m:n$인 두 입체도형의 부피의 비는 $m^3:n^3$임을 이용한다.

세 사각뿔 A, (A+B), (A+B+C)의 닮음비가 1 : 2 : 3이므로 부피의 비는

$1^3:2^3:3^3=1:8:27$ …… ㉮

(B의 부피) : (C의 부피)$=(8-1):(27-8)$에서

28 : (C의 부피)$=7:19$

$7\times$(C의 부피)$=19\times28$

∴ (C의 부피)$=76\,(cm^3)$ …… ㉯

채점 기준

㉮ 세 사각뿔의 닮음비 구하기	30 %
㉯ 사각뿔대 C의 부피 구하기	70 %

21 전략 평행선의 성질을 이용하여 크기가 같은 각을 찾는다.

△ABC와 △CED에서

$\overline{AB}/\!/\overline{DC}$이므로 ∠BAC=∠ECD(엇각),

$\overline{AB}:\overline{CE}=8:4=2:1$,

$\overline{AC}:\overline{CD}=(8+4):6=2:1$

∴ △ABC∽△CED (SAS 닮음) …… ㉮

따라서 $\overline{BC}:\overline{ED}=2:1$이므로

$\overline{BC}:5=2:1$ $\therefore \overline{BC}=10\,(cm)$ …… ㉯

채점 기준

㉮ 닮은 두 삼각형 찾기	50 %
㉯ $\overline{BC}$의 길이 구하기	50 %

22 전략 공통인 각이 있고, 다른 한 내각의 크기가 같은 두 삼각형을 찾는다.

(1) △ABC와 △ACD에서

∠A는 공통, ∠B=∠ACD

∴ △ABC∽△ACD (AA 닮음) …… ㉮

(2) $\overline{AC}:\overline{AD}=\overline{AB}:\overline{AC}$이므로

$12:8=(8+\overline{BD}):12$, $8(8+\overline{BD})=144$

$8\overline{BD}=80$ $\therefore \overline{BD}=10\,(cm)$ …… ㉯

$\overline{AC}:\overline{AD}=\overline{BC}:\overline{CD}$이므로

$12:8=15:\overline{CD}$, $12\overline{CD}=120$

$\therefore \overline{CD}=10\,(cm)$ …… ㉰

∴ (△BCD의 둘레의 길이)$=\overline{BD}+\overline{BC}+\overline{CD}$

$=10+15+10$

$=35(cm)$ …… ㉱

채점 기준

(1)	㉮ 닮은 두 삼각형 찾기	30 %
(2)	㉯ $\overline{BD}$의 길이 구하기	30 %
	㉰ $\overline{CD}$의 길이 구하기	30 %
	㉱ △BCD의 둘레의 길이 구하기	10 %

23 전략 평행사변형의 성질을 이용하여 맞꼭지각 또는 엇각을 찾아 닮은 두 삼각형을 찾는다.

$\overline{BC}=\overline{AD}=15$ cm이므로

$\overline{BF}=\overline{BC}-\overline{FC}=15-12=3\,(cm)$ …… ㉮

△BEF와 △CDF에서

∠BFE=∠CFD(맞꼭지각),

∠BEF=∠CDF(엇각)

∴ △BEF∽△CDF (AA 닮음) …… ㉯

따라서 $\overline{BF}:\overline{CF}=\overline{BE}:\overline{CD}$이므로

$3:12=\overline{BE}:8$, $12\overline{BE}=24$

$\therefore \overline{BE}=2\,(cm)$ …… ㉰

채점 기준

㉮ $\overline{BF}$의 길이 구하기	20 %
㉯ 닮은 두 삼각형 찾기	50 %
㉰ $\overline{BE}$의 길이 구하기	30 %

24 전략 닮은 두 직각삼각형을 찾고, 정사각형의 네 변의 길이가 같음을 이용하여 정사각형의 한 변의 길이를 구한다.

$\triangle ABC$와 $\triangle ADF$에서
$\overline{DF} /\!/ \overline{BC}$이므로 $\angle ABC = \angle ADF$ (동위각),
$\angle ACB = \angle AFD = 90°$
$\therefore \triangle ABC \backsim \triangle ADF$ (AA 닮음) …… ㉮
$\overline{DF} = x$ cm라 하면
$\overline{AC} : \overline{AF} = \overline{BC} : \overline{DF}$이므로
$6 : (6-x) = 3 : x$, $6x = 3(6-x)$
$9x = 18$ $\therefore x = 2$
$\therefore \overline{DF} = 2$ cm …… ㉯
$\therefore \triangle ADF = \frac{1}{2} \times \overline{DF} \times \overline{AF}$
$= \frac{1}{2} \times 2 \times (6-2)$
$= 4(\text{cm}^2)$ …… ㉰

답 4 cm^2

채점 기준

㉮ 닮은 두 삼각형 찾기	40 %
㉯ $\overline{DF}$의 길이 구하기	40 %
㉰ $\triangle ADF$의 넓이 구하기	20 %

단원 마무리 Level C 발전 유형 정복하기

90~91쪽

01 49 cm **02** 56초 **03** 36 cm **04** 12 cm **05** 12
06 ⑤ **07** 189 cm^2 **08** 244 cm^2 **09** $\frac{24}{25}$ cm^2
10 (1) 2 : 1 (2) 512 : 1 **11** 8 cm **12** 20 cm

01 전략 닮은 두 평면도형에서 대응변의 길이의 비가 일정함을 이용한다.

$\square ABCD \backsim \square DEFC$이므로
$\overline{AB} : \overline{DE} = \overline{AD} : \overline{DC}$에서
$24 : \overline{DE} = 32 : 24$, $32\overline{DE} = 576$
$\therefore \overline{DE} = 18(\text{cm})$
$\therefore \overline{AE} = \overline{AD} - \overline{DE} = 32 - 18 = 14(\text{cm})$
$\square ABCD \backsim \square AGHE$이므로
$\overline{AD} : \overline{AE} = \overline{CD} : \overline{HE}$에서
$32 : 14 = 24 : \overline{HE}$, $32\overline{HE} = 336$
$\therefore \overline{HE} = \frac{21}{2}(\text{cm})$
$\therefore$ ($\square AGHE$의 둘레의 길이)$= 2 \times \left(14 + \frac{21}{2}\right)$
$= 49(\text{cm})$

02 전략 위쪽 원뿔에 남아 있는 모래와 아래쪽 원뿔에 흘러내린 모래의 부피의 비를 구한다.

위쪽 원뿔에 남은 모래의 높이가 4 cm이므로 남은 모래와 아래쪽 원뿔의 닮음비는
$4 : 6 = 2 : 3$
부피의 비는 $2^3 : 3^3 = 8 : 27$이므로 남은 모래와 흘러내린 모래의 부피의 비는
$8 : (27-8) = 8 : 19$
이때 남은 모래가 모두 떨어지는 데 걸리는 시간을 x초라 하면
2분 13초는 133초이므로
$x : 133 = 8 : 19$
$19x = 8 \times 133$
$\therefore x = 56$
따라서 남은 모래가 모두 떨어지는 데 걸리는 시간은 56초이다.

주의 모래가 모두 떨어지는 데 걸리는 시간은 모래의 높이에 정비례하는 것이 아니라 모래의 양(부피)에 정비례하므로 부피의 비를 구해야 한다.

03 전략 닮은 두 삼각형을 찾아 그 닮음비를 이용하여 $\square DEFG$의 둘레의 길이를 구한다.

$\overline{DE} = a$ cm라 하면 $\overline{DG} = 2a$ cm
$\triangle ABC$와 $\triangle ADG$에서
$\angle A$는 공통, $\angle ABC = \angle ADG$ (동위각)
$\therefore \triangle ABC \backsim \triangle ADG$ (AA 닮음)
$\overline{AH}$와 $\overline{DG}$의 교점을 I라 하면
$\overline{AH} : \overline{AI} = \overline{BC} : \overline{DG}$이므로
$12 : (12-a) = 24 : 2a$
$24a = 24(12-a)$
$a = 12 - a$ $\therefore a = 6$
$\therefore$ ($\square DEFG$의 둘레의 길이)$= 2(a+2a)$
$= 6a = 6 \times 6$
$= 36(\text{cm})$

04 전략 $\triangle ABC \backsim \triangle DCE$임을 이용하여 또 다른 닮은 두 삼각형을 찾는다.

$\triangle ABC \backsim \triangle DCE$이므로
$\angle ABC = \angle DCE$ $\therefore \overline{AB} /\!/ \overline{DC}$
$\therefore \angle BAF = \angle DCF$ (엇각)
$\triangle ABF$와 $\triangle CDF$에서
$\angle BAF = \angle DCF$,
$\angle AFB = \angle CFD$ (맞꼭지각)
$\therefore \triangle ABF \backsim \triangle CDF$ (AA 닮음)
$\triangle ABC \backsim \triangle DCE$에서
$\overline{AC} : \overline{DE} = \overline{BC} : \overline{CE}$이므로
$\overline{AC} : 9 = 14 : 7$, $7\overline{AC} = 126$
$\therefore \overline{AC} = 18(\text{cm})$
또, $\overline{AB} : \overline{DC} = \overline{BC} : \overline{CE}$이고
$\triangle ABF \backsim \triangle CDF$에서
$\overline{AB} : \overline{CD} = \overline{AF} : \overline{CF}$이므로
$\overline{BC} : \overline{CE} = \overline{AF} : \overline{CF}$
$14 : 7 = \overline{AF} : (18 - \overline{AF})$
$7\overline{AF} = 14(18 - \overline{AF})$, $21\overline{AF} = 252$
$\therefore \overline{AF} = 12(\text{cm})$

05 전략 삼각형의 한 외각의 크기는 그와 이웃하지 않는 두 내각의 크기의 합과 같음을 이용하여 △ABC와 △DEF에서 크기가 같은 내각을 찾아 닮은 두 삼각형을 찾는다.

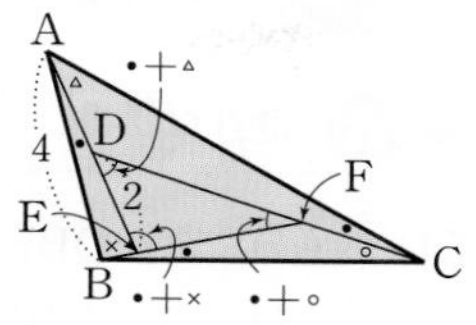

△ABE에서

∠DEF=∠BAE+∠ABE

=∠ABC

△BCF에서

∠EFD=∠FBC+∠BCF

=∠BCA

△ACD에서

∠FDE=∠DCA+∠CAD

=∠CAB

∴ △ABC∽△DEF (AA 닮음)

이때 두 삼각형의 닮음비는

$\overline{AB}:\overline{DE}=4:2=2:1$이므로

넓이의 비는 $2^2:1^2=4:1$

△ABC의 넓이를 S라 하면

$4:1=S:3$ ∴ $S=12$

따라서 △ABC의 넓이는 12이다.

06 전략 평행선에서 엇각의 크기가 같음을 이용하여 닮은 두 삼각형을 찾는다.

△BFE와 △CDE에서

$\overline{AF}$ // $\overline{DG}$이므로

∠BFE=∠CDE (엇각), ∠FBE=∠DCE (엇각)

∴ △BFE∽△CDE (AA 닮음)

$\overline{BF}=\overline{AF}-\overline{AB}=12-8=4$(cm)이므로

$\overline{BE}:\overline{CE}=\overline{BF}:\overline{CD}=4:8=1:2$

또, △ABE와 △GCE에서

∠ABE=∠GCE (엇각), ∠BAE=∠CGE (엇각)

∴ △ABE∽△GCE (AA 닮음)

따라서 $\overline{AB}:\overline{GC}=\overline{BE}:\overline{CE}$이므로

$8:\overline{GC}=1:2$ ∴ $\overline{GC}=16$(cm)

∴ $\overline{DG}=\overline{DC}+\overline{CG}=8+16=24$(cm)

07 전략 닮은 두 삼각형을 찾아서 $\overline{FH}$의 길이를 구한다.

△DBC와 △HBF에서

∠DBC는 공통,

∠DCB=∠F=90°

∴ △DBC∽△HBF (AA 닮음)

따라서 $\overline{DC}:\overline{HF}=\overline{BC}:\overline{BF}$이므로

$3:\overline{HF}=6:24$

$6\overline{HF}=72$ ∴ $\overline{HF}=12$(cm)

이때 $\overline{ED}=\overline{EC}-\overline{DC}=18-3=15$(cm),

$\overline{GH}=\overline{GF}-\overline{HF}=18-12=6$(cm)이므로

□EDHG$=\frac{1}{2}\times(15+6)\times18$

$=189$(cm²)

08 전략 닮은 두 삼각형을 찾아서 처음 정사각형의 한 변의 길이를 구한다.

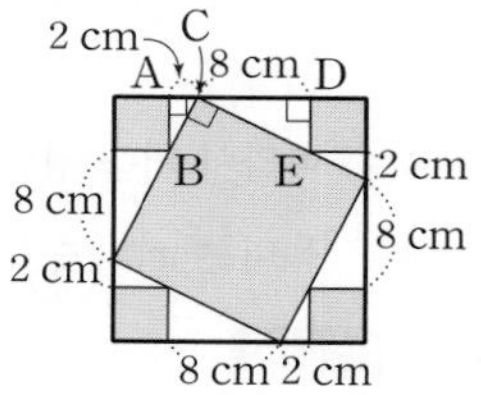

오른쪽 그림의

△ABC와 △DCE에서

∠BAC=∠CDE=90°,

∠ABC=90°−∠ACB

=∠DCE

∴ △ABC∽△DCE (AA 닮음)

$\overline{AB}=x$ cm ($x>0$)라 하면

$\overline{AB}:\overline{DC}=\overline{AC}:\overline{DE}$이므로

$x:8=2:x$, $x^2=16$ ∴ $x=4$

처음 정사각형의 한 변의 길이는

$2x+10=2\times4+10=18$(cm)

따라서 구하는 넓이는

$18^2-4\times\left(\frac{1}{2}\times2\times4+\frac{1}{2}\times4\times8\right)=324-80$

$=244$(cm²)

09 전략 직각삼각형의 외심은 빗변의 중점임을 이용한다.

△ABC에서 $\overline{AG}^2=\overline{BG}\times\overline{CG}$이므로

$\overline{AG}^2=4\times1=4$

$\overline{AG}>0$이므로 $\overline{AG}=2$(cm)

이때 점 M은 △ABC의 외심이므로

$\overline{AM}=\overline{BM}=\overline{CM}=\frac{1}{2}\overline{BC}=\frac{1}{2}\times5=\frac{5}{2}$(cm)

∴ $\overline{GM}=\overline{CM}-\overline{CG}=\frac{5}{2}-1=\frac{3}{2}$(cm)

△AMG에서 $\overline{AG}^2=\overline{AH}\times\overline{AM}$이므로

$2^2=\overline{AH}\times\frac{5}{2}$ ∴ $\overline{AH}=\frac{8}{5}$(cm)

또, $\overline{AG}\times\overline{GM}=\overline{AM}\times\overline{GH}$이므로

$2\times\frac{3}{2}=\frac{5}{2}\times\overline{GH}$ ∴ $\overline{GH}=\frac{6}{5}$(cm)

∴ △AHG$=\frac{1}{2}\times\overline{AH}\times\overline{GH}$

$=\frac{1}{2}\times\frac{8}{5}\times\frac{6}{5}=\frac{24}{25}$(cm²)

개념 보충 학습

직각삼각형의 외심

① 직각삼각형의 외심은 빗변의 중점이다.

② 직각삼각형 ABC의 외심을 O라 하면 $\overline{OA}=\overline{OB}=\overline{OC}$

10 전략 처음 정삼각형의 한 변의 길이를 x라 하고 각 단계에서 지운 정삼각형의 한 변의 길이를 x로 나타낸다.

(1) 처음 정삼각형의 한 변의 길이를 x라 하면 [1단계]에서 지운 정삼각형의 한 변의 길이는 $\frac{1}{2}x$이므로 처음 정삼각형과 [1단계]에서 지운 정삼각형의 닮음비는

$x:\frac{1}{2}x=2:1$ …… ㉮

(2) [n단계]에서 지운 한 정삼각형의 한 변의 길이는 $\left(\frac{1}{2}\right)^n x$이므로 [9단계]에서 지운 한 정삼각형의 한 변의 길이는 $\left(\frac{1}{2}\right)^9 x$이다.

따라서 처음 정삼각형과 [9단계]에서 지운 한 정삼각형의 닮음비는 $x : \left(\frac{1}{2}\right)^9 x = 512 : 1$ …… ㉯

채점 기준

(1)	㉮ 처음 정삼각형과 [1단계]에서 지운 정삼각형의 닮음비 구하기	50 %
(2)	㉯ 처음 정삼각형과 [9단계]에서 지운 한 정삼각형의 닮음비 구하기	50 %

11 전략 합동인 두 삼각형과 닮음인 두 삼각형을 찾는다.

$\triangle$BCD와 $\triangle$BED에서

$\angle C = \angle BED = 90°$, $\overline{BD}$는 공통, $\angle CBD = \angle EBD$

이므로 $\triangle BCD \equiv \triangle BED$ (RHA 합동)

$\therefore \overline{BE} = \overline{BC} = 24$ cm …… ㉮

$\triangle$ABC와 $\triangle$ADE에서

$\angle$A는 공통, $\angle C = \angle AED = 90°$

$\therefore \triangle ABC \backsim \triangle ADE$ (AA 닮음)

따라서 $\overline{AB} : \overline{AD} = \overline{AC} : \overline{AE}$이므로

$30 : 10 = \overline{AC} : 6$, $10\overline{AC} = 180$

$\therefore \overline{AC} = 18$ (cm) …… ㉯

$\therefore \overline{CD} = \overline{AC} - \overline{AD} = 18 - 10 = 8$ (cm) …… ㉰

채점 기준

㉮ $\overline{BE}$의 길이 구하기	40 %
㉯ $\overline{AC}$의 길이 구하기	40 %
㉰ $\overline{CD}$의 길이 구하기	20 %

개념 보충 학습

직각삼각형의 합동 조건

① 빗변의 길이가 같고 한 예각의 크기가 같은 두 직각삼각형은 합동이다. (RHA 합동)

② 빗변의 길이와 다른 한 변의 길이가 각각 같은 두 직각삼각형은 합동이다. (RHS 합동)

12 전략 닮은 두 삼각형을 찾고 접은 면은 서로 합동임을 이용하여 변의 길이를 구한다.

$\triangle$PAQ와 $\triangle$QBE에서

$\angle A = \angle B = 90°$,

$\angle APQ = 90° - \angle AQP = \angle BQE$

$\therefore \triangle PAQ \backsim \triangle QBE$ (AA 닮음) …… ㉮

$\overline{QE} = \overline{CE} = 15$ cm,

$\overline{AQ} = \overline{AB} - \overline{QB} = 24 - 12 = 12$ (cm)이고

$\overline{PQ} : \overline{QE} = \overline{AQ} : \overline{BE}$이므로

$\overline{PQ} : 15 = 12 : 9$, $9\overline{PQ} = 180$

$\therefore \overline{PQ} = 20$ (cm) …… ㉯

채점 기준

㉮ 닮은 두 삼각형 찾기	50 %
㉯ $\overline{PQ}$의 길이 구하기	50 %

4. 도형의 닮음 (2)

Lecture 14 삼각형에서 평행선과 선분의 길이의 비

Level A 개념 익히기 94쪽

01 $\triangle$ADE와 $\triangle$DBF에서

$\angle ADE =$ $\boxed{\angle DBF}$ (동위각) …… ㉠

$\angle DAE =$ $\boxed{\angle BDF}$ (동위각) …… ㉡

㉠, ㉡에서 $\triangle ADE \backsim$ $\boxed{\triangle DBF}$ (AA 닮음)

따라서 $\overline{AD} : \overline{DB} = \overline{AE} : \boxed{\overline{DF}}$이고

□DFCE는 평행사변형이므로 $\overline{DF} = \boxed{\overline{EC}}$

$\therefore \overline{AD} : \overline{DB} = \overline{AE} : \overline{EC}$

답 (가) $\angle$DBF (나) $\angle$BDF (다) $\triangle$DBF (라) $\overline{DF}$ (마) $\overline{EC}$

02 $\overline{AB} : \overline{AD} = \overline{AC} : \overline{AE}$에서

$4 : 12 = x : 15$, $12x = 60$ $\therefore x = 5$ 답 5

03 $\overline{AB} : \overline{AD} = \overline{BC} : \overline{DE}$에서

$8 : 5 = 16 : x$, $8x = 80$ $\therefore x = 10$ 답 10

04 $\overline{AD} : \overline{DB} = \overline{AE} : \overline{EC}$에서

$6 : x = 8 : 4$, $8x = 24$ $\therefore x = 3$ 답 3

05 $\overline{AB} : \overline{AD} = \overline{AC} : \overline{AE}$에서

$9 : x = 12 : 8$, $12x = 72$ $\therefore x = 6$ 답 6

06 $\overline{AB} : \overline{AD} = 2 : 6 = 1 : 3$,

$\overline{AC} : \overline{AE} = 3 : 9 = 1 : 3$

즉, $\overline{AB} : \overline{AD} = \overline{AC} : \overline{AE}$이므로

$\overline{BC} /\!/ \overline{DE}$ 답 ○

07 $\overline{AB} : \overline{AD} = 10 : 4 = 5 : 2$,

$\overline{AC} : \overline{AE} = 15 : 5 = 3 : 1$

즉, $\overline{AB} : \overline{AD} \neq \overline{AC} : \overline{AE}$이므로 $\overline{BC} /\!/ \overline{DE}$가 아니다.

답 ×

Level B 유형 공략하기 95~97쪽

중 **08** $\overline{BC} /\!/ \overline{DE}$이므로 $\overline{AD} : \overline{DB} = \overline{AE} : \overline{EC}$에서

$6 : 4 = x : 2$, $4x = 12$

$\therefore x = 3$

또, $\overline{AD} : \overline{AB} = \overline{DE} : \overline{BC}$에서

$6 : (6+4) = 4 : y$, $6y = 40$

$\therefore y = \frac{20}{3}$

$\therefore xy = 3 \times \frac{20}{3} = 20$ 답 ④

중 09 $\overline{AE}=3\overline{EC}$이므로 $\overline{AE}:\overline{EC}=3:1$
$\overline{BC}/\!/\overline{DE}$이므로 $\overline{AD}:\overline{AB}=\overline{AE}:\overline{AC}$에서
$6:x=3:4,\ 3x=24$
$\therefore\ x=8$
$\overline{DE}:\overline{BC}=\overline{AE}:\overline{AC}$에서
$y:16=3:4,\ 4y=48$
$\therefore\ y=12$
$\therefore\ x+y=8+12=20$ 답 20

중 10 $\overline{BC}/\!/\overline{DE}$이므로 $\overline{AD}:\overline{AB}=\overline{AE}:\overline{AC}$에서
$3:9=(\overline{AC}-10):\overline{AC},\ 9(\overline{AC}-10)=3\overline{AC}$
$6\overline{AC}=90\quad \therefore\ \overline{AC}=15\,(\text{cm})$ …… ㉮
$\overline{AD}:\overline{AB}=\overline{DE}:\overline{BC}$에서
$3:9=6:\overline{BC},\ 3\overline{BC}=54$
$\therefore\ \overline{BC}=18\,(\text{cm})$ …… ㉯
$\therefore$ (△ABC의 둘레의 길이)$=\overline{AB}+\overline{BC}+\overline{AC}$
$=9+18+15$
$=42\,(\text{cm})$ …… ㉰
답 42 cm

채점 기준

㉮ $\overline{AC}$의 길이 구하기	40 %
㉯ $\overline{BC}$의 길이 구하기	40 %
㉰ △ABC의 둘레의 길이 구하기	20 %

중 11 △AFD에서 $\overline{AD}/\!/\overline{EC}$이므로
$\overline{FC}:\overline{FD}=\overline{EC}:\overline{AD}$에서
$6:(6+10)=\overline{EC}:12$
$16\overline{EC}=72\quad \therefore\ \overline{EC}=\frac{9}{2}\,(\text{cm})$
$\therefore\ \overline{BE}=\overline{BC}-\overline{EC}=12-\frac{9}{2}=\frac{15}{2}\,(\text{cm})$ 답 $\frac{15}{2}$ cm
다른 풀이 △ABE∽△FCE (AA 닮음)이므로
$\overline{BE}:\overline{CE}=\overline{AB}:\overline{FC}=10:6=5:3$
$\therefore\ \overline{BE}=\frac{5}{8}\overline{BC}=\frac{5}{8}\times 12=\frac{15}{2}\,(\text{cm})$
참고 △ABE와 △FCE에서
∠AEB=∠FEC (맞꼭지각), ∠BAE=∠CFE (엇각)
∴ △ABE∽△FCE (AA 닮음)

중 12 □DFCE는 마름모이므로 $\overline{DE}/\!/\overline{FC}$
마름모의 한 변의 길이를 x m라 하면
△ABC에서 $\overline{BC}/\!/\overline{DE}$이므로
$\overline{AE}:\overline{AC}=\overline{DE}:\overline{BC}$
$(9-x):9=x:15,\ 9x=15(9-x)$
$24x=135\quad \therefore\ x=\frac{45}{8}$
따라서 마름모 모양의 꽃길의 길이는
$4x=4\times\frac{45}{8}=\frac{45}{2}\,(\text{m})$ 답 $\frac{45}{2}$ m

상 13 △AGC에서 $\overline{AF}:\overline{AG}=\overline{FE}:\overline{GC}$이므로
$2:3=10:\overline{GC},\ 2\overline{GC}=30$
$\therefore\ \overline{GC}=15\,(\text{cm})$
△BDF에서 $\overline{BG}:\overline{BF}=\overline{GC}:\overline{FD}$이므로
$1:2=15:\overline{FD}$
$\therefore\ \overline{FD}=30\,(\text{cm})$
$\therefore\ \overline{DE}=\overline{FD}-\overline{FE}$
$=30-10=20\,(\text{cm})$ 답 20 cm

중 14 $\overline{BC}/\!/\overline{DE}$이므로 $\overline{AD}:\overline{DB}=\overline{AE}:\overline{EC}$에서
$(20-8):20=x:30,\ 20x=360$
$\therefore\ x=18$
$\overline{AB}:\overline{AD}=\overline{BC}:\overline{DE}$에서
$8:(20-8)=y:15,\ 12y=120$
$\therefore\ y=10$
$\therefore\ xy=18\times 10=180$ 답 ③

하 15 $\overline{BC}/\!/\overline{DE}$이므로 $\overline{AC}:\overline{AE}=\overline{BC}:\overline{DE}$에서
$b:d=a:\overline{DE},\ b\overline{DE}=ad$
$\therefore\ \overline{DE}=\frac{ad}{b}$ 답 ②

중 16 $\overline{BC}/\!/\overline{FG}$이므로 $\overline{AC}:\overline{AG}=\overline{BC}:\overline{FG}$에서
$3:2=x:4,\ 2x=12$
$\therefore\ x=6$
$\overline{DE}/\!/\overline{FG}$이므로 $\overline{AE}:\overline{AG}=\overline{DE}:\overline{FG}$에서
$5:2=y:4,\ 2y=20$
$\therefore\ y=10$
$\therefore\ x+y=6+10=16$ 답 16

중 17 $2\overline{EB}=3\overline{AE}$이므로 $\overline{EB}:\overline{AE}=3:2$
$\overline{AD}/\!/\overline{FB}$이므로 $\overline{EB}:\overline{EA}=\overline{BF}:\overline{AD}$에서
$3:2=\overline{BF}:8,\ 2\overline{BF}=24$
$\therefore\ \overline{BF}=12\,(\text{cm})$
이때 □ABCD는 평행사변형이므로
$\overline{BC}=\overline{AD}=8$ cm
$\therefore\ \overline{FC}=\overline{BF}+\overline{BC}$
$=12+8=20\,(\text{cm})$ 답 ④

중 18 $\overline{BC}/\!/\overline{DE}$이므로 $\overline{AB}:\overline{AD}=\overline{BC}:\overline{DE}$에서
$\overline{AB}:4=(3+12):6,\ 6\overline{AB}=60$
$\therefore\ \overline{AB}=10\,(\text{cm})$ …… ㉮
$\overline{AB}/\!/\overline{FG}$이므로 $\overline{CG}:\overline{CB}=\overline{FG}:\overline{AB}$에서
$12:(12+3)=\overline{FG}:10,\ 15\overline{FG}=120$
$\therefore\ \overline{FG}=8\,(\text{cm})$ …… ㉯
답 8 cm

채점 기준

㉮ $\overline{AB}$의 길이 구하기	50 %
㉯ $\overline{FG}$의 길이 구하기	50 %

중 19 △ABF에서 $\overline{DG}\,/\!/\,\overline{BF}$이므로
$\overline{AG}:\overline{AF}=\overline{DG}:\overline{BF}$
△AFC에서 $\overline{GE}\,/\!/\,\overline{FC}$이므로
$\overline{AG}:\overline{AF}=\overline{GE}:\overline{FC}$
즉, $\overline{DG}:\overline{BF}=\overline{GE}:\overline{FC}$이므로
$9:(25-x)=6:x$, $9x=6(25-x)$
$15x=150$ $\quad\therefore x=10$
$\overline{AE}:\overline{AC}=\overline{GE}:\overline{FC}$이므로
$y:(y+6)=6:10$, $10y=6(y+6)$
$4y=36$ $\quad\therefore y=9$
$\therefore x+y=10+9=19$ 답 ③

공략 비법

△ABC에서 $\overline{BC}\,/\!/\,\overline{DE}$이면
$\overline{AD}:\overline{AB}=\overline{AE}:\overline{AC}=\overline{AG}:\overline{AF}$
$=\overline{DG}:\overline{BF}=\overline{GE}:\overline{FC}$

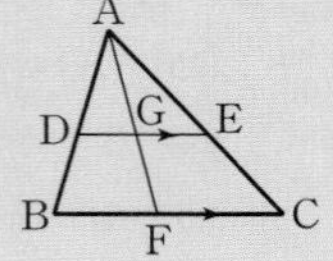

하 20 △ABF에서 $\overline{DG}\,/\!/\,\overline{BF}$이므로
$\overline{AG}:\overline{AF}=\overline{DG}:\overline{BF}$
△AFC에서 $\overline{GE}\,/\!/\,\overline{FC}$이므로
$\overline{AG}:\overline{AF}=\overline{GE}:\overline{FC}$
즉, $\overline{DG}:\overline{BF}=\overline{GE}:\overline{FC}$이므로
$\overline{DG}:5=8:10$, $10\overline{DG}=40$
$\therefore \overline{DG}=4$(cm) 답 4 cm

중 21 △ABF에서 $\overline{DG}\,/\!/\,\overline{BF}$이므로
$\overline{AG}:\overline{AF}=\overline{DG}:\overline{BF}$
△AFC에서 $\overline{GE}\,/\!/\,\overline{FC}$이므로
$\overline{AG}:\overline{AF}=\overline{AE}:\overline{AC}$
즉, $\overline{DG}:\overline{BF}=\overline{AE}:\overline{AC}$이므로
$4:6=\overline{AE}:(\overline{AE}+5)$, $6\overline{AE}=4(\overline{AE}+5)$
$2\overline{AE}=20$ $\quad\therefore \overline{AE}=10$(cm) 답 ①

중 22 $\overline{AD}=\overline{AB}-\overline{DB}=25-10=15$(cm)
△ADC에서 $\overline{DC}\,/\!/\,\overline{FE}$이므로
$\overline{AF}:\overline{FD}=\overline{AE}:\overline{EC}$
△ABC에서 $\overline{BC}\,/\!/\,\overline{DE}$이므로
$\overline{AD}:\overline{DB}=\overline{AE}:\overline{EC}$
즉, $\overline{AF}:\overline{FD}=\overline{AD}:\overline{DB}$이므로
$\overline{AF}:(15-\overline{AF})=15:10$
$10\overline{AF}=15(15-\overline{AF})$
$25\overline{AF}=225$ $\quad\therefore \overline{AF}=9$(cm) 답 9 cm

중 23 △BCD에서 $\overline{CD}\,/\!/\,\overline{EF}$이므로
$\overline{BE}:\overline{EC}=\overline{BF}:\overline{FD}$
△ABC에서 $\overline{AC}\,/\!/\,\overline{DE}$이므로
$\overline{BE}:\overline{EC}=\overline{BD}:\overline{DA}$
즉, $\overline{BF}:\overline{FD}=\overline{BD}:\overline{DA}$이므로
$4:3=(4+3):\overline{DA}$, $4\overline{DA}=21$
$\therefore \overline{AD}=\frac{21}{4}$(cm) 답 ②

중 24 $\overline{AF}:\overline{FD}=3:1$이므로
$9:\overline{FD}=3:1$, $3\overline{FD}=9$
$\therefore \overline{FD}=3$(cm)
△ADC에서 $\overline{CD}\,/\!/\,\overline{EF}$이므로
$\overline{AE}:\overline{EC}=\overline{AF}:\overline{FD}$
△ABC에서 $\overline{BC}\,/\!/\,\overline{DE}$이므로
$\overline{AE}:\overline{EC}=\overline{AD}:\overline{DB}$
즉, $\overline{AF}:\overline{FD}=\overline{AD}:\overline{DB}$이므로
$3:1=(9+3):\overline{DB}$, $3\overline{DB}=12$
$\therefore \overline{DB}=4$(cm) 답 ③

중 25 ① $\overline{AB}:\overline{DB}=10:5=2:1$,
$\overline{AC}:\overline{EC}=8:4=2:1$
즉, $\overline{AB}:\overline{DB}=\overline{AC}:\overline{EC}$이므로
$\overline{BC}\,/\!/\,\overline{DE}$
② $\overline{AD}:\overline{AB}=4:10=2:5$,
$\overline{AE}:\overline{AC}=6:15=2:5$
즉, $\overline{AD}:\overline{AB}=\overline{AE}:\overline{AC}$이므로
$\overline{BC}\,/\!/\,\overline{DE}$
③ $\overline{AD}:\overline{DB}=4:2=2:1$,
$\overline{AE}:\overline{EC}=6:3=2:1$
즉, $\overline{AD}:\overline{DB}=\overline{AE}:\overline{EC}$이므로
$\overline{BC}\,/\!/\,\overline{DE}$
④ $\overline{AB}:\overline{AD}=8:5$,
$\overline{AC}:\overline{AE}=10:4=5:2$
즉, $\overline{AB}:\overline{AD}\neq\overline{AC}:\overline{AE}$이므로 $\overline{BC}\,/\!/\,\overline{DE}$가 아니다.
⑤ $\overline{AD}:\overline{DB}=2:6=1:3$,
$\overline{AE}:\overline{EC}=3:9=1:3$
즉, $\overline{AD}:\overline{DB}=\overline{AE}:\overline{EC}$이므로
$\overline{BC}\,/\!/\,\overline{DE}$
따라서 $\overline{BC}\,/\!/\,\overline{DE}$가 아닌 것은 ④이다. 답 ④

중 26 ① $\overline{AD}:\overline{DB}=\overline{AE}:\overline{EC}$이므로
$\overline{BC}\,/\!/\,\overline{DE}$
② △ABC와 △ADE에서
∠A는 공통, ∠B=∠ADE (동위각)
∴ △ABC∽△ADE (AA 닮음)
③, ④ $\overline{BC}\,/\!/\,\overline{DE}$이므로
$\overline{AB}:\overline{AD}=\overline{BC}:\overline{DE}=\overline{AC}:\overline{AE}$
$=(3+5):3=8:3$
⑤ $\overline{BC}:\overline{DE}=8:3$이므로 $10:\overline{DE}=8:3$
$8\overline{DE}=30$ $\quad\therefore \overline{DE}=\frac{15}{4}$(cm)
따라서 옳지 않은 것은 ⑤이다. 답 ⑤

중 27 $\overline{AD}:\overline{DB}=8:8=1:1$,
$\overline{AF}:\overline{FC}=12:12=1:1$
즉, $\overline{AD}:\overline{DB}=\overline{AF}:\overline{FC}$ …… ㉮
따라서 $\overline{BC}\,/\!/\,\overline{DF}$이므로 $\triangle ABC$의 어느 한 변과 평행한 선분은 $\overline{DF}$이다. …… ㉯

답 $\overline{DF}$

채점 기준

㉮ $\overline{AD}:\overline{DB}=\overline{AF}:\overline{FC}$임을 알기	60 %
㉯ $\triangle ABC$의 어느 한 변과 평행한 선분 말하기	40 %

Lecture 15 삼각형의 각의 이등분선

Level A 개념 익히기 98쪽

01 $\overline{AB}:\overline{AC}=\overline{BD}:\overline{CD}$이므로
$12:9=x:3$, $9x=36$
$\therefore x=4$

답 4

02 $\overline{AB}:\overline{AC}=\overline{BD}:\overline{CD}$이므로
$13:x=5:5$, $5x=65$
$\therefore x=13$

답 13

03 $\overline{AB}:\overline{AC}=\overline{BD}:\overline{CD}$이므로
$x:8=7:(11-7)$, $4x=56$
$\therefore x=14$

답 14

04 $\overline{AB}:\overline{AC}=\overline{BD}:\overline{CD}$이므로
$6:9=(x-6):6$
$9(x-6)=36$, $9x=90$
$\therefore x=10$

답 10

05 $\triangle ABD:\triangle ACD=\overline{BD}:\overline{CD}=\overline{AB}:\overline{AC}$이므로
$\triangle ABD:14=12:8$
$8\triangle ABD=168$
$\therefore \triangle ABD=21$

답 21

06 $\overline{AB}:\overline{AC}=\overline{BD}:\overline{CD}$이므로
$6:4=12:x$, $6x=48$
$\therefore x=8$

답 8

07 $\overline{AB}:\overline{AC}=\overline{BD}:\overline{CD}$이므로
$10:x=15:(15-6)$, $15x=90$
$\therefore x=6$

답 6

Level B 유형 공략하기 99~101쪽

중 08 $\overline{AD}$가 $\angle A$의 이등분선이므로
$\overline{AB}:\overline{AC}=\overline{BD}:\overline{CD}$에서
$9:15=\overline{BD}:(12-\overline{BD})$, $15\overline{BD}=9(12-\overline{BD})$
$24\overline{BD}=108$ $\quad\therefore \overline{BD}=\frac{9}{2}$(cm)

답 ②

중 09 ①, ② $\overline{AD}\,/\!/\,\overline{EC}$이므로
$\angle AEC=\angle BAD$ (동위각), $\angle DAC=\angle ACE$ (엇각)
③ $\angle ACE=\angle AEC$이므로 $\overline{AC}=\overline{AE}=14$ cm
④ $\overline{AD}$는 $\angle A$의 이등분선이므로
$\overline{BD}:\overline{DC}=\overline{AB}:\overline{AC}=21:14=3:2$
⑤ $\overline{AD}\,/\!/\,\overline{EC}$이므로 $\overline{AD}:\overline{EC}=\overline{BA}:\overline{BE}$
따라서 옳지 않은 것은 ⑤이다.

답 ⑤

중 10 $\overline{AD}$는 $\angle A$의 이등분선이므로
$\overline{AB}:\overline{AC}=\overline{BD}:\overline{CD}$에서
$12:\overline{AC}=8:6$, $8\overline{AC}=72$
$\therefore \overline{AC}=9$(cm)
$\triangle ABC$에서 $\overline{AB}\,/\!/\,\overline{ED}$이므로
$\overline{CE}:\overline{CA}=\overline{CD}:\overline{CB}$에서
$\overline{CE}:9=6:(6+8)$, $14\overline{CE}=54$
$\therefore \overline{CE}=\frac{27}{7}$(cm)

답 ④

중 11 $\triangle ABC$에서 $\overline{BE}$는 $\angle B$의 이등분선이므로
$\overline{BA}:\overline{BC}=\overline{AE}:\overline{CE}$
$12:16=\overline{AE}:(21-\overline{AE})$, $16\overline{AE}=12(21-\overline{AE})$
$28\overline{AE}=252$ $\quad\therefore \overline{AE}=9$(cm)
$\triangle ACD$에서 $\overline{DF}$는 $\angle D$의 이등분선이므로
$\overline{DA}:\overline{DC}=\overline{AF}:\overline{CF}$
$16:12=(21-\overline{CF}):\overline{CF}$, $16\overline{CF}=12(21-\overline{CF})$
$28\overline{CF}=252$ $\quad\therefore \overline{CF}=9$(cm)
$\therefore \overline{EF}=\overline{AC}-\overline{AE}-\overline{CF}$
$=21-9-9=3$(cm)

답 3 cm

참고 $\triangle ABE\equiv\triangle CDF$ (ASA 합동)이므로 $\overline{AE}=\overline{CF}$
즉, $\overline{AE}$의 길이만 구해도 $\overline{CF}$의 길이를 알 수 있다.

중 12 $\overline{BE}$가 $\angle B$의 이등분선이므로
$\overline{BA}:\overline{BC}=\overline{AE}:\overline{CE}$에서
$\overline{BA}:10=3:5$, $5\overline{BA}=30$
$\therefore \overline{AB}=6$(cm) …… ㉮
$\overline{CD}$가 $\angle C$의 이등분선이므로
$\overline{CA}:\overline{CB}=\overline{AD}:\overline{BD}$에서
$(5+3):10=\overline{AD}:(6-\overline{AD})$
$10\overline{AD}=8(6-\overline{AD})$, $18\overline{AD}=48$
$\therefore \overline{AD}=\frac{8}{3}$(cm) …… ㉯

답 $\frac{8}{3}$ cm

채점 기준

㉮ $\overline{AB}$의 길이 구하기	50%
㉯ $\overline{AD}$의 길이 구하기	50%

개념 보충 학습

삼각형의 내심의 성질

① 삼각형의 세 내각의 이등분선은 한 점(내심)에서 만난다.

② 삼각형의 내심에서 세 변에 이르는 거리는 같다.

중 **13** $\overline{AE}$는 $\angle A$의 이등분선이므로
$\overline{AB} : \overline{AC} = \overline{BE} : \overline{CE}$에서
$(6+2) : 6 = 4 : \overline{CE}$, $8\overline{CE} = 24$
$\therefore \overline{CE} = 3(\text{cm})$
$\triangle ADE$와 $\triangle ACE$에서
$\overline{AE}$는 공통, $\overline{AD} = \overline{AC}$, $\angle DAE = \angle CAE$이므로
$\triangle ADE \equiv \triangle ACE$ (SAS 합동)
$\therefore \overline{DE} = \overline{CE} = 3$ cm
답 3 cm

상 **14** $\overline{AD}$는 $\angle A$의 이등분선이므로
$\overline{BD} : \overline{CD} = \overline{AB} : \overline{AC} = 12 : 16 = 3 : 4$
$\triangle BDE$와 $\triangle CDF$에서
$\angle BED = \angle CFD = 90°$,
$\angle BDE = \angle CDF$ (맞꼭지각)
이므로 $\triangle BDE \backsim \triangle CDF$ (AA 닮음)
따라서 $\overline{BD} : \overline{CD} = \overline{DE} : \overline{DF}$이므로
$3 : 4 = \overline{DE} : 2$, $4\overline{DE} = 6$
$\therefore \overline{DE} = \frac{3}{2}(\text{cm})$
답 $\frac{3}{2}$ cm

중 **15** $\overline{BD} : \overline{CD} = \overline{AB} : \overline{AC} = 9 : 12 = 3 : 4$이므로
$\triangle ABD : \triangle ABC = \overline{BD} : \overline{BC} = 3 : 7$
$\triangle ABD : 42 = 3 : 7$, $7\triangle ABD = 126$
$\therefore \triangle ABD = 18(\text{cm}^2)$
답 ②

하 **16** $\triangle ABD : \triangle ACD = \overline{BD} : \overline{CD} = \overline{AB} : \overline{AC} = 2 : 3$이므로
$24 : \triangle ACD = 2 : 3$, $2\triangle ACD = 72$
$\therefore \triangle ACD = 36(\text{cm}^2)$
답 ⑤

공략 비법

높이가 같은 두 삼각형의 넓이의 비는 두 삼각형의 밑변의 길이의 비와 같다.
➡ $\overline{BD} : \overline{CD} = m : n$이면
$\triangle ABD : \triangle ACD = m : n$

중 **17** $\triangle ABC$는 $\angle BAC = 45° + 45° = 90°$인 직각삼각형이므로
$\triangle ABC = \frac{1}{2} \times 15 \times 10 = 75(\text{cm}^2)$ …… ㉮
이때 $\overline{AD}$는 $\angle A$의 이등분선이므로
$\overline{BD} : \overline{CD} = \overline{AB} : \overline{AC} = 15 : 10 = 3 : 2$ …… ㉯
따라서 $\triangle ABD : \triangle ACD = \overline{BD} : \overline{CD} = 3 : 2$이므로
$\triangle ABD = \frac{3}{5}\triangle ABC$
$= \frac{3}{5} \times 75 = 45(\text{cm}^2)$ …… ㉰
답 45 cm²

채점 기준

㉮ $\triangle ABC$의 넓이 구하기	30%
㉯ $\overline{BD} : \overline{CD}$ 구하기	30%
㉰ $\triangle ABD$의 넓이 구하기	40%

중 **18** $\overline{AB} : \overline{AC} = \overline{BD} : \overline{CD}$이므로
$12 : 10 = (4 + \overline{CD}) : \overline{CD}$
$12\overline{CD} = 10(4 + \overline{CD})$, $2\overline{CD} = 40$
$\therefore \overline{CD} = 20(\text{cm})$
답 ③

중 **19** $\triangle ABD$와 $\triangle ECD$에서
$\angle D$는 공통,
$\angle ABD = \boxed{\angle ECD}$ (동위각)
이므로
$\triangle ABD \backsim \triangle ECD$ ($\boxed{AA}$ 닮음)
$\therefore \overline{AB} : \overline{EC} = \overline{BD} : \boxed{\overline{CD}}$ …… ㉠
또, $\angle FAE = \boxed{\angle AEC}$ (엇각)이므로 $\triangle ACE$는 이등변삼각형이다.
$\therefore \overline{AC} = \boxed{\overline{EC}}$ …… ㉡
㉠, ㉡에서
$\overline{AB} : \overline{AC} = \overline{BD} : \overline{CD}$
답 ④

중 **20** $\overline{AB} : \overline{AC} = \overline{BD} : \overline{CD}$이므로
$8 : \overline{AC} = (3+9) : 9$, $12\overline{AC} = 72$
$\therefore \overline{AC} = 6(\text{cm})$
답 6 cm

중 **21** $\overline{AB} : \overline{AC} = \overline{BD} : \overline{CD}$이므로
$9 : 6 = (\overline{BC} + \overline{CD}) : \overline{CD}$
$9\overline{CD} = 6(\overline{BC} + \overline{CD})$, $3\overline{CD} = 6\overline{BC}$
$\therefore \frac{\overline{CD}}{\overline{BC}} = 2$
답 2

중 **22** $\overline{AB} : \overline{AC} = \overline{BD} : \overline{CD}$이므로
$8 : 6 = (\overline{BC} + 15) : 15$
$6(\overline{BC} + 15) = 120$, $6\overline{BC} = 30$
$\therefore \overline{BC} = 5(\text{cm})$ …… ㉮
$\triangle ABC : \triangle ACD = \overline{BC} : \overline{CD} = 5 : 15 = 1 : 3$이므로
$\triangle ABC : 39 = 1 : 3$
$3\triangle ABC = 39$
$\therefore \triangle ABC = 13(\text{cm}^2)$ …… ㉯
답 13 cm²

채점 기준

㉮ $\overline{BC}$의 길이 구하기	50%
㉯ $\triangle ABC$의 넓이 구하기	50%

중 **23** $\overline{AC}:\overline{AB}=\overline{CD}:\overline{BD}$이므로
$\overline{AC}:8=(12+3):12,\ 12\overline{AC}=120$
$\therefore\ \overline{AC}=10(\text{cm})$
$\triangle ADC$에서 $\overline{AD}/\!/\overline{EB}$이므로
$\overline{AC}:\overline{EC}=\overline{DC}:\overline{BC}$
$10:\overline{EC}=(12+3):3,\ 15\overline{EC}=30$
$\therefore\ \overline{EC}=2(\text{cm})$ 답 ⑤

중 **24** $\overline{AD}$는 $\angle A$의 이등분선이므로
$\overline{AB}:\overline{AC}=\overline{BD}:\overline{CD}$에서
$18:12=(10-\overline{CD}):\overline{CD}$
$18\overline{CD}=12(10-\overline{CD}),\ 30\overline{CD}=120$
$\therefore\ \overline{CD}=4(\text{cm})$
또, $\overline{AE}$는 $\angle A$의 외각의 이등분선이므로
$\overline{AB}:\overline{AC}=\overline{BE}:\overline{CE}$에서
$18:12=(10+\overline{CE}):\overline{CE}$
$18\overline{CE}=12(10+\overline{CE}),\ 6\overline{CE}=120$
$\therefore\ \overline{CE}=20(\text{cm})$
$\therefore\ \overline{DE}=\overline{CD}+\overline{CE}$
$=4+20=24(\text{cm})$ 답 ④

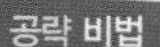

① 삼각형의 내각의 이등분선

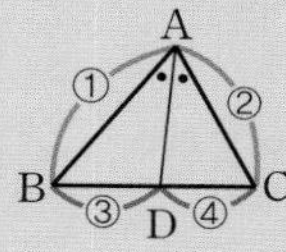

➡ ①:②=③:④

② 삼각형의 외각의 이등분선

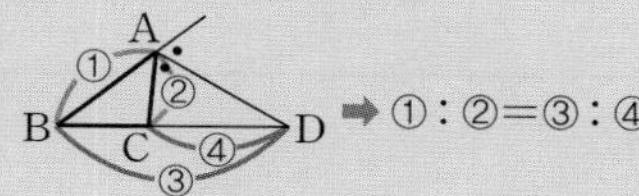

중 **25** $\overline{AD}$는 $\angle A$의 이등분선이므로
$\overline{AB}:\overline{AC}=\overline{BD}:\overline{CD}$에서
$8:6=4:\overline{CD},\ 8\overline{CD}=24$
$\therefore\ \overline{CD}=3(\text{cm})$
또, $\overline{AE}$는 $\angle A$의 외각의 이등분선이므로
$\overline{AB}:\overline{AC}=\overline{BE}:\overline{CE}$에서
$8:6=(7+\overline{CE}):\overline{CE}$
$8\overline{CE}=6(7+\overline{CE}),\ 2\overline{CE}=42$
$\therefore\ \overline{CE}=21(\text{cm})$ 답 ③

상 **26** $\overline{AD}$는 $\angle A$의 이등분선이므로
$\overline{AB}:\overline{AC}=\overline{BD}:\overline{CD}$
또, $\overline{AE}$는 $\angle A$의 외각의 이등분선이므로
$\overline{AB}:\overline{AC}=\overline{BE}:\overline{CE}$
즉, $\overline{BE}:\overline{CE}=\overline{BD}:\overline{CD}$이므로
$(5+\overline{CE}):\overline{CE}=3:2$
$3\overline{CE}=2(5+\overline{CE})$
$\therefore\ \overline{CE}=10(\text{cm})$ 답 10 cm

Lecture 16 삼각형의 두 변의 중점을 연결한 선분의 성질

Level A 개념 익히기 102쪽

01 답 (가) $\overline{AN}$ (나) $\overline{AM}$ (다) 2

02 $\overline{AM}=\overline{MB},\ \overline{AN}=\overline{NC}$이므로
$\overline{BC}/\!/\overline{MN}$
$\therefore\ \angle AMN=\angle B=105°$ (동위각) 답 105°

03 $\overline{MN}=\frac{1}{2}\overline{BC}=\frac{1}{2}\times12=6$ 답 6

04 $\overline{AM}=\overline{MB},\ \overline{AN}=\overline{NC}$이므로
$\overline{MN}=\frac{1}{2}\overline{BC}=\frac{1}{2}\times14=7$
$\therefore\ x=7$ 답 7

05 $\overline{AM}=\overline{MB},\ \overline{AN}=\overline{NC}$이므로
$\overline{BC}=2\overline{MN}=2\times5=10$
$\therefore\ x=10$ 답 10

06 $\overline{AM}=\overline{MB},\ \overline{BC}/\!/\overline{MN}$이므로
$\overline{AC}=2\overline{NC}=2\times3=6$
$\therefore\ x=6$ 답 6

07 $\overline{AM}=\overline{MB},\ \overline{BC}/\!/\overline{MN}$이므로
$\overline{MN}=\frac{1}{2}\overline{BC}=\frac{1}{2}\times16=8$
$\therefore\ x=8$ 답 8

Level B 유형 공략하기 103~107쪽

하 **08** $\overline{BM}=\overline{MA},\ \overline{BN}=\overline{NC}$이므로 $\overline{AC}/\!/\overline{MN}$
$\angle BMN=\angle A$ (동위각)
$=180°-(45°+65°)=70°$
$\therefore\ x=70$
$\overline{AC}=2\overline{MN}=2\times8=16(\text{cm})$
$\therefore\ y=16$
$\therefore\ x+y=70+16=86$ 답 86

중 **09** ① $\overline{AB}:\overline{AM}=\overline{AC}:\overline{AN}=2:1$
② $\triangle ABC$와 $\triangle AMN$에서
$\overline{AB}:\overline{AM}=\overline{AC}:\overline{AN}$, $\angle A$는 공통
$\therefore\ \triangle ABC\backsim\triangle AMN$ (SAS 닮음)
③ $\angle B=\angle AMN$이므로 $\overline{BC}/\!/\overline{MN}$
④ $\overline{AM}=\overline{MB},\ \overline{AN}=\overline{NC}$이므로
$\overline{MN}=\frac{1}{2}\overline{BC}=\frac{1}{2}\times16=8(\text{cm})$

4 도형의 닮음 (2)

⑤ △AMN과 △ABC의 닮음비가 1 : 2이므로

△AMN : △ABC$=1^2 : 2^2=1 : 4$에서

△AMN : $80=1 : 4$, 4△AMN$=80$

∴ △AMN$=20(\text{cm}^2)$

따라서 옳지 않은 것은 ⑤이다. 답 ⑤

중 10 △ABC에서 $\overline{AM}=\overline{MB}$, $\overline{AN}=\overline{NC}$이므로

$\overline{BC}=2\overline{MN}=2\times4=8(\text{cm})$ …… ㉮

따라서 △DBC에서 $\overline{DP}=\overline{PB}$, $\overline{DQ}=\overline{QC}$이므로

$\overline{PQ}=\frac{1}{2}\overline{BC}=\frac{1}{2}\times8=4(\text{cm})$ …… ㉯

답 4 cm

채점 기준

㉮ $\overline{BC}$의 길이 구하기	50 %
㉯ $\overline{PQ}$의 길이 구하기	50 %

중 11 △DAB에서 $\overline{DP}=\overline{PA}$, $\overline{DQ}=\overline{QB}$이므로

$\overline{PQ}=\frac{1}{2}\overline{AB}=\frac{1}{2}\times14=7(\text{cm})$ ∴ $x=7$

△BCD에서 $\overline{BR}=\overline{RC}$, $\overline{BQ}=\overline{QD}$이므로

$\overline{QR}=\frac{1}{2}\overline{DC}=\frac{1}{2}\times14=7(\text{cm})$ ∴ $y=7$

∴ $x+y=7+7=14$ 답 ③

참고 □ABCD는 $\overline{AD}/\!/\overline{BC}$인 등변사다리꼴이므로

$\overline{DC}=\overline{AB}=14$ cm

중 12 △CAB에서 $\overline{CP}=\overline{PA}$, $\overline{CQ}=\overline{QB}$이므로

$\overline{PQ}=\frac{1}{2}\overline{AB}=\frac{1}{2}\times30=15(\text{cm})$

△BCD에서 $\overline{BQ}=\overline{QC}$, $\overline{BR}=\overline{RD}$이므로

$\overline{QR}=\frac{1}{2}\overline{CD}=\frac{1}{2}\times30=15(\text{cm})$

△DAB에서 $\overline{DS}=\overline{SA}$, $\overline{DR}=\overline{RB}$이므로

$\overline{RS}=\frac{1}{2}\overline{AB}=\frac{1}{2}\times30=15(\text{cm})$

△ACD에서 $\overline{AP}=\overline{PC}$, $\overline{AS}=\overline{SD}$이므로

$\overline{SP}=\frac{1}{2}\overline{CD}=\frac{1}{2}\times30=15(\text{cm})$

따라서 □PQRS의 둘레의 길이는

$\overline{PQ}+\overline{QR}+\overline{RS}+\overline{SP}=4\times15=60(\text{cm})$ 답 60 cm

하 13 $\overline{AM}=\overline{MB}$, $\overline{BC}/\!/\overline{MN}$이므로

$\overline{NC}=\overline{AN}=\frac{1}{2}\overline{AC}=\frac{1}{2}\times10=5(\text{cm})$ ∴ $y=5$

$\overline{MN}=\frac{1}{2}\overline{BC}=\frac{1}{2}\times12=6(\text{cm})$ ∴ $x=6$

∴ $xy=6\times5=30$ 답 ②

중 14 $\overline{AD}=\overline{DB}$, $\overline{BC}/\!/\overline{DE}$이므로

$\overline{BC}=2\overline{DE}=2\times16=32(\text{cm})$

이때 $\overline{BF}=\overline{DE}=16$ cm이므로

$\overline{FC}=\overline{BC}-\overline{BF}=32-16=16(\text{cm})$ 답 ③

다른 풀이 $\overline{AD}=\overline{DB}$, $\overline{BC}/\!/\overline{DE}$이므로

$\overline{BC}=2\overline{DE}=2\times16=32(\text{cm})$

$\overline{AE}=\overline{EC}$, $\overline{AB}/\!/\overline{EF}$이므로

$\overline{FC}=\overline{BF}=\frac{1}{2}\overline{BC}=\frac{1}{2}\times32=16(\text{cm})$

중 15 △CAB에서 $\overline{CM}=\overline{MA}$, $\overline{CN}=\overline{NB}$이므로

$\overline{MN}=\frac{1}{2}\overline{AB}=\frac{1}{2}\times15=\frac{15}{2}(\text{cm})$ …… ㉮

△BCD에서 $\overline{BN}=\overline{NC}$, $\overline{DC}/\!/\overline{PN}$이므로

$\overline{PN}=\frac{1}{2}\overline{DC}=\frac{1}{2}\times11=\frac{11}{2}(\text{cm})$ …… ㉯

∴ $\overline{MP}=\overline{MN}-\overline{PN}=\frac{15}{2}-\frac{11}{2}=2(\text{cm})$ …… ㉰

답 2 cm

채점 기준

㉮ $\overline{MN}$의 길이 구하기	40 %
㉯ $\overline{PN}$의 길이 구하기	40 %
㉰ $\overline{MP}$의 길이 구하기	20 %

참고 △CAB에서 $\overline{CM}=\overline{MA}$, $\overline{CN}=\overline{NB}$이므로 $\overline{AB}/\!/\overline{MN}$

또, $\overline{AB}/\!/\overline{DC}$이므로 $\overline{AB}/\!/\overline{MN}/\!/\overline{DC}$

따라서 △BCD에서 $\overline{DC}/\!/\overline{PN}$

중 16 △CMB에서 $\overline{CD}=\overline{DM}$, $\overline{BM}/\!/\overline{ED}$이므로

$\overline{MB}=2\overline{DE}=2\times4=8(\text{cm})$

이때 점 M은 직각삼각형 ABC의 외심이므로

$\overline{MA}=\overline{MC}=\overline{MB}=8$ cm

∴ $\overline{AC}=\overline{MA}+\overline{MC}=8+8=16(\text{cm})$ 답 ⑤

개념 보충 학습

삼각형의 외심의 위치

① 예각삼각형: 삼각형의 내부

② 직각삼각형: 빗변의 중점

③ 둔각삼각형: 삼각형의 외부

상 17 오른쪽 그림과 같이 $\overline{MN}$의 연장선과 $\overline{AB}$의 교점을 E라 하면

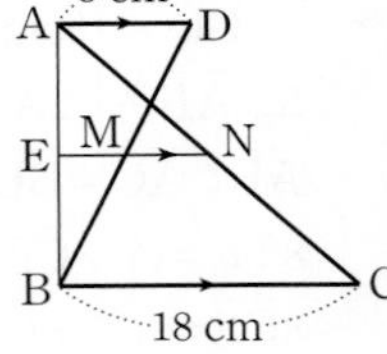

△BDA에서

$\overline{BM}=\overline{MD}$, $\overline{AD}/\!/\overline{EM}$이므로

$\overline{EM}=\frac{1}{2}\overline{AD}=\frac{1}{2}\times8=4(\text{cm})$

△ABC에서 $\overline{AN}=\overline{NC}$, $\overline{BC}/\!/\overline{EN}$이므로

$\overline{EN}=\frac{1}{2}\overline{BC}=\frac{1}{2}\times18=9(\text{cm})$

∴ $\overline{MN}=\overline{EN}-\overline{EM}=9-4=5(\text{cm})$ 답 5 cm

중 18 △BCE에서 $\overline{BD}=\overline{DC}$, $\overline{BF}=\overline{FE}$이므로

$\overline{EC}/\!/\overline{FD}$이고

$\overline{EC}=2\overline{FD}$ …… ㉠

△AFD에서 $\overline{AE}=\overline{EF}$, $\overline{FD}/\!/\overline{EG}$이므로

$\overline{FD}=2\overline{EG}$ …… ㉡

㉠, ㉡에서 $\overline{EC}=2\overline{FD}=2\times2\overline{EG}=4\overline{EG}$이므로
$\overline{EG}+6=4\overline{EG}$, $3\overline{EG}=6$
$\therefore$ $\overline{EG}=2(\text{cm})$

답 2 cm

중 19 △BCE에서 $\overline{BF}=\overline{FE}$, $\overline{BD}=\overline{DC}$이므로
$\overline{EC}\,/\!/\,\overline{FD}$이고
$\overline{EC}=2\overline{FD}$
△AFD에서 $\overline{AE}=\overline{EF}$, $\overline{EG}\,/\!/\,\overline{FD}$이므로
$\overline{FD}=2\overline{EG}=2\times3=6(\text{cm})$
$\therefore$ $\overline{GC}=\overline{EC}-\overline{EG}=2\overline{FD}-\overline{EG}$
$=2\times6-3=9(\text{cm})$

답 ③

중 20 △ADG에서 $\overline{AE}=\overline{ED}$, $\overline{DG}\,/\!/\,\overline{EF}$이므로
$\overline{EF}=\frac{1}{2}\overline{DG}=\frac{1}{2}\times10=5(\text{cm})$
△CFB에서 $\overline{CD}=\overline{DB}$, $\overline{BF}\,/\!/\,\overline{DG}$이므로
$\overline{BF}=2\overline{DG}=2\times10=20(\text{cm})$
$\therefore$ $\overline{BE}=\overline{BF}-\overline{EF}=20-5=15(\text{cm})$

답 15 cm

공략 비법

△ABC에서 $\overline{BD}=\overline{DC}$, $\overline{AG}=\overline{GD}$,
$\overline{BF}\,/\!/\,\overline{DE}$이고 $\overline{GF}=a$일 때
① $\overline{AF}=\overline{FE}=\overline{EC}$
② △ADE에서 $\overline{DE}=2a$
③ △CFB에서 $\overline{BF}=4a$
④ $\overline{BG}=4a-a=3a$

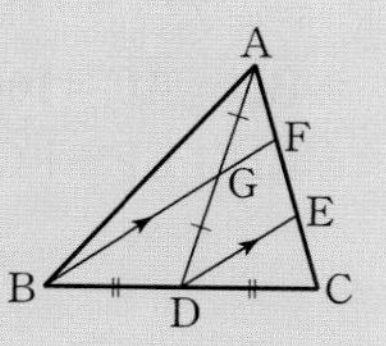

중 21 △AEC에서 $\overline{AD}=\overline{DE}$, $\overline{AF}=\overline{FC}$이므로
$\overline{EC}\,/\!/\,\overline{DF}$이고
$\overline{DF}=\frac{1}{2}\overline{EC}=\frac{1}{2}\times8=4(\text{cm})$
△BGD에서 $\overline{BE}=\overline{ED}$, $\overline{DG}\,/\!/\,\overline{EC}$이므로
$\overline{DG}=2\overline{EC}=2\times8=16(\text{cm})$
$\therefore$ $\overline{FG}=\overline{DG}-\overline{DF}=16-4=12(\text{cm})$

답 12 cm

상 22 오른쪽 그림과 같이 $\overline{BE}$의 중점을 G라 하고 $\overline{DG}$를 그으면

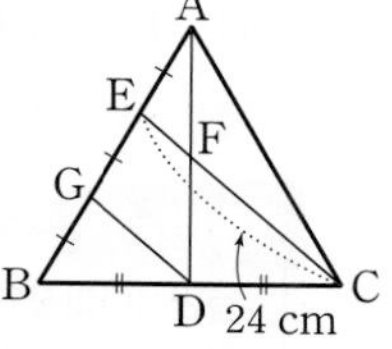

△BCE에서
$\overline{BG}=\overline{GE}$, $\overline{BD}=\overline{DC}$이므로
$\overline{EC}\,/\!/\,\overline{GD}$이고
$\overline{GD}=\frac{1}{2}\overline{EC}=\frac{1}{2}\times24=12(\text{cm})$ …… ㉮
△AGD에서 $\overline{AE}=\overline{EG}$, $\overline{GD}\,/\!/\,\overline{EF}$이므로
$\overline{EF}=\frac{1}{2}\overline{GD}=\frac{1}{2}\times12=6(\text{cm})$ …… ㉯
$\therefore$ $\overline{CF}=\overline{CE}-\overline{EF}=24-6=18(\text{cm})$ …… ㉰

답 18 cm

채점 기준

채점 기준	비율
㉮ $\overline{GD}$의 길이 구하기	40 %
㉯ $\overline{EF}$의 길이 구하기	40 %
㉰ $\overline{CF}$의 길이 구하기	20 %

중 23 오른쪽 그림과 같이 점 A에서 $\overline{BC}$에 평행한 직선을 그어 $\overline{DF}$와의 교점을 G라 하면
△AEG와 △CEF에서
$\overline{AE}=\overline{CE}$,
∠GAE=∠FCE (엇각),
∠AEG=∠CEF (맞꼭지각)이므로
△AEG≡△CEF (ASA 합동) $\therefore$ $\overline{CF}=\overline{AG}$
△DBF에서 $\overline{DA}=\overline{AB}$, $\overline{BF}\,/\!/\,\overline{AG}$이므로
$\overline{BF}=2\overline{AG}=2\overline{CF}$
$\overline{BC}=\overline{BF}+\overline{CF}=2\overline{CF}+\overline{CF}=3\overline{CF}=12$
$\therefore$ $\overline{CF}=4(\text{cm})$

답 4 cm

중 24 오른쪽 그림과 같이 점 A에서 $\overline{BC}$에 평행한 직선을 그어 $\overline{DF}$와의 교점을 G라 하면
△AEG와 △CEF에서
$\overline{AE}=\overline{CE}$,
∠GAE=∠FCE (엇각),
∠AEG=∠CEF (맞꼭지각)이므로
△AEG≡△CEF (ASA 합동)
$\therefore$ $\overline{AG}=\overline{CF}=5$ cm
따라서 △DBF에서 $\overline{DA}=\overline{AB}$, $\overline{BF}\,/\!/\,\overline{AG}$이므로
$\overline{BF}=2\overline{AG}=2\times5=10(\text{cm})$

답 10 cm

중 25 오른쪽 그림과 같이 점 C에서 $\overline{AB}$에 평행한 직선을 그어 $\overline{DF}$와의 교점을 G라 하면
△AFE와 △CGE에서
$\overline{AE}=\overline{CE}$,
∠A=∠ECG (엇각),
∠AEF=∠CEG (맞꼭지각)이므로
△AFE≡△CGE (ASA 합동) …… ㉮
$\therefore$ $\overline{AF}=\overline{CG}$
△DFB에서 $\overline{DC}=\overline{CB}$, $\overline{BF}\,/\!/\,\overline{CG}$이므로
$\overline{CG}=\frac{1}{2}\overline{BF}=\frac{1}{2}\times10=5(\text{cm})$ …… ㉯
$\therefore$ $\overline{AB}=\overline{AF}+\overline{BF}=\overline{CG}+\overline{BF}$
$=5+10=15(\text{cm})$ …… ㉰

답 15 cm

채점 기준

채점 기준	비율
㉮ △AFE≡△CGE임을 보이기	40 %
㉯ $\overline{CG}$의 길이 구하기	40 %
㉰ $\overline{AB}$의 길이 구하기	20 %

중 26 오른쪽 그림과 같이 점 D에서 $\overline{BC}$에 평행한 직선을 그어 $\overline{AF}$와의 교점을 G라 하면

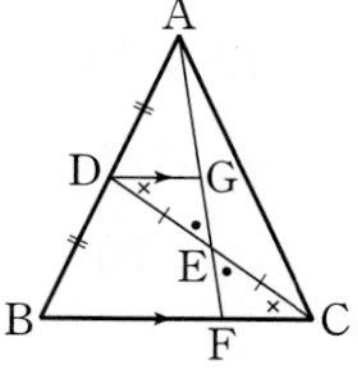

△DEG와 △CEF에서
$\overline{DE}=\overline{CE}$,

$\angle GDE = \angle FCE$ (엇각),
$\angle DEG = \angle CEF$ (맞꼭지각)이므로
$\triangle DEG \equiv \triangle CEF$ (ASA 합동)
$\therefore \overline{DG} = \overline{CF}$
$\triangle ABF$에서 $\overline{AD} = \overline{DB}$, $\overline{BF} /\!/ \overline{DG}$이므로
$\overline{BF} = 2\overline{DG}$
$\therefore \overline{BF} : \overline{CF} = 2\overline{DG} : \overline{DG} = 2 : 1$

답 ①

중 27 오른쪽 그림과 같이 점 D에서 $\overline{BC}$에 평행한 직선을 그어 $\overline{AF}$와의 교점을 G라 하면
$\triangle DEG$와 $\triangle CEF$에서
$\overline{DE} = \overline{CE}$,
$\angle GDE = \angle FCE$ (엇각),
$\angle DEG = \angle CEF$ (맞꼭지각)이므로
$\triangle DEG \equiv \triangle CEF$ (ASA 합동)
$\therefore \overline{EG} = \overline{EF} = 6$ cm
$\triangle ABF$에서 $\overline{AD} = \overline{DB}$, $\overline{BF} /\!/ \overline{DG}$이므로
$\overline{AF} = 2\overline{GF} = 2 \times (6+6) = 24$ (cm)

답 24 cm

중 28 $\overline{DE} = \frac{1}{2}\overline{AC} = \frac{1}{2} \times 6 = 3$ (cm)

$\overline{FE} = \frac{1}{2}\overline{AB} = \frac{1}{2} \times 8 = 4$ (cm)

$\overline{DF} = \frac{1}{2}\overline{BC} = \frac{1}{2} \times 10 = 5$ (cm)

$\therefore$ ($\triangle DEF$의 둘레의 길이) $= \overline{DE} + \overline{FE} + \overline{DF}$
$= 3 + 4 + 5 = 12$ (cm)

답 12 cm

다른 풀이 ($\triangle DEF$의 둘레의 길이)
$= \frac{1}{2} \times$ ($\triangle ABC$의 둘레의 길이)
$= \frac{1}{2} \times (8+10+6) = 12$ (cm)

중 29 ①, ② $\overline{AD} = \overline{DB}$, $\overline{AF} = \overline{FC}$이므로
$\overline{BC} /\!/ \overline{DF}$이고 $\overline{DF} = \frac{1}{2}\overline{BC} = \overline{BE}$
④ $\overline{BC} /\!/ \overline{DF}$이므로 $\angle ADF = \angle B$ (동위각)
⑤ $\triangle ADF$와 $\triangle DBE$에서
$\overline{AD} = \overline{DB}$, $\overline{DF} = \overline{BE}$, $\angle ADF = \angle B$
$\therefore \triangle ADF \equiv \triangle DBE$ (SAS 합동)
따라서 옳지 않은 것은 ③이다.

답 ③

중 30 $\overline{DE} = \frac{1}{2}\overline{AC} = \overline{AF} = \overline{FC}$,

$\overline{DF} = \frac{1}{2}\overline{BC} = \overline{BE} = \overline{EC}$,

$\overline{EF} = \frac{1}{2}\overline{BA} = \overline{BD} = \overline{DA}$이므로

$\triangle ADF \equiv \triangle DBE \equiv \triangle FEC \equiv \triangle EFD$ (SSS 합동)

$\therefore \triangle DEF = \frac{1}{4}\triangle ABC = \frac{1}{4} \times 36 = 9$ (cm^2)

답 9 cm^2

중 31 $\triangle ABD$에서 $\overline{EH} = \frac{1}{2}\overline{BD}$

$\triangle BCD$에서 $\overline{FG} = \frac{1}{2}\overline{BD}$

$\triangle ABC$에서 $\overline{EF} = \frac{1}{2}\overline{AC}$

$\triangle ACD$에서 $\overline{HG} = \frac{1}{2}\overline{AC}$

따라서 □EFGH의 둘레의 길이는
$\overline{EH} + \overline{EF} + \overline{FG} + \overline{HG} = (\overline{EH} + \overline{FG}) + (\overline{EF} + \overline{HG})$
$= \overline{BD} + \overline{AC}$
$= 14 + 12$
$= 26$ (cm)

답 26 cm

중 32 오른쪽 그림과 같이 $\overline{BD}$를 그으면
$\triangle ABD$에서 $\overline{EH} = \frac{1}{2}\overline{BD}$

$\triangle BCD$에서 $\overline{FG} = \frac{1}{2}\overline{BD}$

$\triangle ABC$에서 $\overline{EF} = \frac{1}{2}\overline{AC}$

$\triangle ACD$에서 $\overline{HG} = \frac{1}{2}\overline{AC}$

$\overline{BD} = \overline{AC} = 16$ cm이므로 □EFGH의 둘레의 길이는
$\overline{EH} + \overline{EF} + \overline{FG} + \overline{HG} = (\overline{EH} + \overline{FG}) + (\overline{EF} + \overline{HG})$
$= \overline{BD} + \overline{AC}$
$= 2\overline{AC}$
$= 2 \times 16 = 32$ (cm)

답 ③

중 33 오른쪽 그림과 같이 $\overline{AC}$를 그으면
$\triangle ABD$에서 $\overline{EH} = \frac{1}{2}\overline{BD}$

$\triangle BCD$에서 $\overline{FG} = \frac{1}{2}\overline{BD}$

$\triangle ABC$에서 $\overline{EF} = \frac{1}{2}\overline{AC}$

$\triangle ACD$에서 $\overline{HG} = \frac{1}{2}\overline{AC}$

이때 $\overline{AC} = \overline{BD}$이고 □EFGH의 둘레의 길이가 40 cm이므로
$\overline{EH} = \overline{FG} = \overline{EF} = \overline{HG} = \frac{1}{4} \times 40 = 10$ (cm)
$\therefore \overline{BD} = 2\overline{EH} = 2 \times 10 = 20$ (cm)

답 20 cm

개념 보충 학습

등변사다리꼴의 성질
① 평행하지 않은 한 쌍의 대변의 길이가 같다.
➡ $\overline{AB} = \overline{DC}$
② 두 대각선의 길이가 같다.
➡ $\overline{AC} = \overline{DB}$

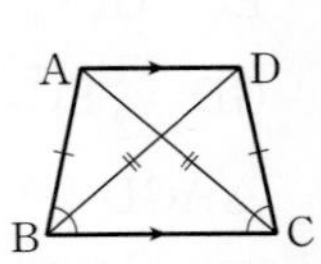

중 34 □EFGH는 마름모의 각 변의 중점을 연결하여 만든 사각형이므로 직사각형이다. …… ㉮

$\triangle ABD$에서 $\overline{EH} = \frac{1}{2}\overline{BD} = \frac{1}{2} \times 12 = 6$ (cm)

$\triangle ABC$에서 $\overline{EF} = \frac{1}{2}\overline{AC} = \frac{1}{2} \times 8 = 4$ (cm) …… ㉯

$\therefore$ □EFGH$=6\times4=24\,(\text{cm}^2)$ …… ㉰

답 24 cm^2

채점 기준

㉮ □EFGH가 직사각형임을 알기	30 %
㉯ $\overline{EH}$, $\overline{EF}$의 길이 각각 구하기	50 %
㉰ □EFGH의 넓이 구하기	20 %

개념 보충 학습

사각형의 각 변의 중점을 연결하여 만든 사각형

① 일반 사각형  ② 평행사변형 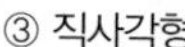 ③ 직사각형

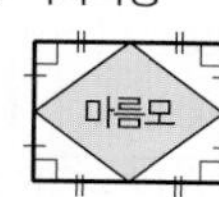

④ 마름모 ⑤ 정사각형 ⑥ 등변사다리꼴

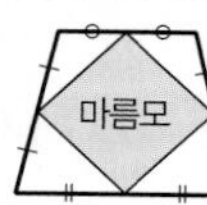

중 35 $\triangle ABC$에서 $\overline{AM}=\overline{MB}$, $\overline{BC}\,/\!/\,\overline{MQ}$이므로

$\overline{MQ}=\frac{1}{2}\overline{BC}=\frac{1}{2}\times10=5\,(\text{cm})$

$\triangle BDA$에서 $\overline{BM}=\overline{MA}$, $\overline{AD}\,/\!/\,\overline{MP}$이므로

$\overline{MP}=\frac{1}{2}\overline{AD}=\frac{1}{2}\times4=2\,(\text{cm})$

$\therefore \overline{PQ}=\overline{MQ}-\overline{MP}=5-2=3\,(\text{cm})$ 답 ①

참고 오른쪽 그림과 같이 $\overline{AN}$과 $\overline{BC}$의 연장선의 교점을 E라 하면

$\triangle AND$와 $\triangle ENC$에서

$\overline{DN}=\overline{CN}$, $\angle ADN=\angle ECN$ (엇각),

$\angle AND=\angle ENC$ (맞꼭지각)이므로

$\triangle AND\equiv\triangle ENC$ (ASA 합동) $\therefore \overline{AN}=\overline{EN}$

따라서 $\triangle ABE$에서 $\overline{AM}=\overline{MB}$, $\overline{AN}=\overline{NE}$이므로

$\overline{BE}\,/\!/\,\overline{MN}$ $\therefore \overline{AD}\,/\!/\,\overline{BC}\,/\!/\,\overline{MN}$

중 36 $\triangle ABC$에서 $\overline{AM}=\overline{MB}$, $\overline{BC}\,/\!/\,\overline{MP}$이므로

$\overline{MP}=\frac{1}{2}\overline{BC}=\frac{1}{2}\times16=8\,(\text{cm})$

$\therefore \overline{PN}=\overline{MN}-\overline{MP}=12-8=4\,(\text{cm})$

$\triangle CDA$에서 $\overline{CN}=\overline{ND}$, $\overline{AD}\,/\!/\,\overline{PN}$이므로

$\overline{AD}=2\overline{PN}=2\times4=8\,(\text{cm})$ 답 8 cm

중 37 □MBFE는 평행사변형이므로 $\overline{BF}=\overline{ME}=8$ cm

$\therefore \overline{FC}=\overline{BC}-\overline{BF}=14-8=6\,(\text{cm})$ …… ㉮

$\triangle DFC$에서 $\overline{DN}=\overline{NC}$, $\overline{FC}\,/\!/\,\overline{EN}$이므로

$\overline{EN}=\frac{1}{2}\overline{FC}=\frac{1}{2}\times6=3\,(\text{cm})$ …… ㉯

$\therefore \overline{MN}=\overline{ME}+\overline{EN}=8+3=11\,(\text{cm})$ …… ㉰

답 11 cm

채점 기준

㉮ $\overline{FC}$의 길이 구하기	40 %
㉯ $\overline{EN}$의 길이 구하기	40 %
㉰ $\overline{MN}$의 길이 구하기	20 %

중 38 오른쪽 그림과 같이 $\overline{AC}$를 긋고, $\overline{AC}$와 $\overline{MN}$의 교점을 P라 하면

$\triangle ABC$에서

$\overline{AM}=\overline{MB}$, $\overline{BC}\,/\!/\,\overline{MP}$이므로

$\overline{MP}=\frac{1}{2}\overline{BC}=\frac{1}{2}\times1.1=0.55\,(\text{m})$

$\triangle CDA$에서 $\overline{CN}=\overline{ND}$, $\overline{AD}\,/\!/\,\overline{PN}$이므로

$\overline{PN}=\frac{1}{2}\overline{AD}=\frac{1}{2}\times0.7=0.35\,(\text{m})$

$\therefore \overline{MN}=\overline{MP}+\overline{PN}=0.55+0.35=0.9\,(\text{m})$ 답 ③

상 39 $\overline{MP}:\overline{PQ}=3:2$이므로

$\overline{MP}=3k$ cm, $\overline{PQ}=2k$ cm라 하면

$\overline{MQ}=\overline{MP}+\overline{PQ}=3k+2k=5k\,(\text{cm})$

$\triangle BDA$에서 $\overline{BM}=\overline{MA}$, $\overline{AD}\,/\!/\,\overline{MP}$이므로

$\overline{AD}=2\overline{MP}=2\times3k=6k\,(\text{cm})$

$\triangle ABC$에서 $\overline{AM}=\overline{MB}$, $\overline{BC}\,/\!/\,\overline{MQ}$이므로

$\overline{BC}=2\overline{MQ}=2\times5k=10k\,(\text{cm})$

이때 $\overline{AD}$와 $\overline{BC}$의 길이의 합이 48 cm이므로

$6k+10k=48$, $16k=48$ $\therefore k=3$

$\therefore \overline{AD}=6k=6\times3=18\,(\text{cm})$ 답 ③

Lecture 17 평행선 사이의 선분의 길이의 비

Level A 개념 익히기 108쪽

01 $5:x=3:6$이므로 $3x=30$

$\therefore x=10$ 답 10

02 $6:4=8:x$이므로 $6x=32$

$\therefore x=\frac{16}{3}$ 답 $\frac{16}{3}$

03 □AHCD는 평행사변형이므로 $\overline{HC}=\overline{AD}=12$

$\therefore \overline{BH}=\overline{BC}-\overline{HC}=21-12=9$ 답 9

04 $\triangle ABH$에서 $\overline{AE}:\overline{AB}=\overline{EG}:\overline{BH}$이므로

$8:(8+4)=\overline{EG}:9$, $12\overline{EG}=72$

$\therefore \overline{EG}=6$ 답 6

05 □AGFD는 평행사변형이므로

$\overline{GF}=\overline{AD}=12$ 답 12

06 $\overline{EF}=\overline{EG}+\overline{GF}=6+12=18$ 답 18

07 $\triangle ABE\backsim\triangle CDE$ (AA 닮음)이므로

$\overline{BE}:\overline{DE}=\overline{AB}:\overline{CD}=10:6=5:3$ 답 $5:3$

08 △BCD에서 $\overline{BF}:\overline{FC}=\overline{BE}:\overline{ED}=5:3$ 　답 5 : 3

09 △BCD에서 $\overline{EF}:\overline{DC}=\overline{BF}:\overline{BC}$이므로
$\overline{EF}:6=5:(5+3)$, $8\overline{EF}=30$
$\therefore \overline{EF}=\frac{15}{4}$ 　답 $\frac{15}{4}$

Level B 유형 공략하기 109~111쪽

중 10 $8:6=x:8$이므로 $6x=64$ 　$\therefore x=\frac{32}{3}$
$8:6=y:7$이므로 $6y=56$ 　$\therefore y=\frac{28}{3}$
$\therefore x+y=\frac{32}{3}+\frac{28}{3}=20$ 　답 ④

중 11 $9:3=x:2$이므로 $3x=18$ 　$\therefore x=6$
$(9+3):14=(6+2):y$이므로
$12y=112$ 　$\therefore y=\frac{28}{3}$
$\therefore xy=6\times\frac{28}{3}=56$ 　답 56

중 12 $70:100=y:70$이므로
$100y=4900$ 　$\therefore y=49$
$50:70=x:49$이므로
$70x=2450$ 　$\therefore x=35$
$\therefore y-x=49-35=14$ 　답 14

중 13 $x:24=6:16$이므로
$16x=144$ 　$\therefore x=9$ 　…… ㉮
$6:(16+8)=5:y$이므로
$6y=120$ 　$\therefore y=20$ 　…… ㉯
$\therefore x+y=9+20=29$ 　…… ㉰
답 29

채점 기준

㉮ x의 값 구하기	40 %
㉯ y의 값 구하기	40 %
㉰ $x+y$의 값 구하기	20 %

중 14 오른쪽 그림과 같이 점 A를 지나고 $\overline{DC}$에 평행한 직선을 그어 $\overline{EF}$, $\overline{BC}$와의 교점을 각각 G, H라 하면

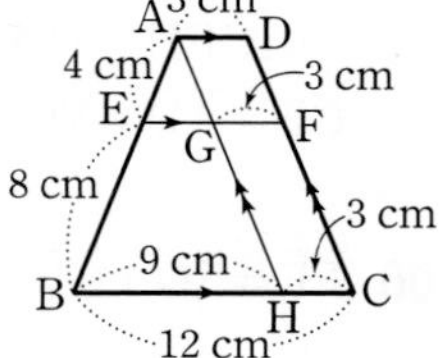

$\overline{HC}=\overline{GF}=\overline{AD}=3$ cm
$\therefore \overline{BH}=\overline{BC}-\overline{HC}$
$=12-3=9$(cm)
△ABH에서 $\overline{AE}:\overline{AB}=\overline{EG}:\overline{BH}$이므로
$4:(4+8)=\overline{EG}:9$
$12\overline{EG}=36$ 　$\therefore \overline{EG}=3$(cm)
$\therefore \overline{EF}=\overline{EG}+\overline{GF}$
$=3+3=6$(cm) 　답 6 cm

다른 풀이 오른쪽 그림과 같이 $\overline{AC}$를 그어 $\overline{EF}$와의 교점을 G라 하면
△ABC에서
$\overline{AE}:\overline{AB}=\overline{EG}:\overline{BC}$이므로
$4:(4+8)=\overline{EG}:12$
$12\overline{EG}=48$
$\therefore \overline{EG}=4$(cm)
또, △CDA에서 $\overline{AD}/\!/\overline{GF}$이므로
$\overline{GF}:\overline{AD}=\overline{CF}:\overline{CD}=\overline{BE}:\overline{BA}$
$\overline{GF}:3=8:(8+4)$
$12\overline{GF}=24$ 　$\therefore \overline{GF}=2$(cm)
$\therefore \overline{EF}=\overline{EG}+\overline{GF}=4+2=6$(cm)

중 15 △FBA에서 $\overline{AB}/\!/\overline{GD}$이므로
$\overline{GD}:\overline{AB}=\overline{FD}:\overline{FB}=\overline{EC}:\overline{EA}$
$\overline{GD}:10=7:(7+3)$, $10\overline{GD}=70$
$\therefore \overline{GD}=7$(cm) 　답 7 cm

중 16 △ABC에서 $\overline{AE}:\overline{AB}=\overline{EG}:\overline{BC}$이므로
$6:(6+2)=x:16$
$8x=96$ 　$\therefore x=12$
△CDA에서 $\overline{AD}/\!/\overline{GF}$이므로
$\overline{GF}:\overline{AD}=\overline{CF}:\overline{CD}=\overline{BE}:\overline{BA}$
$3:y=2:(2+6)$
$2y=24$ 　$\therefore y=12$
$\therefore x+y=12+12=24$ 　답 24

중 17 △ABH에서 $\overline{AE}:\overline{AB}=\overline{EG}:\overline{BH}$이므로
$2:(2+4)=2:\overline{BH}$
$2\overline{BH}=12$ 　$\therefore \overline{BH}=6$(cm)
$\overline{HC}=\overline{BC}-\overline{BH}=9-6=3$(cm)
$\therefore \overline{AD}=\overline{HC}=3$ cm 　답 3 cm

중 18 오른쪽 그림과 같이 보조선을 그으면

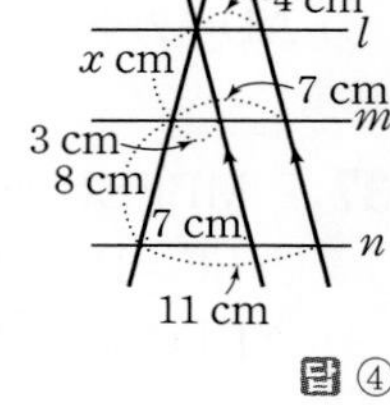

$x:(x+8)=3:7$이므로
$7x=3(x+8)$
$4x=24$
$\therefore x=6$
답 ④

중 19 오른쪽 그림과 같이 점 A를 지나고 $\overline{DC}$에 평행한 직선을 그어 $\overline{EF}$, $\overline{BC}$와의 교점을 각각 G, H라 하자.
$\overline{AD}=x$ cm라 하면
$\overline{HC}=\overline{GF}=\overline{AD}=x$ cm이므로
$\overline{BH}=(14-x)$ cm, $\overline{EG}=(10-x)$ cm

$\triangle$ABH에서 $\overline{AE}:\overline{AB}=\overline{EG}:\overline{BH}$이므로
$3:(3+4)=(10-x):(14-x)$
$3(14-x)=7(10-x)$
$4x=28$ $\therefore x=7$
$\therefore \overline{AD}=7$ cm

답 ③

다른 풀이 오른쪽 그림과 같이 $\overline{AC}$를 그어 $\overline{EF}$와의 교점을 G라 하면 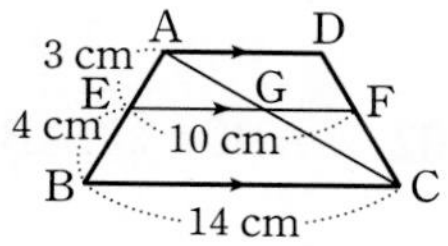
$\triangle$ABC에서
$\overline{AE}:\overline{AB}=\overline{EG}:\overline{BC}$이므로
$3:(3+4)=\overline{EG}:14$, $7\overline{EG}=42$
$\therefore \overline{EG}=6$(cm)
$\triangle$CDA에서 $\overline{AD}$ // $\overline{GF}$이므로
$\overline{GF}:\overline{AD}=\overline{CF}:\overline{CD}=\overline{BE}:\overline{BA}$
$(10-6):\overline{AD}=4:(4+3)$, $4\overline{AD}=28$
$\therefore \overline{AD}=7$(cm)

중 20 $\overline{AD}$ // $\overline{EF}$ // $\overline{BC}$이므로
$\overline{AE}:\overline{EB}=\overline{DF}:\overline{FC}$에서
$12:\overline{EB}=4:7$
$4\overline{EB}=84$ $\therefore \overline{EB}=21$(cm) …… ㉮
$\triangle$ABC에서 $\overline{AE}:\overline{AB}=\overline{EP}:\overline{BC}$이므로
$12:(12+21)=\overline{EP}:44$
$33\overline{EP}=528$ $\therefore \overline{EP}=16$(cm) …… ㉯
$\therefore \square EBCP=\frac{1}{2}\times(\overline{EP}+\overline{BC})\times\overline{EB}$
$=\frac{1}{2}\times(16+44)\times 21$
$=630$(cm^2) …… ㉰

답 630 cm^2

채점 기준

㉮ $\overline{EB}$의 길이 구하기	40 %
㉯ $\overline{EP}$의 길이 구하기	40 %
㉰ $\square$EBCP의 넓이 구하기	20 %

개념 보충 학습
(사다리꼴의 넓이)
$=\frac{1}{2}\times$ {(윗변의 길이)+(아랫변의 길이)} $\times$ (높이)

중 21 $\triangle$DBC에서 $\overline{DF}:\overline{DC}=\overline{PF}:\overline{BC}$이므로
$6:(6+4)=\overline{PF}:20$
$10\overline{PF}=120$ $\therefore \overline{PF}=12$(cm)
$\triangle$CDA에서 $\overline{CF}:\overline{CD}=\overline{QF}:\overline{AD}$이므로
$4:(4+6)=\overline{QF}:15$
$10\overline{QF}=60$ $\therefore \overline{QF}=6$(cm)
$\therefore \overline{PQ}=\overline{PF}-\overline{QF}=12-6=6$(cm)

답 6 cm

중 22 $\overline{AE}=3\overline{BE}$이므로 $\overline{AE}:\overline{BE}=3:1$
$\triangle$ABC에서 $\overline{AE}:\overline{AB}=\overline{EN}:\overline{BC}$이므로
$3:(3+1)=\overline{EN}:12$
$4\overline{EN}=36$ $\therefore \overline{EN}=9$(cm)
$\triangle$BDA에서 $\overline{BE}:\overline{BA}=\overline{EM}:\overline{AD}$이므로
$1:(1+3)=\overline{EM}:8$
$4\overline{EM}=8$ $\therefore \overline{EM}=2$(cm)
$\therefore \overline{MN}=\overline{EN}-\overline{EM}$
$=9-2=7$(cm)

답 ④

중 23 $\triangle$BDA에서 $\overline{BM}:\overline{BA}=\overline{MP}:\overline{AD}$이므로
$2:(2+5)=\overline{MP}:14$, $7\overline{MP}=28$
$\therefore \overline{MP}=4$(cm) …… ㉮
$\overline{MQ}=\overline{MP}+\overline{PQ}=4+11=15$(cm) …… ㉯
$\triangle$ABC에서 $\overline{AM}:\overline{AB}=\overline{MQ}:\overline{BC}$이므로
$5:(5+2)=15:\overline{BC}$, $5\overline{BC}=105$
$\therefore \overline{BC}=21$(cm) …… ㉰

답 21 cm

채점 기준

㉮ $\overline{MP}$의 길이 구하기	40 %
㉯ $\overline{MQ}$의 길이 구하기	20 %
㉰ $\overline{BC}$의 길이 구하기	40 %

중 24 $\triangle AOD \backsim \triangle COB$ (AA 닮음)이므로
$\overline{OD}:\overline{OB}=\overline{AD}:\overline{CB}=10:15=2:3$
$\triangle$BDA에서 $\overline{BO}:\overline{BD}=\overline{EO}:\overline{AD}$이므로
$3:(3+2)=\overline{EO}:10$, $5\overline{EO}=30$
$\therefore \overline{EO}=6$(cm)
$\triangle$DBC에서 $\overline{DO}:\overline{DB}=\overline{OF}:\overline{BC}$이므로
$2:(2+3)=\overline{OF}:15$, $5\overline{OF}=30$
$\therefore \overline{OF}=6$(cm)
$\therefore \overline{EF}=\overline{EO}+\overline{OF}$
$=6+6=12$(cm)

답 12 cm

중 25 $\triangle AOD \backsim \triangle COB$ (AA 닮음)이므로
$\overline{OD}:\overline{OB}=\overline{AD}:\overline{CB}=14:35=2:5$
$\triangle$DBC에서 $\overline{DO}:\overline{DB}=\overline{OF}:\overline{BC}$이므로
$2:(2+5)=\overline{OF}:35$, $7\overline{OF}=70$
$\therefore \overline{OF}=10$(cm)

답 ②

중 26 $\triangle$ABC에서 $\overline{AO}:\overline{OC}=\overline{AE}:\overline{EB}=3:5$ …… ㉮
$\triangle AOD \backsim \triangle COB$ (AA 닮음)이므로
$\overline{AD}:\overline{CB}=\overline{OA}:\overline{OC}$에서
$12:\overline{BC}=3:5$, $3\overline{BC}=60$
$\therefore \overline{BC}=20$(cm) …… ㉯

답 20 cm

채점 기준

㉮ $\overline{AO}:\overline{OC}$ 구하기	30 %
㉯ $\overline{BC}$의 길이 구하기	70 %

중 27 $\triangle ABE \backsim \triangle CDE$ (AA 닮음)이므로
$\overline{AE}:\overline{CE}=\overline{AB}:\overline{CD}=9:18=1:2$

$\triangle$CAB에서 $\overline{EF}:\overline{AB}=\overline{CE}:\overline{CA}$이므로
$x:9=2:(2+1)$, $3x=18$
$\therefore x=6$
또, $\overline{CF}:\overline{CB}=\overline{CE}:\overline{CA}$이므로
$y:27=2:(2+1)$, $3y=54$
$\therefore y=18$ 답 $x=6$, $y=18$

공략 비법

$\overline{AB}/\!/\overline{EF}/\!/\overline{DC}$일 때,
$\triangle ABE \backsim \triangle CDE$ (AA 닮음)이고
닮음비가 $\overline{AB}:\overline{CD}=a:b$이므로
$\overline{EF}=\frac{ab}{a+b}$

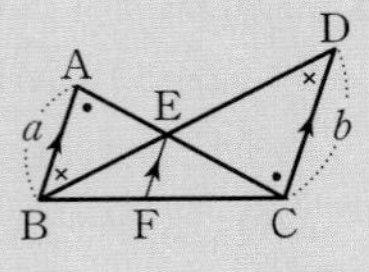

중 28 ① $\triangle$ABE와 $\triangle$CDE에서
$\angle AEB=\angle CED$ (맞꼭지각),
$\angle ABE=\angle CDE$ (엇각)
이므로 $\triangle ABE \backsim \triangle CDE$ (AA 닮음)
② $\triangle ABE \backsim \triangle CDE$ (AA 닮음)이므로
$\overline{AE}:\overline{CE}=\overline{AB}:\overline{CD}=12:16=3:4$
③, ④ $\overline{BE}:\overline{BD}=\overline{EF}:\overline{DC}=\overline{BF}:\overline{BC}$
$=3:(3+4)=3:7$
⑤ $\overline{EF}:\overline{DC}=3:7$이므로
$\overline{EF}:16=3:7$, $7\overline{EF}=48$ $\therefore \overline{EF}=\frac{48}{7}$(cm)
따라서 옳지 않은 것은 ④이다. 답 ④

상 29 오른쪽 그림과 같이 점 E에서 $\overline{BC}$에 내린 수선의 발을 F라 하면
$\angle ABC=\angle EFC$
$=\angle DCB=90°$
이므로 $\overline{AB}/\!/\overline{EF}/\!/\overline{DC}$
따라서 $\triangle ABE \backsim \triangle CDE$
(AA 닮음)이므로
$\overline{BE}:\overline{DE}=\overline{AB}:\overline{CD}=6:15=2:5$
$\triangle$BCD에서 $\overline{EF}:\overline{DC}=\overline{BE}:\overline{BD}$이므로
$\overline{EF}:15=2:(2+5)$, $7\overline{EF}=30$
$\therefore \overline{EF}=\frac{30}{7}$(cm)
$\therefore \triangle EBC=\frac{1}{2}\times\overline{BC}\times\overline{EF}$
$=\frac{1}{2}\times 14\times\frac{30}{7}=30(\text{cm}^2)$ 답 ④

다른 풀이 $\triangle ABC=\frac{1}{2}\times\overline{BC}\times\overline{AB}$
$=\frac{1}{2}\times 14\times 6=42(\text{cm}^2)$
$\triangle ABE \backsim \triangle CDE$ (AA 닮음)이므로
$\overline{AE}:\overline{CE}=\overline{AB}:\overline{CD}=6:15=2:5$
$\triangle$ABC에서
$\triangle ABE:\triangle EBC=\overline{AE}:\overline{EC}=2:5$
$\therefore \triangle EBC=\frac{5}{7}\triangle ABC=\frac{5}{7}\times 42=30(\text{cm}^2)$

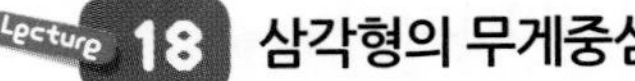

Lecture 18 삼각형의 무게중심

Level A 개념 익히기 112~113쪽

01 $\overline{BD}=\frac{1}{2}\overline{BC}=\frac{1}{2}\times 4=2$(cm) 답 2 cm

02 $\triangle ABC=2\triangle ABD=2\times 4=8(\text{cm}^2)$ 답 8 cm²

03 $\overline{AG}:\overline{GD}=2:1$이므로
$x:3=2:1$ $\therefore x=6$
$\overline{BG}:\overline{GE}=2:1$이므로
$y:4=2:1$ $\therefore y=8$ 답 $x=6$, $y=8$

04 $\overline{BG}:\overline{GE}=2:1$이므로
$14:x=2:1$, $2x=14$ $\therefore x=7$
$\overline{CG}:\overline{CD}=2:3$이므로
$12:y=2:3$, $2y=36$ $\therefore y=18$ 답 $x=7$, $y=18$

05 $\overline{BG}:\overline{BE}=2:3$이므로
$x:9=2:3$, $3x=18$ $\therefore x=6$
$\overline{AE}=\overline{EC}$이므로
$\overline{AC}=2\overline{EC}=2\times 5=10$ $\therefore y=10$ 답 $x=6$, $y=10$

06 $\overline{AG}:\overline{AE}=2:3$이므로
$16:x=2:3$, $2x=48$ $\therefore x=24$
$\overline{AD}=\overline{DB}$이므로
$y=10$ 답 $x=24$, $y=10$

07 $\triangle ABE=\boxed{\frac{1}{2}}\times\triangle ABC=\frac{1}{2}\times 48=\boxed{24}(\text{cm}^2)$
답 $\frac{1}{2}$, 24

08 $\triangle GBC=\boxed{\frac{1}{3}}\times\triangle ABC=\frac{1}{3}\times 48=\boxed{16}(\text{cm}^2)$
답 $\frac{1}{3}$, 16

09 $\triangle GCE=\boxed{\frac{1}{6}}\times\triangle ABC=\frac{1}{6}\times 48=\boxed{8}(\text{cm}^2)$
답 $\frac{1}{6}$, 8

10 (색칠한 부분의 넓이)$=\frac{1}{3}\triangle ABC$
$=\frac{1}{3}\times 24=8(\text{cm}^2)$ 답 8 cm²

11 (색칠한 부분의 넓이)$=\triangle GAB+\triangle GCA$
$=\frac{1}{3}\triangle ABC+\frac{1}{3}\triangle ABC$
$=\frac{2}{3}\triangle ABC$
$=\frac{2}{3}\times 24=16(\text{cm}^2)$ 답 16 cm²

12 (색칠한 부분의 넓이)$=\frac{1}{6}\triangle ABC$

$=\frac{1}{6}\times 24=4(cm^2)$ 답 $4\ cm^2$

13 (색칠한 부분의 넓이)$=\triangle GBF+\triangle GBD$

$=\frac{1}{6}\triangle ABC+\frac{1}{6}\triangle ABC$

$=\frac{1}{3}\triangle ABC$

$=\frac{1}{3}\times 24=8(cm^2)$ 답 $8\ cm^2$

Level B 유형 공략하기 113~117쪽

중 **14** $\triangle ABC=2\triangle ADC=2\times 2\triangle AEC$

$=4\triangle AEC=4\times 4=16(cm^2)$ 답 ③

중 **15** $\triangle ADC=\frac{1}{2}\triangle ABC=\frac{1}{2}\times 18=9(cm^2)$

$\overline{DE}:\overline{EC}=1:2$이므로

$\triangle AEC=\frac{2}{3}\triangle ADC=\frac{2}{3}\times 9=6(cm^2)$ 답 $6\ cm^2$

중 **16** $\triangle ABD=\triangle ADC$이고

$\triangle EBD=\triangle EDC$이므로

$\triangle ABE=\triangle AEC=10\ cm^2$ …… ㉮

$\triangle ABD=\frac{1}{2}\triangle ABC=\frac{1}{2}\times 32=16(cm^2)$ …… ㉯

$\therefore \triangle EBD=\triangle ABD-\triangle ABE$

$=16-10=6(cm^2)$ …… ㉰

답 $6\ cm^2$

채점 기준

㉮ $\triangle ABE$의 넓이 구하기	40 %
㉯ $\triangle ABD$의 넓이 구하기	40 %
㉰ $\triangle EBD$의 넓이 구하기	20 %

공략 비법

$\overline{AD}$가 $\triangle ABC$의 중선이고 점 E가 $\overline{AD}$ 위의 점일 때

① $\triangle ABD=\triangle ADC$

② $\triangle EBD=\triangle EDC$

③ $\triangle ABE=\triangle AEC$

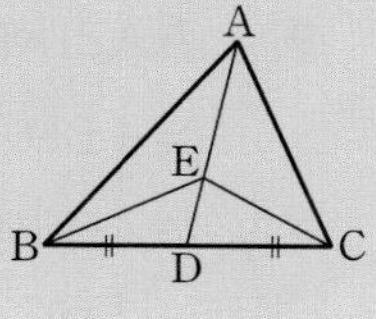

중 **17** 점 D는 $\overline{BC}$의 중점이므로 $\overline{BD}=\overline{CD}$

$\triangle ABD=\frac{1}{2}\times\overline{BD}\times\overline{AH}$에서

$30=\frac{1}{2}\times\overline{BD}\times 10,\ 5\overline{BD}=30$ $\therefore \overline{BD}=6(cm)$

$\therefore \overline{CD}=\overline{BD}=6\ cm$ 답 6 cm

하 **18** 점 G가 $\triangle ABC$의 무게중심이므로

$\overline{AD}=3\overline{GD}=3\times 6=18(cm)$

$\therefore x=18$

$\overline{BD}=\frac{1}{2}\overline{BC}=\frac{1}{2}\times 20=10(cm)$

$\therefore y=10$

$\therefore x+y=18+10=28$ 답 28

공략 비법

점 G가 $\triangle ABC$의 무게중심일 때

① $\overline{AG}=2\overline{GD}$

② $\overline{AG}=\frac{2}{3}\overline{AD},\ \overline{GD}=\frac{1}{3}\overline{AD}$

③ $\overline{AD}=\frac{3}{2}\overline{AG}=3\overline{GD}$

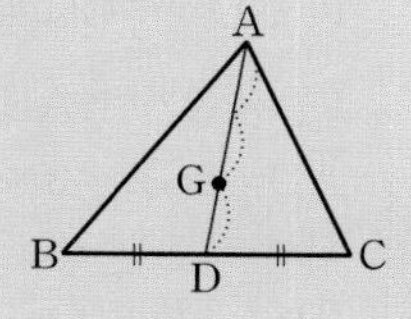

중 **19** 점 G가 $\triangle ABC$의 무게중심이므로

$\overline{BC}=2\overline{BD}=2\times 8=16(cm)$

$\therefore x=16$

$\overline{GD}=\frac{1}{2}\overline{AG}=\frac{1}{2}\times 10=5(cm)$

$\therefore y=5$

$\therefore x-y=16-5=11$ 답 11

중 **20** 점 G가 $\triangle ABC$의 무게중심이므로

$\overline{GC}=\frac{2}{3}\overline{CF}=\frac{2}{3}\times 12=8(cm)$

$\overline{CA}=2\overline{CE}=2\times 7=14(cm)$

$\overline{AG}=2\overline{GD}=2\times 5=10(cm)$

따라서 $\triangle GCA$의 둘레의 길이는

$\overline{GC}+\overline{CA}+\overline{AG}=8+14+10=32(cm)$ 답 32 cm

중 **21** 점 G가 $\triangle ABC$의 무게중심이므로

$\overline{CG}=\frac{2}{3}\overline{CD}$

$\therefore \overline{CD}=\frac{3}{2}\overline{CG}=\frac{3}{2}\times 10=15(cm)$ …… ㉮

이때 점 D는 직각삼각형 ABC의 외심이므로

$\overline{AD}=\overline{BD}=\overline{CD}=15\ cm$ …… ㉯

$\therefore \overline{AB}=\overline{AD}+\overline{BD}=15+15=30(cm)$ …… ㉰

답 30 cm

채점 기준

㉮ $\overline{CD}$의 길이 구하기	40 %
㉯ $\overline{AD}$, $\overline{BD}$의 길이 구하기	40 %
㉰ $\overline{AB}$의 길이 구하기	20 %

참고 직각삼각형에서 빗변의 중점은 외심이다.

중 **22** 점 G가 $\triangle ABC$의 무게중심이므로

$\overline{GD}=\frac{1}{3}\overline{AD}=\frac{1}{3}\times 9=3(cm)$

또, 점 G′이 $\triangle GBC$의 무게중심이므로

$\overline{G'D}=\frac{1}{3}\overline{GD}=\frac{1}{3}\times 3=1(cm)$ 답 1 cm

중 23 점 G′이 △GBC의 무게중심이므로
$\overline{GD}=3\overline{G'D}=3\times4=12(\text{cm})$
또, 점 G가 △ABC의 무게중심이므로
$\overline{AG}=2\overline{GD}=2\times12=24(\text{cm})$ 답 ⑤

중 24 점 G′이 △GBC의 무게중심이므로
$\overline{GG'}=\frac{2}{3}\overline{GD}$
$\therefore \overline{GD}=\frac{3}{2}\overline{GG'}=\frac{3}{2}\times2=3(\text{cm})$
또, 점 G가 △ABC의 무게중심이므로
$\overline{AD}=3\overline{GD}=3\times3=9(\text{cm})$
이때 점 D는 직각삼각형 ABC의 외심이므로
$\overline{BD}=\overline{CD}=\overline{AD}=9\text{ cm}$
$\therefore \overline{BC}=\overline{BD}+\overline{CD}=9+9=18(\text{cm})$ 답 ④

중 25 점 G가 △ABC의 무게중심이므로
$\overline{BG}=2\overline{GE}=2\times6=12(\text{cm})$ $\therefore x=12$
△ADF에서 $\overline{GE}\,/\!/\,\overline{DF}$이므로
$\overline{AG}:\overline{AD}=\overline{GE}:\overline{DF}$
$2:3=6:y$, $2y=18$
$\therefore y=9$
$\therefore x+y=12+9=21$ 답 ④
다른 풀이 △EBC에서 $\overline{BD}=\overline{CD}$이고 $\overline{BE}\,/\!/\,\overline{DF}$이므로
$\overline{DF}=\frac{1}{2}\overline{BE}=\frac{1}{2}\times(12+6)=9(\text{cm})$ $\therefore y=9$

중 26 점 G가 △ABC의 무게중심이므로
$\overline{GM}=\frac{1}{2}\overline{BG}=\frac{1}{2}\times8=4(\text{cm})$
△ADN에서 $\overline{GM}\,/\!/\,\overline{DN}$이므로
$\overline{AG}:\overline{AD}=\overline{GM}:\overline{DN}$
$2:3=4:\overline{DN}$, $2\overline{DN}=12$
$\therefore \overline{DN}=6(\text{cm})$ 답 ③
다른 풀이 △MBC에서 $\overline{BD}=\overline{CD}$이고 $\overline{BM}\,/\!/\,\overline{DN}$이므로
$\overline{DN}=\frac{1}{2}\overline{BM}=\frac{1}{2}\times(8+4)=6(\text{cm})$

27 △ABD에서 $\overline{BE}=\overline{EA}$, $\overline{BF}=\overline{FD}$이므로
$\overline{AD}=2\overline{EF}=2\times3=6(\text{cm})$ …… ㉮
점 G가 △ABC의 무게중심이므로
$\overline{AG}=\frac{2}{3}\overline{AD}=\frac{2}{3}\times6=4(\text{cm})$ …… ㉯
답 4 cm

채점 기준

㉮ $\overline{AD}$의 길이 구하기	50 %
㉯ $\overline{AG}$의 길이 구하기	50 %

중 28 점 G가 △ABC의 무게중심이므로
$\overline{GD}=\frac{1}{2}\overline{AG}=\frac{1}{2}\times8=4(\text{cm})$ $\therefore x=4$
△AEG∽△ABD (AA 닮음)이므로
$\overline{EG}:\overline{BD}=\overline{AG}:\overline{AD}=2:3$
$4:y=2:3$, $2y=12$ $\therefore y=6$
$\therefore x+y=4+6=10$ 답 10
참고 △AEG와 △ABD에서
∠A는 공통, ∠AEG=∠B (동위각)
∴ △AEG∽△ABD (AA 닮음)

중 29 점 G가 △ABC의 무게중심이므로
$\overline{GD}=\frac{1}{3}\overline{AD}=\frac{1}{3}\times24=8(\text{cm})$
△EFG∽△BDG (AA 닮음)이므로
$\overline{FG}:\overline{DG}=\overline{EG}:\overline{BG}=1:2$
$\overline{FG}:8=1:2$, $2\overline{FG}=8$
$\therefore \overline{FG}=4(\text{cm})$ 답 ①

상 30 점 G는 △ABD의 무게중심이므로
$\overline{AG}:\overline{AM}=2:3$
점 G′은 △ADC의 무게중심이므로
$\overline{AG'}:\overline{AN}=2:3$
△AGG′과 △AMN에서
∠A는 공통, $\overline{AG}:\overline{AM}=\overline{AG'}:\overline{AN}$
∴ △AGG′∽△AMN (SAS 닮음) …… ㉮
따라서 $\overline{GG'}:\overline{MN}=2:3$에서
$6:\overline{MN}=2:3$, $2\overline{MN}=18$
$\therefore \overline{MN}=9(\text{cm})$ …… ㉯
또, 두 점 G, G′이 각각 △ABD, △ADC의 무게중심이므로
$\overline{BM}=\overline{MD}$, $\overline{DN}=\overline{NC}$
$\therefore \overline{BC}=\overline{BM}+\overline{MD}+\overline{DN}+\overline{NC}$
$=2(\overline{MD}+\overline{DN})=2\overline{MN}$
$=2\times9=18(\text{cm})$ …… ㉰
답 18 cm

채점 기준

㉮ △AGG′∽△AMN임을 보이기	40 %
㉯ $\overline{MN}$의 길이 구하기	30 %
㉰ $\overline{BC}$의 길이 구하기	30 %

상 31 ①, ② 점 G는 △ABC의 무게중심이므로 세 점 D, E, F는 각각 $\overline{BC}$, $\overline{AC}$, $\overline{AB}$의 중점이다.
따라서 $\overline{AB}\,/\!/\,\overline{ED}$, $\overline{BC}\,/\!/\,\overline{FE}$, $\overline{AC}\,/\!/\,\overline{FD}$이고
$\overline{AB}=2\overline{ED}$, $\overline{BC}=2\overline{FE}$, $\overline{AC}=2\overline{FD}$이다.
③, ⑤ △ABD에서 $\overline{AF}=\overline{FB}$, $\overline{FH}\,/\!/\,\overline{BD}$이므로
$\overline{FH}=\frac{1}{2}\overline{BD}$
또, △ADC에서 $\overline{AE}=\overline{EC}$, $\overline{HE}\,/\!/\,\overline{DC}$이므로
$\overline{HE}=\frac{1}{2}\overline{DC}$
이때 $\overline{BD}=\overline{DC}$이므로 $\overline{FH}=\overline{HE}$
같은 방법으로 하면 $\overline{FI}=\overline{ID}$, $\overline{DJ}=\overline{JE}$
즉, $\overline{DH}$, $\overline{EI}$, $\overline{FJ}$가 모두 △DEF의 중선이므로 점 G는 △DEF의 무게중심이다.
④ $\overline{AG}=2\overline{GD}$, $\overline{GD}=2\overline{HG}$이므로 $\overline{AG}=4\overline{HG}$
$\therefore \overline{AH}=\overline{AG}-\overline{HG}=4\overline{HG}-\overline{HG}=3\overline{HG}$

즉, $\overline{AH}:\overline{HG}=3:1$

따라서 옳지 않은 것은 ②, ④이다. 답 ②, ④

중 32 오른쪽 그림과 같이 $\overline{AG}$를 그으면

점 G가 △ABC의 무게중심이므로

$\square ADGE=\triangle GAD+\triangle GAE$

$=\frac{1}{6}\triangle ABC+\frac{1}{6}\triangle ABC$

$=\frac{1}{3}\triangle ABC$

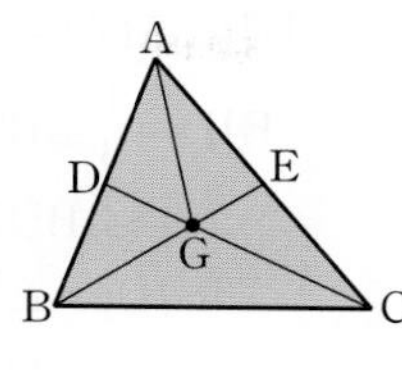

$\therefore \triangle ABC=3\square ADGE=3\times 12=36(cm^2)$

답 $36\,cm^2$

중 33 점 G가 △ABC의 무게중심이므로

$\triangle GAB=\frac{1}{3}\triangle ABC$

오른쪽 그림과 같이 $\overline{CG}$를 그으면

$\square GDCE=\triangle GCD+\triangle GCE$

$=\frac{1}{6}\triangle ABC+\frac{1}{6}\triangle ABC$

$=\frac{1}{3}\triangle ABC$

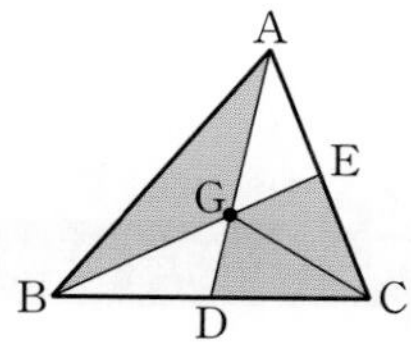

따라서 색칠한 부분의 넓이는

$\triangle GAB+\square GDCE=\frac{1}{3}\triangle ABC+\frac{1}{3}\triangle ABC$

$=\frac{2}{3}\triangle ABC$

$=\frac{2}{3}\times 42=28(cm^2)$ 답 $28\,cm^2$

중 34 ① $\overline{AG}:\overline{GD}=2:1$이므로 $\overline{AG}=2\overline{GD}$

② $\overline{AF}=\overline{FB}$이므로 $\triangle GAF=\frac{1}{2}\triangle GAB$

③ $\triangle GAE=\frac{1}{6}\triangle ABC$이므로

$6\triangle GAE=\triangle ABC$

④ $\square AFGE=\triangle GAF+\triangle GAE$

$=\frac{1}{6}\triangle ABC+\frac{1}{6}\triangle ABC=\frac{1}{3}\triangle ABC$

$\square BDGF=\triangle GBF+\triangle GBD$

$=\frac{1}{6}\triangle ABC+\frac{1}{6}\triangle ABC=\frac{1}{3}\triangle ABC$

$\therefore \square AFGE=\square BDGF$

⑤ △GAF와 △GBF의 넓이는 같지만 합동이라 할 수는 없다.

따라서 옳지 않은 것은 ⑤이다. 답 ⑤

중 35 점 G′이 △GBC의 무게중심이므로

$\triangle GBC=3\triangle GG'C=3\times 4=12(cm^2)$ …… ㉮

점 G가 △ABC의 무게중심이므로

$\triangle ABC=3\triangle GBC$

$=3\times 12=36(cm^2)$ …… ㉯

답 $36\,cm^2$

채점 기준

㉮ △GBC의 넓이 구하기	50 %
㉯ △ABC의 넓이 구하기	50 %

중 36 오른쪽 그림과 같이 $\overline{AG}$를 그으면

점 G가 △ABC의 무게중심이므로

(색칠한 부분의 넓이)

$=\triangle ADG+\triangle AGE$

$=\frac{1}{2}\triangle ABG+\frac{1}{2}\triangle AGC$

$=\frac{1}{2}\times\frac{1}{3}\triangle ABC+\frac{1}{2}\times\frac{1}{3}\triangle ABC$

$=\frac{1}{6}\triangle ABC+\frac{1}{6}\triangle ABC$

$=\frac{1}{3}\triangle ABC=\frac{1}{3}\times 24=8(cm^2)$ 답 $8\,cm^2$

상 37 $\overline{AD}=\frac{1}{2}\overline{AB}$, $\overline{AM}=\frac{1}{3}\overline{AB}$이므로

$\overline{DM}=\overline{AD}-\overline{AM}=\frac{1}{2}\overline{AB}-\frac{1}{3}\overline{AB}=\frac{1}{6}\overline{AB}$

$\therefore \triangle MDC=\frac{1}{6}\triangle ABC$

점 G가 △ABC의 무게중심이므로

$\overline{CG}=\frac{2}{3}\overline{CD}$

$\therefore \triangle GCM=\frac{2}{3}\triangle MDC=\frac{2}{3}\times\frac{1}{6}\triangle ABC=\frac{1}{9}\triangle ABC$

$=\frac{1}{9}\times\left(\frac{1}{2}\times 10\times 9\right)=5(cm^2)$ 답 $5\,cm^2$

중 38 오른쪽 그림과 같이 $\overline{AC}$를 그어 $\overline{BD}$와 의 교점을 O라 하면 $\overline{AO}=\overline{CO}$, $\overline{BM}=\overline{CM}$이므로 점 P는 △ABC의 무게중심이다.

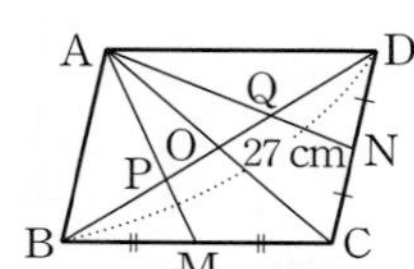

또, $\overline{AO}=\overline{CO}$, $\overline{CN}=\overline{DN}$이므로 점 Q는 △ACD의 무게중심이다.

즉, $\overline{BP}=2\overline{PO}$, $\overline{DQ}=2\overline{QO}$이므로

$\overline{BD}=\overline{BP}+\overline{PQ}+\overline{QD}$

$=2\overline{PO}+(\overline{PO}+\overline{QO})+2\overline{QO}$

$=3\overline{PO}+3\overline{QO}=3(\overline{PO}+\overline{OQ})=3\overline{PQ}$

$\therefore \overline{PQ}=\frac{1}{3}\overline{BD}=\frac{1}{3}\times 27=9(cm)$ 답 ③

중 39 오른쪽 그림과 같이 $\overline{AC}$를 그어 $\overline{BD}$와 의 교점을 O라 하면 $\overline{AO}=\overline{CO}$, $\overline{BM}=\overline{CM}$이므로 점 P는 △ABC의 무게중심이다.

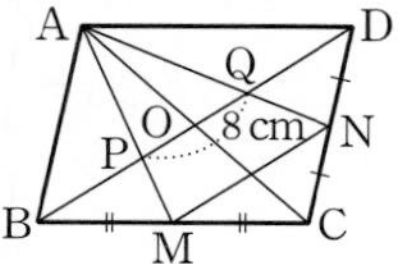

또, $\overline{AO}=\overline{CO}$, $\overline{CN}=\overline{DN}$이므로 점 Q는 △ACD의 무게중심이다.

즉, $\overline{BP}=2\overline{PO}$, $\overline{DQ}=2\overline{QO}$이므로

$\overline{BD}=\overline{BP}+\overline{PQ}+\overline{QD}$

$=2\overline{PO}+(\overline{PO}+\overline{QO})+2\overline{QO}$

$=3\overline{PO}+3\overline{QO}=3(\overline{PO}+\overline{QO})=3\overline{PQ}$

$=3\times 8=24(cm)$

△CDB에서 $\overline{CM}=\overline{MB}$, $\overline{CN}=\overline{ND}$이므로

$\overline{MN}=\frac{1}{2}\overline{BD}=\frac{1}{2}\times 24=12(cm)$ 답 12 cm

상 40 오른쪽 그림과 같이 $\overline{AC}$를 그어 $\overline{BD}$와의 교점을 O라 하면 $\overline{AO}=\overline{CO}$, $\overline{BM}=\overline{CM}$이므로 점 P는 △ABC의 무게중심이다.

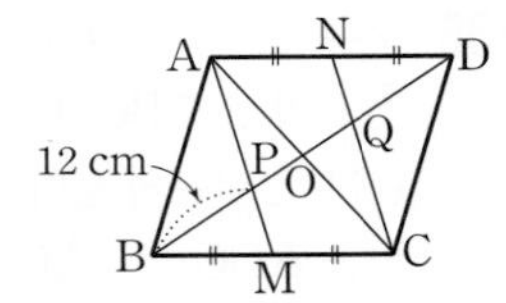

또, $\overline{AO}=\overline{CO}$, $\overline{AN}=\overline{DN}$이므로 점 Q는 △ACD의 무게중심이다.

$\overline{PO}=\frac{1}{2}\overline{BP}=\frac{1}{2}\times 12=6(\text{cm})$,

$\overline{QO}=\frac{1}{3}\overline{DO}=\frac{1}{3}\overline{BO}=\overline{PO}=6$ cm이므로

$\overline{PQ}=\overline{PO}+\overline{QO}$

$=6+6=12(\text{cm})$

답 12 cm

중 41 오른쪽 그림과 같이 $\overline{AC}$를 그어 $\overline{BD}$와의 교점을 O라 하면 $\overline{AO}=\overline{CO}$, $\overline{BM}=\overline{CM}$이므로 점 P는 △ABC의 무게중심이다.

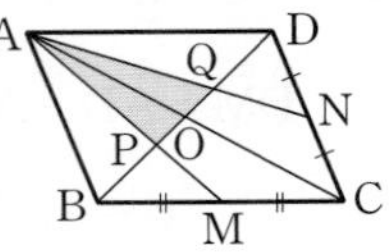

또, $\overline{AO}=\overline{CO}$, $\overline{CN}=\overline{DN}$이므로 점 Q는 △ACD의 무게중심이다.

∴ △APQ=△APO+△AQO

$=\frac{1}{6}$△ABC$+\frac{1}{6}$△ACD

$=\frac{1}{6}$(△ABC+△ACD)

$=\frac{1}{6}$□ABCD

$=\frac{1}{6}\times 54=9(\text{cm}^2)$

답 9 cm^2

공략 비법

평행사변형 ABCD에서 두 점 P, Q가 각각 △ABC, △ACD의 무게중심이므로

①=②=③= ⋯ =⑫

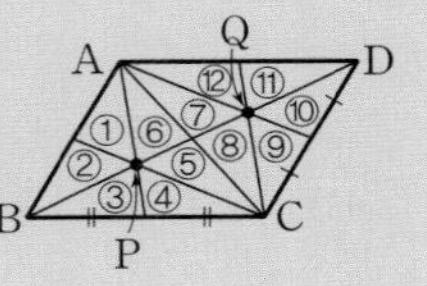

중 42 오른쪽 그림과 같이 $\overline{AC}$를 그으면 $\overline{AE}=\overline{DE}$, $\overline{CF}=\overline{DF}$이므로 점 G는 △ACD의 무게중심이다.

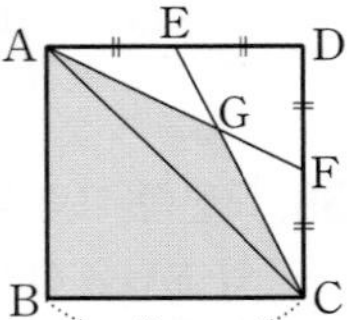

∴ △ACG$=\frac{1}{3}$△ACD

$=\frac{1}{3}\times\left(\frac{1}{2}\times 6\times 6\right)$

$=6(\text{cm}^2)$

또, △ABC$=\frac{1}{2}\times 6\times 6=18(\text{cm}^2)$이므로

□ABCG=△ABC+△ACG

$=18+6=24(\text{cm}^2)$

답 24 cm^2

중 43 오른쪽 그림과 같이 $\overline{BD}$를 그으면 $\overline{AE}=\overline{BE}$, $\overline{AH}=\overline{DH}$이므로 점 I는 △ABD의 무게중심이다.

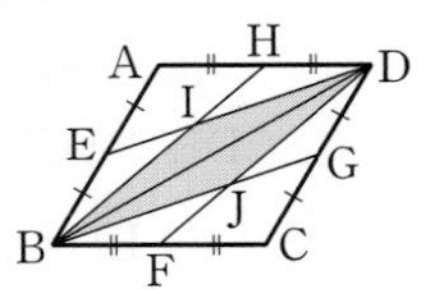

따라서 $\overline{DI}=2\overline{EI}$이므로

△BDI=2△BIE$=2\times 7=14(\text{cm}^2)$ ⋯⋯ ㉮

또, $\overline{BF}=\overline{CF}$, $\overline{CG}=\overline{DG}$이므로 점 J는 △BCD의 무게중심이다.

이때 △ABD=△BCD이므로

△BJD$=\frac{1}{3}$△BCD$=\frac{1}{3}$△ABD

=△BDI$=14\ \text{cm}^2$ ⋯⋯ ㉯

∴ □BJDI=△BDI+△BJD

$=14+14=28(\text{cm}^2)$ ⋯⋯ ㉰

답 28 cm^2

채점 기준

㉮ △BDI의 넓이 구하기	40 %
㉯ △BJD의 넓이 구하기	40 %
㉰ □BJDI의 넓이 구하기	20 %

단원 마무리 118~121쪽

Level B **필수 유형 정복하기**

01 ②	**02** 18 cm	**03** ②	**04** ㄱ, ㄹ, ㅁ	**05** $\frac{5}{2}$
06 21 cm^2	**07** ②	**08** 16	**09** ③	**10** ①
11 ①	**12** ②	**13** 99 cm	**14** ③	**15** 8 cm
16 ④	**17** 10 cm^2	**18** ⑤	**19** 12 cm	**20** 10 cm^2
21 6 cm	**22** (1) 6 cm (2) 18 cm	**23** 24 cm	**24** 8 cm^2	

01 전략 $\overline{BC}\,/\!/\,\overline{DE}\,/\!/\,\overline{GF}$이므로 평행선과 선분의 길이의 비를 이용한다.

$\overline{BC}\,/\!/\,\overline{GF}$이므로 $\overline{AG}:\overline{AC}=\overline{AF}:\overline{AB}$에서

$4:x=3:12$, $3x=48$ ∴ $x=16$

$\overline{BC}\,/\!/\,\overline{DE}$이므로 $\overline{AB}:\overline{BD}=\overline{AC}:\overline{CE}$에서

$12:y=16:4$, $16y=48$ ∴ $y=3$

∴ $x+y=16+3=19$

02 전략 평행사변형의 두 쌍의 대변은 평행하고 그 길이는 각각 같음을 이용한다.

□ABCD는 평행사변형이므로

$\overline{AD}=\overline{BC}=24$ cm

$\overline{AE}\,/\!/\,\overline{BC}$이므로

$\overline{FA}:\overline{FC}=\overline{AE}:\overline{CB}$에서

$4:16=\overline{AE}:24$, $16\overline{AE}=96$

∴ $\overline{AE}=6(\text{cm})$

∴ $\overline{DE}=\overline{AD}-\overline{AE}$

$=24-6=18(\text{cm})$

03 전략 △ABD에서 $\overline{EF}\,/\!/\,\overline{BD}$이고 △ABC에서 $\overline{ED}\,/\!/\,\overline{AC}$이므로 평행선과 선분의 길이의 비를 이용한다.

△ABD에서 $\overline{EF}\,/\!/\,\overline{BD}$이므로

$\overline{AE}:\overline{AB}=\overline{EF}:\overline{BD}$

$\triangle$ABC에서 $\overline{ED} /\!/ \overline{AC}$이므로

$\overline{AE} : \overline{AB} = \overline{CD} : \overline{CB}$

즉, $\overline{EF} : \overline{BD} = \overline{CD} : \overline{CB}$이므로

$\overline{EF} : 4 = 6 : (6+4)$, $10\overline{EF} = 24$

$\therefore \overline{EF} = \frac{12}{5}$ (cm)

04 전략 삼각형에서 평행선과 선분의 길이의 비를 이용한다.

ㄱ. $\overline{AD} : \overline{DB} = 12 : 9 = 4 : 3$,
$\overline{AE} : \overline{EC} = 8 : (14-8) = 4 : 3$
즉, $\overline{AD} : \overline{DB} = \overline{AE} : \overline{EC}$이므로 $\overline{BC} /\!/ \overline{DE}$

ㄴ. $\overline{AB} : \overline{AD} = 6 : 10 = 3 : 5$,
$\overline{AC} : \overline{AE} = 5 : (5+3) = 5 : 8$
즉, $\overline{AB} : \overline{AD} \neq \overline{AC} : \overline{AE}$이므로 $\overline{BC} /\!/ \overline{DE}$가 아니다.

ㄷ. $\overline{AB} : \overline{AD} = 3 : (9-3) = 1 : 2$,
$\overline{AC} : \overline{AE} = 4 : 9$
즉, $\overline{AB} : \overline{AD} \neq \overline{AC} : \overline{AE}$이므로 $\overline{BC} /\!/ \overline{DE}$가 아니다.

ㄹ. $\overline{AB} : \overline{AD} = 12 : 6 = 2 : 1$,
$\overline{AC} : \overline{AE} = 8 : 4 = 2 : 1$
즉, $\overline{AB} : \overline{AD} = \overline{AC} : \overline{AE}$이므로 $\overline{BC} /\!/ \overline{DE}$

ㅁ. $\overline{AB} : \overline{BD} = 7.5 : 10 = 3 : 4$,
$\overline{AC} : \overline{CE} = 9 : 12 = 3 : 4$
즉, $\overline{AB} : \overline{BD} = \overline{AC} : \overline{CE}$이므로 $\overline{BC} /\!/ \overline{DE}$

ㅂ. $\overline{AD} : \overline{DB} = 12 : 3 = 4 : 1$,
$\overline{AE} : \overline{EC} = 10 : (10-8) = 5 : 1$
즉, $\overline{AD} : \overline{DB} \neq \overline{AE} : \overline{EC}$이므로 $\overline{BC} /\!/ \overline{DE}$가 아니다.

이상에서 $\overline{BC} /\!/ \overline{DE}$인 것은 ㄱ, ㄹ, ㅁ이다.

05 전략 삼각형에서 평행선과 선분의 길이의 비를 이용하여 $\overline{DC}$의 길이를 구하고, 삼각형의 내각의 이등분선의 성질을 이용하여 $\overline{AC}$의 길이를 구한다.

$\triangle$EBC에서 $\overline{AD} /\!/ \overline{EC}$이므로

$\overline{BD} : \overline{DC} = \overline{BA} : \overline{AE}$

$3 : y = 4 : 10$, $4y = 30$

$\therefore y = \frac{15}{2}$

또, $\triangle$ABC에서 $\overline{AD}$는 $\angle$BAC의 이등분선이므로

$\overline{AB} : \overline{AC} = \overline{BD} : \overline{CD}$

$4 : x = 3 : \frac{15}{2}$, $3x = 30$

$\therefore x = 10$

$\therefore x - y = 10 - \frac{15}{2} = \frac{5}{2}$

다른 풀이 $\angle BAD = \angle AEC$ (동위각),

$\angle CAD = \angle ACE$ (엇각)이고

$\angle BAD = \angle CAD$이므로

$\angle AEC = \angle ACE$

따라서 $\triangle$ACE는 $\overline{AC} = \overline{AE}$인 이등변삼각형이므로

$\overline{AC} = \overline{AE} = 10$ cm $\quad \therefore x = 10$

$\triangle$ABC에서 $\overline{AD}$는 $\angle$BAC의 이등분선이므로

$\overline{AB} : \overline{AC} = \overline{BD} : \overline{CD}$

$4 : 10 = 3 : y$, $4y = 30$

$\therefore y = \frac{15}{2}$

$\therefore x - y = 10 - \frac{15}{2} = \frac{5}{2}$

06 전략 $\overline{AD}$가 $\angle$A의 외각의 이등분선임을 이용하여 넓이의 비를 구한다.

$\overline{AD}$는 $\angle$A의 외각의 이등분선이므로

$\overline{BD} : \overline{CD} = \overline{AB} : \overline{AC} = 6 : 4 = 3 : 2$

$\triangle ABC : \triangle ABD = \overline{BC} : \overline{BD} = 1 : 3$이므로

$7 : \triangle ABD = 1 : 3$

$\therefore \triangle ABD = 21$ (cm^2)

07 전략 $\triangle$ABC, $\triangle$DBC에서 삼각형의 두 변의 중점을 연결한 선분의 성질을 이용한다.

① $\triangle$DBC에서 $\overline{DP} = \overline{PB}$, $\overline{DQ} = \overline{QC}$이므로
$\overline{PQ} = \frac{1}{2}\overline{BC}$

② $\overline{AB} = \overline{DC}$이면 $\overline{MB} = \frac{1}{2}\overline{AB} = \frac{1}{2}\overline{DC} = \overline{DQ}$이지만
$\overline{AB} \neq \overline{DC}$이면 $\overline{MB} \neq \overline{DQ}$이다.

③, ④, ⑤ $\triangle$ABC에서 $\overline{AM} = \overline{MB}$, $\overline{AN} = \overline{NC}$이므로
$\overline{BC} /\!/ \overline{MN}$, $\overline{MN} = \frac{1}{2}\overline{BC}$
$\triangle$DBC에서 $\overline{DP} = \overline{PB}$, $\overline{DQ} = \overline{QC}$이므로
$\overline{BC} /\!/ \overline{PQ}$, $\overline{PQ} = \frac{1}{2}\overline{BC}$
$\therefore \overline{MN} /\!/ \overline{PQ}$, $\overline{MN} = \overline{PQ}$
즉, □PMNQ는 한 쌍의 대변이 평행하고 그 길이가 같으므로 평행사변형이다.

따라서 옳지 않은 것은 ②이다.

08 전략 평행사변형의 성질과 삼각형의 두 변의 중점을 연결한 선분의 성질을 이용한다.

$\triangle$ACD에서 $\overline{AO} = \overline{OC}$, $\overline{CD} /\!/ \overline{OE}$이므로

$\overline{AE} = \overline{ED} = \frac{1}{2}\overline{AD} = \frac{1}{2} \times 18 = 9$ (cm)

$\therefore x = 9$

$\overline{OE} = \frac{1}{2}\overline{CD} = \frac{1}{2} \times 14 = 7$ (cm)

$\therefore y = 7$

$\therefore x + y = 9 + 7 = 16$

09 전략 먼저 점 A를 지나면서 $\overline{BC}$에 평행한 선분을 긋는다.

오른쪽 그림과 같이 점 A에서 $\overline{BC}$에 평행한 직선을 그어 $\overline{DF}$와의 교점을 G라 하면

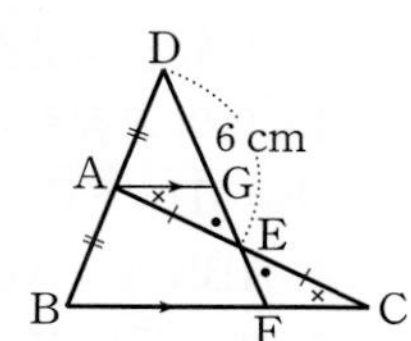

$\triangle$AEG와 $\triangle$CEF에서

$\overline{AE} = \overline{CE}$,

$\angle GAE = \angle FCE$ (엇각),

$\angle AEG = \angle CEF$ (맞꼭지각)이므로

$\triangle AEG \equiv \triangle CEF$ (ASA 합동)

$\therefore \overline{GE}=\overline{FE}$

$\triangle DBF$에서 $\overline{DA}=\overline{AB}$, $\overline{BF} /\!/ \overline{AG}$이므로

$\overline{DG}=\overline{GF}=2\overline{EF}$

$\overline{DE}=\overline{DG}+\overline{GE}=2\overline{EF}+\overline{EF}=3\overline{EF}=6$

$\therefore \overline{EF}=2(\text{cm})$

10 전략 먼저 $\overline{DE}$, $\overline{EF}$의 길이를 구하고 $\triangle DEF$의 둘레의 길이를 이용하여 $\overline{DF}$의 길이를 구한다.

$\overline{DE}=\frac{1}{2}\overline{AC}=\frac{1}{2}\times 12=6(\text{cm})$

$\overline{EF}=\frac{1}{2}\overline{BA}=\frac{1}{2}\times 10=5(\text{cm})$

$\triangle DEF$의 둘레의 길이가 18 cm이므로

$\overline{DF}=18-(6+5)=7(\text{cm})$

$\therefore \overline{BC}=2\overline{DF}=2\times 7=14(\text{cm})$

11 전략 사다리꼴에서 두 변의 중점을 연결한 선분의 성질을 이용한다.

$\triangle BDA$에서 $\overline{BM}=\overline{MA}$, $\overline{AD} /\!/ \overline{MP}$이므로

$\overline{MP}=\frac{1}{2}\overline{AD}=\frac{1}{2}\times 4=2(\text{cm})$

$\therefore \overline{MQ}=\overline{MP}+\overline{PQ}=2+1=3(\text{cm})$

$\triangle ABC$에서 $\overline{AM}=\overline{MB}$, $\overline{BC} /\!/ \overline{MQ}$이므로

$\overline{BC}=2\overline{MQ}=2\times 3=6(\text{cm})$

12 전략 평행선 사이의 선분의 길이의 비를 이용한다.

$8:24=6:a$이므로

$8a=144$ $\therefore a=18$

$24:20=18:b$이므로

$24b=360$ $\therefore b=15$

$24:20=\overline{PQ}:\frac{45}{2}$이므로

$20\overline{PQ}=540$ $\therefore \overline{PQ}=27$

$c:27=8:24$이므로

$24c=216$ $\therefore c=9$

$\therefore a-b+c=18-15+9=12$

참고 $c:\overline{PQ}:\frac{45}{2}=8:24:20$에서 $c:\frac{45}{2}=8:20$이므로 $\overline{PQ}$의 길이를 구하지 않고 c의 값을 구할 수도 있다.

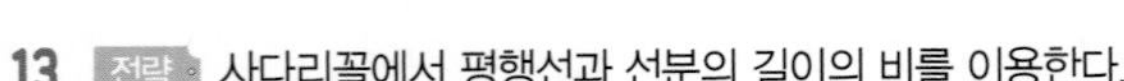

13 전략 사다리꼴에서 평행선과 선분의 길이의 비를 이용한다.

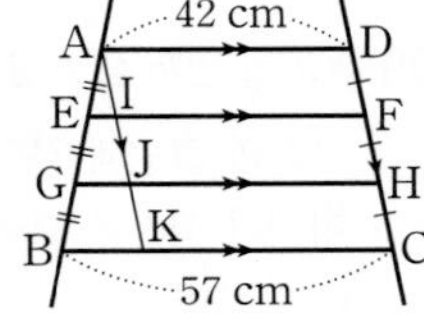

오른쪽 그림과 같이 부러진 두 다리를 $\overline{EF}$, $\overline{GH}$라 하고 점 A에서 $\overline{DC}$에 평행한 직선을 그어 $\overline{EF}$, $\overline{GH}$, $\overline{BC}$와의 교점을 각각 I, J, K라 하면

$\overline{IF}=\overline{JH}=\overline{KC}=\overline{AD}=42\text{ cm}$

$\triangle ABK$에서 $\overline{AE}:\overline{AB}=\overline{EI}:\overline{BK}$이므로

$1:3=\overline{EI}:(57-42)$, $3\overline{EI}=15$

$\therefore \overline{EI}=5(\text{cm})$

$\overline{EF}=\overline{EI}+\overline{IF}=5+42=47(\text{cm})$

또, $\overline{AG}:\overline{AB}=\overline{GJ}:\overline{BK}$이므로

$2:3=\overline{GJ}:(57-42)$, $3\overline{GJ}=30$

$\therefore \overline{GJ}=10(\text{cm})$

$\overline{GH}=\overline{GJ}+\overline{JH}=10+42=52(\text{cm})$

따라서 교체해야 할 두 다리의 길이의 합은

$\overline{EF}+\overline{GH}=47+52=99(\text{cm})$

다른 풀이 오른쪽 그림과 같이 $\overline{AC}$를 그어 $\overline{EF}$, $\overline{GH}$와의 교점을 각각 P, Q라 하자.

$\triangle ABC$에서

$\overline{AE}:\overline{AB}=\overline{EP}:\overline{BC}$이므로

$1:3=\overline{EP}:57$, $3\overline{EP}=57$ $\therefore \overline{EP}=19(\text{cm})$

$\triangle ACD$에서 $\overline{CF}:\overline{CD}=\overline{PF}:\overline{AD}$이므로

$2:3=\overline{PF}:42$, $3\overline{PF}=84$ $\therefore \overline{PF}=28(\text{cm})$

$\overline{EF}=\overline{EP}+\overline{PF}=19+28=47(\text{cm})$

또, $\triangle ABC$에서

$\overline{AG}:\overline{AB}=\overline{GQ}:\overline{BC}$이므로

$2:3=\overline{GQ}:57$, $3\overline{GQ}=114$ $\therefore \overline{GQ}=38(\text{cm})$

또, $\triangle ACD$에서

$\overline{CH}:\overline{CD}=\overline{QH}:\overline{AD}$이므로

$1:3=\overline{QH}:42$, $3\overline{QH}=42$ $\therefore \overline{QH}=14(\text{cm})$

$\overline{GH}=\overline{GQ}+\overline{QH}=38+14=52(\text{cm})$

$\therefore \overline{EF}+\overline{GH}=47+52=99(\text{cm})$

14 전략 닮음인 두 삼각형을 찾아 닮음비를 이용하여 선분의 길이를 구한다.

$\triangle AEB$와 $\triangle DEC$에서

$\angle AEB=\angle DEC$ (맞꼭지각), $\angle ABE=\angle DCE$ (엇각)

이므로 $\triangle AEB \backsim \triangle DEC$ (AA 닮음)

이때 $\overline{AE}:\overline{DE}=\overline{AB}:\overline{DC}=9:15=3:5$이고

$\triangle ACD$에서 $\overline{FE} /\!/ \overline{CD}$이므로

$\overline{AF}:\overline{FC}=\overline{AE}:\overline{ED}$

$(24-\overline{FC}):\overline{FC}=3:5$, $3\overline{FC}=5(24-\overline{FC})$

$8\overline{FC}=120$ $\therefore \overline{FC}=15(\text{cm})$

15 전략 삼각형의 무게중심의 성질을 이용하여 $\overline{AG}$의 길이와 $\overline{GG'}$의 길이를 각각 구한다.

점 M은 직각삼각형 GBC의 외심이므로

$\overline{GM}=\overline{BM}=\overline{CM}=\frac{1}{2}\overline{BC}=\frac{1}{2}\times 6=3(\text{cm})$

이때 점 G′은 $\triangle GBC$의 무게중심이므로

$\overline{GG'}=\frac{2}{3}\overline{GM}=\frac{2}{3}\times 3=2(\text{cm})$

한편, 점 G는 $\triangle ABC$의 무게중심이므로

$\overline{AG}=2\overline{GM}=2\times 3=6(\text{cm})$

$\therefore \overline{AG'}=\overline{AG}+\overline{GG'}=6+2=8(\text{cm})$

개념 보충 학습

① 직각삼각형의 외심은 빗변의 중점이다.

② 외심에서 삼각형의 세 꼭짓점에 이르는 거리는 같다.

16 전략 $\overline{BC} /\!/ \overline{DE}$이므로 $\triangle AGE \backsim \triangle AMC$임을 이용한다.

점 G가 $\triangle ABC$의 무게중심이므로

$\overline{AG}=2\overline{GM}=2\times7=14$(cm)

$\therefore x=14$

$\triangle AGE \backsim \triangle AMC$ (AA 닮음)이고

$\overline{CM}=\overline{BM}$이므로

$\overline{GE}:\overline{MC}=\overline{AG}:\overline{AM}=2:3$

$6:y=2:3$, $2y=18$

$\therefore y=9$

$\therefore x-y=14-9=5$

17 전략 삼각형의 무게중심과 세 꼭짓점을 이어서 생기는 세 삼각형의 넓이가 같음을 이용한다.

점 G는 $\triangle ABD$의 무게중심이고, 점 H는 $\triangle ADC$의 무게중심이므로

$$\begin{aligned}\square AGDH&=\triangle AGD+\triangle ADH\\&=\frac{1}{3}\triangle ABD+\frac{1}{3}\triangle ADC\\&=\frac{1}{3}(\triangle ABD+\triangle ADC)\\&=\frac{1}{3}\triangle ABC\\&=\frac{1}{3}\times30=10(\text{cm}^2)\end{aligned}$$

18 전략 점 P는 $\triangle ABD$의 무게중심이고, 점 Q는 $\triangle BCD$의 무게중심임을 이용한다.

점 P는 $\triangle ABD$의 무게중심이고, 점 Q는 $\triangle BCD$의 무게중심이다.

① $\triangle BCA$에서 $\overline{BM}=\overline{MA}$, $\overline{BN}=\overline{NC}$이므로

$\overline{MN}=\frac{1}{2}\overline{AC}$

또, $\overline{AO}=\overline{CO}=\frac{1}{2}\overline{AC}$이므로 $\overline{MN}=\overline{AO}$

② $\overline{PO}=\frac{1}{3}\overline{AO}$, $\overline{QO}=\frac{1}{3}\overline{CO}$이고

$\overline{AO}=\overline{CO}$이므로 $\overline{PO}=\overline{QO}$

③ $\overline{DQ}:\overline{QN}=2:1$이므로 $\overline{QN}=\frac{1}{3}\overline{DN}$

④ $\overline{AP}:\overline{PO}=2:1$, $\overline{CQ}:\overline{QO}=2:1$이고

$\overline{AO}=\overline{CO}$이므로 $\overline{AP}=\overline{PQ}=\overline{QC}$

⑤ $\overline{DP}:\overline{PM}=2:1$

따라서 옳지 않은 것은 ⑤이다.

참고 $\triangle ABD$에서 $\overline{AM}=\overline{BM}$, $\overline{BO}=\overline{DO}$이므로 점 P는 $\triangle ABD$의 무게중심이고, $\triangle BCD$에서 $\overline{BN}=\overline{CN}$, $\overline{BO}=\overline{DO}$이므로 점 Q는 $\triangle BCD$의 무게중심이다.

19 전략 $\overline{BC} /\!/ \overline{DE}$이므로 평행선과 선분의 길이의 비를 이용한다.

$\overline{BC} /\!/ \overline{DE}$이므로 $\overline{AE}:\overline{AC}=\overline{DE}:\overline{BC}$에서

$8:(8+16)=6:\overline{BC}$, $8\overline{BC}=144$

$\therefore \overline{BC}=18$(cm) …… ㉮

$\square DFCE$는 평행사변형이므로

$\overline{FC}=\overline{DE}=6$ cm …… ㉯

$\therefore \overline{BF}=\overline{BC}-\overline{FC}=18-6=12$(cm) …… ㉰

채점 기준

㉮ $\overline{BC}$의 길이 구하기	60 %
㉯ $\overline{FC}$의 길이 구하기	20 %
㉰ $\overline{BF}$의 길이 구하기	20 %

20 전략 $\overline{AD}$가 $\angle A$의 이등분선임을 이용하여 $\triangle ABD$의 넓이를 구한다.

$\overline{AD}$는 $\angle A$의 이등분선이므로

$\overline{BD}:\overline{CD}=\overline{AB}:\overline{AC}=7:5$

따라서 $\triangle ABD:\triangle ACD=\overline{BD}:\overline{CD}=7:5$이므로

$\triangle ABD:25=7:5$, $5\triangle ABD=175$

$\therefore \triangle ABD=35$(cm²) …… ㉮

$\triangle AED$와 $\triangle ACD$에서

$\overline{AD}$는 공통, $\angle AED=\angle C=90°$, $\angle DAE=\angle DAC$

이므로 $\triangle AED\equiv\triangle ACD$ (RHA 합동)

$\therefore \triangle AED=\triangle ACD=25$ cm² …… ㉯

$\therefore \triangle BDE=\triangle ABD-\triangle AED$

$=35-25=10$(cm²) …… ㉰

채점 기준

㉮ $\triangle ABD$의 넓이 구하기	40 %
㉯ $\triangle AED$의 넓이 구하기	30 %
㉰ $\triangle BDE$의 넓이 구하기	30 %

21 전략 삼각형의 두 변의 중점을 연결한 선분의 성질을 이용한다.

$\triangle AFG$에서 $\overline{AD}=\overline{DF}$, $\overline{AE}=\overline{EG}$이므로

$\overline{DE} /\!/ \overline{FG}$이고 $\overline{FG}=2\overline{DE}=2\times6=12$(cm) …… ㉮

$\triangle BED$에서 $\overline{BF}=\overline{FD}$, $\overline{DE} /\!/ \overline{FP}$이므로

$\overline{FP}=\frac{1}{2}\overline{DE}=\frac{1}{2}\times6=3$(cm)

$\triangle CED$에서 $\overline{CG}=\overline{GE}$, $\overline{DE} /\!/ \overline{QG}$이므로

$\overline{QG}=\frac{1}{2}\overline{DE}=\frac{1}{2}\times6=3$(cm) …… ㉯

$\therefore \overline{PQ}=\overline{FG}-\overline{FP}-\overline{QG}$

$=12-3-3=6$(cm) …… ㉰

채점 기준

㉮ $\overline{FG}$의 길이 구하기	40 %
㉯ $\overline{FP}$, $\overline{QG}$의 길이 각각 구하기	40 %
㉰ $\overline{PQ}$의 길이 구하기	20 %

22 전략 사다리꼴에서 평행선과 선분의 길이의 비를 이용한다.

(1) $\triangle ABC$에서 $\overline{AE}:\overline{AB}=\overline{EO}:\overline{BC}$이고

$\triangle DBC$에서 $\overline{DF}:\overline{DC}=\overline{OF}:\overline{BC}$

이때 $\overline{AE}:\overline{AB}=\overline{DF}:\overline{DC}$이므로

$\overline{EO}=\overline{OF}=\frac{1}{2}\overline{EF}=\frac{1}{2}\times12=6$(cm) …… ㉮

(2) $\triangle BDA$에서 $\overline{BE}:\overline{BA}=\overline{EO}:\overline{AD}=6:9=2:3$이므로

$\overline{AE}:\overline{AB}=1:3$ …… ㉯

따라서 $\triangle ABC$에서 $\overline{AE}:\overline{AB}=\overline{EO}:\overline{BC}$이므로

$1:3=6:\overline{BC}$

$\therefore \overline{BC}=18\,(\text{cm})$ …… ㉰

채점 기준

(1)	㉮ $\overline{EO}$의 길이 구하기	40 %
(2)	㉯ $\overline{AE}:\overline{AB}$ 구하기	40 %
	㉰ $\overline{BC}$의 길이 구하기	20 %

23 전략 삼각형의 무게중심의 성질을 이용하여 $\triangle ABC$가 어떤 삼각형인지 파악한다.

점 G가 $\triangle ABC$의 무게중심이므로

$\overline{BD}=\overline{CD}$

$\triangle ABD$와 $\triangle ACD$에서

$\overline{AD}$는 공통, $\overline{BD}=\overline{CD}$, $\angle ADB=\angle ADC$이므로

$\triangle ABD\equiv\triangle ACD$ (SAS 합동)

따라서 $\triangle ABC$는 $\overline{AB}=\overline{AC}$인 이등변삼각형이다. …… ㉮

$\triangle BCE$에서 $\overline{BD}=\overline{DC}$, $\overline{CE}\,/\!/\,\overline{DF}$이므로

$\overline{BF}=\overline{FE}$

$\therefore \overline{BE}=2\overline{BF}=2\times6=12\,(\text{cm})$ …… ㉯

$\therefore \overline{AC}=\overline{AB}=2\overline{BE}=2\times12=24\,(\text{cm})$ …… ㉰

채점 기준

㉮ $\triangle ABC$가 이등변삼각형임을 알기	40 %
㉯ $\overline{BE}$의 길이 구하기	30 %
㉰ $\overline{AC}$의 길이 구하기	30 %

24 전략 $\overline{BD}$를 긋고 점 G가 $\triangle BCD$의 무게중심임을 이용한다.

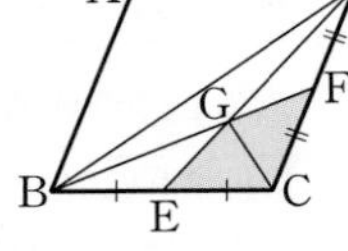

오른쪽 그림과 같이 $\overline{BD}$를 그으면

$\overline{BE}=\overline{CE}$, $\overline{CF}=\overline{DF}$이므로 점 G는

$\triangle BCD$의 무게중심이다. …… ㉮

$\overline{CG}$를 그으면

$$\square GECF=\triangle GEC+\triangle GCF$$
$$=\frac{1}{6}\triangle BCD+\frac{1}{6}\triangle BCD$$
$$=\frac{1}{3}\triangle BCD=\frac{1}{3}\times\frac{1}{2}\square ABCD$$
$$=\frac{1}{6}\square ABCD=\frac{1}{6}\times48=8\,(\text{cm}^2)$$ …… ㉯

채점 기준

㉮ 점 G가 $\triangle BCD$의 무게중심임을 알기	30 %
㉯ $\square GECF$의 넓이 구하기	70 %

Level C 단원 마무리 **발전 유형 정복하기** 122~123쪽

01 ③	02 $\frac{9}{2}$ cm	03 ④	04 20°	05 3 cm
06 56 cm^2	07 $\frac{12}{7}$ cm	08 5 cm	09 6 cm^2	
10 (1) $\overline{AC}=18$ cm, $\overline{AE}=\frac{27}{4}$ cm (2) 59				11 2 cm
12 10 cm^2				

01 전략 내접원의 중심 I가 $\triangle ABC$의 내심임을 이용하여 $\overline{DE}$의 길이를 구한다.

오른쪽 그림과 같이 $\overline{AI}$, $\overline{BI}$를 그으면 $\triangle DAI$, $\triangle EIB$는 이등변삼각형이므로

$\overline{DI}=\overline{DA}=\overline{AC}-\overline{DC}$

$=15-10=5\,(\text{cm})$

$\overline{EI}=\overline{EB}=4$ cm

$\therefore \overline{DE}=\overline{DI}+\overline{EI}=5+4=9\,(\text{cm})$

이때 $\overline{CD}:\overline{CA}=\overline{DE}:\overline{AB}$이므로

$10:15=9:\overline{AB}$, $10\overline{AB}=135$

$\therefore \overline{AB}=\frac{27}{2}\,(\text{cm})$

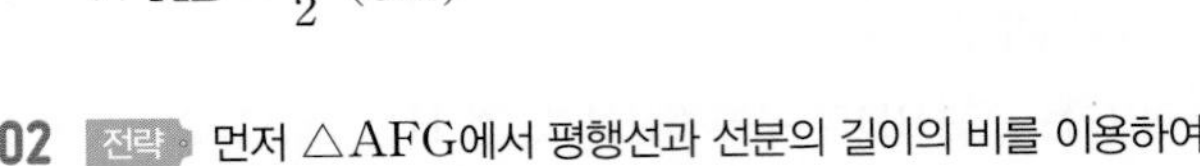

02 전략 먼저 $\triangle AFG$에서 평행선과 선분의 길이의 비를 이용하여 $\overline{EG}$의 길이를 구한다.

$\triangle AFG$에서 $\overline{FG}\,/\!/\,\overline{DE}$이므로 $\overline{AE}:\overline{EG}=\overline{AD}:\overline{DF}$

$12:\overline{EG}=2:1$, $2\overline{EG}=12$ $\quad\therefore \overline{EG}=6\,(\text{cm})$

또, $\overline{DE}:\overline{FG}=\overline{AD}:\overline{AF}=2:(2+1)=2:3$이고,

$\overline{BD}:\overline{DE}=5:2$이므로 $\overline{BD}:\overline{DE}:\overline{FG}=5:2:3$

$\therefore \overline{BE}:\overline{FG}=(5+2):3=7:3$

$\triangle CEB$에서 $\overline{BE}\,/\!/\,\overline{FG}$이므로 $\overline{CE}:\overline{CG}=\overline{BE}:\overline{FG}$

$(\overline{CG}+6):\overline{CG}=7:3$, $7\overline{CG}=3(\overline{CG}+6)$

$4\overline{CG}=18$ $\quad\therefore \overline{CG}=\frac{9}{2}\,(\text{cm})$

03 전략 삼각형에서 각의 이등분선의 성질을 이용하여 $\overline{BD}:\overline{CE}$를 구한다.

$\overline{BC}:\overline{CE}=2:3$이므로

$\overline{AB}:\overline{AC}=\overline{BE}:\overline{CE}=(2+3):3=5:3$

이때 $\overline{BD}:\overline{CD}=\overline{AB}:\overline{AC}=5:3$이므로

$\overline{BD}=5k$, $\overline{CD}=3k$ $(k>0)$라 하면 $\overline{BC}:\overline{CE}=2:3$에서

$(5k+3k):\overline{CE}=2:3$, $2\overline{CE}=24k$

$\therefore \overline{CE}=12k$

따라서 $\overline{BD}:\overline{CE}=5k:12k=5:12$이므로

$\triangle ABD:\triangle ACE=5:12$ $\quad\therefore \triangle ABD=\frac{5}{12}\triangle ACE$

즉, $\triangle ABD$의 넓이는 $\triangle ACE$의 넓이의 $\frac{5}{12}$배이다.

04 전략 $\triangle ABD$와 $\triangle BCD$에서 삼각형의 두 변의 중점을 연결한 선분의 성질을 이용한다.

$\triangle ABD$에서 $\overline{DP}=\overline{PA}$, $\overline{DQ}=\overline{QB}$이므로

$\overline{PQ}=\frac{1}{2}\overline{AB}$ …… ㉠

또, $\overline{PQ}\,/\!/\,\overline{AB}$이므로 $\angle PQD=\angle ABD=40°$ (동위각)

$\triangle BCD$에서 $\overline{BQ}=\overline{QD}$, $\overline{BR}=\overline{RC}$이므로

$\overline{QR}=\frac{1}{2}\overline{DC}$ …… ㉡

또, $\overline{QR}\,/\!/\,\overline{DC}$이므로 $\angle BQR=\angle BDC=80°$ (동위각)

$\angle DQR=180°-80°=100°$

$\therefore \angle PQR=40°+100°=140°$

한편, $\overline{AB}=\overline{DC}$이므로 ㉠, ㉡에서 $\overline{PQ}=\overline{QR}$
따라서 △PQR는 이등변삼각형이므로
$\angle QPR=\frac{1}{2}\times(180°-140°)=20°$

05 전략 $\overline{DE}$를 그으면 $\overline{BD}=\overline{DA}$, $\overline{BE}=\overline{EF}$이므로 $\overline{AF}/\!/\overline{DE}$임을 이용한다.

오른쪽 그림과 같이 $\overline{DE}$를 그으면
△BFA에서 $\overline{BD}=\overline{DA}$, $\overline{BE}=\overline{EF}$이므로
$\overline{AF}/\!/\overline{DE}$, $\overline{AF}=2\overline{DE}$ …… ㉠
△CDE에서 $\overline{CF}=\overline{FE}$, $\overline{DE}/\!/\overline{QF}$이므로 $\overline{DE}=2\overline{QF}$ …… ㉡
㉠, ㉡에서 $\overline{AF}=2\overline{DE}=2\times2\overline{QF}=4\overline{QF}$
$\therefore \overline{AQ}=\overline{AF}-\overline{QF}=4\overline{QF}-\overline{QF}=3\overline{QF}$
△PDE와 △PQA에서
∠DPE=∠QPA (맞꼭지각), ∠PDE=∠PQA (엇각)
이므로 △PDE∽△PQA (AA 닮음)
따라서 $\overline{PD}:\overline{PQ}=\overline{DE}:\overline{QA}=2\overline{QF}:3\overline{QF}=2:3$이므로
$2:\overline{PQ}=2:3$, $2\overline{PQ}=6$ $\therefore \overline{PQ}=3$(cm)

06 전략 등변사다리꼴의 네 변의 중점을 연결한 □EFGH가 어떤 사각형인지 알아본다.

$\overline{AC}$, $\overline{BD}$를 그으면
$\overline{AE}=\overline{EB}$, $\overline{BF}=\overline{FC}$, $\overline{CG}=\overline{GD}$, $\overline{DH}=\overline{HA}$이므로
$\overline{EH}=\overline{FG}=\frac{1}{2}\overline{BD}$, $\overline{EF}=\overline{HG}=\frac{1}{2}\overline{AC}$
이때 등변사다리꼴 ABCD의 두 대각선 AC, BD의 길이는 같으므로 $\overline{EF}=\overline{FG}=\overline{GH}=\overline{HE}$
즉, □EFGH는 마름모이다.

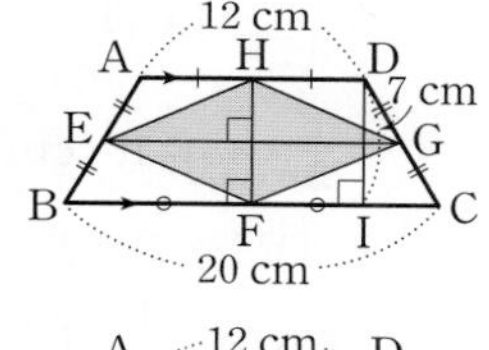

오른쪽 그림과 같이 $\overline{EG}$, $\overline{HF}$를 그으면 $\overline{EG}\perp\overline{HF}$이고
$\overline{AD}/\!/\overline{EG}/\!/\overline{BC}$이므로 $\overline{BC}\perp\overline{HF}$
$\therefore \overline{HF}=\overline{DI}=7$ cm

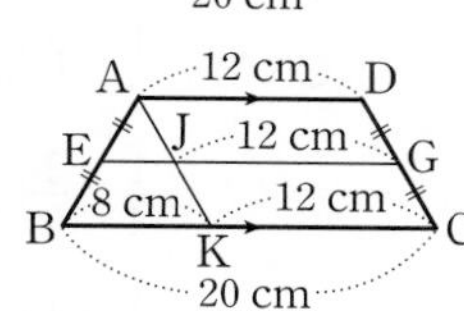

한편, 오른쪽 그림과 같이 점 A를 지나고 $\overline{DC}$에 평행한 직선을 그어 $\overline{EG}$, $\overline{BC}$와의 교점을 각각 J, K라 하면
$\overline{KC}=\overline{JG}=\overline{AD}=12$ cm
$\therefore \overline{BK}=\overline{BC}-\overline{KC}=20-12=8$(cm)
△ABK에서 $\overline{AE}:\overline{AB}=\overline{EJ}:\overline{BK}$이므로
$1:2=\overline{EJ}:8$, $2\overline{EJ}=8$ $\therefore \overline{EJ}=4$(cm)
$\therefore \overline{EG}=\overline{EJ}+\overline{JG}=4+12=16$(cm)
$\therefore$ □EFGH$=\frac{1}{2}\times\overline{EG}\times\overline{HF}=\frac{1}{2}\times16\times7=56$(cm^2)

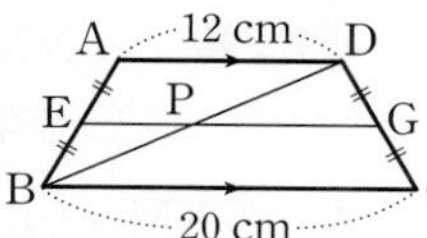

다른 풀이 오른쪽 그림과 같이 $\overline{BD}$를 그어 $\overline{EG}$와의 교점을 P라 하면
△BDA에서
$\overline{BE}=\overline{EA}$, $\overline{AD}/\!/\overline{EP}$이므로
$\overline{EP}=\frac{1}{2}\overline{AD}=\frac{1}{2}\times12=6$(cm)
△DBC에서 $\overline{DG}=\overline{GC}$, $\overline{BC}/\!/\overline{PG}$이므로
$\overline{PG}=\frac{1}{2}\overline{BC}=\frac{1}{2}\times20=10$(cm)
$\therefore \overline{EG}=\overline{EP}+\overline{PG}=6+10=16$(cm)

07 전략 △DBM에서 평행선 사이의 선분의 길이의 비를 이용한다.

$\overline{BM}=\overline{CM}=\frac{1}{2}\overline{BC}=\frac{1}{2}\times6=3$(cm)
△AED∽△MEB (AA 닮음)이므로
$\overline{DE}:\overline{BE}=\overline{AD}:\overline{MB}=4:3$
△AFD∽△CFM (AA 닮음)이므로
$\overline{DF}:\overline{MF}=\overline{AD}:\overline{CM}=4:3$
즉, $\overline{DE}:\overline{BE}=\overline{DF}:\overline{MF}$이므로
△DBM에서 $\overline{EF}/\!/\overline{BM}$
$\overline{DE}:\overline{DB}=\overline{EF}:\overline{BM}$이므로
$4:(4+3)=\overline{EF}:3$, $7\overline{EF}=12$
$\therefore \overline{EF}=\frac{12}{7}$(cm)

08 전략 $\overline{AB}/\!/\overline{HG}/\!/\overline{CD}$임을 이용한다.

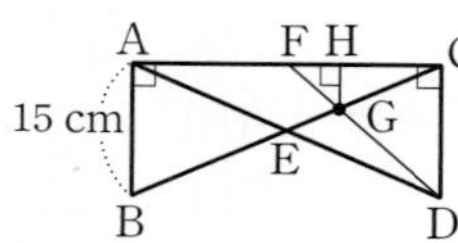

오른쪽 그림과 같이 $\overline{AD}$와 $\overline{BC}$의 교점을 E, $\overline{DG}$의 연장선과 $\overline{AC}$의 교점을 F라 하자.
점 G가 △ADC의 무게중심이므로 $\overline{AE}=\overline{DE}$이고 $\overline{AB}/\!/\overline{CD}$이므로
△ABE≡△DCE(ASA 합동)
$\therefore \overline{DC}=\overline{AB}=15$ cm
$\overline{CD}/\!/\overline{HG}$이므로 △FDC∽△FGH (AA 닮음)
따라서 $\overline{DF}:\overline{GF}=\overline{CD}:\overline{HG}$에서
$3:1=15:\overline{HG}$, $3\overline{HG}=15$
$\therefore \overline{HG}=5$(cm)

참고 △ABE와 △DCE에서
$\overline{AE}=\overline{DE}$, ∠AEB=∠DEC (맞꼭지각),
∠BAE=∠CDE (엇각)이므로
△ABE≡△DCE (ASA 합동)

09 전략 △AGD$=\frac{1}{3}$△ABD, △ADG′$=\frac{1}{3}$△ADC임을 이용한다.

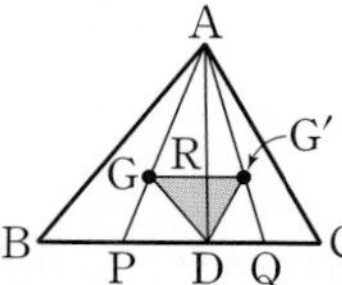

오른쪽 그림과 같이 $\overline{AG}$, $\overline{AG'}$의 연장선과 $\overline{BC}$의 교점을 각각 P, Q라 하고, $\overline{AD}$와 $\overline{GG'}$의 교점을 R라 하자.
△APQ에서
$\overline{AG}:\overline{GP}=\overline{AG'}:\overline{G'Q}=2:1$이므로
$\overline{GG'}/\!/\overline{PQ}$
따라서 △APD에서
$\overline{AR}:\overline{RD}=\overline{AG}:\overline{GP}=2:1$
점 G는 △ABD의 무게중심이므로
△GDR$=\frac{1}{3}$△AGD$=\frac{1}{3}\times\frac{1}{3}$△ABD$=\frac{1}{9}$△ABD
점 G′은 △ADC의 무게중심이므로
△G′RD$=\frac{1}{3}$△ADG′$=\frac{1}{3}\times\frac{1}{3}$△ADC$=\frac{1}{9}$△ADC

$\therefore \triangle GDG' = \triangle GDR + \triangle G'RD$

$= \frac{1}{9}\triangle ABD + \frac{1}{9}\triangle ADC$

$= \frac{1}{9}(\triangle ABD + \triangle ADC)$

$= \frac{1}{9}\triangle ABC$

$= \frac{1}{9} \times 54 = 6(\text{cm}^2)$

10 전략 삼각형의 내각의 이등분선의 성질을 이용하여 선분의 길이를 구한다.

(1) $\overline{AD}$는 $\angle A$의 이등분선이므로

$\overline{AB} : \overline{AC} = \overline{BD} : \overline{CD}$에서

$12 : \overline{AC} = 8 : 12$, $8\overline{AC} = 144$

$\therefore \overline{AC} = 18(\text{cm})$ …… ㉮

또, $\overline{BE}$는 $\angle B$의 이등분선이므로

$\overline{BA} : \overline{BC} = \overline{AE} : \overline{CE}$에서

$12 : (8+12) = \overline{AE} : (18 - \overline{AE})$

$20\overline{AE} = 12(18 - \overline{AE})$, $32\overline{AE} = 216$

$\therefore \overline{AE} = \frac{27}{4}(\text{cm})$ …… ㉯

(2) $\triangle ABD$에서

$\triangle FBD : \triangle ABF = \overline{DF} : \overline{AF} = \overline{BD} : \overline{BA}$

$= 8 : 12 = 2 : 3$

$\therefore \triangle FBD = \frac{2}{3}\triangle ABF$ …… ㉠

$\triangle ABE$에서

$\triangle ABF : \triangle AFE = \overline{BF} : \overline{EF} = \overline{AB} : \overline{AE}$

$= 12 : \frac{27}{4} = 16 : 9$

$\therefore \triangle AFE = \frac{9}{16}\triangle ABF$ …… ㉡

㉠, ㉡에서

$\triangle FBD : \triangle AFE = \frac{2}{3}\triangle ABF : \frac{9}{16}\triangle ABF = 32 : 27$

따라서 $m=32$, $n=27$이므로

$m+n = 32+27 = 59$ …… ㉰

채점 기준

(1)	㉮ $\overline{AC}$의 길이 구하기	30 %
	㉯ $\overline{AE}$의 길이 구하기	30 %
(2)	㉰ $m+n$의 값 구하기	40 %

11 전략 $\overline{BC}$, $\overline{MN}$의 길이를 이용하여 $\overline{AD}$의 길이를 구한다.

$\overline{AD} /\!/ \overline{BC}$, $\overline{AM} = \overline{MB}$, $\overline{DN} = \overline{NC}$이므로

$\overline{AD} /\!/ \overline{MN} /\!/ \overline{BC}$

오른쪽 그림과 같이 $\overline{MN}$과 $\overline{AC}$의 교점을 P라 하면 $\triangle ABC$에서

$\overline{AM} = \overline{MB}$, $\overline{MP} /\!/ \overline{BC}$이므로

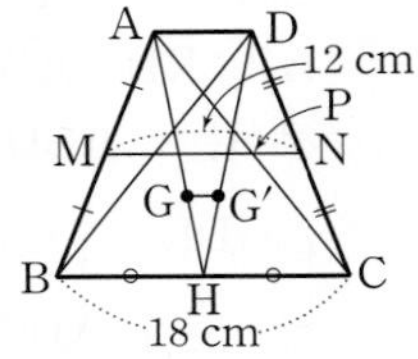

$\overline{MP} = \frac{1}{2}\overline{BC} = \frac{1}{2} \times 18 = 9(\text{cm})$

$\therefore \overline{PN} = \overline{MN} - \overline{MP}$

$= 12 - 9 = 3(\text{cm})$ …… ㉮

$\triangle CDA$에서 $\overline{CN} = \overline{ND}$, $\overline{AD} /\!/ \overline{PN}$이므로

$\overline{AD} = 2\overline{PN} = 2 \times 3 = 6(\text{cm})$ …… ㉯

이때 두 점 G, G′은 각각 $\triangle ABC$, $\triangle DBC$의 무게중심이므로

$\triangle GHG'$과 $\triangle AHD$에서

$\overline{GH} : \overline{AH} = \overline{G'H} : \overline{DH} = 1 : 3$, $\angle AHD$는 공통이므로

$\triangle GHG' \backsim \triangle AHD$ (SAS 닮음) …… ㉰

따라서 $\overline{GG'} : \overline{AD} = 1 : 3$이므로

$\overline{GG'} : 6 = 1 : 3$, $3\overline{GG'} = 6$

$\therefore \overline{GG'} = 2(\text{cm})$ …… ㉱

채점 기준

㉮ $\overline{PN}$의 길이 구하기	30 %
㉯ $\overline{AD}$의 길이 구하기	20 %
㉰ $\triangle GHG' \backsim \triangle AHD$임을 알기	30 %
㉱ $\overline{GG'}$의 길이 구하기	20 %

12 전략 $\overline{AC}$를 긋고 두 점 P, Q가 각각 $\triangle ABC$, $\triangle ACD$의 무게중심임을 이용한다.

오른쪽 그림과 같이 $\overline{AC}$를 그어 $\overline{BD}$와의 교점을 O라 하면 두 점 P, Q는 각각 $\triangle ABC$, $\triangle ACD$의 무게중심이므로

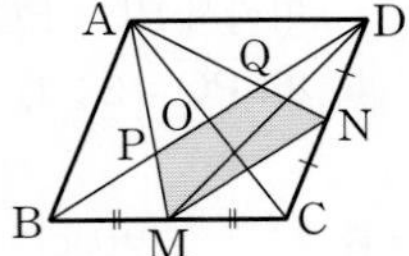

(오각형 PMCNQ의 넓이)

$= \square PMCO + \square OCNQ$

$= \frac{1}{3}\triangle ABC + \frac{1}{3}\triangle ACD$

$= \frac{1}{3} \times \frac{1}{2}\square ABCD + \frac{1}{3} \times \frac{1}{2}\square ABCD$

$= \frac{1}{6}\square ABCD + \frac{1}{6}\square ABCD$

$= \frac{1}{3}\square ABCD$

$= \frac{1}{3} \times 48 = 16(\text{cm}^2)$ …… ㉮

또, $\overline{DM}$을 그으면

$\triangle CNM = \frac{1}{2}\triangle DMC = \frac{1}{2} \times \frac{1}{2}\triangle DBC = \frac{1}{4}\triangle DBC$

$= \frac{1}{4} \times \frac{1}{2}\square ABCD = \frac{1}{8}\square ABCD$

$= \frac{1}{8} \times 48 = 6(\text{cm}^2)$ …… ㉯

$\therefore \square PMNQ = (\text{오각형 PMCNQ의 넓이}) - \triangle CNM$

$= 16 - 6 = 10(\text{cm}^2)$ …… ㉰

채점 기준

㉮ 오각형 PMCNQ의 넓이 구하기	50 %
㉯ $\triangle CNM$의 넓이 구하기	30 %
㉰ $\square PMNQ$의 넓이 구하기	20 %

다른 풀이 $\triangle CNM \backsim \triangle CDB$ (SAS 닮음)이고 닮음비는 $1 : 2$이므로 두 삼각형의 넓이의 비는 $1^2 : 2^2 = 1 : 4$

$\therefore \triangle CNM = \frac{1}{4}\triangle CDB = \frac{1}{4} \times \frac{1}{2}\square ABCD$

$= \frac{1}{8}\square ABCD = \frac{1}{8} \times 48 = 6(\text{cm}^2)$

5. 피타고라스 정리

Lecture 19 피타고라스 정리

Level A 개념 익히기 126쪽

01 $x^2=6^2+8^2=100$
$x>0$이므로 $x=10$ 답 10

02 $15^2=9^2+x^2$, $x^2=144$
$x>0$이므로 $x=12$ 답 12

03 $17^2=x^2+8^2$, $x^2=225$
$x>0$이므로 $x=15$ 답 15

04 $25^2=24^2+x^2$, $x^2=49$
$x>0$이므로 $x=7$ 답 7

05 $x^2=13^2-5^2=144$
$x>0$이므로 $x=12$
$y^2=16^2+12^2=400$
$y>0$이므로 $y=20$ 답 $x=12$, $y=20$

06 $x^2=10^2-6^2=64$
$x>0$이므로 $x=8$
$y^2=(6+9)^2+8^2=289$
$y>0$이므로 $y=17$ 답 $x=8$, $y=17$

07 $x^2=9^2+12^2=225$
$x>0$이므로 $x=15$
$y^2=8^2+15^2=289$
$y>0$이므로 $y=17$ 답 $x=15$, $y=17$

08 $x^2=20^2+15^2=625$
$x>0$이므로 $x=25$
$y^2=25^2-7^2=576$
$y>0$이므로 $y=24$ 답 $x=25$, $y=24$

Level B 유형 공략하기 127~129쪽

하 **09** $\overline{AB}^2=13^2-12^2=25$
$\overline{AB}>0$이므로 $\overline{AB}=5(cm)$
$\therefore \triangle ABC=\frac{1}{2}\times\overline{BC}\times\overline{AB}$
$=\frac{1}{2}\times12\times5$
$=30(cm^2)$ 답 ②

중 **10** $\triangle ABC$에서 $\overline{AC}^2=1^2+1^2=2$
$\triangle ACD$에서 $\overline{AD}^2=2+1^2=3$
$\triangle ADE$에서 $\overline{AE}^2=3+1^2=4$
$\overline{AE}>0$이므로 $\overline{AE}=2$ 답 2

중 **11** $\overline{AB}^2=16^2+12^2=400$
$\overline{AB}>0$이므로 $\overline{AB}=20(cm)$
이때 점 O가 $\triangle ABC$의 외심이므로
$\overline{OC}=\overline{OA}=\overline{OB}=\frac{1}{2}\overline{AB}$
$=\frac{1}{2}\times20=10(cm)$ 답 10 cm

> **개념 보충 학습**
> **삼각형의 외심의 성질**
> ① 삼각형의 외심에서 세 꼭짓점에 이르는 거리는 같다.
> ② 직각삼각형의 외심은 빗변의 중점이다.

중 **12** 오른쪽 그림에서 나무의 높이가 25 m이므로

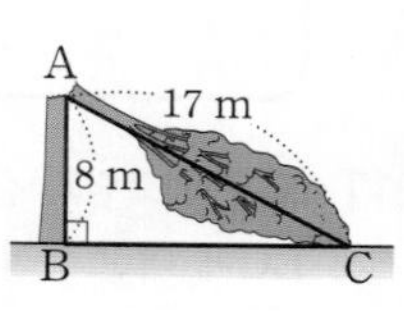

$\overline{AC}=25-8=17(m)$
$\overline{BC}^2=17^2-8^2=225$
$\overline{BC}>0$이므로 $\overline{BC}=15(m)$ 답 15 m

중 **13** $\triangle ADC$에서 $\overline{CD}^2=13^2-12^2=25$
$\overline{CD}>0$이므로 $\overline{CD}=5(cm)$
$\therefore \overline{BD}=\overline{BC}-\overline{CD}=21-5=16(cm)$
따라서 $\triangle ABD$에서
$\overline{AB}^2=16^2+12^2=400$
$\overline{AB}>0$이므로 $\overline{AB}=20(cm)$ 답 20 cm

중 **14** $\triangle ABD$에서 $\overline{AD}^2=3^2+4^2=25$
$\overline{AD}>0$이므로 $\overline{AD}=5(cm)$
$\overline{CD}=\overline{AD}=5$ cm이므로
$\overline{BC}=\overline{BD}+\overline{CD}=3+5=8(cm)$
따라서 $\triangle ABC$에서
$\overline{AC}^2=8^2+4^2=80$ 답 80

중 **15** $\triangle ABC$에서 $\overline{BC}^2=\left(\frac{25}{2}\right)^2-(6+4)^2=\frac{225}{4}$
$\overline{BC}>0$이므로 $\overline{BC}=\frac{15}{2}(cm)$
따라서 $\triangle BCD$에서
$\overline{CD}^2=\left(\frac{15}{2}\right)^2+4^2=\frac{289}{4}$
$\overline{CD}>0$이므로 $\overline{CD}=\frac{17}{2}(cm)$ 답 $\frac{17}{2}$ cm

상 **16** $\triangle ABC$에서 $\overline{BC}^2=10^2-8^2=36$
$\overline{BC}>0$이므로 $\overline{BC}=6(cm)$ …… ㉮

이때 $\overline{AD}$가 $\angle A$의 이등분선이므로

$10 : 8 = \overline{BD} : \overline{CD}$에서 $\overline{BD} : \overline{CD} = 5 : 4$

$\therefore \overline{BD} = \frac{5}{9}\overline{BC} = \frac{5}{9} \times 6 = \frac{10}{3}$ (cm) ······ ㉯

$\therefore \triangle ABD = \frac{1}{2} \times \overline{BD} \times \overline{AC}$

$= \frac{1}{2} \times \frac{10}{3} \times 8 = \frac{40}{3}$ (cm^2) ······ ㉰

답 $\frac{40}{3}$ cm^2

채점 기준

㉮ $\overline{BC}$의 길이 구하기	40 %
㉯ $\overline{BD}$의 길이 구하기	40 %
㉰ $\triangle ABD$의 넓이 구하기	20 %

개념 보충 학습

삼각형의 내각의 이등분선의 성질

$\triangle ABC$에서 $\angle A$의 이등분선이 $\overline{BC}$와 만나는 점을 D라 하면

$\overline{AB} : \overline{AC} = \overline{BD} : \overline{CD}$

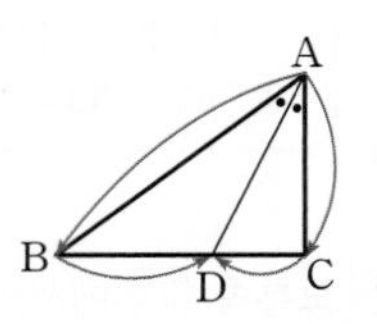

중 **17** 오른쪽 그림과 같이 꼭짓점 A에서 $\overline{BC}$에 내린 수선의 발을 H라 하면

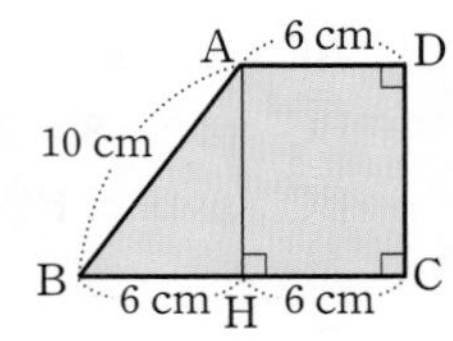

$\overline{HC} = \overline{AD} = 6$ cm이므로

$\overline{BH} = \overline{BC} - \overline{HC} = 12 - 6 = 6$ (cm)

$\triangle ABH$에서 $\overline{AH}^2 = 10^2 - 6^2 = 64$

$\overline{AH} > 0$이므로 $\overline{AH} = 8$ (cm)

$\therefore \square ABCD = \frac{1}{2} \times (\overline{AD} + \overline{BC}) \times \overline{AH}$

$= \frac{1}{2} \times (6 + 12) \times 8 = 72$ (cm^2)

답 72 cm^2

중 **18** 오른쪽 그림과 같이 $\overline{BD}$를 그으면

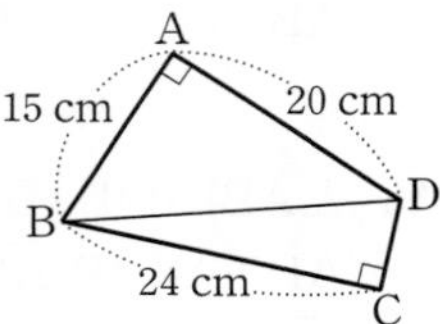

$\triangle ABD$에서

$\overline{BD}^2 = 15^2 + 20^2 = 625$

$\overline{BD} > 0$이므로 $\overline{BD} = 25$ (cm)

따라서 $\triangle BCD$에서

$\overline{CD}^2 = 25^2 - 24^2 = 49$

$\overline{CD} > 0$이므로 $\overline{CD} = 7$ (cm)

답 7 cm

중 **19** 오른쪽 그림과 같이 두 꼭짓점 A, D에서 $\overline{BC}$에 내린 수선의 발을 각각 H, H'이라 하면

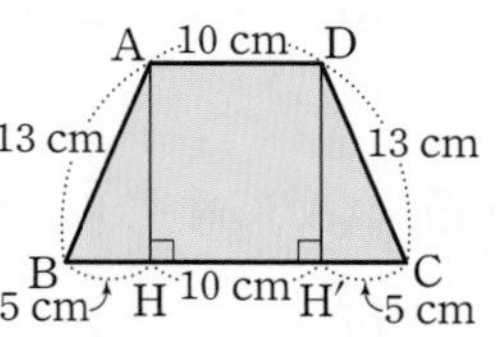

$\overline{HH'} = \overline{AD} = 10$ cm이므로

$\overline{BH} = \overline{CH'} = \frac{1}{2} \times (20 - 10)$

$= 5$ (cm) ······ ㉮

$\triangle ABH$에서 $\overline{AH}^2 = 13^2 - 5^2 = 144$

$\overline{AH} > 0$이므로 $\overline{AH} = 12$ (cm) ······ ㉯

$\therefore \square ABCD = \frac{1}{2} \times (\overline{AD} + \overline{BC}) \times \overline{AH}$

$= \frac{1}{2} \times (10 + 20) \times 12 = 180$ (cm^2) ······ ㉰

답 180 cm^2

채점 기준

㉮ $\overline{BH}$의 길이 구하기	40 %
㉯ $\overline{AH}$의 길이 구하기	40 %
㉰ $\square ABCD$의 넓이 구하기	20 %

하 **20** 직사각형의 세로의 길이를 a cm $(a > 0)$라 하면

$8^2 + a^2 = 17^2$, $a^2 = 225$ $\therefore a = 15$

따라서 직사각형의 넓이는 $8 \times 15 = 120$ (cm^2)

답 ④

하 **21** $\overline{BD}^2 = 7^2 + 5^2 = 74$이므로

$\square BEFD = \overline{BD}^2 = 74$ (cm^2)

답 74 cm^2

중 **22** TV 화면의 가로의 길이를 $4a$ cm, 세로의 길이를 $3a$ cm $(a > 0)$라 하면

$(4a)^2 + (3a)^2 = 100^2$, $25a^2 = 10000$

$a^2 = 400$ $\therefore a = 20$

따라서 TV 화면의 가로의 길이는 $4a = 4 \times 20 = 80$ (cm),

세로의 길이는 $3a = 3 \times 20 = 60$ (cm)

답 가로의 길이: 80 cm, 세로의 길이: 60 cm

중 **23** 오른쪽 그림과 같이 $\overline{BD}$를 긋고 점 E에서 $\overline{BC}$에 내린 수선의 발을 H라 하면

$\overline{HC} = \overline{ED} = 7$ cm이므로

$\overline{BH} = \overline{BC} - \overline{HC} = 16 - 7 = 9$ (cm)

$\triangle EBH$에서 $\overline{EH}^2 = 15^2 - 9^2 = 144$

$\overline{EH} > 0$이므로 $\overline{EH} = 12$ (cm)

$\therefore \overline{DC} = \overline{EH} = 12$ cm

$\triangle BCD$에서 $\overline{BD}^2 = 16^2 + 12^2 = 400$

$\overline{BD} > 0$이므로 $\overline{BD} = 20$ (cm)

따라서 $\square ABCD$의 대각선의 길이는 20 cm이다.

답 20 cm

중 **24** 오른쪽 그림과 같이 꼭짓점 A에서 $\overline{BC}$에 내린 수선의 발을 H라 하면

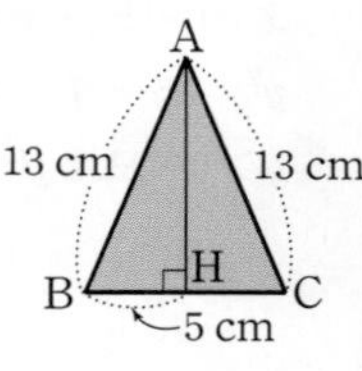

$\overline{BH} = \frac{1}{2}\overline{BC} = \frac{1}{2} \times 10 = 5$ (cm)

$\triangle ABH$에서 $\overline{AH}^2 = 13^2 - 5^2 = 144$

$\overline{AH} > 0$이므로 $\overline{AH} = 12$ (cm)

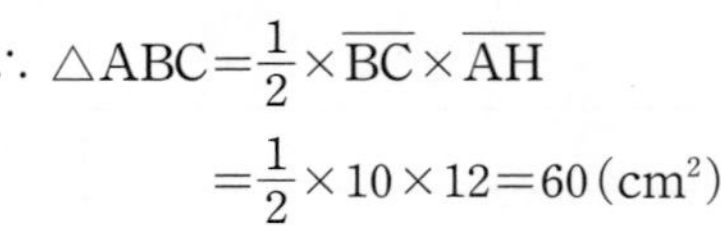

$\therefore \triangle ABC = \frac{1}{2} \times \overline{BC} \times \overline{AH}$

$= \frac{1}{2} \times 10 \times 12 = 60$ (cm^2)

답 ⑤

중 **25** 오른쪽 그림과 같이 $\overline{AG}$의 연장선과 $\overline{BC}$의 교점을 H라 하면

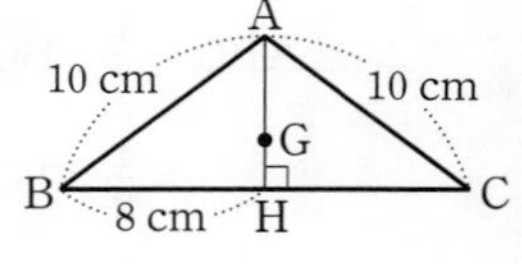

$\overline{AH} \perp \overline{BC}$이고

$\overline{BH} = \frac{1}{2}\overline{BC} = \frac{1}{2} \times 16 = 8$ (cm)

$\triangle ABH$에서 $\overline{AH}^2=10^2-8^2=36$

$\overline{AH}>0$이므로 $\overline{AH}=6(cm)$

이때 점 G가 $\triangle ABC$의 무게중심이므로

$\overline{AG}=\frac{2}{3}\overline{AH}=\frac{2}{3}\times 6=4(cm)$ 답 4 cm

개념 보충 학습

삼각형의 무게중심의 성질

① 삼각형의 세 중선은 무게중심에서 만난다.

② 점 G가 $\triangle ABC$의 무게중심이면

$\overline{AG}:\overline{GD}=\overline{BG}:\overline{GE}$
$=\overline{CG}:\overline{GF}$
$=2:1$

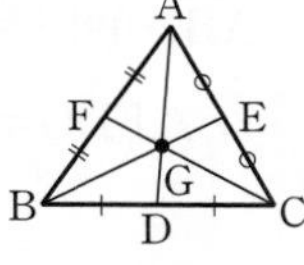

참고 이등변삼각형의 무게중심은 꼭지각의 이등분선 위에 있다.

중 26 주어진 직각삼각형을 직선 l을 회전축으로 하여 1회전 시킬 때 생기는 입체도형은 오른쪽 그림과 같은 원뿔이다.

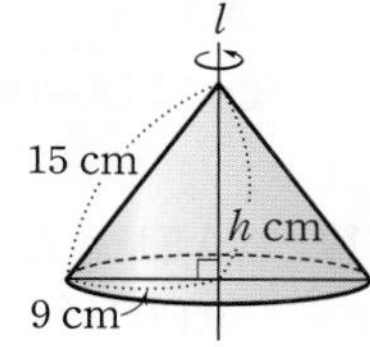

원뿔의 높이를 h cm $(h>0)$라 하면

$h^2=15^2-9^2=144$

$\therefore h=12$

이때 원뿔을 회전축을 포함하는 평면으로 자를 때 생기는 단면은 이등변삼각형이므로 구하는 단면의 넓이는

$\frac{1}{2}\times 18\times 12=108(cm^2)$ 답 108 cm²

중 27 $\overline{AE}=\overline{AD}=10$ cm이므로

$\triangle ABE$에서 $\overline{BE}^2=10^2-6^2=64$

$\overline{BE}>0$이므로 $\overline{BE}=8(cm)$

$\therefore \overline{EC}=\overline{BC}-\overline{BE}=10-8=2(cm)$

이때 $\triangle ABE \backsim \triangle ECF$ (AA 닮음)이므로

$\overline{AB}:\overline{EC}=\overline{AE}:\overline{EF}$에서

$6:2=10:\overline{EF}$

$6\overline{EF}=20$ $\therefore \overline{EF}=\frac{10}{3}(cm)$ 답 $\frac{10}{3}$ cm

중 28 $\overline{BE}=\overline{BC}=20$ cm이므로

$\triangle ABE$에서 $\overline{AE}^2=20^2-16^2=144$

$\overline{AE}>0$이므로 $\overline{AE}=12(cm)$

$\therefore \overline{ED}=\overline{AD}-\overline{AE}=20-12=8(cm)$ …… ㉮

이때 $\triangle ABE \backsim \triangle DEF$ (AA 닮음)이므로

$\overline{AB}:\overline{DE}=\overline{AE}:\overline{DF}$에서

$16:8=12:\overline{DF}$

$16\overline{DF}=96$ $\therefore \overline{DF}=6(cm)$ …… ㉯

$\therefore \triangle EFD=\frac{1}{2}\times\overline{ED}\times\overline{DF}$

$=\frac{1}{2}\times 8\times 6=24(cm^2)$ …… ㉰

답 24 cm²

채점 기준

채점 기준	비율
㉮ $\overline{ED}$의 길이 구하기	40 %
㉯ $\overline{DF}$의 길이 구하기	40 %
㉰ $\triangle EFD$의 넓이 구하기	20 %

중 29 $\triangle ABE$의 넓이가 6 cm²이므로

$\frac{1}{2}\times 4\times\overline{AE}=6$ $\therefore \overline{AE}=3(cm)$

$\triangle ABE$에서 $\overline{BE}^2=3^2+4^2=25$

$\overline{BE}>0$이므로 $\overline{BE}=5(cm)$

이때 $\triangle BDE$는 이등변삼각형이므로

$\overline{ED}=\overline{BE}=5$ cm

$\therefore \overline{BC}=\overline{AD}=\overline{AE}+\overline{ED}$

$=3+5=8(cm)$ 답 8 cm

공략 비법

직사각형 ABCD를 대각선 BD를 접는 선으로 하여 접으면 다음이 성립한다.

① $\triangle BDE$는 이등변삼각형

② $\overline{AE}=x$라 하면
$\overline{BE}=\overline{ED}=a-x$

③ $\triangle ABE\equiv\triangle FDE$ (RHS 합동)

④ $\triangle ABE$에서
$\overline{BE}^2=x^2+b^2$

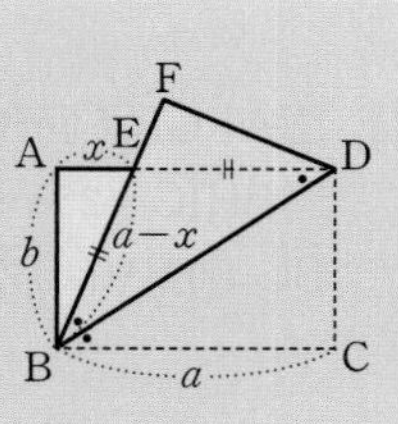

Lecture 20 피타고라스 정리의 설명

Level A 개념 익히기 130쪽

01 $\square AFML=\square ACDE=3^2=9(cm^2)$ 답 9 cm²

02 $\square LMGB=\square BHIC=4^2=16(cm^2)$ 답 16 cm²

03 $\square AFGB=\square AFML+\square LMGB$
$=9+16=25(cm^2)$ 답 25 cm²

04 $\square AFGB=25$ cm²이므로 $\overline{AB}^2=25$
$\overline{AB}>0$이므로 $\overline{AB}=5(cm)$ 답 5 cm

05 $\triangle AEH$에서 $\overline{EH}^2=8^2+6^2=100$
$\overline{EH}>0$이므로 $\overline{EH}=10(cm)$ 답 10 cm

06 $\square EFGH=\overline{EH}^2=10^2=100(cm^2)$ 답 100 cm²

07 $\triangle ABC$에서 $\overline{AB}^2=15^2+20^2=625$
$\overline{AB}>0$이므로 $\overline{AB}=25(cm)$ 답 25 cm

08 $\overline{AC}^2=\overline{AD}\times\overline{AB}$이므로
$15^2=\overline{AD}\times 25$ $\therefore \overline{AD}=9(cm)$ 답 9 cm

09 $\overline{AC}\times\overline{BC}=\overline{AB}\times\overline{CD}$이므로
$15\times 20=25\times\overline{CD}$ $\therefore \overline{CD}=12(cm)$ 답 12 cm

중 **10** □ACDE+□BHIC=□AFGB이므로
□ACDE=34−9=25(cm²)에서 $\overline{AC}^2=25$
$\overline{AC}>0$이므로 $\overline{AC}=5$(cm)
또, □BHIC=9 cm²에서 $\overline{BC}^2=9$
$\overline{BC}>0$이므로 $\overline{BC}=3$(cm)
∴ $\triangle ABC=\frac{1}{2}\times\overline{AC}\times\overline{BC}$
$=\frac{1}{2}\times5\times3=\frac{15}{2}$(cm²) 답 $\frac{15}{2}$ cm²

중 **11** □AFGB+□BHIC=□ACDE이므로
□BHIC=25−9=16(cm²)에서 $\overline{BC}^2=16$
$\overline{BC}>0$이므로 $\overline{BC}=4$(cm) 답 4 cm

중 **12** □BHIC+□ACDE=□AFGB이므로
□AFGB=144+25=169(cm²)에서 $\overline{AB}^2=169$
$\overline{AB}>0$이므로 $\overline{AB}=13$(cm)
이때 점 M은 △ABC의 외심이므로
$\overline{AM}=\overline{BM}=\overline{CM}=\frac{1}{2}\overline{AB}$
$=\frac{1}{2}\times13=\frac{13}{2}$(cm) 답 $\frac{13}{2}$ cm

중 **13** 오른쪽 그림의 △ABC에서
$\overline{AB}^2=6^2+8^2=100$
$\overline{AB}>0$이므로 $\overline{AB}=10$(cm)
이때 $P=Q+R$, $Q=S+T$,
$R=U+V$이므로
색칠한 부분의 넓이는
$P+Q+R+S+T+U+V=P+P+Q+R$
$=2P+P$
$=3P$
$=3\times10^2$
$=300$(cm²) 답 300 cm²

중 **14** $\overline{BG}\,/\!/\,\overline{CF}$이므로 △BAG=△BCG
△BCG≡△BHA(SAS 합동)이므로
△BCG=△BHA
$\overline{BH}\,/\!/\,\overline{AM}$이므로 △BHA=△BHL
∴ △BAG=△BCG=△BHA=△BHL
따라서 넓이가 나머지 넷과 다른 하나는 ② △AHM이다.
답 ②

공략 비법
두 직선 l과 m이 평행할 때, △ABC와 △A′BC는 밑변의 길이와 높이가 각각 같으므로 두 삼각형의 넓이는 같다.
➡ $l\,/\!/\,m$이면 △ABC=△A′BC

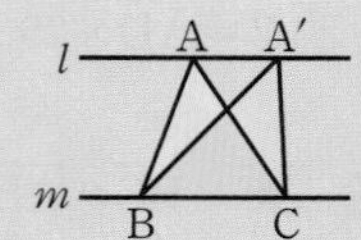

중 **15** △ABC에서 $\overline{AC}^2=15^2-9^2=144$
$\overline{AC}>0$이므로 $\overline{AC}=12$(cm)
∴ △AFC=△ABE=△ACE=$\frac{1}{2}$□ACDE
$=\frac{1}{2}\times12\times12=72$(cm²) 답 72 cm²

중 **16** △ABC에서 $\overline{AB}^2=17^2-8^2=225$
$\overline{AB}>0$이므로 $\overline{AB}=15$(cm) …… ㉮
∴ △FDG=$\frac{1}{2}$□BDGF=$\frac{1}{2}\overline{AB}^2$
$=\frac{1}{2}\times15^2=\frac{225}{2}$(cm²) …… ㉯
답 $\frac{225}{2}$ cm²

채점 기준

㉮ $\overline{AB}$의 길이 구하기	40 %
㉯ △FDG의 넓이 구하기	60 %

중 **17** △AEH≡△BFE≡△CGF≡△DHG이므로
□EFGH는 정사각형이다.
$\overline{AH}=\overline{AD}-\overline{DH}=10-4=6$(cm)이므로
△AEH에서 $\overline{EH}^2=4^2+6^2=52$
∴ □EFGH=$\overline{EH}^2=52$(cm²) 답 52 cm²

중 **18** △AEH≡△BFE≡△CGF≡△DHG이므로
□EFGH는 정사각형이다.
□EFGH의 넓이가 25 cm²이므로 $\overline{EH}^2=25$
$\overline{EH}>0$이므로 $\overline{EH}=5$(cm)
△AEH에서 $\overline{AH}^2=5^2-3^2=16$
$\overline{AH}>0$이므로 $\overline{AH}=4$(cm)
따라서 $\overline{AD}=\overline{AH}+\overline{DH}=4+3=7$(cm)이므로
□ABCD=7×7=49(cm²) 답 49 cm²

중 **19** △AEH≡△BFE≡△CGF≡△DHG이므로
□EFGH는 정사각형이다.
△AEH에서 $\overline{EH}^2=x^2+y^2=64$
$\overline{EH}>0$이므로 $\overline{EH}=8$
따라서 □EFGH의 둘레의 길이는
4×8=32 답 32

중 **20** △AEH≡△BFE≡△CGF≡△DHG이므로
□EFGH는 정사각형이다. …… ㉮
이때 $\overline{AH}=\overline{AD}-\overline{DH}=8-6=2$(cm)이므로
△AEH에서 $\overline{EH}^2=6^2+2^2=40$ …… ㉯
$\overline{HG}^2=\overline{EH}^2=40$이므로 △EGH에서
$x^2=\overline{EH}^2+\overline{HG}^2=40+40=80$ …… ㉰
답 80

채점 기준

㉮ □EFGH가 정사각형임을 알기	30 %
㉯ $\overline{EH}^2$의 값 구하기	30 %
㉰ x^2의 값 구하기	40 %

중 21 □ABCD는 정사각형이고 넓이가 169 cm^2이므로
$\overline{AB}^2=169$
$\overline{AB}>0$이므로 $\overline{AB}=13$(cm)
△ABE에서 $\overline{BE}^2=13^2-5^2=144$
$\overline{BE}>0$이므로 $\overline{BE}=12$(cm)
$\overline{BF}=\overline{AE}=5$ cm이므로
$\overline{EF}=\overline{BE}-\overline{BF}=12-5=7$(cm)
따라서 □EFGH는 정사각형이므로 그 둘레의 길이는
$4\times7=28$(cm) 답 28 cm

중 22 ① $\overline{AE}=\overline{BF}=\overline{CG}=\overline{DH}=6$ cm
② △AHD에서 $\overline{AH}^2=10^2-6^2=64$
$\overline{AH}>0$이므로 $\overline{AH}=8$(cm)
$\therefore \overline{EH}=\overline{AH}-\overline{AE}=8-6=2$(cm)
③ $\overline{CF}=\overline{AH}=8$ cm
④ $\triangle BCF=\frac{1}{2}\times\overline{BF}\times\overline{CF}=\frac{1}{2}\times6\times8=24(cm^2)$
⑤ □EFGH는 정사각형이므로
□EFGH$=\overline{EH}^2=2^2=4(cm^2)$
따라서 옳지 않은 것은 ⑤이다. 답 ⑤

중 23 $\overline{AE}=a$라 하면 $\overline{BE}=2a$이므로
△ABE에서 $\overline{AB}^2=a^2+(2a)^2=5a^2$
□ABCD$=5a^2$, □EFGH$=a^2$이므로
□ABCD와 □EFGH의 넓이의 비는
$5a^2 : a^2=5 : 1$ 답 ③

중 24 △ABC에서 $\overline{BC}^2=4^2+3^2=25$
$\overline{BC}>0$이므로 $\overline{BC}=5$
$\overline{AB}^2=\overline{BD}\times\overline{BC}$이므로 $4^2=x\times5$ $\therefore x=\frac{16}{5}$
$\overline{AC}^2=\overline{CD}\times\overline{CB}$이므로 $3^2=y\times5$ $\therefore y=\frac{9}{5}$
$\therefore x-y=\frac{16}{5}-\frac{9}{5}=\frac{7}{5}$ 답 $\frac{7}{5}$

중 25 $\overline{AD} : \overline{BD}=4 : 1$이므로
$\overline{BD}=k$ cm $(k>0)$라 하면 $\overline{AD}=4k$ cm
$\overline{CD}^2=\overline{AD}\times\overline{BD}$이므로 $12^2=4k\times k$
$k^2=36$ $\therefore k=6$
$\therefore \overline{AD}=4k=4\times6=24$(cm) 답 ③

상 26 (1) △ABC에서 $\overline{AD}^2=\overline{BD}\times\overline{CD}$이므로 $\overline{AD}^2=2\times8=16$
$\overline{AD}>0$이므로 $\overline{AD}=4$(cm)
(2) $\overline{BC}=\overline{BD}+\overline{CD}=2+8=10$(cm)이고,
점 M은 △ABC의 외심이므로
$\overline{AM}=\overline{BM}=\overline{CM}=\frac{1}{2}\overline{BC}=\frac{1}{2}\times10=5$(cm)
△ADM에서 $\overline{AD}^2=\overline{AE}\times\overline{AM}$이므로
$4^2=\overline{AE}\times5$ $\therefore \overline{AE}=\frac{16}{5}$ (cm)
답 (1) 4 cm (2) $\frac{16}{5}$ cm

중 27 △ABC에서 $\overline{AB}^2=17^2-15^2=64$
$\overline{AB}>0$이므로 $\overline{AB}=8$(cm)
$\overline{AB}\times\overline{AC}=\overline{BC}\times\overline{AD}$이므로
$8\times15=17\times\overline{AD}$ $\therefore \overline{AD}=\frac{120}{17}$(cm) 답 $\frac{120}{17}$ cm

중 28 △ABC에서 $\overline{AB}^2=20^2+15^2=625$
$\overline{AB}>0$이므로 $\overline{AB}=25$
$\overline{BC}\times\overline{AC}=\overline{AB}\times\overline{CD}$이므로
$20\times15=25\times x$ $\therefore x=12$
$\overline{BC}^2=\overline{BD}\times\overline{BA}$이므로
$20^2=y\times25$ $\therefore y=16$
$\overline{CA}^2=\overline{AD}\times\overline{AB}$이므로
$15^2=z\times25$ $\therefore z=9$
$\therefore x+y-z=12+16-9=19$ 답 ②

상 29 △ABC에서 $\overline{BC}^2=6^2+8^2=100$
$\overline{BC}>0$이므로 $\overline{BC}=10$(cm) …… ㉮
$\overline{AB}^2=\overline{BD}\times\overline{BC}$이므로
$6^2=\overline{BD}\times10$ $\therefore \overline{BD}=\frac{18}{5}$(cm)
$\overline{BM}=\frac{1}{2}\overline{BC}=\frac{1}{2}\times10=5$(cm)이므로
$\overline{DM}=\overline{BM}-\overline{BD}=5-\frac{18}{5}=\frac{7}{5}$(cm) …… ㉯
또, $\overline{AB}\times\overline{AC}=\overline{BC}\times\overline{AD}$이므로
$6\times8=10\times\overline{AD}$ $\therefore \overline{AD}=\frac{24}{5}$(cm) …… ㉰
$\therefore \triangle ADM=\frac{1}{2}\times\frac{7}{5}\times\frac{24}{5}=\frac{84}{25}(cm^2)$ …… ㉱
답 $\frac{84}{25}$ cm^2

채점 기준	
㉮ $\overline{BC}$의 길이 구하기	20 %
㉯ $\overline{DM}$의 길이 구하기	30 %
㉰ $\overline{AD}$의 길이 구하기	30 %
㉱ △ADM의 넓이 구하기	20 %

Lecture 21 피타고라스 정리의 성질

Level A 개념 익히기 134~135쪽

01 $2^2+3^2\neq4^2$ 답 ×

02 $3^2+4^2=5^2$ 답 ○

03 $5^2+6^2\neq8^2$ 답 ×

04 $7^2+24^2=25^2$ 답 ○

05 답 (가) $\overline{AE}^2$ (나) $\overline{AC}^2$ (다) $\overline{CD}^2$

06 $4^2+x^2=6^2+8^2$이므로 $x^2=84$ 답 84

07 $3^2+6^2=x^2+5^2$이므로 $x^2=20$ 답 20

08 답 (가) c^2+d^2 (나) a^2+d^2

09 $x^2+6^2=4^2+5^2$이므로 $x^2=5$ 답 5

10 $x^2+15^2=10^2+13^2$이므로 $x^2=44$ 답 44

11 (색칠한 부분의 넓이)$=16+24=40\,(\text{cm}^2)$ 답 40 cm²

12 (색칠한 부분의 넓이)$=26-10=16\,(\text{cm}^2)$ 답 16 cm²

13 (색칠한 부분의 넓이)$=18-12=6\,(\text{cm}^2)$ 답 6 cm²

14 (색칠한 부분의 넓이)$=\triangle ABC=\frac{1}{2}\times\overline{AB}\times\overline{AC}$

$=\frac{1}{2}\times4\times3=6\,(\text{cm}^2)$ 답 6 cm²

Level B 유형 공략하기 135~139쪽

하 **15** ① $2^2+4^2\neq5^2$ ② $4^2+5^2\neq6^2$
③ $6^2+8^2=10^2$ ④ $7^2+10^2\neq15^2$
⑤ $12^2+13^2\neq17^2$
따라서 직각삼각형인 것은 ③이다. 답 ③

중 **16** $8^2+15^2=17^2$이므로 주어진 삼각형은 빗변의 길이가 17 cm인 직각삼각형이다.
따라서 구하는 삼각형의 넓이는
$\frac{1}{2}\times8\times15=60\,(\text{cm}^2)$ 답 60 cm²

중 **17** △ABC에서 $12^2+9^2=15^2$, 즉 $\overline{AB}^2+\overline{AC}^2=\overline{BC}^2$이므로
△ABC는 ∠A=90°인 직각삼각형이다.
이때 직각삼각형의 빗변의 중점은 외심과 일치하므로
$\overline{AD}=\overline{BD}=\overline{CD}=\frac{1}{2}\overline{BC}=\frac{1}{2}\times15=\frac{15}{2}\,(\text{cm})$
$\therefore \overline{AG}=\frac{2}{3}\overline{AD}=\frac{2}{3}\times\frac{15}{2}=5\,(\text{cm})$ 답 ②

상 **18** (i) 가장 긴 변의 길이가 5일 때,
$4^2+x^2=5^2$이므로 $x^2=9$ …… ㉮
(ii) 가장 긴 변의 길이가 x일 때,
$4^2+5^2=x^2$이므로 $x^2=41$ …… ㉯
(i), (ii)에서 모든 x^2의 값의 합은 $9+41=50$ …… ㉰
답 50

채점 기준

㉮ 가장 긴 변의 길이가 5일 때, x^2의 값 구하기	40 %
㉯ 가장 긴 변의 길이가 x일 때, x^2의 값 구하기	40 %
㉰ 직각삼각형이 되도록 하는 모든 x^2의 값의 합 구하기	20 %

중 **19** ① $5^2=3^2+4^2$ ∴ 직각삼각형
② $7^2<4^2+6^2$ ∴ 예각삼각형
③ $10^2>5^2+7^2$ ∴ 둔각삼각형
④ $12^2<8^2+11^2$ ∴ 예각삼각형
⑤ $15^2>10^2+10^2$ ∴ 둔각삼각형
따라서 둔각삼각형인 것은 ③, ⑤이다. 답 ③, ⑤

중 **20** ㄱ. $2^2<1^2+2^2$ ∴ 예각삼각형
ㄴ. $6^2>3^2+4^2$ ∴ 둔각삼각형
ㄷ. $7^2<5^2+6^2$ ∴ 예각삼각형
ㄹ. $9^2<6^2+8^2$ ∴ 예각삼각형
ㅁ. $13^2>8^2+10^2$ ∴ 둔각삼각형
ㅂ. $15^2=9^2+12^2$ ∴ 직각삼각형
이상에서 예각삼각형인 것은 ㄱ, ㄷ, ㄹ의 3개이다. 답 3개

중 **21** ④ $a^2<b^2+c^2$이면 ∠A<90°이지만 △ABC가 예각삼각형인지 알 수 없다. 답 ④

중 **22** 삼각형의 세 변의 길이 사이의 관계에 의하여
$7-5<x<7+5$ $\therefore 2<x<12$ …… ㉠
또, ∠A<90°이므로 $x^2<5^2+7^2$
$\therefore x^2<74$ …… ㉡
㉠, ㉡을 모두 만족하는 자연수 x는 3, 4, 5, 6, 7, 8의 6개이다. 답 6

중 **23** 삼각형의 세 변의 길이 사이의 관계에 의하여
$6-4<a<6+4$ $\therefore 2<a<10$
이때 $a>6$이므로 $6<a<10$ …… ㉠
또, 둔각삼각형이 되려면 $a^2>4^2+6^2$
$\therefore a^2>52$ …… ㉡
㉠, ㉡을 모두 만족하는 자연수 a는 8, 9이므로
구하는 합은 $8+9=17$ 답 ②

중 **24** 삼각형의 세 변의 길이 사이의 관계에 의하여
$10-8<x<10+8$ $\therefore 2<x<18$
이때 $x>10$이므로 $10<x<18$ …… ㉠ …… ㉮
(1) 예각삼각형이 되려면 $x^2<8^2+10^2$
$\therefore x^2<164$ …… ㉡
㉠, ㉡을 모두 만족하는 자연수 x는 11, 12의 2개이다.
…… ㉯
(2) 둔각삼각형이 되려면 $x^2>8^2+10^2$
$\therefore x^2>164$ …… ㉢

㉠, ㉢을 모두 만족하는 자연수 x는 13, 14, 15, 16, 17의 5개이다. …… ㉰

답 (1) 2 (2) 5

채점 기준

(1)	㉮ 삼각형의 세 변의 길이 사이의 관계를 이용하여 x의 값의 범위 구하기	20 %
	㉯ 예각삼각형이 되기 위한 자연수 x의 개수 구하기	40 %
(2)	㉰ 둔각삼각형이 되기 위한 자연수 x의 개수 구하기	40 %

중 **25** $\overline{DE}^2+\overline{BC}^2=\overline{BE}^2+\overline{CD}^2$이므로

$3^2+\overline{BC}^2=7^2+9^2$, $\overline{BC}^2=121$

$\overline{BC}>0$이므로 $\overline{BC}=11\,(\text{cm})$ 답 ③

중 **26** $\triangle ABC$에서 $\overline{AB}^2=6^2+8^2=100$

$\overline{AB}>0$이므로 $\overline{AB}=10$

$\overline{DE}^2+\overline{AB}^2=\overline{AD}^2+\overline{BE}^2$이므로

$\overline{DE}^2+10^2=9^2+\overline{BE}^2$

$\therefore \overline{BE}^2-\overline{DE}^2=19$ 답 19

중 **27** 삼각형의 두 변의 중점을 연결한 선분의 성질에 의하여

$\overline{DE}=\frac{1}{2}\overline{AC}=\frac{1}{2}\times 10=5$

$\therefore \overline{AE}^2+\overline{CD}^2=\overline{DE}^2+\overline{AC}^2$

$=5^2+10^2=125$ 답 125

개념 보충 학습

삼각형의 두 변의 중점을 연결한 선분의 성질

삼각형의 두 변의 중점을 연결한 선분은 나머지 한 변과 평행하고, 그 길이는 나머지 한 변의 길이의 $\frac{1}{2}$이다.

상 **28** $\triangle ADE$에서 $\overline{DE}^2=7^2+7^2=98$ …… ㉮

$\triangle ADC$에서 $\overline{CD}^2=7^2+12^2=193$ …… ㉯

$\overline{DE}^2+\overline{BC}^2=\overline{BE}^2+\overline{CD}^2$이므로

$98+\overline{BC}^2=\overline{BE}^2+193$

$\therefore \overline{BC}^2-\overline{BE}^2=95$ …… ㉰

답 95

채점 기준

㉮ $\overline{DE}^2$의 값 구하기	30 %
㉯ $\overline{CD}^2$의 값 구하기	30 %
㉰ $\overline{BC}^2-\overline{BE}^2$의 값 구하기	40 %

중 **29** $\triangle BCO$에서 $\overline{BC}^2=3^2+4^2=25$

$\overline{BC}>0$이므로 $\overline{BC}=5$

$\overline{AB}^2+\overline{CD}^2=\overline{AD}^2+\overline{BC}^2$이므로

$10^2+\overline{CD}^2=11^2+5^2$ $\therefore \overline{CD}^2=46$ 답 46

중 **30** $\overline{AB}=\overline{CD}$이고

$\overline{AB}^2+\overline{CD}^2=\overline{AD}^2+\overline{BC}^2$이므로

$2x^2=6^2+8^2$ $\therefore x^2=50$ 답 50

공략 비법

등변사다리꼴의 성질

① 평행하지 않은 한 쌍의 대변의 길이가 같다. ➡ $\overline{AB}=\overline{DC}$

② 두 대각선의 길이가 같다.
➡ $\overline{AC}=\overline{DB}$

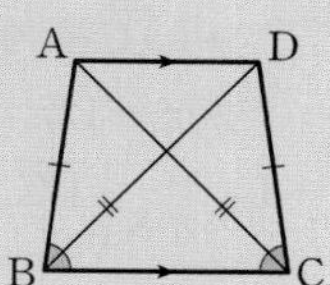

중 **31** $\overline{AB}^2=9$, $\overline{BC}^2=16$, $\overline{CD}^2=25$이고

$\overline{AB}^2+\overline{CD}^2=\overline{AD}^2+\overline{BC}^2$이므로

$9+25=\overline{AD}^2+16$ $\therefore \overline{AD}^2=18$

따라서 $\overline{AD}$를 한 변으로 하는 정사각형의 넓이는 18 cm^2이다.

답 18 cm^2

상 **32** 두 점 D, E는 각각 $\overline{AB}$, $\overline{BC}$의 중점이므로

$\overline{AD}=\frac{1}{2}\overline{AB}=\frac{1}{2}\times 24=12\,(\text{cm})$

$\overline{CE}=\frac{1}{2}\overline{BC}=\frac{1}{2}\times 32=16\,(\text{cm})$

삼각형의 두 변의 중점을 연결한 선분의 성질에 의하여

$\overline{AC}=2\overline{DE}=2x$ cm이므로

$\overline{AD}^2+\overline{CE}^2=\overline{DE}^2+\overline{AC}^2$에서

$12^2+16^2=x^2+(2x)^2$

$5x^2=400$ $\therefore x^2=80$ 답 80

중 **33** $\overline{AP}^2+\overline{CP}^2=\overline{BP}^2+\overline{DP}^2$이므로

$4^2+7^2=5^2+\overline{DP}^2$

$\therefore \overline{DP}^2=40$ 답 40

중 **34** $\overline{AP}^2+\overline{CP}^2=\overline{BP}^2+\overline{DP}^2$이므로

$x^2+6^2=8^2+y^2$

$\therefore x^2-y^2=28$ 답 ③

상 **35** $\overline{AP}^2+\overline{CP}^2=\overline{BP}^2+\overline{DP}^2$이므로

$80^2+10^2=70^2+\overline{DP}^2$

$\overline{DP}^2=1600$

$\overline{DP}>0$이므로 $\overline{DP}=40\,(\text{m})$

따라서 나무 D에서 출발하여 초속 4 m로 뛰어서 원두막 P까지 가는 데 걸리는 시간은

$\frac{40}{4}=10$(초) 답 10초

중 **36** $S_1+S_2=S_3$이므로

$S_1+S_2+S_3=2S_3=2\times\left(\frac{1}{2}\times\pi\times 6^2\right)$

$=36\pi$ 답 36π

하 **37** $P+Q=$($\overline{BC}$를 지름으로 하는 반원의 넓이)

$=\frac{1}{2}\times\pi\times 2^2$

$=2\pi$ 답 2π

5 피타고라스 정리

중 38 ($\overline{BC}$를 지름으로 하는 반원의 넓이)
$=$($\overline{AB}$를 지름으로 하는 반원의 넓이)
$+$($\overline{AC}$를 지름으로 하는 반원의 넓이)
$=20\pi+12\pi=32\pi\,(\text{cm}^2)$이므로
$\frac{1}{2}\times\pi\times\left(\frac{\overline{BC}}{2}\right)^2=32\pi$ $\quad\therefore\ \overline{BC}^2=256$
$\overline{BC}>0$이므로 $\overline{BC}=16\,(\text{cm})$ 답 16 cm

중 39 ($\overline{AB}$를 지름으로 하는 반원의 넓이)
$=\frac{1}{2}\times\pi\times3^2=\frac{9}{2}\pi\,(\text{cm}^2)$ …… ㉮
$\therefore$ ($\overline{AC}$를 지름으로 하는 반원의 넓이)
$=$($\overline{AB}$를 지름으로 하는 반원의 넓이)
$+$($\overline{BC}$를 지름으로 하는 반원의 넓이)
$=\frac{9}{2}\pi+3\pi=\frac{15}{2}\pi\,(\text{cm}^2)$ …… ㉯
답 $\frac{15}{2}\pi$ cm²

채점 기준

㉮ $\overline{AB}$를 지름으로 하는 반원의 넓이 구하기	40 %
㉯ $\overline{AC}$를 지름으로 하는 반원의 넓이 구하기	60 %

중 40 $\triangle ABC$에서 $\overline{AC}^2=10^2-8^2=36$
$\overline{AC}>0$이므로 $\overline{AC}=6\,(\text{cm})$
$\therefore$ (색칠한 부분의 넓이)$=\triangle ABC=\frac{1}{2}\times\overline{AB}\times\overline{AC}$
$=\frac{1}{2}\times8\times6=24\,(\text{cm}^2)$ 답 24 cm²

중 41 (색칠한 부분의 넓이)$=\triangle ABC$이므로
$30=\frac{1}{2}\times5\times\overline{AC}$ $\quad\therefore\ \overline{AC}=12\,(\text{cm})$
$\triangle ABC$에서 $\overline{BC}^2=5^2+12^2=169$
$\overline{BC}>0$이므로 $\overline{BC}=13\,(\text{cm})$ 답 13 cm

중 42 $\triangle ABC$에서 $\overline{AB}=\overline{AC}$이고 $\overline{AB}^2+\overline{AC}^2=18^2$이므로
$2\overline{AB}^2=324$ $\quad\therefore\ \overline{AB}^2=162$ …… ㉮
$\therefore$ (색칠한 부분의 넓이)$=2\triangle ABC=2\times\left(\frac{1}{2}\times\overline{AB}^2\right)$
$=162\,(\text{cm}^2)$ …… ㉯
답 162 cm²

채점 기준

㉮ $\overline{AB}^2$의 값 구하기	60 %
㉯ 색칠한 부분의 넓이 구하기	40 %

다른 풀이 오른쪽 그림과 같이 $\overline{BC}$의 중점을 O라 하면 점 O는 $\triangle ABC$의 외심이므로

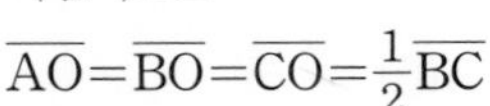

$\overline{AO}=\overline{BO}=\overline{CO}=\frac{1}{2}\overline{BC}$
$=\frac{1}{2}\times18=9\,(\text{cm})$
이때 $\overline{AO}\perp\overline{BC}$이므로
(색칠한 부분의 넓이)$=2\triangle ABC=2\times\left(\frac{1}{2}\times\overline{BC}\times\overline{AO}\right)$
$=2\times\left(\frac{1}{2}\times18\times9\right)=162\,(\text{cm}^2)$

상 43 오른쪽 그림과 같이 $\overline{BD}$를 그으면 $\triangle ABD$, $\triangle BCD$는 각각 직각삼각형이므로
(색칠한 부분의 넓이)
$=S_1+S_2+S_3+S_4$
$=\triangle ABD+\triangle BCD$
$=\square ABCD$
$=\overline{AD}\times\overline{AB}$
$=3\times5=15$ 답 15

중 44 오른쪽 그림과 같이 점 C와 $\overline{AB}$에 대하여 대칭인 점을 C′이라 하면

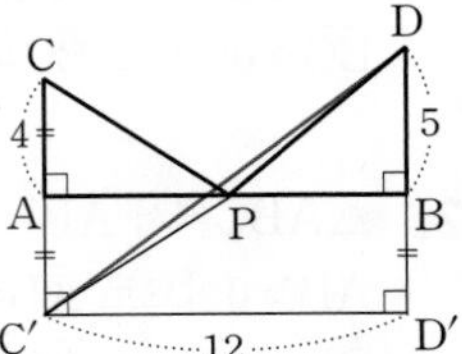

$\overline{CP}=\overline{C'P}$이므로
$\overline{CP}+\overline{DP}=\overline{C'P}+\overline{DP}$
$\geq\overline{C'D}$
$\triangle DC'D'$에서
$\overline{C'D}^2=12^2+(5+4)^2=225$
$\overline{C'D}>0$이므로 $\overline{C'D}=15$
따라서 $\overline{CP}+\overline{DP}$의 값 중 가장 작은 것은 15이다. 답 15

중 45 선이 지나는 부분의 전개도는 오른쪽 그림과 같으므로 최단 거리는 $\overline{BE}$의 길이이다.

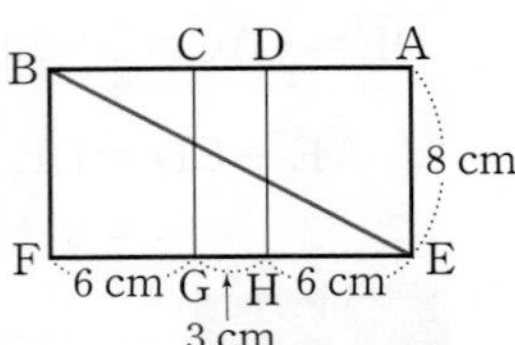

$\overline{BE}^2=(6+3+6)^2+8^2=289$
$\overline{BE}>0$이므로 $\overline{BE}=17\,(\text{cm})$
답 17 cm

중 46 밑면의 둘레의 길이는 $2\pi\times4=8\pi\,(\text{cm})$
이때 선이 지나는 부분의 전개도는 오른쪽 그림과 같으므로 최단 거리는 $\overline{AB'}$의 길이이다.

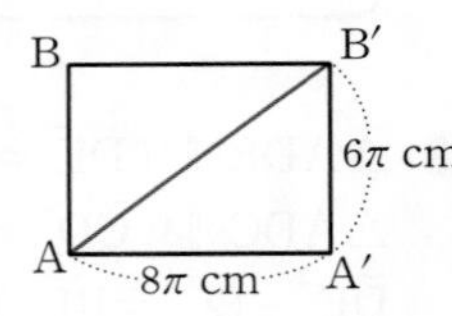

$\overline{AB'}^2=(8\pi)^2+(6\pi)^2=100\pi^2$
$\overline{AB'}>0$이므로 $\overline{AB'}=10\pi\,(\text{cm})$
답 10π cm

단원 마무리 140~143쪽

Level B 필수 유형 정복하기

01 ④	02 ③	03 ③	04 17 cm	05 ⑤
06 ㄱ, ㄹ, ㅁ	07 10 cm²	08 ⑤	09 ③	10 $\frac{12}{5}$
11 17 cm	12 ②, ③	13 둔각삼각형		14 ③
15 ①	16 ③	17 ⑤	18 26 km	19 $\frac{21}{5}$ cm
20 34 cm	21 (1) $\frac{10}{3}$ cm (2) $\frac{40}{13}$ cm			22 $\frac{15}{4}$ cm
23 7	24 10 cm			

01 전략 $\triangle$ABC, $\triangle$ACD가 직각삼각형이므로 피타고라스 정리를 이용한다.

$\triangle$ABC에서 $\overline{AC}^2=15^2-9^2=144$
$\overline{AC}>0$이므로 $\overline{AC}=12$(cm)
따라서 $\triangle$ACD에서 $\overline{CD}^2=12^2+5^2=169$
$\overline{CD}>0$이므로 $\overline{CD}=13$(cm)

02 전략 각 정사각형의 한 변의 길이를 먼저 구한다.

$\square$ABCD$=49$ cm²이므로 $\overline{BC}^2=49$
$\overline{BC}>0$이므로 $\overline{BC}=7$(cm)
또, $\square$ECFG$=64$ cm²이므로 $\overline{CF}^2=64$
$\overline{CF}>0$이므로 $\overline{CF}=8$(cm)
따라서 $\triangle$BFG에서
$\overline{BG}^2=(7+8)^2+8^2=289$
$\overline{BG}>0$이므로 $\overline{BG}=17$(cm)

03 전략 삼각형의 각의 이등분선의 성질을 이용하여 $\overline{AB}:\overline{AC}$를 구한다.

삼각형의 각의 이등분선의 성질에 의하여
$\overline{AB}:\overline{AC}=\overline{BD}:\overline{CD}=5:3$이므로
$\overline{AB}=5k$, $\overline{AC}=3k$ $(k>0)$라 하면
$\triangle$ABC에서
$(5k)^2=(5+3)^2+(3k)^2$, $25k^2=64+9k^2$
$k^2=4$　　$\therefore k=2$
$\therefore \overline{AC}=3k=3\times2=6$

04 전략 꼭짓점 D에서 $\overline{BC}$에 수선을 그어 직각삼각형을 만든 후 피타고라스 정리를 이용한다.

오른쪽 그림과 같이 꼭짓점 D에서 $\overline{BC}$에 내린 수선의 발을 H라 하면

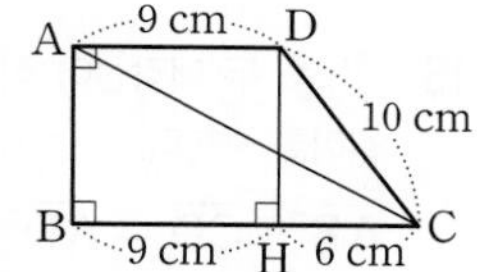

$\overline{BH}=\overline{AD}=9$ cm이므로
$\overline{CH}=\overline{BC}-\overline{BH}=15-9=6$(cm)
$\triangle$DHC에서 $\overline{DH}^2=10^2-6^2=64$
$\overline{DH}>0$이므로 $\overline{DH}=8$(cm)
따라서 $\overline{AB}=\overline{DH}=8$ cm이므로
$\triangle$ABC에서 $\overline{AC}^2=15^2+8^2=289$
$\overline{AC}>0$이므로 $\overline{AC}=17$(cm)

05 전략 이등변삼각형의 높이는 밑변의 수직이등분선임을 이용하여 구한다.

$\overline{AB}=\overline{AC}$인 이등변삼각형 ABC의 둘레의 길이가 50 cm이므로
$\overline{AB}=\frac{1}{2}\times(50-16)=17$(cm)
오른쪽 그림과 같이 꼭짓점 A에서 $\overline{BC}$에 내린 수선의 발을 H라 하면

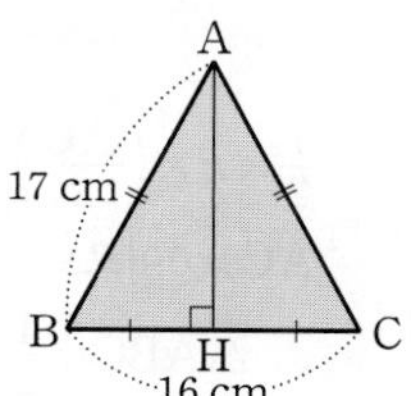

$\overline{BH}=\frac{1}{2}\overline{BC}=\frac{1}{2}\times16=8$(cm)
$\triangle$ABH에서
$\overline{AH}^2=17^2-8^2=225$
$\overline{AH}>0$이므로 $\overline{AH}=15$(cm)
$\therefore \triangle ABC=\frac{1}{2}\times\overline{BC}\times\overline{AH}$
$=\frac{1}{2}\times16\times15=120$(cm²)

06 전략 삼각형의 합동과 평행선에서 삼각형의 넓이의 성질을 이용한다.

ㄱ. $\triangle$ABH와 $\triangle$GBC에서
$\overline{AB}=\overline{GB}$, $\overline{BH}=\overline{BC}$이고
$\angle ABH=90^\circ+\angle ABC=\angle GBC$이므로
$\triangle ABH\equiv\triangle GBC$ (SAS 합동)
ㄴ. $\triangle$ABC와 $\triangle$AGB에서 $\overline{AB}$는 같지만 $\overline{AC}=\overline{GB}$인지 알 수 없으므로 반드시 $\triangle ABC=\triangle AGB$라 할 수 없다.
ㄷ. $\square$AFGB와 $\square$AGBC에서 $\triangle AFG=\triangle ABC$인지 알 수 없으므로 반드시 $\square AFGB=\square AGBC$라 할 수 없다.
ㄹ. $\overline{AB}^2+\overline{AC}^2=\overline{BC}^2$이므로
$\square AFGB+\square ACDE=\square BHIC$
ㅁ. $\square BHKJ:\square JKIC=\square AFGB:\square ACDE$
$=\overline{AB}^2:\overline{AC}^2$
이상에서 옳은 것은 ㄱ, ㄹ, ㅁ이다.

07 전략 꼭짓점 A에서 $\overline{BC}$, $\overline{DE}$에 수선을 그은 후 $\triangle$ABD, $\triangle$AEC와 각각 넓이가 같은 도형을 생각해 본다.

오른쪽 그림과 같이 꼭짓점 A에서 $\overline{BC}$, $\overline{DE}$에 내린 수선의 발을 각각 F, G라 하면

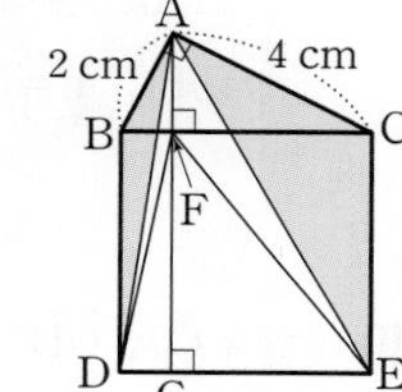

$\triangle ABD=\triangle FBD=\frac{1}{2}\square BDGF$
$=\frac{1}{2}\overline{AB}^2=\frac{1}{2}\times2^2=2$(cm²)
$\triangle AEC=\triangle FEC=\frac{1}{2}\square FGEC$
$=\frac{1}{2}\overline{AC}^2=\frac{1}{2}\times4^2=8$(cm²)
따라서 색칠한 부분의 넓이는
$\triangle ABD+\triangle AEC=2+8=10$(cm²)

08 전략 $\triangle AEH\equiv\triangle BFE\equiv\triangle CGF\equiv\triangle DHG$임을 이용한다.

① $\triangle$AEH와 $\triangle$CGF에서
$\overline{AE}=\overline{CG}$, $\overline{AH}=\overline{CF}$, $\angle HAE=\angle FCG=90^\circ$이므로
$\triangle AEH\equiv\triangle CGF$ (SAS 합동)
② $\angle HEF=\angle EFG=\angle FGH=\angle GHE=90^\circ$이고
$\overline{EF}=\overline{FG}=\overline{GH}=\overline{HE}$이므로 $\square$EFGH는 정사각형이다.
③ $\overline{AH}=\overline{AD}-\overline{DH}=14-6=8$(cm)
④ $\triangle$AEH에서 $\overline{EH}^2=6^2+8^2=100$
$\overline{EH}>0$이므로 $\overline{EH}=10$(cm)
$\therefore \square EFGH=10^2=100$(cm²)
⑤ $\square$EFGH$=100$ cm²이고
$\triangle AEH=\frac{1}{2}\times\overline{AE}\times\overline{AH}=\frac{1}{2}\times6\times8=24$(cm²)이므로
$\square EFGH\neq4\triangle AEH$
따라서 옳지 않은 것은 ⑤이다.

5 피타고라스 정리

09 전략 $\triangle ABE \equiv \triangle CDB$임을 이용하여 $\triangle BDE$가 어떤 삼각형인지 알아본다.

$\triangle ABE \equiv \triangle CDB$에서

$\overline{BE}=\overline{DB}$,

$\angle EBD=180°-\angle ABE-\angle CBD$

$=180°-\angle ABE-\angle AEB$

$=90°$

이므로 $\triangle BDE$는 직각이등변삼각형이다.

$\triangle BDE=\frac{1}{2}\overline{BE}^2=40$에서

$\overline{BE}^2=80$

$\triangle ABE$에서 $\overline{AE}^2=80-8^2=16$

$\overline{AE}>0$이므로 $\overline{AE}=4(cm)$

이때 $\overline{BC}=\overline{EA}=4$ cm, $\overline{CD}=\overline{AB}=8$ cm이므로

$\square ACDE=\frac{1}{2}\times(\overline{AE}+\overline{CD})\times\overline{AC}$

$=\frac{1}{2}\times(4+8)\times(8+4)=72(cm^2)$

공략 비법

오른쪽 그림과 같이 직각삼각형 ABC와 이와 합동인 삼각형 EAD를 붙여 사다리꼴 BCDE를 만들면

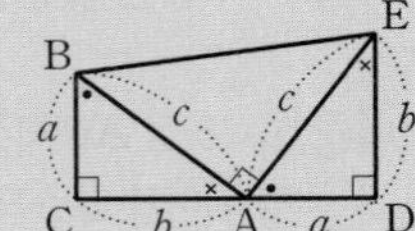

① $\triangle ABC \equiv \triangle EAD$

② $\triangle AEB$는 직각이등변삼각형이다.

③ $\square BCDE=\frac{1}{2}\times(\overline{BC}+\overline{ED})\times\overline{CD}$

10 전략 $\overline{OA}$, $\overline{OB}$의 길이를 구한 후 직각삼각형 OBA의 넓이를 이용한다.

$y=\frac{4}{3}x-4$에서 $y=0$일 때

$x=3$ $\quad\therefore A(3, 0)$

$y=\frac{4}{3}x-4$에서 $x=0$일 때

$y=-4$ $\quad\therefore B(0, -4)$

이때 $\triangle OBA$는 $\overline{OA}=3$, $\overline{OB}=4$이고 $\angle AOB=90°$인 직각삼각형이므로

$\overline{AB}^2=3^2+4^2=25$

$\overline{AB}>0$이므로 $\overline{AB}=5$

따라서 $\overline{OA}\times\overline{OB}=\overline{AB}\times\overline{OH}$이므로

$3\times4=5\times\overline{OH}$

$\therefore \overline{OH}=\frac{12}{5}$

11 전략 직각삼각형은 가장 긴 변의 길이의 제곱이 나머지 두 변의 길이의 제곱의 합과 같음을 이용한다.

가장 긴 막대의 길이가 x cm이므로 직각삼각형을 만들려면

$x^2=15^2+8^2=289$

$\therefore x=17$ ($\because x>15$)

따라서 필요한 막대의 길이는 17 cm이다.

12 전략 삼각형의 변의 길이에 따른 각의 크기를 생각해 본다.

① $x=4$이면 $5^2=3^2+4^2$, 즉 $\overline{AB}^2=\overline{BC}^2+\overline{CA}^2$이므로 $\angle C=90°$이다.

② $x=5$이면 $5^2<5^2+3^2$, 즉 $\overline{CA}^2<\overline{AB}^2+\overline{BC}^2$이므로 $\angle B<90°$이다.

③ $x=7$이면 $7^2>5^2+3^2$, 즉 $\overline{CA}^2>\overline{AB}^2+\overline{BC}^2$이므로 $\angle B>90°$이다.

④ $2<x<5$일 때, $\overline{AB}^2>\overline{BC}^2+\overline{CA}^2$이 항상 성립하는 것이 아니므로 $\angle C>90°$인지 알 수 없다.

⑤ $4<x<6$일 때, $\overline{BC}^2<\overline{AB}^2+\overline{CA}^2$이므로 $\angle A<90°$이다.

따라서 옳은 것은 ②, ③이다.

13 전략 가장 긴 변의 길이의 제곱과 나머지 두 변의 길이의 제곱의 합의 대소를 비교한다.

$\triangle ABD$에서 $\overline{AD}^2=5^2-3^2=16$

$\overline{AD}>0$이므로 $\overline{AD}=4(cm)$

또, $\triangle ADC$에서 $\overline{AC}^2=6^2+4^2=52$

따라서 $\triangle ABC$에서 $(3+6)^2>5^2+52$, 즉

$\overline{BC}^2>\overline{AB}^2+\overline{AC}^2$이므로

$\triangle ABC$는 $\angle A>90°$인 둔각삼각형이다.

14 전략 삼각형의 두 변의 중점을 연결한 선분의 성질을 이용한다.

삼각형의 두 변의 중점을 연결한 선분의 성질에 의하여

$\overline{AC}=2\overline{DE}$

$\overline{DE}^2+\overline{AC}^2=\overline{AE}^2+\overline{CD}^2$이므로

$\overline{DE}^2+(2\overline{DE})^2=8^2+6^2$

$5\overline{DE}^2=100$ $\quad\therefore \overline{DE}^2=20$

15 전략 두 대각선이 직교하는 사각형의 성질을 이용하여 먼저 $\overline{AB}$의 길이를 구한다.

$\overline{AB}^2+\overline{CD}^2=\overline{AD}^2+\overline{BC}^2$이므로

$\overline{AB}^2+15^2=13^2+9^2$ $\quad\therefore \overline{AB}^2=25$

$\overline{AB}>0$이므로 $\overline{AB}=5(cm)$

$\triangle ABO$에서 $\overline{BO}^2=5^2-3^2=16$

$\overline{BO}>0$이므로 $\overline{BO}=4(cm)$

$\therefore \triangle ABO=\frac{1}{2}\times\overline{BO}\times\overline{AO}=\frac{1}{2}\times4\times3=6(cm^2)$

16 전략 $S_1+S_2=S_3$임을 이용하여 $\overline{AC}$의 길이를 구한다.

$\frac{1}{2}\times\pi\times\left(\frac{\overline{AB}}{2}\right)^2=8\pi$에서 $\overline{AB}^2=64$

$\overline{AB}>0$이므로 $\overline{AB}=8$

$S_2=\frac{25}{2}\pi-8\pi=\frac{9}{2}\pi$이므로

$\frac{1}{2}\times\pi\times\left(\frac{\overline{AC}}{2}\right)^2=\frac{9}{2}\pi$에서 $\overline{AC}^2=36$

$\overline{AC}>0$이므로 $\overline{AC}=6$

$\therefore \triangle ABC=\frac{1}{2}\times\overline{AB}\times\overline{AC}=\frac{1}{2}\times8\times6=24$

17 전략 색칠한 부분의 넓이는 △ABC의 넓이와 같음을 이용하여 $\overline{AC}$의 길이를 먼저 구한다.

(색칠한 부분의 넓이)=△ABC이므로

$54=\frac{1}{2}\times 9\times \overline{AC}$ $\quad\therefore\ \overline{AC}=12\,(\text{cm})$

△ABC에서 $\overline{BC}^2=9^2+12^2=225$

$\overline{BC}>0$이므로 $\overline{BC}=15\,(\text{cm})$

$\overline{AB}\times\overline{AC}=\overline{BC}\times\overline{AD}$이므로

$9\times 12=15\times\overline{AD}$ $\quad\therefore\ \overline{AD}=\frac{36}{5}\,(\text{cm})$

18 전략 점 B와 강가에 대하여 대칭인 점을 이용한다.

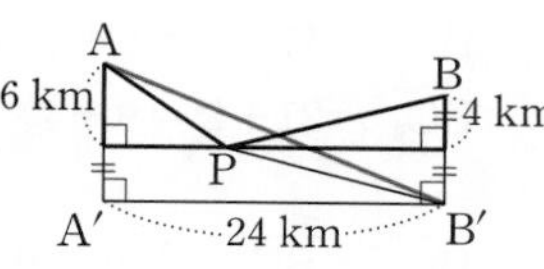

오른쪽 그림과 같이 하수 처리장을 P라 하고 점 B와 강가에 대하여 대칭인 점을 B′이라 하면

$\overline{BP}=\overline{B'P}$이므로

$\overline{AP}+\overline{BP}=\overline{AP}+\overline{B'P}\ge\overline{AB'}$

이때 △AA′B′에서 $\overline{AB'}^2=24^2+(6+4)^2=676$

$\overline{AB'}>0$이므로 $\overline{AB'}=26\,(\text{km})$

따라서 마을 A에서 하수 처리장을 거쳐 마을 B로 가는 최단 거리는 26 km이다.

19 전략 △ADC의 넓이를 이용하여 $\overline{AD}$의 길이를 먼저 구한다.

$\triangle ADC=\frac{1}{2}\times\overline{AD}\times\overline{BC}$이므로

$\frac{1}{2}\times\overline{AD}\times 12=42$ $\quad\therefore\ \overline{AD}=7\,(\text{cm})$ …… ㉮

△ABC에서 $\overline{AC}^2=12^2+(7+9)^2=400$

$\overline{AC}>0$이므로 $\overline{AC}=20\,(\text{cm})$ …… ㉯

또, $\triangle ADC=\frac{1}{2}\times\overline{AC}\times\overline{DE}$이므로

$\frac{1}{2}\times 20\times\overline{DE}=42$

$10\overline{DE}=42$ $\quad\therefore\ \overline{DE}=\frac{21}{5}\,(\text{cm})$ …… ㉰

채점 기준

㉮ $\overline{AD}$의 길이 구하기	30 %
㉯ $\overline{AC}$의 길이 구하기	40 %
㉰ $\overline{DE}$의 길이 구하기	30 %

다른 풀이 $\triangle BCD=\frac{1}{2}\times\overline{BC}\times\overline{BD}=\frac{1}{2}\times 12\times 9=54\,(\text{cm}^2)$

이므로

$\triangle ABC=\triangle ADC+\triangle BCD$

$=42+54=96\,(\text{cm}^2)$

이때 $\overline{AD}=x$ cm라 하면

$\triangle ABC=\frac{1}{2}\times\overline{BC}\times\overline{AB}=\frac{1}{2}\times 12\times(x+9)$

$=6(x+9)=96$

$x+9=16$ $\quad\therefore\ x=7$

$\therefore\ \overline{AD}=7$ cm

20 전략 $\overline{OC}$의 길이가 사분원의 반지름의 길이와 같음을 이용한다.

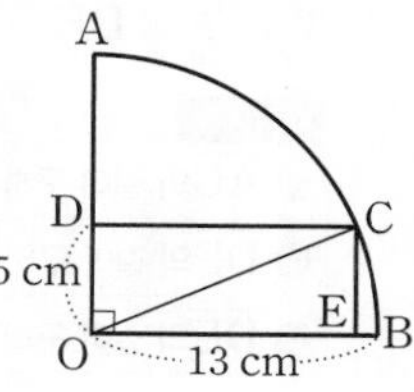

오른쪽 그림과 같이 $\overline{OC}$를 그으면 사분원의 반지름의 길이가 13 cm이므로 $\overline{OC}=13$ cm …… ㉮

△OCD에서 $\overline{CD}^2=13^2-5^2=144$

$\overline{CD}>0$이므로

$\overline{CD}=12\,(\text{cm})$ …… ㉯

따라서 □DOEC의 둘레의 길이는

$2\times(12+5)=34\,(\text{cm})$ …… ㉰

채점 기준

㉮ $\overline{OC}$의 길이 구하기	40 %
㉯ $\overline{CD}$의 길이 구하기	40 %
㉰ □DOEC의 둘레의 길이 구하기	20 %

21 전략 $\overline{BC}=\overline{BQ}$임을 이용하여 먼저 $\overline{AQ}$의 길이를 구한다.

$\overline{BQ}=\overline{BC}=13$ cm이므로

△ABQ에서 $\overline{AQ}^2=13^2-12^2=25$

$\overline{AQ}>0$이므로 $\overline{AQ}=5\,(\text{cm})$

$\therefore\ \overline{DQ}=\overline{AD}-\overline{AQ}$

$=13-5=8\,(\text{cm})$ …… ㉮

(1) △ABQ와 △DQP에서

∠ABQ+∠AQB=90°이고 ∠AQB+∠DQP=90°

이므로 ∠ABQ=∠DQP

∠BAQ=∠QDP=90°

∴ △ABQ∽△DQP (AA 닮음) …… ㉯

$\overline{AB}:\overline{DQ}=\overline{AQ}:\overline{DP}$에서

$12:8=5:\overline{DP}$

$12\overline{DP}=40$ $\quad\therefore\ \overline{DP}=\frac{10}{3}\,(\text{cm})$ …… ㉰

(2) $\overline{PQ}=\overline{PC}=\overline{DC}-\overline{DP}=12-\frac{10}{3}=\frac{26}{3}\,(\text{cm})$ …… ㉱

△DQP에서 $\overline{DQ}\times\overline{DP}=\overline{PQ}\times\overline{DH}$이므로

$8\times\frac{10}{3}=\frac{26}{3}\times\overline{DH}$

$\therefore\ \overline{DH}=\frac{40}{13}\,(\text{cm})$ …… ㉲

채점 기준

(1)	㉮ $\overline{DQ}$의 길이 구하기	20 %
	㉯ △ABQ∽△DQP임을 보이기	20 %
	㉰ $\overline{DP}$의 길이 구하기	20 %
(2)	㉱ $\overline{PQ}$의 길이 구하기	20 %
	㉲ $\overline{DH}$의 길이 구하기	20 %

22 전략 $\overline{AD}\times\overline{DC}=\overline{AC}\times\overline{DF}$, $\overline{CD}^2=\overline{DF}\times\overline{DE}$임을 이용하여 $\overline{DF}$, $\overline{DE}$의 길이를 구한다.

△ACD에서 $\overline{AC}^2=4^2+3^2=25$

$\overline{AC}>0$이므로 $\overline{AC}=5\,(\text{cm})$ …… ㉮

$\overline{AD}\times\overline{DC}=\overline{AC}\times\overline{DF}$이므로

$4\times 3=5\times\overline{DF}$ $\quad\therefore\ \overline{DF}=\frac{12}{5}\,(\text{cm})$ …… ㉯

5 피타고라스 정리

$\triangle$DEC에서 $\overline{CD}^2=\overline{DF}\times\overline{DE}$이므로

$3^2=\frac{12}{5}\times\overline{DE}$ $\qquad\therefore \overline{DE}=\frac{15}{4}$(cm) …… ㉰

채점 기준

㉮ $\overline{AC}$의 길이 구하기	30 %
㉯ $\overline{DF}$의 길이 구하기	30 %
㉰ $\overline{DE}$의 길이 구하기	40 %

23 전략 $\triangle$ABC의 세 변의 길이 사이의 관계와 $\triangle$ABC가 예각삼각형임을 이용한다.

삼각형의 세 변의 길이 사이의 관계에 의하여

$6-4<x<6+4$ $\qquad\therefore 2<x<10$

이때 $x>6$이므로 $6<x<10$ …… ㉠ …… ㉮

또, $\angle C<90°$이므로

$x^2<4^2+6^2$, $x^2<52$ …… ㉡ …… ㉯

㉠, ㉡을 모두 만족하는 자연수 x의 값은 7이다. …… ㉰

채점 기준

㉮ 삼각형의 세 변의 길이 사이의 관계를 이용하여 x의 값의 범위 구하기	40 %
㉯ $\angle C<90°$가 되기 위한 x^2의 값의 범위 구하기	40 %
㉰ 자연수 x의 값 구하기	20 %

24 전략 선이 지나는 부분의 전개도를 그려 본다.

$\triangle$ABC에서 $\overline{AC}^2=4^2+3^2=25$

$\overline{AC}>0$이므로 $\overline{AC}=5$(cm) …… ㉮

이때 선이 지나는 부분의 전개도는 오른쪽 그림과 같으므로 최단 거리는 $\overline{AE}$의 길이이다. …… ㉯

$\triangle$ADE에서

$\overline{AE}^2=(5+3)^2+6^2=100$

$\overline{AE}>0$이므로 $\overline{AE}=10$(cm)

따라서 구하는 최단 거리는 10 cm이다. …… ㉰

채점 기준

㉮ $\overline{AC}$의 길이 구하기	20 %
㉯ 선이 지나는 부분의 전개도를 그려 최단 거리가 $\overline{AE}$의 길이임을 알기	40 %
㉰ 최단 거리 구하기	40 %

Level C 단원 마무리 **발전 유형 정복하기** 144~145쪽

01 ②	02 10	03 35 m^2	04 ③	05 $\frac{9}{10}$
06 $\frac{336}{25}$ cm^2	07 3	08 ③	09 ⑤	10 $\frac{8}{15}$
11 $\frac{24}{5}$ cm	12 180 m			

01 전략 $\overline{CE}$, $\overline{DE}$의 길이를 구한 후 $\triangle BCE \backsim \triangle FDE$임을 이용한다.

$\triangle$BCE에서 $\overline{CE}^2=5^2-4^2=9$

$\overline{CE}>0$이므로 $\overline{CE}=3$(cm)

$\therefore \overline{DE}=\overline{CD}-\overline{CE}=4-3=1$(cm)

이때 $\triangle BCE \backsim \triangle FDE$ (AA 닮음)이므로

$\overline{BC}:\overline{FD}=\overline{CE}:\overline{DE}$에서

$4:\overline{FD}=3:1$ $\qquad\therefore \overline{FD}=\frac{4}{3}$(cm)

$\therefore \triangle DEF=\frac{1}{2}\times\overline{FD}\times\overline{DE}$

$=\frac{1}{2}\times\frac{4}{3}\times1=\frac{2}{3}$(cm^2)

02 전략 $\overline{BC_1}^2$, $\overline{BC_2}^2$, $\overline{BC_3}^2$, …의 값에 대한 규칙을 파악한다.

$\overline{BC_1}^2=3^2+2^2=9+4\times1=13$

$\overline{BC_2}^2=13+2^2=9+4\times2=17$

$\overline{BC_3}^2=17+2^2=9+4\times3=21$

$\overline{BC_4}^2=21+2^2=9+4\times4=25$

⋮

$\overline{BC_n}^2=\overline{BC_{n-1}}^2+2^2=9+4\times n=49$

$9+4n=49$ $\qquad\therefore n=10$

따라서 구하는 자연수 n의 값은 10이다.

03 전략 사각형에서 수선을 그어 직각삼각형을 만든 후 피타고라스 정리를 이용한다.

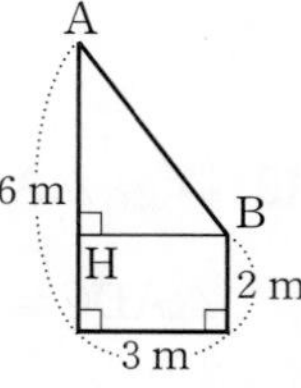

오른쪽 그림과 같이 천막의 세로에 해당하는 한 변을 $\overline{AB}$라 하고 꼭짓점 B에서 담벼락에 내린 수선의 발을 H라 하면

$\overline{AH}=6-2=4$(m), $\overline{BH}=3$ m

$\triangle$AHB에서

$\overline{AB}^2=3^2+4^2=25$이고

$\overline{AB}>0$이므로 $\overline{AB}=5$(m)

따라서 천막의 넓이는 $7\times5=35$(m^2)

04 전략 피타고라스 정리를 이용하여 먼저 $\overline{BD}$의 길이를 구한다.

$\triangle$ABD에서 $\overline{BD}^2=12^2+5^2=169$

$\overline{BD}>0$이므로 $\overline{BD}=13$(cm)

오른쪽 그림과 같이 점 F에서 $\overline{BD}$에 내린 수선의 발을 H라 하면

$\angle FBD=\angle DBC$ (접은 각),

$\angle DBC=\angle FDB$ (엇각)이므로

$\angle FBD=\angle FDB$

즉, $\triangle$FBD는 $\overline{FB}=\overline{FD}$인 이등변삼각형이므로

$\overline{BH}=\overline{DH}$

$\therefore \overline{DH}=\frac{1}{2}\overline{BD}=\frac{1}{2}\times13=\frac{13}{2}$(cm)

이때 $\triangle DFH \backsim \triangle BDC$ (AA 닮음)이므로

$\overline{DF}:\overline{BD}=\overline{DH}:\overline{BC}$에서

$\overline{DF}:13=\frac{13}{2}:12$

$12\overline{DF}=\frac{169}{2}$ $\qquad\therefore \overline{DF}=\frac{169}{24}$(cm)

$\therefore \overline{AF}=\overline{AD}-\overline{DF}=12-\frac{169}{24}=\frac{119}{24}$(cm)

공략 비법

직사각형 ABCD에서

① △FBD는 이등변삼각형

② $\overline{AF}=x$라 하면 $\overline{FB}=\overline{FD}=a-x$

③ △BHF≡△DHF (ASA 합동)

④ △DFH∽△BDC (AA 닮음)

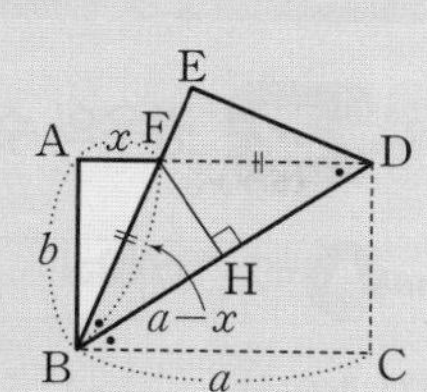

05 전략 두 점 D, E에서 $\overline{AC}$, $\overline{BC}$에 각각 수선을 그어 직각삼각형을 만든다.

오른쪽 그림과 같이 두 점 D, E에서 $\overline{AC}$에 내린 수선의 발을 각각 P, Q라 하고 $\overline{BC}$에 내린 수선의 발을 각각 R, S라 하자.

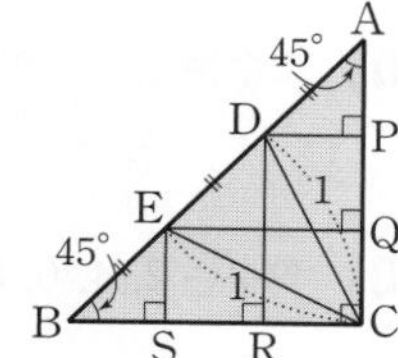

$\overline{AP}=a$라 하면

$\overline{AP}=\overline{PQ}=\overline{QC}=\overline{CR}=\overline{RS}=\overline{SB}=a$

△DCP에서 $1^2=a^2+(2a)^2$

$5a^2=1 \qquad \therefore a^2=\frac{1}{5}$

$\therefore \triangle ABC=\frac{1}{2}\times\overline{BC}\times\overline{AC}$

$=\frac{1}{2}\times 3a\times 3a=\frac{9}{2}a^2$

$=\frac{9}{2}\times\frac{1}{5}=\frac{9}{10}$

06 전략 직각삼각형 ABD에서 $\overline{AB}\times\overline{AD}=\overline{BD}\times\overline{AE}$, $\overline{AB}^2=\overline{BE}\times\overline{BD}$임을 이용하여 $\overline{AE}$, $\overline{BE}$의 길이를 구한다.

△ABD에서 $\overline{BD}^2=8^2+6^2=100$

$\overline{BD}>0$이므로 $\overline{BD}=10\,(\text{cm})$

$\overline{AB}\times\overline{AD}=\overline{BD}\times\overline{AE}$이므로

$6\times 8=10\times\overline{AE} \qquad \therefore \overline{AE}=\frac{24}{5}\,(\text{cm})$

또, $\overline{AB}^2=\overline{BE}\times\overline{BD}$이므로

$6^2=\overline{BE}\times 10 \qquad \therefore \overline{BE}=\frac{18}{5}\,(\text{cm})$

△CDF≡△ABE (RHA 합동)이므로

$\overline{DF}=\overline{BE}=\frac{18}{5}$ cm

$\therefore \overline{EF}=\overline{BD}-2\overline{BE}=10-2\times\frac{18}{5}=\frac{14}{5}\,(\text{cm})$

$\therefore \square AECF=2\triangle AEF=2\times\left(\frac{1}{2}\times\overline{EF}\times\overline{AE}\right)$

$=2\times\left(\frac{1}{2}\times\frac{14}{5}\times\frac{24}{5}\right)=\frac{336}{25}\,(\text{cm}^2)$

07 전략 먼저 삼각형이 될 수 있는 세 변의 길이를 구한다.

삼각형이 될 수 있는 경우는 (4, 6, 8), (4, 8, 10), (6, 8, 10)의 3가지이다.

직각삼각형이 되는 경우는 $10^2=6^2+8^2$이므로 (6, 8, 10)의 1가지이다.

$\therefore a=1$

또, 둔각삼각형이 되는 경우는 $8^2>4^2+6^2$, $10^2>4^2+8^2$이므로 (4, 6, 8), (4, 8, 10)의 2가지이다.

$\therefore b=2$

$\therefore a+b=1+2=3$

08 전략 사다리꼴 ABCD를 $\overline{AB}$를 회전축으로 하여 1회전 시킬 때 생기는 회전체는 원뿔대임을 파악한다.

사다리꼴 ABCD를 $\overline{AB}$를 회전축으로 하여 1회전 시킬 때 생기는 입체도형은 오른쪽 그림과 같은 원뿔대이다.

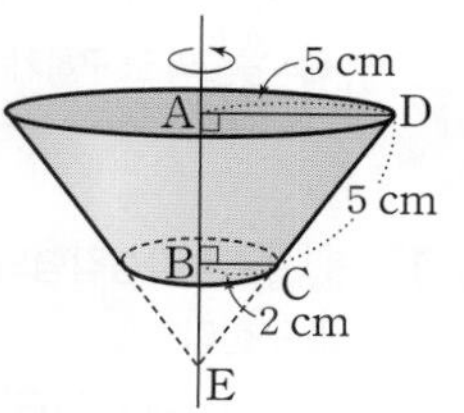

△BEC∽△AED (AA 닮음)이므로

$\overline{EC}=x$ cm라 하면

$\overline{EC}:\overline{ED}=\overline{BC}:\overline{AD}$에서

$x:(x+5)=2:5$, $2(x+5)=5x$

$3x=10 \qquad \therefore x=\frac{10}{3}$

△BEC에서 $\overline{EB}^2=\left(\frac{10}{3}\right)^2-2^2=\frac{64}{9}$

$\overline{EB}>0$이므로 $\overline{EB}=\frac{8}{3}\,(\text{cm})$

이때 $\overline{EB}:\overline{EA}=\overline{BC}:\overline{AD}$에서 $\frac{8}{3}:\overline{EA}=2:5$

$2\overline{EA}=\frac{40}{3} \qquad \therefore \overline{EA}=\frac{20}{3}\,(\text{cm})$

$\therefore (\text{부피})=\frac{1}{3}\times(\pi\times 5^2)\times\frac{20}{3}-\frac{1}{3}\times(\pi\times 2^2)\times\frac{8}{3}$

$=\frac{500}{9}\pi-\frac{32}{9}\pi=52\pi\,(\text{cm}^3)$

09 전략 실이 지나는 부분의 전개도를 그려 본다.

밑면인 원의 둘레의 길이는 $2\pi\times 15=30\pi\,(\text{cm})$

$\overset{\frown}{BC}=2\pi\times 15\times\frac{72}{360}=6\pi\,(\text{cm})$

이때 실이 지나는 부분의 전개도는 오른쪽 그림과 같으므로 최단 거리는 $\overline{A'C}$의 길이이다.

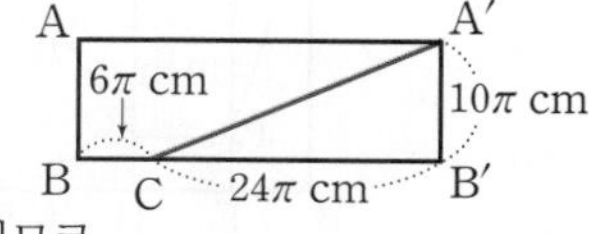

$\overline{CB'}=30\pi-6\pi=24\pi\,(\text{cm})$이므로

△A′CB′에서 $\overline{A'C}^2=(24\pi)^2+(10\pi)^2=676\pi^2$

$\overline{A'C}>0$이므로 $\overline{A'C}=26\pi\,(\text{cm})$

10 전략 □BFGC=□ADEB+□ACHI임을 이용한다.

□BFGC=□ADEB+□ACHI이므로

□ADEB=289−64=225

$\overline{AB}^2=225$이고 $\overline{AB}>0$이므로 $\overline{AB}=15$ …… ㉮

$\overline{BC}^2=289$이고 $\overline{BC}>0$이므로 $\overline{BC}=17$

$\overline{AC}^2=64$이고 $\overline{AC}>0$이므로 $\overline{AC}=8$

△ABC에서 $\overline{AB}\times\overline{AC}=\overline{BC}\times\overline{AJ}$이므로

$15\times 8=17\times\overline{AJ} \qquad \therefore \overline{AJ}=\frac{120}{17}$ …… ㉯

또, △ABC에서 $\overline{AB}^2=\overline{BJ}\times\overline{BC}$이므로

5 피타고라스 정리

$15^2=\overline{BJ}\times17$ $\therefore \overline{BJ}=\dfrac{225}{17}$ …… ㉰

$\therefore \dfrac{\overline{AJ}}{\overline{BJ}}=\dfrac{120}{17}\div\dfrac{225}{17}=\dfrac{120}{17}\times\dfrac{17}{225}=\dfrac{8}{15}$ …… ㉱

채점 기준

㉮ $\overline{AB}$의 길이 구하기	30 %
㉯ $\overline{AJ}$의 길이 구하기	30 %
㉰ $\overline{BJ}$의 길이 구하기	30 %
㉱ $\dfrac{\overline{AJ}}{\overline{BJ}}$의 값 구하기	10 %

11 전략 직각삼각형의 빗변의 중점은 외심임을 이용하여 $\overline{BM}$의 길이를 구한다.

$\triangle ABC$에서 $\overline{BD}^2=\overline{AD}\times\overline{CD}$이므로

$\overline{BD}^2=4\times16=64$

$\overline{BD}>0$이므로 $\overline{BD}=8(\text{cm})$ …… ㉮

이때 점 M은 직각삼각형 ABC의 외심이므로

$\overline{AM}=\overline{BM}=\overline{CM}=\dfrac{1}{2}\overline{AC}=\dfrac{1}{2}\times20=10(\text{cm})$

$\therefore \overline{DM}=\overline{AM}-\overline{AD}=10-4=6(\text{cm})$ …… ㉯

$\triangle DBM$에서 $\overline{BD}\times\overline{DM}=\overline{BM}\times\overline{DE}$이므로

$8\times6=10\times\overline{DE}$ $\therefore \overline{DE}=\dfrac{24}{5}(\text{cm})$ …… ㉰

채점 기준

㉮ $\overline{BD}$의 길이 구하기	30 %
㉯ $\overline{DM}$의 길이 구하기	40 %
㉰ $\overline{DE}$의 길이 구하기	30 %

12 전략 □ABCD의 내부의 한 점에서 각 꼭짓점을 연결한 형태가 되도록 고쳐서 푼다.

다음 그림과 같이 □EFHG를 오려 내고 나머지 두 부분을 붙이면 두 점 P, Q가 만나는 새로운 직사각형 ABCD가 된다.

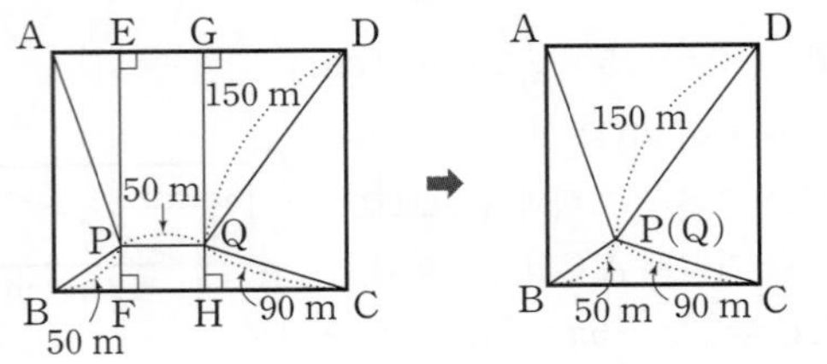

…… ㉮

직사각형 ABCD에서 $\overline{AP}=x$ m $(x>0)$라 하면

$\overline{AP}^2+\overline{CP}^2=\overline{BP}^2+\overline{DP}^2$이므로 $x^2+90^2=50^2+150^2$

$x^2=16900$ $\therefore x=130$

$\therefore \overline{AP}=130$ m …… ㉯

따라서 성희가 건물 A에서 출발하여 학교 P를 지나 공원 Q까지 가는 최단 거리는

$\overline{AP}+\overline{PQ}=130+50=180(\text{m})$ …… ㉰

채점 기준

㉮ 피타고라스 정리를 이용한 직사각형의 성질을 이용할 수 있도록 새로운 직사각형 ABCD 만들기	40 %
㉯ $\overline{AP}$의 길이 구하기	30 %
㉰ 최단 거리 구하기	30 %

6. 경우의 수

Lecture 22 경우의 수

Level A 개념 익히기 148쪽

01 4 이상의 수는 4, 5, 6이므로 구하는 경우의 수는 3이다. 답 3

02 3의 배수는 3, 6이므로 구하는 경우의 수는 2이다. 답 2

03 소수는 2, 3, 5이므로 구하는 경우의 수는 3이다. 답 3

04 짝수는 2, 4, 6, 8, 10이므로 구하는 경우의 수는 5이다. 답 5

05 9의 약수는 1, 3, 9이므로 구하는 경우의 수는 3이다. 답 3

06 $5+3=8$ 답 8

07 답 3

08 답 2

09 $3\times2=6$ 답 6

Level B 유형 공략하기 149~153쪽

중 **10** 두 주사위에서 나오는 눈의 수를 순서쌍으로 나타내면 두 눈의 수의 합이 8이 되는 경우는

(2, 6), (3, 5), (4, 4), (5, 3), (6, 2)

이므로 구하는 경우의 수는 5이다. 답 ④

중 **11** 1부터 30까지의 자연수 중 소수는

2, 3, 5, 7, 11, 13, 17, 19, 23, 29

이므로 구하는 경우의 수는 10이다. 답 10

중 **12** 두 주사위 A, B를 동시에 던져서 나오는 눈의 수를 순서쌍 (a, b)로 나타내면

(i) $\dfrac{b}{a}=1$이 되는 경우: (1, 1), (2, 2), (3, 3), (4, 4), (5, 5), (6, 6)의 6가지

(ii) $\dfrac{b}{a}=3$이 되는 경우: (1, 3), (2, 6)의 2가지

(iii) $\dfrac{b}{a}=5$가 되는 경우: (1, 5)의 1가지

이상에서 $\dfrac{b}{a}$가 홀수가 되는 경우의 수는

$6+2+1=9$ 답 ①

상 13 꼭짓점 A를 출발하여 모서리를 따라 꼭짓점 G까지 최단 거리로 이동하는 경우를 나뭇가지 모양의 그림을 이용하여 나타내면 다음과 같다.

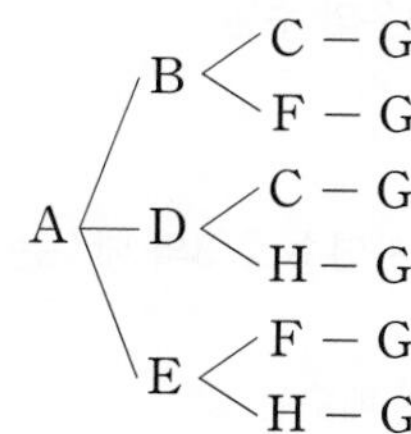

따라서 구하는 경우의 수는 6이다.

답 ③

상 14 두 자리 자연수 중 일의 자리의 숫자가 십의 자리의 숫자의 약수가 되는 수는 다음과 같다.

(i) 일의 자리의 숫자가 1일 때,
11, 21, 31, ⋯, 91의 9개

(ii) 일의 자리의 숫자가 2일 때,
22, 42, 62, 82의 4개

(iii) 일의 자리의 숫자가 3일 때,
33, 63, 93의 3개

(iv) 일의 자리의 숫자가 4일 때,
44, 84의 2개

(v) 일의 자리의 숫자가 5 이상일 때,
55, 66, 77, 88, 99의 5개 …… ㉮

이상에서 구하는 수의 개수는

$9+4+3+2+5=23$ …… ㉯

답 23

채점 기준

㉮ 일의 자리의 숫자에 따라 조건에 맞는 수의 개수 구하기	80 %
㉯ 조건에 맞는 수의 개수 구하기	20 %

중 15 350원을 지불하는 경우를 표로 나타내면 오른쪽과 같다.
따라서 구하는 경우의 수는 4이다.

100원(개)	50원(개)
3	1
2	3
1	5
0	7

답 4

중 16 2400원을 지불하는 경우를 표로 나타내면 다음과 같다.

500원(개)	100원(개)	50원(개)
4	4	0
4	3	2
4	2	4
3	9	0
3	8	2
3	7	4

따라서 구하는 경우의 수는 6이다.

답 ④

상 17 지불할 수 있는 금액을 표로 나타내면 다음과 같다.

500원(개)	100원(개)	50원(개)	금액
1	1	1	650원
1	1	2	700원
1	1	3	750원
1	2	1	750원
1	2	2	800원
1	2	3	850원
1	3	1	850원
1	3	2	900원
1	3	3	950원
2	1	1	1150원
2	1	2	1200원
2	1	3	1250원
2	2	1	1250원
2	2	2	1300원
2	2	3	1350원
2	3	1	1350원
2	3	2	1400원
2	3	3	1450원

따라서 지불할 수 있는 금액의 종류의 수는 14이다.

답 14

중 18 $x+2y=7$을 만족하는 x, y를 순서쌍 (x, y)로 나타내면
$(1, 3)$, $(3, 2)$, $(5, 1)$
따라서 구하는 경우의 수는 3이다.

답 ③

중 19 점 (a, b)가 직선 $3x-y=5$ 위에 있으려면
$3a-b=5$ $\quad\therefore b=3a-5$
$b=3a-5$를 만족하는 a, b를 순서쌍 (a, b)로 나타내면
$(2, 1)$, $(3, 4)$
따라서 구하는 경우의 수는 2이다.

답 2

중 20 $ax-b=0$의 해가 1이 되려면 $x=1$일 때 $ax-b=0$을 만족해야 하므로
$a-b=0$
$\therefore a=b$ …… ㉮
$a=b$를 만족하는 a, b를 순서쌍 (a, b)로 나타내면
$(1, 1)$, $(2, 2)$, $(3, 3)$, $(4, 4)$, $(5, 5)$, $(6, 6)$ …… ㉯
따라서 구하는 경우의 수는 6이다. …… ㉰

답 6

채점 기준

㉮ a, b 사이의 관계식 구하기	30 %
㉯ a, b의 순서쌍 구하기	50 %
㉰ 주어진 방정식의 해가 1이 되는 경우의 수 구하기	20 %

6 경우의 수

중 21 $4x+y<10$을 만족하는 x, y를 순서쌍 (x, y)로 나타내면
(1, 1), (1, 2), (1, 3), (1, 4), (1, 5), (2, 1)
따라서 구하는 경우의 수는 6이다. 답 ④

하 22 5+3=8
답 8

하 23 6+2=8
답 ③

하 24 2+4=6
답 6

중 25 댄스 음악 3곡, 힙합 음악 2곡이 들어 있으므로 구하는 경우의 수는
3+2=5 답 5

중 26 두 주사위에서 나오는 눈의 수를 순서쌍으로 나타내면
두 눈의 수의 합이 5인 경우는
(1, 4), (2, 3), (3, 2), (4, 1)
의 4가지이고, 두 눈의 수의 합이 6인 경우는
(1, 5), (2, 4), (3, 3), (4, 2), (5, 1)
의 5가지이다.
따라서 구하는 경우의 수는
4+5=9 답 9

중 27 두 주사위에서 나오는 눈의 수를 순서쌍으로 나타내면
두 눈의 수의 차가 0인 경우는
(1, 1), (2, 2), (3, 3), (4, 4), (5, 5), (6, 6)
의 6가지이고, 두 눈의 수의 차가 1인 경우는
(1, 2), (2, 1), (2, 3), (3, 2), (3, 4), (4, 3), (4, 5), (5, 4), (5, 6), (6, 5)
의 10가지이다.
따라서 구하는 경우의 수는
6+10=16 답 ④

중 28 주사위에서 첫 번째, 두 번째에 나오는 눈의 수를 순서쌍으로 나타내면 두 눈의 수의 합이 4인 경우는
(1, 3), (2, 2), (3, 1)
의 3가지이고, 두 눈의 수의 합이 8인 경우는
(2, 6), (3, 5), (4, 4), (5, 3), (6, 2)
의 5가지이고, 두 눈의 수의 합이 12인 경우는
(6, 6)의 1가지이다.
따라서 구하는 경우의 수는
3+5+1=9 답 9

중 29 두 원판의 각 바늘이 가리키는 수를 순서쌍으로 나타내면
바늘이 가리키는 두 수의 차가 2인 경우는
(1, 3), (2, 4), (3, 1), (3, 5), (4, 2), (4, 6), (5, 3), (6, 4)
의 8가지이고, 바늘이 가리키는 두 수의 차가 3인 경우는
(1, 4), (2, 5), (3, 6), (4, 1), (5, 2), (6, 3)
의 6가지이다.
따라서 구하는 경우의 수는
8+6=14 답 14

중 30 1부터 30까지의 자연수 중 3의 배수는
3, 6, 9, ⋯, 30
의 10개이고, 5의 배수는
5, 10, 15, 20, 25, 30
의 6개이다.
이때 3과 5의 공배수는 15, 30의 2개이므로
구하는 경우의 수는
10+6−2=14 답 14

중 31 1부터 20까지의 자연수 중 소수는
2, 3, 5, 7, 11, 13, 17, 19의 8개이고,
8의 배수는 8, 16의 2개이다.
따라서 구하는 경우의 수는
8+2=10 답 ⑤

중 32 1부터 25까지의 자연수 중 홀수는
1, 3, 5, ⋯, 25의 13개이고, …… ㉮
24의 약수는
1, 2, 3, 4, 6, 8, 12, 24의 8개이다. …… ㉯
이때 홀수이면서 24의 약수인 수는
1, 3의 2개이므로 …… ㉰
구하는 경우의 수는
13+8−2=19 …… ㉱
답 19

채점 기준	
㉮ 홀수의 개수 구하기	30 %
㉯ 24의 약수의 개수 구하기	30 %
㉰ 홀수이면서 24의 약수인 수의 개수 구하기	20 %
㉱ 홀수 또는 24의 약수가 나오는 경우의 수 구하기	20 %

상 33 (i) $\frac{a}{130}$가 유한소수가 되는 경우
$130=2\times5\times13$이므로 유한소수가 되려면 a는 13의 배수이어야 한다.
이때 1부터 100까지의 자연수 중 13의 배수는
13, 26, 39, 52, 65, 78, 91
의 7개이다.
(ii) $\frac{a}{210}$가 유한소수가 되는 경우
$210=2\times3\times5\times7$이므로 유한소수가 되려면 a는
$3\times7=21$의 배수이어야 한다.
이때 1부터 100까지의 자연수 중 21의 배수는
21, 42, 63, 84
의 4개이다.

(i), (ii)에서 구하는 경우의 수는

$7+4=11$

답 11

개념 보충 학습

유한소수로 나타낼 수 있는 분수

분수를 기약분수로 나타내었을 때, 분모의 소인수가 2 또는 5뿐이면 그 분수는 유한소수로 나타낼 수 있다.

하 **34** $4\times5=20$

답 20

하 **35** $3\times4=12$

답 12

하 **36** $7\times5=35$

답 35

중 **37** 어학 강좌 중에서 한 가지를 선택하는 경우의 수는 3이고, 스포츠 강좌와 예술 강좌 중에서 한 가지를 선택하는 경우의 수는

$4+2=6$

따라서 구하는 경우의 수는

$3\times6=18$

답 18

중 **38** (i) 집 → 학교 → 도서관으로 가는 경우의 수는

$2\times3=6$

(ii) 집 → 도서관으로 한 번에 가는 경우의 수는 2

(i), (ii)에서 구하는 경우의 수는

$6+2=8$

답 8

중 **39** 등산로를 한 가지 선택하여 올라가는 경우의 수는 7이고, 그 각각에 대하여 올라갈 때와 다른 길을 선택하여 내려오는 경우의 수는 6이다.

따라서 구하는 경우의 수는

$7\times6=42$

답 ⑤

참고 내려올 때는 올라갈 때와 다른 길을 선택해야 하므로 내려오는 길을 선택하는 경우의 수는 6이다.

중 **40** 시청각실에서 열람실로 가는 경우의 수는 2,

열람실에서 복도로 가는 경우의 수는 3,

복도에서 화장실로 가는 경우의 수는 2이다.

따라서 구하는 경우의 수는

$2\times3\times2=12$

답 12

상 **41** 오른쪽 그림에서

(i) A 지점에서 P 지점까지 최단 거리로 가는 경우의 수는 3

(ii) P 지점에서 B 지점까지 최단 거리로 가는 경우의 수는 2

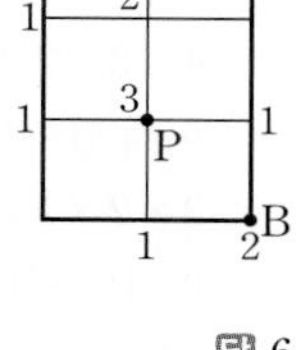

(i), (ii)에서 구하는 경우의 수는

$3\times2=6$

답 6

공략 비법

최단 거리로 가는 경우의 수

최단 거리로 가는 경우의 수를 구할 때는 다음과 같은 순서로 구한다.

❶ 출발점에서 최단 거리로 가는 방향으로 갈 수 있는 경우의 수를 각각 꼭짓점에 적는다.

❷ 두 길이 만나는 지점에는 지나온 두 꼭짓점에 쓰인 경우의 수의 합을 쓴다.

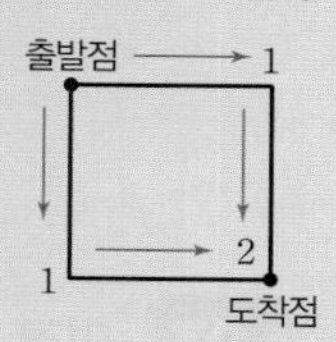

중 **42** 서로 다른 동전 3개를 동시에 던질 때, 일어나는 경우의 수는

$2\times2\times2=8$

서로 다른 주사위 2개를 동시에 던질 때, 일어나는 경우의 수는

$6\times6=36$

따라서 구하는 경우의 수는

$8\times36=288$

답 ⑤

하 **43** 첫 번째에 5의 약수가 나오는 경우는

1, 5의 2가지이고,

두 번째에 3의 배수가 나오는 경우는

3, 6, 9, 12의 4가지이다.

따라서 구하는 경우의 수는

$2\times4=8$

답 ④

중 **44** 주사위가 홀수의 눈이 나오는 경우는

1, 3, 5의 3가지이고, ... ㉮

동전이 서로 다른 면이 나오는 경우는

(앞, 뒤), (뒤, 앞)의 2가지이다. ...... ㉯

따라서 구하는 경우의 수는

$3\times2=6$ ...... ㉰

답 6

채점 기준

㉮ 주사위가 홀수의 눈이 나오는 경우의 수 구하기	40 %
㉯ 동전이 서로 다른 면이 나오는 경우의 수 구하기	40 %
㉰ 주사위는 홀수의 눈이 나오고 동전은 서로 다른 면이 나오는 경우의 수 구하기	20 %

중 **45** 한 학생이 낼 수 있는 경우는 가위, 바위, 보의 3가지이므로 구하는 경우의 수는

$3\times3\times3=27$

답 27

중 **46** 한 개의 깃발로 만들 수 있는 신호는 올리는 것과 내리는 것의 2가지 경우가 있으므로 만들 수 있는 신호의 개수는

$2\times2\times2\times2=16$

답 ④

중 **47** 각 칸에 써넣을 수 있는 기호는 ●, ★, ◆의 3개이므로 만들 수 있는 암호의 개수는

$3\times3\times3=27$

답 27

상 **48** 한 개의 전구로 만들 수 있는 신호는 켜지는 경우와 꺼지는 경우의 2가지가 있고, 전구가 모두 꺼진 경우는 신호로 생각하지

않으므로 만들 수 있는 신호의 개수는
$2\times2\times2\times2\times2-1=32-1=31$ 답 31

Lecture 23 여러 가지 경우의 수

Level A 개념 익히기 154~155쪽

01 $3\times2\times1=6$ 답 6

02 $5\times4\times3\times2\times1=120$ 답 120

03 $6\times5=30$ 답 30

04 답 6, 2, 6, 2, 12

05 A, B를 1명으로 생각하여 4명을 한 줄로 세우는 경우의 수는
$4\times3\times2\times1=24$
이때 A와 B가 자리를 바꾸는 경우의 수는 2
따라서 구하는 경우의 수는
$24\times2=48$ 답 48

06 A, B, C를 1명으로 생각하여 3명을 한 줄로 세우는 경우의 수는
$3\times2\times1=6$
이때 A, B, C가 자리를 바꾸는 경우의 수는
$3\times2\times1=6$
따라서 구하는 경우의 수는
$6\times6=36$ 답 36

07 B, C, E를 1명으로 생각하여 3명을 한 줄로 세우는 경우의 수는
$3\times2\times1=6$
이때 B, C, E가 자리를 바꾸는 경우의 수는
$3\times2\times1=6$
따라서 구하는 경우의 수는
$6\times6=36$ 답 36

08 답 3, 3, 12

09 답 0, 3, 2, 3, 2, 18

10 $5\times4=20$ 답 20

11 $5\times4\times3=60$ 답 60

12 $\frac{5\times4}{2}=10$ 답 10

13 $\frac{5\times4\times3}{3\times2\times1}=10$ 답 10

Level B 유형 공략하기 155~159쪽

하 **14** $4\times3\times2\times1=24$ 답 24

하 **15** $5\times4\times3\times2\times1=120$ 답 ⑤

중 **16** $5\times4\times3=60$ 답 60

중 **17** $6\times5\times4=120$ 답 ③

중 **18** 구하는 경우의 수는 선우를 맨 앞에 세우고 혜진이를 맨 뒤에 세운 후, 나머지 3명을 한 줄로 세우는 경우의 수와 같다.
따라서 구하는 경우의 수는
$3\times2\times1=6$ 답 ②

참고 선우와 혜진이를 제외한 3명을 한 줄로 세우고 선우를 맨 앞에, 혜진이를 맨 뒤에 세우는 경우로 생각해도 결과는 같다.

중 **19** a를 제외한 6개의 문자를 한 줄로 나열하고, 한가운데에 a를 넣으면 된다.
따라서 구하는 경우의 수는
$6\times5\times4\times3\times2\times1=720$ 답 720

중 **20** 부모님을 제외한 가족 4명이 한 줄로 서는 경우의 수는
$4\times3\times2\times1=24$ …… ㉮
이때 부모님이 양 끝에 서는 경우의 수는 2 …… ㉯
따라서 구하는 경우의 수는
$24\times2=48$ …… ㉰
답 48

채점 기준

㉮ 부모님을 제외한 가족 4명이 한 줄로 서는 경우의 수 구하기	40 %
㉯ 부모님이 양 끝에 서는 경우의 수 구하기	40 %
㉰ 6명의 가족이 한 줄로 서서 사진을 찍을 때, 부모님이 양 끝에 서는 경우의 수 구하기	20 %

상 **21** 여학생 2명과 남학생 3명이 교대로 서는 방법은
남 여 남 여 남
뿐이므로 남학생 3명이 한 줄로 서는 경우의 수는
$3\times2\times1=6$
남학생 사이사이에 여학생 2명이 서는 경우의 수는
$2\times1=2$
따라서 구하는 경우의 수는
$6\times2=12$ 답 ③

중 **22** 남학생 3명을 1명으로 생각하여 4명을 한 줄로 세우는 경우의 수는
$4\times3\times2\times1=24$
이때 남학생끼리 자리를 바꾸는 경우의 수는
$3\times2\times1=6$
따라서 구하는 경우의 수는
$24\times6=144$ 답 144

공략 비법

한 줄로 세울 때, 이웃하여 세우는 경우의 수는 다음과 같은 순서로 구한다.

❶ 이웃하는 것을 하나로 묶어서 한 줄로 세우는 경우의 수를 구한다.

❷ 묶음 안에서 자리를 바꾸는 경우의 수를 구한다.

❸ ❶과 ❷의 경우의 수를 곱한다.

중 23 민준이와 연재가 이웃하여 맨 앞에 서야 하므로 민준이와 연재를 제외한 3명을 한 줄로 세우는 경우의 수는

$3\times2\times1=6$

이때 민준이와 연재가 자리를 바꾸는 경우의 수는 2

따라서 구하는 경우의 수는

$6\times2=12$

답 12

중 24 A, B를 1명으로 생각하여 4명을 한 줄로 세우는 경우의 수는

$4\times3\times2\times1=24$

이때 A와 B의 순서는 BA로 정해져 있으므로 구하는 경우의 수는 24이다.

답 ②

상 25 어른을 1명, 어린이를 1명으로 생각하여 2명이 의자에 한 줄로 앉는 경우의 수는

$2\times1=2$

이때 어른끼리 자리를 바꾸는 경우의 수는

$4\times3\times2\times1=24$

이고, 어린이끼리 자리를 바꾸는 경우의 수는 2이다.

따라서 구하는 경우의 수는

$2\times24\times2=96$

답 ④

중 26 홀수이려면 일의 자리의 숫자가 3 또는 5 또는 7이어야 한다.

(i) □3인 경우

십의 자리에 올 수 있는 숫자는 3을 제외한 4개

(ii) □5인 경우

십의 자리에 올 수 있는 숫자는 5를 제외한 4개

(iii) □7인 경우

십의 자리에 올 수 있는 숫자는 7을 제외한 4개

이상에서 두 자리 자연수 중 홀수의 개수는

$4+4+4=12$

답 ③

하 27 백의 자리에 올 수 있는 숫자는 7개, 십의 자리에 올 수 있는 숫자도 7개, 일의 자리에 올 수 있는 숫자도 7개이다.

따라서 구하는 자연수의 개수는

$7\times7\times7=343$

답 343

중 28 백의 자리에 올 수 있는 숫자는 1, 2, 3이다.

(i) 1□□인 경우

십의 자리에 올 수 있는 숫자는 1을 제외한 4개, 일의 자리에 올 수 있는 숫자는 1과 십의 자리에 놓인 숫자를 제외한 3개이므로

$4\times3=12$(개)

(ii) 2□□인 경우

십의 자리에 올 수 있는 숫자는 2를 제외한 4개, 일의 자리에 올 수 있는 숫자는 2와 십의 자리에 놓인 숫자를 제외한 3개이므로

$4\times3=12$(개)

(iii) 31□인 경우

일의 자리에 올 수 있는 숫자는 1, 3을 제외한 3개

(iv) 32□인 경우

일의 자리에 올 수 있는 숫자는 2, 3을 제외한 3개

이상에서 341보다 작은 수의 개수는

$12+12+3+3=30$

답 30

개념 보충 학습

0이 아닌 n개의 서로 다른 한 자리 숫자 중에서 서로 다른 2개를 선택하여 만들 수 있는 두 자리 자연수의 개수

➡ 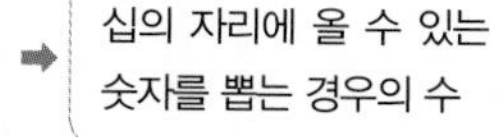

× 일의 자리에 올 수 있는 숫자를 뽑는 경우의 수

➡ $n\times(n-1)$

상 29 (i) 6□인 경우

일의 자리에 올 수 있는 숫자는 6을 제외한 5개

(ii) 5□인 경우

일의 자리에 올 수 있는 숫자는 5를 제외한 5개

(i), (ii)에서 $5+5=10$이므로 12번째로 큰 수는 십의 자리의 숫자가 4인 수 중에서 두 번째로 큰 수이다.

이때 십의 자리의 숫자가 4인 수를 큰 수부터 차례로 나열하면

46, 45, 43, 42, 41

이므로 구하는 수는 45이다.

답 45

중 30 백의 자리에 올 수 있는 숫자는 0을 제외한 1, 2, 3, 4, 5의 5개, 십의 자리에 올 수 있는 숫자는 백의 자리에 놓인 숫자를 제외한 5개, 일의 자리에 올 수 있는 숫자는 백의 자리, 십의 자리에 놓인 숫자를 제외한 4개이다.

따라서 구하는 자연수의 개수는

$5\times5\times4=100$

답 100

개념 보충 학습

0을 포함한 n개의 서로 다른 한 자리 숫자 중에서 서로 다른 2개를 선택하여 만들 수 있는 두 자리 자연수의 개수

➡ 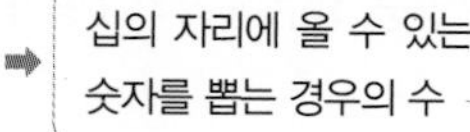

× 일의 자리에 올 수 있는 숫자를 뽑는 경우의 수

➡ $(n-1)\times(n-1)$

중 31 짝수이려면 일의 자리의 숫자가 0 또는 2이어야 한다.

(i) □0인 경우

십의 자리에 올 수 있는 숫자는 0을 제외한 3개

(ii) □2인 경우

십의 자리에 올 수 있는 숫자는 0과 2를 제외한 2개

(i), (ii)에서 짝수의 개수는

$3+2=5$ 답 ②

중 32 5의 배수이려면 일의 자리의 숫자가 0 또는 5이어야 한다.

(i) □□0인 경우

백의 자리에 올 수 있는 숫자는 0을 제외한 5개, 십의 자리에 올 수 있는 숫자는 0과 백의 자리에 놓인 숫자를 제외한 4개이므로 $5\times4=20$(개) …… ㉮

(ii) □□5인 경우

백의 자리에 올 수 있는 숫자는 0, 5를 제외한 4개, 십의 자리에 올 수 있는 숫자는 5와 백의 자리에 놓인 숫자를 제외한 4개이므로 $4\times4=16$(개) …… ㉯

(i), (ii)에서 5의 배수의 개수는

$20+16=36$ …… ㉰

답 36

채점 기준

㉮ 일의 자리가 0인 경우의 수 구하기	40 %
㉯ 일의 자리가 5인 경우의 수 구하기	40 %
㉰ 5의 배수의 개수 구하기	20 %

상 33 백의 자리에 올 수 있는 숫자는 2, 3, 4이다.

(i) 4□□인 경우

십의 자리에 올 수 있는 숫자는 4를 제외한 4개, 일의 자리에 올 수 있는 숫자는 4와 십의 자리에 놓인 숫자를 제외한 3개이므로 $4\times3=12$(개) …… ㉮

(ii) 3□□인 경우

십의 자리에 올 수 있는 숫자는 3을 제외한 4개, 일의 자리에 올 수 있는 숫자는 3과 십의 자리에 놓인 숫자를 제외한 3개이므로 $4\times3=12$(개)

(iii) 23□인 경우

일의 자리에 올 수 있는 숫자는 2, 3을 제외한 3개

(iv) 24□인 경우

일의 자리에 올 수 있는 숫자는 2, 4를 제외한 3개

이상에서 230 이상인 수의 개수는

$12+12+3+3=30$ 답 30

하 34 $6\times5\times4=120$ 답 120

중 35 A를 제외한 6명 중 높이뛰기와 양궁 선수를 각각 1명씩 뽑아야 하므로 구하는 경우의 수는

$6\times5=30$ 답 30

상 36 남녀 부대표 각각 1명씩을 뽑는 경우의 수는

$4\times6=24$

부대표 2명을 제외한 8명 중 대표 1명을 뽑는 경우의 수는 8이다.

따라서 구하는 경우의 수는

$24\times8=192$ 답 192

다른 풀이 (i) 대표가 여학생인 경우

대표를 뽑는 경우의 수는 4, 대표로 뽑힌 1명을 제외한 여학생 3명, 남학생 6명 중 남녀 부대표 각각 1명씩을 뽑는 경우의 수는 $3\times6=18$이므로

$4\times18=72$

(ii) 대표가 남학생인 경우

대표를 뽑는 경우의 수는 6, 대표로 뽑힌 1명을 제외한 여학생 4명, 남학생 5명 중 남녀 부대표 각각 1명씩을 뽑는 경우의 수는 $4\times5=20$이므로

$6\times20=120$

(i), (ii)에서 구하는 경우의 수는

$72+120=192$

중 37 9명의 학생 중 의장 1명을 뽑는 경우의 수는 9

의장을 제외한 8명 중 부의장 2명을 뽑는 경우의 수는

$\frac{8\times7}{2}=28$

따라서 구하는 경우의 수는

$9\times28=252$ 답 ⑤

하 38 $\frac{10\times9\times8}{3\times2\times1}=120$ 답 ③

상 39 2명의 직업이 같은 경우는 연출자 5명 중 2명을 뽑는 경우 또는 작가 4명 중 2명을 뽑는 경우이다.

(i) 연출자 5명 중 2명을 뽑는 경우의 수는

$\frac{5\times4}{2}=10$ …… ㉮

(ii) 작가 4명 중 2명을 뽑는 경우의 수는

$\frac{4\times3}{2}=6$ …… ㉯

(i), (ii)에서 구하는 경우의 수는

$10+6=16$ …… ㉰

답 16

채점 기준

㉮ 연출자 5명 중 2명을 뽑는 경우의 수 구하기	40 %
㉯ 작가 4명 중 2명을 뽑는 경우의 수 구하기	40 %
㉰ 뽑힌 2명의 직업이 같은 경우의 수 구하기	20 %

중 40 2명이 악수를 한 번 하므로 구하는 악수의 총 횟수는 6명 중 자격이 같은 2명을 뽑는 경우의 수와 같다.

따라서 악수의 총 횟수는

$\frac{6\times5}{2}=15$ 답 ③

중 41 2개의 축구팀이 경기를 한 번 하므로 구하는 경기의 총 횟수는 7팀 중 자격이 같은 2팀을 뽑는 경우의 수와 같다.

따라서 경기의 총 횟수는

$\frac{7\times6}{2}=21$ 답 21

중 42 A에 칠할 수 있는 색은 5가지,
B에 칠할 수 있는 색은 A에 칠한 색을 제외한 4가지,
C에 칠할 수 있는 색은 A, B에 칠한 색을 제외한 3가지,
D에 칠할 수 있는 색은 A, B, C에 칠한 색을 제외한 2가지,
E에 칠할 수 있는 색은 A, B, C, D에 칠한 색을 제외한 1가지
이다.
따라서 구하는 경우의 수는
$5\times4\times3\times2\times1=120$

답 ④

중 43 A에 칠할 수 있는 색은 4가지,
B에 칠할 수 있는 색은 A에 칠한 색을 제외한 3가지,
C에 칠할 수 있는 색은 A, B에 칠한 색을 제외한 2가지이다.
따라서 구하는 경우의 수는
$4\times3\times2=24$

답 24

상 44 A에 칠할 수 있는 색은 5가지,
E에 칠할 수 있는 색은 A에 칠한 색을 제외한 4가지,
B에 칠할 수 있는 색은 A, E에 칠한 색을 제외한 3가지,
D에 칠할 수 있는 색은 B, E에 칠한 색을 제외한 3가지,
C에 칠할 수 있는 색은 B, D에 칠한 색을 제외한 3가지이다.
따라서 구하는 경우의 수는
$5\times4\times3\times3\times3=540$

답 540

공략 비법

색칠하는 경우의 수를 구할 때는 다음 두 가지 경우로 나누어 생각한다.
① 모두 다른 색을 칠하는 경우
➡ 한 번 칠한 색은 다시 사용할 수 없다.
② 같은 색을 여러 번 사용해도 좋으나 이웃하는 영역은 서로 다른 색을 칠하는 경우
➡ 이웃한 영역에 칠한 색은 제외하고, 이웃하지 않은 영역에 칠한 색은 다시 사용할 수 있다.

중 45 만들 수 있는 선분의 개수는 5개의 점 중에서 순서를 생각하지 않고 2개의 점을 선택하는 경우의 수와 같으므로
$\frac{5\times4}{2}=10$

답 10

중 46 직선 l 위의 한 점을 선택하는 경우의 수는 4
직선 m 위의 두 점을 선택하는 경우의 수는
$\frac{5\times4}{2}=10$
따라서 구하는 삼각형의 개수는
$4\times10=40$

답 ③

상 47 7개의 점 중에서 3개의 점을 선택하는 경우의 수는
$\frac{7\times6\times5}{3\times2\times1}=35$ …… ㉮
지름 위의 4개의 점 중에서 3개의 점을 선택하는 경우의 수는
$\frac{4\times3\times2}{3\times2\times1}=4$ …… ㉯
따라서 구하는 삼각형의 개수는 $35-4=31$ …… ㉰

답 31

채점 기준

채점 기준	배점
㉮ 7개의 점 중에서 3개의 점을 선택하는 경우의 수 구하기	40 %
㉯ 지름 위의 4개의 점 중에서 3개의 점을 선택하여 삼각형이 만들어지지 않는 경우의 수 구하기	40 %
㉰ 세 점을 꼭짓점으로 하는 삼각형의 개수 구하기	20 %

주의 한 직선 위에 있는 세 점으로는 삼각형을 만들 수 없다.

Level B 단원 마무리 필수 유형 정복하기

160~163쪽

01 ③	02 5	03 ①, ⑤	04 35	05 48
06 18	07 ⑤	08 ⑤	09 ④	10 ⑤
11 ④	12 36	13 ②	14 150	15 ②
16 ③	17 ④	18 ⑤	19 6	20 4
21 12	22 16	23 30	24 (1) 24 (2) 48	

01 전략 두 수의 곱이 홀수이려면 두 수가 모두 홀수이어야 한다.
두 주사위에서 나오는 눈의 수를 순서쌍으로 나타내면
두 눈의 수의 곱이 홀수가 되는 경우는
(1, 1), (1, 3), (1, 5), (3, 1), (3, 3), (3, 5), (5, 1), (5, 3), (5, 5)
따라서 구하는 경우의 수는 9이다.

02 전략 100원짜리, 500원짜리 동전과 1000원짜리 지폐를 각각 하나 이상 사용하여 3600원을 내는 경우를 표로 나타낸다.
3600원을 지불하는 경우를 표로 나타내면 다음과 같다.

1000원(장)	500원(개)	100원(개)
3	1	1
2	3	1
2	2	6
1	5	1
1	4	6

따라서 구하는 경우의 수는 5이다.

03 전략 형철이가 이기는 경우의 수를 먼저 구하고, a의 값을 구한다.
두 주사위에서 나오는 눈의 수를 순서쌍으로 나타내면
두 눈의 수의 합이 3인 경우는
(1, 2), (2, 1)
의 2가지이고, 두 눈의 수의 합이 4인 경우는
(1, 3), (2, 2), (3, 1)
의 3가지이므로 형철이가 이기는 경우의 수는
$2+3=5$
즉, 희정이가 이기는 경우의 수도 5이다.
두 눈의 수의 합이 2인 경우는 (1, 1)의 1가지이므로
두 눈의 수의 합이 a인 경우는 4가지이어야 한다.

① $a=5$일 때
(1, 4), (2, 3), (3, 2), (4, 1)의 4가지
② $a=6$일 때
(1, 5), (2, 4), (3, 3), (4, 2), (5, 1)의 5가지
③ $a=7$일 때
(1, 6), (2, 5), (3, 4), (4, 3), (5, 2), (6, 1)의 6가지
④ $a=8$일 때
(2, 6), (3, 5), (4, 4), (5, 3), (6, 2)의 5가지
⑤ $a=9$일 때
(3, 6), (4, 5), (5, 4), (6, 3)의 4가지
따라서 a의 값으로 알맞은 것은 ①, ⑤이다.

04 전략 사건이 동시에 일어나지 않으면 각 사건의 경우의 수를 더하고, 사건이 동시에 일어나면 각 사건의 경우의 수를 곱한다.

탄산음료 5종류, 우유 4종류, 주스 2종류 중 한 가지를 선택하는 경우의 수는
$5+4+2=11 \quad \therefore a=11$
빵 2종류, 토핑 4종류, 드레싱 3종류 중 각각 하나씩 선택하여 샌드위치를 주문하는 경우의 수는
$2\times4\times3=24 \quad \therefore b=24$
$\therefore a+b=11+24=35$

05 전략 약수터를 올라갈 때 지나는 경우와 내려올 때 지나는 경우로 나누어 생각한다.

(i) 등산로 입구 → 약수터 → 정상 → 등산로 입구로 가는 경우의 수는
$3\times4\times2=24$
(ii) 등산로 입구 → 정상 → 약수터 → 등산로 입구로 가는 경우의 수는
$2\times4\times3=24$
(i), (ii)에서 구하는 경우의 수는
$24+24=48$

06 전략 학교 → 분식점, 분식점 → 도서관으로 최단 거리로 가는 경우의 수를 각각 구하여 곱한다.

오른쪽 그림에서
(i) 학교에서 분식점까지 최단 거리로 가는 경우의 수는 3
(ii) 분식점에서 도서관까지 최단 거리로 가는 경우의 수는 6

(i), (ii)에서 구하는 경우의 수는
$3\times6=18$

07 전략 경우의 수의 합과 곱을 이용하여 각 경우의 수를 구한다.

① 6의 약수는 1, 2, 3, 6이므로 구하는 경우의 수는 4
② $5+6=11$
③ 윷가락 한 개를 던져서 나오는 경우는 등, 배의 2가지이므로 구하는 경우의 수는
$2\times2\times2\times2=16$
④ $2\times2\times6=24$
⑤ 서로 다른 2개의 주사위를 동시에 던질 때, 일어나는 모든 경우의 수는
$6\times6=36$
두 주사위에서 나오는 눈의 수를 순서쌍으로 나타내면 두 눈의 수가 같은 경우는
(1, 1), (2, 2), (3, 3), (4, 4), (5, 5), (6, 6)의 6가지이므로 구하는 경우의 수는
$36-6=30$
따라서 경우의 수가 가장 큰 것은 ⑤이다.

08 전략 각 손가락마다 4가지 형태의 지문 중 한 가지가 나옴을 이용한다.

각 손가락마다 지문은 우측 고리형, 좌측 고리형, 소용돌이형, 활형의 4가지 중 한 가지가 나오므로 다섯 손가락에서 나올 수 있는 지문의 가짓수는
$4\times4\times4\times4\times4=4^5$

09 전략 승부가 결정나는 경우의 수는 일어나는 모든 경우의 수에서 무승부가 되는 경우의 수를 뺀다.

세 사람이 가위바위보를 할 때, 일어나는 모든 경우의 수는
$3\times3\times3=27$
이때 세 사람이 모두 같은 것을 내거나 모두 다른 것을 내는 경우에는 승부가 결정나지 않는다.
세 사람이 내는 것을 순서쌍으로 나타내면
(i) 세 사람이 모두 같은 것을 내는 경우
(가위, 가위, 가위), (바위, 바위, 바위), (보, 보, 보)의 3가지
(ii) 세 사람이 모두 다른 것을 내는 경우
(가위, 바위, 보), (가위, 보, 바위), (바위, 가위, 보), (바위, 보, 가위), (보, 가위, 바위), (보, 바위, 가위)의 6가지
(i), (ii)에서 승부가 결정나지 않는 경우의 수는
$3+6=9$
따라서 승부가 결정나는 경우의 수는
$27-9=18$

참고 세 사람이 모두 다른 것을 내는 경우의 수는
$3\times2\times1=6$
과 같이 구할 수도 있다.

10 전략 4명이 각각 한 편씩 관람하므로 한 줄로 세우는 경우의 수와 같다.

6편 중 4편을 골라 한 줄로 세우는 경우의 수와 같으므로
$6\times5\times4\times3=360$

11 전략 희정이가 맨 앞에 서는 경우와 맨 뒤에 서는 경우로 나누어 구한다.

(i) 희정이가 맨 앞에 서는 경우의 수는
$4\times3\times2\times1=24$
(ii) 희정이가 맨 뒤에 서는 경우의 수는
$4\times3\times2\times1=24$
(i), (ii)에서 구하는 경우의 수는
$24+24=48$

12 전략 석원이와 지영이 사이에 세울 한 명의 학생을 고른 후 이 세 명을 한 명으로 생각한다.

석원이와 지영이를 제외한 3명의 학생 중 한 명을 석원이와 지영이 사이에 세우는 경우의 수는 3
석원이와 지영이 사이에 세운 한 명의 학생과 석원이, 지영이를 1명으로 생각하여 3명을 한 줄로 세우는 경우의 수는
$3\times2\times1=6$
이때 석원이와 지영이가 자리를 바꾸는 경우의 수는 2
따라서 구하는 경우의 수는
$3\times6\times2=36$

13 전략 3의 배수이려면 각 자리의 숫자의 합이 3의 배수이어야 한다.

(i) 각 자리의 숫자의 합이 3인 경우: 각 자리의 숫자가 0, 1, 2이므로 0, 1, 2로 만들 수 있는 세 자리 자연수의 개수는
$2\times2\times1=4$
(ii) 각 자리의 숫자의 합이 6인 경우: 각 자리의 숫자가 0, 2, 4 또는 1, 2, 3이므로
0, 2, 4로 만들 수 있는 세 자리 자연수의 개수는
$2\times2\times1=4$
1, 2, 3으로 만들 수 있는 세 자리 자연수의 개수는
$3\times2\times1=6$
$\therefore 4+6=10$
(iii) 각 자리의 숫자의 합이 9인 경우: 각 자리의 숫자가 2, 3, 4이므로 2, 3, 4로 만들 수 있는 세 자리 자연수의 개수는
$3\times2\times1=6$
이상에서 세 자리 자연수 중 3의 배수의 개수는
$4+10+6=20$

개념 보충 학습

배수의 판정

- 2의 배수 ➡ 일의 자리의 숫자가 0 또는 짝수
- 3의 배수 ➡ 각 자리의 숫자의 합이 3의 배수
- 4의 배수 ➡ 마지막 두 자리의 수가 00 또는 4의 배수
- 5의 배수 ➡ 일의 자리의 숫자가 0 또는 5

14 전략 남학생 15명 중 1명과 여학생 10명 중 1명을 대표 선수로 선발해야 한다.

배드민턴 혼합 복식 경기에 참가할 남녀 대표 선수 2명을 선발하므로 남학생 1명, 여학생 1명을 뽑아야 한다.
남학생 15명 중 대표 선수 1명을 뽑는 경우의 수는 15
여학생 10명 중 대표 선수 1명을 뽑는 경우의 수는 10
따라서 구하는 경우의 수는
$15\times10=150$

15 전략 A를 회장으로 뽑는 경우와 B를 회장으로 뽑는 경우로 나누어 구한다.

(i) A를 회장으로 뽑는 경우
A를 제외한 4명 중 부회장 2명을 뽑는 경우의 수는
$\frac{4\times3}{2}=6$
(ii) B를 회장으로 뽑는 경우
B를 제외한 4명 중 부회장 2명을 뽑는 경우의 수는
$\frac{4\times3}{2}=6$
(i), (ii)에서 구하는 경우의 수는
$6+6=12$

16 전략 적어도 한 명은 여자가 뽑히는 경우의 수는 (모든 경우의 수)−(2명 모두 남자가 뽑히는 경우의 수)로 구한다.

모든 경우의 수는 8명 중 대표 2명을 뽑는 경우의 수이므로
$\frac{8\times7}{2}=28$
2명 모두 남자가 뽑히는 경우의 수는 남자 4명 중 대표 2명을 뽑는 경우의 수이므로 $\frac{4\times3}{2}=6$
따라서 구하는 경우의 수는
$28-6=22$

17 전략 야구 리그가 n개의 팀으로 이루어져 있다고 하고 식을 세운다.

야구 리그가 n개의 팀으로 이루어져 있다고 하면
$\frac{n(n-1)}{2}=28$, $n(n-1)=56=8\times7$
$\therefore n=8$
따라서 야구 리그는 8개의 팀으로 이루어져 있다.

18 전략 만들 수 있는 선분과 삼각형의 개수는 각각 순서를 생각하지 않고 2개, 3개의 점을 선택하는 경우의 수와 같다.

만들 수 있는 선분의 개수는 6개의 점 중에서 순서를 생각하지 않고 2개의 점을 선택하는 경우의 수와 같으므로
$\frac{6\times5}{2}=15$　　$\therefore a=15$
만들 수 있는 삼각형의 개수는 6개의 점 중에서 순서를 생각하지 않고 3개의 점을 선택하는 경우의 수와 같으므로
$\frac{6\times5\times4}{3\times2\times1}=20$　　$\therefore b=20$
$\therefore a+b=15+20=35$

19 전략 차량이 모두 빠져나오는 순서를 나뭇가지 모양의 그림을 이용하여 나타낸다.

네 대의 차량이 주차 구역 내에서 직진만 하면서 빠져나오는 순서를 나뭇가지 모양의 그림을 이용하여 나타내면 다음과 같다.

```
B ─┬─ A ─ D ─ C
   └─ D ─┬─ A ─ C
         └─ C ─ A
D ─┬─ B ─┬─ A ─ C
   │     └─ C ─ A
   └─ C ─ B ─ A
```
…… ㉮

따라서 구하는 경우의 수는 6이다. …… ㉯

채점 기준

㉮ 차량이 빠져나오는 순서를 나뭇가지 모양의 그림으로 나타내기	80 %
㉯ 차량이 모두 빠져나오는 순서를 정하는 경우의 수 구하기	20 %

6 경우의 수

20 전략 직선 $y=ax+b$가 점 $(-1,\ -2)$를 지나려면 $x=-1$, $y=-2$를 대입하였을 때 등식이 성립해야 한다.

직선 $y=ax+b$가 점 $(-1,\ -2)$를 지나려면
$-a+b=-2$, 즉 $b=a-2$
이어야 한다. …… ㉮
이를 만족하는 a, b의 순서쌍 $(a,\ b)$는
$(3,\ 1)$, $(4,\ 2)$, $(5,\ 3)$, $(6,\ 4)$ …… ㉯
따라서 구하는 경우의 수는 4이다. …… ㉰

채점 기준

㉮ a, b 사이의 관계식 구하기	40 %
㉯ a, b의 순서쌍 구하기	50 %
㉰ 주어진 직선이 점 $(-1,\ -2)$를 지나는 경우의 수 구하기	10 %

21 전략 국어 교과서를 맨 앞, 두 번째, 세 번째에 꽂는 각 경우의 수를 구한다.

(i) 국어 교과서를 맨 앞에 꽂는 경우
국어 _ _ _이므로 국어 교과서를 제외한 3권을 한 줄로 꽂는 경우의 수는
$3\times2\times1=6$ …… ㉮

(ii) 국어 교과서를 두 번째에 꽂는 경우
_ 국어 _ _이므로 맨 앞에 영어 또는 사회 교과서를 꽂고 맨 앞에 꽂은 교과서와 국어 교과서를 제외한 2권을 국어 교과서 뒤에 한 줄로 꽂는 경우의 수는
$2\times(2\times1)=4$ …… ㉯

(iii) 국어 교과서를 세 번째에 꽂는 경우
_ _ 국어 _이므로 맨 뒤에 수학 교과서를 꽂고 영어와 사회 교과서를 국어 교과서 앞에 한 줄로 꽂는 경우의 수는
$2\times1=2$ …… ㉰

이상에서 구하는 경우의 수는
$6+4+2=12$ …… ㉱

채점 기준

㉮ 국어 교과서를 맨 앞에 꽂는 경우의 수 구하기	30 %
㉯ 국어 교과서를 두 번째에 꽂는 경우의 수 구하기	30 %
㉰ 국어 교과서를 세 번째에 꽂는 경우의 수 구하기	30 %
㉱ 국어 교과서가 수학 교과서보다 앞에 오도록 꽂는 경우의 수 구하기	10 %

다른 풀이 4권의 책을 한 줄로 꽂을 때, 국어와 수학 교과서를 꽂을 자리를 선택하는 경우의 수는
$\frac{4\times3}{2}=6$
이때 선택된 자리 중 앞쪽에는 국어 교과서를, 뒤쪽에는 수학 교과서를 꽂으면 된다.
또, 나머지 두 자리에 영어와 사회 교과서를 꽂는 경우의 수는
$2\times1=2$
따라서 구하는 경우의 수는 $6\times2=12$

22 전략 백의 자리의 숫자가 4인 경우와 5인 경우로 나누어 432보다 큰 수의 개수를 구한다.

백의 자리에 올 수 있는 숫자는 4, 5이다. …… ㉮

(i) 5□□인 경우
십의 자리에 올 수 있는 숫자는 5를 제외한 4개, 일의 자리에 올 수 있는 숫자는 5와 십의 자리에 놓인 숫자를 제외한 3개이므로
$4\times3=12$(개)

(ii) 43□인 경우
435의 1개

(iii) 45□인 경우
일의 자리에 올 수 있는 숫자는 4, 5를 제외한 3개 …… ㉯

이상에서 432보다 큰 수의 개수는
$12+1+3=16$ …… ㉰

채점 기준

㉮ 백의 자리에 올 수 있는 숫자 구하기	20 %
㉯ 5□□, 43□, 45□인 경우의 수의 개수 구하기	60 %
㉰ 432보다 큰 수의 개수 구하기	20 %

23 전략 n종류의 꽃 중에서 2종류를 사는 경우의 수는 n명 중 자격이 같은 대표 2명을 뽑는 경우의 수와 같다.

장미꽃 5종류 중 2종류를 사는 경우의 수는
$\frac{5\times4}{2}=10$ …… ㉮
국화꽃 3종류 중 2종류를 사는 경우의 수는
$\frac{3\times2}{2}=3$ …… ㉯
따라서 구하는 경우의 수는
$10\times3=30$ …… ㉰

채점 기준

㉮ 장미꽃 5종류 중 2종류를 사는 경우의 수 구하기	40 %
㉯ 국화꽃 3종류 중 2종류를 사는 경우의 수 구하기	40 %
㉰ 장미꽃과 국화꽃을 각각 2종류씩 사는 경우의 수 구하기	20 %

24 전략 각 부분에 색을 칠하는 경우의 수를 구한 후 곱한다.

(1) A에 칠할 수 있는 색은 4가지,
B에 칠할 수 있는 색은 A에 칠한 색을 제외한 3가지,
C에 칠할 수 있는 색은 A, B에 칠한 색을 제외한 2가지,
D에 칠할 수 있는 색은 A, B, C에 칠한 색을 제외한 1가지
따라서 구하는 경우의 수는
$4\times3\times2\times1=24$ …… ㉮

(2) A에 칠할 수 있는 색은 4가지,
B에 칠할 수 있는 색은 A에 칠한 색을 제외한 3가지,
C에 칠할 수 있는 색은 A, B에 칠한 색을 제외한 2가지,
D에 칠할 수 있는 색은 B, C에 칠한 색을 제외한 2가지
따라서 구하는 경우의 수는
$4\times3\times2\times2=48$ …… ㉯

채점 기준

(1)	㉮ 모두 다른 색을 칠하는 경우의 수 구하기	50 %
(2)	㉯ 같은 색을 여러 번 사용할 수 있으나 이웃하는 곳에는 서로 다른 색으로 칠하는 경우의 수 구하기	50 %

단원 마무리

Level C 발전 유형 정복하기 164~165쪽

01 ①	02 4	03 13	04 30	05 72
06 ②	07 20	08 ④	09 114	10 4
11 402	12 (1) (가) 자물쇠: 1000, (나) 자물쇠: 120 (2) (가) 자물쇠			

01 전략 [규칙 1]에서 점 P의 x좌표가 3이 되는 경우를 구하고, [규칙 2]에서 점 P의 y좌표가 2가 되는 경우를 구한다.

[규칙 1]에 따라 원점을 출발한 점 P의 x좌표가 3이려면 주사위를 던져서 눈의 수 1이 세 번 나오거나 3이 한 번 나와야 한다.
또, [규칙 2]에 따라 원점을 출발한 점 P의 y좌표가 2이려면 주사위를 던져서 눈의 수 2가 한 번 나와야 한다.
따라서 주사위를 던져서 점 P가 점 (3, 2)에 도착하는 경우를 순서쌍으로 나타내면
(1, 1, 1, 2), (1, 1, 2, 1), (1, 2, 1, 1), (2, 1, 1, 1),
(2, 3), (3, 2)
이므로 구하는 경우의 수는 6이다.

02 전략 앞면이 나온 횟수와 뒷면이 나온 횟수를 구하여 모든 경우를 순서쌍으로 나타낸다.

앞면이 x번, 뒷면이 y번 나왔다고 하면
$$\begin{cases} 2x-y=-1 \\ x+y=4 \end{cases}$$
위의 두 식을 연립하여 풀면 $x=1$, $y=3$
한 개의 동전을 4번 던져서 앞면이 1번, 뒷면이 3번 나오는 경우를 순서쌍으로 나타내면
(앞, 뒤, 뒤, 뒤), (뒤, 앞, 뒤, 뒤), (뒤, 뒤, 앞, 뒤),
(뒤, 뒤, 뒤, 앞)
이므로 구하는 경우의 수는 4이다.

03 전략 1계단씩 오르는 경우를 5번, 3번, 2번, 1번, 0번으로 나누어 생각한다.

(i) 1계단씩 5번 오르는 경우: 1가지
(ii) 1계단씩 3번 오르는 경우: (1, 1, 1, 2), (1, 1, 2, 1), (1, 2, 1, 1), (2, 1, 1, 1)의 4가지
(iii) 1계단씩 2번 오르는 경우: (1, 1, 3), (1, 3, 1), (3, 1, 1)의 3가지
(iv) 1계단씩 1번 오르는 경우: (1, 2, 2), (2, 1, 2), (2, 2, 1)의 3가지
(v) 1계단씩 0번 오르는 경우: (2, 3), (3, 2)의 2가지
이상에서 구하는 경우의 수는
$1+4+3+3+2=13$

04 전략 B 지점을 지나는 경우와 C 지점을 지나는 경우로 나누어 생각한다.

(i) A → B → D로 가는 경우의 수는
$3\times2=6$
(ii) A → C → D로 가는 경우의 수는
$2\times4=8$
(iii) A → B → C → D로 가는 경우의 수는
$3\times1\times4=12$
(iv) A → C → B → D로 가는 경우의 수는
$2\times1\times2=4$
이상에서 구하는 경우의 수는 $6+8+12+4=30$

05 전략 가로줄과 세로줄의 공통인 정사각형 안에 적을 수 있는 숫자를 먼저 생각한다.

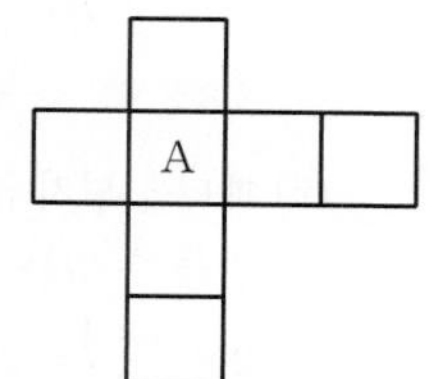

$3+4+5+6+7+8+9=42$이고 가로줄과 세로줄의 숫자의 합이 각각 25이므로 $25+25-42=8$에서 오른쪽 그림의 정사각형 A에 적을 수 있는 숫자는 8이다.
따라서 가로줄의 나머지 3개의 칸에 적힌 숫자의 합은 17, 세로줄의 나머지 3개의 칸에 적힌 숫자의 합도 17이다.
8을 제외한 숫자 중 3개의 숫자의 합이 17이 되는 경우는 3, 5, 9 또는 4, 6, 7이므로
(i) 가로줄의 나머지 3개의 칸에 3, 5, 9를 적는 경우의 수는
$3\times2\times1=6$
(ii) 세로줄의 나머지 3개의 칸에 4, 6, 7을 적는 경우의 수는
$3\times2\times1=6$
(i), (ii)에서 가로줄의 숫자와 세로줄의 숫자를 바꾸어 적는 경우의 수는 2이므로 구하는 경우의 수는
$6\times6\times2=72$

06 전략 첫 번째, 두 번째, …의 문자를 정하고 정해진 문자 뒤에 그 다음 문자를 나열하는 경우의 수를 구한다.

(i) a□□□□인 경우
a를 제외한 4개의 문자를 일렬로 나열하는 경우의 수는
$4\times3\times2\times1=24$
(ii) b□□□□인 경우
b를 제외한 4개의 문자를 일렬로 나열하는 경우의 수는
$4\times3\times2\times1=24$
(iii) ca□□□인 경우
a, c를 제외한 3개의 문자를 일렬로 나열하는 경우의 수는
$3\times2\times1=6$
이상에서 $24+24+6=54$이므로 54번째에 나오는 것은 caedb이다.

07 전략 먼저 5명 중 자기 것을 가져간 2명을 뽑는다.

5명의 학생 중 자기 것을 가져간 2명을 뽑는 경우의 수는 5명 중 순서를 생각하지 않고 2명을 뽑는 경우의 수와 같으므로
$\frac{5\times4}{2}=10$
나머지 3명의 학생을 A, B, C라 하고 A, B, C의 실험 결과지를 각각 a, b, c라 하면 남의 것을 가져간 경우는 다음과 같이 2가지이다.

학생	A	B	C
실제로	b	c	a
가져간 결과지	c	a	b

따라서 구하는 경우의 수는 $10\times2=20$

08 전략 패티를 넣는 경우와 넣지 않는 경우로 나누어 구한다.

(i) 패티를 넣는 경우
만들 수 있는 햄버거의 종류의 수는
$2\times2\times2\times\frac{5\times4}{2}=80$

(ii) 패티를 넣지 않는 경우
만들 수 있는 햄버거의 종류의 수는
$2\times\frac{5\times4}{2}=20$

(i), (ii)에서 만들 수 있는 햄버거의 종류의 수는
$80+20=100$

09 전략 10개의 점 중에서 세 점을 선택하는 경우의 수에서 삼각형이 만들어지지 않는 경우의 수를 뺀다.

10개의 점 중에서 3개를 선택하는 경우의 수는
$\frac{10\times9\times8}{3\times2\times1}=120$
이때 한 변 위의 점 3개를 선택하는 경우에는 삼각형이 만들어지지 않는다.
(i) $\overline{AB}$ 위의 3개의 점 중에서 3개를 선택하는 경우의 수는 1
(ii) $\overline{AC}$ 위의 3개의 점 중에서 3개를 선택하는 경우의 수는 1
(iii) $\overline{BC}$ 위의 4개의 점 중에서 3개를 선택하는 경우의 수는
$\frac{4\times3\times2}{3\times2\times1}=4$
이상에서 삼각형 만들어지지 않는 경우의 수는 $1+1+4=6$
이므로 만들 수 있는 삼각형의 개수는
$120-6=114$

다른 풀이 (i) $\overline{AB}$ 위의 한 점과 $\overline{AC}$ 위의 두 점 또는 $\overline{BC}$ 위의 두 점을 꼭짓점으로 하는 삼각형의 개수는 각각
$3\times\frac{3\times2}{2}=9$, $3\times\frac{4\times3}{2}=18$
$\therefore 9+18=27$
(ii) $\overline{AC}$ 위의 한 점과 $\overline{AB}$ 위의 두 점 또는 $\overline{BC}$ 위의 두 점을 꼭짓점으로 하는 삼각형의 개수는 각각
$3\times\frac{3\times2}{2}=9$, $3\times\frac{4\times3}{2}=18$
$\therefore 9+18=27$
(iii) $\overline{BC}$ 위의 한 점과 $\overline{AB}$ 위의 두 점 또는 $\overline{AC}$ 위의 두 점을 꼭짓점으로 하는 삼각형의 개수는 각각
$4\times\frac{3\times2}{2}=12$, $4\times\frac{3\times2}{2}=12$
$\therefore 12+12=24$
(iv) 각 변 위의 한 점을 꼭짓점으로 하는 삼각형의 개수는
$3\times3\times4=36$
이상에서 구하는 삼각형의 개수는
$27+27+24+36=114$

10 전략 두 직선이 서로 평행하려면 두 직선의 기울기는 같고 y절편은 달라야 한다.

두 직선 $y=ax+2$, $y=(b-1)x+a$가 서로 평행하려면
$a=b-1$, $2\neq a$, 즉 $b=a+1$, $a\neq2$
이어야 한다. …… ㉮
이를 만족하는 a, b의 순서쌍 (a, b)는
$(1, 2)$, $(3, 4)$, $(4, 5)$, $(5, 6)$ …… ㉯
따라서 구하는 경우의 수는 4이다. …… ㉰

채점 기준

채점 기준	배점
㉮ a, b 사이의 관계식 구하기	40 %
㉯ a, b의 순서쌍 구하기	50 %
㉰ 주어진 두 직선이 서로 평행한 경우의 수 구하기	10 %

11 전략 백의 자리의 숫자가 1, 2, 3, …인 경우로 나누어 생각한다.

(i) 백의 자리의 숫자가 1인 경우
십의 자리에 올 수 있는 숫자는 7개, 일의 자리에 올 수 있는 숫자도 7개이므로 $7\times7=49$(개)
(ii) 백의 자리의 숫자가 2인 경우
십의 자리에 올 수 있는 숫자는 7개, 일의 자리에 올 수 있는 숫자도 7개이므로 $7\times7=49$(개)
(iii) 백의 자리의 숫자가 3인 경우
십의 자리에 올 수 있는 숫자는 7개, 일의 자리에 올 수 있는 숫자도 7개이므로 $7\times7=49$(개) …… ㉮

이상에서 $49+49+49=147$이므로 150번째로 작은 수는 백의 자리의 숫자가 4인 수 중에서 3번째로 작은 수이다.
이때 백의 자리의 숫자가 4인 수를 작은 수부터 차례대로 나열하면
400, 401, 402, …
이므로 구하는 수는 402이다. …… ㉯

채점 기준

채점 기준	배점
㉮ 백의 자리의 숫자가 1, 2, 3인 경우의 자연수의 개수 구하기	70 %
㉯ 150번째로 작은 수 구하기	30 %

12 전략 (개), (나) 자물쇠의 비밀번호의 가짓수를 각각 구한 후, 그 수를 비교한다.

(1) (가) 자물쇠는 세 자리의 각 자리에 0부터 9까지의 숫자가 올 수 있으므로 비밀번호의 가짓수는
$10\times10\times10=1000$ …… ㉮
(나) 자물쇠는 0부터 9까지의 숫자 중에서 순서에 관계없이 3개를 뽑으면 되므로 비밀번호의 가짓수는
$\frac{10\times9\times8}{3\times2\times1}=120$ …… ㉯
(2) (가) 자물쇠의 비밀번호의 가짓수가 (나) 자물쇠의 비밀번호의 가짓수보다 많으므로 자물쇠의 안전성이 더 높은 것은 (가) 자물쇠이다. …… ㉰

채점 기준

	채점 기준	배점
(1)	㉮ (가) 자물쇠의 비밀번호의 가짓수 구하기	40 %
	㉯ (나) 자물쇠의 비밀번호의 가짓수 구하기	40 %
(2)	㉰ 안전성이 더 높은 자물쇠 말하기	20 %

7. 확률과 그 계산

Lecture 24 확률과 그 기본 성질

Level A 개념 익히기 168쪽

01 $2\times2=4$ 답 4

02 모두 앞면이 나오는 경우는 (앞, 앞)의 1가지이다. 답 1

03 $\dfrac{(\text{모두 앞면이 나오는 경우의 수})}{(\text{일어나는 모든 경우의 수})}=\dfrac{1}{4}$ 답 $\dfrac{1}{4}$

04 5개의 사탕 중 딸기 맛 사탕은 2개이므로 구하는 확률은 $\dfrac{2}{5}$

답 $\dfrac{2}{5}$

05 주머니에 흰 공 또는 검은 공만 들어 있으므로 구하는 확률은 1

답 1

06 주머니에 노란 공은 없으므로 구하는 확률은 0 답 0

07 모든 경우의 수는 6
6의 약수가 나오는 경우는 1, 2, 3, 6의 4가지
따라서 구하는 확률은
$\dfrac{4}{6}=\dfrac{2}{3}$ 답 $\dfrac{2}{3}$

08 $1-\dfrac{2}{3}=\dfrac{1}{3}$ 답 $\dfrac{1}{3}$

09 (B 팀이 이길 확률)$=1-$(A 팀이 이길 확률)
$=1-\dfrac{3}{4}=\dfrac{1}{4}$ 답 $\dfrac{1}{4}$

Level B 유형 공략하기 169~171쪽

중 **10** 모든 경우의 수는 $6\times6=36$
두 주사위에서 나오는 눈의 수를 순서쌍으로 나타내면
두 눈의 수의 합이 10인 경우는
(4, 6), (5, 5), (6, 4)의 3가지이다.
따라서 구하는 확률은 $\dfrac{3}{36}=\dfrac{1}{12}$ 답 ①

공략 비법

사건 A가 일어날 확률은 다음과 같은 순서로 구한다.
❶ 일어나는 모든 경우의 수 구하기
❷ 사건 A가 일어나는 경우의 수 구하기
❸ (사건 A가 일어날 확률)$=\dfrac{❷}{❶}$

중 **11** 모든 경우의 수는 $5\times4=20$
3의 배수인 경우는 12, 15, 21, 24, 42, 45, 51, 54의 8가지
따라서 구하는 확률은 $\dfrac{8}{20}=\dfrac{2}{5}$ 답 $\dfrac{2}{5}$

개념 보충 학습

배수의 판정
- 2의 배수 ➡ 일의 자리의 숫자가 0 또는 짝수
- 3의 배수 ➡ 각 자리의 숫자의 합이 3의 배수
- 4의 배수 ➡ 마지막 두 자리의 수가 00 또는 4의 배수
- 5의 배수 ➡ 일의 자리의 숫자가 0 또는 5
- 8의 배수 ➡ 마지막 세 자리의 수가 000 또는 8의 배수
- 9의 배수 ➡ 각 자리의 숫자의 합이 9의 배수

중 **12** 모든 경우의 수는 $4\times3=12$
65보다 큰 수인 경우는 68, 82, 84, 86의 4가지
따라서 구하는 확률은 $\dfrac{4}{12}=\dfrac{1}{3}$ 답 $\dfrac{1}{3}$

중 **13** 노란 구슬을 x개 더 넣는다고 하면
$\dfrac{3}{4+3+x}=\dfrac{1}{4}$, $7+x=12$
$\therefore x=5$
따라서 노란 구슬을 5개 더 넣어야 한다. 답 ②

중 **14** 전체 8개의 부분 중에서 2가 적힌 부분이 3개이므로 구하는 확률은 $\dfrac{3}{8}$ 답 $\dfrac{3}{8}$

중 **15** 모든 경우의 수는 $\dfrac{5\times4}{2}=10$
남학생만 2명이 뽑히는 경우의 수는 $\dfrac{3\times2}{2}=3$
따라서 구하는 확률은 $\dfrac{3}{10}$ 답 ①

중 **16** 모든 경우의 수는
$4\times3\times2\times1=24$ …… ㉮
L과 O가 이웃하여 나열되는 경우의 수는
$(3\times2\times1)\times2=12$ …… ㉯
따라서 구하는 확률은 $\dfrac{12}{24}=\dfrac{1}{2}$ …… ㉰

답 $\dfrac{1}{2}$

채점 기준

채점 기준	배점
㉮ 모든 경우의 수 구하기	30 %
㉯ L과 O가 이웃하여 나열되는 경우의 수 구하기	50 %
㉰ L과 O가 이웃하여 나열될 확률 구하기	20 %

상 **17** 모든 경우의 수는 $\dfrac{5\times4\times3}{3\times2\times1}=10$
삼각형이 만들어지는 세 선분의 길이는
(3 cm, 4 cm, 5 cm), (3 cm, 4 cm, 6 cm),
(3 cm, 5 cm, 6 cm), (3 cm, 5 cm, 7 cm),

(3 cm, 6 cm, 7 cm), (4 cm, 5 cm, 6 cm),
(4 cm, 5 cm, 7 cm), (4 cm, 6 cm, 7 cm),
(5 cm, 6 cm, 7 cm)
의 9가지

따라서 구하는 확률은 $\frac{9}{10}$ 답 ⑤

다른 풀이 모든 경우의 수는 $\frac{5\times4\times3}{3\times2\times1}=10$
삼각형이 만들어지지 않는 세 선분의 길이는
(3 cm, 4 cm, 7 cm)
의 1가지이므로 그 확률은 $\frac{1}{10}$

따라서 구하는 확률은 $1-\frac{1}{10}=\frac{9}{10}$

개념 보충 학습

삼각형의 세 변의 길이 사이의 관계
삼각형의 두 변의 길이의 합은 나머지 한 변의 길이보다 크다.
➡ 삼각형의 세 변의 길이가 각각 a, b, c일 때
$a+b>c$, $b+c>a$, $c+a>b$

중 18 모든 경우의 수는 $6\times6=36$
$3x-y=4$를 만족하는 x, y의 순서쌍 (x, y)는
(2, 2), (3, 5)
의 2가지
따라서 구하는 확률은 $\frac{2}{36}=\frac{1}{18}$ 답 $\frac{1}{18}$

공략 비법

방정식(또는 부등식)에서의 확률은 다음과 같은 순서로 구한다.
❶ 일어나는 모든 경우의 수 구하기
❷ 순서쌍을 이용하여 주어진 방정식(또는 부등식)을 만족하는 경우의 수 구하기
❸ (방정식(또는 부등식)을 만족할 확률)$=\frac{❷}{❶}$

참고 주사위를 던져서 나온 눈의 수로 방정식의 해를 구할 때는 순서쌍을 이용하여 나열하는 것이 편리하다.

중 19 모든 경우의 수는 $6\times6=36$
$2x+1<y$를 만족하는 x, y의 순서쌍 (x, y)는
(1, 4), (1, 5), (1, 6), (2, 6)
의 4가지
따라서 구하는 확률은 $\frac{4}{36}=\frac{1}{9}$ 답 ①

중 20 모든 경우의 수는 $6\times6=36$ ······ ㉮
$y=ax+b$에 $x=2$, $y=12$를 대입하면 $12=2a+b$
$2a+b=12$를 만족하는 a, b의 순서쌍 (a, b)는
(3, 6), (4, 4), (5, 2)
의 3가지 ······ ㉯
따라서 구하는 확률은 $\frac{3}{36}=\frac{1}{12}$ ······ ㉰

답 $\frac{1}{12}$

채점 기준

㉮ 모든 경우의 수 구하기	30 %
㉯ 직선 $y=ax+b$가 점 (2, 12)를 지나는 경우의 수 구하기	50 %
㉰ 직선 $y=ax+b$가 점 (2, 12)를 지날 확률 구하기	20 %

중 21 모든 경우의 수는 $6\times6=36$
$\frac{b}{a}\geq2$를 만족하는 a, b의 순서쌍 (a, b)는
(1, 2), (1, 3), (1, 4), (1, 5), (1, 6),
(2, 4), (2, 5), (2, 6), (3, 6)
의 9가지
따라서 구하는 확률은 $\frac{9}{36}=\frac{1}{4}$ 답 $\frac{1}{4}$

중 22 ② 0이 적힌 구슬은 없으므로 그 확률은 0이다.
③ 구슬에 적힌 수는 모두 10 이하이므로 그 확률은 1이다.
④ 10 이상의 수는 10의 1개이므로 그 확률은 $\frac{1}{10}$이다.
⑤ 4의 배수가 적힌 구슬이 나올 확률은 $\frac{2}{10}=\frac{1}{5}$,
5의 배수가 적힌 구슬이 나올 확률은 $\frac{2}{10}=\frac{1}{5}$이므로
4의 배수가 적힌 구슬이 나올 확률과 5의 배수가 적힌 구슬이 나올 확률은 같다.
따라서 옳지 않은 것은 ④이다. 답 ④

중 23 ① 뒷면이 나오는 경우의 수는 1이므로 그 확률은 $\frac{1}{2}$이다.
② 주사위의 눈의 수 중에서 6보다 큰 수는 없으므로 그 확률은 0이다.
③ 두 눈의 수의 합은 항상 12 이하이므로 그 확률은 1이다.
④ 모든 경우의 수는 $3\times3=9$
비기는 경우는
(가위, 가위), (바위, 바위), (보, 보)
의 3가지이므로 그 확률은 $\frac{3}{9}=\frac{1}{3}$
⑤ 주머니에 들어 있는 구슬은 모두 흰 구슬이므로 그 확률은 1이다.
따라서 확률이 1인 것은 ③, ⑤이다. 답 ③, ⑤

중 24 ㄱ. $p=\frac{(\text{사건 } A\text{가 일어나는 경우의 수})}{(\text{일어나는 모든 경우의 수})}$
ㄴ. $0\leq p\leq1$
따라서 옳은 것은 ㄷ, ㄹ이다. 답 ㄷ, ㄹ

중 25 모든 경우의 수는 $\frac{6\times5}{2}=15$
A가 뽑히는 경우의 수는 A를 제외한 5명 중 1명을 뽑는 경우의 수와 같으므로 5이다.
따라서 A가 뽑힐 확률은 $\frac{5}{15}=\frac{1}{3}$이므로 구하는 확률은
$1-\frac{1}{3}=\frac{2}{3}$ 답 ④

다른 풀이 모든 경우의 수는 $\frac{6\times5}{2}=15$

A가 뽑히지 않는 경우의 수는 A를 제외한 5명 중 2명을 뽑는 경우의 수와 같으므로 $\frac{5\times4}{2}=10$

따라서 구하는 확률은 $\frac{10}{15}=\frac{2}{3}$

하 **26** 경품을 받을 확률은 $\frac{20}{100}=\frac{1}{5}$이므로 구하는 확률은

$1-\frac{1}{5}=\frac{4}{5}$ 답 ⑤

중 **27** 모든 경우의 수는 $6\times6=36$

두 주사위에서 나오는 눈의 수를 순서쌍으로 나타내면 눈의 수가 서로 같은 경우는

(1, 1), (2, 2), (3, 3), (4, 4), (5, 5), (6, 6)

의 6가지

이므로 그 확률은 $\frac{6}{36}=\frac{1}{6}$

따라서 구하는 확률은

$1-\frac{1}{6}=\frac{5}{6}$ 답 $\frac{5}{6}$

중 **28** 모든 경우의 수는 $5\times4\times3\times2\times1=120$ …… ㉮

혜승이와 민정이가 이웃하여 서는 경우의 수는

$(4\times3\times2\times1)\times2=48$

이므로 그 확률은 $\frac{48}{120}=\frac{2}{5}$ …… ㉯

따라서 구하는 확률은

$1-\frac{2}{5}=\frac{3}{5}$ …… ㉰

답 $\frac{3}{5}$

채점 기준

㉮ 모든 경우의 수 구하기	30 %
㉯ 혜승이와 민정이가 이웃할 확률 구하기	50 %
㉰ 혜승이와 민정이가 이웃하지 않을 확률 구하기	20 %

중 **29** 모든 경우의 수는 $\frac{7\times6}{2}=21$

2명 모두 남학생이 뽑히는 경우의 수는

$\frac{4\times3}{2}=6$

이므로 그 확률은 $\frac{6}{21}=\frac{2}{7}$

따라서 구하는 확률은

$1-\frac{2}{7}=\frac{5}{7}$ 답 $\frac{5}{7}$

하 **30** 모든 경우의 수는 $2\times2\times2=8$

모두 뒷면이 나오는 경우의 수는 1이므로 그 확률은 $\frac{1}{8}$

따라서 구하는 확률은

$1-\frac{1}{8}=\frac{7}{8}$ 답 $\frac{7}{8}$

중 **31** 모든 경우의 수는 $\frac{6\times5}{2}=15$ …… ㉮

2개 모두 흰 공이 나오는 경우의 수는

$\frac{4\times3}{2}=6$

이므로 그 확률은 $\frac{6}{15}=\frac{2}{5}$ …… ㉯

따라서 구하는 확률은

$1-\frac{2}{5}=\frac{3}{5}$ …… ㉰

답 $\frac{3}{5}$

채점 기준

㉮ 모든 경우의 수 구하기	30 %
㉯ 2개 모두 흰 공이 나올 확률 구하기	50 %
㉰ 적어도 한 개는 검은 공이 나올 확률 구하기	20 %

중 **32** 모든 경우의 수는 $2\times2\times2\times2=16$

4문제를 모두 틀리는 경우의 수는 1이므로 그 확률은 $\frac{1}{16}$

따라서 구하는 확률은

$1-\frac{1}{16}=\frac{15}{16}$ 답 ⑤

Lecture 25 확률의 계산

Level A 개념 익히기 172쪽

01 모든 경우의 수는 $6\times6=36$

두 눈의 수를 순서쌍으로 나타내면 두 눈의 수의 합이 4인 경우는

(1, 3), (2, 2), (3, 1)

의 3가지

따라서 구하는 확률은

$\frac{3}{36}=\frac{1}{12}$ 답 $\frac{1}{12}$

02 모든 경우의 수는 $6\times6=36$

두 눈의 수를 순서쌍으로 나타내면 두 눈의 수의 합이 8인 경우는

(2, 6), (3, 5), (4, 4), (5, 3), (6, 2)

의 5가지

따라서 구하는 확률은 $\frac{5}{36}$ 답 $\frac{5}{36}$

03 두 눈의 수의 합이 4 또는 8인 사건은 동시에 일어나지 않으므로 구하는 확률은

$\frac{1}{12}+\frac{5}{36}=\frac{2}{9}$ 답 $\frac{2}{9}$

04 $\frac{3}{2+3}=\frac{3}{5}$ 답 $\frac{3}{5}$

05 $\frac{5}{5+2}=\frac{5}{7}$ 답 $\frac{5}{7}$

06 A 상자와 B 상자에서 공을 꺼내는 사건은 서로 영향을 미치지 않으므로 구하는 확률은

$\frac{3}{5}\times\frac{5}{7}=\frac{3}{7}$ 답 $\frac{3}{7}$

07 $\frac{4}{10}\times\frac{6}{10}=\frac{6}{25}$ 답 $\frac{6}{25}$

08 $\frac{4}{10}\times\frac{6}{9}=\frac{4}{15}$ 답 $\frac{4}{15}$

Level B 유형 공략하기 173~177쪽

중 **09** 모든 경우의 수는 $6\times6=36$

두 주사위에서 나오는 눈의 수를 순서쌍으로 나타내면

두 눈의 수의 차가 0인 경우는

(1, 1), (2, 2), (3, 3), (4, 4), (5, 5), (6, 6)

의 6가지이므로 그 확률은 $\frac{6}{36}=\frac{1}{6}$

두 눈의 수의 차가 1인 경우는

(1, 2), (2, 1), (2, 3), (3, 2), (3, 4), (4, 3), (4, 5), (5, 4), (5, 6), (6, 5)

의 10가지이므로 그 확률은 $\frac{10}{36}=\frac{5}{18}$

따라서 구하는 확률은

$\frac{1}{6}+\frac{5}{18}=\frac{4}{9}$ 답 ②

하 **10** 전체 학생 수는 30명이므로 모든 경우의 수는 30

선택한 학생의 취미가 음악감상일 확률은 $\frac{5}{30}=\frac{1}{6}$

선택한 학생의 취미가 운동일 확률은 $\frac{10}{30}=\frac{1}{3}$

따라서 구하는 확률은

$\frac{1}{6}+\frac{1}{3}=\frac{1}{2}$ 답 $\frac{1}{2}$

중 **11** 모든 경우의 수는 30

5의 배수가 나오는 경우는 5, 10, 15, 20, 25, 30의 6가지이므로 그 확률은 $\frac{6}{30}=\frac{1}{5}$

7의 배수가 나오는 경우는 7, 14, 21, 28의 4가지이므로 그 확률은 $\frac{4}{30}=\frac{2}{15}$

따라서 구하는 확률은

$\frac{1}{5}+\frac{2}{15}=\frac{1}{3}$ 답 $\frac{1}{3}$

중 **12** 모든 경우의 수는 $5\times4\times3\times2\times1=120$

R가 맨 앞에 오는 경우의 수는 $4\times3\times2\times1=24$

이므로 그 확률은 $\frac{24}{120}=\frac{1}{5}$

E가 맨 앞에 오는 경우의 수는 $4\times3\times2\times1=24$

이므로 그 확률은 $\frac{24}{120}=\frac{1}{5}$

따라서 구하는 확률은

$\frac{1}{5}+\frac{1}{5}=\frac{2}{5}$ 답 $\frac{2}{5}$

중 **13** 동전이 모두 앞면이 나오는 경우는 (앞, 앞, 앞)의 1가지이므로 그 확률은 $\frac{1}{8}$

4의 약수는 1, 2, 4이므로 주사위는 4의 약수의 눈이 나올 확률은 $\frac{3}{6}=\frac{1}{2}$

따라서 구하는 확률은

$\frac{1}{8}\times\frac{1}{2}=\frac{1}{16}$ 답 $\frac{1}{16}$

하 **14** A가 덩크슛에 성공할 확률은 0.4

B가 덩크슛에 성공할 확률은 0.7

따라서 구하는 확률은

$0.4\times0.7=0.28$ 답 ②

중 **15** $\frac{1}{3}\times\frac{3}{4}=\frac{1}{4}$ 답 $\frac{1}{4}$

참고 전구에 불이 들어오려면 A, B 두 스위치가 모두 닫혀야 함을 이용한다.

중 **16** A 주머니에서 흰 구슬이 나올 확률은 $\frac{4}{6}=\frac{2}{3}$ …… ㉮

B 주머니에서 흰 구슬이 나올 확률은 $\frac{3}{8}$ …… ㉯

따라서 구하는 확률은

$\frac{2}{3}\times\frac{3}{8}=\frac{1}{4}$ …… ㉰

답 $\frac{1}{4}$

채점 기준	
㉮ A 주머니에서 흰 구슬이 나올 확률 구하기	40 %
㉯ B 주머니에서 흰 구슬이 나올 확률 구하기	40 %
㉰ 두 구슬이 모두 흰 구슬일 확률 구하기	20 %

중 **17** 두 사람이 모두 지각하지 않을 확률은

$\left(1-\frac{3}{5}\right)\times\left(1-\frac{2}{3}\right)=\frac{2}{5}\times\frac{1}{3}=\frac{2}{15}$

따라서 구하는 확률은

$1-\frac{2}{15}=\frac{13}{15}$ 답 ⑤

중 **18** 한 개의 주사위를 던질 때 홀수의 눈이 나올 확률은 $\frac{1}{2}$이므로

두 개의 주사위에서 모두 홀수의 눈이 나올 확률은

$\frac{1}{2}\times\frac{1}{2}=\frac{1}{4}$

따라서 구하는 확률은

$1-\frac{1}{4}=\frac{3}{4}$ 답 $\frac{3}{4}$

중 19 한 개의 제품을 조사할 때, 불량품일 확률은 $\frac{4}{100}=\frac{1}{25}$이므로

두 개의 제품이 모두 불량품일 확률은

$\frac{1}{25}\times\frac{1}{25}=\frac{1}{625}$

따라서 구하는 확률은

$1-\frac{1}{625}=\frac{624}{625}$ 답 $\frac{624}{625}$

중 20 두 사람 모두 합격하지 못할 확률은

$\left(1-\frac{3}{4}\right)\times\left(1-\frac{4}{5}\right)=\frac{1}{4}\times\frac{1}{5}=\frac{1}{20}$

따라서 구하는 확률은

$1-\frac{1}{20}=\frac{19}{20}$ 답 $\frac{19}{20}$

중 21 (i) A, B 두 상자에서 모두 파란 공을 꺼낼 확률은

$\frac{1}{5}\times\frac{3}{5}=\frac{3}{25}$

(ii) A, B 두 상자에서 모두 노란 공을 꺼낼 확률은

$\frac{4}{5}\times\frac{2}{5}=\frac{8}{25}$

(i), (ii)에서 구하는 확률은

$\frac{3}{25}+\frac{8}{25}=\frac{11}{25}$ 답 ④

중 22 (i) A 주머니에서 딸기 맛 사탕, B 주머니에서 포도 맛 사탕을 꺼낼 확률은

$\frac{3}{8}\times\frac{2}{6}=\frac{1}{8}$

(ii) A 주머니에서 포도 맛 사탕, B 주머니에서 딸기 맛 사탕을 꺼낼 확률은

$\frac{5}{8}\times\frac{4}{6}=\frac{5}{12}$

(i), (ii)에서 구하는 확률은

$\frac{1}{8}+\frac{5}{12}=\frac{13}{24}$ 답 $\frac{13}{24}$

중 23 (i) 토요일만 비가 올 확률은

$\frac{25}{100}\times\left(1-\frac{60}{100}\right)=\frac{1}{4}\times\frac{2}{5}=\frac{1}{10}$

(ii) 일요일만 비가 올 확률은

$\left(1-\frac{25}{100}\right)\times\frac{60}{100}=\frac{3}{4}\times\frac{3}{5}=\frac{9}{20}$

(i), (ii)에서 구하는 확률은

$\frac{1}{10}+\frac{9}{20}=\frac{11}{20}=\frac{55}{100}$, 즉 55 %이다. 답 ③

다른 풀이 (i) 토요일, 일요일 모두 비가 올 확률은

$\frac{25}{100}\times\frac{60}{100}=\frac{3}{20}$

(ii) 토요일, 일요일 모두 비가 오지 않을 확률은

$\left(1-\frac{25}{100}\right)\times\left(1-\frac{60}{100}\right)=\frac{3}{4}\times\frac{2}{5}=\frac{3}{10}$

(i), (ii)에서 구하는 확률은

$1-\left(\frac{3}{20}+\frac{3}{10}\right)=\frac{11}{20}=\frac{55}{100}$, 즉 55 %이다.

개념 보충 학습

① $\frac{a}{100}$ ➡ a % ② b % ➡ $\frac{b}{100}$

중 24 (i) 처음 문제는 틀리고 뒤의 두 문제는 맞힐 확률은

$\frac{4}{5}\times\frac{1}{5}\times\frac{1}{5}=\frac{4}{125}$ …… ㉮

(ii) 가운데 문제는 틀리고 처음 문제와 마지막 문제는 맞힐 확률은

$\frac{1}{5}\times\frac{4}{5}\times\frac{1}{5}=\frac{4}{125}$ …… ㉯

(iii) 마지막 문제는 틀리고 처음 두 문제는 맞힐 확률은

$\frac{1}{5}\times\frac{1}{5}\times\frac{4}{5}=\frac{4}{125}$ …… ㉰

이상에서 구하는 확률은

$\frac{4}{125}+\frac{4}{125}+\frac{4}{125}=\frac{12}{125}$ …… ㉱

답 $\frac{12}{125}$

채점 기준

채점 기준	배점
㉮ 처음 문제만 틀릴 확률 구하기	30 %
㉯ 가운데 문제만 틀릴 확률 구하기	30 %
㉰ 마지막 문제만 틀릴 확률 구하기	30 %
㉱ 세 문제 중 두 문제만 정답을 맞힐 확률 구하기	10 %

중 25 첫 번째에 흰 구슬을 꺼낼 확률은 $\frac{6}{10}=\frac{3}{5}$

두 번째에 흰 구슬을 꺼낼 확률은 $\frac{6}{10}=\frac{3}{5}$

따라서 구하는 확률은

$\frac{3}{5}\times\frac{3}{5}=\frac{9}{25}$ 답 ③

중 26 희은이가 당첨 제비를 뽑을 확률은 $\frac{2}{12}=\frac{1}{6}$

은영이가 당첨 제비를 뽑지 않을 확률은 $\frac{10}{12}=\frac{5}{6}$

따라서 구하는 확률은

$\frac{1}{6}\times\frac{5}{6}=\frac{5}{36}$ 답 ②

상 27 (i) 첫 번째에 파란 공을 꺼내고 두 번째에도 파란 공을 꺼낼 확률은

$\frac{3}{8}\times\frac{3}{8}=\frac{9}{64}$

(ii) 첫 번째에 빨간 공을 꺼내고 두 번째에는 파란 공을 꺼낼 확률은

$\frac{5}{8}\times\frac{3}{8}=\frac{15}{64}$

(i), (ii)에서 구하는 확률은

$\frac{9}{64}+\frac{15}{64}=\frac{3}{8}$ 답 ②

중 **28** 첫 번째에 단팥빵을 꺼낼 확률은 $\frac{5}{9}$

두 번째에 크림빵을 꺼낼 확률은 $\frac{4}{8}=\frac{1}{2}$

따라서 구하는 확률은

$\frac{5}{9}\times\frac{1}{2}=\frac{5}{18}$ 답 ②

참고 두 번째로 빵을 꺼낼 때는 상자 안에 단팥빵 4개, 크림빵 4개가 들어 있다.

중 **29** 2장 모두 홀수가 적힌 카드가 나올 확률은

$\frac{8}{15}\times\frac{7}{14}=\frac{4}{15}$

따라서 구하는 확률은

$1-\frac{4}{15}=\frac{11}{15}$ 답 $\frac{11}{15}$

중 **30** (i) 첫 번째에 빨간 주사위, 두 번째에 노란 주사위가 나올 확률은 $\frac{6}{10}\times\frac{4}{9}=\frac{4}{15}$

(ii) 첫 번째에 노란 주사위, 두 번째에 빨간 주사위가 나올 확률은 $\frac{4}{10}\times\frac{6}{9}=\frac{4}{15}$

(i), (ii)에서 구하는 확률은

$\frac{4}{15}+\frac{4}{15}=\frac{8}{15}$ 답 $\frac{8}{15}$

다른 풀이 (i) 첫 번째, 두 번째에 모두 빨간 주사위가 나올 확률은

$\frac{6}{10}\times\frac{5}{9}=\frac{1}{3}$

(ii) 첫 번째, 두 번째에 모두 노란 주사위가 나올 확률은

$\frac{4}{10}\times\frac{3}{9}=\frac{2}{15}$

(i), (ii)에서 서로 같은 색의 주사위가 나올 확률은

$\frac{1}{3}+\frac{2}{15}=\frac{7}{15}$

따라서 구하는 확률은

$1-\frac{7}{15}=\frac{8}{15}$

상 **31** (i) A가 당첨 제비를 뽑고 B도 당첨 제비를 뽑을 확률은

$\frac{4}{16}\times\frac{3}{15}=\frac{1}{20}$ …… ㉮

(ii) A가 당첨 제비를 뽑지 않고 B는 당첨 제비를 뽑을 확률은

$\frac{12}{16}\times\frac{4}{15}=\frac{1}{5}$ …… ㉯

(i), (ii)에서 구하는 확률은

$\frac{1}{20}+\frac{1}{5}=\frac{1}{4}$ …… ㉰

답 $\frac{1}{4}$

채점 기준

채점 기준	배점
㉮ A, B 모두 당첨 제비를 뽑을 확률 구하기	40 %
㉯ B만 당첨 제비를 뽑을 확률 구하기	40 %
㉰ B가 당첨 제비를 뽑을 확률 구하기	20 %

공략 비법

두 사건 A, B에 대하여
(사건 B가 일어날 확률)
=(사건 A가 일어나고 사건 B가 일어날 확률)
+(사건 A가 일어나지 않고 사건 B가 일어날 확률)

중 **32** 모든 경우의 수는 $3\times3\times3=27$

비기는 경우는 세 사람이 모두 같은 것을 내거나 모두 다른 것을 내는 경우이다.

(i) 세 사람이 모두 같은 것을 내는 경우는

(가위, 가위, 가위), (바위, 바위, 바위), (보, 보, 보)

의 3가지이므로 그 확률은 $\frac{3}{27}=\frac{1}{9}$

(ii) 세 사람이 모두 다른 것을 내는 경우는

(가위, 바위, 보), (가위, 보, 바위), (바위, 가위, 보), (바위, 보, 가위), (보, 가위, 바위), (보, 바위, 가위)

의 6가지이므로 그 확률은 $\frac{6}{27}=\frac{2}{9}$

(i), (ii)에서 구하는 확률은

$\frac{1}{9}+\frac{2}{9}=\frac{1}{3}$ 답 ③

주의 세 사람이 가위바위보를 할 때 두 사람만 같은 것을 내는 경우에는 승부가 결정된다.

참고 세 사람이 모두 다른 것을 내는 경우의 수는 $3\times2\times1=6$과 같이 구할 수도 있다.

중 **33** 모든 경우의 수는 $3\times3=9$

슬기와 현정이가 내는 것을 순서쌍 (슬기, 현정)으로 나타내면

(i) 두 사람이 비기는 경우는

(가위, 가위), (바위, 바위), (보, 보)

의 3가지이므로 그 확률은 $\frac{3}{9}=\frac{1}{3}$

(ii) 슬기가 이기는 경우는

(가위, 보), (바위, 가위), (보, 바위)

의 3가지이므로 그 확률은 $\frac{3}{9}=\frac{1}{3}$

(i), (ii)에서 구하는 확률은

$\frac{1}{3}\times\frac{1}{3}\times\frac{1}{3}=\frac{1}{27}$ 답 ①

상 **34** 모든 경우의 수는 $3\times3\times3=27$ …… ㉮

A, B, C가 내는 것을 순서쌍 (A, B, C)로 나타내면

(i) B만 이기는 경우는

(보, 가위, 보), (가위, 바위, 가위), (바위, 보, 바위)

의 3가지이므로 그 확률은 $\frac{3}{27}=\frac{1}{9}$ …… ㉯

(ii) A와 B가 이기는 경우는

(가위, 가위, 보), (바위, 바위, 가위), (보, 보, 바위)

의 3가지이므로 그 확률은 $\frac{3}{27}=\frac{1}{9}$ …… ㉰

(iii) B와 C가 이기는 경우는
(보, 가위, 가위), (가위, 바위, 바위), (바위, 보, 보)
의 3가지이므로 그 확률은 $\frac{3}{27}=\frac{1}{9}$ …… ㉣
이상에서 구하는 확률은
$\frac{1}{9}+\frac{1}{9}+\frac{1}{9}=\frac{1}{3}$ …… ㉤

답 $\frac{1}{3}$

채점 기준

㉮ 모든 경우의 수 구하기	20 %
㉯ B만 이길 확률 구하기	20 %
㉰ A와 B가 이길 확률 구하기	20 %
㉱ B와 C가 이길 확률 구하기	20 %
㉲ B가 이길 확률 구하기	20 %

중 35 (i) A만 명중시킬 확률은
$\frac{2}{3}\times\left(1-\frac{3}{4}\right)=\frac{2}{3}\times\frac{1}{4}=\frac{1}{6}$
(ii) B만 명중시킬 확률은
$\left(1-\frac{2}{3}\right)\times\frac{3}{4}=\frac{1}{3}\times\frac{3}{4}=\frac{1}{4}$
(i), (ii)에서 구하는 확률은
$\frac{1}{6}+\frac{1}{4}=\frac{5}{12}$

답 $\frac{5}{12}$

중 36 안타를 칠 확률이 $\frac{40}{100}=\frac{2}{5}$
이므로 구하는 확률은
$\frac{2}{5}\times\frac{2}{5}\times\frac{2}{5}=\frac{8}{125}$

답 ①

상 37 세 선수 모두 목표물을 맞히지 못할 확률은
$\left(1-\frac{3}{5}\right)\times\left(1-\frac{1}{4}\right)\times\left(1-\frac{1}{3}\right)=\frac{2}{5}\times\frac{3}{4}\times\frac{2}{3}=\frac{1}{5}$
따라서 구하는 확률은
$1-\frac{1}{5}=\frac{4}{5}$

답 $\frac{4}{5}$

참고 목표물이 총에 맞으려면 세 선수 중 적어도 한 명만 명중시켜도 되므로
(목표물이 총에 맞을 확률)$=1-$(세 선수 모두 명중시키지 못할 확률)

상 38 (i) A와 B만 맞힐 확률은
$\frac{2}{3}\times\frac{1}{2}\times\left(1-\frac{2}{5}\right)=\frac{2}{3}\times\frac{1}{2}\times\frac{3}{5}=\frac{1}{5}$
(ii) A와 C만 맞힐 확률은
$\frac{2}{3}\times\left(1-\frac{1}{2}\right)\times\frac{2}{5}=\frac{2}{3}\times\frac{1}{2}\times\frac{2}{5}=\frac{2}{15}$
(iii) B와 C만 맞힐 확률은
$\left(1-\frac{2}{3}\right)\times\frac{1}{2}\times\frac{2}{5}=\frac{1}{3}\times\frac{1}{2}\times\frac{2}{5}=\frac{1}{15}$
이상에서 구하는 확률은
$\frac{1}{5}+\frac{2}{15}+\frac{1}{15}=\frac{2}{5}$

답 $\frac{2}{5}$

중 39 두 사람이 약속 장소에서 만나려면 두 사람이 모두 약속 장소에 나가야 하므로 그 확률은
$\frac{1}{3}\times\frac{2}{5}=\frac{2}{15}$
따라서 구하는 확률은
$1-\frac{2}{15}=\frac{13}{15}$

답 ⑤

중 40 A, B의 승률이 같으므로 한 경기에서 A, B가 이길 확률은 각각 $\frac{1}{2}$이고, A가 먼저 한 경기에서 이겼으므로 한 경기만 더 이기면 승리한다.
(i) A가 두 번째 경기에서 이길 확률은 $\frac{1}{2}$ …… ㉮
(ii) A가 두 번째 경기에서 지고, 세 번째 경기에서 이길 확률은
$\frac{1}{2}\times\frac{1}{2}=\frac{1}{4}$ …… ㉯
(i), (ii)에서 구하는 확률은
$\frac{1}{2}+\frac{1}{4}=\frac{3}{4}$ …… ㉰

답 $\frac{3}{4}$

채점 기준

㉮ A가 두 번째 경기에서 이길 확률 구하기	30 %
㉯ A가 두 번째 경기에서 지고, 세 번째 경기에서 이길 확률 구하기	40 %
㉰ A가 승리할 확률 구하기	30 %

상 41 세 번째 이내에 A가 이기려면 첫 번째 또는 세 번째에서 이겨야 한다.
(i) 첫 번째에서 A가 이길 확률은 $\frac{1}{6}$
(ii) 세 번째에서 A가 이길 확률은
$\frac{5}{6}\times\frac{5}{6}\times\frac{1}{6}=\frac{25}{216}$
(i), (ii)에서 구하는 확률은
$\frac{1}{6}+\frac{25}{216}=\frac{61}{216}$

답 $\frac{61}{216}$

중 42 작은 정사각형 1개의 넓이를 1이라 하면
표적 전체의 넓이는 9, 색칠한 부분의 넓이는 3이므로
화살을 한 번 쏘아 색칠한 부분을 맞히지 못할 확률은
$1-\frac{3}{9}=\frac{6}{9}=\frac{2}{3}$
색칠한 부분을 두 번 모두 맞히지 못할 확률은
$\frac{2}{3}\times\frac{2}{3}=\frac{4}{9}$
따라서 구하는 확률은
$1-\frac{4}{9}=\frac{5}{9}$

답 $\frac{5}{9}$

중 43 민현이의 화살이 '전주'가 적힌 부분을 맞힐 확률은 $\frac{1}{4}$
재환이의 화살이 '전주'가 적힌 부분을 맞힐 확률은 $\frac{1}{5}$
따라서 구하는 확률은
$\frac{1}{4}\times\frac{1}{5}=\frac{1}{20}$

답 $\frac{1}{20}$

상 44 네 원의 반지름의 길이의 비가 1 : 2 : 3 : 4이므로 반지름의 길이를 x, $2x$, $3x$, $4x$라 하면 네 원의 넓이는 각각 πx^2, $4\pi x^2$, $9\pi x^2$, $16\pi x^2$이다.

따라서 구하는 확률은

$$\frac{(3\text{점 부분의 넓이})}{(\text{도형 전체의 넓이})}=\frac{4\pi x^2-\pi x^2}{16\pi x^2}$$

$$=\frac{3}{16}$$

답 $\frac{3}{16}$

단원 마무리 178~181쪽

Level B 필수 유형 정복하기

01 ⑤	02 ②	03 ⑤	04 ㄴ, ㄱ, ㄷ	05 $\frac{6}{7}$
06 $\frac{5}{6}$	07 $\frac{7}{8}$	08 $\frac{9}{31}$	09 ③	10 $\frac{1}{9}$
11 ③	12 ④	13 $\frac{19}{40}$	14 ①	15 $\frac{1}{12}$
16 $\frac{3}{4}$	17 ⑤	18 $\frac{8}{25}$	19 $\frac{1}{9}$	20 $\frac{41}{81}$
21 $\frac{117}{125}$	22 (1) $\frac{5}{12}$ (2) $\frac{3}{4}$		23 $\frac{23}{50}$	24 $\frac{1}{5}$

01 전략 B가 반드시 뽑히는 경우는 B를 제외한 5명 중 1명을 뽑는 경우와 같다.

모든 경우의 수는 $\frac{6\times5}{2}=15$

B가 반드시 뽑히는 경우의 수는 B를 제외한 5명 중 1명을 뽑는 경우의 수와 같으므로 5

따라서 구하는 확률은 $\frac{5}{15}=\frac{1}{3}$

02 전략 기약분수의 분모에 2와 5 이외의 소인수가 있으면 순환소수로 나타내어진다.

$\frac{1}{k}$이 순환소수로 나타내어지려면 k의 소인수에 2와 5 이외의 소인수가 있어야 하므로 조건을 만족하는 k는

$12=2^2\times3$, $36=2^2\times3^2$, $75=3\times5^2$의 3개이다.

따라서 구하는 확률은 $\frac{3}{7}$

개념 보충 학습

분수를 기약분수로 나타내었을 때, 분모의 소인수가

① 2 또는 5뿐이면 ➡ 유한소수로 나타낼 수 있다.

② 2와 5 이외의 수가 있으면 ➡ 순환소수로 나타낼 수 있다.

03 전략 x절편은 $y=0$일 때의 x의 값이다.

모든 경우의 수는 $6\times6=36$

직선 $y=ax-b$의 x절편은 $y=0$일 때의 x의 값이므로

$0=ax-b$ $\quad\therefore x=\frac{b}{a}$

두 주사위에서 나오는 눈의 수를 순서쌍 (a, b)로 나타내면

(i) $\frac{b}{a}=1$이 되는 경우: (1, 1), (2, 2), (3, 3), (4, 4), (5, 5), (6, 6)의 6가지

(ii) $\frac{b}{a}=2$가 되는 경우: (1, 2), (2, 4), (3, 6)의 3가지

(iii) $\frac{b}{a}=3$이 되는 경우: (1, 3), (2, 6)의 2가지

(iv) $\frac{b}{a}$의 값이 4, 5, 6이 되는 경우는 각각 (1, 4), (1, 5), (1, 6)의 3가지

이상에서 x절편이 정수가 되는 경우의 수는

$6+3+2+3=14$

따라서 구하는 확률은

$\frac{14}{36}=\frac{7}{18}$

04 전략 각 경우의 확률을 구한다.

ㄱ. 모든 경우의 수는 $2\times2=4$
앞면이 두 개 이상 나오는 경우를 순서쌍으로 나타내면 (앞, 앞)의 1가지이므로 그 확률은 $\frac{1}{4}$이다.

ㄴ. 두 눈의 수의 차는 항상 6보다 작으므로 그 확률은 0이다.

ㄷ. 눈의 수의 제곱은 항상 36 이하이므로 그 확률은 1이다.

따라서 확률이 작은 것부터 차례대로 나열하면 ㄴ, ㄱ, ㄷ이다.

05 전략 같은 수가 적힌 카드를 뽑으면 승패가 결정되지 않는다.

모든 경우의 수는 $7\times7=49$

선우와 지혜가 뽑은 카드에 적힌 수를 순서쌍 (선우, 지혜)로 나타내면 승패가 결정되지 않는 경우는

(1, 1), (2, 2), (3, 3), (4, 4), (5, 5), (6, 6), (7, 7)

의 7가지이므로 그 확률은

$\frac{7}{49}=\frac{1}{7}$

따라서 구하는 확률은

$1-\frac{1}{7}=\frac{6}{7}$

06 전략 두 사람의 봉사 활동 날짜가 하루도 겹치지 않을 확률을 구해 이를 이용한다.

연우가 봉사 활동 날짜를 정하는 경우는

7월 30일~8월 1일, 7월 31일~8월 2일, 8월 1일~8월 3일

의 3가지이다.

희민이가 봉사 활동 날짜를 정하는 경우는

8월 1일~8월 4일, 8월 2일~8월 5일

의 2가지이다.

따라서 두 사람이 봉사 활동 날짜를 정하는 모든 경우의 수는

$3\times2=6$

이때 두 사람의 봉사 활동 날짜가 하루도 겹치지 않는 경우는 연우가 7월 30일~8월 1일, 희민이가 8월 2일~8월 5일로 정하는 1가지뿐이므로 그 확률은 $\frac{1}{6}$

따라서 구하는 확률은

$1-\frac{1}{6}=\frac{5}{6}$

07 전략 (적어도 한 면이 색칠되어 있을 확률)
=1−(한 면도 색칠되어 있지 않을 확률)임을 이용한다.

모든 경우의 수는 64

한 면도 색칠되어 있지 않은 쌓기 나무의 개수는

$2\times2\times2=8$이므로

쌓기 나무 1개를 택했을 때 한 면도 색칠되어 있지 않을 확률은

$\frac{8}{64}=\frac{1}{8}$

따라서 구하는 확률은

$1-\frac{1}{8}=\frac{7}{8}$

08 전략 동시에 일어나지 않는 두 사건에 대하여 '또는', '~이거나'와 같은 표현이 있으면 두 사건이 일어날 확률을 각각 구하여 더한다.

모든 경우의 수는 31

수요일을 선택하는 경우의 수는 4이므로 그 확률은 $\frac{4}{31}$

토요일을 선택하는 경우의 수는 5이므로 그 확률은 $\frac{5}{31}$

따라서 구하는 확률은

$\frac{4}{31}+\frac{5}{31}=\frac{9}{31}$

09 전략 1부터 12까지의 자연수 중에서 소수의 개수와 8의 약수의 개수를 각각 구한다.

소수는 2, 3, 5, 7, 11의 5개이므로 소수가 나올 확률은 $\frac{5}{12}$

8의 약수는 1, 2, 4, 8의 4개이므로 8의 약수가 나올 확률은

$\frac{4}{12}=\frac{1}{3}$

소수이면서 8의 약수인 것은 2의 1개이므로 그 확률은 $\frac{1}{12}$

따라서 구하는 확률은

$\frac{5}{12}+\frac{1}{3}-\frac{1}{12}=\frac{2}{3}$

10 전략 서로 영향을 미치지 않는 두 사건에 대하여 '동시에', '그리고', '~와'와 같은 표현이 있으면 두 사건이 일어날 확률을 각각 구하여 곱한다.

선물은 다이어리를 고를 확률은 $\frac{3}{9}=\frac{1}{3}$

포장지는 한지를 고를 확률은 $\frac{1}{3}$

따라서 구하는 확률은

$\frac{1}{3}\times\frac{1}{3}=\frac{1}{9}$

11 전략 두 팀이 결승전에서 만나려면 A 팀은 2번, F 팀은 1번의 경기에서 이겨야 한다.

A 팀이 결승전에 나갈 확률은 $\frac{1}{2}\times\frac{1}{2}=\frac{1}{4}$

F 팀이 결승전에 나갈 확률은 $\frac{1}{2}$

따라서 구하는 확률은

$\frac{1}{4}\times\frac{1}{2}=\frac{1}{8}$

12 전략 (적어도 한 개는 파란 공일 확률)
=1−(모두 파란 공이 아닐 확률)임을 이용한다.

(i) A 상자에서 빨간 공 또는 노란 공을 꺼낼 확률은

$\frac{6}{10}+\frac{2}{10}=\frac{4}{5}$

(ii) B 상자에서 빨간 공 또는 노란 공을 꺼낼 확률은

$\frac{4}{12}+\frac{3}{12}=\frac{7}{12}$

(i), (ii)에서 두 개 모두 파란 공이 아닐 확률은

$\frac{4}{5}\times\frac{7}{12}=\frac{7}{15}$

따라서 구하는 확률은

$1-\frac{7}{15}=\frac{8}{15}$

13 전략 각 주머니에 들어 있는 파란 구슬의 개수와 흰 구슬의 개수가 변하지 않으려면 두 주머니 A, B에서 서로 같은 색의 구슬을 꺼내야 한다.

(i) 두 주머니에서 각각 파란 구슬을 1개씩 꺼낼 확률은

$\frac{3}{8}\times\frac{6}{10}=\frac{9}{40}$

(ii) 두 주머니에서 각각 흰 구슬을 1개씩 꺼낼 확률은

$\frac{5}{8}\times\frac{4}{10}=\frac{1}{4}$

(i), (ii)에서 구하는 확률은

$\frac{9}{40}+\frac{1}{4}=\frac{19}{40}$

14 전략 확률의 덧셈을 이용하여 기차가 정시에 도착하거나 정시보다 늦게 도착할 확률을 구한다.

기차가 정시에 도착하거나 정시보다 늦게 도착할 확률은

$\frac{3}{5}+\frac{1}{3}=\frac{14}{15}$

이므로 기차가 정시보다 일찍 도착할 확률은

$1-\frac{14}{15}=\frac{1}{15}$

따라서 구하는 확률은

$\frac{1}{15}\times\frac{1}{15}=\frac{1}{225}$

15 전략 돌을 꺼낼 때마다 주머니 속에 들어 있는 돌의 개수가 달라짐에 유의한다.

첫 번째에 노란 돌을 꺼낼 확률은 $\frac{5}{10}=\frac{1}{2}$

두 번째에 노란 돌을 꺼낼 확률은 $\frac{4}{9}$

세 번째에 흰 돌을 꺼낼 확률은 $\frac{3}{8}$

따라서 구하는 확률은

$\frac{1}{2}\times\frac{4}{9}\times\frac{3}{8}=\frac{1}{12}$

주의 두 번째에 돌을 꺼낼 때는 주머니 속에 흰 돌 3개, 검은 돌 2개, 노란 돌 4개가 들어 있고, 세 번째에 돌을 꺼낼 때는 흰 돌 3개, 검은 돌 2개, 노란 돌 3개가 들어 있다.

16 전략 (승부가 결정될 확률)=1−(비길 확률)임을 이용한다.

모든 경우의 수는 $2\times2=4$

비기는 경우는 A가 가위를 빼고, B가 바위를 빼는 경우의 1가지이므로 그 확률은 $\frac{1}{4}$

따라서 구하는 확률은 $1-\frac{1}{4}=\frac{3}{4}$

17 전략 (적어도 한 사람은 합격할 확률)
=1−(세 명 모두 합격하지 못할 확률)임을 이용한다.

A, B, C 모두 합격하지 못할 확률은

$\left(1-\frac{2}{5}\right)\times\left(1-\frac{1}{2}\right)\times\left(1-\frac{1}{3}\right)=\frac{3}{5}\times\frac{1}{2}\times\frac{2}{3}=\frac{1}{5}$

따라서 구하는 확률은

$1-\frac{1}{5}=\frac{4}{5}$

18 전략 1승 1패인 경우는 첫 번째 경기에서 이기고 두 번째 경기에서 지거나 첫 번째 경기에서 지고 두 번째 경기에서 이길 때이다.

(i) 첫 번째 경기에서 이기고 두 번째 경기에서 질 확률은

$\frac{1}{5}\times\left(1-\frac{1}{5}\right)=\frac{1}{5}\times\frac{4}{5}=\frac{4}{25}$

(ii) 첫 번째 경기에서 지고 두 번째 경기에서 이길 확률은

$\left(1-\frac{1}{5}\right)\times\frac{1}{5}=\frac{4}{5}\times\frac{1}{5}=\frac{4}{25}$

(i), (ii)에서 구하는 확률은

$\frac{4}{25}+\frac{4}{25}=\frac{8}{25}$

19 전략 사각형 OABC가 직사각형임을 알고 사각형 OABC의 넓이를 a, b로 나타낸다.

사각형 OABC는 직사각형이고 가로의 길이는 a, 세로의 길이는 b이므로 그 넓이는 ab이다. …… ㉮

모든 경우의 수는 $6\times6=36$ …… ㉯

사각형 OABC의 넓이가 6이므로 $ab=6$

$ab=6$을 만족하는 a, b의 순서쌍 (a, b)는

$(1, 6)$, $(2, 3)$, $(3, 2)$, $(6, 1)$

의 4가지이다. …… ㉰

따라서 구하는 확률은 $\frac{4}{36}=\frac{1}{9}$ …… ㉱

채점 기준

㉮ 사각형 OABC의 넓이를 a, b로 나타내기	20 %
㉯ 모든 경우의 수 구하기	20 %
㉰ a, b의 순서쌍 구하기	40 %
㉱ 사각형 OABC의 넓이가 6일 확률 구하기	20 %

20 전략 일의 자리의 숫자가 0, 2, 4, 6, 8인 경우로 나누어 생각한다.

모든 경우의 수는 $9\times9=81$ …… ㉮

일의 자리의 숫자가 0인 경우의 수는 9이므로 그 확률은

$\frac{9}{81}=\frac{1}{9}$ …… ㉯

일의 자리의 숫자가 2, 4, 6, 8인 경우의 수는 $8\times4=32$

이므로 그 확률은 $\frac{32}{81}$ …… ㉰

따라서 구하는 확률은

$\frac{1}{9}+\frac{32}{81}=\frac{41}{81}$ …… ㉱

채점 기준

㉮ 모든 경우의 수 구하기	20 %
㉯ 일의 자리의 숫자가 0일 확률 구하기	30 %
㉰ 일의 자리의 숫자가 2, 4, 6, 8일 확률 구하기	30 %
㉱ 짝수일 확률 구하기	20 %

주의 두 자리 자연수이므로 십의 자리에 0이 올 수 없다.

21 전략 치료율은 한 명의 환자가 치료될 확률이다.

한 명의 환자가 치료될 확률은

$\frac{60}{100}=\frac{3}{5}$

세 명의 환자가 모두 치료되지 않을 확률은

$\left(1-\frac{3}{5}\right)\times\left(1-\frac{3}{5}\right)\times\left(1-\frac{3}{5}\right)=\frac{2}{5}\times\frac{2}{5}\times\frac{2}{5}$

$=\frac{8}{125}$ …… ㉮

따라서 구하는 확률은

$1-\frac{8}{125}=\frac{117}{125}$ …… ㉯

채점 기준

㉮ 세 명의 환자가 모두 치료되지 않을 확률 구하기	60 %
㉯ 적어도 한 명의 환자가 치료될 확률 구하기	40 %

22 전략 $a+b$, ab가 짝수가 되는 a, b의 경우를 생각해 본다.

(1) $a+b$가 짝수인 경우는 a, b가 모두 홀수이거나 a, b가 모두 짝수인 경우이다.

(i) a, b가 모두 홀수일 확률은

$\left(1-\frac{2}{3}\right)\times\frac{3}{4}=\frac{1}{4}$ …… ㉮

(ii) a, b가 모두 짝수일 확률은

$\frac{2}{3}\times\left(1-\frac{3}{4}\right)=\frac{1}{6}$ …… ㉯

(i), (ii)에서 $a+b$가 짝수일 확률은

$\frac{1}{4}+\frac{1}{6}=\frac{5}{12}$ …… ㉰

(2) ab가 짝수일 확률은 ab가 홀수가 아닐 확률과 같다.

이때 ab가 홀수일 확률은 a, b가 모두 홀수일 확률과 같으므로 $\frac{1}{4}$ …… ㉱

따라서 ab가 짝수일 확률은

$1-\frac{1}{4}=\frac{3}{4}$ …… ㉲

채점 기준

(1)	㉮ a, b가 모두 홀수일 확률 구하기	20 %
	㉯ a, b가 모두 짝수일 확률 구하기	20 %
	㉰ $a+b$가 짝수일 확률 구하기	10 %
(2)	㉱ ab가 홀수일 확률 구하기	30 %
	㉲ ab가 짝수일 확률 구하기	20 %

23 전략 A, B, C 각각 한 명씩만 성공하는 경우로 나누어 각 확률을 구한다.

(i) A만 성공할 확률은

$\frac{50}{100}\times\left(1-\frac{20}{100}\right)\times\left(1-\frac{40}{100}\right)$

$=\frac{1}{2}\times\frac{4}{5}\times\frac{3}{5}$

$=\frac{6}{25}$ ······ ㉮

(ii) B만 성공할 확률은

$\left(1-\frac{50}{100}\right)\times\frac{20}{100}\times\left(1-\frac{40}{100}\right)$

$=\frac{1}{2}\times\frac{1}{5}\times\frac{3}{5}$

$=\frac{3}{50}$ ······ ㉯

(iii) C만 성공할 확률은

$\left(1-\frac{50}{100}\right)\times\left(1-\frac{20}{100}\right)\times\frac{40}{100}$

$=\frac{1}{2}\times\frac{4}{5}\times\frac{2}{5}$

$=\frac{4}{25}$ ······ ㉰

이상에서 구하는 확률은

$\frac{6}{25}+\frac{3}{50}+\frac{4}{25}=\frac{23}{50}$ ······ ㉱

채점 기준

㉮ A만 성공할 확률 구하기	30 %
㉯ B만 성공할 확률 구하기	30 %
㉰ C만 성공할 확률 구하기	30 %
㉱ 한 선수만 성공할 확률 구하기	10 %

24 전략 바늘이 가리키는 면에 적힌 두 수의 합이 5의 배수인 경우는 두 수의 합이 5 또는 10인 경우이다.

모든 경우의 수는 $5\times6=30$ ······ ㉮

바늘이 가리키는 면에 적힌 두 수의 합이 5의 배수인 경우는 두 수의 합이 5 또는 10인 경우이다.

바늘이 가리키는 면에 적힌 두 수를 순서쌍 (A, B)로 나타내면

(i) 두 수의 합이 5인 경우는

(1, 4), (2, 3), (3, 2), (4, 1)

의 4가지이므로 그 확률은

$\frac{4}{30}=\frac{2}{15}$ ······ ㉯

(ii) 두 수의 합이 10인 경우는

(4, 6), (5, 5)

의 2가지이므로 그 확률은

$\frac{2}{30}=\frac{1}{15}$ ······ ㉰

(i), (ii)에서 구하는 확률은

$\frac{2}{15}+\frac{1}{15}=\frac{1}{5}$ ······ ㉱

채점 기준

㉮ 모든 경우의 수 구하기	10 %
㉯ 바늘이 가리키는 면에 적힌 두 수의 합이 5일 확률 구하기	40 %
㉰ 바늘이 가리키는 면에 적힌 두 수의 합이 10일 확률 구하기	40 %
㉱ 바늘이 가리키는 면에 적힌 두 수의 합이 5의 배수일 확률 구하기	10 %

Level C 단원 마무리 182~183쪽

발전 유형 정복하기

01 $\frac{3}{8}$	02 $\frac{1}{3}$	03 ③	04 $\frac{5}{8}$	05 $\frac{2}{9}$
06 $\frac{1}{3}$	07 $\frac{3}{4}$	08 $\frac{1}{5}$	09 $\frac{3}{4}$	10 $\frac{5}{36}$
11 6	12 $\frac{59}{192}$			

01 전략 동전의 앞면이 x번 나오면 뒷면은 $(3-x)$번 나온다.

모든 경우의 수는 $2\times2\times2=8$

동전을 3번 던질 때, 앞면이 x번 나온다고 하면 뒷면은 $(3-x)$번 나오므로 점 P의 위치가 1이 되려면

$1\times x+(-1)\times(3-x)=1$

$2x=4$ $\therefore x=2$

즉, 앞면이 2번, 뒷면이 1번 나오는 경우는

(앞, 앞, 뒤), (앞, 뒤, 앞), (뒤, 앞, 앞)

의 3가지

따라서 구하는 확률은 $\frac{3}{8}$

02 전략 먼저 영역을 구분하여 색칠하는 경우의 수를 구한다.

D 영역에 칠할 수 있는 색은 3가지,

B 영역에 칠할 수 있는 색은 D 영역에 칠한 색을 제외한 2가지,

A 영역에 칠할 수 있는 색은 B, D 영역에 칠한 색을 제외한 1가지,

C 영역에 칠할 수 있는 색은 B, D 영역에 칠한 색을 제외한 1가지이므로

주어진 도형에 색을 칠하는 모든 경우의 수는

$3\times2\times1\times1=6$

이때 D 영역에 노란색을 칠하는 경우는 A 영역과 B 영역에는 빨강, 파랑의 2가지 색으로 서로 구분하여 칠하고, C 영역에는 A 영역에 칠한 색과 같은 색을 칠해야 하므로 그 경우의 수는 2이다.

따라서 구하는 확률은

$\frac{2}{6}=\frac{1}{3}$

03 전략 $y=\frac{b}{a}x$의 그래프가 $y=x$의 그래프보다 x축에 가까우려면 $\frac{b}{a}<1$이어야 한다.

모든 경우의 수는 $6\times6=36$

주어진 그래프의 기울기는 1이므로 $y=\frac{b}{a}x$의 그래프가 주어진 그래프보다 x축에 가까운 경우는 오른쪽 그림과 같을 때이다.

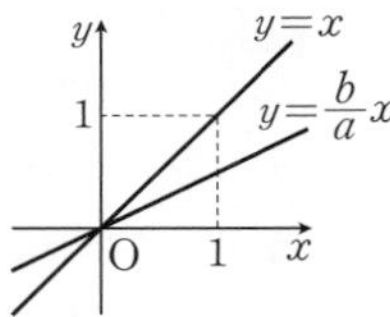

따라서 $\frac{b}{a}<1$, 즉, $a>b$이어야 한다.

두 주사위에서 나오는 눈의 수를 순서쌍 (a, b)로 나타내면 $a>b$인 경우는

(2, 1), (3, 1), (3, 2), (4, 1), (4, 2), (4, 3), (5, 1), (5, 2), (5, 3), (5, 4), (6, 1), (6, 2), (6, 3), (6, 4), (6, 5)의 15가지이므로 구하는 확률은

$\frac{15}{36}=\frac{5}{12}$

개념 보충 학습

일차함수 $y=ax$의 그래프는
① $|a|$가 클수록 y축에 가깝다.
② $|a|$가 작을수록 x축에 가깝다.

04 전략 (적어도 한 장의 카드가 처음 위치에 있을 확률)
=1−(모든 카드가 처음 위치에 있지 않을 확률)임을 이용한다.

모든 경우의 수는 $4\times3\times2\times1=24$

모든 카드가 처음 위치에 있지 않은 경우를 나뭇가지 모양의 그림으로 나타내면 다음과 같으므로 그 경우의 수는 9이다.

B − A − D − C
B − C − D − A
B − D − A − C
C − A − D − B
C − D − A − B
C − D − B − A
D − A − B − C
D − C − A − B
D − C − B − A

따라서 모든 카드가 처음 위치에 있지 않을 확률은 $\frac{9}{24}=\frac{3}{8}$이므로 구하는 확률은

$1-\frac{3}{8}=\frac{5}{8}$

05 전략 $a=2$ 또는 $a=7$ 또는 $a=12$일 때, 점 P가 꼭짓점 C에 온다.

모든 경우의 수는 $6\times6=36$

점 P가 꼭짓점 C에 오는 경우는 $a=2$ 또는 $a=7$ 또는 $a=12$일 때이다.

두 주사위에서 나오는 눈의 수를 순서쌍으로 나타내면

(i) $a=2$인 경우
(1, 1)의 1가지이므로 그 확률은 $\frac{1}{36}$

(ii) $a=7$인 경우
(1, 6), (2, 5), (3, 4), (4, 3), (5, 2), (6, 1)
의 6가지이므로 그 확률은 $\frac{6}{36}=\frac{1}{6}$

(iii) $a=12$인 경우
(6, 6)의 1가지이므로 그 확률은 $\frac{1}{36}$

이상에서 구하는 확률은

$\frac{1}{36}+\frac{1}{6}+\frac{1}{36}=\frac{2}{9}$

06 전략 A 전개도로 만든 정육면체에서 나올 수 있는 수는 2, 3, 5의 3가지이므로 이 3가지로 경우를 나누어 생각한다.

(i) A 전개도로 만든 정육면체에서 나오는 수가 2인 경우
B 전개도로 만든 정육면체에서 나오는 수가 1이어야 하므로 그 확률은
$\frac{2}{6}\times\frac{1}{6}=\frac{1}{18}$

(ii) A 전개도로 만든 정육면체에서 나오는 수가 3인 경우
B 전개도로 만든 정육면체에서 나오는 수가 1 또는 2이어야 하므로 그 확률은
$\frac{2}{6}\times\frac{2}{6}=\frac{1}{9}$

(iii) A 전개도로 만든 정육면체에서 나오는 수가 5인 경우
B 전개도로 만든 정육면체에서 나오는 수가 1 또는 2 또는 3이어야 하므로 그 확률은
$\frac{2}{6}\times\frac{3}{6}=\frac{1}{6}$

이상에서 구하는 확률은

$\frac{1}{18}+\frac{1}{9}+\frac{1}{6}=\frac{1}{3}$

07 전략 위쪽 구슬을 밀고 나가는 경우와 아래쪽 구슬을 밀고 나가는 경우로 나누어 각 확률을 구한다.

(i) 위쪽 구슬을 밀고 나가려면 문 A를 지나야 하므로 그 확률은 $\frac{1}{3}$
첫 갈림길에서 구슬 쪽으로 가야 하므로 그 확률은 $\frac{1}{2}$
따라서 위쪽 구슬을 밀고 나갈 확률은 $\frac{1}{3}\times\frac{1}{2}=\frac{1}{6}$

(ii) 아래쪽 구슬을 밀고 나가는 경우는 다음 그림과 같이 3가지가 있다.

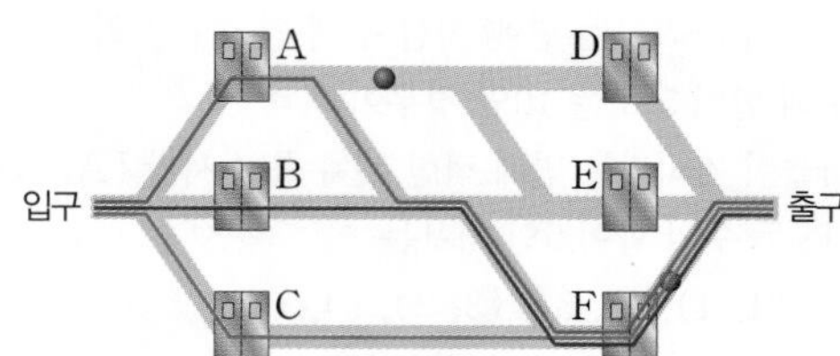

문 A를 지날 확률은 $\frac{1}{3}\times\frac{1}{2}\times\frac{1}{2}=\frac{1}{12}$

문 B를 지날 확률은 $\frac{1}{3}\times\frac{1}{2}=\frac{1}{6}$

문 C를 지날 확률은 $\frac{1}{3}$

따라서 아래쪽 구슬을 밀고 나갈 확률은

$\frac{1}{12}+\frac{1}{6}+\frac{1}{3}=\frac{7}{12}$

(i), (ii)에서 구하는 확률은

$\frac{1}{6}+\frac{7}{12}=\frac{3}{4}$

08 전략 두 번째에 불량품을 모두 찾아내는 경우와 세 번째에 불량품을 모두 찾아내는 경우로 나누어 각 확률을 구한다.

(i) 두 번째에 불량품을 모두 찾아낼 확률은

$\frac{2}{6}\times\frac{1}{5}=\frac{1}{15}$

(ii) 세 번째에 불량품을 모두 찾아낼 확률은

$\frac{2}{6}\times\frac{4}{5}\times\frac{1}{4}+\frac{4}{6}\times\frac{2}{5}\times\frac{1}{4}=\frac{1}{15}+\frac{1}{15}=\frac{2}{15}$

(i), (ii)에서 구하는 확률은

$\frac{1}{15}+\frac{2}{15}=\frac{1}{5}$

09 전략 다음 경기에서 A가 이기는 경우와 B가 이기는 경우로 나누어 각 확률을 구한다.

(i) 다음 경기에서 A가 이길 확률은 $\frac{1}{2}$

(ii) 다음 경기에서 B가 이기고, 그 다음 경기에서 A가 이길 확률은

$\frac{1}{2}\times\frac{1}{2}=\frac{1}{4}$

(i), (ii)에서 구하는 확률은

$\frac{1}{2}+\frac{1}{4}=\frac{3}{4}$

10 전략 x에 대한 방정식 $ax+b=4$의 해 $x=\frac{4-b}{a}$가 자연수이려면 $4-b>0$이어야 하고, a는 $4-b$의 약수이어야 한다.

모든 경우의 수는 $6\times6=36$

x에 대한 방정식 $ax+b=4$의 해는 $x=\frac{4-b}{a}$이므로

해가 자연수이려면 $4-b>0$이어야 하고, a는 $4-b$의 약수이어야 한다.

즉, $b<4$에서 $b=1$ 또는 $b=2$ 또는 $b=3$ …… ㉮

(i) $b=1$인 경우

$4-b=3$에서 $a=1$ 또는 $a=3$이므로 그 확률은

$\frac{2}{36}=\frac{1}{18}$ …… ㉯

(ii) $b=2$인 경우

$4-b=2$에서 $a=1$ 또는 $a=2$이므로 그 확률은

$\frac{2}{36}=\frac{1}{18}$ …… ㉰

(iii) $b=3$인 경우

$4-b=1$에서 $a=1$이므로 그 확률은 $\frac{1}{36}$ …… ㉱

이상에서 구하는 확률은

$\frac{1}{18}+\frac{1}{18}+\frac{1}{36}=\frac{5}{36}$ …… ㉲

채점 기준

㉮ 방정식 $ax+b=4$의 해가 자연수가 되는 b의 값 구하기	20 %
㉯ $b=1$인 경우의 확률 구하기	20 %
㉰ $b=2$인 경우의 확률 구하기	20 %
㉱ $b=3$인 경우의 확률 구하기	20 %
㉲ 방정식 $ax+b=4$의 해가 자연수일 확률 구하기	20 %

11 전략 파란 구슬의 개수를 x라 하고 빨간 구슬이 한 번 이상 나올 확률을 이용하여 x에 대한 방정식을 세운다.

파란 구슬의 개수를 x라 하면 두 번 모두 파란 구슬이 나올 확률은

$\frac{x}{10}\times\frac{x}{10}=\frac{x^2}{100}$ …… ㉮

이때 빨간 구슬이 한 번 이상 나올 확률은 $1-\frac{x^2}{100}$이므로

$1-\frac{x^2}{100}=\frac{16}{25}$ …… ㉯

$\frac{x^2}{100}=\frac{9}{25}$, $x^2=36$

$x>0$이므로 $x=6$

따라서 파란 구슬의 개수는 6이다. …… ㉰

채점 기준

㉮ 파란 구슬의 개수를 x라 하고 두 번 모두 파란 구슬이 나올 확률 구하기	30 %
㉯ 빨간 구슬이 한 번 이상 나올 확률을 이용하여 x에 대한 방정식 세우기	50 %
㉰ 파란 구슬의 개수 구하기	20 %

12 전략 수요일에 눈이 내리고 토요일에도 눈이 내리므로 목요일과 금요일에 눈이 내리는지에 따라 경우를 나누어 본다.

눈이 내리는 날을 ○, 눈이 내리지 않는 날을 ×라 하고 수요일부터 토요일까지의 날씨를 나타내면 수요일에 눈이 내리고 토요일에도 눈이 내리는 경우는 다음과 같다.

(i) ○○○○인 경우

$\frac{1}{4}\times\frac{1}{4}\times\frac{1}{4}=\frac{1}{64}$ …… ㉮

(ii) ○○×○인 경우

$\frac{1}{4}\times\left(1-\frac{1}{4}\right)\times\frac{1}{3}=\frac{1}{4}\times\frac{3}{4}\times\frac{1}{3}=\frac{1}{16}$ …… ㉯

(iii) ○×○○인 경우

$\left(1-\frac{1}{4}\right)\times\frac{1}{3}\times\frac{1}{4}=\frac{3}{4}\times\frac{1}{3}\times\frac{1}{4}=\frac{1}{16}$ …… ㉰

(iv) ○××○인 경우

$\left(1-\frac{1}{4}\right)\times\left(1-\frac{1}{3}\right)\times\frac{1}{3}=\frac{3}{4}\times\frac{2}{3}\times\frac{1}{3}=\frac{1}{6}$ …… ㉱

이상에서 구하는 확률은

$\frac{1}{64}+\frac{1}{16}+\frac{1}{16}+\frac{1}{6}=\frac{59}{192}$ …… ㉲

채점 기준

㉮ 토요일까지 눈이 계속 내릴 확률 구하기	20 %
㉯ 금요일에만 눈이 내리지 않을 확률 구하기	20 %
㉰ 목요일에만 눈이 내리지 않을 확률 구하기	20 %
㉱ 수요일과 토요일에만 눈이 내릴 확률 구하기	20 %
㉲ 수요일에 눈이 내리고 토요일에도 눈이 내릴 확률 구하기	20 %

memo